전자통신측정

공학박사 이 화 용 저

도서출판 상 학 당

머 리 말

이 책은 오랫동안 전자통신공학을 강의해온 경험을 바탕으로 전기, 전자, 통신 분야를 연구하는 공학도들이 전자통신측정을 이해하기 쉽도록 엮은 책이다.

급속도로 발전에 발전을 거듭하는 지식 정보화 사회의 첨단기술인 전자통신공학에서 다루는 기초자료는 각종 측정에 의한 데이터(data)이다. 전자통신측정이란 전자, 통신공학의 기초 필수과목으로서 이 분야를 연구하는 사람은 누구나 잘 이해하고 있어야 하며, 또 마땅히 심도있게 공부해야 할 과목임에도 불구하고 적지 않은 공학도들이 이를 기피하는 현상을 보여왔다. 그 이유는 과목 자체가 워낙 광범위할 뿐만 아니라 측정기의 종류가 너무 다양하기 때문이다. 그래서 이 책에서는 공학도들이 쉽게 이해할 수 있고, 또 측정기를 편리하게 다룰 수 있도록 최대한 배려하였다.

또한 여과기(filter)나 공중선(antena) 분야에서 다루고 있는 역 L형, H형 등의 표현을 우리말로 ㄱ(기역)형, ㅐ(애)형 등으로 다루었으며, 제3장에서는 디지털(digital) 분야를 심도 있게 다루었다.

이 책은 4단원으로 구성하였다. 전기, 전자, 통신 분야에서 공통적으로 다루는 측정기 원리와 측정 방법은 단원 Ⅰ, Ⅱ에 실었고, 유선설비 분야를 공부할 학생은 단원 Ⅲ을, 무선설비 분야를 공부할 학생은 단원 Ⅳ를 추가로 공부하면 될 것이다.

이 책의 미비하고 부족한 점은 계속 수정·보완해나갈 것을 약속드리며, 독자 여러분의 기탄 없는 충고와 교시를 바라마지 않는다. 이 책을 출판하는 데 협조하여 주신 여러분께 깊은 감사의 말을 전해드린다.

저자 씀

차 례

단원Ⅰ ⊸ 측정의 개념과 측정기 및 기본 측정

제1장 ● 측정의 개념

제2장 ● 지시 계기

제3장 ● 디지틀 계기

단원Ⅱ ⊸ 파형관측 및 기록계기와 측정용 보조기

제8장 ● 파형 관측기

제9장 ● 기록계기

제10장 ● 측정용 보조기

단원Ⅲ ⊸ 유선설비에 관한 측정

제11장 ● 통신선로의 측정

제12장 ● 통신기기의 측정

단원 I

측정의 개념과 측정기 및 기본 측정

◂ 측정의 개념
◂ 지시 계기
◂ 디지틀 계기
◂ 기본 측정
◂ 주파수의 측정
◂ 고주파에 의한 회로정수의 측정
◂ 소자 및 증폭회로에 관한 측정

제1장

측정의 개념

1-1 측정의 정의

측정(또는 계측)이란 일반적으로 어떤 양이나 변수의 크기를 결정하는 것을 말하며, 그와 같은 조작을 하는데 필요한 장치를 측정기라고 한다. 측정기는 인간의 능력을 신장시켜주며 여러 가지 경우에 있어서 인간은 측정기의 도움으로 측정 불가능한 미지량의 값을 결정할 수 있게 해준다.

전자측정기는 그 명칭이 뜻하는 바와 같이 측정 기능에 있어서 전자적 원리를 기본으로 하고 있으며, 여기에는 직류전류계와 같이 비교적 구조가 간단한 것도 있으나 기술의 진보와 더불어 정확하고 정교한 측정기가 요구됨에 따라 측정기의 설계나 응용면에 있어서도 새로운 발달이 이루어져 가고 있다. 따라서 지난 한 세기 동안 사용되던 계측기는 대부분이 편위형 계측기(deflection type instrument)로서, 일명 아날로그 계측기(analog instrument)라 부르고, 이에 대해 피측정량의 값을 숫자로 나타내는 디지틀 계측기(digital instrument)가 최근에 보편화되어 보급되고 있다.

그러나 아무리 좋은 측정기를 사용한다 할지라도 그 사용법이나 측정기의 취급방법을 잘 알지 못하면 정확한 결과를 얻을 수 없다. 그러므로 측정기를 올바르게 사용하기 위해서는 측정기의 구조와 동작원리를 잘 이해하고 측정기가 측정대상에 적합한가를 평가할 줄 알아야 한다.

1-2 측정의 종류

측정은 보는 견해에 따라서 직접측정과 간접측정으로 나누는 방법과 절대측정과 비교측정으로 나누는 방법이 있다.

(1) 직접측정 (direct measurment) : 어떤 양을 측정하는 경우 측정량을 같은 종류의 기준량과 직접 비교하여 그 양의 크기를 결정하는 방법을 말한다. 예를들면 자(尺)로 길이를 재고, 전압계로 전압을 측정하며 전류계로 전류를 측정하는 따위가 이에 속한다.

(2) 간접측정 (indirect measurment) : 측정량과 어떤 관계가 있는 독립된 양을 각각 직접측정으로 구하여 그 결과로부터 계산에 의해 요구되는 측정량의 값을 결정하는 방법을 말한다. 예를 들면 부하전력을 측정하는 경우, 부하에 흐르는 전류 I와 부하양단전압 V를 측정하여 부하전력 $P=IV$[W]로부터 계산하여 구하는 것 등이 이에 속한다.

(3) 절대측정 (absolute measurment) : 측정하려고 하는 양을 길이, 질량, 시간의 측정으로서 직접 미지량을 결정하는 방법이다. 이 방법은 비교적 대단히 정확한 값이 구하여진다.

(4) 비교측정 (relative measurment) : 미지의 양을 이것과 같은 기지의 양과 비교하는 방법인데 표준기로써 간단히 비교측정이 된다. 공업상 실제의 측정은 대부분 이 방법을 쓰는데 그 이유는 측정법이 간단하기 때문이다.

비교측정에서 특히 높은 확도를 요구할 때에는 치환법(substitution method)을 사용하는 것이 효과적이다.

또한 비교측정에는 미지의 양을 기지의 양과 비교할 때 측정기의 지시가 0이 되도록 평형(balance)을 취하는 방법을 영위법(zero method)이라 하고, 전압계로서 전압을 측정하는 것과 같이 바늘이 0에서 한쪽으로 치우치는 것을 편위법(deflection method)이라고 한다.

일반적으로 영위법은 편위법에 비하여 감도가 높고, 정밀측정에 적합하지만 측정조건이 안전하지 않으면 영위를 구하기 힘들기 때문에 공업상에는 적당하지 않으며, 편위법은 측정감도는 떨어지지만 신속하게 측정할 수 있으므로 가장 많이 사용되는 측정방법이다.

1-3 측정의 정도와 확도

측정의 정밀도나 정확도를 표시하는 데에 일반적으로 정도와 확도라는 말이 사용되고 있다.

정도(accuracy)란 측정기로 미지량을 측정하는 경우에 어디까지 미세하게 식별할 수 있느냐를 나타내는 것으로서 측정기구 또는 측정방법에 관계되는 양이다. 그러므로 눈금이 1[V] 단위로 되어 있는 전압계보다는 눈금이 0.1[V] 단위로 되어 있는 것이 정도가 한 자리 높게 된다.

확도(precision)란 측정치가 어디까지 신뢰되는가를 나타내는 것으로서 표준이 되는 것의 정확도와 측정의 정도에 따라 결정되는 것이다. 그러므로 확도는 측정값이 참값과 어느 정도 일치하느냐를 뜻하는 것으로서, 바꾸어 말하면 오차가 얼마나 적으냐를 의미한다. 즉 100[V]의 전압을 측정했을 때 99.9[V]보다는 99.99[V]가 확도가 한 자리 높은 것이다.

1-4 측정의 오차

[1] 오차의 정의

측정시 아무리 주의를 한다 해도 완전히 정확하게 측정할 수는 없다. 그러므로 오차(error)란 참값과 측정값과의 차를 말하며, 측정값을 M, 참값을 T라 하면 오차 ε은

$$\varepsilon = M - T \tag{1-1}$$

로 표현된다.

또 참값과 측정값과의 차를 보정(correction)이라 하고, 보정값 α는

$$\alpha = T - M \tag{1-2}$$

로 나타낸다. 이 α는 오차와 크기는 같고 부호는 반대가 된다. 그러므로 측정값 M에 보정값 α를 더한 것이 참값 T이다. 즉 오차는 측정값이 참값과 어느 정도 다른가를 나타내는 데 대하여, 보정은 측정값을 참값과 같게 하기 위하여 얼마만큼 보정해야 하는가를 나타낸다.

또한 오차율과 보정율은 다음과 같이 정의한다.

$$\text{오차율} = \frac{\varepsilon}{T}$$

$$\text{백분율 오차(percentage error)} = \frac{\varepsilon}{T} \times 100[\%] = \frac{M-T}{T} \times 100[\%] \tag{1-3}$$

$$\text{보정율} = \frac{\alpha}{M}$$

$$\text{백분율 보정(percentage correction)} = \frac{\alpha}{M} \times 100[\%] = \frac{T-M}{M} \times 100[\%] \tag{1-4}$$

측정값을 오차보다는 상대확도(relative accuracy)로 표현하는 것이 더 바람직 할 때가 있다. 즉 상대확도 A는

$$A = 1 - \left|\frac{M-T}{T}\right| \tag{1-5}$$

이다.

(예제 1-1) 저항 양단에서 전압의 참값은 50V이다. 그러나 49V로 측정되었다. 다음을 계산하여라.

(a) 오차 (b) 보정 (c) 백분율 오차 (d) 백분율 보정 (e) 상대확도

《풀이》 (a) $\varepsilon = M - T = -1[\text{V}]$ (b) $\alpha = T - M = 1[\text{V}]$

(c) 백분율 오차 $= \frac{M-T}{T} \times 100 = \frac{49-50}{50} \times 100 = -2[\%]$

(d) 백분율 보정 $= \frac{T-M}{M} \times 100 = \frac{50-49}{49} \times 100 \fallingdotseq 2[\%]$

(e) 상대확도 $= 1 - \left|\frac{M-T}{T}\right| = 1 - \frac{1}{50} = 1 - 0.02 = 0.98$

[2] 오차의 종류

측정할 때 아무리 노력을 해도 완전한 측정을 행할 수는 없지만 측정값이 어느 정도의 확도를 가지며, 오차가 어떻게 포함되는가를 아는 것은 매우 중요하며, 오차의 연구는 오차를 감소시키는 방법을 찾아내는 첫 단계일 뿐만 아니라, 측정자로 하여금 최종 실험결과의 확도를 결정할 수 있게 해준다.

오차는 여러가지 원인에 의하여 발생하며 그 중요한 것을 들어보면 다음과 같다.

(1) 과실오차 (fault error) : 측정하는 사람의 부주의에 의하여 발생하는 것으로서 측정기 눈금의 오독, 부정확한 조정, 부적당한 적용 및 계산의 실수 등이 이에 속하며, 일명 개인오차 또는 총체오차(gross error)라고도 한다.

(2) 계통오차 (systematic error) : 측정기 자체의 결함인 눈금의 부정확, 부품의 마모 등으로 인한 것과 측정장치나 사용자에 대한 환경의 영향, 즉 온도, 외부자계, 진동 등에 의한 오차를 말한다.

(3) 우연오차 (random error) : 측정조건이 갑자기 변하거나 측정자의 주의력이 갑자기 동요하였을 때에 발생하는 오차를 말한다.

오차란 어느 양을 측정할 때 그 원인은 매우 많고, 측정방법 자체나 측정기를 구성하는 모든 부분 또는 측정하는 장소의 주위환경, 그리고 측정기를 조작하는 측정자 자신에 잠재하고 있다. 특히 측정기는 어느 측정방식의 것이라도 표준량의 유지 또는 변환기의 변환작용 과정에서 오차를 발생하기 쉬우므로 측정시에는 항상 주의가 필요하다.

[3] 고주파 측정의 오차

고주파를 측정할 경우에는 앞에서 설명한 오차 외에도 다음과 같은 오차가 발생한다.

(1) 주파수오차 (frequency error) : 사용주파수대가 높아짐에 따라 회로의 입력, 출력 임피이던스(impedance)의 저하 또는 회로소자의 리액턴스(reactance) 특성이 변하기 때문에 측정오차를 발생하는 것이다.

(2) 파형오차 (wave form error) : 고주파 전압계 및 전류계의 눈금은 특별한 용도를 제외하고는 눈금이 정현(sine)파의 실효값으로 만들어졌고, 또한 측정기의 교정에도 정현파가 사용되므로 이들 측정기로 실제 정현파 이외의 전압, 전류를 측정했을 때에는 지시값에 오차가 생기게 된다.

(3) 공진오차 (resonance error) : 입출력회로 또는 결합도선 등의 표유용량과 인덕턴스(inductance) 등이 측정입력의 주파수에서 직렬 또는 병렬공진을 일으키면 회로의 임피이던스가 현저하게 적어지거나 또는 커져서 지시값에 오차를 발생하게 된다.

(4) 표피오차 (skin error) : 주파수가 높아짐에 따라 표피작용에 의한 실효저항이 증가하기 때문에 발생하는 오차이다. 이 표피작용에 의한 저항의 증가는 주파수의 평방근과 도선의 지름에 정비례하므로 높은 주파수대로 될수록 이것에 대한 대책이 필요하게 된다. 고주파 측정은 취급 주파수대가 장파대에서 마이크로(micro)파대에 이르므로 회로도, 집중정수회로, 분포정수회로 및 입체정수회로 등 여러 가지를 다루게 된다. 따라서 회로

의 소자나 특성 등을 잘 이해하지 못하면 뜻밖의 오차를 발생하게 되며, 측정 그 자체는 저주파에서나 고주파에서 본질적으로 다를 것이 없지만 주파수가 높게 될수록 회로소자의 주파수 특성이나 손실이 문제가 되므로 측정회로를 만들 때에는 충분한 연구와 검토가 필요하며, 특히 고주파 회로를 측정할 때에는 다음 사항을 유의하여야 한다.

① 주파수대에 적합한 회로 소자를 사용할 것
② 표유 임피이던스를 적게 할 것
③ 접지와 차폐를 철저히 할 것
④ 기기 또는 회로의 임피이던스를 정합(matching)시킬 것
⑤ 평형과 불평형 회로를 구분하여 사용할 것 등이다.

[4] 오차의 통계적 해석

우리가 어떤 물리량을 측정할 때 여러 가지 인자에 의해 영향을 받는다. 예를 들면, 우리가 전선의 저항을 측정하고자 할 때 몇 가지 인자가 얻어진 저항값에 영향을 미침을 발견한다. 이 인자들 중 몇몇은 매우 중요한 반면, 별로 중요치 않은 것도 있다. 고려해야 할 인자는 전선재료의 형태와 순도, 그것의 온도, 길이와 단면적, 전선내의 전류분포, 열처리와 같은 제조기술, 측정하는 동안 전선에 가해지는 장력 등이다.

이상적으로는, 개개의 파라미터가 측정에 영향을 미치는 정도는 반드시 알려져서 측정이 이해되고 설명되어야 한다. 만약 측정이 수회 반복되는 경우, 실험자가 위에 열거한 모든 인자(factor)들을 항상 일정하게 유지하지 못하기 때문에 측정값은 매번 다를 수 있다.

어떤 파라미터의 영향이 불규칙하게 적용된다고 가정해 보자. 또 그 파라미터의 미소변화가 불규칙하게 일어난다고 가정해 보자. 만약 이들 변화 모두가 순전히 불규칙하다면, 그때 변화가 (+) 또는 (—)가 될 확률은 서로 같다. 이와 같은 사실로부터 실험 데이타의 질을 통계적으로 구할 수 있다. 통계적 해석을 기초로 해서 우리는 데이타의 평균값, 평균편차, 표준편차와 같은 정보를 얻을 수 있다. 그와 같은 정보는 측정 데이타에 있어서 변화나 오차의 정량적 판단을 가능케 해준다.

평균이란, 일군의 측정 데이타에 대한 대표적인 값을 의미한다. 그와 같은 대표적인 값은 데이타를 크기에 따라 배열하였을 때 중앙에 위치하는 경향이 있기 때문에 평균을 중앙값의 척도라고도 한다.

가장 흔히 사용되는 평균은 산술평균(arithmetic mean)이며, 이것은 데이타의 총합을 측정횟수로 나눈 것과 같다. 즉 n회 측정 데이타가 x_1, x_2, x_3, $\cdots$, x_n일 때 산술평균은 $\bar{x}$로 나타내고 다음과 같이 정의된다.

$$\bar{x}=\frac{x_1+x_2+x_3+\cdots+x_n}{n} \tag{1-6}$$

편차(deviation)는 각 실험 데이타와 산술평균 사이의 차를 말한다. 즉 산술평균 $\bar{x}$로부터 편차 d_1, d_2, $\cdots$, d_n는 각각 다음과 같이 정의한다.

$$d_1 = x_1 - \bar{x}$$
$$d_2 = x_2 - \bar{x}$$
$$\vdots$$
$$d_n = x_n - \bar{x}$$

산술평균으로부터 각 측정값의 편차의 대수합은 0임에 유의하라.

시험 데이타가 평균값을 중심으로 분포하는 정도를 데이타의 분산(variation 또는 dispersion)이라고 한다. 분산의 척도가 평균편차이다. 평균편차는 계측기의 정도(precision)를 나타내는 데 사용될 수 있다. 평균편차의 값이 적으면 정밀한 계측기임을 나타낸다. 평균편차는 다음과 같이 정의된다.

$$D = \frac{|d_1| + |d_2| + \cdots + |d_n|}{n} \tag{1-7}$$

즉 평균편차는 각 편차의 절대값의 산술적 합을 측정횟수로 나눈 것임을 의미한다.

어떤 측정값들에 대한 표준편차 S는 그 값이 평균치 주위에서 변하는 정도를 나타낸다. n개 값의 표준편차는

$$S = \sqrt{\frac{d_1^2 + d_2^2 + \cdots + d_n^2}{n}} \tag{1-8}$$

이다. 측정횟수가 적은 경우($n<30$) 더 정확한 표준편차값을 얻기 위해서, 위식의 분모를 $n-1$로 나타내는 경우가 많다.

(예제 1-2) 측정값이 $x_1=50.1$, $x_2=49.7$, $x_3=49.6$, $x_4=50.2$일 때 (a)산술평균 (b)각 측정값의 편차 (c)편차의 대수합 (d)평균편차 (e)표준편차를 계산하여라.

《풀이》 (a) 산술평균은 다음과 같이 계산된다.

$$\bar{x} = \frac{50.1 + 49.7 + 49.6 + 50.2}{4}$$
$$= \frac{199.6}{4} = 49.9$$

(b) 평균으로부터 각 값의 편차는

$$d_1 = 50.1 - 49.9 = 0.2$$
$$d_2 = 49.7 - 49.9 = -0.2$$
$$d_3 = 49.6 - 49.9 = -0.3$$
$$d_4 = 50.2 - 49.9 = 0.3$$

(c) 편차의 대수합은

$$d_{tot} = 0.2 - 0.2 - 0.3 + 0.3 = 0$$

(d) 평균편차는

$$D = \frac{|0.2| + |-0.2| + |-0.3| + |0.3|}{4}$$
$$= \frac{1.0}{4} = 0.25$$

(e) 표준편차는

$$S=\sqrt{\frac{(0.2)^2+(0.2)^2+(0.3)^2+(0.3)^2}{4-1}}$$

$$=\sqrt{\frac{0.4+0.4+0.09+0.09}{3}}$$

$$=\sqrt{\frac{0.26}{3}}=0.294$$

[5] 제한 오차

대부분의 계측기 제조자들은 계측기가 최대 눈금의 몇 %내에서 정확하다고 명시한다. 예를 들면 어떤 전압계의 제조자는 그 계측기가 최대 눈금 편위의 +2%내에서 정확함을 규정한다. 이러한 사양을 제한오차(limiting error)라고 부르며, 최대 눈금은 완전히 정확한 값의 2% 한도 내에 있음을 보장한다. 그러나 최대눈금 이하에서 측정하면 제한오차는 증가할 것이다. 그러므로 측정시에는 가능한한 최대눈금에 가깝도록 측정하는 것이 중요하다.

(예제 1-3) 300V 전압계의 확도가 최대 눈금에서 +2%이다. 계측기가 120V 전원을 측정하기 위해 사용될 때 제한오차를 계산하여라.

《풀이》 제한오차의 크기는

$$0.02\times 300\text{V}=6\text{V}$$

그러므로 120V에서 제한오차는

$$\frac{6}{120}\times 100\%=5\%$$

이다.

1-5 측정의 단위

[1] 기본단위와 유도단위

물리적인 양을 다룰 때는 그 양을 종류(kind)와 크기(magnitude)의 두 가지로 정의해야 한다. 이때 각종 물리적 양의 기준량을 단위(unit)라 하며 그 단위의 몇 배인가를 나타내는 숫자를 수치(number)라 한다. 예를들면 100〔m〕 거리라고 말할 때 미터(m)는 길이의 단위이며, 길이단위의 수치는 100이 된다. 그러므로 물리적인 길이는 미터 단위에 의해서 정의되며, 단위가 없으면 측정의 수치는 아무 의미도 없다.

(1) 기본단위 (fundamentail unit) : 역학에 있어서 길이(length), 질량(mass), 시간(time)을 말하며 이 3개의 양이 다른 대부분의 물리적인 양의 기본이 된다.

(2) 유도단위 (derived unit) : 기본단위에서 유도한 단위이며 모든 유도단위는 그 단위를 정의하는 물리법칙으로부터 생긴다. 예를 들면 정사각형의 면적 A는 그것의 한 변 길이의 곱으로 이루어진다. 만일 길이의 단위를 [m]라 하고, 한 변의 길이가 3[m]라 한다면 정사각형의 면적은 9[m^2]가 된다. 여기서 단위는 [m^2]이고 수치는 9이며, 면적 A에 대한 유도단위는 [m^2]이다.

유도단위는 그것의 차원(dimension)에 의해 알 수 있다. 차원이라는 것은 유도단위 속에 기본단위가 어떻게 포함되어 있는가를 기호로써 나타낸 것이다. 기본단위인 길이, 질량, 시간에 대한 차원기호는 각각 L, M, T이므로 면적의 유도단위에 대한 차원기호는 L^2이고, 부피에 대해서는 L^3이며, 힘의 단위에 대한 차원기호는 LMT^{-2}이다. 유도단위에 대한 차원공식은 한 단위계에서 다른 단위계로 변환할 때 특히 유용하다.

[2] 단 위 계

1790년에 프랑스 정부는 FAS(French Academy of Sciences)로 하여금 그 당시 사용되는 모든 단위계를 대신할 수 있는 도량형의 단일단위계에 대하여 연구하도록 한 결과, 당시 프랑스 과학자들은 우선 도량형에 대한 범세계적인 단위계(universal system)는 인간이 만든 표준기에 의존하지 말고 자연에 의해 제공되는 불변의 기준에 근거를 두어야 한다고 결정하였다.

그래서 길이의 단위로 미터(meter)를 택하여 파리를 통과하는 자오선을 따라 적도와 극 사이의 길이의 천만분의 1로 정하였고, 질량의 단위는 정상대기압(760mmHg) 4[℃]에서 증류수 1[cm^3]의 질량을 1그램(gram)으로 정하였으며, 시간의 단위로는 종래 사용되어

〈표 1-1〉 SI단위의 배수

명 칭	기 호	크 기
tera	T (Tera)	10^{12}
giga	G (Giga)	10^9
mega	M (Mega)	10^6
kilo	k (kilo)	10^3
hecto	h (hecto)	10^2
deca	da (deca)	10
deci	d (deci)	10^{-1}
centi	c (centi)	10^{-2}
milli	m (milli)	10^{-3}
micro	μ (micro)	10^{-6}
nano	n (nano)	10^{-9}
pico	p (pico)	10^{-12}
femto	f (femto)	10^{-15}
atto	a (atto)	10^{-18}

오던 초(second)를 평균태양일의 86,400분의 1로 채택하였다.

기타의 단위는 이 세 기본단위인 길이, 질량, 시간으로부터 유도되어야 한다고 결정하였다. 그리고 그들은 기본단위의 모든 배수들을 십진법(decimal system)으로 할 것을 제안하였으며 오늘날 사용되고 있는 표 1-1과 같은 단위의 배수체계를 고안하였다.

한편 영국은 전기단위계에 대하여 연구를 계속한 결과 BAAS(British Association for the Advancement Science)는 길이와 질량의 기본단위를 센티미터(cm)와 그램(g)으로 하였으며 이것으로부터 발전된 것이 CGS단위계이다.

[3] CGS단위와 실용단위

(1) CGS단위 : 길이의 단위에 cm, 질량의 단위에 g, 시간의 단위에 s를 취한 것을 CGS단위라 한다. 그래서 ε_0, k를 독립량으로 하여 1로 한 것을 CGS 정전단위라 하며 이때에 진공중에서 1〔cm〕 떨어진 거리에 서로 같은 양의 전하를 놓았을 때 작용하는 힘이 1다인(dyne)이 되는 전하를 1CGS 정전단위의 전하로 한다. 이 CGS 정전단위를 약해서 CGS_{esu} 또는 간단히 esu로 표시한다.

CGS단위는 학술상의 단위로는 적합하지만 우리 일상생활에서 실용단위로서는 너무나 적기 때문에 길이를 m, 질량을 kg으로 하는 MKS 단위가 등장하게 되었다.

(2) 실용단위 : CGS 전기단위는 학술상의 단위이며, 실용에 사용하면 대단히 큰 수 또는 대단히 작은 수를 취급하여야 하므로 실용에는 적합하지 않다. 따라서 CGS단위와 별도로 실용에 적합한 단위계를 만들 필요가 있어 지이멘스(Siemens)는 단면적 1〔mm^2〕, 길이 1〔m〕의 수은주의 저항을 전기저항의 단위로 할 것을 제창하였다.

그 후에 측정한 결과 이 저항값은 저항의 CGS 전기단위의 거의 10^9배로 됨을 알게 되었다. 반대로 CGS 전기단위의 10^9배를 가지고 저항의 실용단위로 하고 이것에 오옴(ohm)이라는 명칭을 붙였다.

이 관계를 만족하도록 수은저항 표준기의 사용방법을 현재의 원기로 제정하였다. 그리고 전압의 실용단위로 클라아크(Clark) 전기의 기전력을 택하였으며 이것은 전압의 CGS 전자단위의 10^8배로 된다. 그러므로 전압의 CGS 전자단위의 10^8배를 전압의 단위로 하여 이것에 볼트(Volt)라는 이름을 붙였다. 이 두 개를 정하면 다른 전기단위를 유도할 수 있다.

예를 들면, 1오옴의 저항에 1볼트를 가할 때 흐르는 전류는 1암페어(ampere)이다. 이상과 같은 것을 실용단위(practical unit)라고 한다. 1954년 제 10회 도량형 총회에서 채택된 전기단위의 정의 방법은 다음과 같다.

① Ampere —— 진공중에서 1〔m〕의 간격으로 평행하게 놓인 무한히 작은 원형 단면을 가지는 두 개의 무한히 긴 직선상 도체의 각각을 통과하여 그 도체의 길이 1〔m〕마다 2×10^{-7}〔N〕의 힘을 서로 미치게 하는 일정한 전류의 크기

② Volt —— 1〔A〕의 일정한 전류가 흐르고 있는 도체의 두 점 사이에서 소비되는 전력이 1〔W〕일 때 이들 두 점 사이에 존재하는 전압

③ Ohm —— 기전력이 존재하고 있지 않는 도체의 두 점 사이에 1〔V〕의 전압을 가했을 때의 전류가 1〔A〕일 경우, 그 두 점 사이의 전기저항

④ Coulomb —— 1[A]의 전류에 의하여 1초간에 운반되는 전기량

⑤ Farad —— 1[C]의 전기량을 충전할 때, 양극에 1[V]의 전위차를 일으키는 축전기의 정전용량

⑥ Henry —— 1[A/s]의 비율로써 균일하게 변화하는 전류를 흐르게 하면 1[V]의 기전력을 일으키는 폐회로의 인덕턴스

⑦ Weber —— 1회권의 회로와 쇄교하고, 균일하게 감소하여 1초간에 0으로 될 때 1[V]의 기전력을 일으키는 자속

⑧ Volt-Ampere —— 회로에 1[V]의 정현파 전압을 가하여, 1[A]의 정현파 전류가 흐를 때의 피상전력(apparent power)

⑨ Var —— 회로에 1[V]의 정현파 전압을 가하여, 이것과 90° 위상이 다른 1[A]의 정현파 전류가 흐를 때의 무효전력(reactive power)

실용단위와 CGS단위와의 관계는 표 1-2와 같다.

〈표 1-2〉 실용단위와 CGS 단위와의 관계

양	실 용 단 위	CGS 전자단위	CGS 정전단위
전기저항	1 ohm[Ω]	$=10^9$[emu]	$=1/(9\times10^{11})$[esu]
전압	1 volt[V]	$=10^8$[emu]	$=1/300$[esu]
전류	1 ampere[A]	$=10^{-1}$[emu]	$=3\times10^9$[esu]
전력	1 watt[W]	$=10^7$[erg/s]	$=10^7$[erg/s]
전기일	1 joule[J]	$=10^7$[erg]	$=10^7$[erg]
전기량	1 coulomb[C]	$=10^{-1}$[emu]	$=3\times10^9$[esu]
정전용량	1 farad[F]	$=10^{-9}$[emu]	$=9\times10^{11}$[esu]
인덕턴스	1 henry[H]	$=10^9$[emu]	$=1/(9\times10^{11})$[esu]
자속	1 weber[Wb]	$=10^8$[maxwell]	$=1/300$[esu]

[4] 국제 단위

1960년도에 제11차 국제도량형총회(systéme International d'unités(SI))에서 국제 MKSA 단위계가 채택되었다. SI 단위계는 미터법을 사용하는 지역에서는 다른 모든 단위계를 대신하여 광범위하게 채택되었고 다른 단위계는 완전히 사용하지 못하게 되었다. SI(system international of unit) 단위는 1969년 2월에 ISO(국제표준화기구)에서 ISO 추천 규격 제1000호로서 다시 채택(여기에서 기본단위 mol을 추가) 결정하고 1971년 1월부터 사용하고 있다.

유도단위는 정의식에 의해 이 7개의 기본단위로 표시된다. 정의식의 몇 가지 예가

전기 및 자기량에 대해서 표 1-3에 주어진다. 표 1-4는 총회에서 사용할 것을 권장한 SI 단위계에 있어서 기본단위, 보충단위 및 유도단위를 나타낸다.

〈표 1-3〉 전기 및 자기단위

양 및 기호	SI 단위		변환인자	
	명칭 및 기호	정의식	CGSm	CGSe §
전류 I	ampere A	$F_z=10^{-7}I^2\dfrac{dN^*}{dZ}$	10	$10/c$
기전력 E	volt V	$p=IE$	10^{-8}	$10^{-8}c$
전위 V	volt V	$p=IV$	10^{-8}	$10^{-8}c$
저항 R	ohm Ω	$R=V/I$	10^{-9}	$10^{-9}c$
전하 Q	coulomb C	$Q=It$	10	$10/c$
용량 C	farad F	$C=Q/V$	10^9	$10^9/c^2$
전계강도 E	— V/m	$E=V/l$	10^{-6}	$10^{-6}c$
전속밀도 D	— C/m²	$D=Q/l^2$	10^5	$10^5/c$
유전율 ε	— F/m	$\varepsilon=D/E$	—	$10^{11}/4\pi c^2$
자계강도 H	— A/m	$\oint Hdl=nI$	$10^{3/4}$	—
자속 Φ	weber Wb	$E=d\Phi/dt$	10^{-8}	—
자속밀도 B	tesla T	$B=\Phi/l^2$	10^{-4}	—
인덕턴스 L, M	henry H	$M=\Phi/I$	10^{-9}	—
투자율 μ	— H/m	$\mu=B/H$	$4\pi\times10^{-7}$	—

*N:각각 전류 I가 흐르는 두 선형회로에 대한 노이만의 적분을 나타낸다.
F_z:진공 내에 좌표 z축 방향으로 놓인 두 회로 사이에 작용하는 힘
§c : 자유공간에서의 빛의 속도($=2.997925\times10^8$m/s)

〈표 1-4〉 기본단위, 보충단위, 유도단위

양	기호	차원	단위	단위기호
기본단위				
길이	l	L	meter	m
질량	m	M	kilogram	kg
시간	t	T	second	s
전류	I	I	ampere	A
온도	T	Θ	degree Kelvin	°K
물질량			mol	mol
광도			candela	cd
보충단위*				
평면각	α, β, γ	$[L]^\circ$	radian	rad
입체각	Ω	$[L^2]^\circ$	steradian	sr

유도단위				
면적	*A*	L^2	square meter	m^2
체적	*V*	L^3	cubic meter	m^3
주파수**	*f*	T^{-1}	hertz	Hz(1/s)
밀도	*ρ*	$L^{-3}M$	kilogram per cubic meter	kg/m^3
속도	*v*	LT^{-1}	meter per second	m/s
각속도	*ω*	$[L]^{\circ}T$	radian per second	rad/s
가속도	*a*	LT^{-2}	meter per second squared	m/s^2
각가속도	*α*	$[L]^{\circ}T^{-2}$	radian per second squared	rad/s^2
힘	*F*	LMT^{-2}	newton	$N(kg\,m/s^2)$
압력, 응력	*p*	$L^{-1}MT^{-2}$	newton per square meter	N/m^2
일, 에너지	*W*	L^2MT^{-2}	joule	J(N·m)
전력	*P*	L^2MT^{-3}	watt	W(J/s)
전기량	*Q*	TI	coulomb	C(A/s)
전위차 또는 기전력	*V*	$L^2MT^{-3}I^{-1}$	volt	V(W/A)
전계강도	*E*, *ε*	$LMT^{-3}I^{-1}$	volt per meter	V/m
전기저항	*R*	$L^2MT^{-3}I^2$	ohm	Ω(V/A)
전기용량	*C*	$L^{-2}M^{-1}T^4I^2$	farad	F(As/V)
자속	*Φ*	$L^2MT^{-2}I^{-1}$	weber	Wb(vs)
자계강도	*H*	$L^{-1}I$	ampere per meter	A/m
자속밀도	*B*	$MT^{-2}I^{-1}$	tesla	$T(Wb/m^2)$
인덕턴스	*L*	$L^2MT^{-2}I^2$	henry	H(Vs/A)
기자력	*U*	I	ampere	A
광속			lumen	lm(cd sr)
휘도			candela per square meter	cd/m^2
조도			lux	$lx(lm/m^2)$

* 11차 총회에서 이들 단위를 보충단위(supplementary unit)로 정의하였다. 그러나 이들 단위는 유도단위로 취급될 수 있다.

** 몇몇 나라에서는 주파수를 Hz 대신에 cycle/second〔c/s〕로 나타내며, 자속밀도는 T 대신에 weber per square 〔wb/m^2〕으로 나타낸다.

〔연 습 문 제〕

1-1 측정의 종류를 들어 설명하고 예를 들어라.

1-2 정도와 확도를 비교 설명하여라.

1-3 오차율과 보정율에 대하여 설명하고, 오차 백분율과 상대확도에 대하여 기하여라.

1-4 오차의 종류를 들어 설명하여라.

1-5 고주파 측정시 발생하는 오차와 유의할 사항을 열거하여라.

1-6 평균편차와 표준편차에 대하여 설명하여라.

1-7 기본단위와 유도단위에 대하여 설명하여라.

1-8 SI단위중 기본단위와 보충단위를 열거하여라.

제2장

지시 계기

2-1 지시계기의 구성요소와 종류 및 특성

[1] 계기의 구성요소

일반적으로 지시계기의 주요 구성요소로서는 피측정량(전압, 전류 또는 전력 등)의 값에 비례하는 구동 토오크(torque)를 발생시키는 ① 구동장치, 구동 토오크의 발생에 의해서 움직이는 바늘을 정지시키기 위한 제어 토오크를 발생시키는 ② 제어장치 및 가동부분에 제동 토오크를 주어서 바늘이 신속히 지시하도록 하는 ③ 제동장치 등이 있다. 이러한 장치들을 지시계기의 3대 요소라고 한다.

(1) 구동장치(driving device) : 측정하고자 하는 전기적 양에 비례하는 구동 토오크 또는 구동력을 발생시키는 동작장치이다. 구동장치는 열전형을 제외하고는 거의 고정체(fixed part)와 가동체(moving part)로 되고 전기적 입력을 가하면 양자간에 기계적인 힘을 발생하여 가동체는 회전한다.

구동 토오크를 발생시키는 방법은 원리상 다음과 같이 분리할 수 있다.

① 자계와 전류 사이에 작용하는 힘

② 두 전류 사이에 작용하는 힘

③ 충전된 두 물체 사이에 작용하는 힘

④ 자계 내에 있는 철편에 작용하는 힘

⑤ 회전자계 및 이동자계 내에 있는 금속도체에 작용하는 힘

⑥ 주울(joule)열에 의한 금속선의 팽창 또는 열전효과에 의한 기전력의 힘 등을 이용하는 것으로서 어느 것이나 계기에 흐르는 전류, 전압 및 전력에 비례하여 토오크를 증가시킨다.

(2) 제어장치(controlling device) : 구동 토오크가 발생되어서 가동부분이 이동되었을

때 이에 대해서 반대방향으로 작용하는 제어 토오크 또는 제어력을 발생시키는 장치이다. 즉 가동부분은 구동 토오크와 제어 토오크가 평형(balance)되는 위치에서 정지되며, 따라서 이 가동부분에 부착된 바늘은 피측정량에 알맞는 값을 눈금판 위에서 지시한다.

만일 이 제어 토오크가 없고 구동 토오크만 있으면 구동 토오크의 값이 크고 작음에 관계없이 항상 최대값만 지시하게 되고, 측정이 끝나서 피측정물을 제거해도 미터의 바늘은 최대값을 지시한 채 원위치(0)로 되돌아가지 않는다.

한편 제어 토오크를 발생시키는 장치로서는

① 스프링 작용에 의한 것

② 중력작용에 의한 것

③ 전기의 와류(eddy current) 작용에 의한 것 등 3종류가 있다.

(3) 제동장치(damping device) : 가동부분이 구동 토오크에 의해서 회전하면 제어 토오크가 이 회전량에 비례해서 증가되어 양쪽 토오크가 평형되는 위치에서 미터의 바늘은 회전을 멈추고 정지한다. 그러나 일반적으로 가동부분은 관성이 있기 때문에 그 평형 위치를 지나간다. 이 상태에서는 구동 토오크에 비해서 제어 토오크가 크기 때문에 미터의 바늘은 되돌아간다. 이와 같이 해서 미터의 바늘은 평형 위치를 중심으로 얼마동안 좌우로 진동을 되풀이하다가 진폭이 감쇠되어 드디어는 정지된다. 이러한 미터 바늘의 진동은 측정시간을 낭비할 뿐만 아니라 회전축 등이 마모되어 오차발생의 원인이 되므로 이 진동 에너지를 흡수시키는 장치이다.

이 제동 토오크를 발생시키는 장치로서는

① 공기제동에 의한 것

② 액체제동에 의한 것

③ 전자제동에 의한 것 등이 있다.

[2] 계기의 종류

지시계기는 전류(current), 전압(voltage), 전력(power), 전기저항 등의 전기적 양, 자계, 자속 등의 자기적 양, 광속, 조도 등의 광학적 양, 온도, 열량 등의 열적 양, 변위, 속도 등의 역학적 양 등을 전기적으로 측정하는 장치로서, 그 종류는 여러 가지가 있으나 전기적양을 측정하는 지시계기로서 그 동작원리와 정도급수에 의하여 분류하면 표 2-1, 2-2와 같다.

[3] 계기의 구비조건과 오차

(1) 계기의 구비조건 : 일반적으로 지시계기는 다음과 같은 구비조건을 가져야 한다.

① 확도가 높고 오차가 적을 것

② 눈금이 균등하든가 대수눈금일 것

③ 응답도(responsibility)가 좋을 것

〈표 2-1〉 지시계기의 동작원리에 의한 분류

종 류	기 호	문자 기호	사용 회로	사 용 범 위			구 동 토 오 크
				전류〔A〕	전압〔V〕	주파수〔Hz〕	
가 동 코일형		M	직류	3×10^{-6} $\sim10^{2}$	$10^{-2}\sim10^{3}$		영구자석의 자계 내에 코일을 두고 이 코일에 전류를 통과시켜 발생되는 작용력을 이용한다.
가 동 철편형	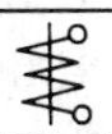	S	교류	$10^{-2}\sim$ 3×10^{2}	$10\sim10^{3}$	<500	전류에 의한 자계가 연철편에 작용하는 힘을 이용한다.
유도형	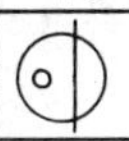	I	〃	$1\sim10^{2}$	$1\sim10^{3}$	$30\sim10^{2}$	회전자계 또는 이동자계와 이것에 의한 유도 전류와의 상호작용을 이용한다.
전류력 계 형	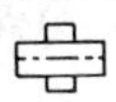	D	직류 교류	$10^{-2}\sim20$	$1\sim10^{3}$	$<10^{3}$	전류상호 간에 작용하는 힘을 이용한다.
정전형		E	〃	(고전 압용)	$1\sim5$ $\times10^{5}$	$<10^{8}$	충전된 대전체 사이에 작용하는 흡인력 또는 반발력(즉 정전력)을 이용한다.
열전형	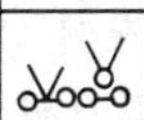	T	〃	$10^{-3}\sim5$	$0.5\sim150$	$<10^{8}$	이종의 금속체 사이에 발생되는 기전력을 이용한다.
정류형		R	〃	5×10^{-4} $\sim10^{-1}$	$1\sim10^{3}$	$<10^{4}$	가동 코일형 계기 앞에 정류기 회로를 삽입하여 교류를 측정하므로 가동 코일과 같다.

〈표 2-2〉 지시계기의 정도계급 허용오차에 의한 분류

계 측 기	정 도 계 급	허 용 오 차	용 도	예
전 류 계	0.2급 초정밀급	정격값의 ±0.2%	부 표 준 기	교 정 용
전 압 계	0.5급 정밀급	정격값의 ±0.5%	정 밀 측 정	휴 대 용
전 력 계	1.0급 준정밀급	정격값의 ±1.0%	보 통 측 정	휴 대 용
무 효 전 력 계	1.5급 보통급	정격값의 ±1.5%	공 업 측 정	대 형 배 전 반 용
	2.5급 준보통급	정격값의 ±2.5%	공 업 측 정	소 형 계 기 판 용

④ 튼튼하고 취급하기 편리할 것

⑤ 절연 및 내구력이 높을 것 등이다.

(2) 계기의 오차원인과 방지책 : 계기의 오차원인은 여러 가지가 있지만 그 중에서 중요한 것을 들어보면 다음과 같다.

① 눈금의 부정확에 의한 오차 —— 눈금은 보통 중요한 눈금선만을 표준기로서 정하고 그 중간은 눈금의 특성에 따라서 적당히 나누어서 만든다. 따라서 평등눈금쪽이 눈금의 정확성을 기하기가 유리하다. 이의 보상법은 눈금을 교정하여 쓰는 방법 이외는 없다.

② 베어링(bearing)에 의한 오차 —— 가동부가 불평형으로 되면 회전축이 기울어져서 베어링에 불필요한 마찰이 생겨 오차의 원인이 된다. 이것을 방지하기 위해서는 가동

부가 평형되어 있어야 하며, 눈금판에 기재된 올바른 위치에서 사용하여야 한다.

③ 스프링의 피로에 의한 오차 —— 계기에는 장기간 동작시켜 두면, 스프링의 탄성피로 때문에 지침이 0위치로 되돌아오지 않는 경우가 있다. 다소의 피로에 의한 영위의 이동은 영위조정장치에 의하여 간단하게 조정된다.

④ 자기가열에 의한 오차 —— 계기에 전류가 흐르면 전기저항이 존재하는 한, 주울열에 의하여 각 부에 온도가 상승한다. 이 현상을 자기가열이라고 한다. 온도가 일정한 값으로 낙착되기까지는 상당한 시간이 걸린다. 이 사이에 계기의 지시는 일정하게 되지 않는다. 이것은 스프링의 제어력이나 코일의 전기저항이 온도에 따라 변하므로, 대체로 15분 이내에서 지시가 일정하게 되면 좋다고 한다.

자기가열에 의한 오차를 적게 하려면 불필요한 주울열의 발생을 피하는 것은 물론 열의 방사, 전도를 양호하게 하면 된다.

⑤ 외부자계에 의한 오차 —— 일반적으로 정전형 계기를 제외하고, 다른 계기는 외부자계의 영향을 받는다. 특히 전류력계형 및 가동철편형의 계기는 그 영향이 심하다.

이러한 계기는 강한 자계나 대전류가 흐르고 있는 도체로부터 멀리 떨어져서 사용하든가, 얇은 철판으로 자기차폐를 하든가, 또는 정밀계기에서는 가동부를 무정위로 할 필요가 있다. 외부자계가 일정한 방향의 자계라면, 계기의 위치를 180° 회전하여 2회의 읽음의 평균을 잡든가, 또는 전류의 방향을 전환하여 2회의 읽음의 평균을 취하면, 자계의 영향을 없앨 수 있다.

⑥ 정전계에 의한 오차 —— 정전형 계기는 정전계의 영향을 받아서 오차가 생기므로 계기를 1개의 금속용기에 집어 넣어서 눈금판의 한 부분과 가동전극과를 이것에 접속시켜서 접지한다. 이것을 정전차폐라 한다.

전류력계형 계기에서는 고정 코일과 가동 코일과의 사이에 전위차가 있으면 정전작용이 있게 되므로 두 코일의 한 끝을 접속하여 등전위로 할 필요가 있다.

⑦ 기온의 변화에 의한 오차 —— 기온이 변화하면 영구자석, 스프링, 저항선 등이 영향을 받아서 오차의 원인이 된다.

a. 영구자석 : 영구자석의 재료로서는 탄소강, 텅스텐강, KS강, 크롬강과 같은 것, MK강, MKS강과 같이 탄소를 필요로 하지 않는 것과 OP강과 같이 금속의 산화물을 압축조형한 것 등이 있다.

영구자석으로서는 잔유자기 및 보자력이 크고, 안정한 것이 요망된다. 보통 온도상승에 따라 1〔℃〕당 −0.02∼−0.03〔%〕 비율로 자극의 세기는 감소하므로, 구동 토오크 또는 제어 토오크의 감소가 되어 오차의 원인이 된다.

이것을 방지하기 위하여 그림 2-1에서 나타낸 바와 같이 자극 사이에 비투자율이 큰 (−)의 온도계수를 가지는 자기분로편을 삽입하고, 코일에 교차된 유효자속을 온도와 무관계로 일정하게 하도록 한다. 자기분로편의 재료로는 철-니켈 합금이 쓰인다.

b. 스프링 : 인청동은 탄성계수가 (−)이며, 대체로 −0.04〔%/℃〕 정도의 값을 가진다. 따라서 제어력도 이 비율만큼 감소하게 되며, 영구자석의 세기의 감소와 거의 상쇄된다.

c. 저항선 : 구리선의 저항온도계수가 +0.4〔%/℃〕이므로, 온도의 변화에 대하여 가장 큰 영향을 준다. 이것은 온도의 상승에 의하여 구리선의 저항이 증가하고, 일정전압에 대하여 계기전류가 감소하고, 그 결과 구동 토오크의 감소로 나타난다.

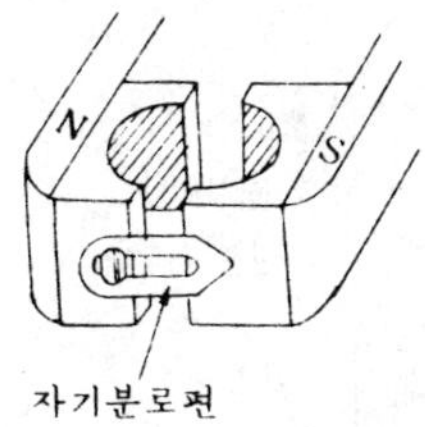

〈그림 2-1〉 자기분로편

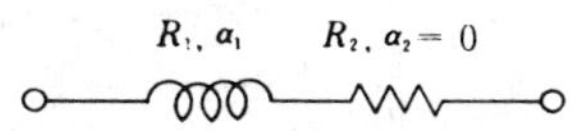

〈그림 2-2〉 직렬저항법

보상법으로는 직렬저항법이 있다.

직렬저항법은 저항온도계수가 거의 0과 같은 다른 저항을 직렬로 접속하여, 전체로서의 저항의 온도에 의한 변화를 작게 하는 방법이다. 그림 2-2에서 R_1〔Ω〕 및 α_1을 보상하려는 전압 코일의 저항 및 저항온도계수라 하고, 이것에 R_2〔Ω〕인 망가닌 선($\alpha_2 \fallingdotseq 0$)을 접속한다.

합성저항을 R_3, 합성온도 계수를 α_3라고 하면,

$$\alpha_3 = \frac{\alpha_1 R_1 + \alpha_2 R_2}{R_3}$$

$$= \frac{\alpha_1 R_1 + \alpha_2 R_2}{R_1 + R_2} \tag{2-1}$$

로 되지만, $\alpha_2 \fallingdotseq 0$이라면

$$\alpha_3 = \alpha_1 \frac{R_1}{R_1 + R_2} \tag{2-2}$$

로 되며, 온도계수는 $R_1/(R_1+R_2)$의 비율로 감소한다.

2-2 가동 코일(線輪)형 계기

[1] 구조 및 원리

가동 코일형 계기(moving-coil type instruments)는 그림 2-3(a)와 같이 U자형의 영구자석(permanent-magnet)에 의한 자계 내에 자유롭게 회전할 수 있도록 가동 코일을 장치한 것이고 이 코일에 전류가 흐르면 자계와 전류 사이에 생기는 전자력이 코일을 회전시키며 이때 전자력과 스프링의 기계적 제어력이 서로 평형을 이루는 위치에서 정지하게 된다. 가동 코일에 발생한 전자력(구동 토오크)의 크기 T_d는 다음과 같다.

$$T_d = BANI \text{ 〔N·m〕} \tag{2-3}$$

여기서, B : 자속밀도〔Wb/m^2〕

A : 유효 코일 면적〔m^2〕

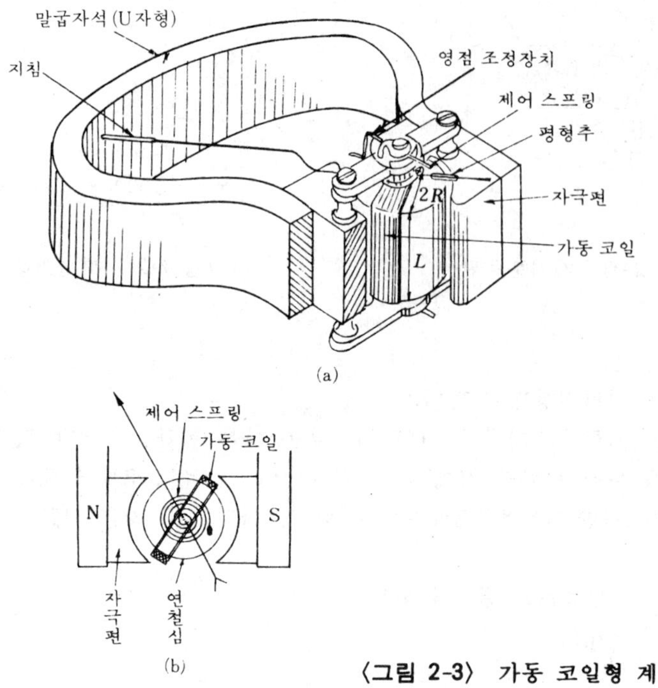

〈그림 2-3〉 가동 코일형 계기

N : 코일 권수

I : 가동 코일에 흐르는 전류〔A〕

식 (2-3)은 발생한 전자력이 자속밀도, 코일 전류 및 코일 상수(면적과 권수)에 정비례함을 나타낸다. 자속밀도와 코일 상수는 계기에서 고정 파라미터(parameter)이므로 회전 토오크는 코일에 흐르는 전류의 크기에 비례하여 직접 지시하게 된다. 한편 구동 토오크 T_d에 의하여 가동 코일이 회전하면 스프링 제어에 의한 제어 토오크 T_c가 증가한다. 이 제어 토오크 T_c는 가동 코일의 회전각도 θ에 정비례하므로 T_c는 다음 관계가 성립한다.

$$T_c = k \cdot \theta \text{〔N·m〕} \tag{2-4}$$

여기서, k : 제어정수

θ : 가동 코일의 회전각도

한편 $T_d = T_c$라는 평형조건이 만족하면 가동 코일에 직결되어 있는 미터의 바늘은 정지한다. 이때 가동 코일의 회전각도, 즉 미터 바늘의 지시각도 θ를 구하면

$T_d = BANI$, $T_c = k\theta$에서

$T_d = T_c$이면 $BANI = k\theta$

$$\therefore\ \theta = \frac{BAN}{k} \cdot I = K \cdot I \tag{2-5}$$

단, $K = \dfrac{BAN}{k}$

가 된다. 따라서 미터 바늘의 지시값은 전기량에 정비례하므로 눈금은 평등눈금이 된다.

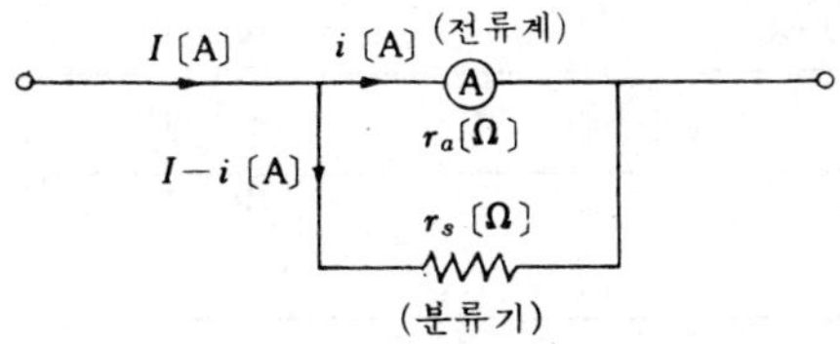

〈그림 2-4〉 분류기

(1) 분류기(shunt) : 가동 코일형 전류계(ampere meter)의 동작전류는 보통 4.5~50 [mA] 정도이므로, 그 이상의 전류량을 측정하기 위하여 전류계와 병렬로 삽입하는 망가닌(manganin) 저항선을 말한다.

분류기는 그림 2-4와 같이 전류계의 측정범위를 확대하기 위하여 전류계에 병렬로 삽입하는 저항으로서, 지금 전류계 A에 흐르는 전류를 i라고 하면

$$i=\frac{r_s}{r_s+r_a}\times I[\text{A}] \tag{2-6}$$

여기서, I : 회로의 전체 전류

r_a : 전류계의 내부저항

r_s : 분류기의 저항

이 된다. 여기서 분류기의 배율 m은

$$m=\frac{I}{i}=\frac{r_s+r_a}{r_s} \tag{2-7}$$

가 되므로 분류기의 저항 r_s는

$$mr_s=r_s+r_a$$

$$\therefore\ r_s=\frac{r_a}{m-1}[\Omega] \tag{2-8}$$

로서 구해진다. 그러므로 전류계의 내부저항과 분류기의 필요한 배율만 알면 분류기의 저항값을 알 수 있다.

〈예제 2-1〉 내부저항이 100Ω인 1mA 계기 작동기구를 측정 범위 0~10mA인 전류계로 변환하고자 한다. 분류기 저항값을 계산하여라.

《풀이》 $r_s=\frac{100}{10-1}=11.11\Omega$

또는 계기 양단 전압강하 $V_m=I\times r_a=1\text{mA}\times100\Omega=0.1\text{V}$

분류기 양단 전압강하 $V_s=V_m=0.1\text{V}$

분류기로 흐르는 전류 $i_s=I-i=10\text{mA}-1\text{mA}=9\text{mA}$

분류기 저항 $r_s=\frac{V_s}{i_s}=\frac{0.1\text{V}}{9\text{mA}}=11.11\Omega$

(2) 배율기(multiplier) : 가동 코일형 전압계(volt-meter)로 직접 측정할 수 있는 전압

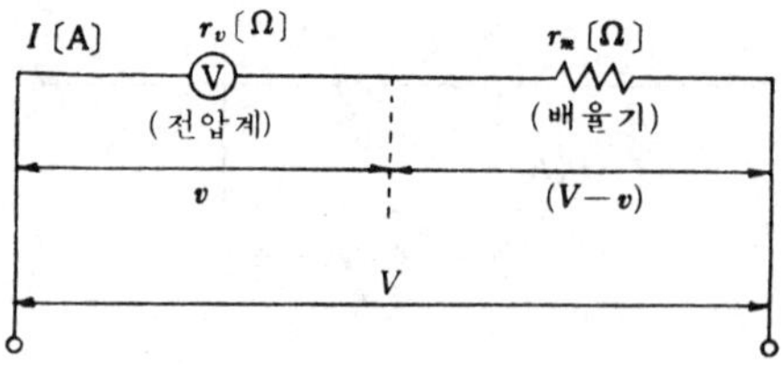

〈그림 2-5〉 배율기

범위는 45~75〔mV〕 정도이므로, 그 이상의 전압을 측정하기 위하여 전압계와 직렬로 삽입하는 망가닌 저항선을 말한다. 배율기는 그림 2-5와 같이 전압계의 측정범위를 확대하기 위하여 전압계와 직렬로 삽입하는 저항으로서, 지금 전압계에 걸리는 전압을 v라고 하면

$$v=\frac{r_v}{r_v+r_m}\times V〔\mathrm{V}〕 \tag{2-9}$$

가 된다.

여기서 배율기의 배율 m은

$$m=\frac{V}{v}=\frac{r_v+r_m}{r_v} \tag{2-10}$$

이 되므로 배율기의 저항 r_m은

$$r_v+r_m=mr_v$$

$$\therefore\ r_m=(m-1)r_v〔\Omega〕 \tag{2-11}$$

이 된다. 그러므로 전압계의 내부저항과 배율기의 필요한 배율만 알면 배율기의 저항값을 알 수 있다.

〈예제 2-2〉 내부저항이 1kΩ인 500μA 계기 작동기구를 사용한 직류전압계의 50V 측정범위에 대한 배율기 저항값을 계산하여라.

《풀이》 측정전압$=1\mathrm{k\Omega}\times 500\mu\mathrm{A}=500\mathrm{mV}=0.5\mathrm{V}$

배율 $m=\frac{50\mathrm{V}}{0.5\mathrm{V}}=100$

$r_m=(m-1)r_v=(100-1)\times 1\mathrm{k\Omega}=99\mathrm{k\Omega}$

[2] 가동 코일형 계기의 특징

영구자석과 스프링 제어가 사용되고 있는 가동 코일형 계기는 정류형, 열전대형 및 진공관 전압계(VTVM) 등 지시계기에 널리 사용되는 계기로서, 그 특징을 들어보면 다음과 같다.

① 감도가 대단히 우수하다.
② 기계적인 최양도가 좋아서 정확한 측정이 된다.
③ 소비전력이 대단히 적다.
④ 눈금이 평등눈금이므로 측정범위를 간단히 변경시킬 수 있다.
⑤ 직류전용이므로 교류를 측정하려면 정류기를 삽입해야 한다.
⑥ 직접 측정범위가 낮으므로 분류기나 배율기를 삽입하여 측정범위를 확대해야 한다.

2-3 가동철편형 계기

[1] 구조 및 원리

가동철편형 계기(moving-iron type instruments)는 고정 코일에 흐르는 전류에 의해서 자계가 생기고 이 자계가 연철편을 흡인한다든지 또는 반발한다든지 하는 힘을 구동 토오크로 사용하는 것이다. 그림 2-6(a)는 반발력을 이용한 가동철편형 계기의 일례이다.

동작원리는 고정 코일에 의해서 생기는 자계 중에 고정철편과 가동철편을 나란히 두면, 양쪽 철편은 그림 (b)와 같이 왼쪽 반은 N극으로 자화되고 오른쪽 반은 S극으로 자화되어서, 양철편은 동극성으로 되어 서로 반발하게 된다. 이와 같이 되면 가동철편의 축과 동일한 축에 부착된 미터의 바늘은 피측정량을 지시한다.

가동철편형 계기는 구동 토오크의 발생방식에 의해서 흡인형 계기, 반발형 계기 및 흡인반발형 계기로 분류할 수 있다. 또 제어장치로서는 중력제어와 스프링 제어가 사용되고 있다. 그리고 제동장치로서는 주로 공기제동이 사용되고 있다.

한편 이 가동철편형 계기는 오차가 많기 때문에 정밀급 측정기로서는 사용할 수 없고, 구조가 간단하며 튼튼하고 또 가격이 싸기 때문에 배전반용 전류계, 전압계로서 주로 사용된다.

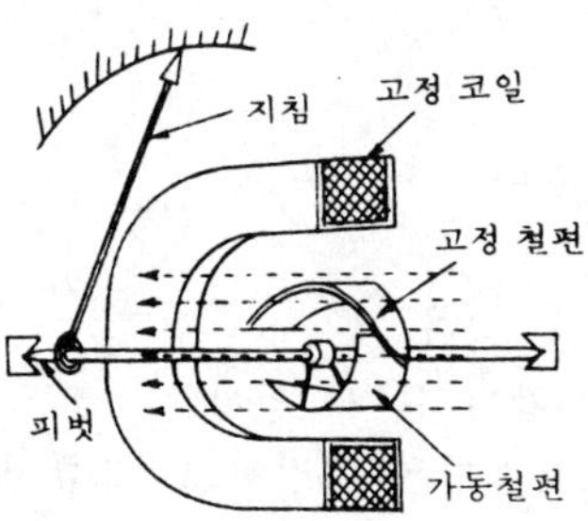

(a)

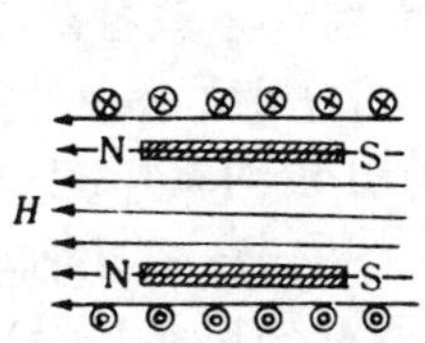

(b)

〈그림 2-6〉 가동철편형 계기(반발형)

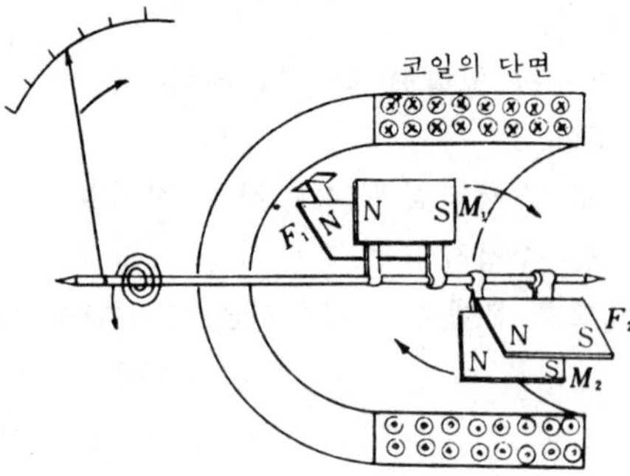

〈그림 2-7〉 흡인반발형

흡인반발형은 그림 2-7과 같으며 고정철편(F_1F_2)과 가동철편(M_1M_2)을 두 개씩 설치한 것이며, 동작원리는 한쪽은 흡인(N·S), 한쪽은 반발(N·N 또는 S·S)을 이용한 것이다.

회전력은 자화되기 위한 에너지(energy), 즉 전력을 필요로 하므로 전류의 제곱에 비례한다. 그러므로 회전력 T_d는 다음과 같다.

$$T_d = k_1 I^2 f(\theta) \,[\mathrm{N \cdot m}] \tag{2-12}$$

여기서 k_1은 비례상수이며 T_d는 회전각에 의해서도 달라지므로 θ의 함수를 적용하였다. 또 제어력 T_c는 식 (2-4)와 같이

$$T_c = k_2 \theta \,[\mathrm{N \cdot m}] \tag{2-13}$$

이고 $T_d = T_c$일 때에 회전이 정지되므로 여기에 위의 두 식을 대입하여 정리하면

$$\theta = KI^2 f(\theta) \tag{2-14}$$

가 된다. 여기서 $K = \frac{k_1}{k_2}$이며 상수이다. 즉 회전각 θ는 전류의 제곱에 비례하므로 눈금은 전류값이 크면 클수록 넓게 되지만 실제에는 철편의 모양이나 간격 등을 적당히 고안하여 균등눈금에 가깝도록 만든 것이 많다.

[2] 가동철편형 계기의 특징

가동철편형 계기의 특징을 들어보면 다음과 같다.

① 구조가 간단하고 견고하며 가격이 싸다.

② 분류기 없이 비교적 큰 전류까지 측정할 수 있다.

③ 눈금은 0부근을 제외하고는 균등눈금에 가깝게 할 수 있다.

④ 히스테리시스(hysteresis) 오차 때문에 직류측정은 곤란하고, 교류전용계기로 사용된다.

⑤ 오차가 많은 결점이 있고, 감도가 높은 것은 제작이 곤란하다.

⑥ 고정 코일의 자계가 작으므로 외부자계의 영향을 받기 쉽다.

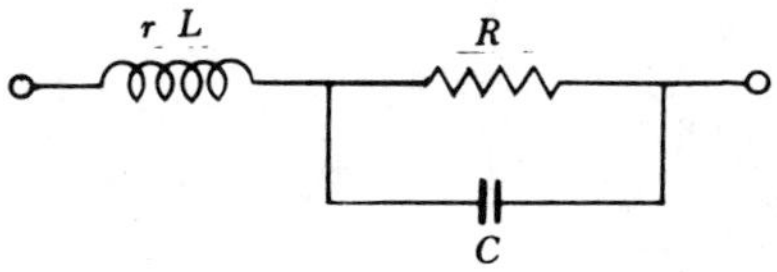

〈그림 2-8〉 주파수 보상회로

[3] 주파수에 의한 오차 보상법

전류계에서는 전압계에 비하여 오차의 원인이 비교적 적지만 전압계로서 사용할 때에는 코일의 자기 인덕턴스 때문에 사용주파수 이상에서는 상당히 큰 오차가 발생하므로 그림 2-8과 같이 직렬저항 R에 병렬로 콘덴서 C를 접속시키고, 고정 코일의 저항과 인덕턴스를 각각 r, L이라고 할 때 전체의 임피이던스 $Z[\Omega]$은

$$Z=r+j\omega L+\frac{1}{\frac{1}{R}+j\omega C}$$

$$=r+\frac{R}{1+\omega^2C^2R^2}+j\omega\left(L-\frac{CR^2}{1+\omega^2C^2R^2}\right)\ [\Omega] \tag{2-15}$$

이다. 여기서, $\omega^2C^2R^2 \ll 1$, $r<R$의 조건하에서

$$Z \fallingdotseq r+R+j\omega(L-CR^2)[\Omega] \tag{2-16}$$

이다. 따라서

$$L-CR^2=0 \qquad C=\frac{L}{R^2} \tag{2-17}$$

인 관계를 만족시키도록 C의 값을 결정하면 전임피이던스는 무유도성이 되어 주파수에 대한 오차를 보상하게 된다.

2-4 유도형 계기

[1] 구조 및 원리

유도형 계기(inductance type instruments)는 피측정전류 또는 전압을 여자 코일에 공급해서 자계를 만들고 이 자계와 가동부분의 전자유도작용에 의해서 생기는 유도전류와의 상호전자력에 의해서 가동부분에 구동 토오크를 발생시키도록 한 것이다. 이 계기는 자계의 양상에 따라 회전자계와 이동자계형으로 나누어진다.

(1) 회전자계형 : 이 계기의 구조는 그림 2-9와 같이 성층철심 4개의 돌극에 두 조의 코일 AA', BB'를 감고, AA'쪽에는 무유도저항 R을 직렬로 넣고, BB'쪽에는 인덕턴스 L을 직렬로 넣은 다음 두 회로를 병렬로 접속한 것이다. 여기에 피측정전압을 가하면 AA'에 의한 자속 ϕ_A와, BB'에 의한 자속 ϕ_B의 합성자계로서 회전자계가 생긴다. 이 회

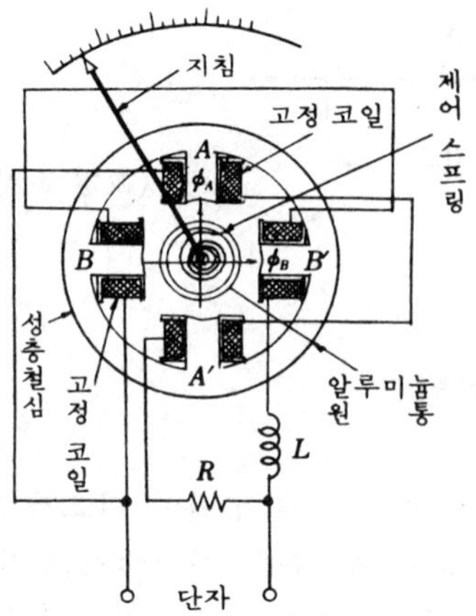

〈그림 2-9〉 회전자계형 유도형 계기

전자계에 의해서 금속원통 C에 와전류가 발생하고, 이 와전류와 자계 사이의 전자력에 의하여 구동 토오크가 생기는 것이다. 따라서 토오크의 크기는 전압 또는 전류의 제곱에 비례하고 계기는 실효값을 지시하도록 되어 있다.

(2) 이동자계형 : 이 계기는 재려고 하는 전류 또는 전압에 의해서 만들어진 이동자계 속에 금속판을 놓고 여기에 생기는 와전류와 코일의 자속 사이의 전자력에 의해서 구동 토오크를 만드는 것으로서 그림 2-10과 같이 성층철심 c로 형성된 자극의 일부에 셰이딩(shading) 코일이라 하는 단락 코일 S를 끼우고, 자극 간에 알루미늄 원판 D를 넣어서 원판의 축에 제어장치나 지침 등을 장치한 것이다.

철심 중의 자속 ϕ는 자극단에서 ϕ_1, ϕ_2로 나누어지며 셰이딩 코일(shading coil)에 단락전류가 흐르기 때문에 ϕ_2는 ϕ_1보다도 그 변화가 시간적으로 뒤지므로, 자극단의 자속은 ϕ_1쪽에서 ϕ_2쪽으로 이동하는 이동자계를 생기게 하는 것이다.

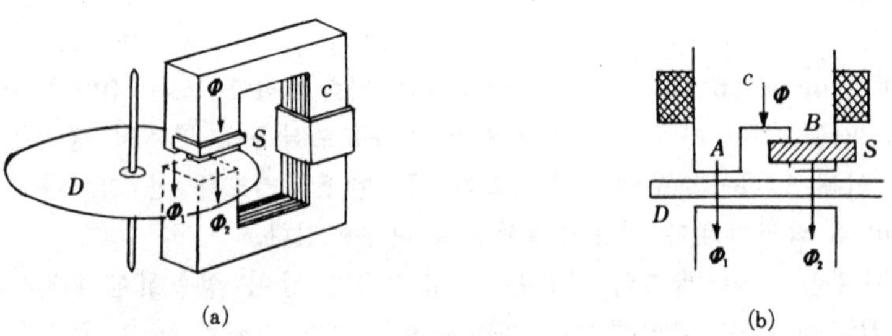

〈그림 2-10〉 이동자계형 유도형 계기

[2] 유도형 계기의 특징

유동형 계기의 특징을 들어보면 다음과 같다.

① 가동부에 전류를 흘릴 필요가 없으므로 구조가 간단하고 견고하다.
② 회전력이 크며 조정이 용이하다.
③ 공간의 자계가 강하기 때문에 외부자계의 영향이 적다.
④ 가동부를 전류제동판으로 쓸 수 있다.
⑤ 회전력은 가동부의 위치에 관계없으므로 극히 넓은 범위의 눈금을 쓸 수 있다
⑥ 주파수의 영향이 다른 계기에 비해 크므로 정밀용 계기로는 부적합하다.
⑦ 교류용이며 직류에는 사용할 수 없다.
⑧ 교류배전반용 기록장치와 전력계 및 이동자계형은 적산전력계로서 이용된다.

[3] 전압계 부하효과

전압계가 회로부품의 양단전압을 측정하기 위하여 사용될 때, 전압계 회로 그 자체는 회로부품과 병렬로 접속된다. 두 저항의 병렬접속은 두 저항이 각각일 때보다 낮아지므로, 전원측에서 보는 저항값은 전압계가 접속되면 항상 감소한다. 그러므로 소자 양단의 전압은 전압계가 접속될 때는 언제나 낮아진다. 전압 감도의 크기는 사용되는 전압계의 감도에 따라 무시할 수도 있고 또는 고려할 수도 있다. 이것은 전압계 부하효과라고 부르며, 그 결과 발생되는 오차를 부하오차(loading error)라고 한다.

2-5 전류력계형 계기

전류력계형 계기(electrodynamometer－type instruments)는 교류나 직류에도 동일하게 쓰이는 계기이며, 전압계나 전류계 뿐만 아니라 전력계, 역률계 또는 주파수계에도 이용된다.

[1] 구조 및 원리

이 계기는 가동 코일형 계기의 영구자석 대신에 고정 코일로 바꾸어 놓은 것으로서 고정 코일에 전류를 흘렸을 때 생기는 자계 속에 가동 코일이 있으므로 여기에 전류가 흐를 때 생기는 전자력을 이용한 것이다.

그림 2-11은 전류력계형 계기의 구조와 원리를 나타낸 것이다. 두 고정 코일(F_1, F_2)은 똑같이 양분되어 있으며, 가동 코일(M)과 직렬로 연결되어 피측정전류가 흘렀을 때 가동 코일의 회전에 필요한 자계를 발생시킨다. 양분된 고정 코일은 가동 코일이 회전할 수 있도록 충분히 떨어져 있다. 가동 코일의 회전은 가동 코일형 계기과 마찬가지로 스프링에 의해 제어된다. 또 계기의 동작에 영향을 미치는 표유자계(stray magnetic field)로부터 계기를 보호하기 위하여 성층차폐(laminated shield)를 한다.

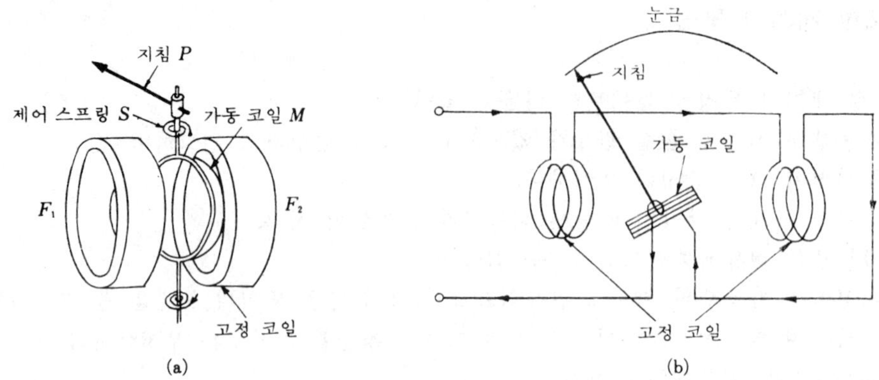

〈그림 2-11〉 전류력계형 계기의 구조 및 원리

자계 내에 장치된 코일의 구동 토오크는 식 (2-3)과 같이

$$T_d = BANI \text{[Nm]} \tag{2-18}$$

이 된다. 따라서 이 토오크는 자계의 세기(B)와 코일에 흐르는 전류(I)에 비례함을 알 수 있고, 자계의 세기는 고정 코일에 흐르는 전류에 비례하므로, 결국 구동 토오크는 흐르는 전류의 제곱(I^2)의 함수가 된다.

전류력계형 계기는 직류용으로만 설계하면 위에서 알 수 있는 바와 같이 제곱눈금으로 되기 때문에 영점(zero) 부근의 작은 전류에서는 복잡한 눈금이 되고, 큰 전류에서는 넓게 분포되는 불균등눈금으로 된다. 교류용에 있어서는 어느 순간에 발생된 토오크는 순시전류의 제곱(i^2)에 비례한다. i^2의 순시값은 항상 (+)이므로 토오크의 맥동이 생긴다. 그러나 가동 코일은 토오크의 빠른 변화를 따라갈 수 없으므로 평균 토오크에 응답하게 되고 이 평균 토오크가 제어 스프링에 의한 제어 토오크와 평형이 되는 곳에서 지침은 정지한다.

따라서 계기의 편위는 전류제곱의 평균의 함수이다. 전류력계형 계기의 눈금은 보통 i^2의 평균의 제곱근으로 교정되어 있어 계기는 교류의 실효값(rms)을 지시한다. 전류력계형 계기를 1[A]의 직류로 교정하여 1[A] 직류값을 지시하는 곳에 눈금을 나타내면 교류의 경우 이 눈금은 1[A]의 실효값을 나타낸다. 그러므로 전류력계형 계기는 직류로 교정된 눈금을 그것에 대응하는 교류값으로 변환할 수 있으므로 교정용 계기로 대단히 유용하다.

[2] 전류력계형 계기의 특징

전류력계형 계기의 특징을 들어 보면 다음과 같다.

① 외부자계의 영향을 받기 쉬우므로 계기에 자기차폐를 하여야 한다.

② 이 계기는 실효값을 지시하며, 직류로 눈금교정을 할 수 있으므로 상용주파수 교류의 표준용으로 사용할 수 있다.

③ 계기의 소비전력이 크고, 구조가 다소 복잡하므로 주로 전력계로서 널리 사용된다.
④ 직류, 교류 어느 것에도 동일 지시를 주는 정밀급 계기이다.
⑤ 1〔A〕 이상의 전류에서는 온도보상 및 주파수보상을 하여야 한다.
⑥ 자기가열의 영향이 비교적 크므로 주의가 필요하다.

2-6 정전형 전압계

정전형 전압계(electrostatic voltmeter) 또는 전위계(electrometer)는 전압을 직접 측정하는 유일한 계기이다. 이 계기는 소비전력이 전혀 없으며 피측정회로에 연결했을 때 무한대의 임피이던스를 나타낸다. 정전형 계기의 동작은 두 대전체 사이에 작용하는 흡인력 또는 반발력을 이용하여 고전압만을 측정하는 것이다.

[1] 구조 및 원리

이 계기는 절연된 두 개의 전극 F(고정)와 M(가동)과의 사이에 피측정전압 V를 가하면, 전극에는 전압에 비례한 전하가 나타나고 이 전하의 사이에 작용하는 정전력에 따라 지침이 움직인다. 지금 극판 사이에 작용하는 정전력 F는 $F=k_1V^2$이며, 또 구동력 $T_d=k_2F$이므로

$$T_d=k_1k_2V^2=KV^2 \tag{2-19}$$

이다. 여기서 k_1, k_2, K는 상수이며 $K=k_1k_2$이다.

동작방법으로서는 그림 2-12와 같이 양극 사이의 거리는 변화하지 않고, 대향면적만이 변화하는 켈빈(Kelvin)형(측정범위:500〔V〕~20〔kV〕)과 대향면적은 일정하고 거리가 변화하는 아브라함-빌라드(Abraham-Villard)형(측정범위:10~500〔kV〕) 및 저전압을 측정할 수 있도록 켈빈형에 극판을 여러 개로 조합하여 정전흡인력을 증가시킨 할트만(Haltman)형(측정범위:150~1500〔V〕) 등이 있다.

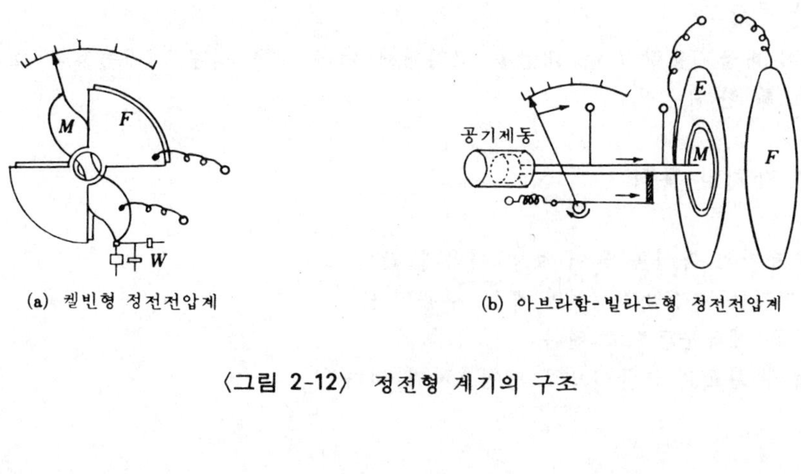

(a) 켈빈형 정전전압계 (b) 아브라함-빌라드형 정전전압계

〈그림 2-12〉 정전형 계기의 구조

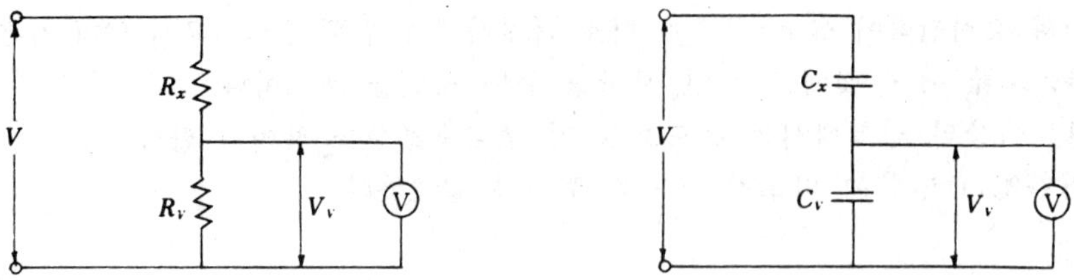

(a) 저항분압기 (b) 용량분압기

〈그림 2-13〉 정전형 전압계의 배율기

[2] 측정범위의 확대

정전형 계기의 측정범위를 확대하려면 그림 2-13과 같은 분압기를 사용한다. 그림 2-13(a)의 저항분압기에서 R_x, R_V는 고저항이고, 측정전압을 V, 전압계의 지시값을 V_V라 하면

$$V_V=\frac{R_V}{R_x+R_V}V \qquad (2\text{-}20)$$

에 의하여 R_x값의 변화에 따라 측정범위를 변화시킬 수 있으나 저항에 흐르는 전류에 의해 전력이 소비되므로 사용하지 않는다.

그림 (b)는 전압계의 내부용량 C_V에 용량 C_x인 콘덴서를 배율기로 직렬접속한 것이다. 전압계의 지시값을 V_V라 하면

$$V_V=\frac{\dfrac{1}{\omega C_V}}{\dfrac{1}{\omega C_V}+\dfrac{1}{\omega C_x}}V=\frac{C_x}{C_V+C_x}V$$

$$\therefore\ V=\frac{C_V+C_x}{C_x}V_V=\left(1+\frac{C_V}{C_x}\right)V_V \qquad (2\text{-}21)$$

로 된다. 따라서 배율을 M이라면 $M=1+\frac{C_V}{C_x}$이므로 배율기의 정전용량은

$$C_x=\frac{C_V}{M-1} \qquad (2\text{-}22)$$

로 된다. 이 배율기용량 C_x는 내압을 고려해서 여러 개를 직렬로 접속하여 그 합성용량이 C_x가 되도록 한다.

[3] 정전형 계기의 특징

정전형 계기의 특징을 들어 보면 다음과 같다.

① 이 계기는 고전압측정에만 주로 사용된다.

② 눈금은 제곱눈금으로 된다.

③ 교류의 실효값 눈금이므로 파형오차가 없다.

④ 소비전력이 극히 적고 주파수 특성이 좋아서 직류에서 무선주파수까지 사용한다.
⑤ 외부자계의 영향은 받지 않으나 정전계에 의한 오차를 발생한다.
⑥ 주파수 및 파형의 영향이 없으므로 직류로 교정한 것을 교류측정에 사용할 수 있다.

2-7 열전형 계기

열전형 계기(thermoelectric-type instruments)는 재려고 하는 전류를 열선에 통하여 그 온도상승을 열전대와 가동 코일형 계기로 측정하는 것이다.

[1] 구조 및 원리

초기의 열형 계기로서는 그림 2-14와 같이 열선형 계기로서 열선에 전류를 흘리면 열선이 가열되어, 가열전류의 제곱(i^2)에 비례해서 팽창되는 것을 이용하여 장력 스프링이 수축되면 지침이 움직여 전류의 크기를 지시하도록 한 것이다. 이 계기는 열선의 팽창에 기인되는 불안정성, 응답의 늦음, 주위온도 보상의 어려움 등의 결점이 있어 거의 사용되지 않으며, 감도가 좋고 정확하며 보상이 잘 되는 열전대와 가동 코일(MC)형 계기로 조합된 열전대형 계기를 주로 사용한다.

그림 2-15는 열전대형 계기로서 열선 AB에 열전대 CED를 접속시킨 것으로서 열선에 전류가 흐르면 E점이 가열되고, C, D 양단에는 기전력이 생긴다. 이 기전력을 가동 코일형 전류계로 측정하는 것이다. 전류에 의하여 발생되는 열은 전류의 제곱(i^2R)에 비례하고 CD 사이에 발생되는 기전력은 열량에 비례한다. 따라서 지시값은 제곱눈금으로 된다. 열전대의 조합에는 구리-콘스탄탄, 철-콘스탄탄, 크로멜-알루멜 또는 망간-콘스탄탄 등이 쓰이고, 열선에는 백금, 콘스탄탄, 망간, 니크롬 등이 사용된다.

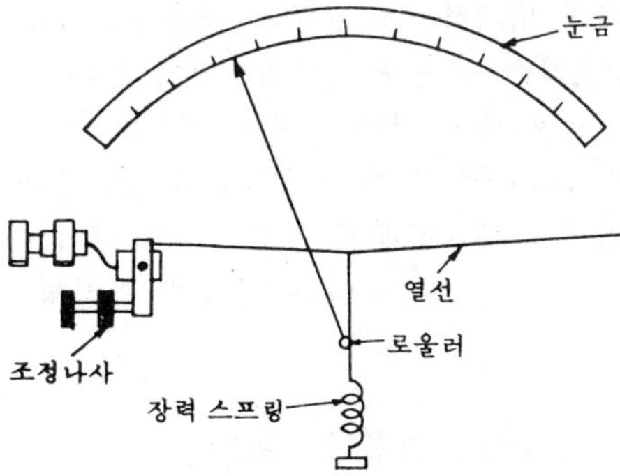

〈그림 2-14〉 열선형 전류계의 구조

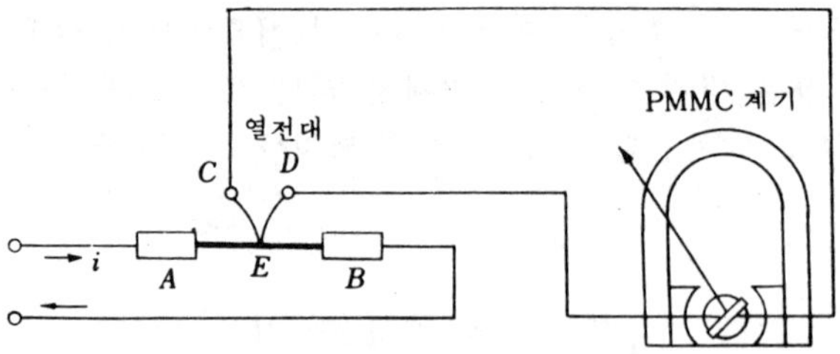

〈그림 2-15〉 열전대형 전류계의 구조

[2] 열전대형 계기의 오차와 방지책

(1) 공진오차 : 도입선의 인덕턴스와 표유용량의 직렬공진에 의한 오차로서 열전대의 직후에 초우크 코일을 삽입하여 억제한다.

(2) 전위오차 : 계기의 정전용량을 통하여 고주파 전류가 흘러 열전대를 가열함으로써 열선을 소손시키는 경우가 있는데 이것을 방지하려면 자석 또는 내부금속부를 가동 코일로부터 절연하여 이것을 일괄적으로 부단자에 고주파적으로 접속한다.

(3) 분배오차 : 피측정전류가 크면 열선이 굵어야 하는데 열선이 굵으면 표피저항이 커지므로 복선을 사용하여야 한다. 이때 복선 중 하나만을 이용하므로 굵기나 저항값이 다르면 오차가 생긴다. 이것을 방지하기 위하여는 복선의 전기적 규격이 일정한 것을 사용해야 한다.

(4) 표피오차 : 주파수가 높아지면 열선저항이 표피작용으로 증가하여 발생하는 오차로서 이것을 방지하려면 가는 열선을 사용하면 된다.

[3] 열전대형 계기의 특징

열전대형 계기의 특징을 들어 보면 다음과 같다.

① 열기전력은 전류의 제곱에 비례하므로 눈금은 제곱눈금이다.
② 지시는 직류, 교류의 실효값을 표시하며 파형오차가 없다.
③ 열선이 짧으므로 인덕턴스가 매우 낮아 교류와 직류가 같은 저항값으로 된다.
④ 직류에서 무선주파수(약 300〔MHz〕)까지 동일눈금으로 측정할 수 있다.
⑤ 결점으로는 과전류에 약하고 대전류용의 것은 지시시간이 늦다.
⑥ 고주파 전류계로 널리 쓰이며, 구조에 따라 직렬형, 방열형, 진공형 등이 있다.

2-8 정류형 계기

정류형 계기(rectifier-type instruments)는 가동 코일형 계기가 감도 및 정확성이 높고, 눈금도 균등눈금이라는 우수한 성능을 가지고 있으나 그대로는 교류의 측정에 사용할 수 없으므로 가동 코일형 계기의 우수한 성능을 교류측정에 이용하기 위해 가동 코일형 계기의 입력단에 정류기를 부가하여 교류를 직류로 정류한 다음 가동 코일형 계기로 측정하도록 한 것이다.

[1] 구조 및 원리

정류형 계기는 그림 2-16(a)와 같이 가동 코일형 계기에 정류기를 조합한 것으로 교류를 측정한다.

그림은 브리지형 전파정류회로이므로 정류파형은 그림 (b)와 같이 일종의 맥류로 된다. 또 가동 코일형은 평균값을 지시하므로 이 맥류의 평균값을 지시하게 된다.

이상적인 정류기는 전류가 흐르는 방향(+)에 대해서는 저항이 0이고 반대방향에는 무한대이어야 하나, 실제로는 정류방향의 전류에 대해서는 약간의 전압강하가 있고 이와 반대방향으로는 약간의 전류가 흐른다.

지금 단자 a, b간을 흐르는 전류의 실효값을 I_{rms}라고 하면 가동 코일에 흐르는 전류는 그림 (b)와 같이 된다. 이 최대값이 원래의 교류 최대값과 동일하다고 하면 최대값 $I_m=\sqrt{2}\,I_{rms}$가 된다. 한편 전파정류의 평균값 $I_a=\dfrac{2}{\pi}I_m$이므로, 이 두 식에서

$$I_a=\frac{2\sqrt{2}}{\pi}I_{rms}\fallingdotseq 0.9I_{rms} \tag{2-23}$$

으로 되어, 평균값은 실효값의 $\dfrac{2\sqrt{2}}{\pi}$배 값을 지시한다.

이것은 전파정류한 것을 직류눈금으로 한 것인데, 사용이 불편하므로 원래의 직류지시값을 $\dfrac{\pi}{2\sqrt{2}}$(이것을 파형율)배 한 값의 교류눈금으로 고쳐서 사용한다. 그러므로 회로시험기(tester)와 같이 스위치로 정류기를 단속하는 직교양용의 것은 직류눈금과 교류눈금의 2중눈금으로 되어 있다. 정류기(rectifier)로서는 아산화동(Cu_2O) 정류기, 셀렌(selenium) 정류기, 게르마늄(germanium) 정류기 및 실리콘(silicon) 정류기 등이 있으며, 과거에는 전자가 주로 사용되었으나, 최근에는 후자인 반도체 다이오우드(diode)가 주로 사용된다.

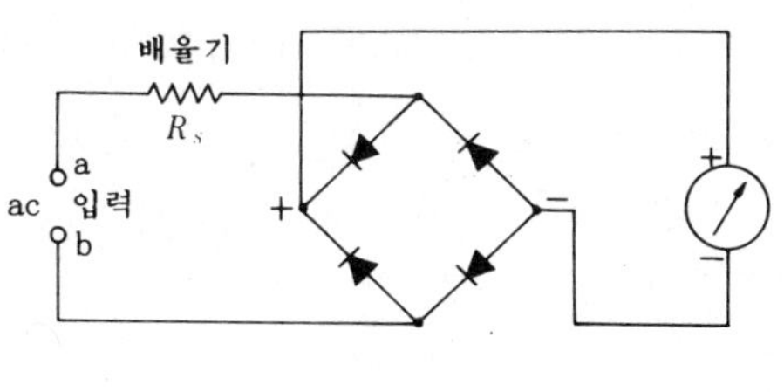

(a) 정류기 회로

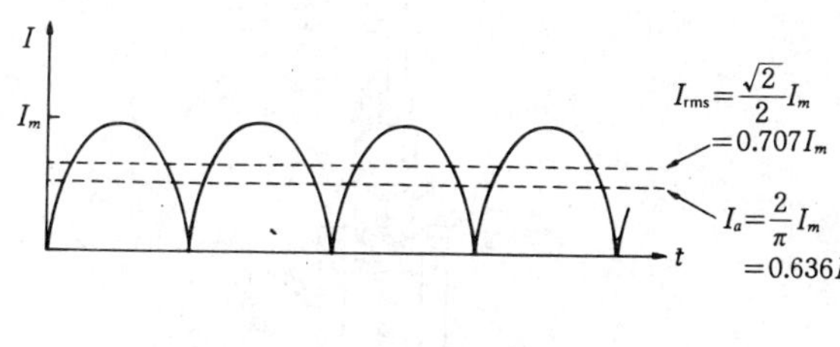

(b) 정류된 전류

〈그림 2-16〉 전파정류기형 계기

[2] 정류형 계기의 특징

정류형 계기의 특징은 다음과 같다.

① 가동 코일형 계기를 사용하므로 감도가 높고, μA 정도의 것을 만들 수 있다.
② 피측정파형이 정현파가 아니면 파형오차를 초래한다.
③ 전압계는 소비전력이 적으므로 저전압용으로 적합하다.
④ 이 형의 전압계는 온도의 변화로 정류기의 내부저항이 변하면 오차를 생기게 한다.
⑤ 정류방식은 브리지형 전파정류방식을 사용한다.

2-9 검 류 계

검류계(galvanometer)란 극히 미소한 전류나 전압의 유무를 검출하는 데 쓰이는 계기를 말한다. 검류계는 그 동작원리가 전류계나 전압계와 별 차이가 없으나, 극히 미소한 전류로 동작시키기 때문에 감도가 높게 되도록 구성되어야 한다.

검류계는 전류나 전압의 크기를 측정하는 것이 주목적이 아니라, 그 유무를 검출하는 것이 주목적인 점도 전류계나 전압계와는 다른 점이다. 전류계나 전압계 등에서는 측정할 수 없는 전기현상, 예를 들면 전류나 전압의 파형관측이나 순간적 현상의 관측에는 오실로그래프(oscillograph)가 많이 사용된다.

[1] 구조 및 원리

검류계의 종류를 동작원리 및 사용목적에 따라 분류하면 여러 가지가 있으나 중요한 것을 들어 보면 다음과 같다.

(1) 반조검류계(mirror galvanometer) : 이 검류계의 동작원리는 가동 코일형 전류계와 같다. 다만 가동부분의 마찰저항을 적게 하기 위해 축받이를 쓰지 않고 그림 2-17과

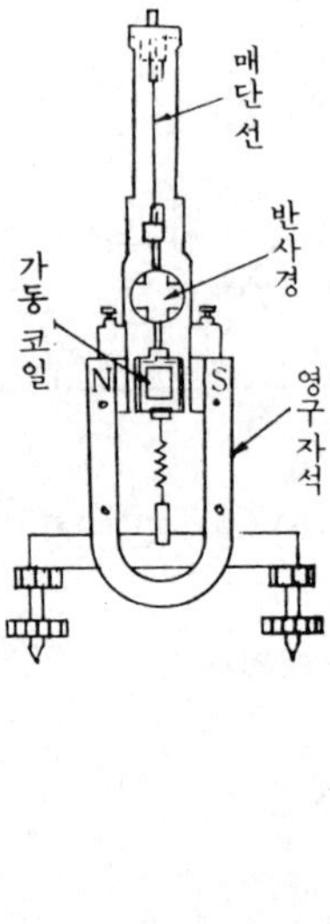

〈그림 2-17〉 반조형 검류계

같이 가동 코일을 청동선과 제어 스프링으로 일직선이 되게 매달아 영구자석 N, S 사이에 두고, 가동 부분에 작은 반사경을 장치하여 거울면에서의 반사광을 이용해 코일의 회전각을 확대하여 관측한다. 반조형 검류계는 반사면의 거리에 따라 감도를 크게 할 수 있어 미소전류의 검출에 적합하다.

(2) 지침검류계 (pointer galvanometer) : 반조검류계는 감도가 좋으나 진동주기가 길고 취급이 복잡하므로, 감도는 좀 낮아도 취급하기 편리하도록 만든 것이 지침형 검류계로서 보통 많이 사용된다.

지침검류계는 가동 코일형 전류계와 원리는 같으나 눈금을 중앙이 0이 되게 하고 전류의 방향에 따라 좌우로 지침이 움직일 수 있도록 하여 +, −의 눈금표시를 한 것이다.

(3) 충격검류계 (ballistic galvanometer) : 콘덴서의 충방전전류와 같은 극히 짧은 시간밖에 흐르지 않는 전류의 크기는 보통의 전류계나 검류계로는 측정할 수 없다. 그러나 이와 같은 전류라도 검류계 가동부분의 관성 모멘트를 충분히 크게 하고, 제동력을 충분히 작게 하면 전류의 크기는 직접 측정할 수 없으나, 그 전류에 의해서 움직인 전전기량을 측정할 수 있도록 만들어진 검류계를 충격검류계라고 한다.

가동 코일형 충격검류계는 그림 2-17과 비슷하나, 가동부분의 관성 모멘트가 크고, 진동의 주기도 길게 되도록 되어 있어 보통 20〔s〕 정도의 것이 쓰인다. 이 검류계에 충격전류가 흐르고 있는 동안에 생긴 토오크를 집적한 에너지가 가동부분에 충격 토오크로서 작용하여 가동부분이 서서히 움직여 크게 치우쳤다가 점차로 진폭이 줄어들어 정지한다. 이때 최초의 치우침은 가동부분을 통과한 전전기량에 비례함을 알게 된다.

(4) 진동검류계 (vibration galvanometer) : 가동 코일형 검류계는 감도가 높으나 교류회로에는 사용할 수 없으므로 교류용의 검류계에는 진동검류계, 열전형 검류계, 전류력계형 검류계 등이 있다.

가동 코일형 진동검류계는 그림 2-18과 같이 영구자석의 자계 중에 가동 코일을 인

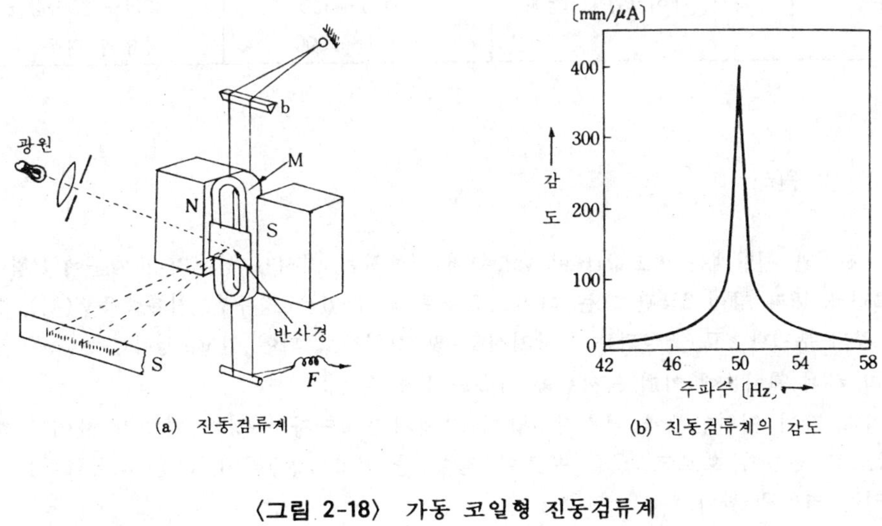

(a) 진동검류계

(b) 진동검류계의 감도

〈그림 2-18〉 가동 코일형 진동검류계

청동 또는 은청동의 단선 또는 복선으로 매단 것이다. 가동 코일의 길이 또는 장력을 조정하여 가동체의 고유주파수를 측정전류의 주파수에 일치하도록 하면 가동부분은 전류에 의한 토오크에 공진하여 미약한 전류라도 진동하게 된다. 한편 가동부분에 반사경을 달아 반사광을 이용하면 미약한 전류까지도 검출할 수 있다.

2-10 진공관 전압계

진공관 전압계(vacuum tube voltmeter)는 일반적으로 진공관의 그리드(grid)측에 피측정 고주파전압을 가하고, 이것에 따라서 정류된 플레이트(plate)측 전류의 변화를 가동코일형 전류계로 측정하여 그 눈금을 전압으로 표시한 것과 진공관 또는 다이오우드의 정류작용으로 피측정 고주파전압을 직류로 만든 다음, 이것을 증폭하여 전압눈금으로 표시된 가동 코일형 전류계로 측정하는 방법이 있다. 전자는 표 2-3과 같이 A형, B형, C형, D형 등이 있고, 후자는 P형이라 부르며 일반적으로 VTVM이라 하면 P형을 지칭하므로 P형에 관하여 설명하기로 한다.

〈표 2-3〉

형 식	정 류 방 식	측정전압 범위〔V〕	측정주파수 범위
A	플레이트 검파	0.3～1.5	30MHz 이하
B	그리드 검파	0～5	10MHz 이하
C	플레이트 검파	0.5～120	50kHz 이하
D	그리드 검파	0～30	10MHz 이하
P	2극관, 다이오우드 검파	0.1～300 0.1～1000	30Hz～300MHz 직류의 경우

[1] 구조 및 원리

P형 진공관 전압계는 파고값(peak value)에 비례하는 지시가 얻어지기 때문에 P형이라고 하며, 그림 2-19와 같이 2극관 또는 다이오우드로 되어 있는 정류부, 직류증폭부(V_2), 브리지(bridge)형의 부귀환으로 구성되는 전압지시부 및 전원부로 되어 있고, 정류부는 보통 접촉자(probe)라 하여 케이블에 의해 지시부와 접속되어 있다.

그림과 같이 입력단자에 피측정전압이 가해지면 a단자가 정의 반주기 사이만 화살표의 방향으로 전류가 흐르고, C_1을 부호와 같이 충전(charge)하며, C_1은 직류(DC) 성분을 차단시키는 역할을 한다.

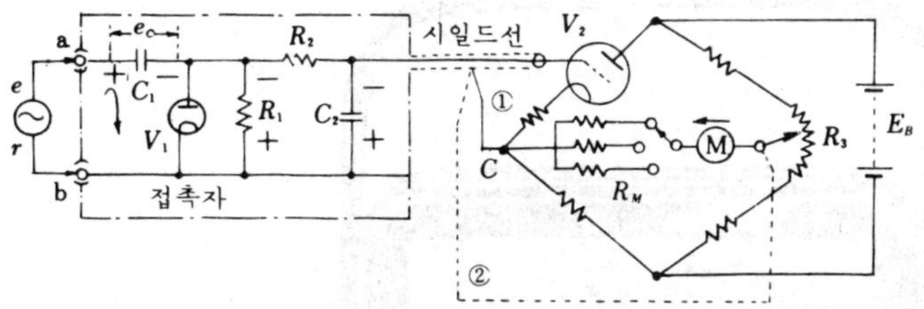

〈그림 2-19〉 P형 진공관 전압계

한편 a단자가 부의 반주기 사이에는 외부회로 및 R_1을 지나서 방전(discharge)하고, R_1에 방전전류와 비례한 전압을 발생한다. R_1에 나타나는 전압은 아직 맥류(pulsating current)이므로 R_2와 C_2회로로 평활(smoothing)시키면 C_2에는 완전한 직류전압이 발생한다. 그런데 브리지 회로는 V_2의 격자(grid)전위가 0일 때 평형이 되도록 미리 R_3로 조정하여 M의 지시를 0이 되도록 하여 둔다.

입력전압 e가 a, b단자에 인가되면 이것의 파고값까지 V_2의 격자 바이어스가 걸려서 V_2의 양극(plate)전류가 감소하고, 내부저항이 증가하므로 평형이 무너져서 지시계 M에는 화살표 방향으로 전류가 흐르게 된다.

그러므로 입력단자에 표준전압을 차례로 넣고 M의 지시눈금을 정현파의 실효값으로 환산하여 눈금을 그으면 실용적인 고주파 전압계가 되는 것이다. 이 계기는 입력전압 e가 순정현파일 때 실효값으로 눈금을 만든 것이기 때문에 피측정전압이 순정현파가 아니면 파형오차를 발생한다.

또 입력전압이 커서 V_2의 바이어스 전압이 차단(cut off)전압 이상이 되면 지시가 불가능하므로 그림의 ①과 같은 접속을 하지 않고, ②의 점선과 같이 접속을 한다. 이것은 대전압을 측정하기 위한 측정범위(range) 변환이며 R_M의 값을 크게 하여 그 전압강하에 따라 음극(cathode) 전위를 낮춤으로써 V_2의 차단전압 이내의 범위에서 측정할 수 있도록 고안되어 있는 것이다. 또한 R_2, C_2의 회로는 고주파 저지용 필터(filter)의 역할도 겸하기 때문에 V_2의 격자로 연결하는 케이블(cable)에 의한 공진오차를 방지할 수 있다.

[2] 진공관 전압계의 특징

진공관 전압계의 특징을 들어보면 다음과 같다.

① 입력 임피이던스가 크므로 피측정회로에 주는 영향이 적다.

② 증폭회로와 가동 코일형 계기를 사용하므로 감도가 좋다.

③ 높은 주파수의 고주파전압(500〔MHz〕정도)까지도 측정할 수 있다.

④ 과실로 측정범위보다 큰 전압을 측정하여도 미터가 타지 않는다.

⑤ 피측정전압의 주파수가 정현파 이외의 파형일 경우에는 파형오차가 생기며, 또한 주파수특성 오차, 직류분압 오차, 공진오차 등이 있다.

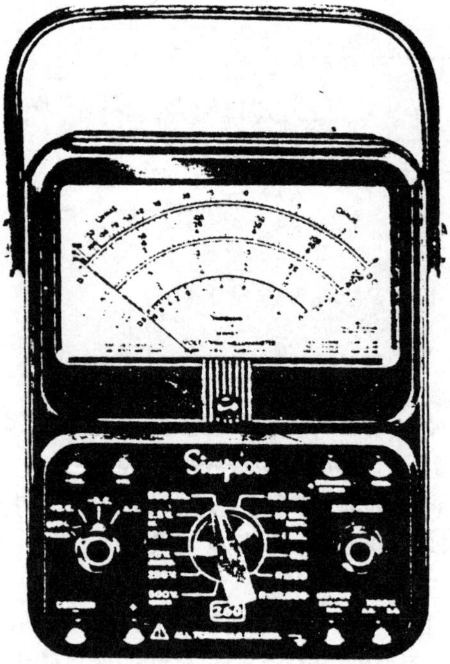

〈그림 2-20〉 일반용 멀티미터의 외형도

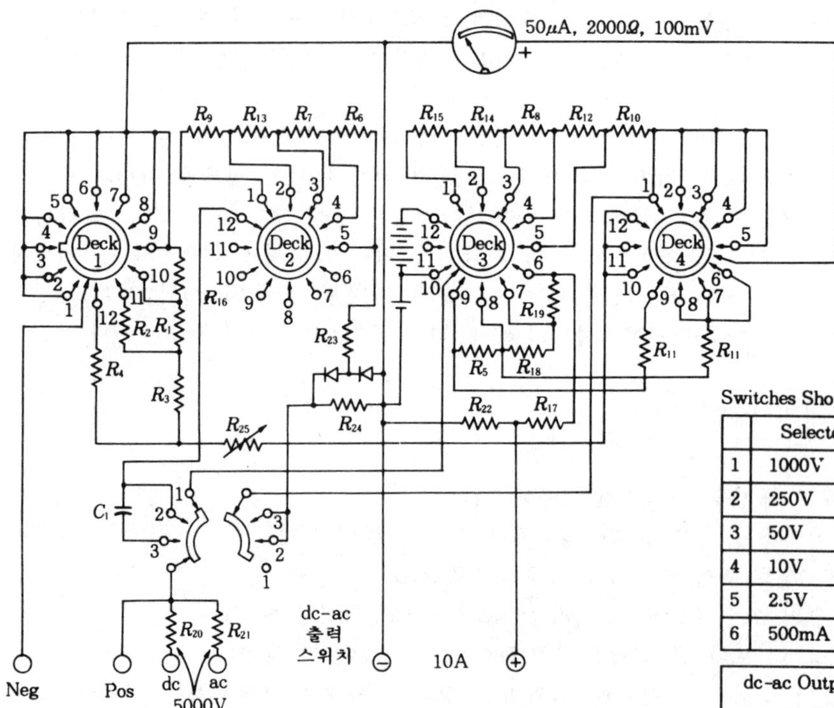

Switches Shown in 50Vdc Position

Selector Switch Positions			
1	1000V	7	100mA
2	250V	8	10mA
3	50V	9	100μA
4	10V	10	R×1
5	2.5V	11	R×100
6	500mA	12	R×1000

dc-ac Output Switch Positions
1-dc 2-ac 3-Output

〈그림 2-21〉 일반용 멀티미터의 내부 회로도

2-11 멀티미터(또는 VOM)

전류계, 전압계 그리고 저항계는 모두 다아손발(D'Arsonval) 계기를 이용한다. 그러므로 단일계기로 세 가지 측정기능을 갖도록 설계할 수가 있다. 절환 스위치(function switch)에 의해 다아손발 동작을 적당한 회로에 연결시켜주는 기능을 가진 이런 계기를 멀티미터(multimeter) 혹은 전압-옴-밀리암미터(volt-ohm-milliammeter:VOM)라 부른다.

일반용 멀티미터의 대표적인 예를 그림 2-20에 나타내었다. 그리고 이 계기의 내부 회로도는 그림 2-21에 나타내었다. 이 계기는 직류전류계, 직류전압계, 교류전압계 및 저항계의 기능을 갖고 있다.

그림 2-22는 멀티미터의 직류전압계 일부분의 회로도이며, 여기서 공통 입력단자는 0~2.5V, 0~1,000V의 전압측정범위를 사용한다. "5,000Vdc"라고 표시된 외부전압 잭(jack)은 5,000V의 직류전압측정에만 사용된다. 이 회로의 동작원리는 2-2절에서 기술한 그림 2-5의 배율기의 원리와 비슷하다.

이 멀티미터는 50μA의 최대 눈금전류와 2,000Ω의 내부저항을 갖는다. 배율기의 저항값은 그림 2-22와 같으며, 5,000V 측정범위에서 측정하는 경우 절환 스위치는 1,000V 위치로 놓고 테스터리이드(test lead)는 "5,000Vdc"라고 표시된 외부 잭에 연결해야 한다. 이 경우 이 계기는 감도가 대단히 높기(20kΩ/V) 때문에 전압을 측정할 때 주의를 기울여야 한다.

그림 2-23은 멀티미터의 직류전류계 일부분의 회로도이며, 정(+)과 부(−) 단자는 500mA까지의 전류측정에 사용한다.

"+10A"와 "−10A"라고 표시된 잭은 0~10A 측정범위에 사용되며, 이 회로의 동작원리는 2-2절에서 기술한 그림 2-4의 분류기의 원리와 비슷하다.

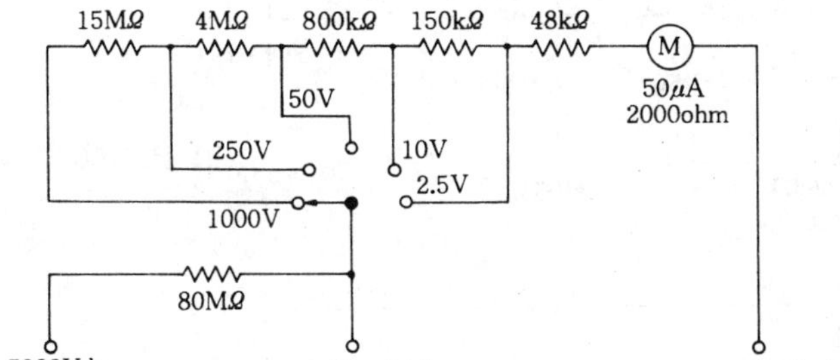

〈그림 2-22〉 멀티미터의 직류전압계 부분회로

다아손발 계기 : 1881년에 Jacques d'Arsonval은 가동 코일 검류계에 대한 특허를 얻었으며, 그 원리는 오늘날의 계기에도 사용되고 있다.

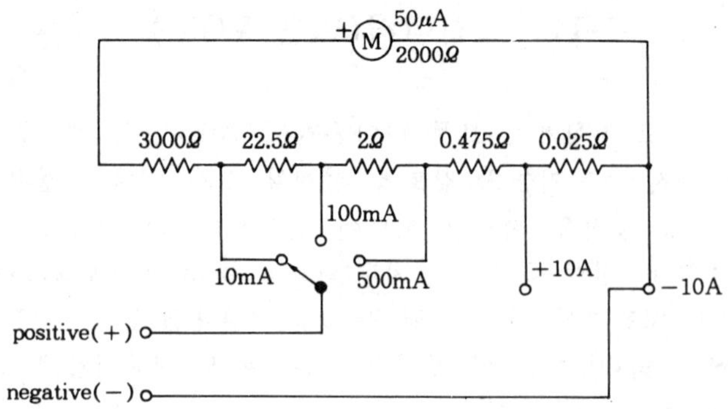

〈그림 2-23〉 멀티미터의 직류전류계 부분회로

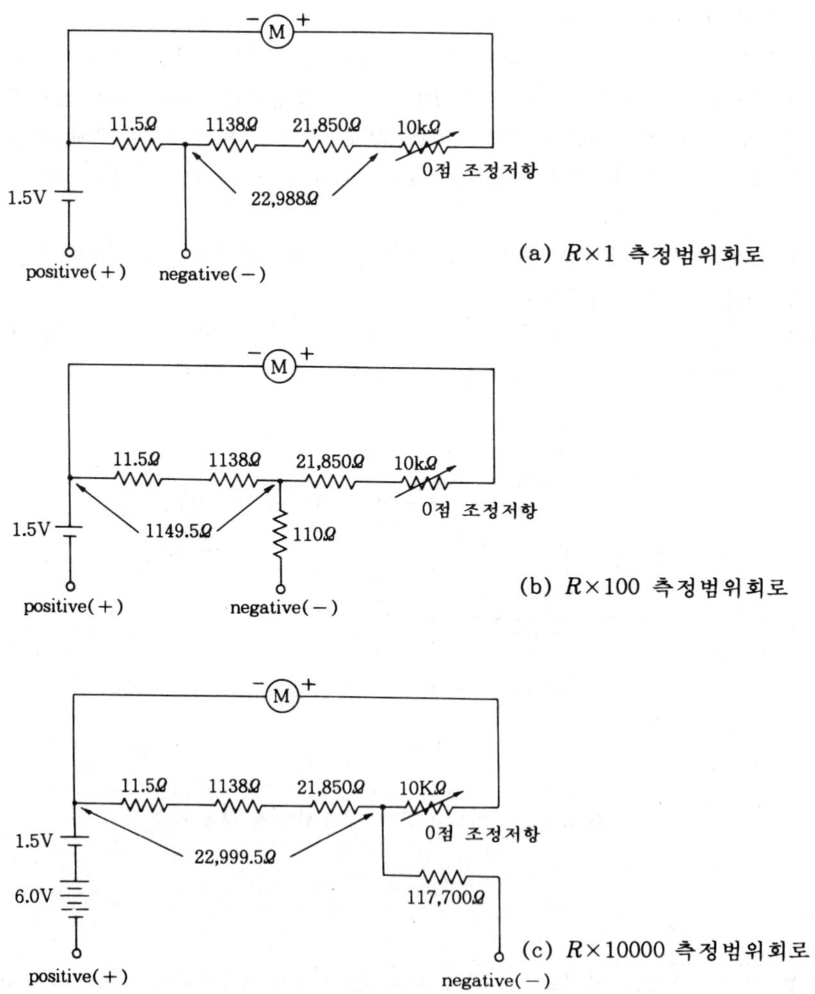

〈그림 2-24〉 멀티미터의 저항계 부분회로

그림 2-24는 멀티미터의 저항계 회로이며, 그림 (a)는 측정범위 "$R\times1$"인 저항계 회로이다. 저항을 측정하기 전에 계기를 단락시키고 지침이 0을 가리킬 때까지 0점 조정(zero adjust)을 한다. 그림 2-24의 회로는 분류기형 저항계의 형태이며, 그림 (b)는 "$R\times100$"인 저항값으로 읽고 그림 (c)는 "$R\times1{,}000$"인 저항값으로 환산하여 읽으면 된다.

한편 AC 전압계는 2-8절의 그림 2-16에서 기술한 것과 같이 정류기 회로를 부가시킨 것으로서 눈금은 실효치 눈금으로 표시한 것이다.

〔연 습 문 제〕

2-1 지시계기의 구성요소를 들고 간단히 설명하여라.

2-2 지시계기의 종류를 들고 기본원리를 간단히 설명하여라.

2-3 지시계기에서 발생되는 오차의 원인과 방지책을 기하여라.

2-4 분류기와 배율기에 대하여 설명하여라.

2-5 그림 2-25와 같은 회로에서 배율기 저항 $R_1\sim R_5$의 값을 구하여라.

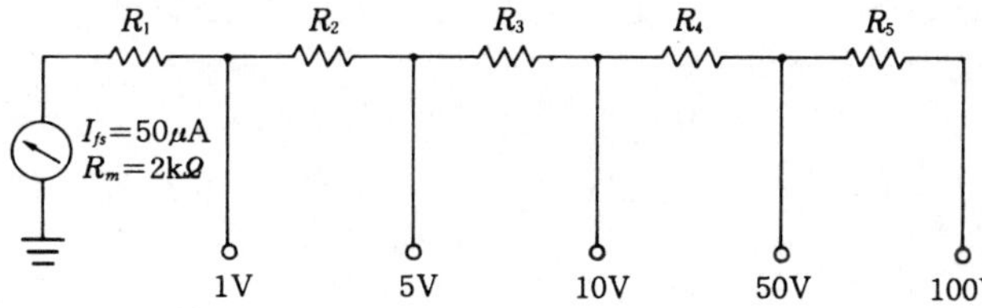

〈그림 2-25〉

2-6 그림 2-26과 같은 회로에서 분류기 저항 $R_1\sim R_3$의 값을 구하여라.

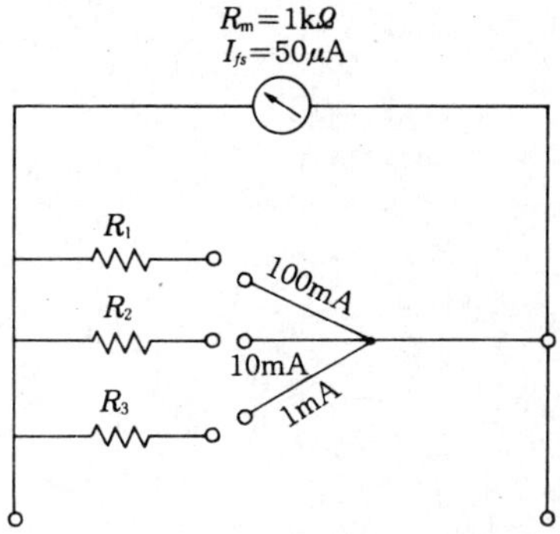

〈그림 2-26〉

2-7 가동 코일형 계기의 특징을 열거하여라.

2-8 정전형 계기의 측정범위 확대방법을 설명하여라.

2-9 열전대형 계기의 오차방지책과 특징을 기하여라.

2-10 주요 검류계의 종류를 들고 원리를 간단히 설명하여라.

2-11 P형 진공관 전압계의 구성요소와 특징을 설명하여라.

제 3 장

디지틀 계기

디지틀 전자공학은 최근에 급격히 진보된 기술분야의 하나이다. 계측기기를 포함한 전자, 통신공학의 각 분야에 막대한 변화를 초래하였고, 최근 전자계기 설계의 상당한 부분이 디지틀 회로와 연관되어 있다.

디지틀 계기(digital instruments)는 아날로그 계기보다 속도, 확도, 분해능 및 사용자의 오차감소 등 매우 매력적인 여러 가지 장점이 있다. 우리는 아날로그 세계에 살고 있기 때문에 디지틀 계기로 물리적 파라미터를 측정하고자 할 때에는 계측을 쉽게 하기 위해 아날로그 상태를 디지틀 형식으로 변환하여야 한다. 스위치로서 사용되는 다이오드와 트랜지스터는 도전(on)과 비도전(off)을 뜻하며, 논리 게이트(logic gate)와 플립플롭(FF; flip flop)을 형성한다. FF는 근본적으로 두 개의 상태, 즉 on과 off를 갖는 두 개의 트랜지스터 회로이며, 하나의 FF은 둘까지 계산할 수 있고, 4개의 FF종속은 16까지 계산할 수 있다.

디지틀 회로는 계산하는 것과 마찬가지로 계산결과를 표시하여야만 하며, 이것을 위해 LED(light emitting diode) 표시기, LCD(liquid crystal cell displays) 및 지시관(indicator tube) 등이 이용되고 있다.

디지틀 회로의 응용으로서는 디지틀 계수기(digital counter)가 있으며, 그 기본원리는 측정하고자 하는 것을 펄스로 변환시킨 다음, 일정 시간주기동안 그 펄스의 통과 숫자를 계수하는 방식과 피측정대상을 직류전압으로 변환시킨 다음 램프 파형과 비교하여 만남에서부터 같아질 때까지의 시간동안 일정한 클럭 펄스를 통과시켜 그것을 계수하는 방식으로 나눌 수 있다. 전자의 대표적인 것은 디지틀 주파수계(digital frequency meter)이고, 후자의 대표적인 것은 디지틀 전압계(digital voltmeter)이다. 그밖에 디지틀 계수기로서는 디지틀 멀티미터, 디지틀 LCR미터 등이 있다.

3-1 디지틀과 아날로그 미터의 비교

디지틀 계기는 논리회로와 데이타 처리 및 계측을 수행하는 기술을 사용한다. 기본적으로, 어떠한 디지틀 계기라도 계측을 하는 과정에서 고속으로 상태를 변화하는 논리회로의 배열로 보인다. 계측계기에서 디지틀 기술 사용의 급격한 확산으로 아날로그와 디지틀 계기를 차례로 사용할 때 여러 인자의 비교는 계측에서 오차에 영향을 준다. 비록 이 절의 나머지 구절에서 논의되는 여러 인자들은 디지틀 계기의 여러 종류에 적합하더라도 디지틀 멀티미터의 관점에서 설명되었다.

[1] 판 독 성

디지틀 계기가 아날로그 계기보다 유리하게 가장 의의있는 인자는 디지틀 판독으로 인한 계측결과의 판독성이다. 아날로그 계기를 적용할 때 사용자는 아날로그-디지틀 변환기로 기능해야 한다. 사용자는 또한 거울눈금을 사용할 수 있어야 하고, 보간기술을 가져야 하며, 아날로그 눈금을 적절히 읽어야 하며, 소위 좋은 눈을 가져야 한다. 그 과정은 오차가 나기 쉽고 지루하다.

[2] 확 도

확도는 아날로그에 비하여 디지틀 계기의 2번째 주된 장점이다. 보통은, 저급 디지틀 멀티미터는 동급의 VOM과 EVM보다 10배 정도 더 정확한데, 그것은 1%에 대한 0.1%이다. 그러나 대개의 디지틀 멀티미터의 확도는 교정의 빈도에 관계된다. 따라서 디지틀 판독의 모든 자리가 의미가 있을 필요는 없다. 가장 보수적인 메이커는 그들의 계기를 30~90일 간격의 교정으로 ±10℃ 정상 실험실 온도에서 1디지트 내에 읽을 수 있게 설계한다. 대표적인 규격은 90일 주기로 10℃에서 30℃ 범위 온도에서 ±0.1%의 판독을 할 수 있도록 되어 있다. 디지틀 멀티미터 또는 다른 디지틀 계기를 구매하려고 고려하는 사람은 동작 온도범위와 필요한 교정 빈도수를 주의깊게 살펴보며 제조회사의 규격을 읽어야만 한다.

[3] 분 해 능

디지틀 계기는 아날로그보다 나은 분해능을 제공한다. 특히, 디지틀 멀티미터는 동급의 VOM과 EVM 이상의 분해능에서 대단할 정도로 개선되었다. 디지틀 멀티미터의 보다 큰 분해능은 1V에서 1000V 전압범위를 담당했는데, 필요한 여러 범위를 줄였다. 디지틀 멀티미터는 3개 눈금으로 같은 전압범위를 담당한다.

[4] 샘플 속도

대개의 디지틀 멀티미터는 내장형 트리거 회로를 포함하고 있다. 고정형이나 가변형인 트리거원은 계기 내에 아날로그 회로의 시간응답에 독립적인 속도로 트리거한다. 대개의 디지틀 멀티미터의 트리거 속도, 즉 샘플 속도는 초당 3내지 10샘플이다. dc측정에서는 이들 샘플 속도가 만족스럽지만 ac측정에서 ac변환은 1～2초 걸린다. 이것은 계기 사용자가 안정된 판독을 얻기까지 여러 개의 샘플 간격을 기다려야 한다는 의미이다. 따라서 디지틀 멀티미터의 속도는 아날로그 입력회로의 응답시간과 디지틀 회로의 샘플 속도에 달려 있다.

[5] 자리표시와 오버래인지

디지틀 멀티미터는 흔히 최대 자리표시의 수에 따라 구분한다. 최대 자리와 함께 오버래인지(overrange) 자리는 사용자가 최대눈금 이상을 읽게 하기 위해 첨가된다. 이 오버래인지 자리는 흔히 0과 1자리로만 표시되기 때문에 빈자리 또는 부분자리라 한다. 따라서 계기 규격표에 X와 1/2자리로 표시하는데 여기서 X는 최대 자리수이고 1/2자리는 오버래인지 자리이다.

오버래인지(overrange)는 최대눈금까지 또는 그 이상으로 분해능을 유지시켜 디지틀 멀티미터의 유용성을 크게 확장하는 것이다. 예를 들면, 측정할 전압이 9.999에서 10.024V로 변화하면 오버래인지가 없는 4자리 계기는 본래의 전압을 9.999V로 측정할 수 있다. 새로운 전압을 측정하자면 10.02V의 측정결과로 범위변경이 필요하다. 부가적인 0.004V의 변화가 표시되지 않을 것이다. 오버래인지로 2번째 측정은 분해능 손실없이 10.024V로 표시될 것이다. 오버래인지에 사용되는 반자리(half-digit)는 표시기에서 가장 왼쪽자리이다. 오버래인지는 최대눈금의 백분율로 나타낸다. 예를 들면, 20% 오버래인지 계기는 1V 범위에서 1.199V까지 전압을 표시할 수 있다.

3-2 아날로그-디지틀 변환기

디지틀 계기 중 특히 디지틀 멀티미터는 아날로그 파라미터를 측정할 때 사용한다. 따라서, 아날로그-디지틀 변환기(analog todigital converter)를 사용하여 아날로그 신호를 등가의 디지틀 신호로 변화할 필요가 있다. 일반적으로 사용하는 3가지 변환기술은 단일경사형, 2중 경사형 그리고 전압-주파수 변환형이다. 최근 제조된 실험실급 디지틀 멀티미터의 대다수는 2중 경사형 변환을 사용한다. 그러나 다른 기술들은 충분히 보증할 수 있는가를 논의하고 사용한다.

[1] 단일경사 변환기

단일경사 변환기는 저급계기에 사용되고 있다. 단일경사 변환기의 기본적인 개념은 미지의 전압을 시간으로 선형변환하는 것이다. 시간표시를 디지틀 형식으로 표시하는 데

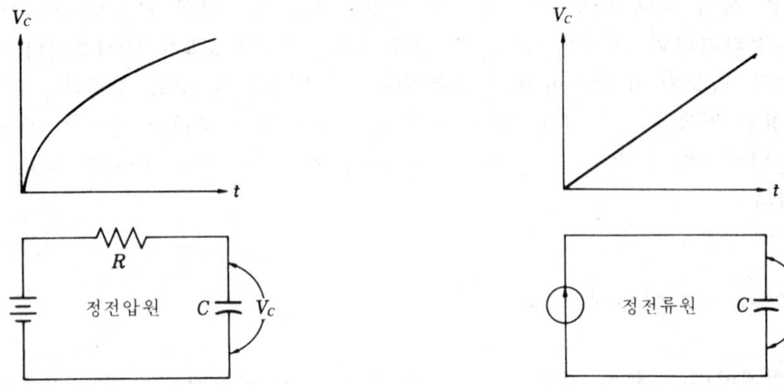

(a) 정전압원으로 충전된 용량의 지수적 전압증가

(b) 정전류원으로 충전된 용량의 선형전압 증가

〈그림 3-1〉 용량충전의 전압-시간관계

디지틀 계수회로를 사용하기 때문에 시간에 대한 변환이 채택된다.

전압과 시간 사이의 관계를 얻는 것은 매우 간단하나 선형관계를 얻는 것이 난해하다. 정전압원은 저항을 통해 용량을 충전하는 데 사용하고, 용량 양단의 전압은 시간에 따라 증가하고 전압원의 값까지 도달한다. 용량전압이 특정값에 도달하는 데 필요한 시간은 전압원 저항, 및 용량의 값에 달려있다. 그러나 용량전압과 시간간의 관계는 선형이기보다는 지수적이다. 정전압원이 정전류원으로 대치된다면 용량충전속도는 시간에 대해 선형이다. 그림 3-1은 정전압원과 정전류원으로 충전했을 때 용량의 전압 대 시간 곡선으로 보이고 있다.

연산증폭기 적분회로가 종전에 논의했던 방법보다 선형전압-시간관계를 얻는 데 더 널리 사용된다. 이 형의 회로는 선형전압-시간관계를 얻는 데 가장 현대의 아날로그-디지틀 변환기에 사용된다.

그림 3-2에 있는 적분기를 갖는 단일경사 아날로그-디지틀 변환기 회로는 그림 3-3에 있다.

회로가 만족하게 동작할 때 V_{ref}는 음이어야 하고, 잘 제어된 dc 전압원이어야 한다. 그리고 V_x는 안정된 양의 dc 전압이어야 한다.

미지의 전압은 다음과 같이 측정된다.

① 탐침은 미지전압 V_x에 연결한다. 이것이 비교기회로에 있는 op앰프의 비반전입력에 양의 전압으로 놓인다.

② 주게이트 제어는 양의 펄스를 발생하여 선단에서 스위치 S를 열어 AND게이트의 위쪽 입력에 고준위 또는 양이 되게 한다.

③ 스위치 S가 열릴 때 적분기회로 용량 C는 영에서부터 양방향으로 선형적으로 충전되기 시작한다. 적분기의 출력신호 증가는 비교기의 반전입력에 인가된다.

④ 비교기의 출력은 비반전입력에 인가되어 있는 미지의 전압 V_x 때문에 양이다. 양

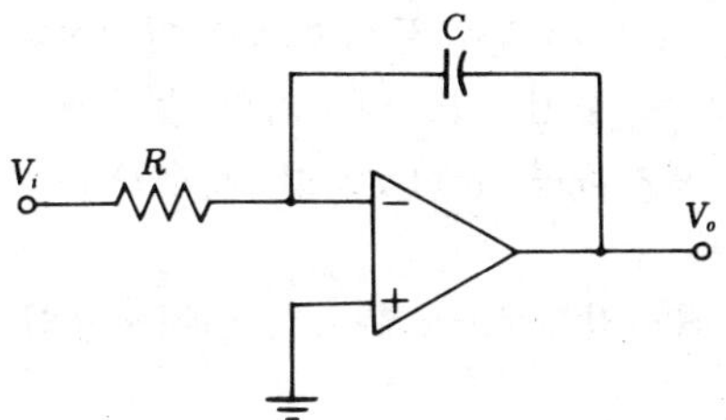

(a) 개략도

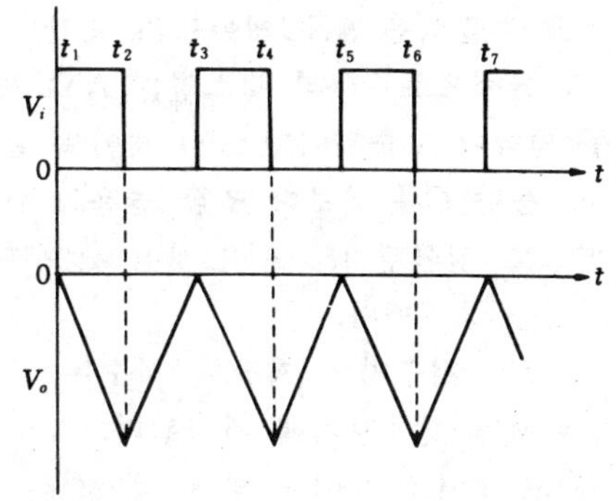

(b) 구형파 입력에 대한 선형전압-시간관계

〈그림 3-2〉 op앰프 적분기와 관련파형

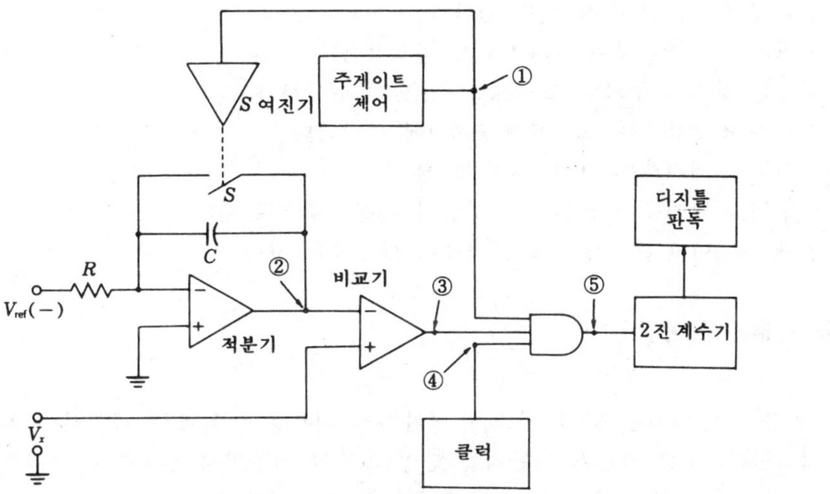

(a)

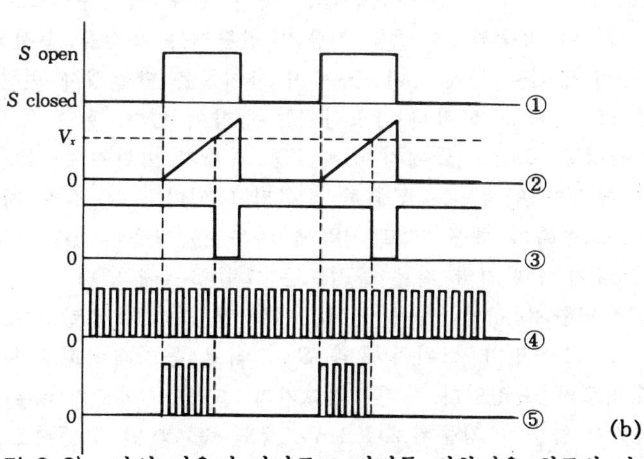

(b)

〈그림 3-3〉 단일 기울기 아날로그-디지틀 변환기용 회로와 타이밍도

의 비교기 출력은 AND게이트의 중간입력을 고준위로 할 때 야기된다.

⑤ 클럭으로부터의 펄스열은 AND게이트의 3번째 입력에 인가된다. AND게이트의 다른 두 입력이 고준위이면 AND게이트 출력은 2진 계수기로 계수할 클럭펄스의 일련이다.

⑥ 용량 C가 V_x보다 조금 높은(1mV 정도) 전압으로 충전되면, 비교기의 출력은 갑자기 영으로 절환된다. AND게이트로부터 한 입력을 제거하면 클럭펄스를 계수기로 넘겨주는 것을 중지한다.

⑦ 2진 계수기에 저장된 계수는 미지전압 V_x에 직접적으로 비례하고, 미지전압의 값으로 디지틀 판독장치에 지시된다.

⑧ 주게이트 제어에 의해 결정되는 짧은 시간간격 후 주게이트 제어의 출력은 저준위로 간다. 이 펄스의 선단부는 스위치 S를 닫게 되고, 캐패시터 C를 방전한다. 이것이 다음 주기의 시작까지 게이트를 불능으로 만든다.

회로의 간략성이 매력적이긴 하지만 그 간략성은 제한성의 문제가 있다. 가장 심각한 제한성(한계)은 다음과 같다.

① 단극성의 전압만 측정할 수 있다.
② 오버래인지 조건에는 부가회로가 필요하다.
③ 회로는 발진기 주파수 드리프트(drift)에 민감하다.
④ 회로는 정전류원의 드리프트(표동)에 민감하다.
⑤ 확도는 캐패시터의 안정성에 의존된다.
⑥ 확도는 비교기를 흐르는 차동전압의 안전도에 의존된다.
⑦ 변환기는 아날로그 전압상의 잡음에 매우 민감하다.

[2] 2중 기울기 변환기

2중 기울기 변환기는 단일 기울기 변환기의 대부분의 한계를 극복하여 특히 장기간 확도를 개선한다. 2중 기울기 변환기는 단일 기울기 변환기의 선형충전 개념을 사용한다. 그러나 여러 가지 개선은 장기 안정도 개선과 묶어져 있다.

2중 기울기 변환기가 역시 전압-시간변환을 하기 위해 정전류원으로 용량기를 충전하는데 사용하지만 이름이 함축하듯이 2중 기울기 변환기는 용량을 충전하는 것 뿐만 아니라, 계측 사이클 동안 방전을 한다. 이 충·방전 사이클은 단일경사 변환기에 관계된 장기간 드리프트와 안정도 문제를 현저히 감소시키는 경향이 있다.

부품의 확도와 안정도 요건을 줄이기 위해 2중 기울기 변환기로 막대한 노력을 기울여 왔으며 변환기의 확도와 안정도는 꾸준히 개선되고 있다. 그 결과 저가의 부품을 사용하는 변환기로서 온도변화가 매우 크고 입력에 매우 큰 잡음이 있더라도 상당기간 매우 정확하다. 2중 기울기 변환기의 기본 블럭도는 그림 3-4에 있다.

2중 기울기 A/D 변환기는 연산증폭기 A_1, 저항 R 그리고 용량 C로 구성된 적분기 주위에 전압비교기 A_2, 고속전자 스위치 S_1과 S_2 그리고 논리제어회로가 부가되어 있다. 나머지 회로는 계수회로와 관련있다. 전압비교기의 출력은 적분기(integator)의 출력이 영이면 저준위나 적분기 출력이 영준위보다 1mV 정도 증가하면 고준위로 스위치한다.

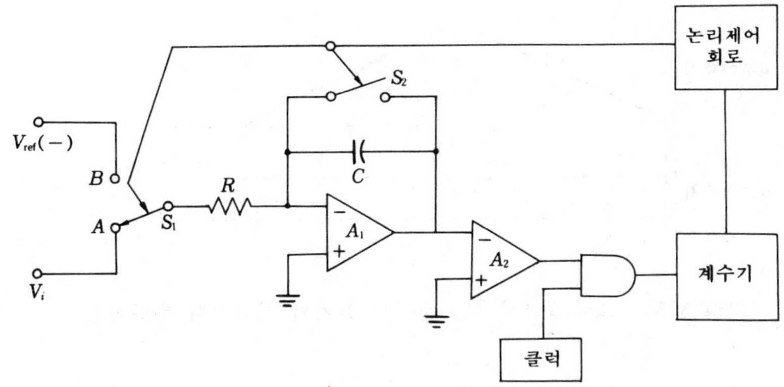

〈그림 3-4〉 기본 2중 기울기 A/D변환기

변환기의 동작에서 초기화 단계는 스위치 S_2의 순간적 닫힘과 S_1스위치가 A위치로 설정되는 것인데, 논리제어회로에 의해 이루어진다. 스위치 S_1이 A위치에서는 적분기가 입력전압에 연결되는데, 적분기의 출력에서 다음 식과 같이 시간에 대해 직선적으로 전압이 증가하게 된다.

$$V_A = \frac{1}{RC}\int_{t_1}^{t_2} V_i dt \tag{3-1}$$

적분기 출력에서 전압 V_A가 수밀리볼트 정도로 증가하자마자 전압비교기 A_2는 상태를 바꾸어 그 출력을 고준위로 설정한다. 이것이 AND게이트를 가동하여 클럭펄스를 계수기 회로로 통과시켜 그림 3-5에 보인 t_2에서 오버플로 될 때까지 펄스를 계수한다. 계수기의 오버플로 순간에서 전압 V_A의 진폭은 다음 인자들로 결정된다.

① 적분기에서 R과 C의 값, 부품이 고정된 값이므로 이들 값들은 변환 사이클 동안 일정하게 유지되어야 한다.

② 계수기가 채워지고 오버래인지 펄스를 제공하는 데 시간이 필요하다. 이것은 변환 주기동안 안정된다고 가정되는 발진기의 주파수에 의하여 결정된다.

③ 미지의 전압 V_i의 값.

계수기가 오버플로 되자마자 계수기의 자리올림 펄스는 제어논리부를 동작시켜 S_1스위치를 B위치로 설정한다. S_1이 B위치에서는 기준전압 V_{ref}가 적분기의 입력에 연결되는데, 적분기용량 C를 일정한 비율로 방전시키게 된다. t_2에서 t_3까지의 방전기간동안 비교기의 출력에서 전압 V_A는 다음 식으로 주어진다.

$$V_A = \frac{1}{RC}\int_{t_2}^{t_3} V_i dt \tag{3-2}$$

식 (3-2)에서 알 수 있듯이 적분기 용량의 방전율은 저항 R, 용량 C 그리고 단기와 장기간 안정도를 가져야만 되는 기준전압 V_{ref}의 값에 의해 구해진다. 적분기의 출력이 그림 3-5에 t_3에서 영에 도달할 때 비교기는 상태를 바꾸어 그림 3-5에 보인 것처럼 출력

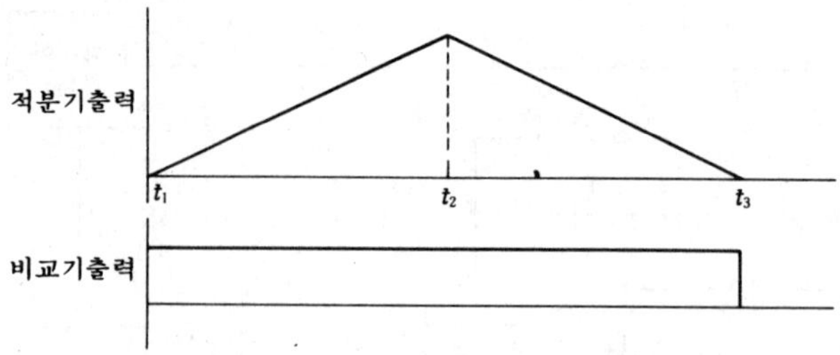

〈그림 3-5〉 그림 3-4의 회로에서 적분기와 비교기의 출력파형

을 저준위로 하는데, 계수기를 동작하지 않게 한다. 이때 계수기에 의해 등록된 계수는 기준전압에 대한 입력전압의 비에 직접적으로 비례한다. 이 비례관계는 식 (3-1)과 같으며 용량이 선형적으로 충전된다면, 식 (3-1)은 다음과 같이 간략화된다.

$$V_A = V_i \frac{T}{RC} = V_i \frac{t_2 - t_1}{RC} \tag{3-3}$$

용량이 선형적으로 방전한다면 식 (3-2)는 다음과 같이 간략화된다.

$$V_A = V_{\text{ref}} \frac{T}{RC} = V_{\text{ref}} \frac{t_3 - t_2}{RC} \tag{3-4}$$

식 (3-3)과 (3-4) 양식의 우변이 V_A와 같다면 서로 같다고 볼 수 있다.

$$V_i \frac{t_2 - t_1}{RC} = V_{\text{ref}} \frac{t_3 - t_2}{RC} \tag{3-5}$$

식 (3-5)를 다시 쓰면 다음과 같이 되는데,

$$t_3 - t_2 = (t_2 - t_1) \frac{V_i}{V_{\text{ref}}} \tag{3-6}$$

$t_3 - t_2$시간 간격동안 계수되어 저장된 것은 기준전압에 대한 입력전압의 비에 직접 비례한다.

〈예제 3-1〉 적분기가 100kΩ 저항과 1μF 용량을 갖고 있다. 적분기 입력에 인가된 전압이 1V이면 1초 후 적분기 출력에 얼마의 전압이 나타나는가?

《풀이》 식 (3-3)을 이용하여 적분기출력을 다음과 같이 계산한다.

$$V_A = V_i \frac{t_2 - t_1}{RC}$$

$$= V \times \frac{1\text{초}}{(1 \times 10^5 \Omega)(1\mu\text{F})} = 10\text{V}$$

[3] 전압-주파수 변환기

그 이름이 함축하듯이 전압-주파수 변환기는 입력전압을 주파수가 입력전압에 직접

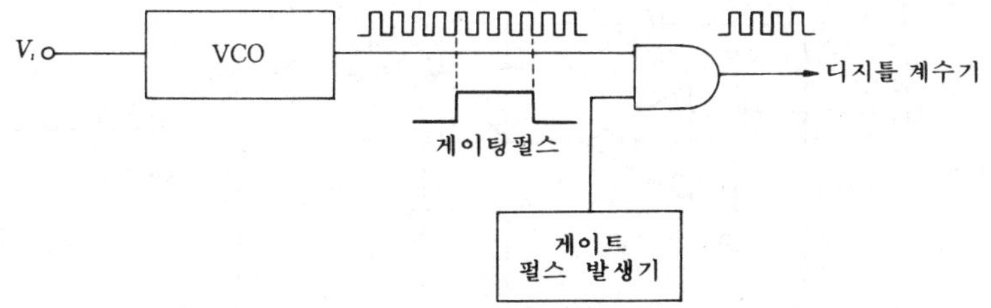

〈그림 3-6〉 기본 전압-주파수 변환기의 블럭도

비례하는 주기파로 변환한다. 전압-주파수 변환기들은 매우 선형적이고, 광범위한 전압조정 발진기이다. 계측목적의 전압-주파수 변환기의 기본개념은 그림 3-6에 예시하였다. VCO의 출력신호는 2입력 AND게이트의 한쪽 입력에 인가된다. AND게이트의 두번째 입력은 게이트 펄스이다. 양쪽 입력이 나타나는 시간 동안 AND게이트의 출력은 VCO출력과 같다. VCO 입력전압과 출력주파수간에 선형관계가 있다면 AND게이트 출력은 VCO 입력전압의 지시를 제공하는 디지틀 계수기에 인가할 수 있다.

〈**예제 3-2**〉 그림 3-6의 VCO 입력전압 V_i와 출력주파수 f간의 관계는 다음과 같다.

$$V_i = \frac{f}{50}$$

0.1초 게이팅 펄스 동안 530펄스가 AND 게이트를 통과했다면 V_i의 전압은 얼마인가?

《풀이》 VCO 출력주파수는

$$f = \frac{\text{펄스수}}{\text{게이트 구간}} = \frac{530\text{펄스}}{0.1\text{초}} = 5300\text{Hz}$$

전압은 다음과 같다.

$$V_i = \frac{f}{50} = \frac{5300}{50} = 106\text{V}$$

그림 3-6의 기본회로는 제한된 효용성을 갖는데, VCO의 비선형성 때문이다. 그림 3-7에 보인 블럭도는 좀더 쓸모있는 전압-주파수 변환기이다. 기본회로는 적분기, 전압비교기, 펄스 발생기와 전압기준원으로 구성된다. 미지의 전압이 적분기에 인가될 때 그 출력전압은 입력전압의 진폭에 비례하며, 증가하기 시작한다. 적분기의 출력에서 전압의 진폭이 기준전압의 진폭을 넘으면 비교기 출력은 상태를 변경한다. 적분기의 출력에서 이 전압변화는 펄스 발생기의 펄스 출력을 야기하는데, 그것은 적분기의 용량을 방전하고 비교기를 리셋한 후 새로운 램프가 초기화된다. 단 주기 펄스가 입력신호 순위에 비례하는 주파수로 비교기 출력에 나타난다. 시간당 펄스의 수는 디지틀 계수기로 계수할 수 있어 아날로그-디지틀 변환을 이룰 수 있다.

일차적 장점과 제한성(한계성)은 다음과 같다.

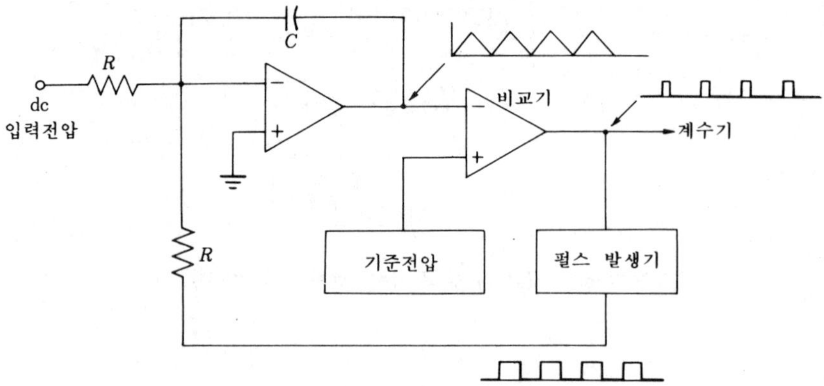

〈그림 3-7〉 적분기를 사용하는 전압-주파수변환기

장 점

① 전압-주파수 변환기는 샘플 속도를 감소시키는 잡음 필터없이 60Hz 잡음제거를 한다.

② 회로는 디지틀 계수기에 쉽게 적응된다.

③ 회로는 특별한 오버래인지 회로가 필요치 않다.

제한성 : 확도는 다음으로 제한된다.

① 적분시정수의 안정도

② 비교기 스위칭점의 확도와 안정도

③ 기준전압원의 확도와 안정도

3-3 계 수 회 로

많은 디지틀 계기들은 디지틀 계수기에 인입된 수의 디지틀 표시를 제공한다. 이들 수들은 주기신호의 주파수를 나타내고, 아날로그 신호의 디지틀 등가이거나 수동부품의 값이다. 계수회로는 모든 디지틀 계기의 주요 부분이고, 여기서 좀더 상세히 논의하겠다.

[1] 2진 계수기

2진 계수기(binary counter)는 2진수 시스템에서 계수한다. 2진 시스템에서는 0과 1, 단지 2심벌만을 계수하는데 사용한다. 이들 두 심벌은 1이상을 계수하는데 조합하여 사용한다. 친숙한 10진 시스템에서는 10점에서 좌측으로 멀어지면서 하중값이 커져간다. 각 컬럼을 일, 십, 백식으로 부른다. 2진 또는 밑수 2시스템도 거의 같다. 2진점에서 좌측으로 가는 컬럼의 하중은 2^0, 2^1, 2^2이다. 2진수를 전개하면 소숫점의 좌측 첫 컬럼에 있는 심벌은 2^0계수마다, 변화한다. 2^0이 1이므로 첫 컬럼은 0과 1 사이를 교번한다. 두번째 첫 컬럼에서 심벌은 2^1계수마다 변화한다. 따라서 두번째 컬럼에서 계수 패턴은 2개 0과 2개 1의 교번 패턴이다. 3번째 컬럼 심벌은 4번째 계수마다 교번하고 4번째 컬럼은 8번째 계수에서 변화하는 식이다. 2진수에서 이 패턴을 표 3-1에서 찾아야 하는데, 이들 수들은 10진수 0에서 10까지의 2진 등가를 나타낸다.

2진 계수기는 멀티바이브레이터라 하는 회로를 직렬연결하여 만든다. 멀티바이브레이터는 단지 그 상태에서만 동작하는 양의 귀환을 갖는 증폭회로이다. 포화상태에서 "on"되거나 완전히 "off"가 된다. 3개형의 멀티바이브레이터가 있지만 본 논의에서는 쌍안정 멀티바이브레이터 또한 플립플롭만이 관심의 대상이다. 이 회로는 2개의 안정상태를 갖는데, 다른 트리거가 될 때까지 한 상태를 유지한다. 이 방식으로 동작하면 이 회로는 2진 시스템에서 계수하는 데, 이상적으로 제공한다. 여러 개 플립플롭이 그림 3-8에 보인 것처럼 직렬로 연결되는데, 계수될 많은 수의 펄스를 허용한다.

램프와 같은 지시기를 각 플립플롭의 출력에 연결한다. 출력전압이 나타나면 램프는 켜지게 되고, 펄스가 플립플롭에 저장되었음을 나타낸다. 회로는 다음 방식으로 펄스를 계수한다. 모든 플립플롭이 초기에 재설정되어 모든 램프가 꺼진다. 그 후 한 펄스가 인가되면 플립플롭 1이 상태가 바뀌어 램프 A가 꺼진다. 더불어 플립플롭 2가 변화하면 램프 B가 켜진다. 펄스열이 계수기에 인가되면 플립플롭 1은 매번 펄스마다 상태를 변화하고, 플립플롭 2는 2번째 펄스마다 변화하며, 플립플롭 3은 4번째 펄스마다 변화하는 식이다. n이 플립플롭의 수일 때 수열은 $(2)^{n-1}$과 같다. 따라서 플립플롭 6은 $(2)^{6-1}$이 32와 같기 때문에 32번째 펄스마다 상태가 바뀜을 알 수 있다.

〈표 **3-1**〉 10진수와 상응 2진수

2진수	10진수
0000	0
0001	1
0010	2
0011	3
0100	4
0101	5
0110	6
0111	7
1000	8
1001	9
1010	10

〈예제 **3-3**〉 그림 3-8에 보인 계수기에 10개의 펄스가 인가된다면, 어느 지시 램프가 켜질 것인가?

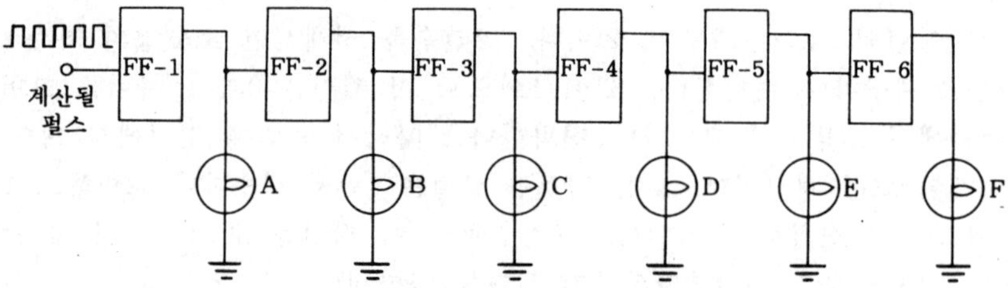

〈그림 3-8〉 플립플롭을 사용하는 2진 계수기

《풀이》 다음 순서가 각 펄스 후에 램프가 켜지는 것을 나타낸다(1은 램프가 켜짐을 나타낸다).

펄스	램프켜짐 DCBA
0	0 0 0 0
1	0 0 0 1
2	0 0 1 0
3	0 0 1 1
4	0 1 0 0
5	0 1 0 1
6	0 1 1 0
7	0 1 1 1
8	1 0 0 0
9	1 0 0 1
10	1 0 1 0

방금 논의된 켜진 램프의 패턴을 볼 수 있다. 어느 램프가 켜지는가를 계수 순서를 써내려 가지 않아도 결정하기 위해 2의 멱승의 합이 요망된 수가 될 때까지 수를 나열한다. 수 10은 $2^3 + 2^1$ 또는 8 + 2이다. 수 8은 램프 D이고 2는 램프 B이다.

[2] 10진 계수기

10진 계수기(decade counter)는 밑수 10시스템에서 계수하는 플립플롭이 직렬로 된 회로로서, 10개의 다른 계수의 순차로 증가되는 계수기를 뜻한다. 직렬로 된 3개의 플립플롭은 8개의 서로 다른 상태(2진수 000에서 111)를 진행하고 직렬로 된 4개의 플립플롭은 16개의 다른 상태(2진수 0000에서 1111)를 진행한다. 8개 다른 상태는 모자람에 반해 16은 10진 계수에 너무 많다. 이 문제는 직렬로 된 4개 플립플롭을 사용하고, 요구되는 10계수 후 각 플립플롭 출력을 0으로 리셋하여 극복할 수 있다. 그림 3-9는 직렬로 된 4개의 플립플롭을 보이고 있다. 10개의 펄스를 회로에 인가한 후 B와 D의 출력이 고

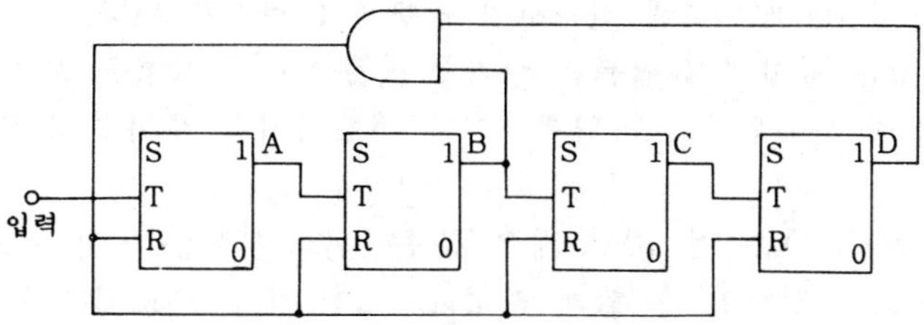

〈**그림 3-9**〉 10진 계수기

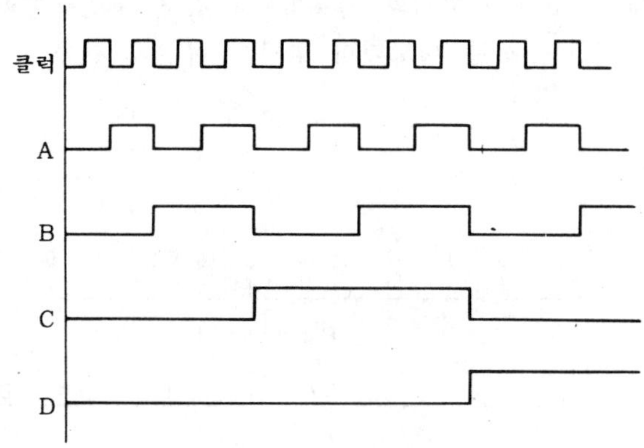

〈**그림 3-10**〉 그림 3-9의 10진 계수기의 파형

준위로 된다. 따라서 2진 출력은 1010이 된다. 출력이 0000되게 리셋하고 이 계수순차를 반복하고자 한다. 이것이 AND 게이트의 목적이다. B와 D가 1일 때 AND 게이트 출력이 모든 플립플롭을 0으로 리셋한다.

그림 3-10의 파형은 그림 3-9의 10진 계수기의 트리거 입력에 인가되는 펄스열과 각 플립플롭의 출력파형을 나타내고 있다. 램프와 같은 지시기 종류를 구동하고자 한다면, 신호로 밑수 10의 수로 먼저 부호화하여야 한다. 이것은 AND 게이트로 이룰 수 있다. 플립플롭의 출력은 AND 게이트에 인가된다. AND 게이트 입력은 10개의 트리거 펄스중 단 한번만 발생하는 조건의 유일한 집합이므로 10개 라이트의 각각은 특정한 한 펄스에만 켜진다. 이것은 한 번에 얼마의 펄스가 계수된 것인지 결정할 수 있다. 펄스를 계수하기 전 0라이트가 켜있는지를 확인해야 한다. 플립플롭 출력 $\overline{A}$, $\overline{B}$, $\overline{C}$, 그리고 $\overline{D}$가 그림

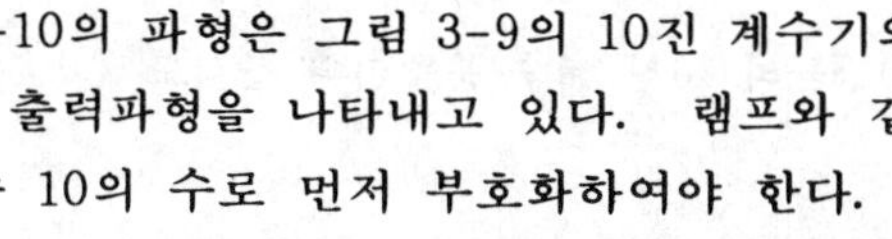

〈**그림 3-11**〉 0계수를 지시하는 영램프용 디코딩게이트

3-11에 있는 4입력 AND 게이트에 인가하면 영램프가 켜지게 된다.

그림 3-10에 있는 파형은 플립플롭 주파수 분주기가 동작함을 보이고 있다. 플립플롭은 입력신호를 2로 분주한다. 상위계수기와 마찬가지로 주파수 분주기는 플립플롭의 중요한 특성이다.

대규모 집적회로(LSI)는 전 10진 계수-분주기회로와 2진-10진 엔코딩 회로를 하나 또는 2개의 집적회로로 결합할 수 있게 하였다. 2진-10진 엔코딩은 2진-10진 변환기로 보통 수행된다. 10진 출력을 갖는 10진 계수-분주기의 블럭도는 그림 3-12에 있다.

2~10진 변환기로부터 10개 출력 각각은 다른 지시소자로 간다면 이해하기 혼란스러운 출력표시와 성가신 회로를 갖게 된다. 좀더 바람직한 출력장치는 그림 3-13에 있는 7선분 디지틀 판독기이다.

이 형의 판독 소자를 10진 계수기와 사용할 때 직렬 플립플롭과 7선분 표시기간을 인터페이스하는 회로를 BCD-7선분 디코더라 한다. 디지틀 판독을 갖는 10진 계수기의 블럭도는 그림 3-14와 같다.

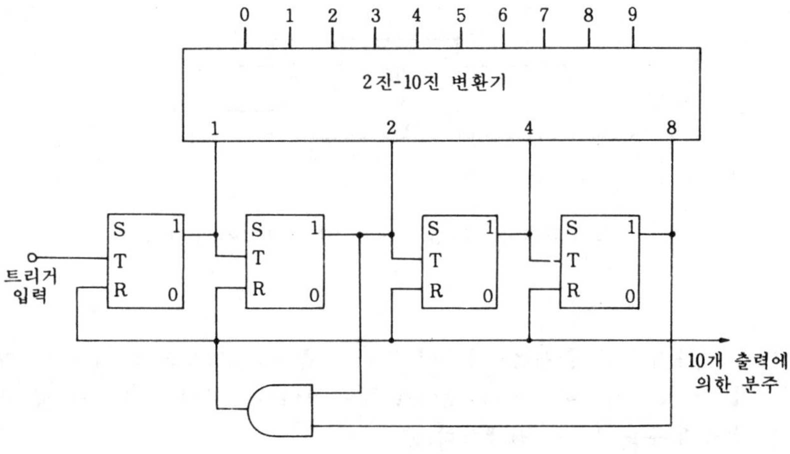

〈그림 3-12〉 밑수 10판독의 10진 계수-분주기의 블럭도

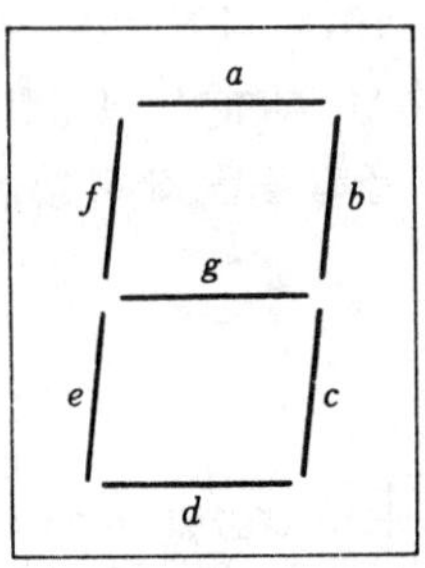

〈그림 3-13〉 7선분 판독기

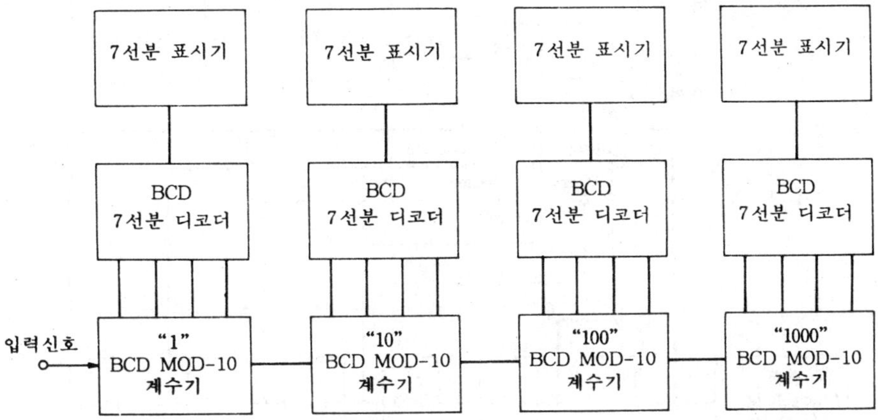

〈그림 3-14〉 디지틀 판독을 갖는 10진 계수기의 블럭도

3-4 전자계수기

3-3절에서 논의된 10진 계수기는 전자계수기 또는 만능계수기라 하는 상용 시험계기에 쉽게 짜넣을 수 있다. 독립적으로 생각하면 10진 계수기란, 게이트 펄스가 있는 시간(구간) 동안 인가된 펄스를 총합하는 총합 계수기로 작동한다. 그러나 이것은 대개의 상용 전자계수기의 여러 동작 모드 중의 하나이다. 동작의 대표적 모드는 총합계수, 주기, 주파수, 비, 시간간격 및 평균화 모드이다.

[1] 총합계수 모드

총합계수 모드에서 입력 펄스는 그림 3-15에 있는 스위치 S_1이 닫혀 있는 동안 10진 계수로 총합계수된다. 펄스 계수가 10진 계수기의 용량을 넘으면 오버플로 지시기는 활성화되고, 계수기는 0으로부터 다시 계수가 시작된다. 오버플로 지시기가 켜지면 지시된 계수기는 부정확하므로 무시된다.

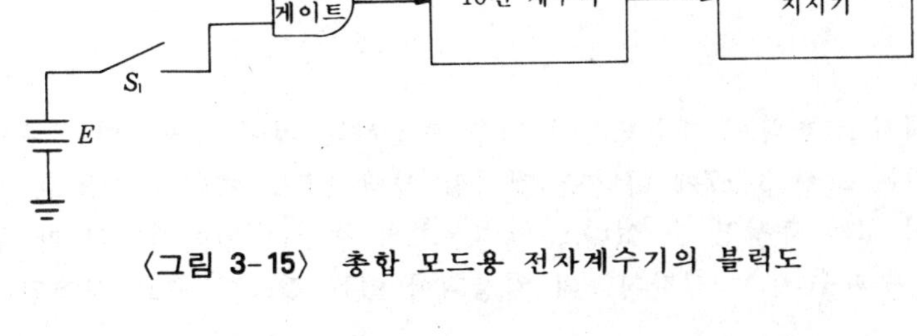

〈그림 3-15〉 총합 모드용 전자계수기의 블럭도

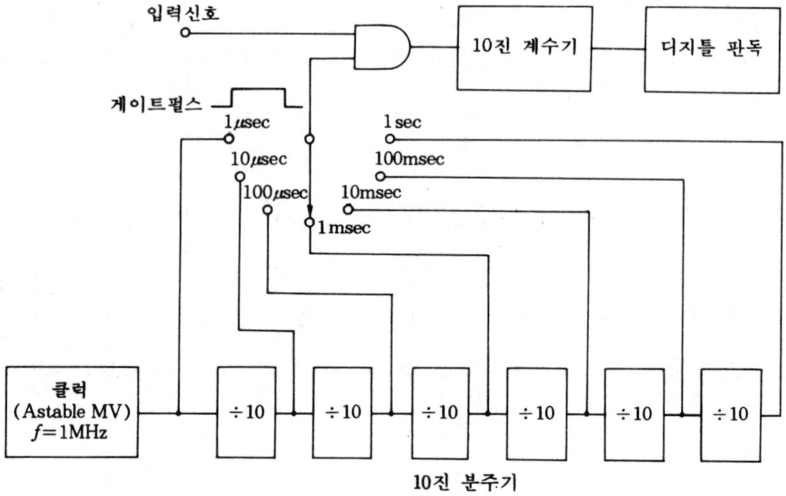

〈그림 3-16〉 주파수 모드용 전자계수기의 블럭도

[2] 주파수 모드

펄스가 총합계수 될 때 시간간격이 정확히 제어된다면 계수기는 주파수 모드로 동작된다. 시간간격의 정확한 제어는 그림 3-15에 있는 AND 게이트에 dc 전압원 대신 지속기간을 알고 있는 구형파를 인가하여 이루어진다. 이 기술은 계수기 게이팅이라 한다. 전자계수기 주파수 모드로 동작하는 블럭도는 그림 3-16에 있다. 상용 전자계수기는 단안정 멀티바이브레이터보다 더욱 안정된 클럭을 사용한다. 그러나 여기서는 전체회로를 간략화하기 위해 설명을 목적으로 사용하였다.

입력신호의 주파수는 다음 식으로 계산된다.

$$f=\frac{N}{t} \tag{3-7}$$

여기서,

f : 입력신호의 주파수
N : 계수된 펄스
t : 게이트 펄스의 지속기간

[3] 주기 모드

일부 응용에서 신호의 주파수보다 주기를 측정하는 것이 요구된다. 주기는 주파수의 역수이므로 주기는 그림 3-17에 나타낸 것처럼 입력신호를 게이트 신호로 사용하고 클럭펄스를 계수하여 쉽게 측정할 수 있다. 입력신호의 주기는 입력신호의 한 주기동안 계수되어 알고 있는 주파수 또는 시간지속의 저장되어 있는 펄스의 수로 결정된다.

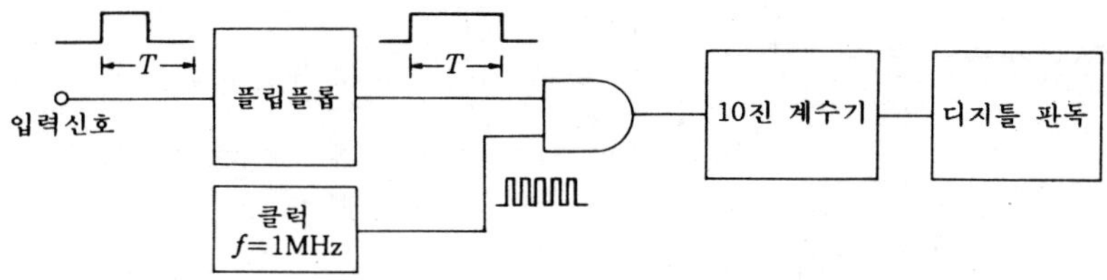

〈그림 3-17〉 전자계수기의 주기 모드 블럭도

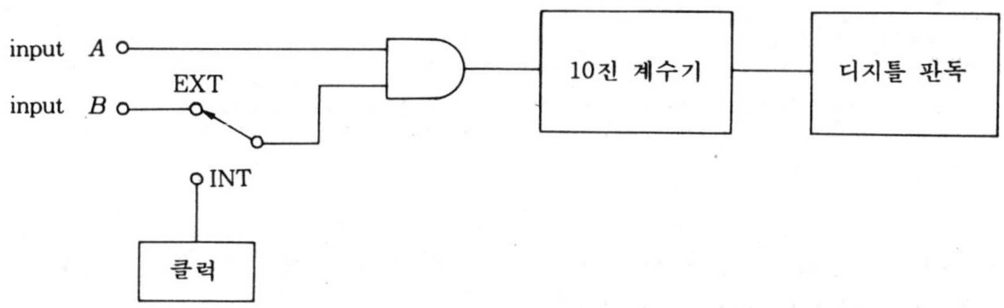

〈그림 3-18〉 비율 모드의 전자계수기 블럭도

주기는 다음 식으로 계산된다.

$$T=\frac{N}{f} \qquad (3\text{-}8)$$

여기서,

T : 입력신호의 주기
N : 계수된 펄스
f : 클럭의 주파수

[4] 비율 모드

비율 모드 동작은 신호의 주파수 비의 수치값으로 간단히 표시된다. 낮은 주파수 신호가 게이트 펄스를 제공하기 위한 클럭 대신으로 사용된다. 외부적으로 발생되는 게이트 펄스가 있는 동안 10진 계수기에 저장되어 있는 높은 주파수 신호의 주기수는 주파수의 비로 직접 읽는다. 비율 모드 동작의 기본회로는 그림 3-18에 있다.

[5] 시간-간격 모드

시간-간격 모드 동작은 두 사상(event)간의 경과시간을 측정한다. 계측은 그림 3-19의 회로를 사용하여 수행할 수 있다. 그림에서 알 수 있듯이 게이트는 두 개의 독립된 입력 게이트를 열어주는 START 입력과 게이트를 닫아주는 STOP 입력으로 제어된다.

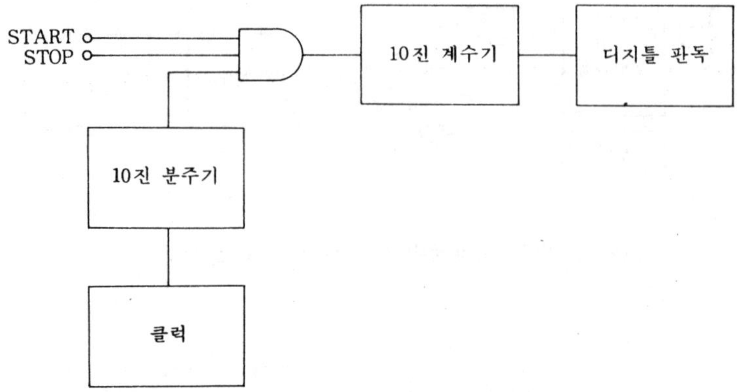

〈그림 3-19〉 시간-간격 모드의 전자계수기 블럭도

START 신호와 STOP 신호 사이 시간간격 동안 클럭펄스는 레지스터에 축적되어 사상의 시작과 종료간의 시간 간격을 나타내게 한다.

[6] 평균 모드

주파수, 주기 또는 시간간격을 측정할 때 여러 사이클, 주기 또는 시간간격 동안 평균 계측을 얻어서 확도와 분해능을 증가시키는 것이 바람직하다. 이 방법은 다주기평균법 (multiple-period averaging)이라 한다.

3-5 디지틀 표시기(또는 판독기)

[1] LED 표시기

전하반송자의 재결합은 전자가 N쪽으로부터 건너가서 P쪽에 있는 정공(hole)과 재결합하므로 순방향으로 바이어스된 PN접합에서 일어난다. 재결합이 일어날 때 전하반송자는 열과 빛의 형태로 에너지를 발산하여, 반도체 물질이 투명하다면 그 빛은 방사되고 그 접합(junction)은 광원, 즉 LED이다. 순방향으로 바이어스되었을 때 그 소자는 on으로 되어 빛을 내고, 역방향으로 바이어스되었을 때는 off로 된다.

그림 3-20(a)는 전형전인 LED(light emitting diode)의 횡단면도를 보여주며, 전하반송자 재결합은 P형 물질에서 일어나는데 P영역은 소자의 표면이 된다. 최대 광방사를 위하여는 금속박막(metal film)이 P형 물질의 끝 주위에 부착되어 있고, 소자에서 음극 연결은 N형 영역의 밑바닥에 있는 금속박막이다. 반도체 물질의 여러 가지 형태가 적색, 황색 및 녹색 광방사를 하기 위하여 사용된다.

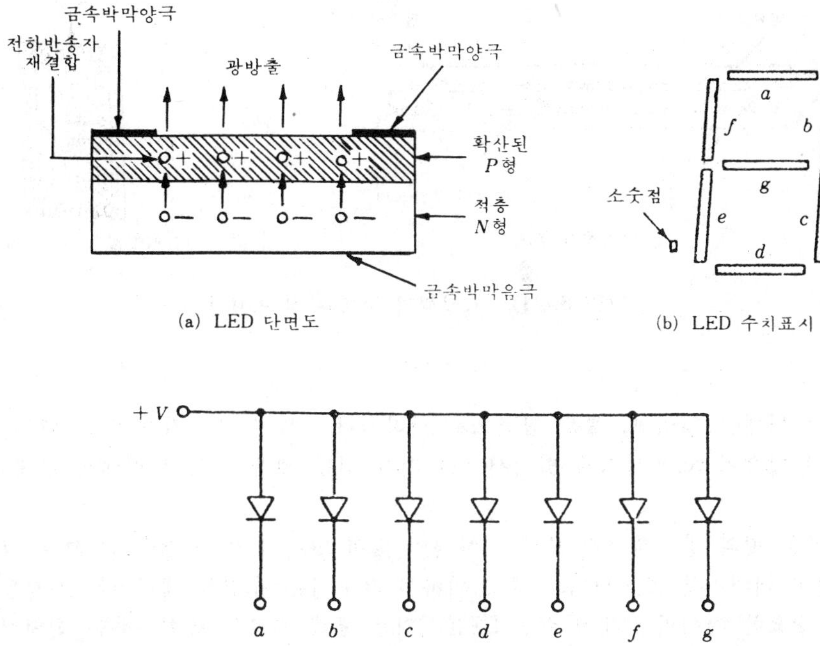

(a) LED 단면도 (b) LED 수치표시

(c) 공통양극회로

〈그림 3-20〉 LED단면도, 7세그먼트 숫자표시기 및 7세그먼트 표시기의 공통양극회로

그림 3-20(b)는 7세그먼트(SS;seven segment) LED 수치표시기의 배열을 나타낸다. 적당한 세그먼트를 통해 전류를 통과시킴으로써 표시되기 위한 0에서부터 9까지의 어떠한 수치도 나타낼 수 있다. SS표시기에 있어서 LED는 그림 3-20(c)에서 보는 바와 같이 모든 양극 또는 모든 음극에 공통으로 연결되었다.

순방향 바이어스된 LED를 통하는 전형적인 전압강하는 1.2[V]이고, 적당한 밝기를 위한 전형적인 순방향 전류는 약 20[mA]이다. 이처럼 비교적 큰 전류가 사용되는 것이 LED표시기의 큰 결점이다. LED의 다른 면에 있어서의 장점이 되는 것은 작은 직류인가 전압으로부터 동작능률, 불균일성과 빠른 스위칭 능률, 그리고 물리적으로 소형인 점이다.

[2] LCD 표시기

액정 셀표시기(LCD;liquid crystal cell displays)는 LED표시기와 같이 보통 SS수치 형태로 배열되었으며, 전계효과 형태의 액정 셀단면도는 그림 3-21(a)에 나타내었다.

액정재료는 결정의 광학특성을 나타내는 몇몇 유기화합물의 하나이며, 내면에 부착된 투명한 전극을 갖는 유리판 사이에 층으로 되어 있다. 2개의 박막극성을 갖는 광학여파기(optical filter)가 각 유리판의 표면 위에 놓여 있다. 액정재료는 셀이 에너지가 없을 때 셀을 통해 지나가는 빛은 실제적으로 굴곡이 생기며, 이것은 광학여파기를 통과하기

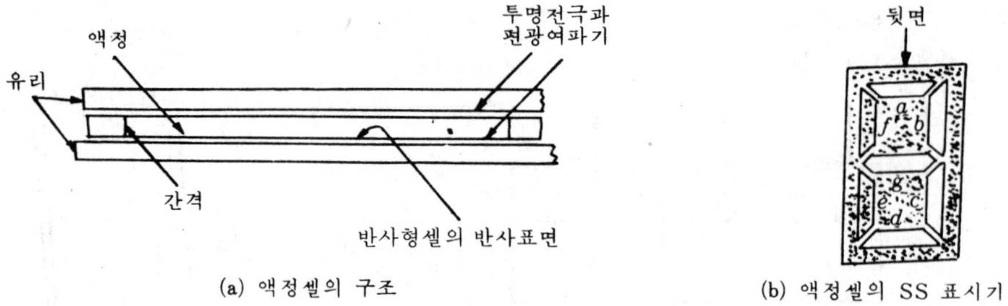

(a) 액정셀의 구조 (b) 액정셀의 SS 표시기

〈그림 3-21〉 액정셀의 구조와 SS표시기

위한 빛을 나타내는 것이고, 셀은 뒷면으로 사라진다. 셀이 에너지가 있을 때는 빛의 굴곡이 생기지 않으며 SS표시기에 있어서 에너지가 있는 셀은 그의 뒷면에서 눈에 띄게 나타난다.

액정 셀은 빛의 발광체라기 보다는 차라리 빛의 반사기 또는 전송기이므로 그것은 매우 적은 양의 에너지를 소비한다. 셀에 의하여 요구되는 유일한 에너지는 액정을 활성화시키는 데 필요한 것이며, 4개의 작은 SS표시기를 통해 흐르는 종합전류는 전형적으로 약 300〔μA〕 정도이다. 그러나 LCD는 정현파이든 구형파이든 교류공급전압을 요구하며, 이것은 직류가 소자를 손상시킬 수 있는 셀전극의 도금을 만들기 때문이다. LCD에 대한 전형적인 입력공급은 60〔Hz〕의 주파수를 갖는 $8V_{(PP)}$의 구형파이며 LED표시기에 있어서와 같이 LCD표시기도 공통단자를 사용하고, LCD 셀단자는 양극 또는 음극으로 동일시될 수는 없다.

[3] 디지틀 표시관

디지틀 표시관(digital indicator tube)의 기본구성은 그림 3-22(a)에 보여주고, 그의 계통기호는 그림 (b)에 나타내었다. 정의 전압을 갖는 평평한 금속판(metal plate)은 양

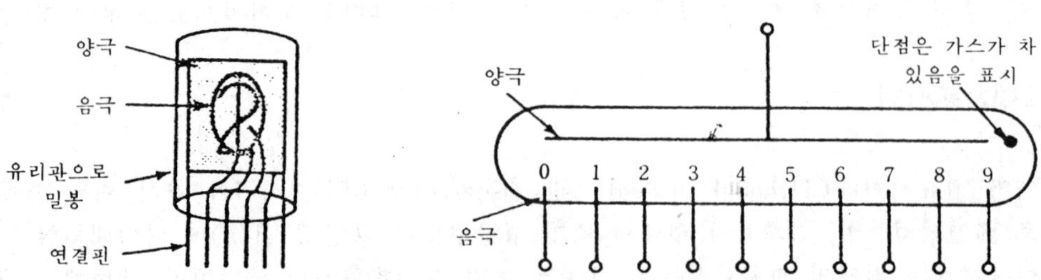

(a) 구조 (b) 계통기호

〈그림 3-22〉 디지틀 표시관 구조 및 계통기호

극으로서의 작용을 충족하며, 0으로부터 9까지 수치의 형태로서 10개의 선(wire)으로 분리된 음극이 있다.

그 전극은 밑바닥에 연결된 핀(pin)을 가지며, 가스로 채워진 유리관으로 밀봉되어 있다. 보통 네온 가스가 사용되며, 그것은 네온관이 동작할 때 황적색깔을 나타내며, 다른 가스를 사용함으로써 색깔을 바꿀 수도 있다. 충분히 높은 전압이 양극과 하나의 음극을 통하여 인가되었을 때, 전자는 음극으로부터 양극으로 가속되며, 이들 전자는 가스 원자와 충돌되고, 가스 원자로부터 다른 전자가 방출되도록 한다. 그 효과를 충돌이온화(ionization by collision)라고 한다.

이온화된 원자는 전자를 잃었으므로, 그것은 정으로 충전되고, 따라서 음극을 향해 가속되며, 그것이 부딪쳤을 때 2차 전자방출을 야기시킨다. 2차로 방출된 전자는 이온화를 야기시키고, 그 영역에서 전자와 원자의 재결합은 음극에서 차단한다. 이것은 에너지에 있어서 빛의 형태로 방출되는 것을 초래하고, 음극의 주위에서 볼 수 있는 적열광을 만든다.

음극은 수치의 형태로 되어 있으므로, 적열의 수치는 음극이 에너지를 가짐에 따라 나타난다. 이들 표시관은 높은 공급전압(140~200[V])이 필요하며, 일반적으로 SS소자에 비하여 형태가 매우 크다. 가스 방전 표시기는 SS형태에 있어서 LED표시기에 크기로서 필적할 만큼 유용하다.

[4] 표시관 구동회로

이미 설명한 바와 같이 10진 계수기 상태는 1(high) 아니면 0(low)이므로 각 콜렉터 전압을 확인함으로써 2진 형태로 읽는다. 표시를 하기 위하여는 10진 형태를 2진 형태로 변환시키는 것이 필요하며, 그림 3-23에서는 10진 계수기의 여러 가지 상태를 나타내었으며, 10진 계수기에 대해 입력 펄스의 유사한 10진 계수도 보여주었다.

그림 3-23의 아래부분은 디지틀 지시관의 한 음극과 연결된 출력을 갖는 각각 10개의 NAND게이트를 보였다. 각 NAND게이트의 4개 입력은 10진 계수기의 출력에 연결되고, 입력단자의 연결배열은 각각 NAND게이트에 대하여 다르다. 정의 공급전압은 디지틀 지시관의 양극에 연결되었고, NAND게이트의 출력이 낮을 때 전류는 지시관을 통하여 흐르며, 접지된 음극은 빛을 낸다. 하나의 NAND게이트는 어느 때나 낮은 출력을 갖는다.

그림 3-23에 있어서 0의 10진 계수에 대해 콜렉터 전압 레벨을 고려해 보자. Q_1에서 Q_8까지 모든 트랜지스터 레벨은 01101001으로 읽는다. 이제 디지틀 지시관에서 음극 0에 연결된 NAND게이트에 입력을 찾아보자. 게이트 0의 입력은 Q_{7c}, Q_{6c}, Q_{4c}, 그리고 Q_{1c}에 연결되었고, 이들 모든 콜렉터는 높은 레벨(논리 1)에 있다. 그리하여 게이트 0에 대한 4개 모두의 입력은 높고, 따라서 이 NAND게이트의 출력은 낮다.

디지틀 지시관에 있어서 0음극은 10진 계수가 0을 지시하면서 빛을 낸다. 정확한 0 지시에 대하여 모든 다른 게이트(1~9)가 단지 음극 0이 에너지를 갖도록 높은 출력 레벨을 가져야만 한다. 이것이 그러한 경우임을 확인하기 위하여는 게이트 1로부터 9까지 각각에 대한 하나의 낮은 입력을 확인하는 것만이 필요하다. 게이트 1, 3, 5, 7, 9는 각각

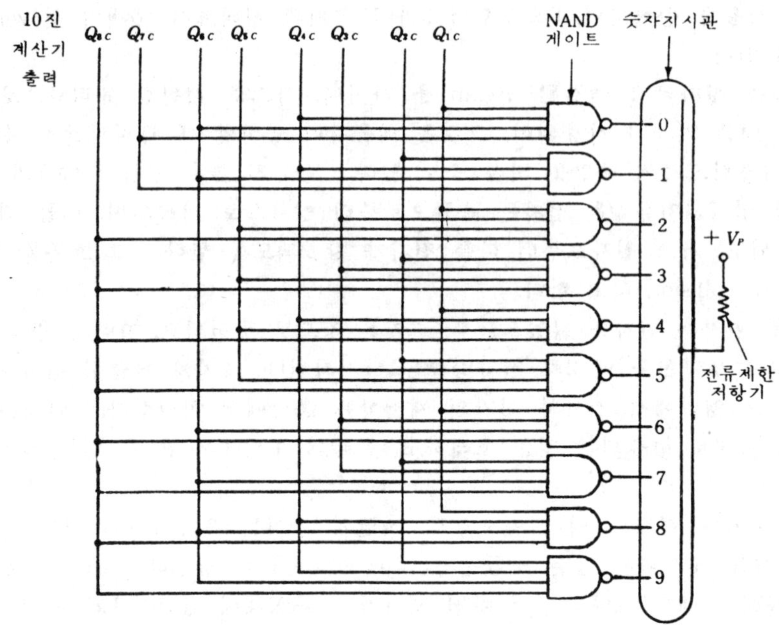

(a)

콜렉터에 전압 레벨								10진계수
0	1	1	0	1	0	0	1	0
0	1	1	0	1	0	1	0	1
1	0	0	1	0	1	0	1	2
1	0	0	1	0	1	1	0	3
1	0	0	1	1	0	0	1	4
1	0	0	1	1	0	1	0	5
1	0	1	0	0	1	0	1	6
1	0	1	0	0	1	1	0	7
1	0	1	0	1	0	0	1	8
1	0	1	0	1	0	1	0	9

(b)

〈그림 3-23〉 10진 계수기의 출력으로부터 디지틀 지시관을 조정하기 위한 (a) 표시 디코더 (b) 드라이버의 논리도

Q_{2c}와 연결된 하나의 입력을 가지며, Q_{2c}는 낮으므로 이들 게이트는 모두 높은 출력을 갖는다 게이트 2와 6은 각각 Q_{3c}로부터 낮은 입력을 가지며, 게이트 4는 Q_{5c}로부터 낮은 입력을 갖고, 게이트 8은 Q_{8c}로부터 낮은 입력을 갖는다. 그러므로 게이트 0만이 낮은 출력을 갖고, 음극 0만이 발광한다.

어떤 특별한 경우 10진 계수에 대한 게이트 입력조건의 주의깊은 실험은 정확한 음극만이 에너지를 갖는다는 것을 보여준다. 예로서 5의 10진 계수에서 게이트 5만이 음극 5로 하여금 에너지를 갖기 위해 낮은 출력을 만들며, 이때 모든 다른 게이트는 높은 출력을 갖는다.

그림 3-23 예시한 NAND게이트의 계통은 10진 계수기로부터 10진 출력까지 BCD출력을 변환시킨다. 그리하여 그것을 10진 변환에 대한 BCD라고 하며, SS소자를 구동시키기 위한 10진 계수기 변환은 SS변환에 대한 BCD라 하고, 그것은 10진 변환에 대한 BCD보다 약간 복잡하다.

3-6 디지틀 주파수계

[1] 시 간 축

디지틀 주파수계에 대한 전형적인 블록 선도(block diagram)와 전압파형은 그림 3-24에서 보여준다. 입력 펄스를 계산하는 시간간격의 근원은 보통 클럭원으로 매우 정확한 수정제어발진기이다. 수정은 안정한 발진주파수를 유지하기 위해 때때로 항온조 속에 넣어서 동작시킨다.

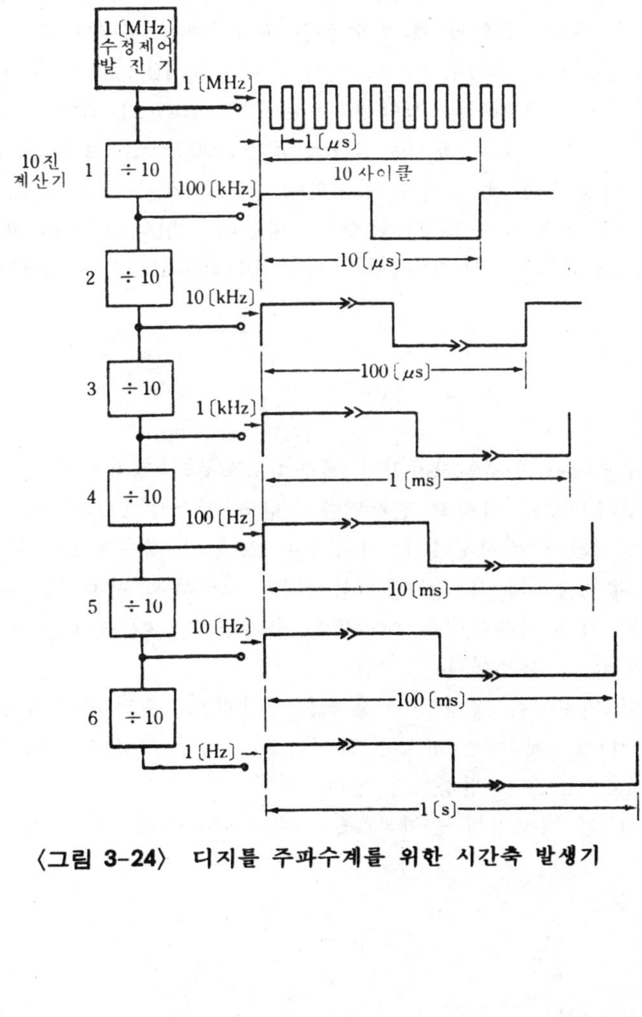

〈그림 3-24〉 디지틀 주파수계를 위한 시간축 발생기

10진 계수의 마지막 플립플롭으로부터 출력주파수는 정확히 입력 트리거링 주파수의 10분의 1이며, 이것은 출력파형의 시간주기가 입력파형의 꼭 10배라는 것을 의미한다.

그림 3-24에 있는 수정발진기로부터의 1〔MHz〕 출력은 1〔μs〕의 시간주기를 가지며, 첫 10진 계수기의 출력파형은 10〔μs〕의 시간주기를 갖는다. 두번째 10진 계수기의 출력 시간 주기는 100〔μs〕이며, 세번째는 1〔ms〕 등으로 나타난다. 그리하여 6개의 10진 계수기 모두로서 이용할 수 있는 시간주기는 1〔μs〕, 10〔μs〕, 100〔μs〕, 1〔ms〕, 10〔ms〕, 100〔ms〕 및 1〔sec〕이다.

디지틀 주파수계에서 계산회로가 정확히 1초동안 트리거 되었을 때, 표시기는 직접 입력주파수를 나타낸다. 1초의 주기동안 1000cycle의 계산은 1000〔Hz〕 또는 1〔kHz〕의 주파수를 나타내며, 5000지시기는 5000〔Hz〕를 지시한다. 이들 숫자는 소숫점이 첫숫자 뒤에 있을 때 매우 쉽게 읽어지고, 출력은 〔kHz〕로 표시된다. 1.000의 표시는 1〔kHz〕이고, 5.000은 5〔kHz〕이며, 5.473은 5.473〔kHz〕이다. LED표시기에서 소숫점은 단일로 적당히 놓여진 LED를 사용함으로써 만들어지며, 〔kHz〕 지시로 보통 표시된다.

계산회로를 조정하는 100〔ms〕 시간주기 사용의 효과를 고려해 보자. 1000의 표시는 100〔ms〕당 1000cycle을 의미하며, 이것은 초당 10,000cycle 또는 10〔kHz〕이다. 시간주기가 1초로부터 100〔ms〕로 전환될 때, 소숫점도 또한 첫숫자로부터 두번째 숫자 뒤의 위치로 전환된다. 10.00 표시는 10.00〔kHz〕로 읽고 50.00는 50.00〔kHz〕로 읽는다.

시간주기가 10〔ms〕로 전환될 때 소숫점은 표시기에서 세번째 숫자 다음 새로운 점으로 이동되며, 100.0표시는 100.0〔kHz〕로 된다. 이것은 10〔ms〕의 주기동안 계산된 입력 1000cycle의 결과이므로, 실제적인 입력주파수는 1000/10〔ms〕, 즉 100〔kHz〕이다.

1〔ms〕 시간주기로 1000의 표시는 1〔ms〕동안 1000cycle 또는 1〔MHz〕를 가리킨다. 소숫점은 첫숫자 다음의 본래 위치로 이동하며, MHz지시가 표시된다. 그러므로 1〔ms〕 시간축을 갖는 1.000의 표시는 1.000〔MHz〕로 읽는다. 만약 100〔μs〕와 10〔μs〕 시간주기가 사용되었다면, 소숫점은 1000의 지시가 각각 10.00〔MHz〕와 100.0〔MHz〕가 되도록 다시 이동한다.

[2] 래치 회로

디지틀 주파수계에서 숫자표시장치가 계수회로로부터 직접적으로 조정된다면, 표시기는 0으로부터 계산과정으로 신속히 전환된다. 입력 펄스가 1초의 주기동안 계산되고, 그 계산은 1초동안 일정하게 유지된다면, 지시기는 1초동안 계속적으로 변화하는 것과 다음 1초동안은 일정하게 있는 것 사이에서 반복한다. 그리하여 지시기는 읽기가 어려워지고, 계산에 짧은 시간주기가 적용될수록 어려움은 증가한다. 이 문제를 해결하기 위하여 래치 회로(latch circuit)가 사용된다.

래치는 계산이 진행되는 동안 지시장치를 계산회로로부터 격리시키는 것이다. 계산하는 시간의 끝에서 래치에 대한 신호는 표시기로 하여금 계산하는 회로의 최후조건을 소수치(decimal equivalent)로 변환하도록 한다.

래치 회로는 10진 계수기의 출력과 표시 디코우더/드라이버 회로 사이에 연결된 근본적으로 가산 플립플롭이다. 계산이 진행되는 동안 래치 플립플롭 출력은 일정한 상태에서 머무른다. 계산시간 끝에, 플립플롭은 10진 계수기 출력의 마지막 상태에 따라 표시기를 동작하도록 한다. 표시기는 계수하는 시간에는 off, 계수하지 않는 시간에는 on으로 동작하는 단순한 스위치이다. 표시된 숫자는 계산하는 동안 표시하지 않고 계속하여 on과 off로 전환된다. 표시시간과 계수시간이 충분히 짧을 때에는 표시기의 on/off 주파수는 매우 높아서 사람의 눈에는 단지 일정한 표시로 보인다.

[3] 기본 디지틀 주파수계의 계통

4개의 숫자표시기를 갖는 디지틀 주파수계의 계통도를 그림 3-25에 표시하였고, 계통에 대한 전압파형은 그림 3-26에 예시하였다. 측정된 주파수를 갖기 위한 입력신호는 필요에 따라 처음에 증폭되거나 감쇠되고, 그리하여 슈미트 트리거 회로(Schmitt trigger circuit)로 들어간다.

슈미트 회로는 정현파나 기타 파형을 구형파나 펄스파로 변환시킨다. 슈미트 출력은 입력과 같은 주파수를 가지며, 그것은 계수회로를 트리거한다. 그것이 계수회로에 가기 전에 그 펄스 파형은 AND게이트를 통과하여야만 한다. 슈미트 회로로부터의 구형파는 플립플롭으로부터 출력 Q가 논리 1(즉, 정)일 때만 계수회로를 통과한다. 플립플롭은 하향출력이 타이머(timer)로부터 들어오는 각 시간에 상태를 변화시킨다. 그리하여 $T=1$초일 때 플립플롭 출력은 1초동안은 레벨 1로, 1초동안은 레벨 0으로 반복되며, 따라서 AND게이트도 1초동안은 on, 1초동안은 off 상태로 반복한다. 즉 AND게이트는 1초동안 계수회로에 대해 슈미트 출력 펄스를 번갈아 통과시키며, 1초동안은 그것을 차단(off)시킨다.

입력 펄스의 정확한 숫자는 AND게이트가 on되는 시간을 통하여 계산되며, 이미 설명한 것처럼 $T=1$초일 때 계수한 것이 입력주파수로 측정한 것이다. 타이머는 계산이 이루어질 수 있는 6개 또는 그 이상의 유용한 출력시간 주기를 갖는다. 필요한 시간주기는 그림 3-25에서 볼 수 있는 것처럼 스위치에 의하여 선택된다. 플립플롭으로부터 출력 $\overline{Q}$는 출력 Q에 대해 반대위상이며, 이 파형은 계수회로를 복귀(reset)시키기 위해, 그리고 래치를 열고 닫기 위하여 사용된다.

계수시간이 시작될 때 플립플롭으로부터 출력 $\overline{Q}$는 하향전압이고, 이것은 각 계수기의 초기 시동조건을 정확하게 set하기 위하여 10진 계수기에 있는 reset회로를 트리거 한다. 플립플롭 출력 $\overline{Q}$는 계수시간 동안 논리 0이므로 래치 회로에 대한 그의 응용은 각 래치가 off라는 것을 확실하게 한다. 그리하여 계수시간에는 래치 회로를 통과하는 것은 아무것도 없으며, 계수시간 끝에 래치 입력에 들어온 파형은 논리 1로 된다. 이것은 표시기의 상태가 정확하게 되고, 필요하다면 계수회로의 상태를 반영시키도록 각 래치를 on으로 트리거한다. 래치가 on으로 된 시간에 AND게이트는 off이고, 계산은 이루어지지 않는다. 그리하여 한번 정확히 되면 표시기는 래치 회로가 off이므로 계수시간 동안 일정하게 머무른다.

적당한 타이머 범위로 수동전환 대신에, 어떤 기기는 자동적으로 범위를 선택하는 기

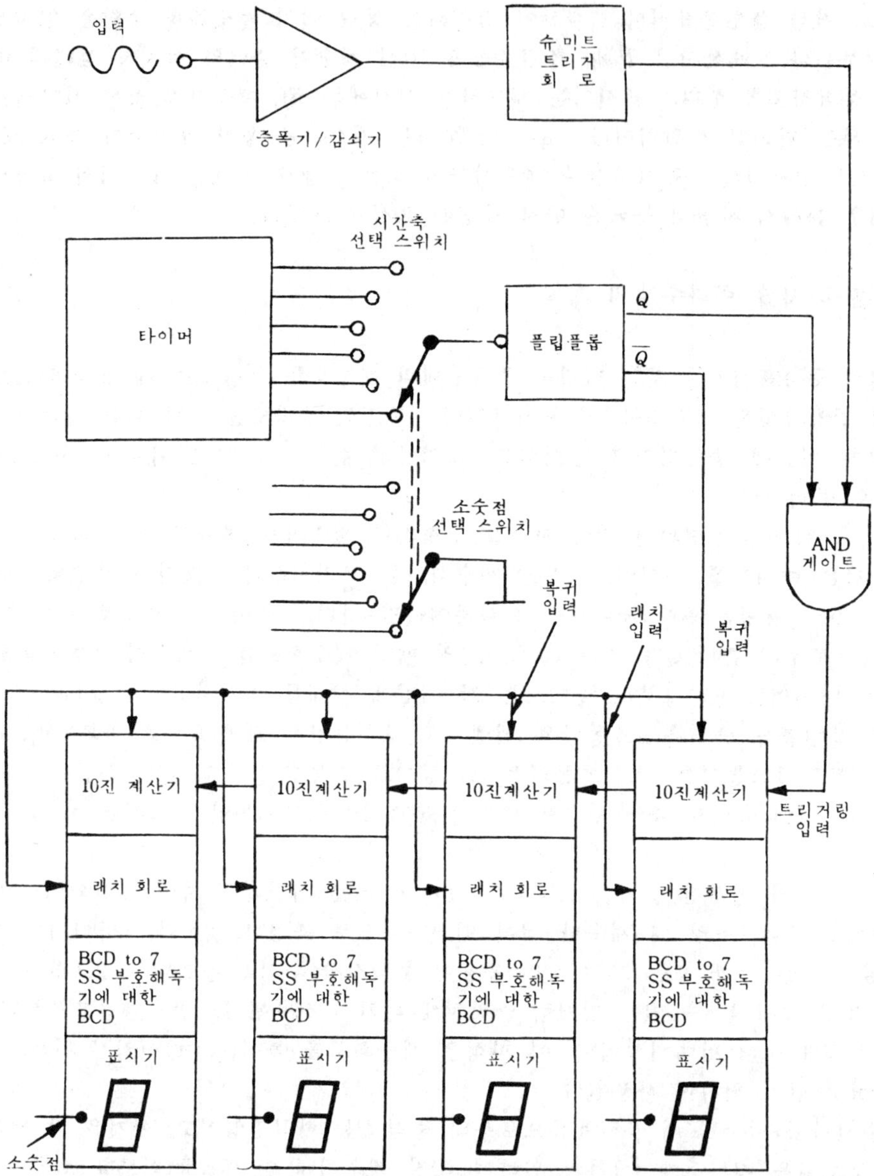

〈그림 3-25〉 디지틀 주파수계의 계통도

능을 갖는다. 이것은 보통 입력주파수에 거의 비례하는 전압을 발진시키는 회로로 구성하며, 실제적인 전압 레벨에 따라 몇 개의 트랜지스터 스위치 중의 하나가 정확한 시간축과 소숫점 위치를 선택하기 위해 on으로 된다.

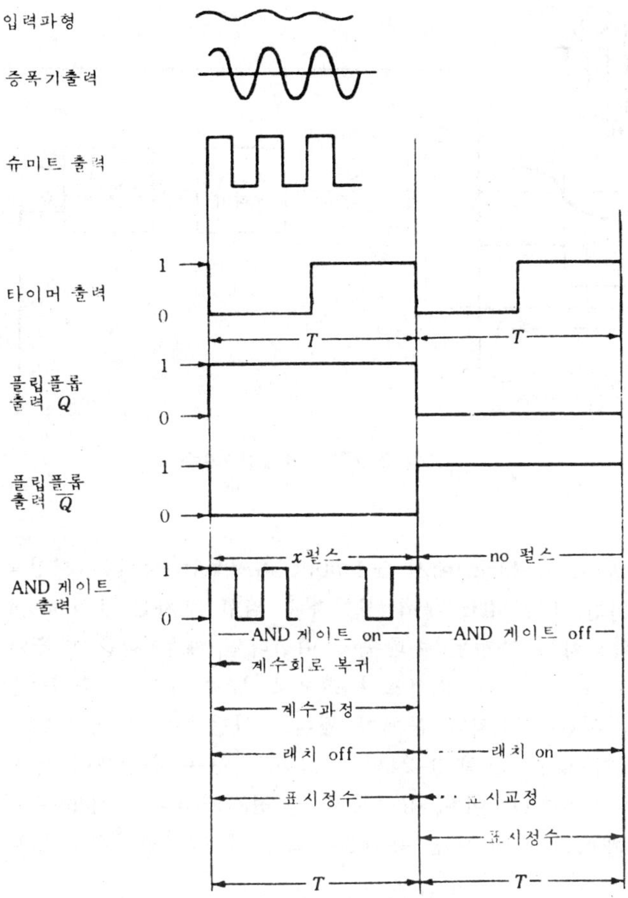

〈그림 3-26〉 디지틀 주파수계에 대한 파형

[4] 주파수 측정과 오차

앞에서 설명된 시스템에서 시간축은 입력 펄스가 인가되는 동안 AND게이트를 on 또는 off로 전환시킬 수 있다. AND게이트를 통하여 들어온 부분 펄스는 계수회로를 트리거링 할 수도 있고, 못할 수도 있으므로, 시간 주기동안 입력 사이클의 계수에서 항상 ±1cycle의 오차가 존재한다. 그리하여 디지틀 주파수계의 정확도는 보통 ±1count 오차로 나타낸다.

수정발진기에 의하여 발진되는 시간축에서의 오차는 정상적으로 온도의 변화, 전원전압의 변화, 그리고 수정의 에이징(aging of crystal)의 결과이다. 적당한 주의를 하면 종합 시간축 오차는 전형적으로 1×10^{-6}보다 적으며, 종합 측정오차는 측정되는 실제적인 주파수에 의존한다.

100〔Hz〕의 주파수에서 ±1count에 기인하는 오차는 ±1〔%〕이며 한편 시간축에 기인

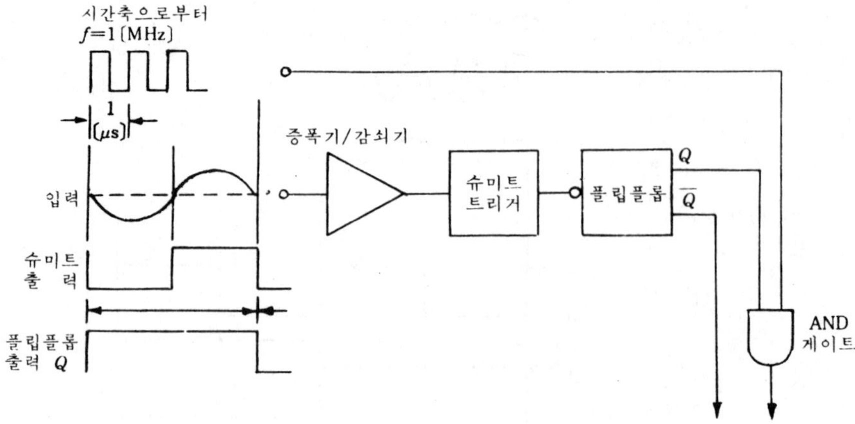

〈그림 3-27〉 역계산 기술

하는 오차는 무시한다. 1〔MHz〕에서 ±1count 기인하는 오차는 시간축에 기인하는 것(1 $\times 10^{-6}$)과 동등하지만, 100〔MHz〕에서 시간축에 의한 오차는 ±100count가 되는 것이 분명하다. 한편 종합오차는 측정된 주파수에 비한다면 매우 적은 비율이지만, 높은 주파수에서는 시간축 오차가 ±1count 오차보다 크므로, 낮은 주파수 측정에는 ±1count 오차가 높은 주파수에서는 시간축 오차가 문제가 된다. 시간축이 그림 3-25에서 보여주는 시스템으로부터 연결되지 않고, 그림 3-24의 시간축에 있는 수정제어 발진기로부터 1〔MHz〕 주파수가 슈미트 대신 AND게이트 입력에 직접 연결되었다고 하면 슈미트 출력은 측정되는 주파수가 AND게이트 입력 대신 플립플롭으로 가도록 플립플롭에 대한 입력으로 인가된다.

새로운 배열을 그림 3-27에서 나타내었으며, 그 결과는 AND게이트가 측정되는 주파수의 주기에 대해 on으로 전환되고, 1〔MHz〕 수정발진 주파수로부터 펄스가 이 시간동안 계수회로를 트리거하는 것이다.

측정되는 주파수가 100〔Hz〕일 때 AND게이트는 1/100〔Hz〕(=10〔ms〕) 주기에 대해 on이 된다. 1〔MHz〕 수정으로부터 각 사이클은 1〔μs〕의 시간주기를 가지므로, 10〔ms〕 동안 계수된 펄스의 수는 10〔ms〕 ÷ 1〔μs〕 = 10,000이다. 이것은 100.00〔Hz〕로서 표시기에 지시되고, 100〔Hz〕 주파수의 측정확도는 10,000에서 ±1count 또는 100〔Hz〕 ÷ 10,000=0.01〔Hz〕이다. 측정된 주파수의 오차백분률은

$$\text{오차} = (0.01〔\text{Hz}〕 \div 100〔\text{Hz}〕) \times 100 = \pm 0.01〔\%〕 \qquad (3\text{-}9)$$

이다. 0.01〔%〕 오차는 직접 측정기술로서 생기는 오차 1〔%〕에 비해 크게 개선되며, 100〔Hz〕 이하에서의 측정확도는 더욱 좋고, 높은 주파수에서는 직접계수방법이 가장 정확한 결과를 준다.

[5] 시간 및 비율측정

앞에서 이미 설명한 역계산기술은 비록 표시기가 주파수로서 표현되었다고 할지라도

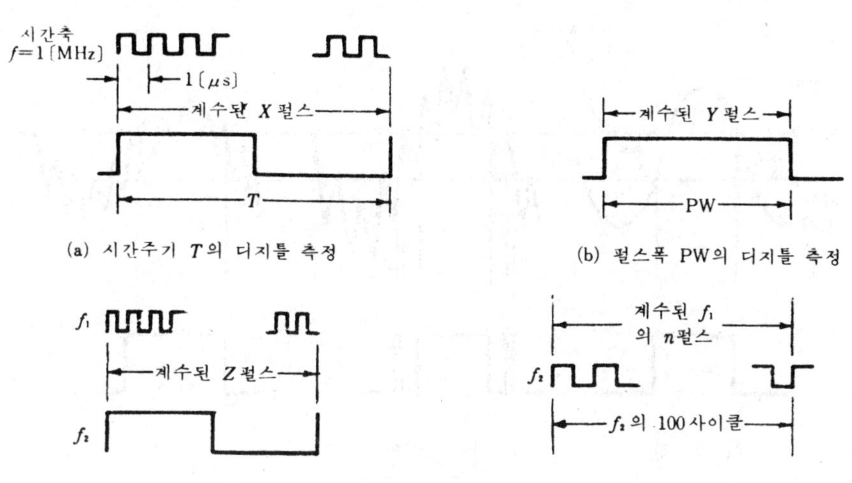

(a) 시간주기 T의 디지틀 측정 (b) 펄스폭 PW의 디지틀 측정

(c) 두 주파수비의 디지틀 측정 $\left(Z=\frac{f_1}{f_2}\right)$ (d) 두 근접주파수비 $\left(\frac{f_1}{f_2}=\frac{n}{100}\right)$의 디지틀 측정

〈그림 3-28〉 시간주기, 펄스폭 그리고 주파수비의 디지틀 측정

시간측정방식이며, 표시기는 시간주기로서 적당히 표현될 수 있다. 예를 들면 10000〔Hz〕 측정은 10000×1〔μs〕로 만들어지고, 그것은 10.000〔ms〕이다. 어떤 입력파형의 시간주기는 그림 3-28(a)에서 나타낸 것처럼 이러한 방법으로 측정될 수 있다.

만약 그림 3-27에서 플립플롭은 하향신호와 마찬가지로 상향입력에 트리거하도록 만든다면 입력 펄스의 폭 또는 지속시간이 측정될 수 있다.

대부분의 디지틀 계수기는 사상(event) 사이에서의 시간이 측정될 수 있도록 시작입력(start input)과 종료입력(stop input)을 갖는다. 두 주파수의 비는 계수기에 의하여 측정될 수 있으며, 두 주파수 중 낮은 것이 그림 3-27에서 플립플롭에 입력으로 인가되고, 높은 주파수는 AND게이트 입력(적당한 정형회로를 통해)으로 인가된다. 그러면 기기는 낮은 주파수의 시간주기 동안 나타나는 높은 주파수의 사이클수를 계수한다. 파형은 그림 3-28(c)에서 예시한다.

만약 높은 주파수가 낮은 입력주파수의 100배라면, 높은 주파수의 100사이클이 계수되며, 표시된 숫자는 두 입력주파수의 비가 된다. 그림 3-28(c)에서 예시된 파형은 한 주파수가 다른 주파수보다 매우 큰 경우에 대한 것이며, 그림 (d)는 두 주파수가 서로 근접한 경우의 것이다.

[6] 입력감쇠와 증폭

계수기에 대한 입력단은 슈미트 트리거 회로로 공급하는 증폭기와 감쇠기이다. 슈미트 트리거 회로는 그것이 트리거 할 때 입력전압의 상단 트리거점(UTP) 또는 상단 레벨(upper level)을 가지며, 그것은 또한 그의 출력이 본래의 상태로 역전환할 때 하단 트리거점(LTP) 또는 낮은 전압 레벨을 갖는다. UTP와 LTP 사이의 차를 히스테리시스

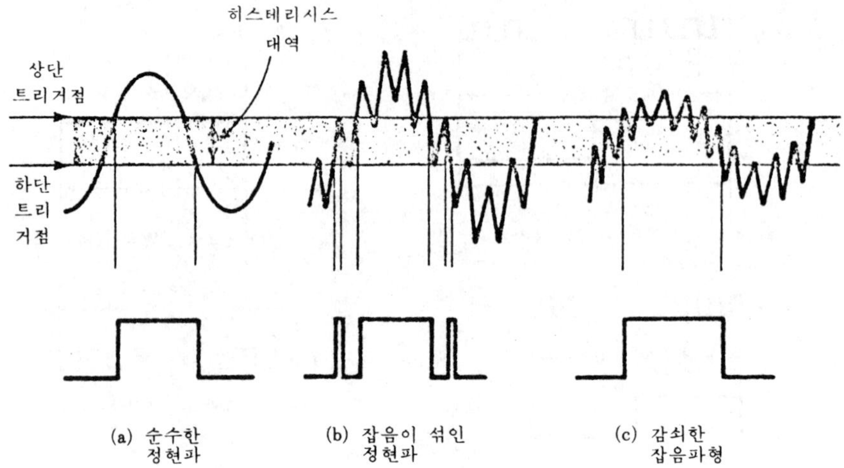

〈그림 3-29〉 잡음입력신호는 주파수 계수오차를 피하기 위해 감쇠

(hysteresis)라고 하며, 이 효과를 그림 3-29(a)에 예시하였다.

증폭기와 감쇠기 단계가 이득 1로 동작한다면 슈미트 출력은 입력정현파가 UTP를 지나갈 때 정으로 되고, 정현파가 LTP보다 낮아질 때 슈미트 출력은 먼저의 레벨로 되돌아간다. 이제 그림 3-29(b)에서 보여주는 잡음입력신호의 효과를 보면, 잡음 스파이크는

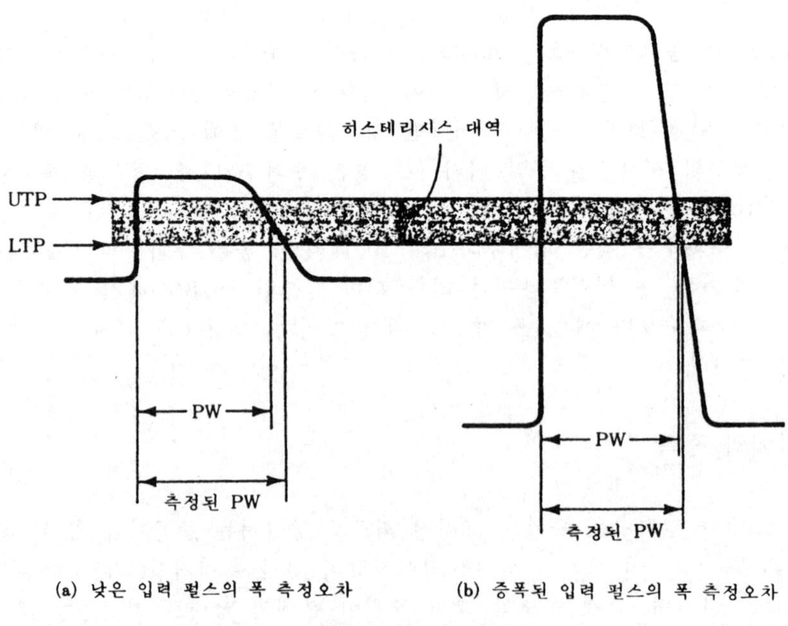

〈그림 3-30〉 펄스는 디지틀 계수기에 의한 펄스폭 측정에서 오차를 피하기 위해 증폭

신호로 하여금 각 사이클에서 두 배 이상의 히스테리시스 대역을 교차하도록 한다. 그리하여 원하지 않는 부가된 출력 펄스는 주파수측정에서 오차를 초래하게 된다. 이 결점은 슈미트 회로의 히스테리시스 대역을 확대함으로써 극복될 수 있다.

그림 3-29(c)에서 나타낸 것처럼 입력신호는 감쇠될 수 있고, 대부분의 주파수계수기는 계속적으로 변화하는 입력감쇠기로서 적합하게 된다. 감쇠기는 계수회로를 만족하게 트리거할 가장 낮은 레벨에 신호를 맞추어 조정되어야 한다. 어떤 계수기는 높은 주파수의 잡음을 감쇠시키기 위하여 입력단으로 전환된 저역여파기(LPF)를 가지고 있으며, 그리하여 계수기의 잡음제거를 더욱 개선시킨다.

그림 3-30(a)는 계수기가 펄스폭을 측정하기 위하여 타이머로서 사용되었을 때 발생하는 문제를 나타내었다. 펄스의 평균폭은 그림에서 표시한 PW이고, 슈미트 트리거 회로의 히스테리시스 때문에 측정된 펄스폭에는 오차가 존재한다. 이 오차는 히스테리시스를 감소시키거나 그림 (b)처럼 펄스를 증폭시킴으로써 최소로 할 수 있다.

3-7 디지틀 전압계

디지틀 전압계(DVM, digital voltmeter)는 직류 또는 교류전압값을 아날로그 계기에서처럼 연속적인 눈금상의 지침의 편위로 나타내는 대신 불연속적인 숫자로 나타내는 것이므로 일반적으로 디지틀 전압계라고 한다.

측정값의 숫자판독(read out)은 많은 응용에서 대단히 유용하다. 그것은 인간의 판독오차와 보간오차를 감소시키고 시차오차를 제거하며, 또 판독속도를 증가시킬 뿐만 아니라 필요에 따라서는 가끔 출력을 앞으로의 프로세싱(processing)에 또는 기록장치에 알맞은 숫자형태로 공급할 수 있기 때문이다.

디지틀 전압계는 전자기술의 발달에 따라 용도가 다양하고, 특성이 우수하며, IC회로를 사용함으로써 제작이 용이하여 널리 이용되고 있다. 디지틀 전압계는 램프형(ramp-type), 계단식 램프형(staircase ramp-type), 적분형(integrating-type), 연속-평형형(continuous-balance type) 등 여러 가지 종류가 있으나 대표적인 램프형 디지틀 전압계를 예로 들어 설명한다.

[1] 램프형 디지틀 전압계

구성 및 원리 : 램프형 디지틀 전압계(ramp-type DVM)는 그림 3-31과 같이 램프(삼각파) 발생기, 입력비교기, 클록 펄스 발생기, 게이트 회로, 계수기 등으로 구성되어 있으며 동작원리는 선형 램프 전압이 0[V]에서 입력전압 기준까지 상승하는 데 걸리는 시간을, 또는 입력전압 기준에서 0[V]까지 하강하는 데 걸리는 시간을 측정하는 데 그 기초를 두고 있다. 즉 전자 시간간격 계수기를 가지고 이 시간간격을 측정하여 그 시간에 비례하는 펄스 개수를 전자지시기상에 숫자로 나타내는 것이다. 램프형 디지틀 전압계는 게

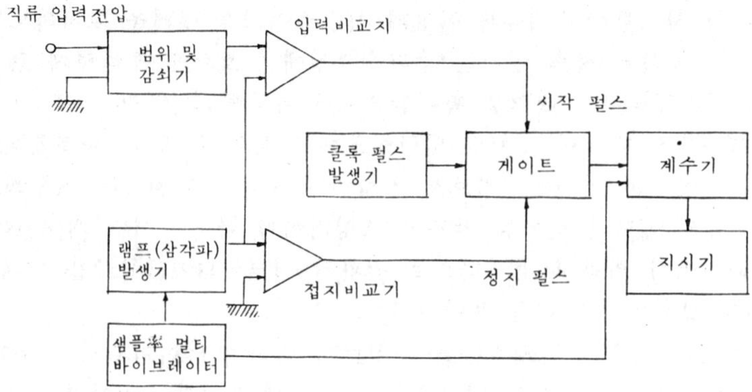

〈그림 3-31〉 램프형 디지틀 전압계 구성도

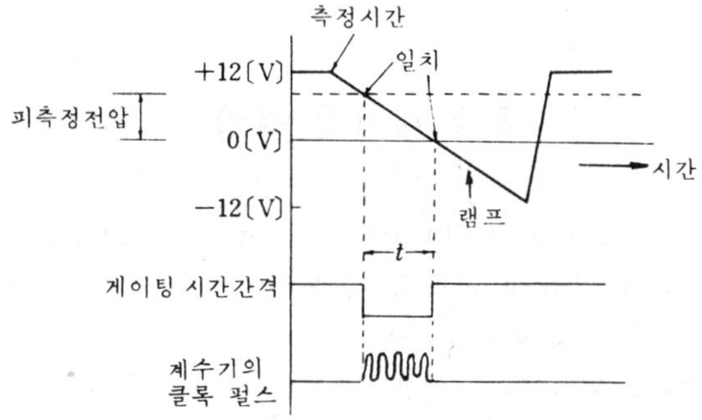

〈그림 3-32〉 게이트된 클럭 펄스를 이용한 전압시간 변환

이트폭 변조 디지틀 전압계라고도 한다.

전압을 시간간격으로 변환하는 방법은 그림 3-32의 파형도로 설명된다. 피측정주기(measurement cycle)가 시작되는 시각에 램프 전압을 가한다. 이 램프 전압의 기울기는 정인 경우도 있고 또는 부인 경우도 있다. 그림 3-32에서 보는 바와 같이 부의 기울기를 가진 램프 전압을 연속적으로 미지의 입력전압과 비교한다.

램프 전압이 미지의 입력전압과 같게 되는 순간에 동시회로, 즉 비교기가 펄스를 발생하여 게이트를 연다. 램프 전압은 시간과 더불어 계속해서 감소하여 마침내 0〔V〕(또는 접지전위)에 도달하며 이때 접지비교기가 펄스를 발생하여 게이트를 닫는다.

클록 펄스(clock pulse) 발생기에서 발생된 이들 펄스는 게이트가 열려 있는 동안에 게이트를 통하여 계수기로 들어가면 십진계수 유니트(DCU, decade counting units)에서 들어온 펄스의 총수를 계산한다. 한편 DCU에 연결된 지시관(indicator tube)상에 나타난 십진수가 바로 입력전압의 크기를 나타낸다.

샘플율 멀티바이브레이터(sample rate multivibrator)는 측정주기가 시작되는 비율을 결정한다. 이 멀티바이브레이터의 발진은 보통 "rate"라고 표시된 전면 패널 제어를 사용하며 1초당 2~3주기에서 1000 또는 그 이상의 주기까지 조정할 수 있다. 샘플율 회로(sample-rate circuit)는 램프 발생기가 그 다음 램프 전압을 발생할 수 있도록 구동 펄스를 제공한다. 동시에 리세트 펄스(reset pulse)를 발생하여 모든 DCU를 0 상태로 되돌려 놓고 또 지시기(indicator)상의 지시값을 제거한다.

3-8 디지틀 멀티미터

아날로그 계기와 비교하여 디지틀 멀티미터(DMM)의 가장 중요한 형태는 측정의 직접적인 디지틀 지시인 것이다. 아날로그 계기로서 지시점은 시차(parallax)를 피하기 위해 조심스럽게 읽어야 하고, 범위는 잘못 읽는 것을 피하기 위해 주의하여야 한다. 그러나 디지틀 계기에서는 이러한 것들이 필요하지 않다. 더욱이 편위계기로서 정확한 지시점은 최대눈금의 약 ±0.3[%]보다 더 정확히 측정될 수는 없다. 반면에 디지틀 계기는 3자리 또는 그 이상의 소수자리로서 읽을 수 있으므로 아날로그 계기보다 더욱 좋은 분해력을 갖는다.

많은 DMM은 가장 적당한 범위를 선택하는 자동범위 조작회로를 가지며, 범위가 수동으로 선택되었을 때, 큰 정확도가 최대의 가능한 수치 표시를 주는 범위를 사용함으로써 성취될 수 있다. 이것은 가장 큰 눈금방향에 대해 아날로그 계기의 범위를 조정하는 것과 같다.

그림 3-33에 블럭 형식으로 나타낸 전류-전압변환기는 그림 3-34에 나타낸 회로로 실현할 수 있다. 측정할 전류는 연산증폭기의 입력에서 가산접점 Σ_I에 인가한다. 증폭기의 입력에서 전류는 증폭기의 매우 높은 입력 임피이던스 때문에 거의 영이고, 전류 I_R은 I_I와 거의 같다. 전류 I_R은 전류에 비례하는 전압강하를 야기하는데, 저항의 양단에 나타난다. 이 전압강하는 A/D 변환기의 아날로그 입력이 되어 미지전류에 비례하는 판독을 제공한다.

저항은 알고 있는 정전류원을 미지의 저항을 통해 전류를 흘려 측정한다. 저항 양단의 전압강하는 A/D 변환기에 공급되어 미리 저항값의 지시를 제공한다.

예로서 1.933[V]의 표시는 001.9[V]의 표시보다 정확하다. 선택된 범위가 너무 낮은 때에 표시기는 보통 공백(blank)이거나 계속적으로 on과 off로서 번쩍거린다. 아날로그에 비해 디지틀 계기의 또하나 중요한 장점은 디지틀 계기가 매우 정확하다는 것이다. 질이 좋은 아날로그 전압계는 ±1[%]의 확도를 갖는 반면에 값싼 디지틀 전압계라 할지라도 전형적으로 ±0.5[%]의 확도를 가지며, 질이 좋은 디지틀 전압계는 ±0.1[%] 또는 그보다 좋은 확도를 갖는다.

디지틀 계기의 확도는 보통 ±(0.1[%]rdg + 1d)로 나타내며, 이것은 ±(0.1[%] of reading + 1digit)을 뜻한다. 1digit는 표시기의 오른쪽 수치, 즉 ±1count를 가리키는 말이다. $3\frac{1}{2}$ digit 표시기에 대하여 1.500[V]의 읽음에서 최대의 오차는

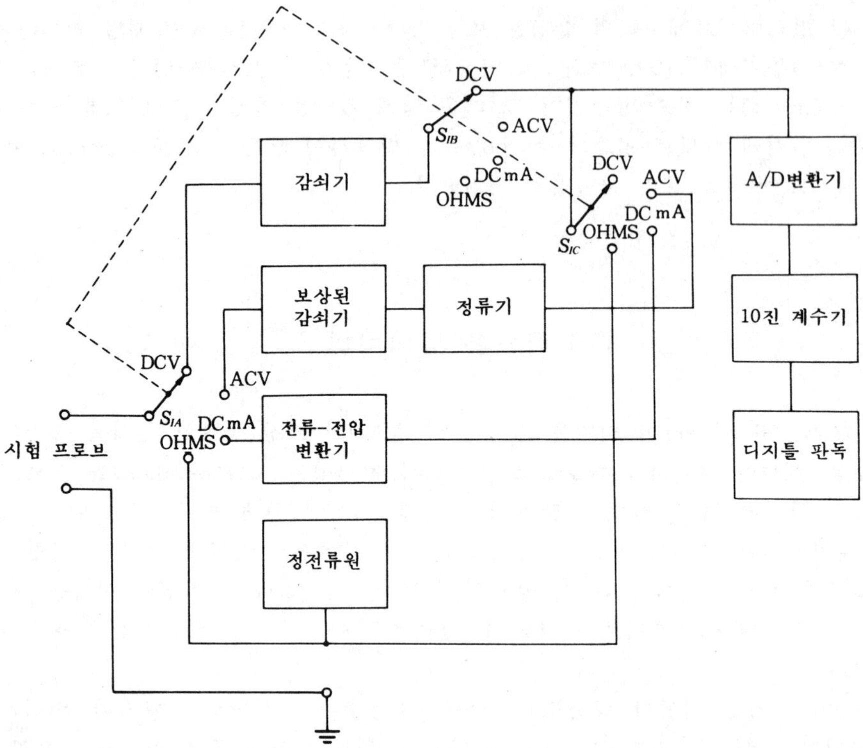

〈그림 3-33〉 기본 디지틀 멀티미터의 블럭도

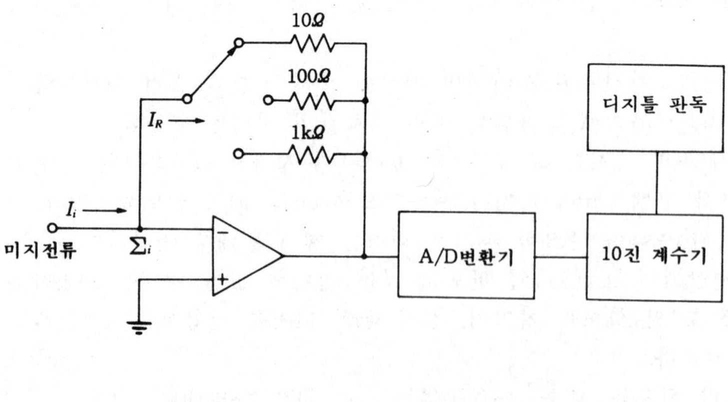

〈그림 3-34〉 기본 전류-전압변환기의 블럭도

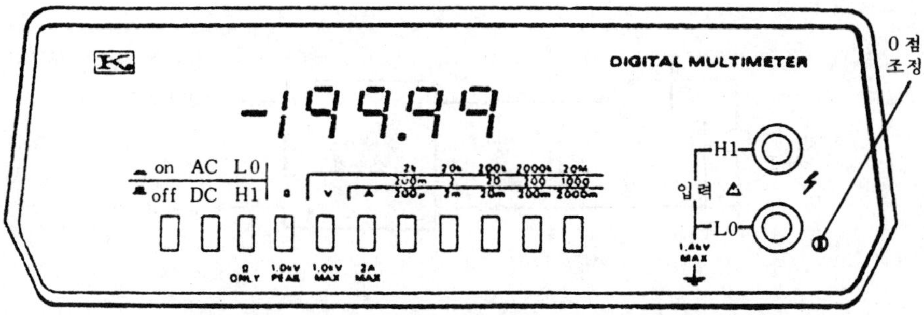

〈그림 3-35〉 디지틀 멀티미터의 앞면판

$$
\begin{aligned}
\text{오차} &= \pm[(0.1[\%] \text{ of } 1.5[V] + 0.001[V]] \\
&= \pm(0.0015[V] + 0.001[V]) \\
&= \pm 0.0025[V] = \pm(0.17[\%] \text{ of } 1.5[V])
\end{aligned}
\quad (3\text{-}10)
$$

으로 표시된다.

대표적인 실험실용 DMM의 조정과 단자는 그림 3-35에 나타내었다. 그 기능과 선택범위는 누름단추 조정에 의하여 이루어지며, 왼쪽으로부터 시작하여 첫번째 누름단추는 전원(on/off) 스위치이고, 다음 다섯개는 AC/DC, LO/HI(저항범위), [Ω], [V], [A]의 기능선택을 위한 것이다. 일곱번째부터 누름단추는 범위선택을 위한 것이며, 계기를 사용하기 위하여는 전원 스위치를 on하고, 적당한 기능과 범위를 선택한 후 측정할 것을 연결하고 표시를 읽는다.

입력단자는 LO(low)와 HI(high)로서 식별되고, 어떤 DMM은 2개 이상의 단자(저항 또는 전류단자 추가)를 갖는다. 이들 계기에서 LO 단자는 공통(COM:common)단자로서 식별되고, 모든 경우에 있어서 LO나 COM 단자는 측정이 이루어지고 있는 회로에서 접지점과 연결되어 있다.

또한 1개 이상의 전자계기가 회로에서 연결되었을 때 LO와 COM 단자는 모두가 회로에서 한 점과 연결된다. 이것은 LO와 COM 단자가 계기내부에서 용량을 경유하여 보통 접지되기 때문이다.

측정량이 LO 단자에 대하여 부의 극성을 갖는다면 부의 기호는 디지틀 지시 옆에 표시된다. 예로서 극성기호가 없다면 정의 극성을 지시하는 것이고, 만약 선택된 범위가 공급된 전압이나 전류에 대해 너무 낮으면 표시기는 0000를 깜박인다.

3-9 디지틀 LCR측정

저항측정방법의 경우에 있어서와 같이 유도성 및 용량성 임피이던스는 측정전에 전압으로 변화되어야 한다. 그림 3-36은 기본방식을 나타낸 것이고, 그림 (a)에서 교류전압

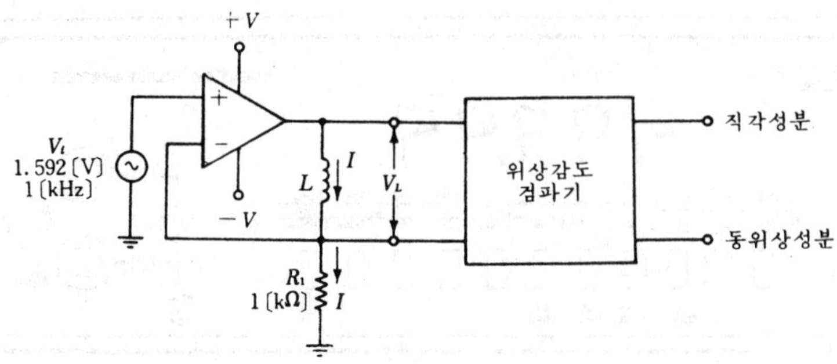

(a) 유도성 임피이던스를 전압으로 선형 전환

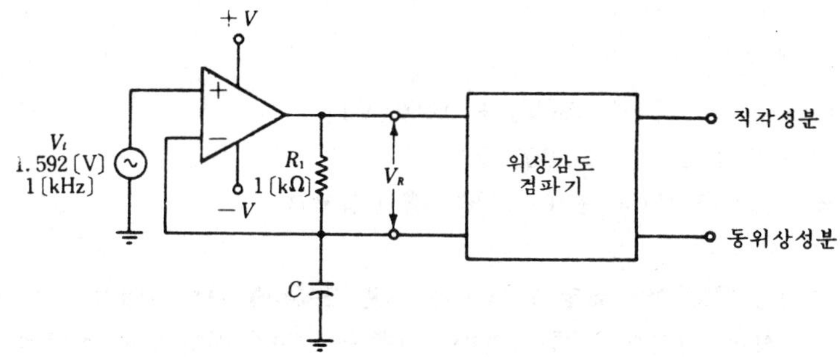

(b) 용량성 임피이던스를 전압으로 선형 전환

〈그림 3-36〉 디지틀 측정을 위해 유도성 및 용량성 임피이던스를 전압성분으로 변환시키는 기본회로

은 연산증폭기의 비전도 입력단자에 인가되며, 입력전압은 전류($I = V_i/R_1$)를 제공하기 위해 저항 R_1을 거쳐서 나타난다. 이 전류는 또한 전압강하($V_L = IX_L$)를 주면서 인덕터를 통하여 흐른다.

만약 $V_i = 1.592$〔V〕, $f = 1$〔kHz〕, $R_1 = 1$〔kΩ〕 그리고 $L = 100$〔mH〕라면

$$I = \frac{V_i}{R_1} = \frac{1.592\text{〔V〕}}{1\text{〔k}\Omega\text{〕}} = 1.592\text{〔mA〕}$$

그리고

$$\begin{aligned} V_L &= I(2\pi fL) = 1.592\text{〔mA〕} \times 2\pi \times 1\text{〔kHz〕} \times 100\text{〔mH〕} \\ &= 1\text{〔V〕 (rms)} \end{aligned} \tag{3-11}$$

로 된다. $L = 200$〔mH〕이면 $V_L = 2$〔V〕이고, $L = 300$〔mH〕이면 $V_L = 3$〔V〕 등으로 된다. 그것은 L을 통하여 나타난 전압이 유도성 임피이던스에 직접 비례한 것처럼 보인다.

그림 3-36(b)에서 용량성 임피이던스는 입력전압이 용량을 통하여 나타나는 것과 출력전압이 저항을 통하여 측정된다는 것을 제외하고는 유도성 임피이던스와 비슷한 방법으로 다루어진다. 이 경우에 $I = V_i/X_c$이면 $V_R = IR$이 되고, $V_i = 1.592$〔V〕, $f = 1$〔kHz〕, $R_1 = 1$〔kΩ〕, $C = 0.1$〔μF〕이면

$$I=\frac{V_i}{X_c} = V_i(2\pi fC) = 1.592[V] \times 2\pi \times 1[kHz] \times 0.1[\mu F] = 1[mA]$$

그리고

$$V_R = IR = 1[mA] \times 1[k\Omega]=1[V](rms) \quad (3\text{-}12)$$

로 된다. $C = 0.2[\mu F]$이면 $V_R = 2[V]$이고, $C = 0.3[\mu F]$이면 $V_R = 3[V]$ 등으로 된다.

R을 통하여 나타난 전압은 용량성 임피이던스에 직접적으로 비례한다. 그림 3-36 (b)에서 위상감도검파기는 저항전압을 직각과 동위상으로 해석하며, 이 경우에 있어서 그것은 용량전류에 비례한다. 표시된 용량측정은 병렬등가회로(C_P)의 것이고, 또한 용량기의 소산계수(D:dissipation factor)도 표시된다.

그림 3-37에 나타낸 디지틀 LCR미터는 자기유도, 용량, 저항, 전도도 및 소산계수를 측정할 수 있다. 요구되는 기능은 누름단추에 의하여 선택되며, 범위선택 스위치는 정상적으로 편리하게 자동위치(AUTO)에서 동작된다. 어쨌든 비슷한 측정수치가 나왔을 때에는 자동범위 선택기 대신에 빨리 적당한 범위를 사용해야 한다. 측정의 수치값은 $3\frac{1}{3}$ 디지트 표시기에서 지시되고, 배율기와 측정된 양은 LED 지시 램프에 의하여 나타내어진다.

R, L, C 및 G에 대하여 전형적인 측정확도는 $\pm[0.25[\%] + (1 + 0.002$ R, L, C 또는 G)digit]이며, D의 측정확도는 $\pm(2[\%] + 0.010)$이다.

저항측정은 $2[\Omega]$ 내지 $2[M\Omega]$ 범위로 그림 3-37에서 디지틀 LCR로 직접 측정된다. 전도도는 $2[\mu\mho]$ 내지 $20[\mho]$ 범위로 직접 측정되며, $2[M\Omega]$과 $1000[M\Omega]$ 사이에서 저항

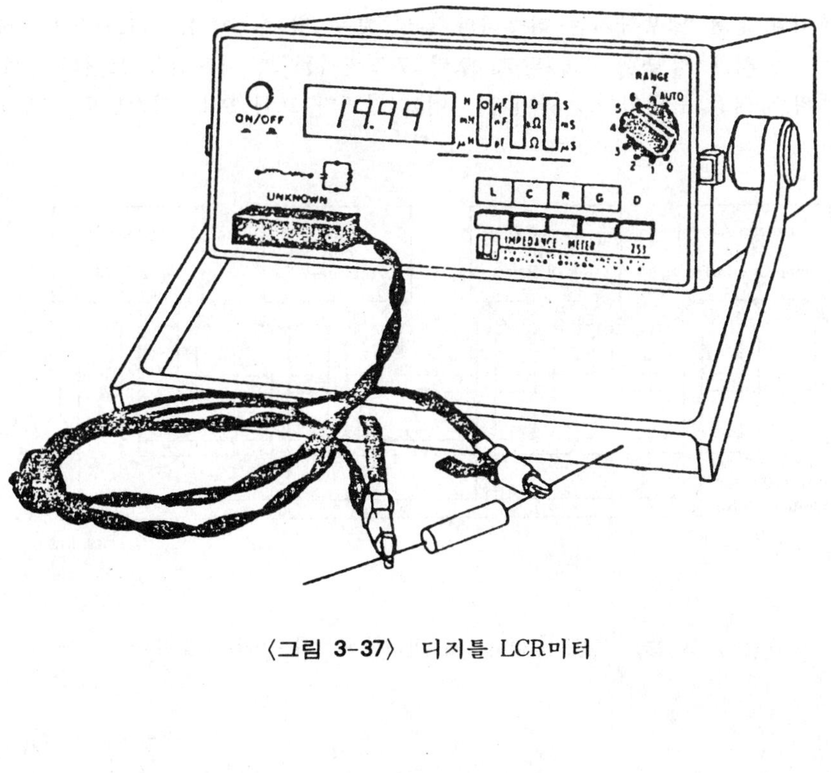

〈그림 3-37〉 디지틀 LCR미터

값은 전도도로서 측정될 수 있고, 그리고 저항은 $R=1/G$로 계산한다. 예로서 10〔MΩ〕의 저항은 0.100〔μ℧〕로 측정된다.

자기유도의 측정은 200〔μH〕 내지 200〔H〕의 범위에서, 용량의 측정은 200〔pF〕 내지 2000〔μF〕의 범위에서 각각 직접적으로 이루어진다.

소산계수 D는 L이나 C 누름단추가 선택될 때까지 D 누름단추를 누르거나 유지(holding)함으로써 측정된다. 직접적으로 측정되는 자기유도는 직렬등가회로의 양 L_S이고, 유도기의 Q 계수는 D의 역으로 계산된다.

$$Q=\frac{\omega L_S}{R_S}=\frac{1}{\omega C_p R_p}=\frac{1}{D} \tag{3-13}$$

3-10 IEEE 488 버스

IEEE 488 버스는 프로그램 가능 계기간의 디지틀 인터페이스를 제공한다. 종전의 수동적으로 작동된 시스템에 비하여 뛰어난 오차없는 결과를 제공하는 중앙제어기의 명령하에 대화형 계기인 계기 시스템이 있다. 임피이던스 부정합, 적절한 커넥터로 된 케이블 수배, 논리준위 호환성과 같은 문제는 시스템을 버스 호환성계기로 설계하여 제거할 수 있다.

대화형 계기와 인터페이스하는 IEEE 488 버스의 기본구조는 그림 3-38에 있다. 시스템의 모든 장치는 토커(talker), 리스너(listener) 또는 제어기 역할 중 적어도 하나를 수행할 수 있어야 한다. 토커는 버스를 통해 데이타를 다른 장치에 보낼 수 있다. 프로그램 가능계기와 같은 일부장치는 리스너와 토커 모두 될 수 있다. 리스너 모드에서 장치는 특정계측을 하게 명령을 받게 되고, 토커 모드에서는 그 계측값을 보낸다. 제어기는 버스 시스템의 동작을 관리한다. 제어기는 어느 장치가 토커 또는 리스너로 지정하여 데

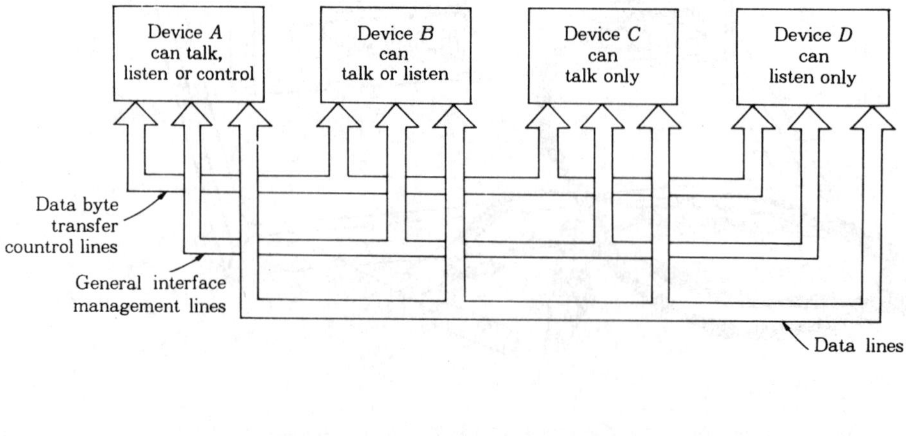

〈그림 **3-38**〉 IEEE 488버스로 인터페이스된 장치의 블럭도

이타를 모으거나 전송을 제어하여 다른 장치내의 특정 동작을 제어한다.

IEEE는 1975년에 488버스 표준을 채택하였다. 이것의 잠재력에 따른 채택으로 세계 100개 이상의 회사가 버스 호환성계기를 제조한다. 버스 호환성계기 제조로 엄청난 발전이 이루어졌으나, 소프트웨어에 관련된 일부 문제는 여전히 남아 있다. 표준화된 소프트웨어가 없어 사용자가 다른 제조사와 계기를 인터페이스하고자 할 때 문제에 부딪치게 된다.

3-11 디지틀 계수기 오차

디지틀 계수기용 계측오차의 일차적인 근원은 보통 다음과 같이 구분한다.

① ±1 계수오차

② 시간축 오차

③ 트리거 오차

④ 계통오차

디지틀 계수기로 계측을 할 때 ±1 계수 모호성은 최소자릿수에 존재할 수 있다. 이 모호성은 내부 클럭 신호와 입력신호간의 불일치의 결과이다. 이 모호성에 의한 오차는 절대항, 즉 총 축적계수에서 ±1 계수이다. 따라서 총축적계수가 증가함에 따라 ±1 계수오차에 의한 오차백분율은 감소한다.

실제 주클럭 주파수와 명목상 주파수간의 차의 결과로 인한 오차는 계측오차로 직접 변환된다. 이 오차는 시간축 오차라 하고 백만분의 몇으로 표시되는 무차원수로 주어진다.

트리거 오차는 입력신호 또는 계수기 내로부터의 잡음에 의해 야기되는 랜덤 오차이다. 잡음의 일차영향은 게이트가 불규칙한 주기시간에 열리게 되는 것이다.

계통오차는 계기 자체에 관계된다. 품질과 계기수명은 증폭기의 상승시간과 트리거 준위에 영향을 주는데, 계통오차라는 것을 야기시킨다.

[연 습 문 제]

3-1 디지틀 계기가 아날로그 계기보다 우수한 점은 무엇인가?

3-2 전압-주파수형 아날로그-디지틀 변환기의 장점과 단점은 무엇인가?

3-3 아날로그-디지틀 변환기의 종류를 들고 간단히 설명하여라.

3-4 전자계수기의 모드 방식에 대하여 설명하여라.

3-5 디지틀 표시기의 종류를 들어 간단히 설명하여라.

3-6 디지틀 주파수계의 계통도를 그리고 그의 동작을 간단히 설명하여라.

3-7 램프형 디지틀 전압계의 구성도를 그리고 원리를 설명하여라.

3-8 디지틀 멀티미터의 원리를 간단히 설명하여라.

3-9 디지틀 계기로 L과 C를 측정하는 방법을 설명하여라.

3-10 IEEE 488 버스의 사용목적은 무엇인가?

3-11 디지틀 계수기에서 발생하기 쉬운 오차는 무엇인가?

제4장

기본 측정

4-1 전류의 측정

전류계로 전류를 측정하고자 할 때에는 피측정전류의 크기나 종류에 따라 규격에 맞는 적합한 전류계를 선택하여야 하며, 직류측정에는 극성에 주의하여야 한다.

[1] 보통전류의 측정

직류를 측정할 때에는 가동 코일형 전류계를 사용하며, 분류기의 전압강하를 밀리볼트계로 측정하여도 된다. 정밀하게 측정할 때에는 밀리볼트계 대신에 전위차계(potentiometer)를 사용하는데 이것은 표준용의 직류전류계를 교정하는 방법도 된다.

교류를 측정할 때에는 상용주파수(60[Hz])에서 가동철편형이 주로 사용되며, 다른 형도 사용된다. 직류와 비교하는 경우에는 전류력계형을 사용하며, 소전류에는 정류기형, 열전대형이 사용되고, 위상을 측정할 때에는 분류기의 전압강하를 교류 전위차계로 측정할 수도 있다. 또한 가청주파측정에는 정류기형, 열전대형을 사용하고, 고주파측정에는 열전대형이 주로 사용된다.

[2] 미소전류의 측정

미소전류의 측정에는 주로 반조검류계나 진동검류계가 사용되며, 검류계의 진동을 확대하거나 또는 미소전류를 증폭하여 측정하는 방법이 있다.

그림 4-1은 검류계의 진동을 광전관(photo electric tube)에 받아서 증폭한 뒤 부귀환(negative feedback)시켜 안정화한 회로로서, 입력과 출력전류 및 전압에 대하여 표시한 것이며, 이 회로는 검류계를 사용하므로 응답시간이 길고 진동에 약하다고 하는 결점이

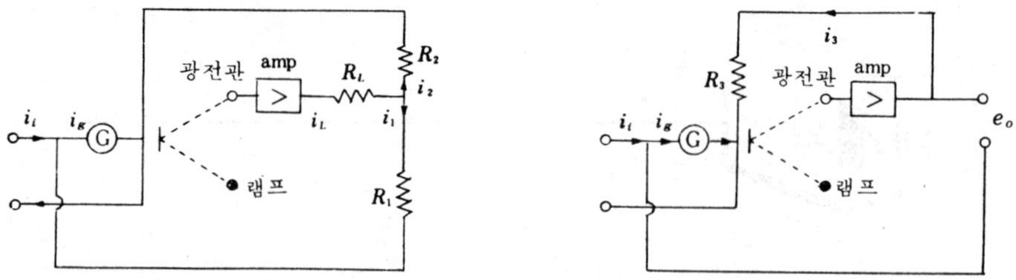

(a) 입력 i_i, 출력 $i_L=\frac{R_1+R_2}{R_1}i_i$ (b) 입력 i_i, 출력 $e_o=i_iR_3$

〈그림 4-1〉 검류계를 사용하는 귀환증폭기

있으나, 전력증폭도가 크므로 R_L로 하여금 직동식 기록계 등을 접속하여 이용할 수가 있다. 한편 직류검류계의 감도는 최고 10^{-11}[A/mm] 정도이고, 상용주파수용 진동검류계의 감도는 최고 10^{-8}[A/mm] 정도의 것이 있다.

[3] 대전류의 측정

대전류의 측정에 있어서 직류는 분류기에 의한 전압강하를 밀리볼트계로 측정한다. 분류기에는 전류단자와 전압단자가 있으며, 전압단자 간의 전압강하는 항상 정격전류로 45~100[mV] 정도이며, 정격전류가 증가하면 분류기의 열손실이 크게 되고, 또 저항값이 적어져 정확한 측정이 곤란해지므로 수 1000[A] 이상의 큰 직류전류 측정에는 그림 4-2와 같은 직류변류기(direct current transformer)를 사용하는데, 직류변류기로 하면 부담이 커져 도선을 길게 해도 오차가 되지 않고, 또 계기절연면에서도 양호하다.

교류 대전류의 측정에는 직류의 경우와 같이 분류기를 쓸 수도 있으나, 상용주파교류에 대해서는 주로 계기용 변류기를 교류전류계와 병용한다.

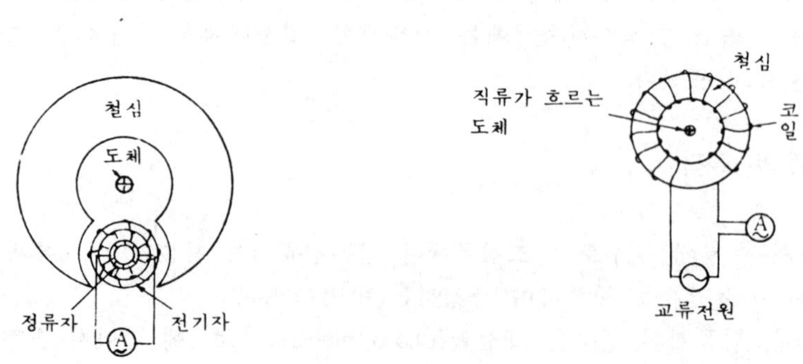

(a) 회전형 (b) 정지형

〈그림 4-2〉 직류용 변류기

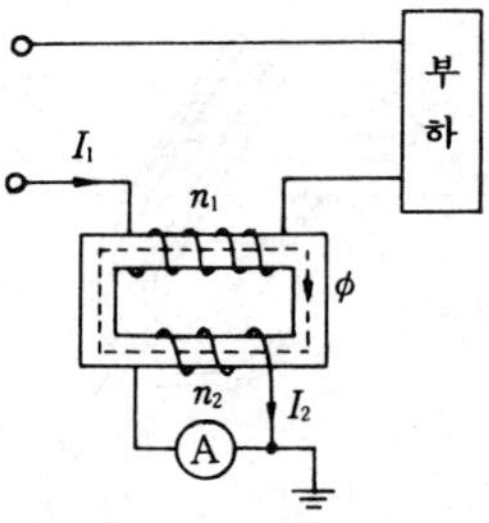

(a) 권선형

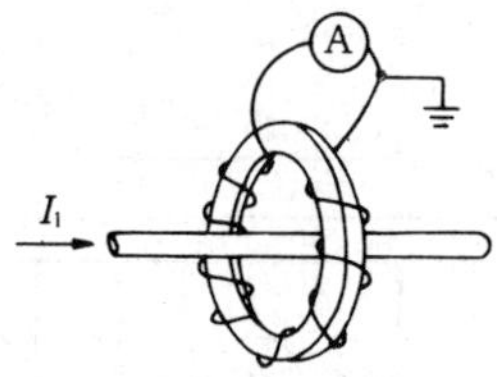

(b) 막대형

〈그림 **4-3**〉 계기용 변류기

그림 4-3(a), (b)에 변류기 구조를 나타낸다. 보통 권선형은 특성이 양호하지만 대전류에 의한 기계력이나 발열이 약하므로 1〔kA〕 이하의 측정에 쓰이고, 막대형은 이 값 이상의 대전류의 측정에 쓰인다. 그림에서와 같이 독립된 1차 및 2차 코일을 갖고 있는 변압기이며, 2차측은 항상 교류전류계로 단락되어 있다.

변류기가 이상적인 것이라면, 1차 및 2차 전류를 I_1〔A〕, I_2〔A〕, 감긴수를 N_1 및 N_2라 하면 에너지 불멸의 법칙으로부터

$$N_1 I_1 = N_2 I_2$$

$$\therefore \quad I_1 = \frac{N_2}{N_1} I_2 \,〔\mathrm{A}〕 \qquad (4\text{-}1)$$

로 되며, 전류계 A로 I_2를 측정하고, 이것에 권선비 N_2 / N_1을 곱해서 I_1을 알 수 있다. $N_2 / N_1 = 1000$으로 하면, $I_1 / I_2 = 1000$으로 되고, 1000〔A〕의 1차 전류 I_1은 2차측에는 1〔A〕로 되어 나타나므로, 보통의 전류계로 측정할 수 있다.

[4] 도체전류의 측정

도체에 흐르는 직류전류를 측정할 경우 도체를 절단하고 전류계를 접속시킬 수 없을 때, 그림 4-4(a)와 같이 회로를 구성하고 r을 조정하여 흐르는 전류가 i_1, i_2로 되었을 때 전압계의 지시값이 E_1, E_2라면

$$(i_1 + I)R = E_1, \quad (i_2 + I)R = E_2$$

따라서 도체전류 I는

$$I = \frac{i_1 E_2 - i_2 E_1}{E_1 - E_2} \,〔\mathrm{A}〕 \qquad (4\text{-}2)$$

로 되어 구할 수 있다.

그림 4-4(b)는 교류용 가선(架線)전류계로서, U자형 철심에 2차 코일을 감고, 이것에 정류형 전류계를 접속한 것으로 관통형 정류기의 응용이며, 자로(磁路)가 열려져 있으므로 특성이 나쁘지만, 간단하게 측정할 수 있어 편리하다.

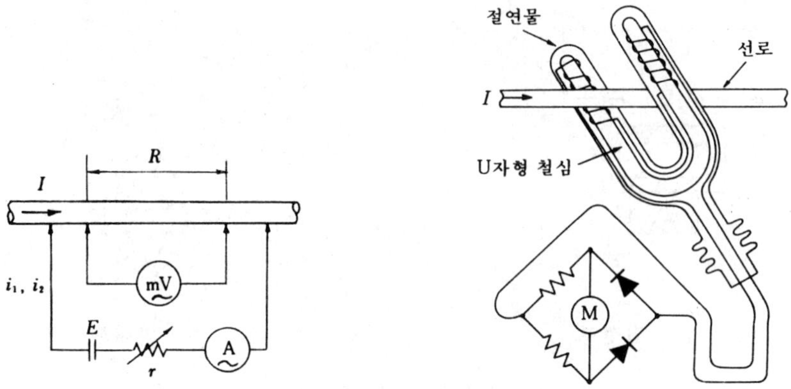

(a) 직 류 (b) 교 류

〈그림 4-4〉 도체전류의 측정

[5] 충격전류의 측정

충격전류 측정에서의 문제는 최대값(maximum value)과 파형(wave form)이다. 파형을 정확히 알려면 시정수가 작은 분류기에 흘려서 그 전압강하를 브라운관 오실로그래프(Braun tube oscillograph)로 측정하여야 한다.

그러나 낙뇌의 야외실측 등에서는 많은 지점에서 많은 측정값을 얻고 싶을 경우에는 될 수 있는 대로 간단한 장치가 적당하므로, 다음과 같은 자강편을 써서 파고값을 측정한다.

자강편은 잔류자기가 큰 코발트강 등의 길이가 수 cm인 엷은 판을 절연하여 겹쳐서 원통형의 베이클라이트 용기에 넣는다. 이것을 그림 4-5(a)와 같이 충격전류가 흐르는 도체로부터 r인 점에 자계의 방향에 놓으면, 이 점의 자계 H는 다음과 같이 된다.

$$H = \frac{I}{2\pi r} \text{[A/m]} \tag{4-3}$$

(a) 자강편 (b) 검자계

〈그림 4-5〉 자강편에 의한 측정

따라서, 이 자계로 자강편이 자화되어, 그의 잔류자기는 충격전류의 파고값으로 정해지므로, 잔류자기를 측정하면 충격전류의 파고값을 구할 수 있다.

잔류자기로부터 전류를 구하려면 그림 (b)의 검자계 구멍 A에 자화된 자강편을 삽입하고 자침의 진동으로 측정한다.

구멍 B는 감도를 내려서 측정할 경우 사용하며, 덴소미터는 회로에 삽입된 평형한 전극 사이에 얇은 종이(예를 들면 0.005〔㎜〕 정도의 콘덴서 종이)를 끼우고 충격전류에 의하여 발생한 구멍의 면적이 최대값에 비례하는 것을 이용한다. 구멍의 면적을 측정하는 데는 이 종이를 가운데 구멍 원통 상단에 놓아 아래로 낙하시켜 그 속도를 측정하여 계산한다.

4-2 전압의 측정

전압계로 전압을 측정하고자 할 때에도 피측정전압의 크기나 종류에 따라 규격에 맞는 적합한 전압계를 선택하여야 하며, 직류측정에는 역시 극성에 주의하여야 한다.

[1] 전위차계에 의한 전압측정

전위차계는 미지의 전압을 기지의 전압과 비교하여 미지의 전압을 측정하는 계측기이다. 기지의 전압으로서는 표준전지(standard cell)나 전압 기준전원에서 공급되므로 비교측정에서 얻어지는 결과는 피측정전원에 전류가 흐르지 않으며 지침의 편위에 의존하지 않고 단지 기지의 표준전지확도에만 좌우되기 때문에 측정확도가 매우 높다. 전위차계는 미지전압을 측정하는 계기이지만 기지저항을 통해 흐르는 미지의 전류에 의해서 생기는 전압강하를 측정하여 오옴의 법칙으로부터 간단히 미지전류를 측정할 수도 있다.

전위차계의 기본 구성회로는 그림 4-6과 같이 동작전지와 가감저항기(rheostat) 및

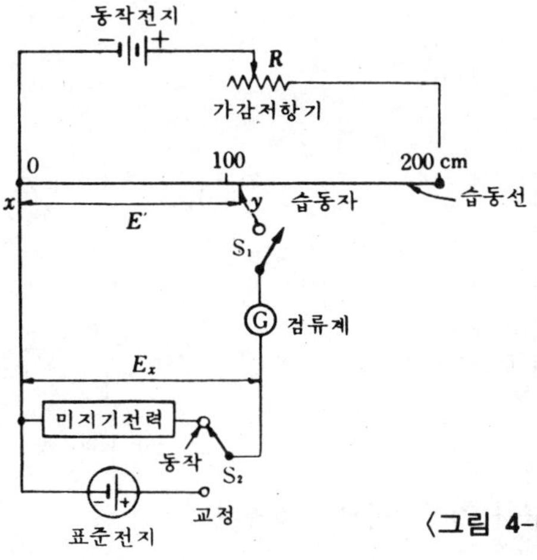

〈그림 4-6〉 전위차계의 기본회로도

습동선저항(slide-wire resistance)으로 구성된 회로에 표준전지 E_s와 미지기전력 E_x를 절환 스위치 S로 절환시키고 검류계 스위치 S_1을 닫은 다음 습동자를 조정하여 검류계를 0이 되도록 한다.

표준전지에 스위치 S_2가 있을 때 습동선 저항값을 R_1이라 하고, 미지기전력에 있을 때 습동선 저항값을 R_2라 하면

$$E_s = R_1 I,\ E_x = R_2 I$$

이다. 따라서 미지기전력 E_x는

$$E_x = \frac{R_2}{R_1} E_s [\text{V}] \tag{4-4}$$

로 되어 구할 수 있다. 이때 습동선의 저항값은 균일하고 정밀한 눈금이 있어야 한다. 일반적으로 습동선저항은 200〔Ω〕이고, 길이는 200〔cm〕이며, 〔cm〕와 〔mm〕로 교정되어 있고, 동작전류가 10〔mA〕가 되도록 가감저항을 조정하기 때문에 표준전지(1.019〔V〕)의 거의 2배가 되는 2〔V〕까지 배율기 없이 미지전압을 측정할 수 있다.

또한 전위차계는 전압계와 전류계의 교정(calibration) 시험에 널리 이용되고 있어 전기적인 측정과 교정분야에 있어서 중요한 계측기이다.

[2] 전지의 전압측정

전지의 단자전압은 방전전류를 흘리면서 전압계로 측정한다. 그러나 표준전지와 같이 전류를 흘리면 성극작용(polarization)으로 내부저항이 증가하여 단자전압이 변화하는 경우는 전류가 흐르지 않도록 차동법이나 브리지(bridge)법으로 측정한다.

차동법은 그림 4-7(a)와 같이 측정전지 E_x와 표준전지 E_s를 반대로 접속하고 R_s를 조정하여 검류계가 0이 되도록 하면 E_x와 E_s의 기전력의 차는 전위차계의 고정저항 R의 전압강하 iR로 보상하게 되므로

$$E_x \sim E_s = iR [\text{V}] \tag{4-5}$$

가 되어 기지의 저항 R의 값과 전류계 A로부터 i를 알아서 차동전압을 구하면 E_x를 측정할 수 있다.

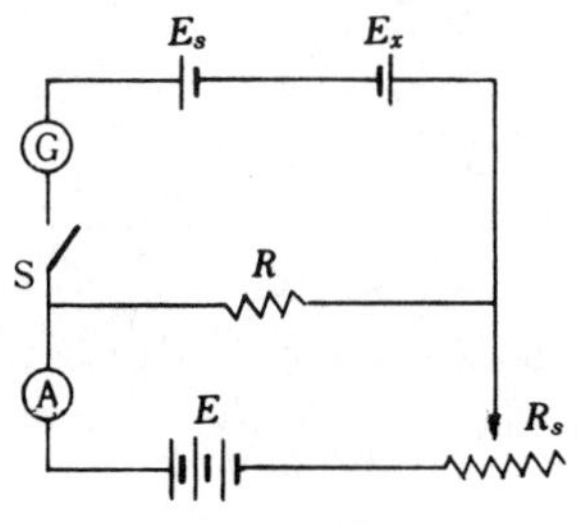

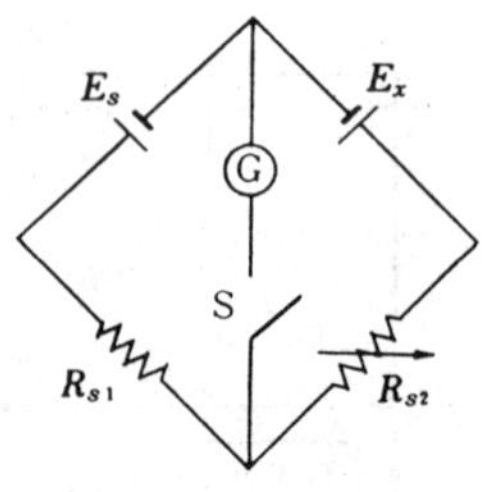

〈그림 4-7〉 전지의 전압측정

그림 (b)는 브리지법으로서 표준 고정저항 R_{s1}과 표준 가변저항 R_{s2}는 전지의 내부저항보다 훨씬 큰 값으로 해야 하며, R_{s2}를 조정하여 평형이 되었을 때 다음 식이 성립한다.

$$\frac{E_x}{E_s} = \frac{R_{s2}}{R_{s1}} \qquad \therefore \quad E_x = \frac{R_{s2}}{R_{s1}} E_s [\mathrm{V}] \tag{4-6}$$

[3] 미소전압의 측정

미소전압의 측정에 있어서도 미소전류 측정과 마찬가지로 증폭기를 사용하여 증폭시킨 후 측정하는 경우와 직접 측정하는 경우가 있는데, 직접 측정으로는 직류검류계나 진동검류계를 사용한다.

직류검류계의 감도는 가동 코일형에서 최대 $\frac{1}{2} \times 10^{-9}$[V/mm] 정도이며 가동지침형으로는 10^{-9}[V/mm] 정도이고, 정전적으로 측정하는 데는 전위계를 사용하나 그 감도는 최고 10^{-4}[V] 정도로 진공관 전위계와 같으며, 진동검류계의 수화기 감도는 10^{-5}[V] 정도가 된다. $10^{-6} \sim 10^{-7}$[V] 정도의 미소 교류전압 검출에는 정류형 검류계 또는 증폭형 검류계 등이 사용된다.

[4] 고전압의 측정

직류고전압의 측정에는 배율기나 저항분압기(resistance voltage divider)를 사용한다. 그러나 10[kV] 이상 되는 직류전압의 측정에는 직류계기용 변압기(potentaial transfomer)를 널리 쓰고 있다. 그러나 정도를 필요로 하지 않는 측정에는 정전형 전압계를 사용한다. 직류계기용 변압기는 앞에서 설명한 직류변류기(direct current transformer)의 직류입력 권선에 고저항을 접속하여 이것에 측정하고자 하는 직류전압을 가하도록 한 것이다.

한편, 교류고전압의 측정에는 전압비(E_2/E_1)가 권선비(N_2/N_1)에 비례하는 원리를 이용한 계기용 변압기(PT)를 주로 사용하고, 특별한 고전압(77[kV] 초과)의 경우에는 정전형 전압계에 용량변압기를 사용한다.

[5] 충격(파고)전압의 측정

충격전압의 파형을 측정할 때는 브라운관 오실로그래프에 의하나, 파고값만을 측정할 때는 절연내역이 모두 파고전압에 의하여 결정되므로 파고전압의 측정법인 불꽃 간극(spark gap)법이 쓰이고 있다. 이것은 지름이 2 ~ 200[cm]인 구(sphere)를 어떤 공기간극(air gap)을 두고 서로 마주보게 하여 전압을 가할 때 그 전압이 적당한 크기가 되면, 그의 파고값에서 공기간극의 절연이 파괴되어 불꽃 방전(spark discharge)이 일어난다.

이때의 방전전압의 파고값은 전극의 모양이나 간극의 길이에 따라서 대체로 일정하므로, 미리 전극의 모양 및 간극의 길이에 대한 방전전압 파고값을 구하여 두면, 반대로 간극의 길이를 측정하여 측정전압의 파고값을 알 수 있다. 상용주파수, 방전전압의 거리에 대한 그래프를 보면 그림 4-8과 같다. 표준구의 종류는 12가지가 있으며, 이 그래프는 20

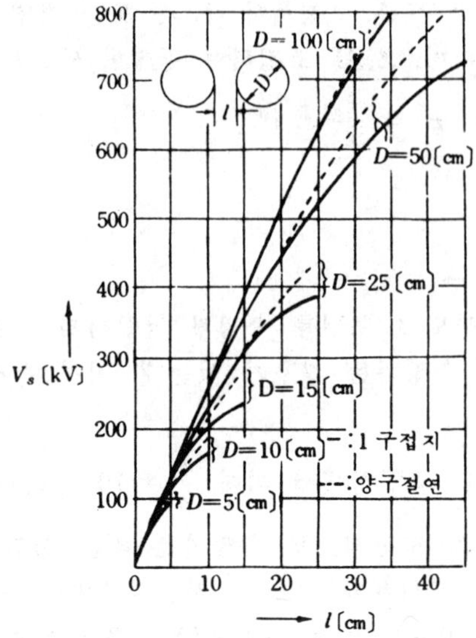

〈그림 4-8〉 구간극 거리와 방전전압

〔℃〕, 760〔mmHg〕일 때의 값이므로, 온도나 기압이 다를 때에는 방전전압이 공기밀도에 비례하므로 그 값을 보정해 주어야 한다.

4-3 전기저항의 측정

전기저항의 측정에는 크게 나누어 전압전류계법, 브리지법 및 저항계(비율계)법 등을 들 수 있고, 저항의 재료로서는 금속, 액체, 절연물 등이 있으며, 특수저항으로서 전지의 내부저항, 접지저항, 전해액의 저항 등이 있다. 이들 저항의 측정방법을 편의상 보통저항(0.1〔Ω〕~1〔MΩ〕), 저저항(0.1〔Ω〕 미만), 고저항(1〔MΩ〕 이상) 및 특수저항으로 나누어 알아보기로 한다.

[1] 보통저항의 측정

(1) 전압강하법 : 이 방법은 오옴의 법칙을 이용한 것으로서 미지저항 R_x에 흐르는 전류 I와 양단전압 E를 전압계와 전류계로써 측정하여 다음과 같이 구할 수 있다.

$$R_x = \frac{E_x}{I} \text{ 〔Ω〕} \qquad (4\text{-}7)$$

① 전압계법(편위법) —— 그림 4-9와 같이 적당한 표준저항기 R_s와 미지저항 R_x를 직렬로 연결하고 여기에 적당한 전류를 흐르게 한 다음, 두 저항에서 생기는 전압강하 V_s,

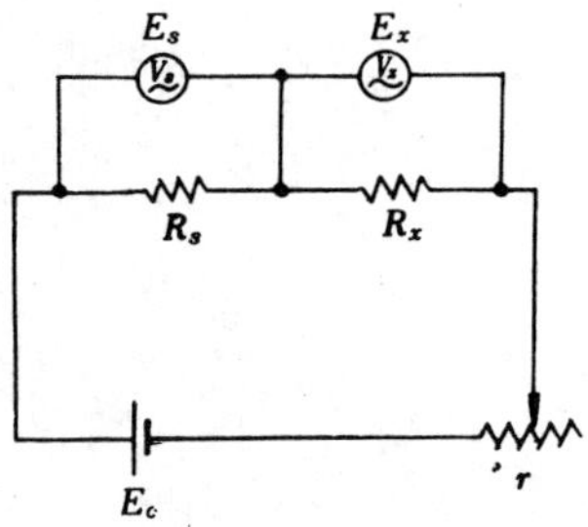

〈그림 4-9〉 전압계법

V_x를 전압계 또는 전위차계로 측정하여 그 값을 E_s, E_x라고 하면 미지저항 R_x는 다음 식으로 구해진다.

$$R_x = \frac{E_x}{E_s} \cdot R_s \ [\Omega] \tag{4-8}$$

② 전압계 전류계법 —— 그림 4-10과 같이 전압계와 전류계를 사용하여 미지저항 R_x를 구하는 방법이며, 저항값을 실제의 사용상태에서 측정할 수 있는 가장 간단한 방법이므로 발전기, 변압기 등의 권선저항이나 백열전구의 필라멘트 저항 등의 측정에 쓰이고 있다. 이 방법은 간단하기 때문에 특별히 정밀을 요하지 않는 경우에 때때로 쓰이고 있다. 그리고 미지저항 R_x의 값은

그림 (a)의 경우 $R_x = \dfrac{E}{\left(I - \dfrac{E}{r_v}\right)} \ [\Omega]$ (4-9)

그림 (b)의 경우 $R_x \fallingdotseq \dfrac{E}{I} - r_a \ [\Omega]$ (4-10)

이 된다. 여기서 r_v 및 r_a는 전압계 및 전류계의 내부저항이다. 일반적으로 대략의 저항값을 구할 때는 전류계의 내부저항을 무시하고, 전압계의 내부저항은 무한대로 하여 그대로 오옴의 법칙을 적용하면 된다. 단, 이때 미지저항 R_x가 작을 때에는 그림 (a)와 같이 하고 R_x가 클 때에는 그림 (b)와 같이 접속하여야 한다.

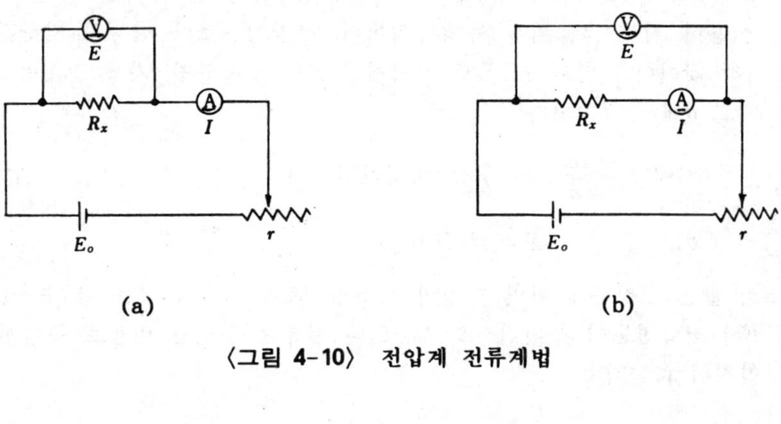

〈그림 4-10〉 전압계 전류계법

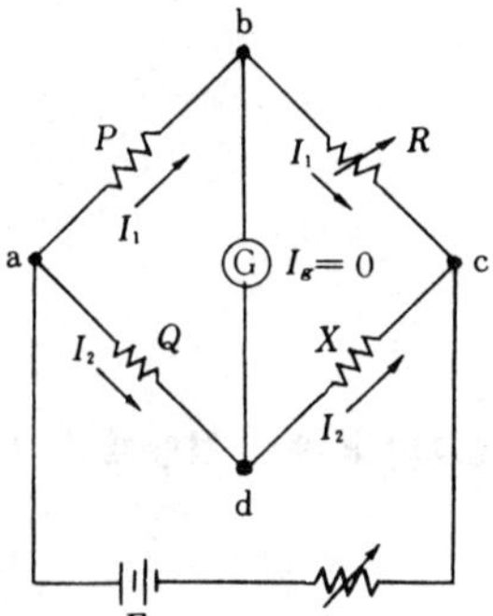

〈그림 4-11〉 휘이트스토운 브리지

(2) 브리지법 : 보통 저항의 측정에서 브리지법은 주로 휘이트스토운 브리지(wheatstone bridge)법과 습동선 브리지(slide wire bridge)법이 있다. 휘이트스토운 브리지는 그림 4-11과 같이 회로가 구성되어 있으며, R을 조정하여 검류계 G에 전류가 흐르지 않는다면 이 회로는 평형(balance)되었다고 한다. I_g가 0라 함은 P와 R에 흐르는 전류가 동일하고 그 값이 I_1, 또 Q와 X에 흐르는 전류도 동일하고 그 값을 I_2라 하면 b점과 d점의 전위가 동일하다는 뜻이 된다.

따라서

$$\left.\begin{array}{l} V_{ab}=V_{ad},\ I_1P=I_2Q \\ V_{bc}=V_{cd},\ I_1R=I_2X \end{array}\right\} \qquad (4\text{-}11)$$

로 되어 윗식을 아래의 식으로 나누면

$$\frac{P}{R}=\frac{Q}{X} \qquad \therefore\ X=\frac{Q}{P}\cdot R\ [\Omega] \qquad (4\text{-}12)$$

로 되므로 P, Q, R의 값을 알면 X의 값을 구할 수 있다. 한편, 실제 회로는 Q/P의 비율을 스위치로 여러 단계 만들어 놓고, R의 값을 정확한 눈금가변저항으로 하면 R의 눈금으로 X의 값을 직독할 수 있도록 제작되어 있다. 또한 습동선 브리지법은 a, b, c를 습동(slide) 저항선으로 하고 검류계 단자를 좌우로 이동시킬 수 있도록 하여 저항선의 길이의 비로써 계산하도록 한 것을 말한다.

(3) 저항계(ohm meter)법 : 저항계는 그림 4-12(a)와 같이 가동 코일 비율계형 계기의 원리를 이용한 직독형의 저항 측정장치이며, 측정정도보다 신속히 저항값을 구하기 위하여 만들어진 것이다. 단자 A, B에 미지저항 X를 접속하면, 가동 코일은 I_2/I_1의 비에 대응하는 각도 θ에서 정지한다.

$$\frac{I_2}{I_1}=f(\theta)\text{에 } I_1=\frac{E}{X},\ I_2=\frac{E}{R}\text{를 대입하면}$$

$$\frac{X}{R}=f(\theta), \qquad \therefore\ X=Rf(\theta)\ [\Omega] \qquad (4\text{-}13)$$

으로 되며, R의 값을 일정하게 하면 지침의 치우침 θ로부터 X의 값을 알 수 있다. 이 경우에 건전지 E의 전압변동이 생기더라도 C_1, C_2의 전류는 동일한 비율로 증감하므로 지시에는 영향을 미치지 않는다.

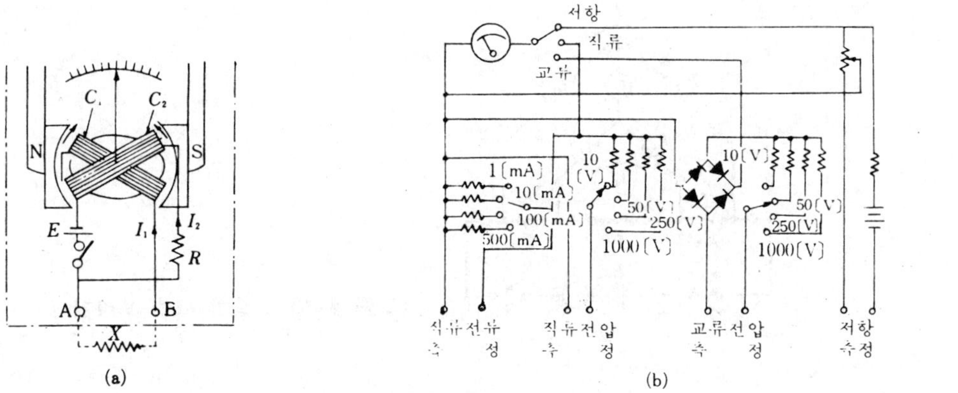

〈그림 4-12〉 저 항 계

또한 회로시험기(tester)는 그림 (b)와 같이 가동 코일형 전류계를 지시계기로 하여, 내부에 정류기(rectifier), 분류기(shunt), 배율기(multiplier), 가변저항(variable resistance), 건전지(dry cell, dry battery)를 장치하여 스위치로 절환시킴으로써 직류전류, 직류전압, 교류전압, 직류저항 등을 측정할 수 있도록 한 소형의 휴대용 측정기이다.

[2] 저저항의 측정

굵은 전선과 같은 저저항의 측정에서는 도선의 저항이나 접촉저항 등이 측정결과에 영향을 주지 않도록 하여야 하며, 측정방법으로서는 전위차계법(그림 4-6 참조), 전압강하법(그림 4-9 참조) 및 켈빈 더블 브리지(Kelvin double bridge)법 등이 있으나, 전위차계법과 전압강하법은 보통저항 측정과 대동소이하므로 켈빈 더블 브리지법에 대하여만 알아보기로 한다.

0.1[Ω] 이하의 저저항을 휘이트스토운 브리지로 측정하면 미지저항의 접촉저항 및 리이드선의 저항 등이 포함되어 정밀측정이 곤란해지므로 그림 4-13과 같이 휘이트스토운 브리지에 2개의 보조저항 밸브 p, q를 더 추가한 것이며, 비례 밸브의 저항에 큰 것을 사용하므로 전압단자 간의 저항이 있어도 측정결과에 별로 영향을 주지 않도록 한 것이다.

그림에서 브리지의 평형조건을 구하면

$$PI_1 = R_sI_2 + pI_3 \tag{4-14}$$

$$QI_1 = XI_2 + qI_3 \tag{4-15}$$

$$I_3 = \frac{r}{p+q+r} \cdot I_2 \tag{4-16}$$

이 되고, 식 (4-16)을 식 (4-14)와 (4-15)에 대입하면

$$PI_1 = \left(R_s + \frac{pr}{p+q+r}\right) I_2$$

$$QI_1 = \left(X + \frac{qr}{p+q+r}\right) I_2$$

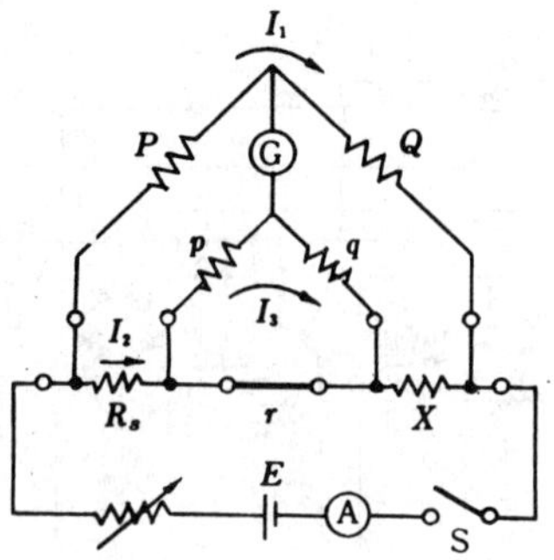

〈그림 4-13〉 켈빈 더블 브리지

$$\therefore \quad \frac{P}{Q} = \frac{R_S + \dfrac{pr}{p+q+r}}{X + \dfrac{qr}{p+q+r}}$$

$$X = \frac{QR_s}{P} + \frac{pr}{p+q+r}\left(\frac{Q}{P} - \frac{q}{p}\right) \tag{4-17}$$

이 되므로, 여기서 미리 $\frac{Q}{P} = \frac{q}{p}$가 되도록 제작하여 놓으면 식 (4-17)은

$$X = \frac{Q}{P}R_s \ [\Omega] \tag{4-18}$$

로 되어, 휘이트스토운 브리지의 경우와 같은 관계로 된다.

[3] 고저항의 측정

고저항의 측정방법에는 여러 가지가 있으나 그 중 직편법과 절연저항계에 관하여 알아보기로 한다.

(1) 직편법(direct deflection method) : 그림 4-14와 같이 연결하고 전지 V로부터 이미 알고 있는 고저항 R과 미지의 고저항 X에 교대로 전류를 흐르게 한다. 검류계 G의 편위는 만능분류기를 사용하여 적당한 크기로 한다.

$$\frac{V}{R} = i_r = kn_r\theta_r, \quad \frac{V}{X} = i_x = kn_x\theta_x$$

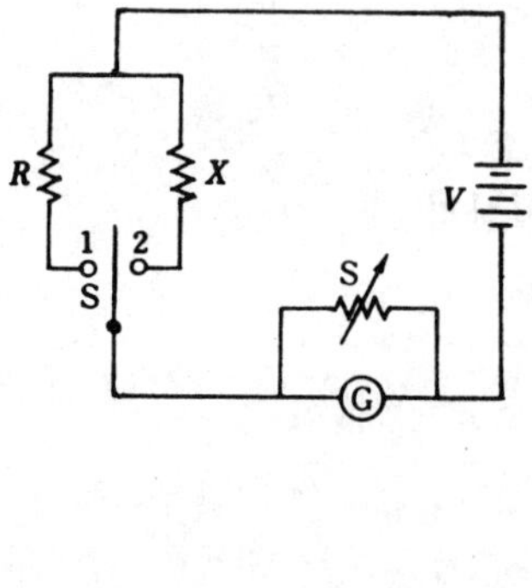

〈그림 4-14〉 편위법에 의한 고저항의 측정

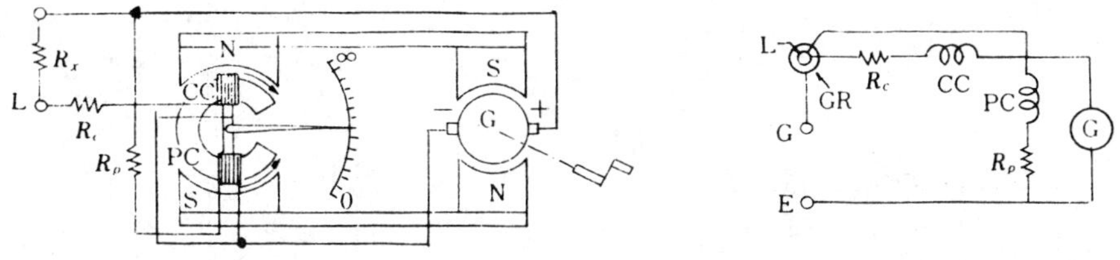

(a) 구조　　　　　　　　(b) 배선도

〈그림 4-15〉 절연저항계의 구조 및 배선도

이므로 X의 값은 다음 식과 같이 구해진다.

R 및 X쪽에서의 분류기의 배율 및 검류계의 치우침을 각각 n_r, θ_r 및 n_x, θ_x라고 하면

$$X = \frac{n_r \theta_x}{n_x \theta_x} R \ [\Omega] \qquad (4\text{-}19)$$

이다.

(2) 절연저항계(insulation resistance tester) : 절연저항계는 메거(megger)라는 상품명으로 알려져 있으며, 내부접속도는 그림 4-15와 같다. 이것은 가동 코일형 비율계의 일종으로, CC는 전류 코일, PC는 전압 코일이며 약 60°의 각도로 축에 설치되어 있고, 서로 반대방향의 구동 토오크(driving torque)가 발생하도록 접속되어 있다.

G는 내장된 직류발전기(DC generator, DC dynamotor)로, 측정단자 LE에 미지저항 R_x를 접속하고 이 직류전압을 가한다. 지금 CC에 작용하는 토오크를 시계방향으로 하고 PC에 작용하는 토오크를 반시계방향으로 하면, 측정단자 LE가 개방되어 있을 때에 CC에는 전류가 흐르지 않으므로, 가동부는 PC에 작용하는 토오크에 의하여 반시계방향으로 회전하며 ∞를 지시한다.

다음에 단자 LE를 단락(short)시키면 CC에 큰 전류($R_C \ll R_P$)가 흘러 가동부는 시계방향으로 회전하고 지침은 0을 지시한다.

따라서 단자 LE에 임의의 측정고저항 R_x를 접속하면, 가동부는 0와 ∞사이의 R_x에 비례하는 위치에서 평형된다. 눈금은 미리 R_x 대신에 표준저항 R_s를 사용하여 R_s의 여러 가지 값에 대하여 눈금을 만든 것이며, 눈금은 대수눈금에 가깝도록 되어 있다.

수동 직류발전기의 발생전압은 측정저항의 대소에 따라, 100[V](0 ~ 20[MΩ]), 250[V](0 ~ 50[MΩ]), 500[V](0 ~ 100[MΩ]), 1000[V](2 ~ 2000[MΩ])의 4종류가 있다. 이들 중에서 100[V], 250[V]는 저압배선의 측정에, 500[V]는 일반 절연저항 시험에, 1000[V]는 케이블이나 고압기기의 절연저항의 측정에 쓰이고 있다.

수동발전기의 규정회전수는 120[rpm]으로 핸들을 빠르게 돌려도 조속기가 작용하여, 그 이상의 속도에서는 회전하지 않도록 되어 있다.

[4] 특수저항의 측정

(1) 전지의 내부저항 측정 : 전지의 내부저항은 전지로부터 빼내는 전류의 크기에 따

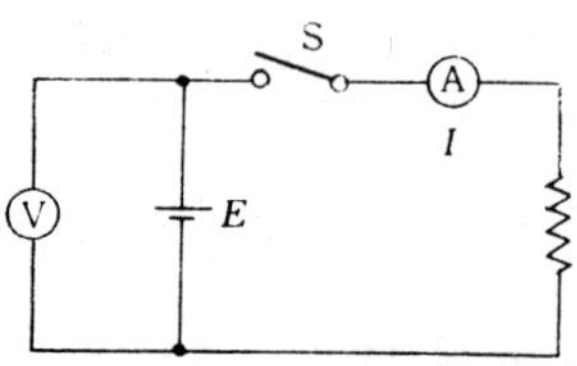

〈그림 4-16〉 전압계법에 의한 전지 내부저항 측정

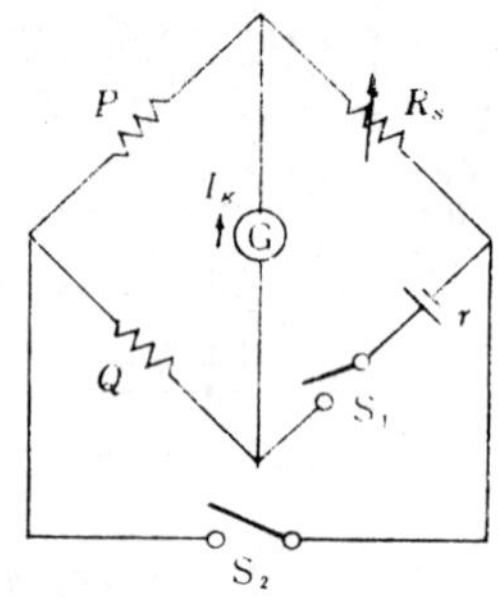

〈그림 4-17〉 Mance's법에 의한 전지 내부저항 측정

라서 달라진다. 이것은 전지의 분극(성극)작용(polarization)에 기인되는 것으로 직류에 의하여 측정할 경우에는 분극작용이 일어나지 않을 정도로 신속히 측정할 필요가 있다.

분극작용를 포함한 내부저항을 측정할 경우에는 어느 정도의 전류를 흘릴 때의 내부저항인가를 기록하여야 하며, 교류로 측정할 경우에는 분극작용은 고려하지 않아도 된다.

① 전압계법 —— 그림 4-16은 전압계법에 의한 전지의 내부저항 측정방법이다. S를 열 때와 닫을 때의 전압계 지시를 E_1, E_2라 하면, E_1은 전지의 기전력이므로 보통 $E_1 > E_2$가 되며, (E_1-E_2)[V]가 전지의 내부저항 r에 의한 전압강하 rI[V]로 되므로

$$r = \frac{E_1 - E_2}{I}$$

$$= \frac{E_1 - E_2}{E_2} \cdot R \ [\Omega] \tag{4-20}$$

으로부터 내부저항 r을 산출할 수 있다. 이 방법은 간단하나 전압계의 내부저항이 높지 않으면 측정오차가 커진다.

② Mance's법 —— 이것은 일종의 브리지이다. 그림 4-17에서 S_1을 닫고, 다음에 S_2를 열거나 닫아도 검류계 G의 I_g가 변화하지 않도록 R_s을 조정하면 $Pr = QR_s$가 성립하여

$$r = \frac{Q}{P} R_s \ [\Omega] \tag{4-21}$$

이 된다. S_1 및 S_2를 닫는 시간을 될 수 있는 대로 짧게 하여 분극작용이 일어나지 않도록 해야 한다. 윗식은 키르히호프의 법칙(Kirchhoff's law)을 적용하여 I_g를 구한 다음, S_2로 흐르는 전류의 계수가 0이 되는 조건을 만족하도록 하면 된다.

③ 코올라우시 브리지(Kohlrausch bridge)법 —— 전지의 내부저항, 전해액의 저항 및 접지저항 등 직류로는 측정이 곤란한(직류에서는 분극작용 때문에 역기전력이 발생) 저항의 측정에 사용되는 브리지 회로의 일종이다. 그림 4-18에서 OSC는 가청주파발진기 (800 ~ 1000[Hz]), REC는 수화기, $\overline{AB}$는 슬라이드선, R_s는 저항값을 알고 있는 표준가변저항기를 표시한다. 미지의 저항 r을 가지는 전지를 X_1, X_2 단자에 연결하고 습동자 (slider) P를 움직여서 수화기의 소리가 들리지 않게 되었을 때 미지저항 r은

$$r = \frac{l_1}{l_2} R_s \ [\Omega] \tag{4-22}$$

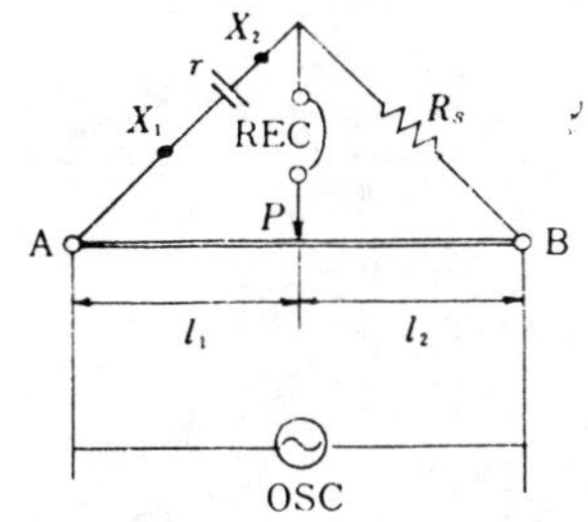

〈그림 4-18〉 코올라우시 브리지법

로 구하여진다. 이와 같이 비례 밸브에 습동선과 습동자를 사용하는 것을 일반적으로 습동선 브리지(slide wire bridge)라고 부르기도 한다.

(2) 접지저항의 측정 : 접지저항이란 피뢰기, 피뢰침, 변압기의 저압측, 통신용 공중선 등은 위험방지, 보안상의 목적으로 한 끝을 접지하여 사용하는데 이 접지개소에서 생기는 저항을 말한다. 접지저항은 접지판에 접하는 토양의 상태에 의하여 항상 변동하는데, 변동원인은 주로 토양의 수분함유량에 기인한다.

접지저항을 직류 브리지나 직류저항계로 측정하면 지중에 있는 습기, 지하수에 녹아 있는 전해물들의 작용으로 분극작용이 생겨 불안정하기 때문에 코올라우시 브리지나 접지저항계와 같은 교류 브리지를 사용한다.

① 코올라우시 브리지에 의한 측정—— 그림 4-19에서 r_1은 피측정 접지저항, r_2와 r_3는 보조 접지저항으로서 간격은 거의 10〔m〕 정도로서 삼각형의 정점에 둔다. 코올라우시 브리지(그림 4-18 참조)를 사용하여 r_1과 r_2 사이의 저항을 측정하여 R_1〔Ω〕이 되었다면

$$R_1 = r_1 + r_2 \qquad (4\text{-}23)$$

이다. 단, 대지는 완전도체로 가정한다.

마찬가지로 r_2와 r_3 사이가 R_2〔Ω〕, r_3와 r_1 사이가 R_3〔Ω〕이라면

$$R_2 = r_2 + r_3 \qquad (4\text{-}24)$$

$$R_3 = r_3 + r_1 \qquad (4\text{-}25)$$

로 되어, 이 세 식을 연립하여 r_1을 구하면

$$r_1 = \frac{1}{2}(R_1 - R_2 + R_3)\ [\Omega] \qquad (4\text{-}26)$$

으로 되며, 만일 보조 접지저항의 값을 알고자 할 때에는 역시 연립방정식을 풀어 r_2, r_3를 구할 수 있다.

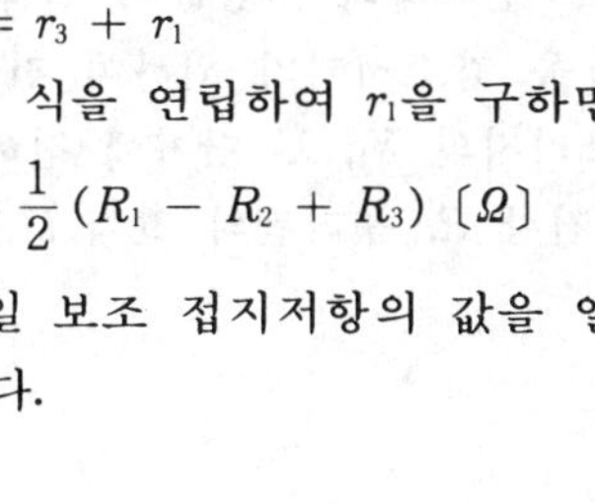

〈그림 4-19〉 코올라우시 브리지에 의한 접지저항 측정

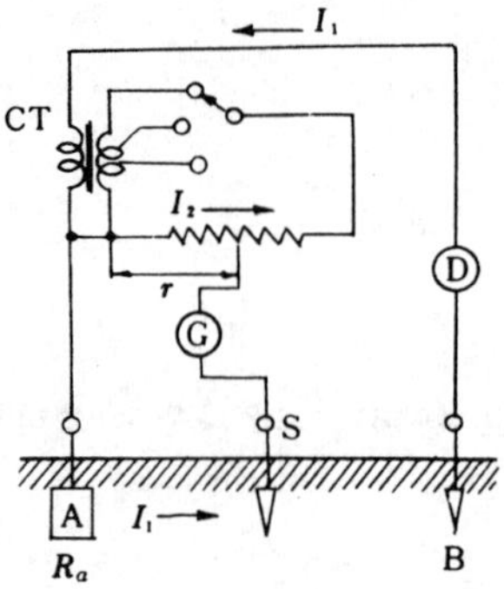

〈그림 4-20〉 접지저항계에 의한 측정

② 접지저항계에 의한 측정 —— 그림 4-20은 접지저항계의 접속도이며, D는 수동교류발전기이다. 이것에 의하여 전류 I_1은 CT의 1차 코일, 접지판 A, 보조접지판 B를 거쳐 D로 흐른다. 한편 CT의 2차 회로에는 조정용 슬라이드 저항이 있으며, 2차 전류 I_2가 이곳으로 흐른다.

접지판 A, B의 직선상 중간에 탐침 S를 박고, 이것과 습동저항선의 사이에 검류계가 접속되어 있다. 이제 습동자를 조정하여 검류계의 기울임이 0이 되었다면 I_2에 의한 습동저항 r에 의한 전압강하 E_1과 A, S 사이의 전압강하 E_2가 같으므로 $E_1 = E_2$, $I_1 R_a = I_2 r$

$$\therefore \quad R_a = \frac{I_2}{I_1} r \ [\Omega] \tag{4-27}$$

로 구해진다. 여기서 R_a는 접지판 A의 저항이다. 따라서, 습동저항선의 위치에 그 저항값을 눈금으로 만들고 I_2/I_1의 값, 즉 변류비를 1, 10, 100, 1000 등으로 바꾸도록 하여 두면 습동저항선의 눈금으로부터 접지저항 R_a를 구할 수 있다. 이때 각 접지판의 간격은 역시 10〔m〕 정도로 한다.

(3) 전해액의 저항측정 : 전해액에 전류를 흘리면 전기분해(electrolysis)가 일어나고, 전극 표면에 가스가 발생하여 분극작용이 생기므로 전해액의 저항값이 변화한다. 그러므로 전해액은 보통 U자형 유리관에 넣고, 분극작용을 감소시키기 위하여 전극으로는 백금단자를 사용한다. 측정방법은 주로 코올라우시 브리지의 X_1, X_2 단자에 전해액을 넣은 유리관 양쪽 전극을 접속하여 측정한다. 전해액의 저항 R, 유리관의 길이 l, 단면적 S를 알면 전해액의 고유저항 ρ는

$$\rho = \frac{S}{l} \cdot R \ [\Omega] \tag{4-28}$$

로 구할 수 있다.

4-4 전력의 측정

전력의 측정에는 전력계에 의한 직접측정과 전류계, 전압계 등을 조합하여 측정하는 간접측정이 있다. 특히 직류전력의 측정에는 전위차계로 부하전류와 부하단자전압을 따로 측정하여 정확히 전력을 산출하는 방법도 있다.

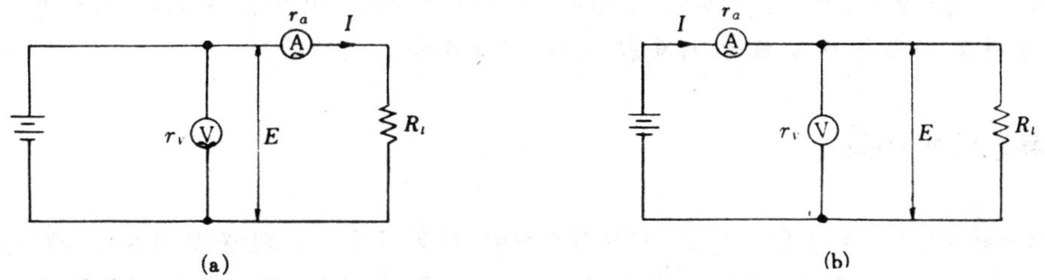

〈그림 4-21〉 전압, 전류계에 의한 전력측정

[1] 직류전력의 측정

직류전력 측정에 있어서 미소전력 측정은 전위차계나 검류계를 이용하여 전압과 전류를 측정한 다음 $P = I \times E$ 로써 구하고 대전력 측정은 보통 전력계에 배율기, 분류기를 붙여서 측정한다. 그러므로 여기서는 보통 전력 측정방법 몇 가지를 알아본다.

(1) 전압계, 전류계법 : 그림 4-21과 같이 전압계와 전류계를 접속하고 각각의 지시를 E〔V〕, I〔A〕라 하면, 부하 R_l〔Ω〕에서 소비되는 전력 P〔W〕는 다음 식으로 표시된다.

그림 (a)에서 $P = EI - I^2 r_a = I(E - I_{ra})$ 〔W〕 (4-29)

그림 (b)에서 $P = EI - \dfrac{E^2}{r_V} = E\left(I - \dfrac{E}{r_V}\right)$ 〔W〕 (4-30)

즉, 그림 (a)에서는 전류계에서 손실이 있으므로, 고전압 소전류(즉 R_l이 클 때)의 측정에 적당하고, 그림 (b)에서는 전압계에서 손실이 있으므로, 저전압 대전류(즉 R_l이 적을 때)의 측정에 적당하다.

(2) 전력계에 의한 측정 : 전력계로서는 주로 전류력계형 계기가 사용되고 있다. 전력계로 직접측정은 할 수 있으나, 이 경우에도 전력계의 전류 코일과 전압 코일과의 접속법으로 전압계와 전류계법에서와 같이 그림 4-22(a), (b) 두 가지 방법이 있으며 손실에 의한 오차가 발생한다. 원리는 전류력계형 계기의 고정 코일에 전류 코일을 쓰고, 가동 코일에 전압 코일을 사용함으로써 가동 코일의 치우침은 전류와 전압의 곱에 비례하므로 결국 전력에 비례하게 된다. 그림 (c)는 전류 코일 F와 동일축상에 반대방향의 권선

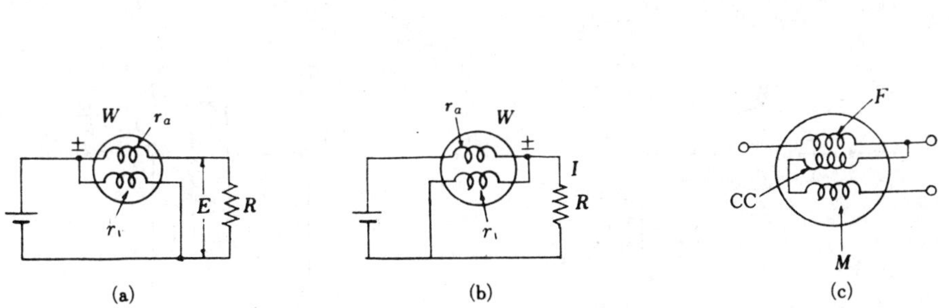

〈그림 4-22〉 전력계에 의한 전력측정

CC를 감고, 이것을 전압 코일 M에 직렬로 접속하여 전압 코일에 흐르는 전류에 의하여 생기는 오차를 보상하기 위하여 사용된 보상 코일이다.

[2] 교류전력의 측정

단상교류전력의 측정에는 주로 전류력계형이 사용되며, 그 외에도 유도형 계기, 열전형 계기, 반도체를 이용한 것들이 있으며, 3개의 전류계 또는 전압계를 사용하여 전력을 측정하는 방법도 있다. 또한 3상전력의 측정에는 2전력계법 또는 3전력계법이 주로 사용되며, 직류전력 측정과 같이 미소전력 측정에는 전위차계에 의한 전압, 전류 및 위상을 측정하여 구하거나, 열전형 및 진공관형 계기들이 사용되며, 대전력측정에는 계기용 변성기를 붙여서 측정한다.

(1) 전력계법 : 단상전력계로 많이 사용되는 전류력계형 단상전력계(single phase watt meter)는 그림 4-23과 같다. 고정 코일 F는 부하와 직렬로 접속하여 부하전류 i를 통하고, 가동 코일 M은 이것과 직렬로 무유도저항 r을 접속하여 부하의 단자전압 e에 접속하면 e에 비례하는 전류 i'를 흘린다. 이 경우 F를 전류 코일, M을 전압 코일이라 한다. 지금 부하의 역률을 $\cos\phi$, 부하전압 $e=\sqrt{2}\,E\sin\omega t$ [V]라 하면, $i=\sqrt{2}\,I\sin(\omega t-\phi)$ [A]로 되므로 전력계의 기울기 $\theta = k\cos(\alpha-\theta)$ $(i\times i'$의 1주기의 평균값)으로 표시된다. 저항 r이 상당히 클 경우에 i'는 e와 동상이며 또한 비례한다고 볼 수 있으므로 비례정수를 k'라고 한다면 $i' = k'e = k'\sqrt{2}\,E\sin\omega t$로 되며, 이것을 윗식에 대하여 대입하여 $(i\times i')$를 계산하고, 그 1주기의 평균을 구하면 다음과 같이 된다.

$i\times i'$의 1주기의 평균값 $=2k'EI\sin\omega t\sin(\omega t-\phi)$의 1주기의

평균값 $=k'EI\cos\phi$

윗식에서 $EI\cos\phi$는 단상전력을 표시하므로 이것을 P라고 놓으면 θ는 다음과 같이 쓸 수 있다.

$$\theta = kk'\cos(\alpha-\theta)\,P \tag{4-31}$$

동일한 전류력계형 계기라도 전류계, 전압계로 쓰일 때에는 전류 또는 전압의 제곱에 비례하는 제곱눈금으로 표시되는 데 반하여, 전력계로 쓰면 전력에 비례하는 평등눈금으로 나타나는 것에 주의해야 한다. 또한 그림 4-24는 열전형 전력계의 원리를 나타낸 것

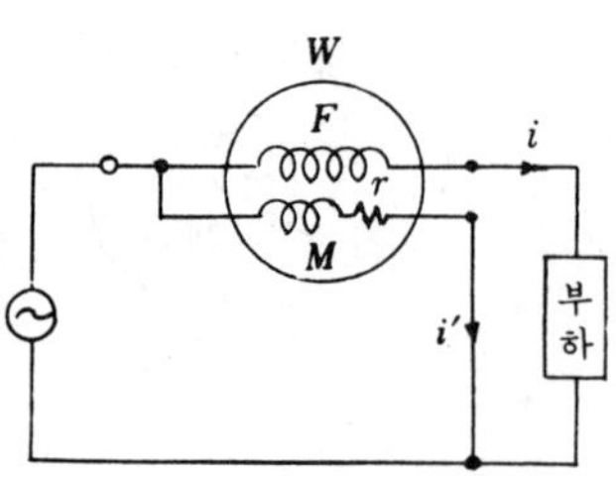

〈그림 4-23〉 단상전력계

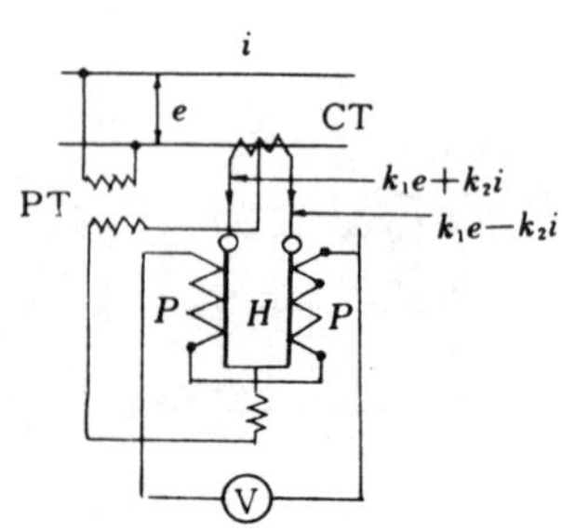

〈그림 4-24〉 열전형 전력계

이다. PT 및 CT에 의하여 열선 H의 반조각에, 부하전류 i에 비례하는 전류 $k_2 i$와 선간전압 e에 비례하는 전류 $k_1 e$와의 합계를 흘리고 또한 열선의 다른 반조각에는 이들의 차를 흘리면, 전압계의 지시 E는 좌우의 열전대 P에 생기는 전압의 차를 표시하게 되므로, e와 i와의 위상차를 θ라 하면

$$E = \{ (k_1 e + k_2 i)^2 \text{의 평균값} \} - \{ (k_1 e - k_2 i)^2 \text{의 평균값} \}$$
$$= 4k_1 k_2 (ei\text{의 평균값})$$
$$= 4k_1 k_2 (e\text{의 실효값} \times i\text{의 실효값})\cos\theta \qquad (4\text{-}32)$$

로 되며, 전력에 비례한 전압이 얻어진다. 이 형의 전력계는 고주파용으로도 쓰이고 있다.

(2) 3전류계법 및 3전압계법 : 3전류계법은 그림 4-25(a)와 같이 전류계 3개를 T형으로 접속하고 A_3에 순저항 R을 접속하면 각 변의 전류 벡터는 그림 (b)와 같이 된다.

부하에 걸리는 전압 E는 R이 크기 때문에 I_3와 거의 동상으로 되고, 이것과 부하전류 I_2와의 위상차를 ϕ라고 하면

$$I_1^2 = I_2^2 + I_3^2 - 2I_2 I_3 \cos(180° - \phi)$$
$$= I_2^2 + I_3^2 + 2I_2 I_3 \cos\phi \qquad (4\text{-}33)$$

이 되며, 한편 부하전력 $P = EI_2\cos\phi$이므로 그림에서 $E = RI_3$를 대입시키면 $P = RI_2 I_3 \cos\phi$가 되어

$$I_2 I_3 \cos\phi = \frac{P}{R}$$

가 된다.

위식을 식 (4-33)에 대입하면

$$I_1^2 = I_2^2 + I_3^2 + 2\frac{P}{R}$$

$$\therefore \quad P = \frac{R}{2}(I_1^2 - I_2^2 - I_2^2) \text{ [W]} \qquad (4\text{-}34)$$

인 관계에서 부하전력을 구할 수 있다.

한편 3전압계법은 그림 4-26(a)와 같이 전압계와 저항 R을 π형으로 접속시킨 것으로서 각 전압 사이에는 그림 (b)와 같은 벡터 관계가 성립한다. 3전류계법과 마찬가지로 그림 (b)에서

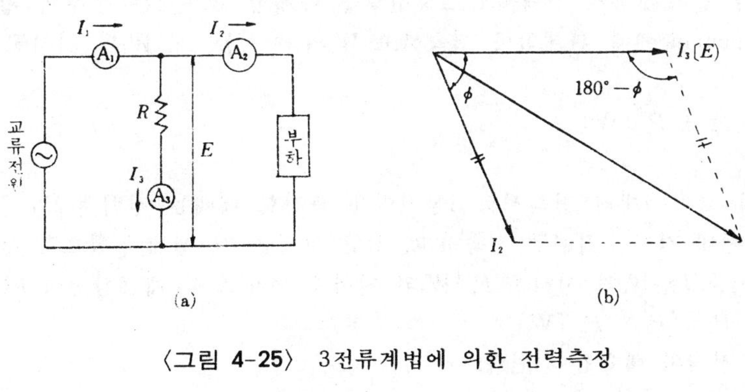

〈그림 4-25〉 3전류계법에 의한 전력측정

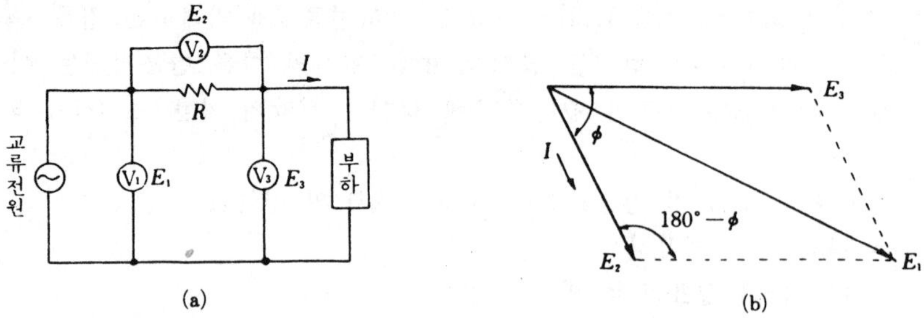

〈그림 4-26〉 3전압계법에 의한 전력측정

$$E_1{}^2 = E_2{}^2 + E_3{}^2 - 2E_2E_3\cos(180° - \phi)$$
$$= E_2{}^2 + E_3{}^2 + 2E_2E_3\cos\phi \quad (4\text{-}35)$$

가 되며, 여기서 $E_2 = IR$이므로 $E_1{}^2 = E_2{}^2 + E_3{}^2 + 2RIE_3\cos\phi$로 된다. 윗식에서 $IE_3\cos\phi$는 부하에서 소비되는 전력 P이므로 윗식에 대입하면

$$E_1{}^2 = E_2{}^2 + E_3{}^2 + 2RP$$
$$\therefore \quad P = \frac{1}{2R}(E_1{}^2 - E_2{}^2 - E_3{}^2) \text{ [W]} \quad (4\text{-}36)$$

으로 되어 부하에서 소비되는 전력 P를 산출할 수 있다.

[3] 3상전력의 측정

3상전력의 측정방법으로서는 그림 4-27과 같이 1전력계법, 2전력계법, 3전력계법이 있는데 그 측정방법을 간단히 설명하면 다음과 같다.

그림 4-27(a)는 1개의 전력계로써 3상전력을 측정하는 방법으로 스위치 S를 ①에 놓았을 때의 전력계 지시를 P_1이라 하고 ②에 놓았을 때의 지시를 P_2라 하면 3상전력 P는

$$P = P_1 + P_2 \text{ [W]} \quad (4\text{-}37)$$

로 되며, 그림 (a)′와 같이 한 선과 부하의 중점을 연결하여 측정한 값을 3배 하여도 3상전력 P의 값이 된다. 단, 이 경우는 평형 3상부하이어야 한다.

그림 (b)와 같이 2개의 전력계로 3상전력을 측정할 경우에는 부하의 평형(balance) 또는 불평형(unbalance)에 관계없이 접속하고 W_1의 지시를 P_1, W_2의 지시를 P_2라 할 때 3상전력 P는

$$P = P_1 + P_2 \text{ [W]} \quad (4\text{-}38)$$

이 된다.

그림 (c)와 같이 3개의 전력계로 3상전력을 측정할 때에는 전력계 W_1, W_2, W_3의 전류 코일을 각 선에 각각 직렬로 접속하고, 전압 코일은 각 선에 Y형으로 접속한다. 이 경우 W_1의 지시를 P_1, W_2의 지시를 P_2, W_3의 지시를 P_3라고 할 때 3상전력 P는

$$P = P_1 + P_2 + P_3 \text{ [W]} \quad (4\text{-}39)$$

로 되어 각 선 전력의 대수합이 된다.

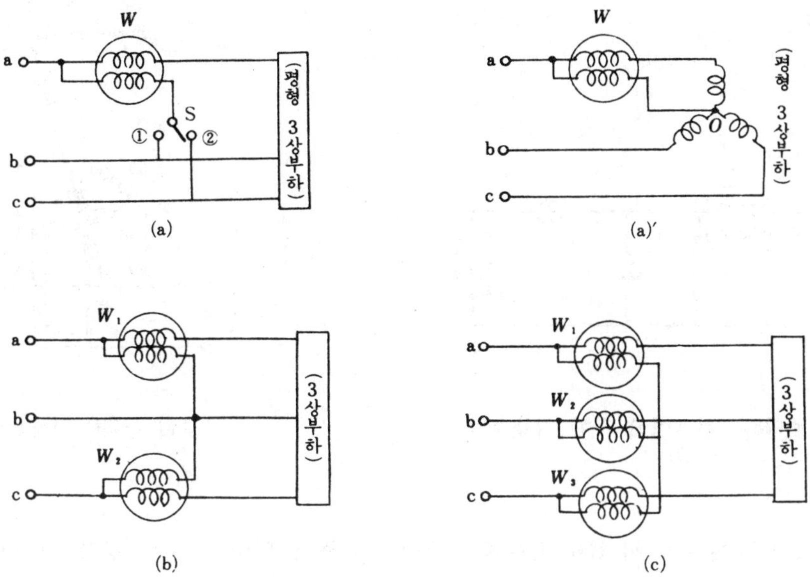

〈그림 4-27〉 3상 전력측정

[4] 역률의 측정

단상회로에서 전압 E와 전류 I와의 위상차 ϕ의 코사인인 $\cos\phi$를 역률(power factor)이라고 하며, 피상전력(apparent power) EI〔VA〕, 유효전력(active power) P〔W〕로부터 역률은 다음과 같이 정의된다.

$$\cos\phi = \frac{P}{EI} \tag{4-40}$$

또한 역률을 측정하려는 회로의 임피이던스(impedance)를 Z라 하면, Z가 저항 R와 리액턴스(reactance) X와의 직렬접속이라 생각하여

$$Z = \sqrt{R^2 + X^2}, \quad \phi = \tan^{-1}\frac{X}{R}$$

이므로, 역률은 다음과 같이 쓸 수 있다.

$$\cos\phi = \frac{R}{Z} = \frac{\text{저항}}{\text{임피이던스}} \tag{4-41}$$

즉, 역률은 전력, 전류, 전압, 임피이던스와 깊은 관계가 있으므로 전력의 측정이나 임피이던스의 측정법을 이용하여 간접적으로 구할 수 있다. 역률의 측정방법으로는 전력계법, 3전류계법, 3전압계법, 역률계 사용법 등이 있다.

(1) 전력계형 : 교류전력은 일반적으로 $P = EI\cos\phi$인 형태로 표시하므로, 이것을 변형하면 $\cos\phi = \dfrac{P}{EI}$로 된다. 따라서 그림 4-28과 같이 접속하여 전력계 W에서 지시값을

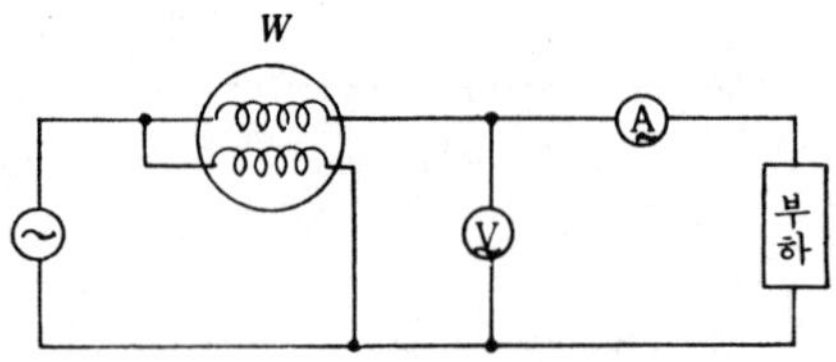

〈그림 4-28〉 전력계에 의한 역률측정

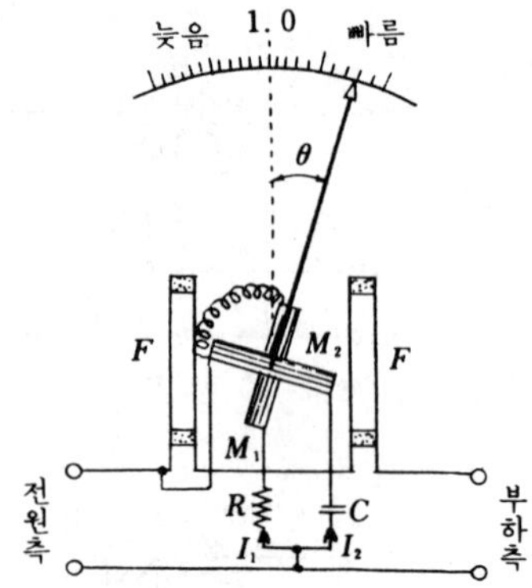

〈그림 4-29〉 단상역률계

P, 그리고 전압계의 지시 E와 전류계의 지시 I로부터 역률 $\cos\phi$의 값을 윗식으로부터 구할 수 있다.

(2) 3전류계법 3전압계법 : 3전류계법은 그림 4-25에 의한 식 (4-33)으로부터

$$\cos\phi = \frac{(I_1^2 - I_2^2 - I_3^2)}{2I_2I_3} \tag{4-42}$$

가 되고, 3전압계법은 그림 4-26에 의한 식 (4-35)로부터

$$\cos\phi = \frac{(E_1^2 - E_2^2 - E_3^2)}{2E_2E_3} \tag{4-43}$$

으로 되어 역률을 측정할 수 있다.

(3) 단상역률계 : 그림 4-29는 전류력계 비율계형의 원리를 이용한 단상역률계를 나타낸 것이다. F, F는 고정 코일이며 이것에 부하전류 I를 흘린다. M_1, M_2는 직각으로 설치한 가동 코일이며, 각각 R 및 C를 직렬로 접속하여 부하단자에 병렬로 연결한다.

지금 지침의 기울기를 θ라 하면 M_1을 흐르는 전류 I_1과 M_2를 흐르는 전류 I_2와는 90°의 상차가 있으므로 역률각 ϕ와 가동부의 회전각 θ와의 사이에는 다음의 관계가 성립한다.

$$\tan\theta = \frac{I_1}{I_2}\tan\phi \tag{4-44}$$

따라서 $I_1 = I_2$이면, $\tan\theta = \tan\phi$로 되며, 눈금을 ϕ로 만들면 위상계가 되고, $\cos\phi$로 만들면 역률계로 되는 것이다.

4-5 임피이던스의 측정

임피이던스란 저항과 리액턴스가 포함된 회로에서 양단에 교번전압을 가했을 때 단자전압과 회로전류와의 비를 말하며, 이 양자의 위상차를 임피이던스의 각(angle of impedance)이라고 한다.

임피이던스 $\dot{Z}[\Omega]$은 그 실효저항을 $R[\Omega]$, 실효 리액턴스(effective reactance)를 $X[\Omega]$, 임피이던스 각을 ϕ[rad]이라고 하면 $\dot{Z}=R+jX=\dot{Z}<\phi$로써 표시되며, 이때 임피이던스는

$$\left.\begin{aligned}\dot{Z}&=\sqrt{R^2+X^2}\\ \phi&=\tan^{-1}\frac{X}{R}\end{aligned}\right\} \tag{4-45}$$

로써 표시한다. 즉 회로소자의 교류에 대한 임피이던스는 R과 X를 또는 Z와 ϕ를 구하면 충분하다는 것을 알 수 있다. 한편 임피이던스 $\dot{Z}$ 대신에 어드미턴스 $\dot{Y}$를 측정할 때에는 실효 콘덕턴스를 $G[\mho]$, 실효 서셉턴스를 $B[\mho]$로 표시하면 어드미턴스 $\dot{Y}=G+jB=\dot{Y}<\phi$로 표시되며, 이때 R, X, G, B 사이에는

$$\left.\begin{aligned}G&=\frac{R}{(R^2+X^2)}\\ B&=-\frac{X}{(R^2+X^2)}\end{aligned}\right\} \tag{4-46}$$

이라는 관계가 성립된다.

일반적으로 리액턴스 X는 자기 인덕턴스(self inductance) L[H], 상호 인덕턴스(mutual inductance) M[H] 및 정전용량(electrostatic capacity) C[F] 등으로 구성되므로 이들 소자의 값을 알아야 한다.

[1] 측정상의 주의

임피이던스 소자를 측정할 때에는 주로 교류 브리지가 사용되므로 다음 몇 가지 사항에 주의하여야 한다.

(1) 전원(electric power source) : 교류 브리지의 전원은 1000[Hz] 정도의 발진기를 사용하는 경우가 많다. 그러나 R, L, C, M 등의 값은 주파수에 의하여 변화하므로, 상용주파수 또는 고주파에서 쓰이고 있는 것은 각각 해당주파수로 측정하는 것이 바람직하다. 또한 사용전원은 주파수가 안정되고 정현파인 것이 좋다. 왜냐하면 검출기로 수화기(head-phone 또는 telephone receiver)를 쓸 경우 파형이 일그러져 있으면, 기본파에서 평형되어 있어도 고조파(harmonics)가 남고, 소리가 완전히 사라지지 않는다. 진동검류계와 같이 주파수대역이 좁은 검출기를 쓸 경우에는 주파수가 변동하면, 감도가 변화하여 평형을 취하기가 곤란하다.

(2) 정전차폐(electrostatic shielding) : 브리지(bridge)의 각 소자 사이나 소자와 대지 사이, 또는 리이드선 사이 등에는 정전용량이 존재한다. 이 정전용량을 통하여 전류가 흐르는 수도 있기 때문에 이것을 방지하기 위하여 적당한 정전차폐를 하여야 한다. 예를 들면 그림 4-30(a)의 대지에 대한 표유용량(stray capacity)은 이것을 놓는 위치에 따라서 변화하므로, 이 용량에 흐르는 전류는 $\dot{Z}$의 전위에 의하여 변화하게 되어 ab사이의 임피이던스는 일정하지 않다.

그래서 그림 (b)와 같이 정전차폐를 하면 C는 일정한 값으로 되고, 또 C'는 차폐를 놓는 위치에 따라서 일정하지 않으나, C'가 브리지에 미치는 영향은 와그너 접지장치에 의하여 제거할 수 있다.

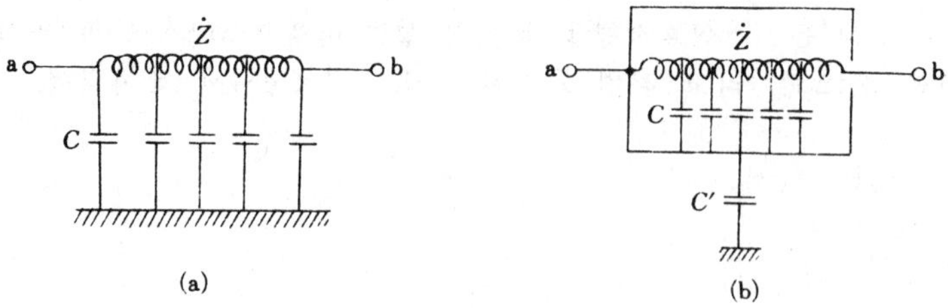

〈그림 4-30〉 대지용량과 그의 차폐

(3) 와그너 접지장치(Wagner earthing device) : 일반적으로 브리지는 4개의 브리지 밸브가 서로 상호작용을 하지 않고, 단순한 집중 임피이던스로 구성되어 있다고 가정하고 측정한다. 그러나 실제로는 여러 브리지 요소들 사이 또는 밸브 사이에는 표유 정전용량이 존재한다. 이러한 표유 정전용량을 제거하기 위하여 사용하는 것이 그림 4-31과 같은 와그너 접지장치이다. 여기서 C_1, C_2는 대지에 대한 표유 정전용량을 나타내며, 축전기 C_W와 저항 R_W를 직렬로 접속하고 그 접속점을 접지한 것이다.

브리지의 조정요령은 먼저 검출기를 점 ①에 연결하고 수화기에서 소리가 최소로 될 때까지 R_1을 조정한다. 다음 스위치를 와그너 접지점 ②에 놓고 저항기 R_W를 조정하여 수화기의 소리를 최소로 한다.

스위치가 다시 위치 ①에 연결될 때 약간의 불균형이 일어난다. 다음 저항기 R_1, R_3는 수화기의 소리가 최소로 되게 조정하고 스위치를 다시 위치 ②에 놓는다. 두 스위치 위치에서 평형이 얻어지려면 R_1, R_3 및 R_W에 대한 약간의 조정이 필요하다.

마지막 평형이 얻어지면 점 ①과 ②는 등전위로 되고 대지전위와 같게 되므로 표유 정전용량 C_1과 C_2는 효과적으로 단락(short)된 상태가 되고, 정상적인 브리지 평형에는 아무런 영향도 미치지 않는다. 또한 점 C, D와 대지 사이에도 정전용량이 존재하나 와그너 접지점으로 사용하면 이들 용량을 통해 흐르는 전류가 와그너 접지점으로 유입되기 때문에 이들 영향도 제거할 수 있다.

그러나 브리지 밸브 사이의 정전용량은 와그너 접지에 의해서도 제거되지 않으며 아

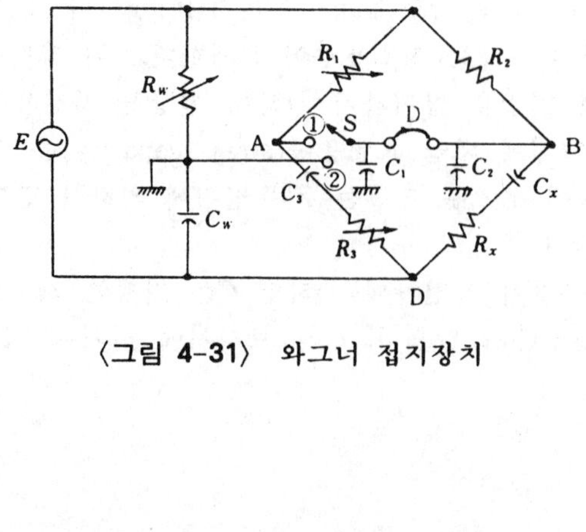

〈그림 4-31〉 와그너 접지장치

직도 측정확도에 영향을 미친다. 와그너 접지장치는 평형조건에 영향을 미치지 않기 때문에 다른 브리지에도 적용될 수 있으며 측정방법의 과정도 변경되지 않는다.

(4) 전자유도(electromagnetic induction) : 소자 사이에는 전자유도가 생기지 않도록 주의하여야 한다. 특히 유도기가 2개 이상 있는 경우는 이들의 간격을 떼고, 또한 그의 축방향에 서로 직각이 되도록 배치한다. 전원이나 검출기 등도 자기차폐를 실시하여야 한다.

또한 극성의 방향을 반전하여 평균을 취하는 것도 전자유도의 영향을 제거하는 한 가지 방법이지만, 이것으로 완전제거는 어렵다.

[2] 인덕턴스의 측정

(1) 자기 인덕턴스(self-inductance)의 측정 : 자기 인덕턴스를 측정하는 방법은 여러 가지가 있으나 그 중 중요한 것 한 가지를 들어본다. 그림 4-32는 맥스웰 브리지(Max-Well's bridge)로서 P, Q는 무유도저항, L_x, L_s는 미지 및 표준 인덕턴스, R_x, R_s는 이들의 저항이다.

L_s와 P를 조정하여 검출기 D가 무음상태가 되면 회로가 평형이 되므로 $(R_s + j\omega L_s)Q = (R_x + j\omega L_x)P$가 되며, 이것을 정리하면

$$\left.\begin{aligned} L_x &= \frac{Q}{P}\cdot L_s[\mathrm{H}] \\ R_x &= \frac{Q}{P}\cdot R_s[\Omega] \end{aligned}\right\} \tag{4-47}$$

로서 미지의 인덕턴스와 저항값을 구할 수 있다.

(2) 상호 인덕턴스(mutual inductance)의 측정 : 상호 인덕턴스를 측정하는 방법은 여러 가지가 있으나 그 중 중요한 것 몇 가지를 들어본다.

그림 4-33(a)에서 두 코일은 각각 인덕턴스 L_1, L_2를 갖고 또 상호 인덕턴스 M으로 결합되어 있다. 이 두 코일을 그림 (b), (c)의 두 가지 방법으로 직렬접속하고, 각 경우에 대하여 개방단자에서의 등가 인덕턴스를 구해 보자.

우선 (b)의 접속에 있어서 두 코일을 공통으로 흐르는 전류 i의 정방향을 그림과 같

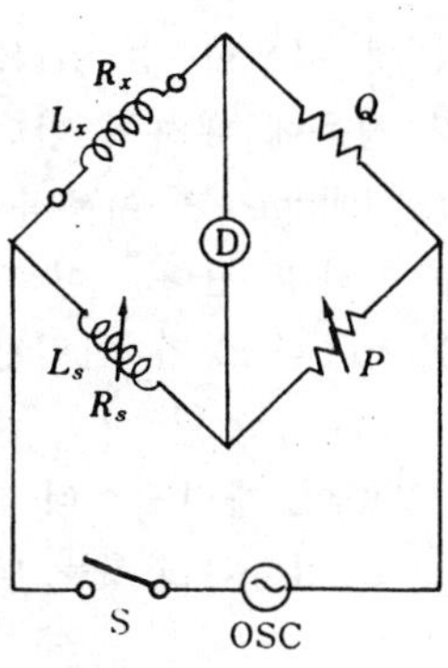

〈그림 4-32〉 맥스웰 브리지

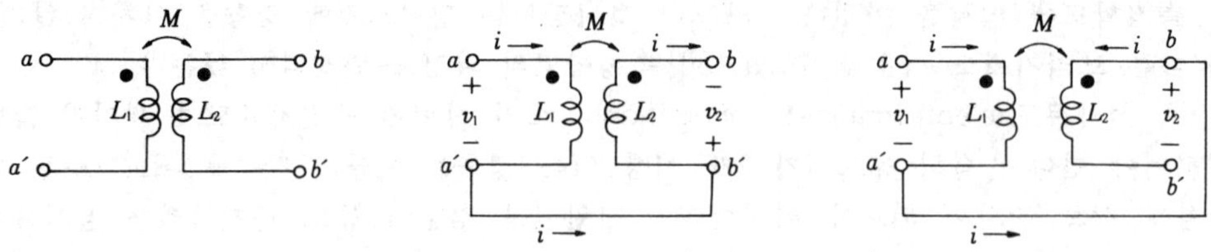

〈그림 4-33〉 두 코일의 직렬접속

이 가정하고, 각 코일 양단에 i의 정방향으로 생기는 전압강하를 v_1, v_2라 하면 $v_{ab} = v_1 + v_2$이다. 그런데 좌측 코일에서는 전류가 점이 찍인 단자로 유입하나 우측 코일에서는 점이 찍힌 단자에서 유출하므로

$$v_1 = L_1\frac{di}{dt} - M\frac{di}{dt}, \qquad v_2 = L_2\frac{di}{dt} - M\frac{di}{dt}$$

그러므로 $v_{ab} = v_1 + v_2 = (L_1 + L_2 - 2M)\dfrac{di}{dt}$

이것은 개방단자 $a-b$에서 관측되는 등가 인덕턴스가 $L_1 + L_2 - 2M$임을 의미한다. 이것을 L^-라 하면

$$L^- = L_1 + L_2 - 2M \tag{4-48}$$

이다.

한편 그림 4-33(c)에서는 두 코일의 전류는 다 점이 찍힌 단자로 유입하고 있으므로 이상의 여러 식에서 $-M$ 대신 $+M$으로 하면 개방단자 $a-b'$에서 관측되는 등가 인덕턴스 L^+는

$$L^+ = L_1 + L_2 + 2M \tag{4-49}$$

와 같이 된다. 식 (4-48), (4-49)로부터

$$\boxed{M = \frac{L^+ - L^-}{4}} \tag{4-50}$$

이며, 윗식은 두 코일 간의 상호 인덕턴스를 측정하는데 이용할 수 있다. 즉 두 코일을 그림 4-33(b), (c)의 두 가지 방법으로 직렬접속한 각 경우에 대하여 인덕턴스 브리지(inductance bridge) 또는 임피이던스 브리지(impedance bridge)를 이용하여 개방단자에서 전체의 등가 인덕턴스를 측정하고 양자의 차의 1/4을 취하면 된다. 이 방법에 의하면 M의 크기 뿐만 아니라, 코일의 극성도 동시에 알 수 있다. 즉 등가 인덕턴스가 적은 쪽의 접속에서 두 개방단자에 각각 점을 찍으면 된다.

그림 4-34는 상호 인덕턴스를 측정하는 회로의 일종인 캐리포스터 브리지이다. 단, $L_0 > M$, $L_x > M$으로 한다. 이 회로에서 M은 정극성으로 접속하고 S를 닫은 다음 S를 조정하여 평형이 이루어지면

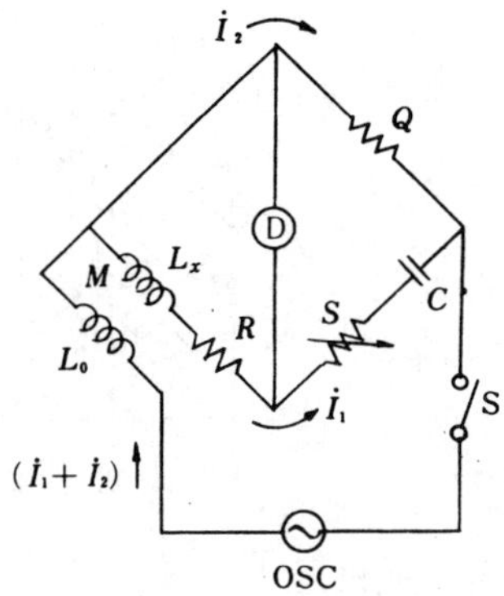

〈그림 4-34〉 캐리포스터 브리지

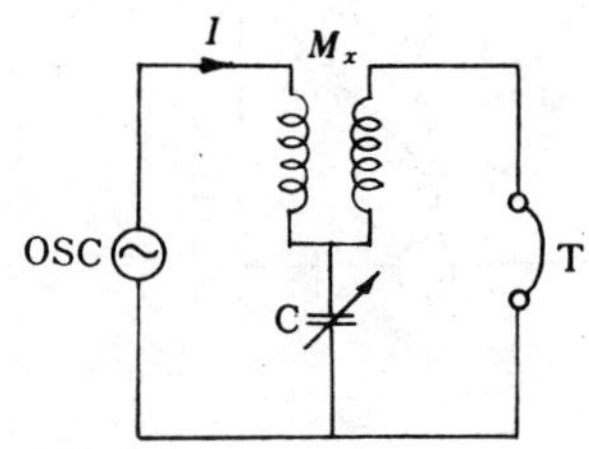

〈그림 4-35〉 캠벨 브리지

$$(R + j\omega L_x)\dot{I}_1 - j\omega M(\dot{I}_1 + \dot{I}_2) = 0$$

$$\left(S + \frac{1}{j\omega C}\right)\dot{I}_1 = Q\dot{I}_2$$

로 되므로, 이것을 정리하면

$$\left.\begin{aligned} M &= CQR\,[\mathrm{H}] \\ L_x &= M\left(1 + \frac{S}{Q}\right)[\mathrm{H}] \end{aligned}\right\} \tag{4-51}$$

이 되어 상호 인덕턴스 M과 자기 인덕턴스 L_x를 구할 수 있다.

또한 그림 4-35는 캠벨 브리지로서 상호 인덕턴스와 주파수 측정에 사용한다. 그림에서 OSC는 주파수가 f[Hz]인 가청주파발진기, T는 수화기, C는 표준 가변 콘덴서이다.

C를 조정하여 수화기에서 음이 들리지 않았다면

$$\frac{1}{j\omega C}\cdot I = -j\omega M_x \cdot I$$

가 된다. 단, I는 OSC의 출력전류이다. 그러므로

$$M_x = \frac{1}{\omega^2 C} = \frac{1}{4\pi^2 f^2 C}\,[\mathrm{H}] \tag{4-52}$$

가 되어 상호 인덕턴스를 구할 수 있다.

한편 상호 인덕턴스 값을 알고 있는 경우에는 윗식에서

$$f = \frac{1}{2\pi\sqrt{MC}}\,[\mathrm{Hz}] \tag{4-53}$$

으로 되어 OSC의 주파수를 구할 수 있다.

(3) 임피이던스 Δ-Y 변환 : 그림 4-36은 앤더슨 인덕턴스 브리지(Anderson's inductance bridge)의 회로도이다. 그림 (a)에서 CDE인 Δ 회로는 그림 (b), (c)와 같이 Δ-Y 변환에 의하여 그림 (d)와 같은 회로로 바꿀 수 있다.

변환 임피이던스를 그림 (c)와 같이 $\dot{Z}_C$, $\dot{Z}_E$, $\dot{Z}_D$라고 하면

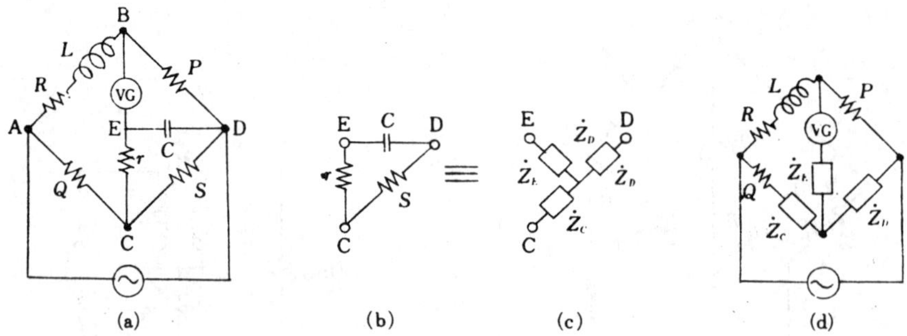

〈그림 4-36〉 앤더슨 인덕턴스 브리지

$$\left.\begin{aligned}\dot{Z}_C &= \frac{rS}{S+r-j\frac{1}{\omega C}}\\ \dot{Z}_E &= \frac{-j\frac{r}{\omega C}}{S+r-j\frac{1}{\omega C}}\\ \dot{Z}_D &= \frac{-j\frac{S}{\omega C}}{S+r-j\frac{1}{\omega C}}\end{aligned}\right\} \qquad (4\text{-}54)$$

가 된다. 따라서 그림 (a)는 그림 (d)와 같이 변환되며 이 경우의 평형조건은 다음과 같이 된다.

$$(R_x + j\omega L_x)\cdot\dot{Z}_D = (Q+\dot{Z}_C)\ P$$

$$\therefore\quad (R_x + j\omega L_x)\cdot\frac{-j\frac{S}{\omega C}}{S+r-j\frac{1}{\omega C}} = \left(Q+\frac{rS}{S+r-j\frac{1}{\omega C}}\right)\cdot P$$

윗식의 양변에 $\left(S+r-j\frac{1}{\omega C}\right)$을 곱하고 실수부와 허수부로 나누면

$$R_x = \frac{PQ}{S}\,[\Omega]$$

$$L_x = CP\left\{r\left(1+\frac{Q}{S}\right)+Q\right\}\,[\mathrm{H}] \qquad (4\text{-}55)$$

로서 미지의 인덕턴스 L_x와 직렬등가저항 R_x가 구해진다.

[3] 커패시턴스의 측정

(1) 직류에 의한 측정 : 콘덴서의 커패시턴스는 충격검류계를 사용하여 표준 콘덴서의 커패시턴스와 비교함으로써 구할 수 있다.

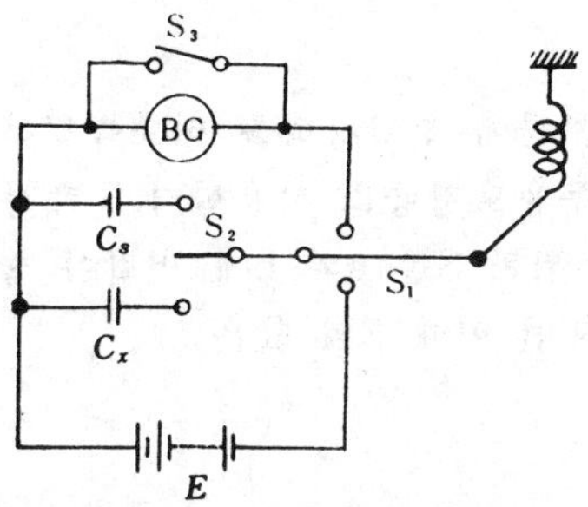

〈그림 4-37〉 충격검류계법

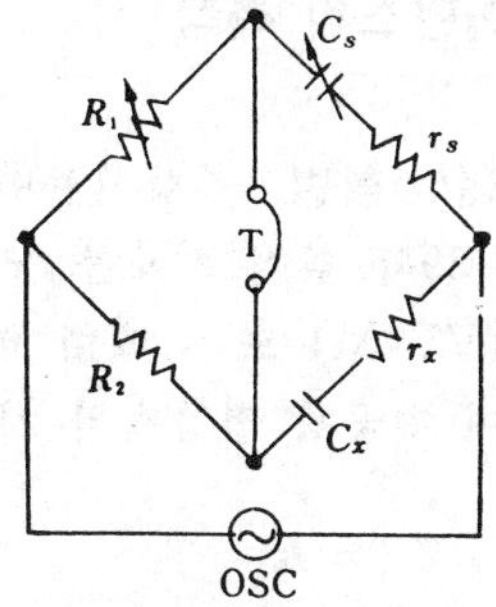

〈그림 4-38〉 용량 브리지

그림 4-37과 같이 회로를 구성하고 S_2를 표준 콘덴서 C_s쪽으로 닫고 S_1을 눌러서 C_s를 직류전압 E[V]로 충전한 후 S_1을 떼고 충격검류계(ballistic galvanometer) BG를 통하여 방전시킬 때 BG의 기울임 α_s를 읽는다. 다음에 S_2를 측정 콘덴서 C_x쪽으로 닫고 동일전압에서 충전한 후 같은 방법으로 충격검류계 BG를 통하여 방전시킬 때 BG의 기울임 α_x를 읽으면 다음 식으로 C_x를 알 수 있다.

$$C_x = \frac{\alpha_x}{\alpha_s} C_s [\mathrm{F}] \tag{4-56}$$

(2) 교류 브리지에 의한 측정 : 용량을 측정하는 브리지의 종류도 여러 가지가 있으나 그 중 대표적인 용량 브리지(capacitance bridge)에 대하여 알아본다.

그림 4-38은 용량 브리지의 구성도로서 C_s는 절연이 좋은 표준 콘덴서이며 r_s는 표준 가변저항, C_x는 피측정 콘덴서, r_x는 C_x의 누설저항을 직렬로 접속한 등가회로이다.

지금 R_1, C_s를 조정하여 브리지를 평형시키면 다음의 관계식이 성립한다.

$$R_1\left(r_x - j\frac{1}{\omega C_x}\right) = R_2\left(r_s - j\frac{1}{\omega C_s}\right)$$

$$\therefore \quad R_1 r_x - j\frac{R_1}{\omega C_x} = R_2 r_2 - j\frac{R_2}{\omega C_s}$$

윗식의 양변에 실수부와 허수부가 각각 같으므로, 실수부는

$$R_1 r_x = R_2 r_s \qquad \therefore \quad r_x = \frac{R_2}{R_1} \cdot r_s [\Omega] \tag{4-57}$$

허수부는

$$\frac{R_1}{\omega C_x} = \frac{R_2}{\omega C_s} \qquad \therefore \quad C_x = \frac{R_1}{R_2} \cdot C_s [\mathrm{F}] \tag{4-58}$$

로 된다. 여기에서 피측정 콘덴서의 역률(tan δ)을 구하면, 직렬이므로

$$\tan\delta = \omega C_x r_x = \omega \cdot \frac{R_1}{R_2} C_s \cdot \frac{R_2}{R_1} r_s = \omega C_s r_s \tag{4-59}$$

가 되며 따라서 손실각 δ는

$$\delta = \tan^{-1} \omega C_s r_s \tag{4-60}$$

으로 된다.

[4] 임피이던스의 측정

(1) 저항치환법 : 저항치환법은 임피이던스와 저항에 전압강하를 비교측정하는 것으로서 그림 4-39와 같이 회로를 구성하고, R은 가변무유도저항을 사용한다. 측정기는 진공관 전압계(VTVM) 또는 레벨 미터를 사용하며, 스위치 S를 a와 b에 번갈아 놓으면서 R을 조정하여 진공관 전압계의 지시가 변화하지 않으면 이때 Z의 값은

$$|\dot{Z}| = R \tag{4-61}$$

로 되며 R의 값은 임피이던스 값과 같다. 이와 같은 측정은 측정주파수에 따라 Z의 값이 변화하므로 발진기(OSC)의 주파수를 필요주파수로 택하여 측정하여야 한다.

(2) 임피이던스계 : 그림 4-40은 전류식 임피이던스계의 원리를 나타낸 것이다. 스위치 S를 좌우로 닫고 각각에 흐르는 전류를 I_s, I_x라 하면 다음과 같은 관계식을 얻을 수 있다.

$$\frac{Z_x}{Z_s} = \frac{I_s}{I_x} \tag{4-62}$$

따라서 Z_s를 알면 Z_x를 구할 수 있다. 이 경우 전류계는 내부 임피이던스가 낮은 정류형 계기를 사용하는 것이 좋으며, 양쪽 전류계는 같은 성능이거나 또는 한 전류계로 양쪽을 공용으로 사용하는 것이 측정오차를 적게 할 수 있다.

(3) 만능 임피이던스 브리지(universal impedance bridge) : 만능 임피이던스 브리지는 실험실에서 사용되는 가장 유용한 브리지 중의 하나이다. 이 계기는 여러 가지 브리지가 직류와 교류저항, 인덕턴스, 인덕터의 Q, 정전용량, 충전기의 손실율 D를 측정할 수 있도록 단일계기 내에 조합되어 있다.

만능 브리지는 4개의 기본 브리지 회로와 교류직류 검출기, 교류직류 발진기 임피이던스 표준기 및 스위치로 구성된다.

휘이트스토운 브리지(Wheatstone bridge) 회로는 직류와 교류저항 측정에 사용한다. 정전용량 및 미지축전기의 손실은 표준축전기와 정도 높은 저항기로 측정된다.

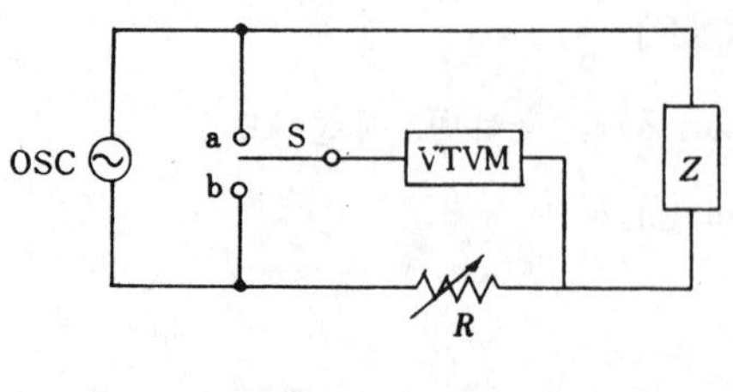

〈그림 4-39〉 저항치환법

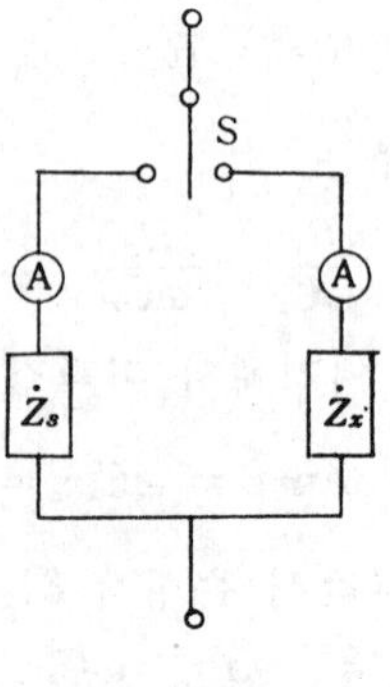

〈그림 4-40〉 전류식 임피이던스계

맥스웰 브리지는 Q가 적은 인덕터 측정에 사용되며 Q가 10이상인 경우는 헤이 브리지(Hay bridge)로 측정한다.

직류저항 측정은 전류강도 0.5〔μA〕인 가동 코일형 검류계가 사용된다. 전자선관(electron ray tube)을 동작시키는 선택증폭기가 모두 교류측정에 대한 영위지시기로 사용된다. 외부의 교류와 직류영위검출기의 연결용으로 단자가 달려 있다. 고임피이던스의 수화기는 교류검출기로 사용된다. 직류발전기는 간단한 직류전원 공급장치이다.

교류발전기는 주파수 선택을 위해서 플러그-인(plug-in) RC회로를 사용한 발진기로 구성되어 있으며 표준주파수로 10〔kHz〕를 사용하고 있다.

그림 4-41은 만능 임피이던스 브리지 내부에 사용된 여러 가지 브리지 회로이다.

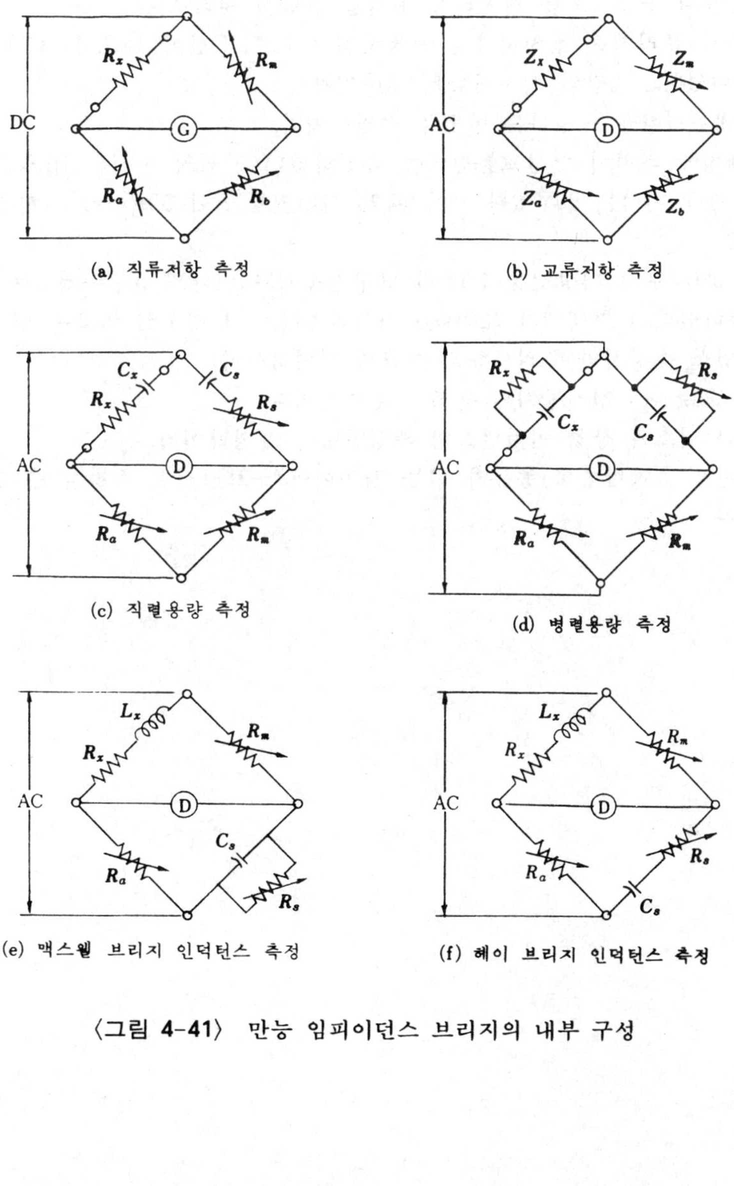

(a) 직류저항 측정

(b) 교류저항 측정

(c) 직렬용량 측정

(d) 병렬용량 측정

(e) 맥스웰 브리지 인덕턴스 측정

(f) 헤이 브리지 인덕턴스 측정

〈그림 4-41〉 만능 임피이던스 브리지의 내부 구성

[연 습 문 제]

4-1 미소직류전류의 측정방법을 설명하여라.

4-2 최대 눈금 50mV, 내부저항 100Ω의 직류전압계에 적당한 분류기 또는 배율기를 사용하여 다음의 전압 또는 전류를 측정하고자 한다. 분류기 또한 배율기의 값을 산출하여라.

(1) 50mA (2) 150mA (3) 30mA (4) 600mA

4-3 충격전류를 측정하는 방법의 일례를 들어 설명하여라.

4-4 전압계와 전류계를 사용하여 미지저항을 측정하는 방법을 설명하여라.

4-5 회로시험기로 저항이 측정되는 원리를 설명하여라.

4-6 저항의 종류를 크게 구분하고, 측정에 적합한 측정기를 들어라.

4-7 절연저항계의 구성요소를 열거하고 원리를 간단히 써라.

4-8 코올라우시 브리지로 접지저항을 측정하였더니 A, B간이 12Ω, B, C간이 6Ω, A, C간이 8Ω이었다. A점의 접지저항은 얼마인가?

4-9 전지의 내부저항을 측정하는 방법을 설명하여라.

4-10 3전압계법에 의하여 단상교류전력을 측정하였더니 V_1의 지시는 150V, V_2의 지시는 100V, V_3의 지시는 80V였다. 이 때의 기지저항 R이 50Ω이라고 하면, 전력은 몇 W인가?

4-11 전압이 220V로서 지상전류 4.5A인 단상전동기가 있다. 간접측정법에 의하여 역률을 측정하였더니 전력계가 720W를 지시하였다. 이 경우의 역률은 얼마인가?

4-12 임피이던스 측정시의 주의사항을 간단히 설명하여라.

4-13 와그너(Wagner) 접지장치의 특성을 설명하여라.

4-14 자기 인덕턴스와 상호 인덕턴스의 측정방법을 설명하여라.

4-15 임피이던스 측정방법의 종류와 만능 임피이던스 브리지로 측정할 수 있는 것을 열거하여라.

제5장

주파수의 측정

주파수 측정은 피측정 대상 주파수의 고저에 따라 저주파의 주파수 측정과 고주파의 주파수 측정으로 분류하고 각각에 해당되는 주파수 측정기의 구성원리와 측정방법에 대하여 알아보기로 한다.

5-1 저주파의 주파수 측정

[1] 진동편형 주파수계

진동편형 주파수계(vibrating-reed-type frequency meter)는 그림 5-1과 같이 고유진동 주파수가 다른 여러 개의 진동편을 차례로 늘어놓고, 유극 전자석의 코일에 측정하고자 하는 주파수의 전류를 흘리면 전류의 주파수와 고유진동 주파수가 같은 진동편이 가장 크

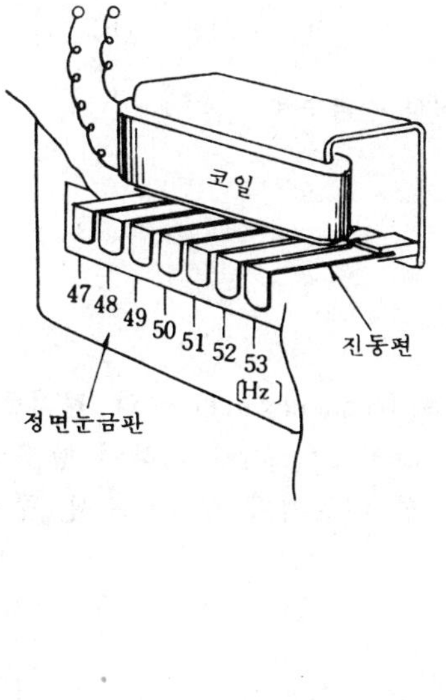

〈그림 5-1〉 진동편형 주파수계

게 진동하므로 피측정전류의 주파수를 알 수 있다. 전자석은 교류의 1주기에 대하여 정과 부의 반파마다 진동편을 끌어 당기므로 진동은 2[Hz]가 된다. 따라서 진동편의 공진주파수는 2배로 만들어져 있다. 이 형의 주파수계는 주로 상용주파수(60[Hz])나 수 100[Hz]용의 것이 만들어지고 있다.

[2] 지침형 주파수계

지침형 주파수계(pointer type frequency meter)는 일명 동조형(tuning type) 주파수계라고도 하며, 그림 5-2(a)와 같이 2조의 공진회로(resonance circuit) L_1, C_1 및 L_2, C_2의 공진특성을 이용한 것이다. 이것도 상용주파수인 60[Hz]의 전원주파수 감시용으로 사용된다. 구조는 고정 코일 F 내에 가동 코일이 2개가 서로 직교되어 있으며 M_1은 좌회전, M_2는 우회전의 토오크(torque)를 발생하도록 권선방향을 잡고 있다.

그림 (b)에서와 같이 피측정 중심 주파수 f_0에 대하여, M_1을 통하는 전류 I_1은 f_0보다 낮은 공진주파수 f_1을 가지는 회로 L_1, C_1을 접속하고, M_2를 통하는 전류 I_2는 f_0보다 높은 공진주파수 f_2를 가지는 회로 L_2, C_2를 넣은 것이다. 그림에서 알 수 있는 바와 같이 교류전원이 중심주파수 f_0이면 $I_1=I_2$가 되어, 좌우 토오크가 동일하여 지침은 f_0를 가리키지만, 중심주파수에서 벗어나면 I_1과 I_2의 크기가 달라서 M_1과 M_2의 회전력 차에 따라 좌 또는 우로 회전하게 되므로 주파수의 변동을 알 수 있다.

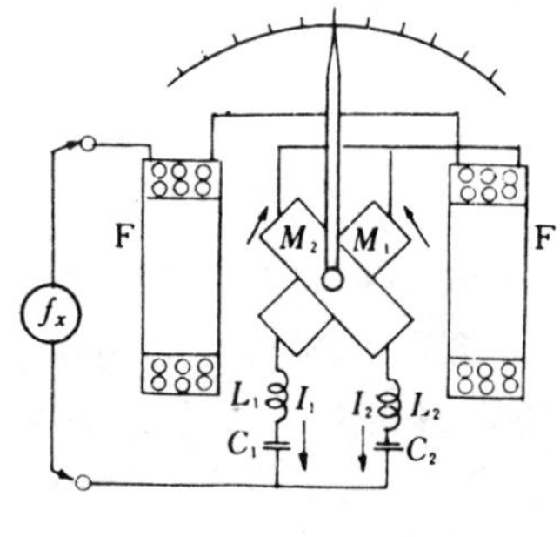

(a)

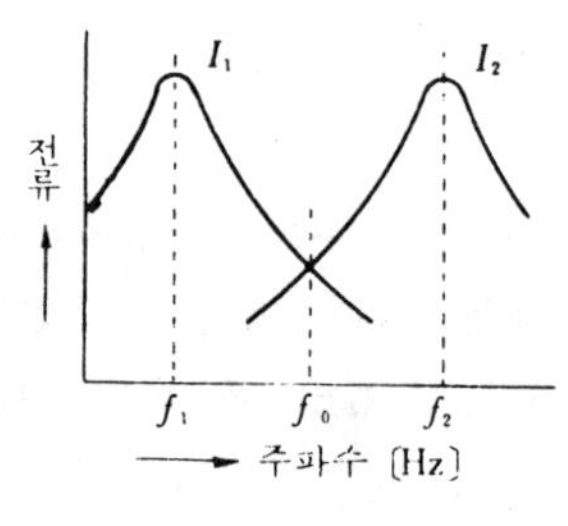

(b)

〈그림 5-2〉 지침형 주파수계

[3] 유도형 주파수계

그림 5-3은 유도형 주파수계(induction type frequency meter)의 원리를 나타낸 것이다. 이 계기는 각각 L 및 C를 직렬로 접속한 코일 M_1, M_2에 의하여 알루미늄 원판 D에서 발생하는 역방향의 토오크를 이용하는 유도형 비율계의 일종으로서, 주파수가 증가하

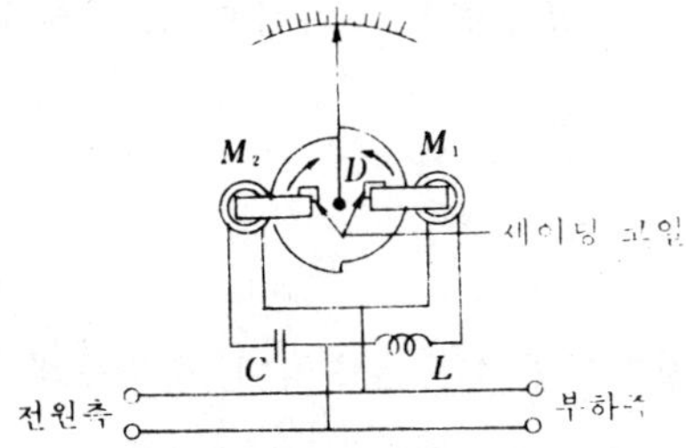

〈그림 5-3〉 유도형 주파수계

면 M_2에 흐르는 전류는 증가하고 M_1에 흐르는 전류는 감소하므로, 원판은 시계방향으로 회전한다.

그런데 원판의 오른쪽 반은 중심이 위쪽으로 밀려 있으므로, 회전에 따라서 M_1의 사이에 있는 원판의 유효면적이 증가하여, M_1에 의한 토오크가 점차로 증가하기 때문에 양 토오크가 평형되는 위치에서 정지한다. 이 위치는 주파수에 따라서 일정한 관계를 가지고 있으므로 주파수로 눈금을 만들 수 있다. 이것은 진동편형과 더불어 상용주파수계로서 사용되고 있다.

[4] 충방전형 주파수계

그림 5-4는 충방전형 주파수계(charge & discharge type frequency meter)의 구성도로서 V_1과 V_2의 바이어스 전압을 각각 차단(cut-off)전압으로 해 둔다. 그리고 V_1과 V_2의 격자(grid)에 가해지는 피측정 교류전압은 역위상으로 인가한다. V_1이 도전상태일 때 V_2는 차단, V_1이 차단상태일 때 V_2는 도전상태로 되고 f_x의 반파마다 반복된다. 따라서 V_1이 차단되어 있는 동안에 V_2는 도전되어 콘덴서 C는 충전된다. 다음 반주기에는 V_2가 차단되어 그 사이에 C에 축적된 전하는 V_1을 통하여 방전된다. 이와 같은 동작이 계속되면 전류계 A에는 방전전류(discharge current)가 지시된다.

직류전원 전압 E와 C의 정전용량을 일정하게 하여 두고, 피측정 주파수의 진폭을 일

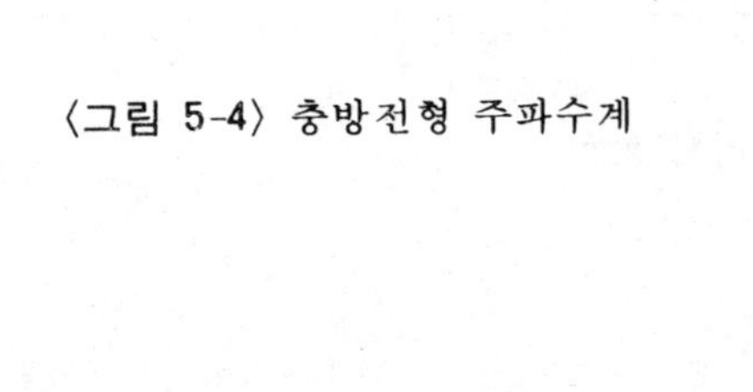

〈그림 5-4〉 충방전형 주파수계

정하게 하면 충방전의 반복이 빠를수록 충전회수가 증가하므로 충전전류는 크게 된다. 따라서

$$I = fCE$$

$$\therefore\ f = \frac{1}{CE} \cdot I = kI \ \text{[Hz]} \tag{5-1}$$

로 된다. 여기서 $k = \frac{1}{CE}$이고 C와 E가 일정하면 k는 상수이며, 주파수와 전류는 비례하므로 전류계에는 f의 값을 직접 눈금으로 만들 수 있다. 이 계기의 측정범위는 20[Hz]~수 10[kHz] 정도가 된다.

[5] 교류 브리지에 의한 주파수 측정

교류 브리지에 의한 주파수 측정방법에는 여러 가지가 있으나 그 중 중요한 것 몇 가지를 들어 설명하고자 한다.

(1) 공진 브리지(resonance bridge) : 공진 브리지는 그림 5-5와 같이 교류 브리지의 한 변에 가변용량과 가변 인덕턴스를 넣고, 이것들을 조정하여 브리지가 평형이 되면 다음의 식이 성립한다.

$$\left(R_1 + j\omega L + \frac{1}{j\omega C}\right) \cdot R_3 = R_2 \cdot R_4$$

$$\therefore\ R_1R_3 + jR_3 \cdot \left(\omega L - \frac{1}{\omega C}\right) = R_2 \cdot R_4 \tag{5-2}$$

실수부는 양변이 같으므로

$$R_1 \cdot R_3 = R_2 \cdot R_4$$

가 되고, 또 허수부는 $R_3\left(\omega L - \frac{1}{\omega C}\right) = 0$이므로 여기서 $R_3 \neq 0$이면

$$\omega L - \frac{1}{\omega C} = 0$$

$$\therefore\ f = \frac{1}{2\pi\sqrt{LC}} \ \text{[Hz]} \tag{5-3}$$

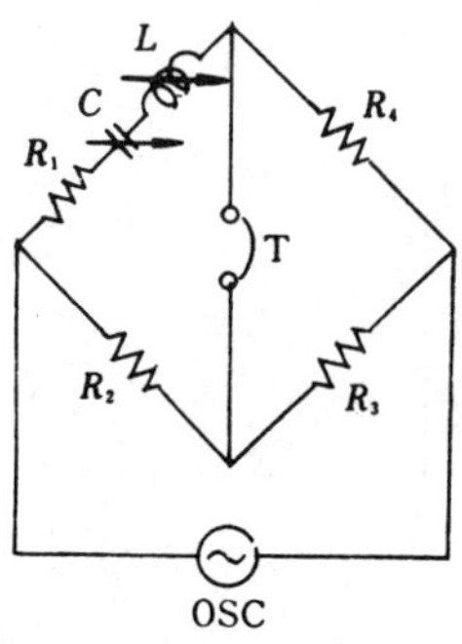

〈그림 5-5〉 공진 브리지 회로

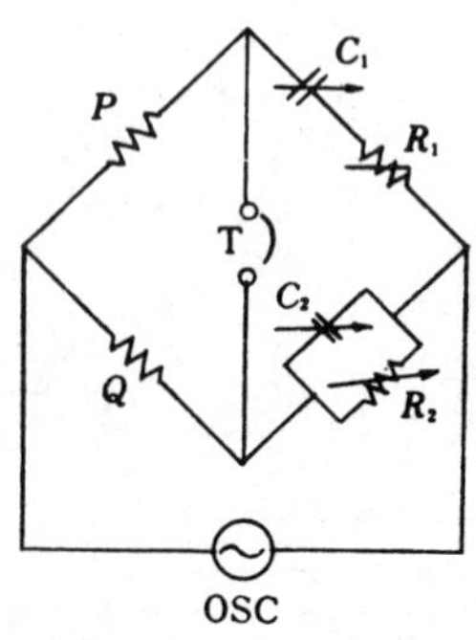

〈그림 5-6〉 비인 브리지

으로서 미지의 주파수를 구할 수 있다.

또한 위와 같이 하여도 되지만, 처음에 $R_1=R_2=R_3=R_4$로 선정하여 두고 L 또는 C를 조정하여 ω에 공진하면 L과 C로 이루어지는 리액턴스(reactance)는 0이므로 당연히 평형이 된다. 이때 R_1은 코일 L의 저항분을 포함한 값으로 한다.

(2) 비인 브리지(Wien bridge) : 비인 브리지는 그림 5-6과 같이 용량 브리지(그림 4-38 참조)의 용량과 손실저항이 병렬로 되어 있는 브리지로서, C_1, C_2와 R_1, R_2를 조정하여 회로가 평형이 되면 다음 식이 성립한다.

$$Q\left(R_1+\frac{1}{j\omega C_1}\right)=P\left(\frac{\frac{R_2}{j\omega C_2}}{R_2+\frac{1}{j\omega C_2}}\right)=P\left(\frac{R_2}{1+j\omega C_2R_2}\right)$$

$$=\frac{PR_2(1-j\omega C_2R_2)}{1+\omega^2C_2^2R_2^2}$$

$$\therefore\ QR_1-j\frac{Q}{\omega C_1}=\frac{PR_2}{1+\omega^2C_2^2R_2^2}-j\frac{\omega C_2R_2^2P}{1+\omega^2C_2^2R_2^2} \tag{5-4}$$

실수부에서

$$QR_1=\frac{PR_2}{1+\omega^2C^2_2R^2_2}$$

$$\therefore\ 1+\omega^2C_2^2R_2^2=\frac{PR_2}{QR_1} \tag{5-5}$$

허수부에서

$$\frac{Q}{\omega C_1}=\frac{\omega C_2R_2^2P}{1+\omega^2C_2^2R_2^2}$$

윗식에 식 (5-5)를 대입하면

$$\frac{Q}{\omega C_1}=\frac{\omega C_2R_2^2P_2}{PR_2/QR_1}=\frac{\omega C_2R_2^2PQR_1}{PR_2}=\omega C_2R_2QR_1$$

$$\therefore\ \omega^2=\frac{1}{C_1C_2R_1R_2}$$

$$f=\frac{1}{2\pi\sqrt{C_1C_2R_1R_2}}\text{[Hz]} \tag{5-6}$$

이 된다. 만일 $R_1=R_2=R$로 하고, 또 C_1과 C_2도 연동으로 하여 동일한 용량값으로 변화시켜 $C_1=C_2=C$라 하면, 식 (5-6)은 다음과 같이 된다.

$$f=\frac{1}{2\pi CR}\text{[Hz]} \tag{5-7}$$

또한 주파수 측정에 사용되는 캠벨 브리지(Campbell bridge)는 그림 4-35에서 설명되었으므로 여기서는 생략한다.

[6] 브라운관 오실로스코우프에 의한 주파수 측정

브라운관의 수평편향판(X축)과 수직편향판(Y축)에 각각 f_X와 f_Y의 교류전압을 가하면 형광면에는 f_X, f_Y의 비와 위상차에 따라 정하여지는 리서어쥬 도형(Lissajou's fig-

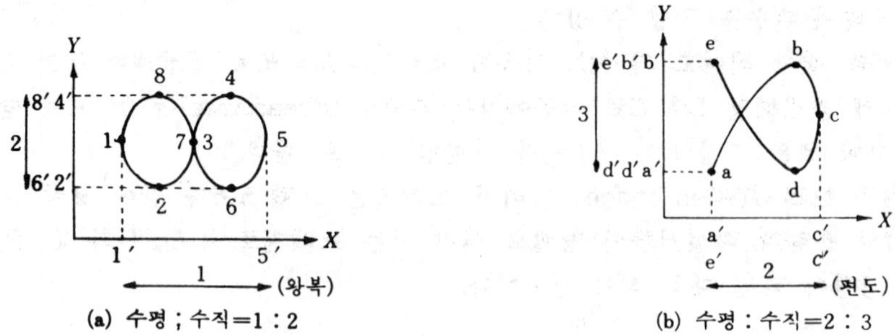

(a) 수평 ; 수직=1 : 2　　(b) 수평 : 수직=2 : 3

〈그림 5-7〉 리서어쥬 도형

ure)이 나타난다. 그러나 f_X, f_Y의 비가 정수비가 아니면 위상이 조금씩 벗어나서 도형이 회전한다. 도형이 정지하였을 때의 f_X와 f_Y의 비는 다음과 같이 하여 알 수 있다.

그림 5-7(a)에서 Y축상의 투영점은 좌단 1에서 출발하여 1-2-3-4-5-6-7-8-1로 상하 2회 왕복하는 사이에, X축상의 투영점은 1′와 5′의 사이를 1회 왕복한다. 따라서 f_X와 f_Y의 비는 1 : 2로 되므로, f_X나 f_Y의 한 주파수만 알면 다른 주파수를 구할 수 있다. 마찬가지로 그림 (b)에서는 $f_X : f_Y = 2 : 3$으로 된다.

예를 들어 주파수를 구해 보면, 피측정 주파수 f_X를 Y축에 인가하고 X축에는 가청주파발진기를 접속한 다음 이것을 조정하여 도형이 정지하였을 때에 가청주파 발진기의 눈금이 1000〔Hz〕였다면 그림 (a)로부터

$$1000 : f_X = 1 : 2 \qquad \therefore\ f_X = 2000\text{〔Hz〕}$$

로 되며, 그림 (b)에서

$$1000 : f_X = 2 : 3 \qquad \therefore\ f_X = 1500\text{〔Hz〕}$$

로 된다.

위의 두 원리로부터 수평 대 수직의 주파수비를 구하는 방법은 정지된 리서어쥬 도형

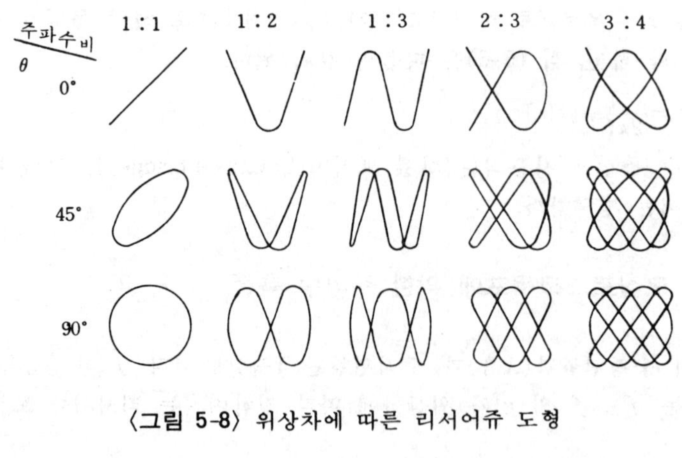

〈그림 5-8〉 위상차에 따른 리서어쥬 도형

을 놓고 수직으로 직선을 그어 선과 만나는 것은 1, 원주와 만나는 것은 2로 하여 총합을 X축 주파수가 한 일로 하고, 수평으로 직선을 그어 같은 방법으로 계산한 총합을 Y축 주파수가 한 일로 하여 이것을 주파수비로 계산하면 쉽게 구할 수 있다.

또한 위상차에 따른 두 주파수의 리어서쥬 도형은 그림 5-8과 같으며 주파수비는 X축 대 Y축의 비를 표시한 것이다. 물론 수직, 수평편향판에 가해지는 전압의 크기는 동일해야 한다.

5-2 고주파의 주파수 측정

여기서 고주파란 장파대로부터 마이크로파대에 이르기까지를 지칭하였으며, 주파수가 높아질수록 측정도 어려워지므로 이것에 대처하기 위한 여러 가지 측정방법이 고안되었다. 측정기를 사용할 때에는 세심한 주의를 하여 측정값을 신뢰할 수 있도록 오차를 적게 하여야 한다.

또한 주파수 측정기 자체의 오차를 적게 하기 위해서는 표준주파수 발사국(2.5〔MHz〕, 5〔MHz〕, 10〔MHz〕 등)이나 1차 주파수 표준기(오차 10^{-11}의 세슘), 또는 2차 주파수 표준기 등에 의하여 수시로 주파수 측정기를 교정할 필요가 있다.

[1] 흡수형 주파수계

흡수형 주파수계(absorbing-type frequency meter)는 정밀한 측정이 필요하지 않을 때에 대략의 주파수를 알기 위하여 사용하는 가장 간단한 주파수 측정기로서 인덕턴스 L과 정전용량 C로 된 공진회로와 검출지시부로 구성되며, 피측정전원에 소결합(loose coupling)하여 공진주파수를 유도, 측정하는 주파수계이다.

(1) LC 공진형(LC resonance type) : LC 공진형 주파수계의 측정가능 범위는 대략 100〔kHz〕에서 100〔MHz〕 정도까지이며, 1개의 코일로서 이와 같은 광범위한 측정이 곤란하므로 측정범위에 따라 여러 개의 코일을 준비하여 놓고 측정주파수에 따라 적당한 코일을 골라서 사용하여야 한다.

LC 공진형은 일반적으로 Q가 150 이하로 낮아 측정확도가 1.5% 정도이다. LC 공진형의 구조는 코일 L과 바리콘(variable condenser)에 의한 공진회로와 고주파 전류계, 또는 고주파 전압계나 다이오우드와 직류전류계로 구성되는 검출부로 되어 있으며 바리콘의 다이얼에서 주파수를 알 수 있도록 만든 것이다.

LC 공진형 주파수계는 측정주파수에 따라 HF대 이하에서는 그림 5-9와 같은 것이 사용되고 VHF대에서는 그림 5-10과 같이 인덕턴스 L이 적은 것이 사용된다. 측정방법은 외부로 나와 있는 코일 L을 피측정전원에 소결합시키고 바리콘을 조정하여 LC 공진회로가 피측정전원에 공진되면 공진회로의 전류가 최대, 또는 바리콘' C의 단자전압이 최대로 되므로 각 검출기에 의해서 지시값이 최대인 것을 보고 공진점을 알게 된다.

따라서 공진주파수(즉, 피측정 주파수) f_r은 다음과 같다.

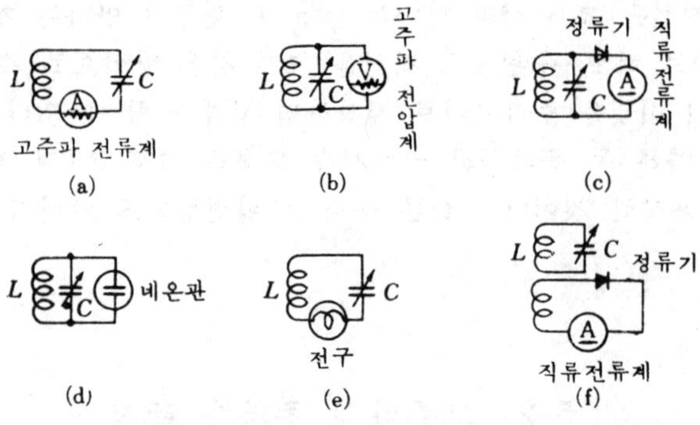

〈그림 5-9〉 HF대의 LC공진형 주파수계

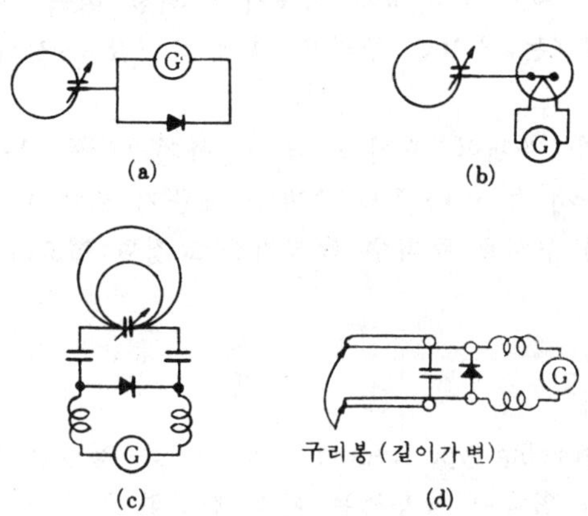

〈그림 5-10〉 VHF대의 LC공진형 주파수계

$$f_r = \frac{1}{2\pi\sqrt{LC}} \text{[Hz]} \tag{5-8}$$

(2) 나비형(butter-fly type) : 이것은 일반적으로 VHF대의 높은 부분과 UHF대의 낮은 부분의 주파수범위(100～1000[MHz])에서 사용된다. 그 구조는 그림 5-11(a)와 같이 일종의 공기 콘덴서로 형성한 공진기와 검출 지시회로로 구성된다. 공진기(resonator)는 고정자와 회전자로 되며 회전자는 고정자의 사이에서 회전할 수 있도록 만들어졌다.

여기서 고정자의 원호상의 도체가 인덕턴스 L을 나타내고 또 고정자와 회전자가 중첩되는 극판 사이가 정전용량 C를 나타내도록 되어 있다.

따라서 회전자를 회전하면 양극판이 완전히 중첩될 때 L과 C는 최대가 되고 반대로 겹치는 것이 최소가 될 때에는 C가 최소됨은 물론 L도 근접하는 회전자 극판상의 전류로 인한 감자(demagnetization)작용 때문에 최소가 된다.

즉, 회전자의 회전으로 이 공진회로의 L과 C가 함께 변하므로 그 등가회로는 그림

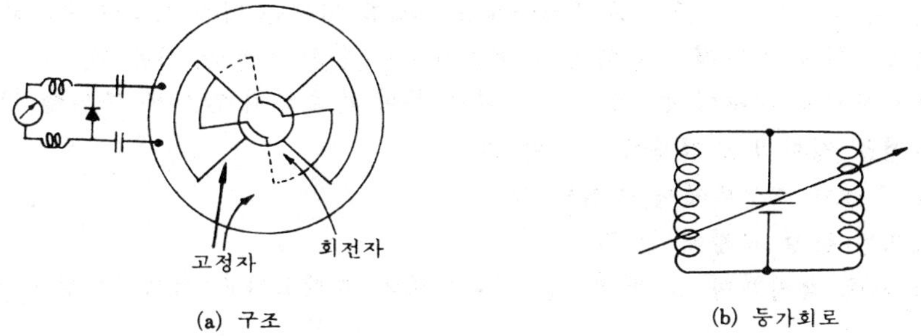

〈그림 5-11〉 나비형 주파수계

(b)와 같다. 이 공진회로의 Q는 대략 300∼350 정도이고, 고정자와 회전자의 한쪽만을 사용하는 것을 semibutterfly형이라고 하며 사용주파수대는 50∼100〔MHz〕 정도이다.

한편 검출지시계는 광석검파기와 검류계로 구성되며, 공진회로와 병렬로 연결되어 있는데 Q를 크게 하고자 보통 인덕턴스대의 일부에 연결한다. 이 측정기의 특징은 LC형에 비하여 공진주파수 범위가 넓으며 Q가 높고(2∼3배) 사용주파수대가 높다는 점이다.

(3) 수정공진자형(crystal resonator type) : 이것은 그림 5-12(a)와 같이 수정공진자를 LC회로에 병렬로 접속한 것으로서 무선설비에서 발사되는 전파의 주파수 편차를 계기의 지시로 읽을 수 있도록 한 소위 주파수 감시계로서 사용된다.

즉, 먼저 LC 공진회로의 공진주파수에 공진하도록 C를 조정하여 놓고 입력전압을 일정히 유지하면서 입력주파수를 변화하면 LC회로 내를 흐르는 전류는 그림 (b)와 같이 된다.

예를 들면 ±100〔Hz〕 사이는 거의 직선적인 변화를 하므로 곡선의 한쪽만을 사용하여 입력주파수의 편차가 0으로 되는 점 O를 중심으로 그 전후의 주파수를 교정하고 전류계의 눈금을 주파수편차로 직접 만들어 놓으면 그 지시로부터 주파수를 감시할 수 있다. 이 주파수계의 측정주파수 범위는 공진자의 규정주파수 상하로 약 0.02〔%〕 정도이고 측정확도는 약 0.005〔%〕이며 정도는 0.001〔%〕 정도이다.

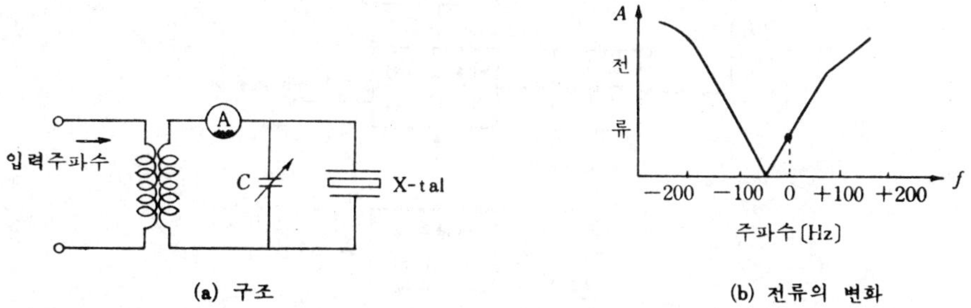

〈그림 5-12〉 수정공진자형 주파수계

(4) 측정시 주의사항 : 흡수형 주파수계로 측정할 때에는 다음 사항에 유의해야 한다.

① 피측정전원에 가급적 소결합하여 피측정 주파수의 안정을 기할 것

② 피측정전원의 전력이 클 때에는 지시계 등이 소손하지 않도록 주의할 것

③ 공진점을 정확히 조정하여 측정할 것

④ f-c 곡선의 직선부에서 측정할 것

⑤ 교정표는 항상 교정해 둘 것

⑥ 여러 차례 측정하여 그 평균치를 구함으로써 측정오차를 적게 할 것 등이다.

[2] 헤테로다인 주파수계

헤테로다인 주파수계(heterodyne frequency meter)는 그 회로구성에 따라 단일 비이트(single beat)법, 이중 비이트(double beat)법, 보간법(interpolating) 및 비이트 다운(beat down)법 등으로 구별되며, 측정확도는 10^{-3}~10^{-5} 정도까지를 얻을 수 있고, 과거에는 주로 HF대 이하에서 많이 사용되었으나, 요즈음은 계수형 주파수계가 많이 보급되었으므로 별로 사용되지 않는다.

(1) 단일 비이트법 : 단일 비이트법은 그림 5-13과 같이 미지의 주파수 f_X와 기지의 가변주파수 f_S를 합성하여 헤테로다인 검파시키면 비이트음이 나오므로 이것을 수화기로 듣도록 한 것이다. 이때 가변주파수를 조정하여 제로 비이트(zero beat)가 되었다면 미지의 주파수 f_X는 기지의 주파수 f_S와 일치하게 되는 것이다. 그러나 실제적으로 인간의 가청능력은 약 20[Hz] 이상이므로, 그 이하의 비이트음을 들을 수가 없기 때문에 오차를 야기시킨다. 그리하여 처음 제로 비이트가 되었을 때의 기지의 가변주파수를 f_1이라 하고, 다시 증가시켜 비이트음이 나오기 시작할 때의 주파수를 f_2라 하면 미지의 주파수 f_X는 다음 식으로 구해진다.

$$f_X = \frac{f_2 + f_1}{2} \text{[Hz]} \tag{5-9}$$

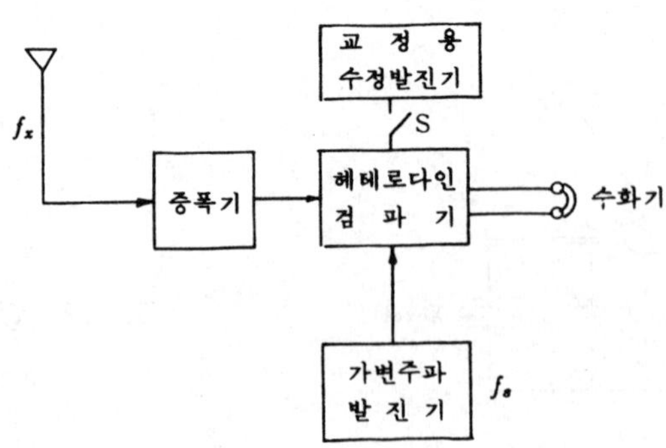

〈그림 5-13〉 단일 비이트법

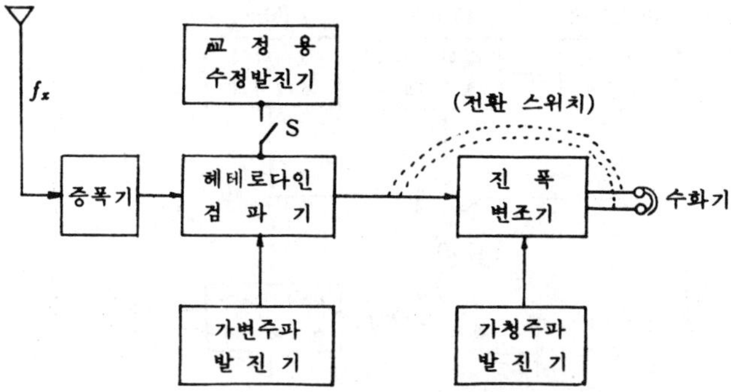

〈그림 5-14〉 이중 비이트법

(2) 이중 비이트법 : 단일 비이트법으로 하면 정확한 제로 비이트를 구하기가 곤란하므로 그림 5-14와 같이 단일 비이트법으로 하여 일단 비이트음을 20〔Hz〕 이하로 만든 다음 이것을 다시 변조기에 넣어 가청주파수(500〔Hz〕 또는 1000〔Hz〕)를 변조시켜 수화기로 들으면 변조주파수에 따라 진폭변조로 된 가청주파수의 음의 고저가 생겨 귀로써 쉽게 판별할 수 있다.

그러므로 가변주파 발진기를 조정하여 완전 제로 비이트가 되었을 때에는 변조주파수가 없으므로 음의 고저가 없는 일정한 음의 가청주파수만 들리게 된다. 이때 가청주파 발진기의 출력과 헤테로다인 검파기의 출력이 같아야 100〔%〕 변조가 되어 쉽게 식별할 수 있다. 또한 단일 비이트법으로 얻은 출력을 오실로스코우프 수직측에 넣고 가변주파 발진기를 조정하여 비이트 주파수가 제로 상태가 됨으로써 스코우프상에 진폭이 직선이 되도록 조정하면 이중 비이트법과 같은 결과를 얻을 수 있다.

(3) 보간법 : 이것은 정밀 헤테로다인 주파수계라고도 하며 그림 5-15와 같이 발진 주파수가 극히 안정한 수정발진기(crystal oscillator)를 수시 표준전파로 교정하고, 2차의 주파수 표준기로 사용해서 이 발진주파수와 측정주파수를 비교하여 측정하는 것으로서, 비교시에는 중계용의 자려발진기(보간발진기 또는 치환발진기라고도 한다)를 이 표준기 및 그 정수분의 1로 체강한 표준주파수군과 교정하고 그 교정점 사이에 있는 피측정 주파수를 보간법에 따라 측정하는 것이다. 정도는 5×10^{-6}에 이르는 정밀한 측정기이지만 그 구조와 취급법이 복잡하므로 상당한 숙련이 필요하다.

그림에서 100〔kHz〕 수정발진기는 온도의 변화를 방지하기 위하여 항온조(thermostatic oven)에 수용하였으며, 전원전압의 변동이나 진동 및 충격 등에 의한 발진주파수의 변화를 방지하도록 구성되어 있다. 다음에 10〔kHz〕, 1〔kHz〕의 멀티바이브레이터(multivibrator)는 수정발진 주파수를 체강하여 측정점 근처의 주파수를 교정해서 정도를 올리기 위하여 사용하는 것이다.

보간발진기는 단파용에서는 보통 1～20〔MHz〕의 주파수 범위를 가지는 자려발진기(self excited generator)이며 측정주파수와 비이트시켜서 제로음을 만들므로써 보간발진 주파수로부터 측정주파수를 알 수 있게 한 것이므로 그 안정도는 특히 높아야 하며, 비이

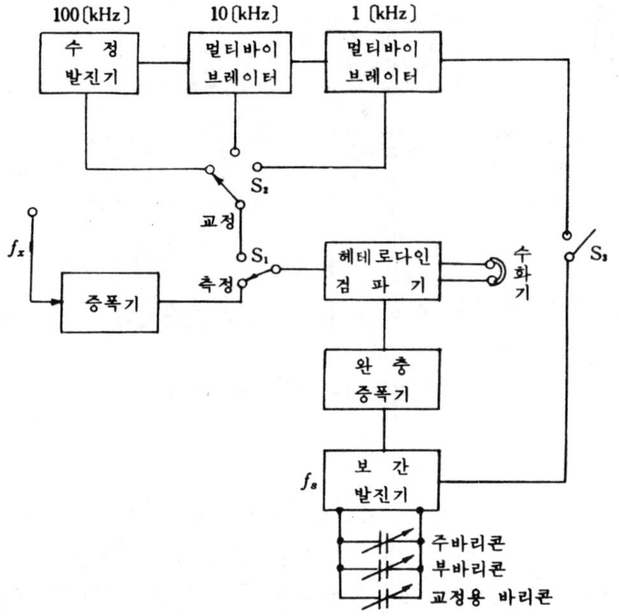

〈그림 5-15〉 보간법에 의한 정밀 헤테로다인 주파수계

트는 정확해야 하기 때문에 주파수 미세 조정용의 보조 바리콘을 쓰고 눈금의 정도 향상을 위하여 부척(副尺)을 사용하고 있다.

그림에서 S_3는 조정시에 이중 비이트법을 사용하기 위해서 1〔kHz〕 멀티바이브레이터 출력으로 보간발진기를 변조하여 수정발진 주파수와 보간발진 주파수를 일치시키기 위해 사용된다.

보간법에 의한 주파수계는 측정 및 교정시에 이중 비이트법에 의하여 헤테로다인 검파한 2개의 주파수를 완전히 일치시킬 수 있고, 주파수 치환용의 보간발진기 및 교정용 수정발진기에는 극히 주파수 안정도가 높은 회로를 사용하였고, 보간발진기의 정확한 눈금교정이 가능하며, 눈금의 정도가 높고, 전원부를 비롯한 각 부 회로에 측정확도를 높도록 하였으므로 헤테로다인 주파수계에서는 측정확도가 가장 높다.

(4) 비이트 다운(직접측정)법 : 피측정 주파수와 표준주파수를 비이트시켜서, 차차 낮은 주파수로 변환시킨 다음 최후에 가청주파수를 저주파계로 측정할 수 있도록 한 것으로서 측정확도는 1×10^{-6} 정도까지 얻을 수 있다.

그림 5-16은 비이트 다운(beat down) 주파수계의 구성도를 보였다.

표준 수정발진기과 그 주파수를 체강한 주파수 표준군과 표준 주파수군의 각 고조파(higher harmonics)를 선별하는 주파수 선택기, 그리고 그 선별주파수와 미지주파수 f_X와 비이트를 만드는 주파수 변환기, 또 비이트된 주파수를 통과시키는 필터로 되어 있고 최후의 비이트 주파수를 지시하는 저주파 측정기로 되어 있다.

표준발진기는 보통 100〔kHz〕의 브리지형 수정발진회로를 사용하고, 이 발진기는 미

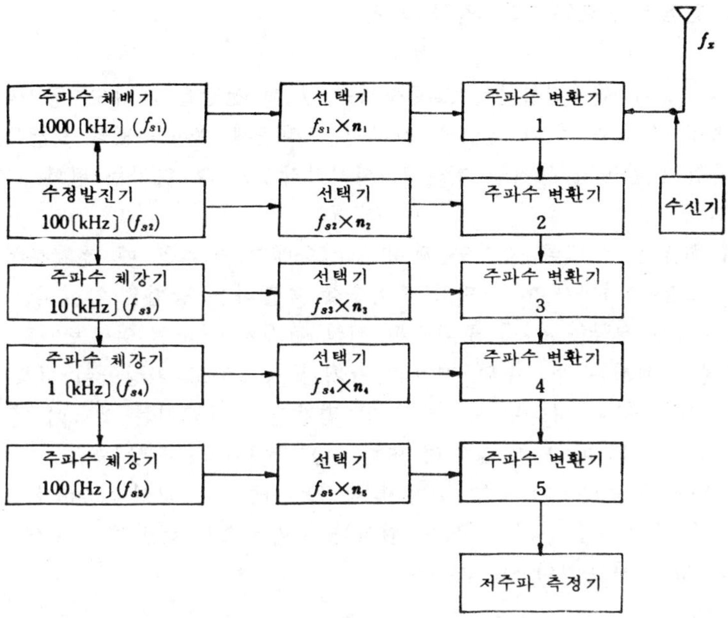

〈그림 5-16〉 비이트 다운 주파수계

소변화라도 곧 표준전파에 의하여 보정될 수 있도록 되어 있다. 이 주파수계는 주파수 표준군의 오차, 피측정 주파수를 치환시킬 때의 오차 및 주파수 선택기의 오차(특히 고조파 차수의 계산오차) 등이 발생될 우려가 있으므로 측정에 유의하여야 한다.

(5) 헤테로다인 주파수계의 측정오차 : 위에서 설명한 각종 헤테로다인 방식에 의한 주파수 측정기는 다음과 같은 오차가 발생할 우려가 있으므로 측정시에 유의하여야 한다.

① 측정전파의 신호강도와 가변주파(또는 보간) 발진기의 신호강도 차가 크면 제로 비이트의 확인이 곤란하여 오차가 발생하므로 두 신호강도를 같게 하여야 한다.

② 주파수 측정시 피측정회로에 밀결합(close coupling)시키면 인입현상(ziehen effect) 등으로 발진주파수가 다소 변화하여 오차가 생기므로 가능한 한 소결합(loose coupling)시켜야 한다.

③ 전원을 가한 후 즉시 측정을 하면 오차가 발생하므로 적어도 30분 정도 경과한 후에 사용하고, 전원전압은 규정값으로 유지하여야 한다.

④ 가변주파 발진기의 가변 콘덴서 마찰부분의 마모로 인하여 다이얼의 눈금에 오차가 일어날 우려가 있으므로 사용은 정확히 하고 f-c 곡선을 수시로 교정하여 두어야 한다.

⑤ 표준 수정발진기를 내장할 경우 주위 온도나 전원전압 변동으로 인하여 발진주파수가 변화하므로 항온조 등에 보관하고 전원전압을 일정하게 할 것이며 수시로 표준전파에 교정하여야 한다.

⑥ 진동이나 충격 등으로 인하여 다이얼 눈금에 변화가 생기면 오차가 발생하므로 진동이나 충격으로부터 방지되도록 설치장소 또는 측정방법을 고려하여야 한다.

[3] 브라운관 오실로스코우프에 의한 방법

그림 5-17과 같이 수평편향판에 표준주파수 f_s의 전압을 가하고, 동시에 수직편향판에 미지의 피측정 주파수 f_x의 전압을 가하면 브라운관 형광막상의 휘점(bright spot)은 각 순간의 양편위의 합성인 위치를 취하고, 시시각각으로 그 위치를 변화하여 한 개의 화상을 나타낸다.

그리고 이 화상은 서로의 주파수 관계가 정수배가 되었을 때 정지하여 그림 5-8과 같은 리서어쥬 도형을 나타내며, 미지의 주파수를 측정하는 방법은 앞에서(5-1 [6]) 설명되었으므로 여기서는 생략하고, 두 주파수의 위상 관계에 대하여 알아보기로 한다.

두 편향판에 가해지는 주파수와 전압의 크기가 동일하고 위상만이 다를 때 위상차 θ에 따라 그림 5-18과 같이 나타난다. 만일 양 편향판에 가해지는 전압이 같지 않으면 그림 (a), (e)의 사선은 45°가 되지 않으며 또한 (c)는 원이 되지 않는다.

이와 같이 진폭과 주파수가 같고 위상이 틀리는 두 개의 정현파교류가 만드는 리서어쥬 도형이 원이나 타원 또는 직선이 되는 원리를 수학적으로 해석하여 보면 다음과 같다.

수직, 수평방향이 좌표변위 x', y'는

$$\left.\begin{aligned} x' &= \sin \omega t \\ y' &= \sin(\omega t - \theta) \end{aligned}\right\} \tag{5-10}$$

이며, 편향판의 편향전압을 E라 하면

$$x' = \frac{x}{E}, \qquad y' = \frac{y}{E} \tag{5-11}$$

이다.

그러면 식 (5-10)에서

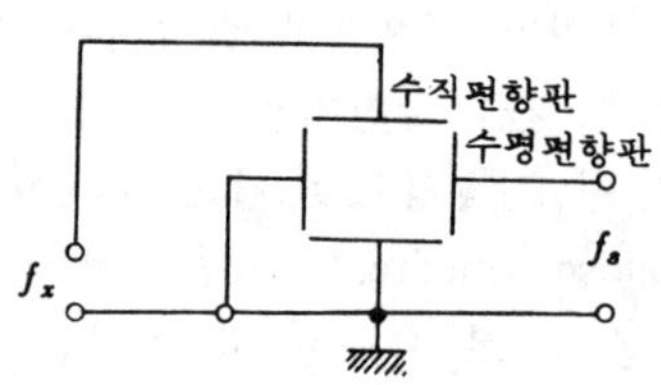

〈그림 5-17〉 브라운관 오실로스코우프에 의한 주파수 및 위상측정

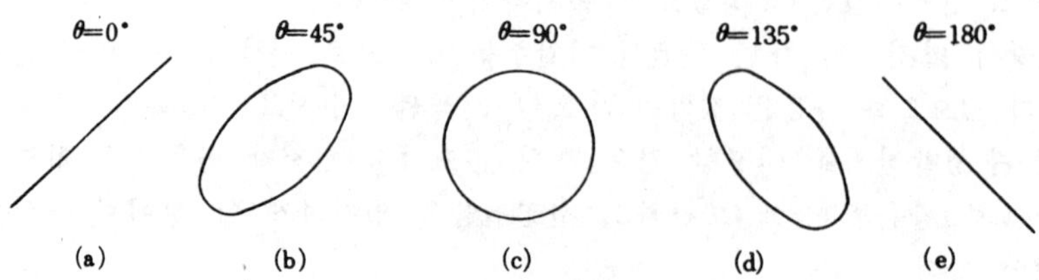

〈그림 5-18〉 동일한 두 주파수의 위상차

$$y' = \sin\ \omega t \cos\theta - \cos\omega t \sin\theta$$
$$= x'\cos\theta - \sin\theta\sqrt{1-x'^2}$$
$$y'^2 = x'^2\cos^2\theta + \sin^2\theta(1-x'^2) - 2x'\sqrt{1-x'^2}\sin\theta\cos\theta$$
$$= x'^2(\cos^2\theta - \sin^2\theta) + \sin^2\theta + 2x'(y' - x'\cos\theta)\cos\theta$$
$$= -x'^2(\cos^2\theta + \sin^2\theta) + \sin^2\theta + x'y'2\cos\theta$$
$$= -x'^2 + \sin^2\theta + x'y'2\cos\theta \qquad (5\text{-}12)$$

이다. 식 (5-12)에 식 (5-11)을 대입하면

$$x^2 + y^2 - 2xy\cos\theta - E^2\sin^2\theta = 0 \qquad (5\text{-}13)$$

이므로 위상차 θ의 값을 ① $\theta=0$, ② $\theta=90°$, ③ $\theta \neq 0$ 또는 $\theta \neq 90°$의 세 가지 경우이므로 이것에 대응하는 리서어쥬 도형은

(1) $x^2+y^2-2xy=(x-y)^2=0$

∴ $x=y$이므로 경사각 45°의 직선이 된다.

(2) $x^2+y^2=E^2$

이것은 E를 반지름으로 하는 원이 된다.

(3) 일반적으로 식 (5-13)에서 표시되는 2차 방정식에 있어서는

$$ax^2+by^2+2hxy+2Gx+2Fy+c=0$$

에서 $ab-h^2>0$, $-c \neq 0$, a와 b가 같은 부호이고, 또 c가 $-$이면 이것이 나타내는 2차 곡선은 실타원을 표시하므로 ③의 조건을 대입하면 위의 조건이 성립하므로 실타원이 됨을 알 수 있다.

[4] 그리드 딥 미터

이것은 공진회로(resonance circuit)의 공진주파수를 측정하기 위한 장치이며 그림 5-19와 같이 자려발전기의 그리드 회로에 직류전류계를 접속한 것이다. 자려발진기가 발진하고 있을 때 그 발진의 세기에 따라 어느 크기의 그리드 전류가 흐르고, 이 직류전류계의 지침이 지시한다. 지금 이 자려발진기의 진동회로 L을 측정하고자 하는 공진회로에 가깝게 대고, 진동회로의 가변 콘덴서를 조정하여 직류전류계의 지침의 지시가 최소로 되도록 한다.

그 때 공진회로의 공진주파수와 자려발진기의 발진주파수는 거의 일치하게 되므로, 미리 가변 콘덴서의 다이얼에 주파수 눈금을 하여 두면 공진회로의 공진주파수를 알 수

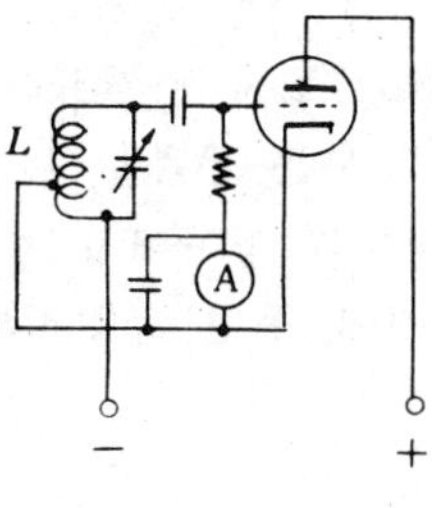

〈그림 5-19〉 그리드 딥 미터

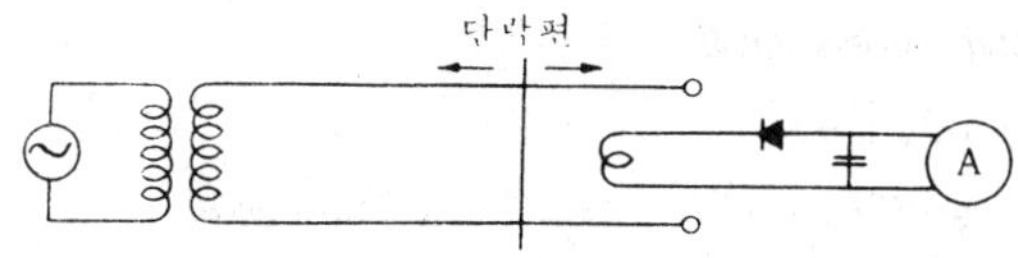

〈그림 5-20〉 레헤르선 파장계

있다. 그리드 딥 미터(grid dip meter)는 과거에 주로 많이 사용하였으며 현재는 진공관 대신 트랜지스터를 사용하여 Tr dip meter라고 한다. 넓은 범위의 공진주파수를 측정하기 위하여 L을 바꾸어 끼울 수 있도록 하였으며, 보통 6종류의 L을 사용하여 250〔MHz〕 정도까지 측정이 가능하다.

[5] 레헤르선 파장계

레헤르(Lecher)선의 공진을 이용하여 전압파 또는 전류파의 파장 또는 주파수를 측정하는 장치로서 주로 초단파(VHF)대에서 과거에 사용되었으며, 현재에는 동축파장계(coaxial wave meter), 또는 공동파장계(cavity wave meter)에 의하여 측정되므로 사용되지 않고 있다. 간단히 원리를 설명하면 그림 5-20에서 단락편을 이동시킴에 따라 전류계의 지시가 최대값을 반복하므로 최대와 최대의 간격 l을 알면 $l=\frac{\lambda}{2}$로서 $\lambda=2l$이 되므로 파장을 구할 수 있고, 파장을 알면 $f=\frac{c}{\lambda}$로 하여 주파수도 알 수 있다.

[6] 동축파장계

동축파장계(coaxial wave meter)는 비교적 Q가 큰 공진기로 할 수 있고, 또 공진기의 크기와 공진파장과의 관계가 정확하므로 주파수계로 많이 쓰이며, 파장측정법의 원리를 이용하므로 보통 파장계라고 한다. 이 파장계는 구조가 간단하며 또 취급도 편리하고, 측정범위는 주로 UHF대(파장 10～100〔cm〕)의 주파수를 측정하기 위한 것이다.

(1) 구조 및 원리 : 피측정전원에 비하여 지름이 충분히 적은 동축공진기를 사용한다.

그림 5-21과 같이 ① 동축선로의 일단을 단락하고 타단을 개방한 것과 ② 양단을 단락시킨 두 종류가 있으며, 동축의 일단은 톱니바퀴(gear) 등에 의해서 길이를 미세하게 조정할 수 있는 습동 피스톤으로 되어 있다.

동작원리는 분포정수회로(distributed constant circuit)에 의한 공진특성을 이용한 것으로서 피측정 주파수전원을 동축공진기에 결합 루우프(loop)로써 소결합하고 l을 조정하여 피측정 주파수에 공진시킨다. 공진점은 그림 (a)의 경우는 동축길이 l이 $\lambda/4$의 기수배일 때에 공진하고, 그림 (b)의 경우는 동축길이 l이 $\lambda/2$의 정수배일 때에 공진한다.

그러므로 축 길이와 공진주파수의 관계를 미리 교정해 두면 공진시의 축길이로부터 주파수를 측정할 수 있다.

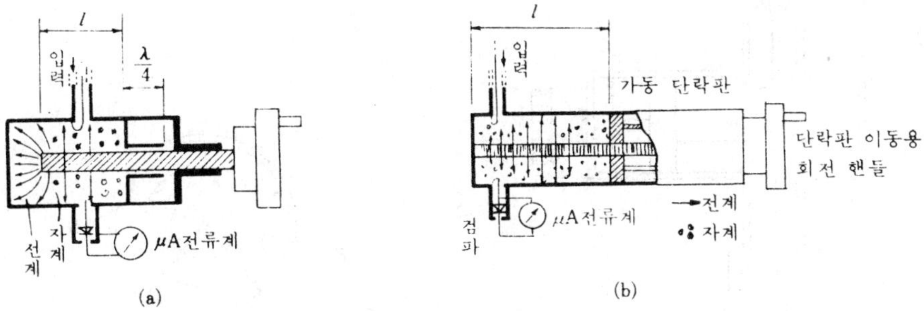

〈그림 5-21〉 동축파장계

(2) 특 징

① 비교적 소형으로도 측정주파수 범위를 넓게 잡을 수 있다.

② 지시정도는 공진회로의 Q에 따라 좌우되므로 입출력망의 형상과 결합법을 고려하고 또 가동부와 공진기와의 접촉부에 있어서의 손실을 적게 하였다.

③ 결합회로 및 출력회로가 부하로 되어서 Q가 상당히 적어지므로 결합은 극히 소결합으로 한다.

④ 선단개방형은 그 개방단이 정전용량으로 동작하므로 높은 주파수에서는 L과 C가 함께 적어지고 낮은 주파수에서는 함께 커지기 때문에 LC 동시 가변형과 마찬가지로 동조범위가 넓고 Q도 일정한 경향으로 된다.

⑤ 단락판의 이동장치가 양호하여 0.05〔%〕 정도의 확도로 측정할 수 있다.

⑥ Q의 값은 주파수에 따라 다르나 보통 무부하시에 1000 정도, 부하시에 500 정도이다.

[7] 공동파장계

공동파장계(cavity wave meter)는 측정주파수 범위가 대략 2～20〔GHz〕 정도의 마이크로파(micro wave)이며, 공진기의 Q는 이론적으로 20,000 정도이지만 측정시에는 결합루우프 등의 영향으로 10,000 정도의 값으로도 적어진다.

공동공진기는 보통 직원통형이 사용되고 또 공진모형(mode)으로서는 $TE_{01n}(H_{01n})$, $TE_{11n}(H_{11n})$ 모우드 등이 사용되며 여기서 n은 정수이다.

(1) H_{011}형 공동파장계 : H_{011}형의 구조와 원리는 그림 5-22와 같이 직원통형의 공동의 용적을 습동 피스톤으로 변화하여 공동을 피측정파장에 공진되도록 한 것이며, 공진은 축방향의 길이 l 이 $\frac{\lambda}{2}$보다 약간 긴 곳에서 공진하고 검출지시계의 지시는 최대가 된다. 따라서 이때의 공동공진기의 축길이(micro gauge의 지시)로서 피측정 주파수를 알 수 있다. H_{011}형은 습동 피스톤에서 공동내벽으로 전류가 흐르지 않으므로 이 부분의 손실은 적고 H_{111}형에 비하여 Q가 크다.

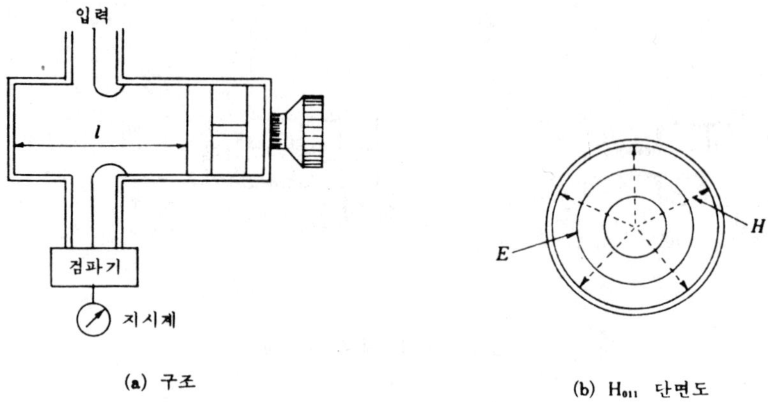

〈그림 5-22〉 H_{011}형 공동파장계의 구조 및 단면도

H_{011}형은 H_{111}형에 비하여 다음과 같은 특징을 가지고 있다.

① 부하시의 Q를 10,000 정도로 할 수 있으므로 측정정도(10^{-4}이상)가 높다.

② 피스톤의 접촉부에 전류가 흐르지 않으므로 손실이 적고 또 비접촉형으로 할 수가 있으므로 제작이 용이하다.

③ 차단주파수가 높고, 보다 낮은 모우드의 공진을 일으키는 일이 있다.

④ 측정주파수 범위는 3~20〔GHz〕 정도로서 비교적 높은 주파수대에 사용한다.

⑤ 형태가 크므로(H_{111}형의 약 2배) 취급상 약간 불편하다.

⑥ 공진파장과 공동의 길이와의 관계는 직선적이 아니므로 교정곡선이 필요하다.

⑦ 공진주파수는 온도, 습도 등의 영향을 받으므로 온도보정을 행할 필요가 있다.

(2) H_{111}형 공동파장계 : H_{111}형의 구조는 그림 5-23과 같으며 원리는 H_{011}형과 마찬가지이다. H_{011}형에 비하여 형태가 적다는 것과, 공동내벽과 피스톤 사이에 전류가 흘러 Q가 낮아지므로 $\frac{\lambda}{4}$초우크(choke)를 사용하여 접촉부가 전류의 절(node)이 되도록 하고 있다.

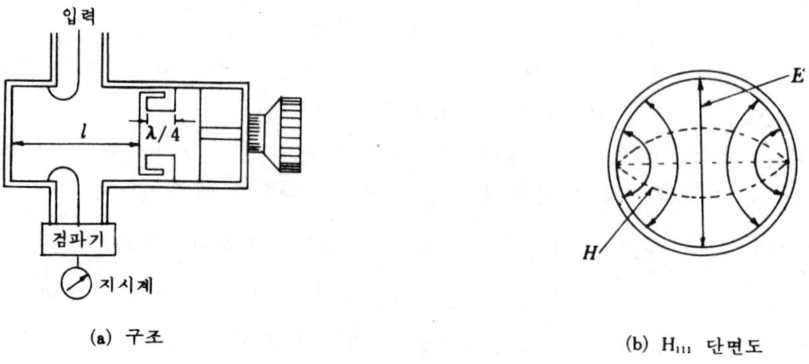

〈그림 5-23〉 H_{111}형 공동파장계의 구조 및 단면도

H_{111}형은 H_{011}형에 비하여 다음과 같은 특징을 들 수 있다.

① 부하시의 Q가 5000 정도로서 정도가 높지 않다.

② 피스톤의 접촉부에 전류가 흐르므로 Q가 저하하여 확도는 다소 떨어진다.

③ 차단주파수가 낮고 다른 모우드도 공진하기 쉽다.

④ 측정주파수 범위는 3~10〔GHz〕 정도이다.

⑤ 형태를 소형으로 할 수 있다.

⑥ 온도나 습도변화, 또는 결합 루우프의 영향으로 공진파장이 변화하므로 온도보정과 결합 리액턴스가 적도록 해야 한다.

[8] 계수형 주파수계

앞에서 설명한 각종 주파수 측정기들보다 훨씬 고도의 기술을 필요로 하며 피측정 주파수가 디지틀(digital)로 직접 표시되므로 측정확도 및 정도가 양호하여 현재 널리 사용되고 있다.

계수형 주파수계(digital frequency meter)는 전자기술(특히 pulse 기술)의 급격한 발달에 따라 개발된 것으로서 매초당 반복되는 파의 수를 펄스로 변화하여 계수한 다음 지시하도록 한 것이며, 일반적으로 frequency counter라고 한다.

(1) 구성 및 원리 : 그림 5-24는 계수형 주파수계의 구성도이며, 그림 5-25는 계수형 주파수계의 각 부의 파형모습을 표시한 것이다. 그림 5-24의 번호는 그림 5-25의 번호와 비교하여 보면 파형의 변화 모습을 알 수 있다.

그림 5-24에서 피측정파 ①을 증폭부에서 충분히 증폭하고 방형정형부에 가하여 상하를 절취(slice)시켜서 ②와 같은 구형파를 만든다. 다음에 이것을 미분회로에 통과시켜 ③과 같은 미분파형을 만들어 정측(+)만을 택하여서 ④와 같은 펄스를 만들어 다음과 같이 계수한다.

시간의 기준이 되는 수정발진기(보통 1〔MHz〕 사용)의 발진주파수를 분주기(frequency divider)로 체강하여 게이트 제어부에서 ⑤와 같은 게이트 펄스(gate pulse)를 만든다. 이것이 게이트부에 가해지면 그 기간 중에는 ④의 펄스가 게이트부를 통과하여 ⑥과 같이

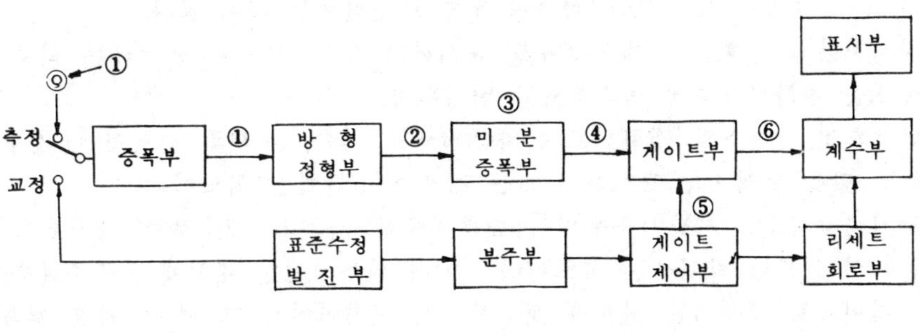

〈그림 5-24〉 계수형 주파수계 구성도

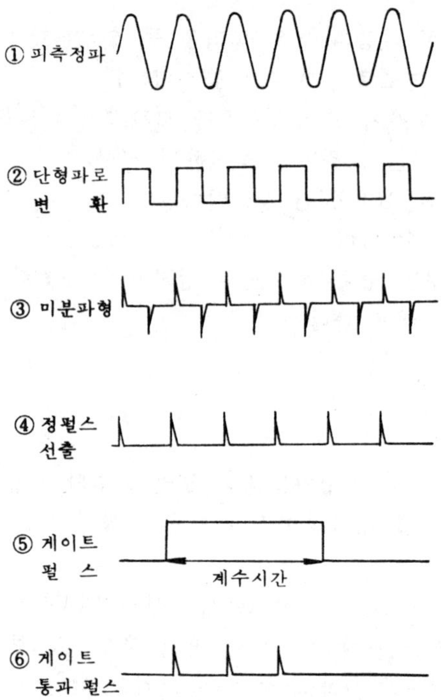

〈그림 5-25〉 계수형 주파수계의 각 파형

되어서 계수부로 공급된다. 계수부에서는 들어온 ⑥의 펄스수를 세어서 계수표시기로 표시한다. 표시는 게이트 펄스의 길이가 1초이면 이 동안에 계수한 수를 그대로 나타내고, 10초이면 한 자리 올려서 또는 0.1초이면 한 자리 내려서 읽으면 된다. 계수부는 플립-플롭(flip-flop)의 종속에 의한 10진 회로(decade circuit)로 계수해서 지시하고, 또 주파수가 낮을 때에는 10진 계수관(데카트론) 등을 사용한다.

(2) 부속회로

① 리세트(reset) 회로 : 계수를 시작하기 전에 계수부를 0으로 복귀시키는 회로이다.

② 게이트 시간절환회로 : 게이트를 열고 있는 시간을 절환하는 회로로서 보통 1〔ms〕, 10〔ms〕, 0.1〔s〕, 1〔s〕, 10〔s〕의 5단 정도로 절환하는 것이 많다.

③ 지시시간 조정회로 : 계수결과를 표시하고 있는 시간을 조정하는 회로로서 보통 RC회로의 R을 변화함으로써 연속적으로 변경된다.

④ 반복측정, 1회측정 절환회로 : 자동적으로 계수, 표시를 반복하는 경우와 1회만 계수하여 그 값을 오래도록 표시하게 하는 경우로 절환하는 회로이다.

⑤ 자기교정회로 : 시간기준부의 표준주파수를 자기의 계수부로 계수하여, 각 부에 잘못된 동작의 유무를 확인하는 회로이다. 이때 피측정신호 대신에 표준주파수를 가하여 계수하는 것이므로 계수되는 신호와 계수시간이 기지이어서 그 계수결과를 예측할 수 있기 때문에 잘못된 동작을 확인할 수 있다.

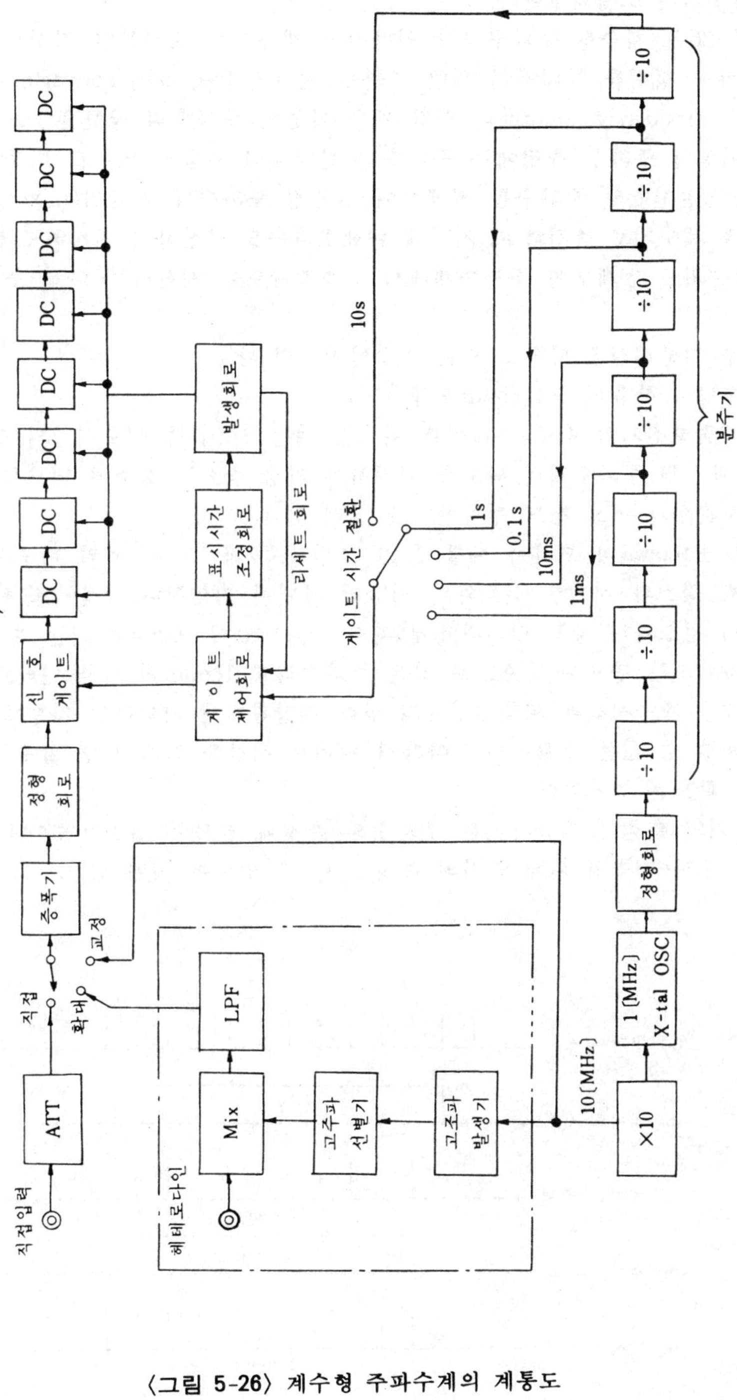

〈그림 5-26〉 계수형 주파수계의 계통도

⑥ 입력 레벨 조정회로 : 측정하고자 하는 신호의 레벨을 가급적 같은 크기로 조정하기 위한 감변기의 조정회로이다.

그림 5-26은 계수형 주파수계의 일반적인 계통도를 표시하며 점선으로 표시한 부분은 측정주파수 범위를 확대하기 위한 주파수 변환기(frequency converter)이다. 현재 시판되고 있는 frequency counter의 직접 계수 가능한 주파수의 상한은 30~60〔MHz〕 정도이며, 그 이상의 주파수 측정에는 주파수 변환방식인 일종의 비이트 다운 방식을 사용하여 표준 수정발진기의 주파수를 체배하여 피측정 주파수와 혼합기(mixer)에 넣어 그 차의 주파수를 계수기로 측정하고, 거기에 체배주파수를 가산하여 지시하도록 하는 것이다.

(3) 측정확도 : 계수형 주파수계에서는 측정확도를 제한하는 다음 두 가지의 요인이 있다.

① 내부 기준시간을 만들고 있는 기준발진기의 확도

② 계수방식 특유의 ±1 count오차

먼저 기준발진기의 확도는 게이트 회로를 여는 시간, 즉 계수시간의 정확도를 결정하기 때문에 계수형 주파수계의 확도를 결정하는 가장 중요한 요소가 되므로 표준 수정발진기의 발진주파수가 어느 정도 정확한가에 달려 있다.

다음에 ±1count의 오차는 예를 들면 그림 5-27과 같이 1초의 계수시간으로 측정한 경우에 입력 펄스와 게이트 신호와의 시간적 차에서 기인된다. 게이트 시간이 똑같은 1초라도 입력 펄스와의 상호 시간관계에 따라 (c)와 같이 10count 되는 때도 있고, (c)′와 같이 11count 되는 경우도 있으므로 같은 주파수라도 1count의 차를 나타내게 된다.

즉 이것은 계수시간과 피측정신호의 상대 위상관계에 기인하는 것으로 계수형 주파수계에서는 피할 수 없는 오차이다. 따라서 게이트 시간을 길게 하면 할수록 유효자리수가 많아지므로 확도는 높아진다.

(4) 주기의 측정 : 지금까지는 주파수의 측정에 관하여 설명하였으나 실용 카운터는 일반적으로 주파수 측정 외에 주기의 측정도 할 수 있도록 되어 있다.

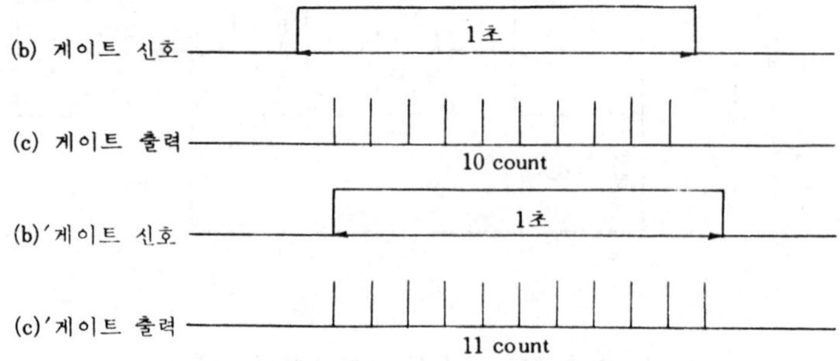

〈그림 5-27〉 ±1count 오차

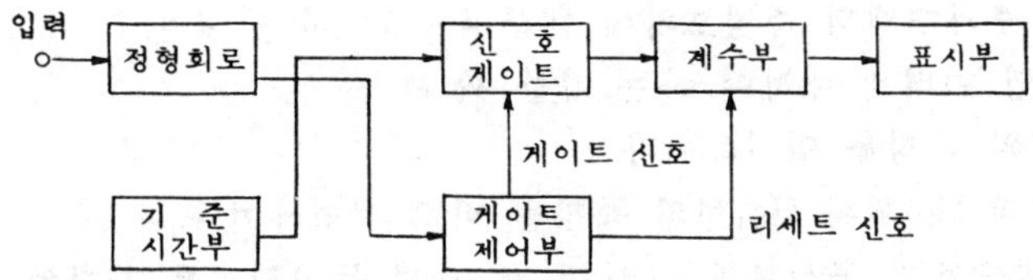

〈그림 5-28〉 주기측정의 구성도

그림 5-28은 주기측정의 원리를 표시하는 구성도로서 피측정신호의 일정주기 내에서 기준시간 신호의 주파수를 측정하고 역으로 계산하여 주기측정을 하는 것이다. 즉 기준시간 신호를 1〔MHz〕로 하고, 측정신호를 f_x〔Hz〕라고 하면 f_x〔Hz〕의 1주기간만 게이트가 열려서 정확한 1〔MHz〕가 계수된다.

이 계수된 값은 1〔㎲〕 단위로 나타나게 되며 계수값은 $10^6 \times \frac{1}{f_x}$개로 되고 주기는 $10^6/f_x$〔㎲〕로 된다.

(5) 측정시의 주의사항

① 전원을 인가한 후 예열시간을 충분히 취할 것

② 기준발진기의 확도를 높이기 위해 표준전파 등에 교정하여서 측정할 것

③ 입력 임피이던스를 높게 하여 피측정회로에 영향을 주지 않도록 할 것

④ 고입력전압에 의한 입력회로의 파손을 방지하기 위하여 감도감쇠기는 감도가 낮은 곳에 놓고 입력을 가한 후 차례로 감도를 올릴 것

⑤ ±1count 오차를 방지하기 위해 필요한 값으로부터 한 자리 정도를 높게 읽을 수 있도록 게이트 시간을 길게 할 것

⑥ 피측정파의 파형에 왜곡(distortion)이 있으면 측정값에 오차가 발생하기 쉬우므로 트리거 레벨(trigger level)의 설정에 주의할 것 등이다.

〔연 습 문 제〕

5-1 지침형 주파수계의 기본원리는 무엇을 이용한 것인가?

5-2 캠벨 브리지에 의한 주파수 측정원리를 설명하여라.

5-3 브라운관 오실로스코우프의 리서어쥬 도형에 대하여 원리를 설명하여라.

5-4 흡수형 주파수계 사용시 주의사항을 열거하여라.

5-5 흡수형 주파수계의 고주파 전류계가 소실되었을 때 대치방법을 기하여라.

5-6 헤테로다인 주파수계에서 단일 비이트법에 비하여 2중 비이트법이 정도가 높은 이유는 무엇인가?

5-7 보간법에 의한 헤테로다인 주파수계의 측정확도가 높은 이유는 무엇인가?

5-8 헤테로다인 주파수계의 측정오차에 대하여 아는 바를 써라.

5-9 그리드(Tr)딥 미터에 대하여 아는 바를 써라.

5-10 동축파장계의 특징을 열거하여라.

5-11 공동파장계의 H_{011}형과 H_{111}형의 특징을 비교 설명하여라.

5-12 계수형 주파수계의 구성도를 그리고, 각 부의 동작원리를 간단히 써라.

5-13 계수형 주파수계의 부속회로 역할을 각각 설명하여라.

5-14 계수형 주파수계에서 ±1count 오차의 원인과 경감방법을 기하여라.

5-15 주기의 측정방법에 대하여 써라.

5-16 계수형 주파수계의 사용시 유의사항을 열거하여라.

제6장

고주파에 의한 회로정수의 측정

고주파에 의한 회로정수의 측정방법에는 미터에 의한 비교측정과 Q미터나 고주파 브리지를 이용한 측정으로 나누어 설명하기로 한다.

6-1 코일에 관한 측정

[1] 실효저항의 측정

코일(coil)의 저항은 표피효과(skin effect)로 인하여 사용주파수의 증가와 더불어 고주파 저항값도 달라지므로 사용하고자 하는 주파수로 측정하여야 한다. 측정방법은 그림 6-1과 같이 회로를 구성하고, 먼저 S를 ①에 접속하고 가변 콘덴서 C_s를 조정하여 전류계 A가 최대가 되도록 하면 L과 C_s는 공진되어 회로의 리액턴스는 0이므로 이때 전류계의 지시값을 I_1, 2차 코일의 유기전압을 E, 전류계의 내부저항을 r_a라 하면 다음 식이 성립한다.

$$I_1 = \frac{E}{R_x + r_a} \tag{6-1}$$

다음에 S를 ②에 접속하고 같은 방법으로 C_s를 조정하여 A가 최대가 되었을 때의 값을 I_2라 하면, 역시 다음 식이 성립한다.

$$I_2 = \frac{E}{R_x + R_s + r_a} \tag{6-2}$$

식 (6-1)과 (6-2)에서 $\frac{I_1}{I_2} = \frac{R_x + r_a + R_s}{R_x + r_a} = 1 + \frac{R_s}{R_x + r_a}$

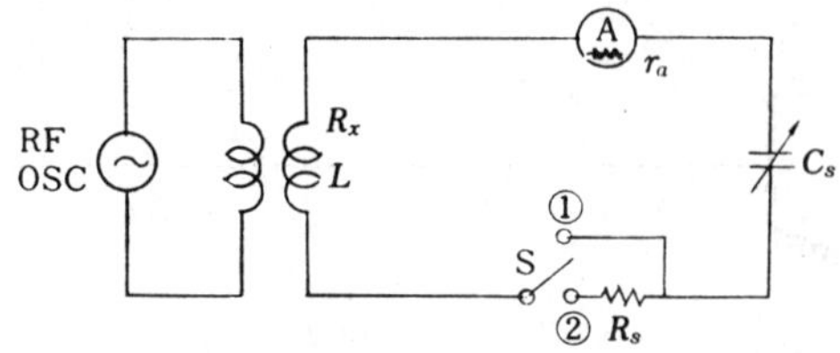

〈그림 6-1〉 코일의 실효저항 측정

$$\therefore\ R_x=\frac{I_2}{I_1-I_2}R_s-r_a=\frac{R_s}{\dfrac{I_1}{I_2}-1}-r_a\,[\Omega]$$

이 된다. 여기서 $I_1=2I_2$로 하면(이때 R_s를 가변으로 하면 된다)

$$R_x=R_s-r_a[\Omega] \tag{6-3}$$

이 된다.

[2] 분포용량의 측정

코일 L의 분포용량을 측정하기 위하여 그림 6-2와 같이 회로를 구성하고, 먼저 고주파 발진기의 주파수를 f_1으로 한 다음 C_s를 조정하여 공진시키고(즉 A를 최대로 한다), 이때의 C_s값을 C_1이라 하면 다음 식이 성립한다.

$$f_1=\frac{1}{2\pi\sqrt{L(C_0+C_1)}} \tag{6-4}$$

다음에 고주파 발진기의 주파수를 f_2로 바꾸고, 다시 C_s를 조정하여 공진시켰을 때 C_s의 값을 C_2라 하면 역시 다음 식이 성립한다.

$$f_2=\frac{1}{2\pi\sqrt{L(C_0+C_2)}} \tag{6-5}$$

식 (6-4)를 식 (6-5)로 나누면

$$\frac{f_1}{f_2}=\sqrt{\frac{C_0+C_2}{C_0+C_1}}$$

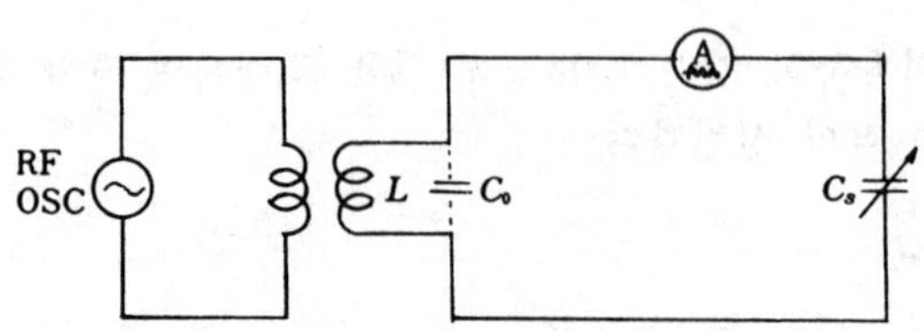

〈그림 6-2〉 코일의 분포용량 측정

양변을 제곱하면 $\left(\frac{f_1}{f_2}\right)^2 = \frac{C_0+C_2}{C_0+C_1}$가 된다.

이것을 정리하여 코일의 분포용량 C_s를 구하면

$$C_0 = \frac{C_2 - C_1\left(\frac{f_1}{f_2}\right)^2}{\left(\frac{f_1}{f_2}\right)^2 - 1} \text{ [F]} \tag{6-6}$$

으로 된다. 이때 피측정 코일 L은 고주파 발진기와 충분히 소결합(loose coupling)시켜야 한다. 만일 여기서 $f_2 = f_1/2$이 되도록 주파수를 선정하면 $(f_1/f_2)^2 = 4$가 되므로 식 (6-6)은 다음과 같이 간단히 쓸 수 있다.

$$C_0 = \frac{1}{3}(C_2 - 4C_1) \text{ [F]} \tag{6-7}$$

이 식은 다음에 나오는 Q미터에 의한 회로정수측정에도 자주 쓰이는 중요한 공식이다.

[3] 자기 인덕턴스의 측정

코일의 자기 인덕턴스(self inductance) 측정법에는 (1)치환법, (2)삽입법 및 (3)주파수변화법의 3가지가 있는데 (1)과 (2)는 코일의 분포용량을 무시한 상태에서 측정하는 것이고 (3)은 분포용량을 고려하여 측정하는 것이다.

(1) 치환법(substitution method) : 그림 6-3에서 스위치 S를 피측정 인덕턴스 L_x쪽에 접속하고, 표준 콘덴서 C_s를 조정하여 고주파 발진주파수 f에 공진시킨다. 이때 C_s의 값을 C_1이라면 다음의 관계식을 얻는다.

$$f = \frac{1}{2\pi\sqrt{L_x C_1}} \text{ [Hz]} \tag{6-8}$$

다음에 S를 표준 인덕턴스 L_s쪽에 접속하고 C_s를 조정하여 동일주파수 f에 공진시킨다. 이때 C_s의 값을 C_2라 하면, 역시 다음 식이 성립한다.

$$f = \frac{1}{2\pi\sqrt{L_s C_2}} \text{ [Hz]} \tag{6-9}$$

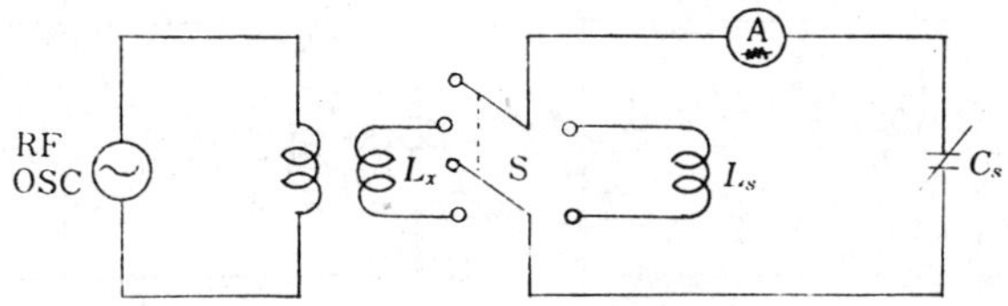

〈그림 6-3〉 치환법에 의한 인덕턴스 측정

식 (6-8)과 (6-9)에서

$$L_xC_1=L_sC_2 \qquad \therefore\ L_x=\frac{C_2}{C_1}L_s\text{[H]} \tag{6-10}$$

으로서 L_x를 구할 수 있다. 단 이 측정에서도 L_x 및 L_s는 1차측과 소결합시켜야 하며, 상호결합이 일어나지 않도록 주의해야 한다.

(2) 삽입법(insertion method) ; 측정하고자 하는 코일 L_x를 삽입시키는 방법에는 그림 6-4(a), (b)와 같이 직렬삽입법과 병렬삽입법이 있으나 원리상으로는 마찬가지이고, 계산에서 직렬과 병렬이므로 약간의 차이가 있다.

그림 (a)에서 발진주파수를 f로 하고, 스위치 S를 ①에 접속한 후 C_s를 조정하여 공진되었을 때 C_s의 값이 C_1이라면

$$f=\frac{1}{2\pi\sqrt{L_sC_1}}\text{[Hz]} \tag{6-11}$$

이 된다. 다음에 스위치 S를 ②에 접속하고 다시 C_s를 조정하여 동일주파수에 공진시켰을 때 C_s의 값이 C_2라면

$$f=\frac{1}{2\pi\sqrt{(L_s+L_x)C_2}}\text{[Hz]} \tag{6-12}$$

가 된다. 위의 두 식에서 $L_sC_1=(L_s+L_x)C_2$가 되므로 L_x의 값은 다음과 같다.

$$L_x=\frac{C_1-C_2}{C_2}L_s\text{[H]} \tag{6-13}$$

한편 그림 (b)에서도 마찬가지로 발진주파수를 f로 하고 스위치 S를 열고 C_s를 조정하여 공진시켰을 때 C_s의 값이 C_1이라면

$$f=\frac{1}{2\pi\sqrt{L_sC_1}}\text{[Hz]} \tag{6-14}$$

가 된다. 다음에 스위치 S를 닫고 다시 C_s를 조정하여 동일주파수에 공진시켰을 때 C_s의 값이 C_2라면

$$f=\frac{1}{2\pi\sqrt{\left(\frac{L_xL_s}{L_x+L_s}\right)C_2}}\text{[Hz]} \tag{6-15}$$

가 된다. 마찬가지로 식 (6-14)와 식 (6-15)로부터 $L_sC_1=\dfrac{L_xL_sC_2}{(L_x+L_s)}$가 되므로 L_x의 값은 다음과 같다.

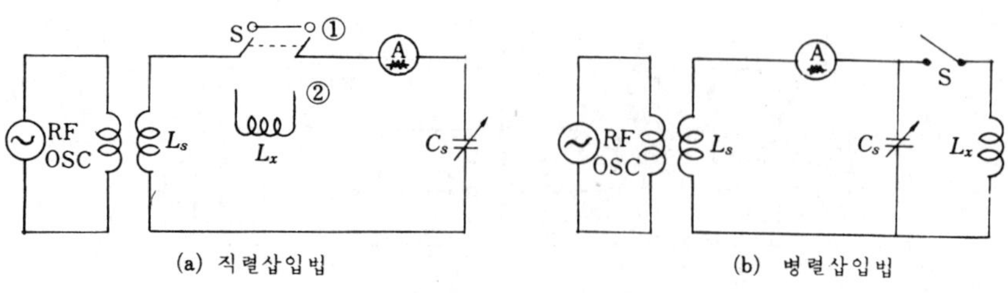

〈그림 6-4〉 삽입법에 의한 인덕턴스 측정

$$L_x=\frac{C_1}{C_2-C_1}\cdot L_s\text{[H]} \tag{6-16}$$

단, 이들 측정에서도 L_s는 1차측에 대하여 충분히 소결합으로 해야 한다.

(3) 주파수 변화법(frequency change method) : 이 방법은 코일의 분포용량을 고려하여 자기 인덕턴스의 참값을 구하는 것으로서, 그림 6-2에서 자기 인덕턴스의 값을 L_0라 하고, 고주파 발진기의 각주파수를 ω_1으로 하였을 때 C_s의 값이 C_1에서 공진이 되었다면 다음 식이 성립한다.

$$\omega_1^2=\frac{1}{L_0(C_0+C_1)} \qquad \therefore\ C_0+C_1=\frac{1}{\omega_1^2 L_0} \tag{6-17}$$

다음에 각주파수를 ω_2로 하였을 때 C_s의 값이 C_2에서 공진이 되었다면 또한 다음과 같은 식이 성립한다.

$$\omega_2^2=\frac{1}{L_0(C_0+C_2)} \qquad \therefore\ C_0+C_2=\frac{1}{\omega_2^2 L_0} \tag{6-18}$$

식 (6-17)과 (6-18)의 차를 구하면

$$C_1-C_2=\frac{1}{\omega_1^2 L_0}-\frac{1}{\omega_2^2 L_0}$$

$$\therefore\ L_0=\frac{1}{C_1-C_2}\left(\frac{1}{\omega_1^2}-\frac{1}{\omega_2^2}\right)\text{[H]} \tag{6-19}$$

로 되어 L_0를 구할 수 있다.

[4] 상호 인덕턴스(mutual inductance)의 측정

(1) 전류계와 전압계를 사용항는 방법 : 이것은 원리적인 방법이 되며, 이 방법이 발전하여 (2)와 (3)의 방법이 나오게 된 것이다. 그림 6-5에서 1차 전류는 고주파 전류계로 측정하고 2차 전류는 흐르지 않는다는 조건으로 입력 임피이던스가 큰 진공관 전압계(VTVM)를 사용한다. 이제 1차 전류를 I_1, 2차 전압을 V_2라 하면

$$V_2=\omega M I_1 \qquad \therefore\ M=\frac{V_2}{\omega I_1}=\frac{1}{2\pi f}\cdot\frac{V_2}{I_1}\text{[H]} \tag{6-20}$$

으로 되어 발진주파수를 알면 M을 구할 수 있다.

(2) 전압계법 : 전압계에 의한 상호 인덕턴스 측정방법에는 그림 6-6(a), (b)와 같이 저항삽입법과 용량삽입법의 두 종류가 있으며 용량삽입법은 그림 4-35에서 설명한 캠벨

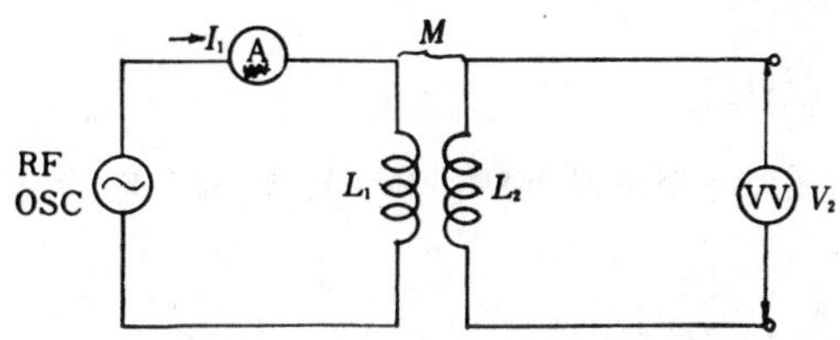

〈그림 6-5〉 상호 인덕턴스의 기본측정법

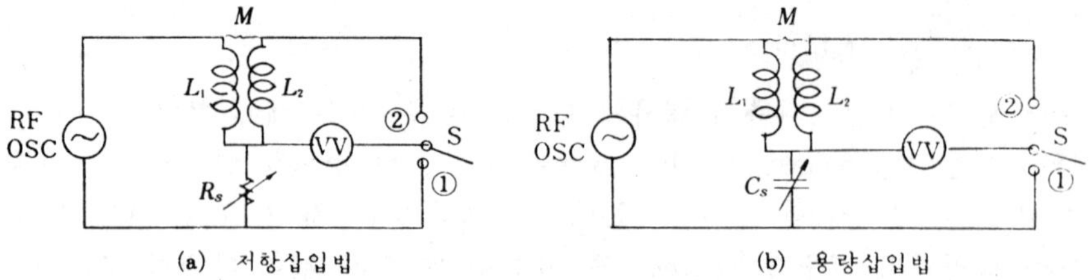

〈그림 6-6〉 전압계에 의한 상호 인덕턴스 측정

브리지(campbell bridge)와 같은 원리이다.

그림 (a)에서와 같이 1차측에 전류계를 사용하지 않고 R_s를 삽입하여 양단전압을 알면 흐르는 전류를 알게 된다.

먼저 스위치 S를 ①에 접속하고 전압계(VV)의 지시가 V_1이라 하면 1차 전류 I_1은 $I_1=\frac{V_1}{R_s}$이 된다.

다음에 S를 ②로 절환하였을 때 전압계의 지시를 V_2라 하면

$$V_2=\omega MI_1=\omega M\frac{V_1}{R_s}$$

$$\therefore\ M=\frac{R_s}{\omega}\cdot\frac{V_2}{V_1}=\frac{R_s}{2\pi f}\cdot\frac{V_2}{V_1}\text{〔H〕} \tag{6-21}$$

로 된다. 이때 R_s를 가변저항으로 하여 $V_1=V_2$가 되도록 하면 식 (6-21)은 다음과 같이 간단하게 할 수 있다.

$$M=\frac{R_s}{\omega}=\frac{R_s}{2\pi f}\text{〔H〕} \tag{6-22}$$

한편 그림 (b)에서는 저항 R_s 대신에 표준용량 C_s를 삽입하여 위와 같은 방법으로 측정하는 것이다.

먼저 스위치 S를 ①에 접속하고, 전압계의 지시가 V_1이라 하면

$$I_1=\frac{V_1}{\frac{1}{\omega C_s}}=\omega C_s V_1$$

이 된다.

다음에 S를 ②로 절환하였을 때 전압계의 지시를 V_2라 하면

$$V_2=\omega MI_1=\omega^2 MC_s V_1$$

$$\therefore\ M=\frac{1}{\omega^2 C_s}\cdot\frac{V_2}{V_1}\text{〔H〕} \tag{6-23}$$

으로 된다. 이때도 C_s를 가변용량으로 하여 $V_1=V_2$가 되도록 조정하면 식 (6-23)은 다음과 같이 표시할 수 있다.

$$M=\frac{1}{\omega^2 C_s}=\frac{1}{4\pi^2 f^2 C_s}\text{〔H〕} \tag{6-24}$$

(3) 전류계법 : 그림 6-7과 같이 전압계를 사용하지 않고 전류계를 사용하여 2차 전

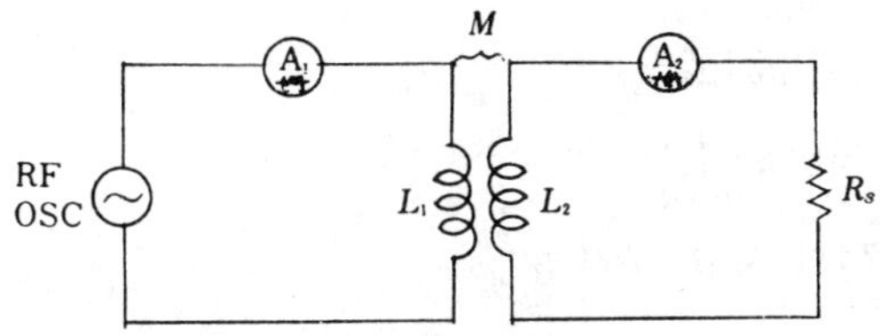

〈그림 6-7〉 전류계에 의한 상호 인덕턴스 측정

압을 2차 전류와 저항 R_s와의 곱으로 구하여 (1)의 기본측정법에 적용하는 방법이다. 그림에서 A_1의 지시를 I_1, A_2의 지시를 I_2라 하면 2차 전압 V_2는

$$V_2 = R_s I_2 \quad \text{또는} \quad V_2 = \omega M I_1$$

이 된다.

앞의 두 식에서 M의 값을 다음과 같이 구할 수 있다.

$$M = \frac{R_s}{\omega} \cdot \frac{I_2}{I_1} = \frac{R_s}{2\pi f} \cdot \frac{I_2}{I_1} \text{[H]} \tag{6-25}$$

(4) 합과 차의 합성에 의한 방법 : 합과 차에 의한 상호 인덕턴스의 측정방법은 4장의 그림 4-33에서 기본적인 것을 설명하였으므로, 여기서는 용량의 변화 또는 주파수의 변화에 의한 상호 인덕턴스의 측정방법을 설명하고자 한다.

① 용량변화에 의한 방법 —— 그림 6-8에서 스위치 S를 ①에 접속하고 C_s를 조정하여 고주파 발진주파수 f에 공진되었다고 하고, 이때의 C_s의 값을 C_1이라 하면 다음 식이 성립한다.

$$\omega^2 = \frac{1}{(L_0 + L_1 + L_2 + 2M)C_1}$$

$$\therefore\ L_0 + L_1 + L_2 + 2M = \frac{1}{\omega^2 C_1} \tag{6-26}$$

단, L_1과 L_2는 권선방향이 스위치 S를 ①에 놓았을 때 서로 가산되는 방향이라고 한다. 다음에 S를 ②로 바꾸면 L_2는 앞의 것과 반대로 접속되므로 이때 C_s를 조정하여 전과 같은 주파수 f에 공진시켰을 때 C_s의 값이 C_2라면 역시 다음 식이 성립한다.

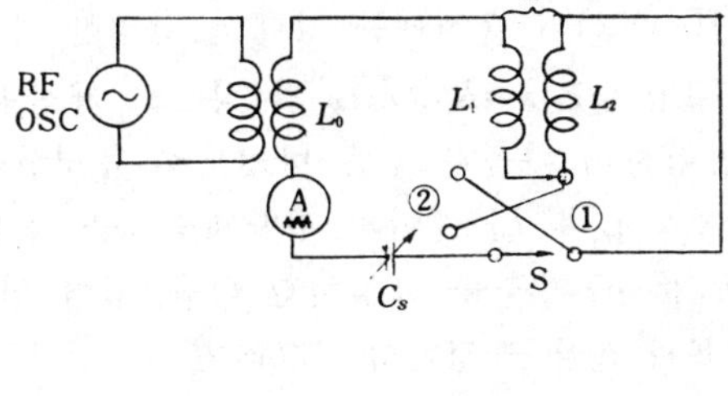

〈그림 6-8〉 합과 차에 의한 상호 인덕턴스 측정

$$\omega^2=\frac{1}{(L_0+L_1+L_2-2M)C_2}$$

$$\therefore\ L_0+L_1+L_2-2M=\frac{1}{\omega^2C_2} \qquad (6\text{-}27)$$

식 (6-26)과 식 (6-27)의 차를 구하면

$$4M=\frac{1}{\omega^2C_1}-\frac{1}{\omega^2C_2}$$

$$\therefore\ M=\frac{1}{4\omega^2}\left(\frac{1}{C_1}-\frac{1}{C_2}\right)=\frac{1}{16\pi^2f^2}\left(\frac{1}{C_1}-\frac{1}{C_2}\right)\text{[H]} \qquad (6\text{-}28)$$

로 된다.

② 주파수 변화에 의한 방법 —— 표준 콘덴서 C_s가 고정인 경우에는 발진주파수를 변화시켜 측정할 수가 있다. 그림 6-8에서 스위치 S를 ①에 접속하고 발진주파수를 조정하여 공진시킨다. 이때의 주파수를 f_1(또는 ω_1)이라고 하면

$$\omega_1^2=\frac{1}{(L_0+L_1+L_2+2M)C_s} \qquad (6\text{-}29)$$

$$\therefore\ L_0+L_1+L_2+2M=\frac{1}{\omega_1^2C_s}$$

로 된다. 다음에 S를 ②로 바꾸고 발진주파수를 변경하여 다시 공진시켰을 때 주파수가 f_2(또는 ω_2)였다면

$$\omega_2^2=\frac{1}{(L_0+L_1+L_2-2M)C_s} \qquad (6\text{-}30)$$

$$\therefore\ L_0+L_1+L_2-2M=\frac{1}{\omega_2^2C_s}$$

으로 된다. 그러므로 식 (6-29)와 식 (6-30)의 차를 구하면

$$4M=\frac{1}{\omega_1^2C_s}-\frac{1}{\omega_2^2C_s}$$

$$\therefore\ M=\frac{1}{4C_s}\left(\frac{1}{\omega_1^2}-\frac{1}{\omega_2^2}\right)=\frac{1}{16\pi^2C_s}\left(\frac{1}{f_1^2}-\frac{1}{f_2^2}\right) \qquad (6\text{-}31)$$

로 된다.

상호 인덕턴스의 측정방법은 위의 설명 외에도 4장에서 이미 설명한 캐리 포스터 브리지(그림 4-34), 캠벨 브리지(그림 4-35) 등에 의해서도 측정할 수 있다.

[5] 결합계수의 측정

결합계수(coupling coefficient)의 측정에는 앞에서 설명한 방법으로 두 코일의 L_1과 L_2 및 M을 별도로 측정하여 결합계수 $k=M/\sqrt{L_1L_2}$의 식으로 계산할 수도 있으나, 이 방법은 복잡하고 정확을 기하기 곤란하여 다음과 같은 방법으로 측정한다.

그림 6-9와 같이 두 코일 L_1과 L_2 사이의 결합계수 k를 측정하려면 그림 (a)와 같이 발진기를 왼쪽에 연결하고 발진주파수를 고정시킨 다음 입력 임피이던스가 큰 고주파 전압계(VTVM)를 사용하여 E_1과 E_2를 측정한다. 그러면

$$|I_1|=\frac{E_1}{\omega L_1},\quad |E_2|=\omega MI_1$$

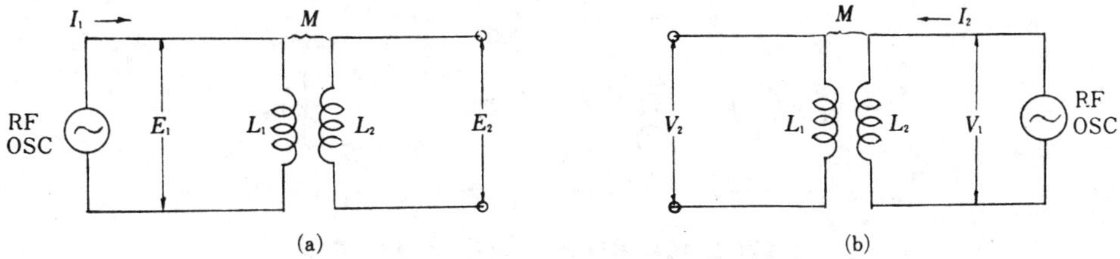

〈그림 6-9〉 결합계수의 측정법

가 되므로 두 식에서

$$\frac{E_2}{E_1}=\frac{M}{L_1} \tag{6-32}$$

로 된다. 또 그림 (b)에서는 같은 L_1, L_2에 발진기를 오른쪽에 연결하고 동일한 주파수에서, 동일한 전압계로 V_1과 V_2를 측정한다. 그러면

$$|I_2|=\frac{V_1}{\omega L_2},\quad |V_2|=\omega MI_2$$

가 되므로 두 식에서

$$\frac{V_2}{V_1}=\frac{M}{L_2} \tag{6-33}$$

이 된다. 그러므로 식 (6-32)와 (6-33)의 곱을 구하면

$$\frac{E_2 V_2}{E_1 V_1}=\frac{M^2}{L_1L_2}$$

가 되며 양변에 평방근을 취하면

$$\sqrt{\frac{E_2 V_2}{E_1 V_1}}=\frac{M}{\sqrt{L_1L_2}}=k \tag{6-34}$$

로 되어 결합계수 k를 (a), (b) 두 회로의 전압값으로부터 구할 수 있다.

6-2 콘덴서에 관한 측정

[1] 정전용량의 측정

(1) 치환법 : 그림 6-10과 같이 결합 코일을 통하여 고주파 발진기와 회로를 구성한다. 먼저 스위치 S를 C_x측에 접속하고 발진주파수를 가감하여 LC_x 회로를 공진(resonance)시킨다.

공진이 되면 전류계 A의 지시가 최대로 된다(또는 S 양단에 VTVM을 접속하여 전압의 최대점을 확인할 수도 있다). 다음에 스위치 S를 C_s측으로 바꾸고, 주파수를 전과 변함없이 그대로 두고 C_s를 조정하여 다시 공진되도록 한다. 이때 C_s의 값이 C_x의 값과 같게

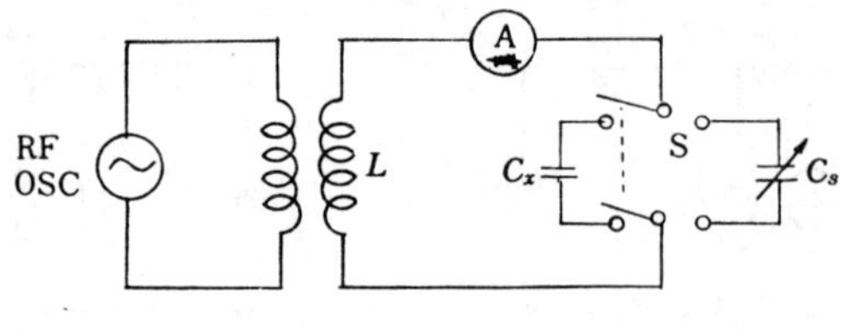

〈그림 6-10〉 치환법에 의한 용량의 측정

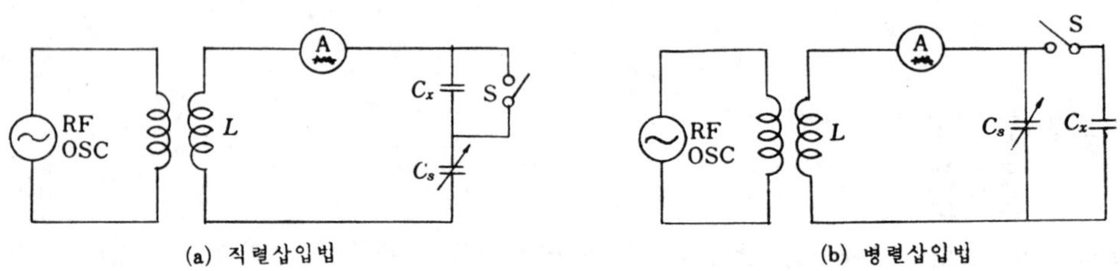

〈그림 6-11〉 삽입법에 의한 용량의 측정

되므로 C_x값을 알 수 있다.

(2) 삽입법 : 삽입 방법에는 그림 6-11(a), (b)와 같이 직렬삽입법과 병렬삽입법이 있다. 전자는 피측정용량 C_x가 표준 가변용량 C_s의 최대값보다 큰 경우에 사용되고 후자는 적은 경우에 사용된다.

그림 (a)에서 스위치 S를 닫고 C_s를 조정하여 C_s의 값이 적은 쪽에서 발진주파수에 공진을 시키고, 이때 C_s의 값을 C_1이라 하자. 다음에 S를 열고 C_x와 직렬로 한 다음 C_s를 조정하여 같은 주파수에 공진시켰을 때 C_s의 값이 C_2라면 L은 공통이므로 C_1의 값은 C_2와 C_x의 직렬합과 같다는 뜻이므로

$$\frac{1}{C_2}+\frac{1}{C_x}=\frac{1}{C_1} \qquad \therefore\ C_x=\frac{C_1C_2}{C_2-C_1}\text{[F]} \tag{6-35}$$

가 된다.

또한 그림 (b)에서는 스위치 S를 열고 C_s를 조정하여 C_s의 값이 큰 쪽에서 발진주파수에 공진을 시키고, 이때 C_s의 값을 C_1이라 하자. 다음에 S를 닫고 같은 주파수에 다시 C_s를 조정하여 공진되었을 때 C_s값을 C_2라 하면 C_1의 값은 C_2와 C_x의 병렬합과 같다는 뜻이므로

$$C_x+C_2=C_1$$

$$\therefore\ C_x=C_1-C_2\text{[F]} \tag{6-36}$$

으로 되어 C_x의 값을 구할 수 있다.

[2] 역률과 손실각

콘덴서 C는 그 전극을 지지하는 용기(holder)의 절연이 불량하든가 전극 간에 유전체

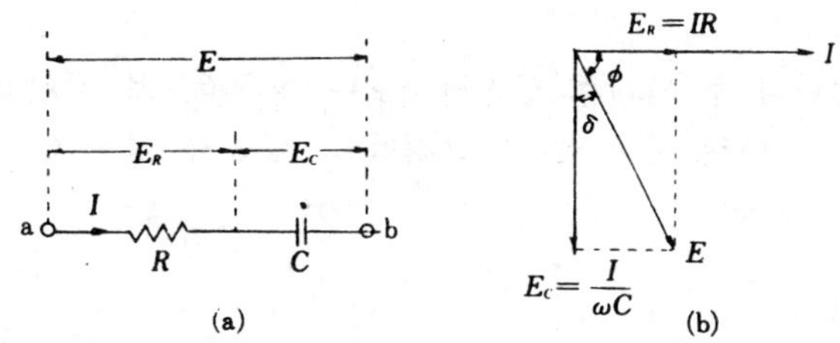

〈그림 6-12〉 콘덴서의 직렬 손실저항과 역률 및 손실각

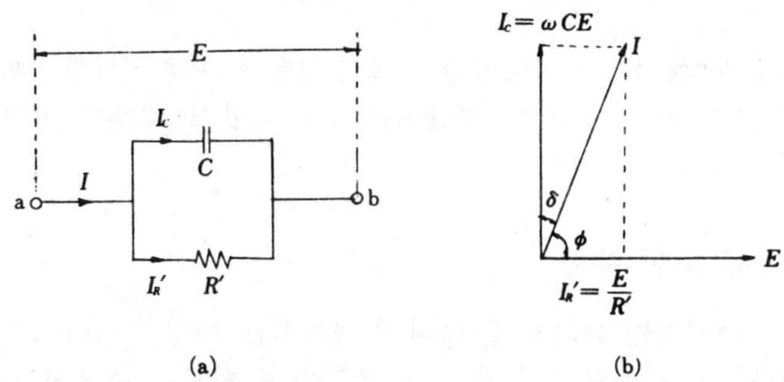

〈그림 6-13〉 콘덴서의 병렬 손실저항과 역률 및 손실각

손실이 있으면 이상적인 콘덴서 C에 대하여 직렬 또는 병렬로 저항 R을 접속한 것과 같다. 이것을 그림으로 나타내면 그림 6-12, 6-13과 같다.

그림 6-12는 직렬에 관한 것으로서 그림 (a)에서 a-b 사이에 전압 E를 가하고, 전류 I가 흐르면 저항 및 콘덴서의 단자전압 E_R 및 E_C는 그림 (b)와 같은 벡터(vector) 관계를 가진다.

그림에서는 δ를 비교적 크게 그렸지만 일반적으로 $\delta \ll \phi$이다. 그림에서 역률은 $\cos\phi$ 이므로

$$역률=\cos\phi=\sin\delta \fallingdotseq \tan\delta$$

로 되어 콘덴서의 역률은 $\tan\delta$로 표시하고 δ를 손실각이라고 한다.

$$\tan\delta=\left|\frac{E_R}{E_C}\right|=\frac{IR}{\dfrac{I}{\omega C}}=\omega CR \tag{6-37}$$

다음에 그림 6-13과 같은 병렬의 경우를 알아 보자.

그림 (a)와 같이 a-b 사이에 전압 E를 가하고, C에 흐르는 전류를 I_C, R'를 흐르는 전류를 I_R'라 하면 그림 (b)와 같은 벡터 관계를 얻는다. 이때도 역률은 전과 마찬가지로 $\tan\delta$로 표시되므로

$$\tan\delta=\left|\frac{I_R'}{I_C}\right|=\frac{\dfrac{E}{R'}}{\omega CE}=\frac{1}{\omega CR'} \tag{6-38}$$

이 된다.

위에서 직렬과 병렬의 두 가지로 설명하였으나 일반적으로 직렬접속 등가회로의 경우를 많이 쓴다. 한편 직렬의 경우 $Q=1/\omega CR$이고, 병렬의 경우 $Q=\omega CR'$이므로 다음의 관계식이 성립한다.

$$Q=\frac{1}{\tan\delta} \tag{6-39}$$

6-3 임피이던스의 측정

임피이던스(impedance)의 측정방법에는 표준저항과 비교치환법, 브리지법 및 매직(magic) T에 의한 측정 등이 있으며, 치환법은 4장 그림 4-39에서 이미 설명하였으므로 여기서는 생략한다.

[1] 고주파 브리지에 의한 측정

(1) 임피이던스 브리지법 : 그림 6-14의 측정회로는 쉐링(Schering) 브리지의 변형으로서, 우선 단자 a와 b를 단락하고 C_P와 C_S를 조정하여 회로를 평형시킨다. 이때의 값을 C_{P1} 및 C_{S1}이라고 하면 다음 식이 성립한다.

$$\frac{Q}{j\omega C_R}=\left(S+\frac{1}{j\omega C_{S1}}\right)\frac{P}{1+j\omega C_{P1}P}$$

$$\therefore \frac{Q}{j\omega C_R}\cdot\frac{1+j\omega C_{P1}P}{P}=\frac{j\omega C_{S1}S+1}{j\omega C_{S1}}$$

양변에 $j\omega$를 곱하면

$$\therefore \frac{Q}{C_RP}+j\frac{\omega C_{P1}Q}{C_R}=j\omega S+\frac{1}{C_{S1}} \tag{6-40}$$

따라서 실수부에서

$$\frac{1}{C_{S1}}=\frac{Q}{C_RP} \tag{6-41}$$

또 허수부에서

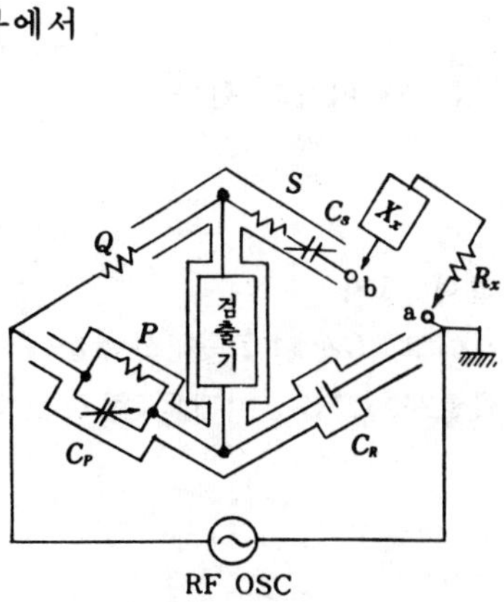

〈그림 6-14〉 임피이던스 브리지

$$S=\frac{C_{P1}Q}{C_R} \tag{6-42}$$

다음에 단자 a와 b에 미지 임피이던스 $Z_x=R_x+jX_x$를 접속하고 C_P와 C_S를 다시 조정하여 평형시킨다.

이때의 값을 C_{P2} 및 C_{S2}라면

$$\frac{Q}{j\omega C_R}=\frac{P}{1+j\omega C_{P2}P}\left(S+R_x+jX_x+\frac{1}{j\omega C_{S2}}\right)$$

$$\therefore\ -j\frac{Q}{\omega C_R P}+\frac{C_{P2}Q}{C_R}=(S+R_x)+j\left(X_x-\frac{1}{\omega C_{S2}}\right)$$

실수부에서

$$\frac{C_{P2}Q}{C_R}=S+R_x$$

$$\therefore\ R_x=\frac{C_{P2}Q}{C_R}-S$$

윗식에 식 (6-42)를 대입하면

$$R_x=\frac{C_{P2}Q}{C_R}-\frac{C_{P1}Q}{C_R}=\frac{Q}{C_R}(C_{P2}-C_{P1})[\Omega] \tag{6-43}$$

또 허수부에서는

$$-\frac{Q}{\omega C_R P}=X_x-\frac{1}{\omega C_{S2}}$$

$$\therefore\ X_x=\frac{1}{\omega C_{S2}}-\frac{Q}{\omega C_R P}$$

윗식에 식 (6-41)을 대입하면

$$X_x=\frac{1}{\omega C_{S2}}-\frac{1}{\omega C_{S1}}=\frac{1}{\omega}\left(\frac{1}{C_{S2}}-\frac{1}{C_{S1}}\right)[\Omega] \tag{6-44}$$

로 되어 식 (6-43)과 (6-44)로부터 각각 미지 임피이던스의 저항분과 리액턴스분을 구할 수가 있다.

(2) 어드미턴스(admittance) 브리지법 : 그림 6-15도 쉐링 브리지의 변형으로서, 단자 a와 b를 개방하고, C_P와 C_S를 조정해서 평형되었을 때의 값을 각각 $C_{P1}(X_{P1})$, $C_{S1}(B_{S1})$이라 하면 다음 식이 성립한다.

$$(P-jX_{P1})\frac{1}{(G_S+jB_{S1})}=Q\frac{1}{jB_R}$$

$$\therefore\ B_RX_{P1}+jB_RP=QG_S+jB_{S1}Q \tag{6-45}$$

따라서 실수부로부터

$$B_RX_{P1}=QG_S \tag{6-46}$$

또 허수부로부터

$$B_RP=B_{S1}Q \tag{6-47}$$

다음에 단자 a와 b에 미지 어드미턴스 $Y_x=G_x+jB_x$를 접속하고 C_P와 C_S를 다시 조정해서 브리지가 평형되었을 때의 값을 각각 $C_{P2}(X_{P2})$, $C_{S2}(B_{S2})$라면

$$(P-jX_{P2})\frac{1}{(G_S+G_X+jB_{S2}+jB_X)}=Q\cdot\frac{1}{jB_R}$$

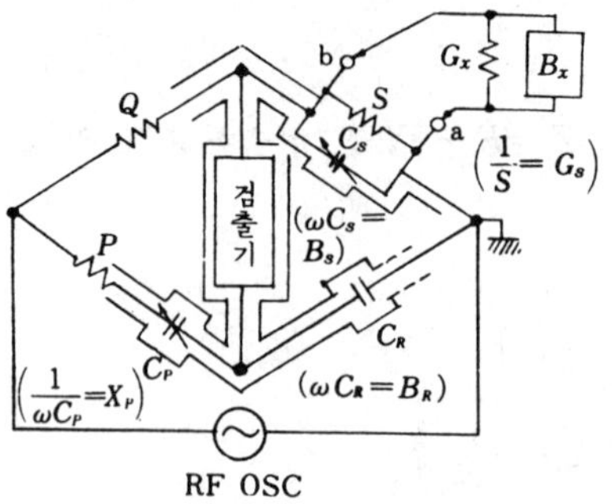

〈그림 6-15〉 어드미턴스 브리지

$$\therefore\ X_{P2}B_R+jB_RP=Q(G_S+G_X)+j(B_{S2}+B_X)Q$$

실수부로부터

$$X_{P2}B_R=Q(G_S+G_X)$$

$$\therefore\ G_x=\frac{X_{P2}B_R}{Q}-G_S$$

윗식에 식 (6-46)을 대입하면

$$G_x=\frac{X_{P2}B_R}{Q}-\frac{X_{P1}B_R}{Q}=\frac{B_R}{Q}(X_{P2}-X_{P1})$$

$$=\frac{\omega C_R}{Q}\left(\frac{1}{\omega C_{P2}}-\frac{1}{\omega C_{P1}}\right)=\frac{C_R}{Q}\left(\frac{1}{C_{P2}}-\frac{1}{C_{P1}}\right)[\Omega] \qquad (6\text{-}48)$$

또 허수부로부터

$$B_RP=(B_{S2}+B_X)Q \qquad \therefore\ B_X=\frac{B_RP}{Q}-B_{S2}$$

윗식에 식 (6-47)을 대입하면

$$B_x=\frac{B_{S1}Q}{Q}-B_{S2}=B_{S1}-B_{S2}$$

$$=\omega C_{S1}-\omega C_{S2}=\omega(C_{S1}-C_{S2})[\Omega] \qquad (6\text{-}49)$$

로 되어 미지 어드미턴스의 콘덕턴스(conductance)분과 서셉턴스(susceptance)분을 구할 수 있다.

위의 두 측정방법은 사용주파수 100〔MHz〕 이상이고, 측정범위는 저항 0~1〔kΩ〕, 리액턴스는 1〔kΩ/MHz〕 정도까지 가능하다.

[2] 매직 T에 의한 측정

초고주파(microwave)대에 있어서의 임피이던스 측정은 그림 6-16(a)와 같이 T자형 도파관(wave-guide)을 사용하며, 어느 한 방향에서 들어온 전파의 전력은 2등분되어서 양 방향으로 나온다. 따라서 전압으로는 $1/\sqrt{2}$이 된다.

이 성질을 이용하여 그림 (b)와 같이 병렬 분기도파관으로부터 발진기로 전파를 투입하고 주도파관의 양측에 각각 Z_B와 Z_C를 접속하여 직렬 분기도파관으로부터 출력을 측정

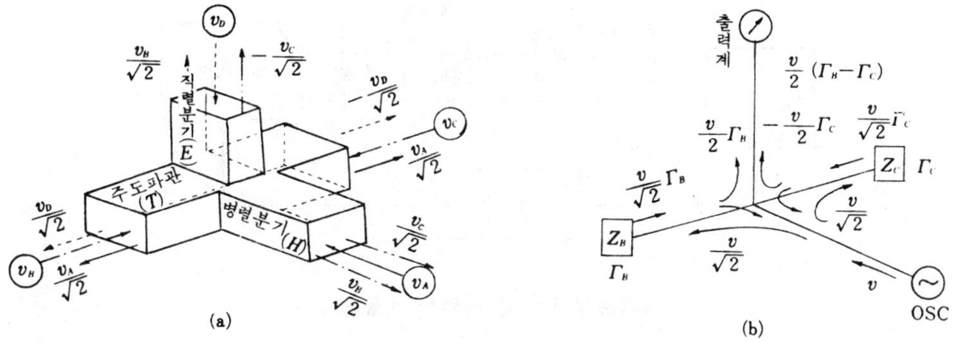

〈그림 6-16〉 매직 T에 의한 임피이던스 측정

하면 그림에 표시한 것과 같이 Z_B와 Z_C의 반사계수가 같을 때 출력이 0으로 된다.

그러므로 Z_B나 Z_C 어느 한쪽에 피측정 임피이던스 Z_x를, 다른 쪽에 표준 가변 임피이던스 Z_S를 접속하고 출력계의 지시가 영이 되도록 가변 임피이던스 Z_S를 조정함으로써 양쪽의 반사계수(reflection coefficient)가 동일하게 되어 $Z_x = Z_S$가 될 것이므로 미지 임피이던스를 측정할 수 있다.

표준 가변 임피이던스가 없으면 가변반사기를 사용하여 피측정 임피이던스의 반사계수와 같게 하면 역시 출력은 0이 된다.

6-4 Q 미터에 의한 측정

Q미터는 고주파대에서 코일 또는 콘덴서의 Q를 측정할 수 있을 뿐만 아니라 이것과 관련하여 코일의 인덕턴스와 분포용량, 콘덴서의 정전용량과 손실(tanδ), 고주파저항, 절연물의 유전율과 역률, 기타 고주파 케이블(cable)의 전송손실 등 회로소자의 여러 가지 정수를 측정할 수 있다. 따라서 Q미터의 구성요소와 원리를 알아 보고 측정방법에 대하여 논하기로 한다.

[1] Q 미터의 구성

Q미터는 그림 6-17과 같이 고주파 발진부, 입력감시부, 동조회로부, Q 지시부 및 전원부로 구성되어 있다. 각 부의 개요를 설명하면 다음과 같다.

(1) 고주파 발진부 : 대략 50〔kHz〕~75〔MHz〕 정도의 고주파 발진기이며, 수개의 발진용 코일을 절환해서 사용한다. 이 코일에 대한 동조용 콘덴서의 다이얼(dial)에는 주파수의 직독 눈금을 만들고, 측정중에 주파수의 변동이 생기지 않도록 다른 부분과 완전히 차폐를 시킨다.

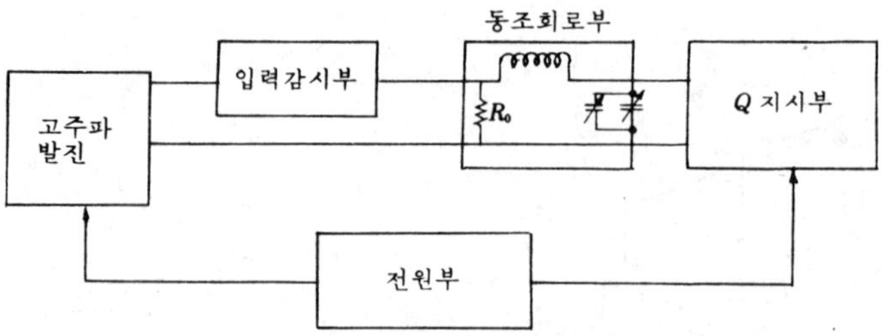

〈그림 6-17〉 Q 미터의 계통도

(2) 입력감시부 : 동조회로에 일정한 고주파 전압을 공급하기 위하여 발진기의 출력회로에 열전대형 전류계를 삽입하고 그 지시를 감시하는 곳이다. 즉 출력저항(R_0)이 일정하므로 전류값(i)을 알면 출력전압($e_0=R_0i$)을 알 수 있도록 한 것이다. 실제로는 이 전류값을 절환할 수 있도록 하여 실제 지시값보다 큰 Q의 값을 측정할 수 있도록 되어 있다.

(3) 동조회로부 : 동조회로에 고주파 전압을 공급하기 위한 출력저항 R_0는 극히 적은(약 0.04〔Ω〕) 무유도성 저항이므로 Q미터의 심장부라고 할만큼 중요한 요소이다. 다음에 동조 바리콘(variable condenser)은 정전용량의 직독 눈금을 만든 다이얼을 가지고(대략 35～400〔$\mu\mu$F〕 정도) 있으며, 이것과 병렬로 극히 적은(±3〔$\mu\mu$F〕 정도) 미세조정용 부 콘덴서가 있는데 이 콘덴서들도 정전용량값이 정확히 변화되고 또 손실을 무시할 정도로 만들어져 있다. 또 각종 측정에 사용하기 위해 동조 바리콘과 결합해서 동조를 취하는 부속 보조 코일이 10여 개 구비되어 있다.

(4) Q 지시부 : 동조회로의 주 콘덴서 양단에 발생하는 고주파 전압 e_C를 측정하기 위한 진공관 전압계(VTVM)이며 Q를 직독할 수 있도록 눈금으로 만들어져 있다(예를 들면 입력감시부 전류가 0.5〔A〕이면 최대눈금 5〔V〕에서 Q가 250이 된다).

(5) 전원부 : 고주파 발진부와 진공관 전압계용 직류전원이며 50～60〔Hz〕의 교류전압을 정류하는 일반 전원회로이다.

[2] Q 미터의 원리

그림 6-18은 Q미터의 기본원리를 나타내는 회로이며, 여기서 L과 R은 피측정 코일의 인덕턴스와 그 저항분이다.

고주파 발진기(RF OSC)로부터 전류계 A를 거쳐서 저항 R_0에 고주파전류를 공급하고, R_0의 값을 L, R, C 직렬회로의 임피이던스(이 회로가 공진되면 임피이던스는 순저항 R로 된다)에 비해서 매우 적게 하고, 또 발진기의 전주파수 범위에 걸쳐서 무유도성인 일정불변의 순저항으로 선정하면 이 고주파 전류 i_0는 R_0의 값에 의해서만 결정된다. 따라서 저항 R_0의 양단전압 e_0는 다음과 같이 표시할 수 있다.

$$e_0=i_1R_0 \tag{6-50}$$

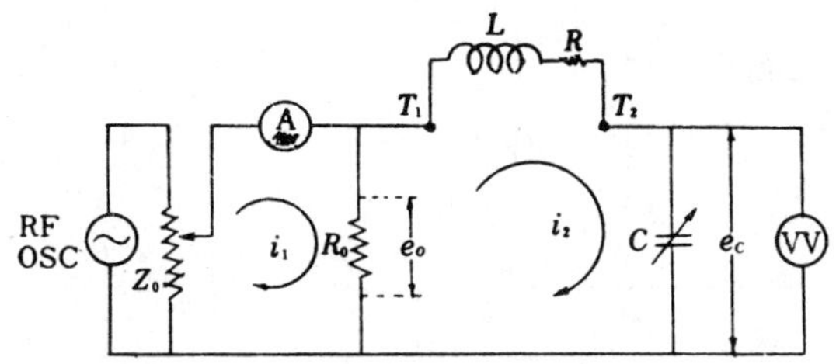

〈그림 6-18〉 Q 미터의 기본 원리

이 e_0에 의해서 흐르는 2차 전류 i_2도 $R_0 \ll R \ll Z_0$인 조건에 따라 1차측의 전원측으로 흐르지 않고, 전부 2차측으로 흐르게 되므로(공진시 리액턴스는 0이다)

$$i_2 = \frac{e_0}{R + R_0}$$

이며, 여기서 $R_0 \ll R$이므로 R_0를 무시하면

$$i_2 \fallingdotseq \frac{e_0}{R} \tag{6-51}$$

이 된다.

콘덴서 C양단의 전압을 e_C라 하면 $e_C = i_2 \times \dfrac{1}{\omega C}$이므로 여기에 윗식을 대입하면

$$e_C = \frac{e_0}{R} \cdot \frac{1}{\omega C} = e_0 \cdot \frac{1}{\omega CR} = e_0 Q$$

$$\therefore\ Q = \frac{e_C}{e_0} \tag{6-52}$$

로 되어 Q를 측정할 수 있다.

즉 전류계 A를 감시하며 i_1을 일정한 기준값이 되도록 발진기의 출력을 조정하면 R_0도 정수이므로 식 (6-50)에 따라 e_0는 상수로 된다. 따라서 $e_C = e_0 Q$인 관계에서 e_C는 Q와 비례관계에 있게 되므로 진공관 전압계의 눈금은 e_C의 전압값 대신에 Q의 값을 직독하도록 만들 수 있다.

그리고 만일 Q가 너무 커서 전압계의 지침이 최대눈금을 넘어갈 때(scale over)에는 전류계의 지시값 i_1을 일정기준값의 $1/n$로 하면 전압계의 지시값도 $1/n$로 되므로 이 지시값을 n배 하여 Q값을 구한다.

그러므로 전류계의 눈금은 전류값이 아니고, 기준값을 1로 잡았을 때의 전류의 1/2, 1/3···$1/n$에 대해서 표시는 2, 3···n로 되어 있다. 따라서 전류계 A는 배율눈금이므로 전압계의 지시값에 전류계의 배율을 곱하면 Q의 값을 알 수 있다.

일반적으로 미지의 임피이던스 Z_x를 측정할 때에는 단자 T_1, T_2에 Q미터의 적당한 부속 코일 L을 접속하고 피측정 임피이던스가 적을 때에는 그림 6-19(a)와 같이 용량 C와 직렬(series)로 접속하여 측정한다.

이 경우에 Z_x를 접속하지 않은 상태에서 동조를 잡고, 이때 C의 값을 C_1, 전압계가 지시하는 Q의 값을 Q_1이라 하고, 다음에 Z_x를 접속하고(Z_S는 직렬접속이란 뜻) 다시 동조를

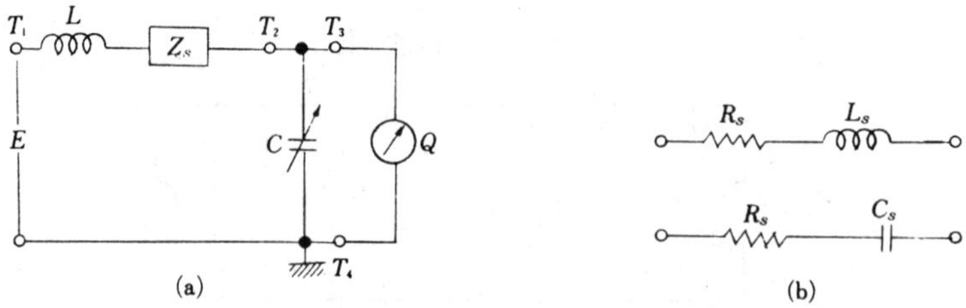

〈그림 6-19〉 직렬접속에 의한 임피이던스 측정

취하여 이때 C의 값이 C_2, 전압계의 지시 Q의 값이 Q_2라면 미지 임피이던스 Z_x는 등가적으로 그림 6-19(b)와 같이 표시할 수 있다.

이 측정에서 $C_1 > C_2$이라면, 이 임피이던스는 유도성 리액턴스이고, $C_1 < C_2$이면 용량성 리액턴스라고 볼 수 있다. 따라서 부속 코일의 인덕턴스를 L, 저항을 R이라 하면 다음 식이 성립한다.

$$\left.\begin{aligned} Q_1 &= \frac{\omega L}{R} = \frac{1}{\omega C_1 R} \\ Q_2 &= \frac{\omega L + X_S}{R + R_S} = \frac{1}{\omega C_2 (R + R_S)} \end{aligned}\right\} \tag{6-53}$$

한편 피측정 임피이던스 Z_x가 클 때에는 그림 6-20(a)와 같이 T_1, T_2에는 부속 코일 L을 접속하고, T_3, T_4에 용량 C와 병렬로 접속하여 측정한다.

이 경우에도 직렬과 마찬가지로 Z_x를 넣지 않고 동조되었을 때 각각 C_1, Q_1이라 하고, Z_x를 접속하고(Z_P는 병렬접속이란 뜻) 다시 동조를 취했을 때를 C_2, Q_2라 하면 미지 임피이던스 Z_x는 등가적으로 그림 6-20(b)와 같이 표시할 수 있다. 이 측정에서 $C_1 > C_2$이면 이 임피이던스는 용량성 리액턴스이고, $C_1 < C_2$이면 유도성 리액턴스라고 볼 수 있다.

따라서 부속 코일의 인덕턴스를 L, 저항을 R이라 하면 다음 식이 성립한다.

$$\left.\begin{aligned} Q_1 &= \frac{R}{\omega L} = \omega C_1 R \\ Q_2 &= \frac{\dfrac{RR_P}{R + R_P}}{\omega L} = \omega\left(C_2 + \frac{1}{\omega X_P}\right)\frac{RR_P}{R + R_P} \end{aligned}\right\} \tag{6-54}$$

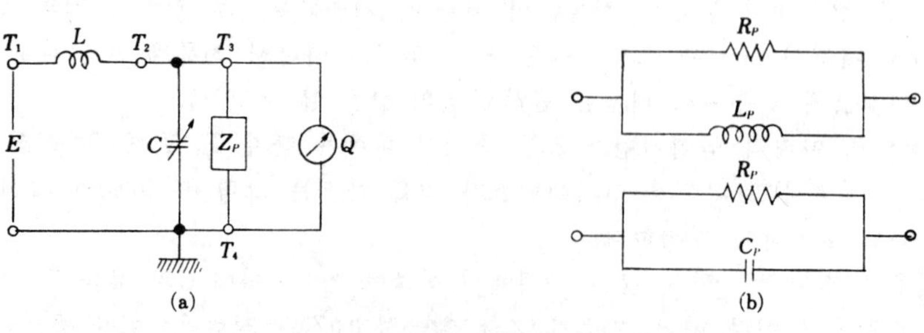

〈그림 6-20〉 병렬접속에 의한 임피이던스 측정

이들의 식으로부터 R_S, R_P, X_S, X_P를 구하고, 이것으로부터 미지 임피이던스 Z_S, Z_P의 Q인 Q_S, Q_P 및 X_S, X_P가 정일 때는(유도성 리액턴스로 되므로) 등가적으로 인덕턴스로 생각할 수 있으므로 X_S/ω, X_P/ω, 즉, L_S, L_P를, 또 X_S, X_P가 부일 때는(용량성 리액턴스로 되므로) 등가적으로 정전용량으로 생각되므로 $1/\omega X_S$, $1/\omega X_P$, 즉 C_S, C_P를 구할 수 있다. 이와 같이 하여 다음과 같은 등가식을 얻을 수 있다.

(1) 직렬의 경우

$$Q_S=\frac{(C_2-C_1)Q_1Q_2}{C_1Q_1-C_2Q_2}$$

$$R_S=\frac{C_1Q_1-C_2Q_2}{\omega C_1C_2Q_1Q_2}\ [\Omega]$$

$$X_S=\frac{C_2-C_1}{\omega C_1C_2}\ [\Omega]$$

$$L_S=\frac{C_1-C_2}{\omega^2C_1C_2}=\frac{2.53\times10^{10}(C_1-C_2)}{f^2C_1C_2}\ [\mu\text{H}]$$

$$C_S=\frac{C_1C_2}{C_2-C_1}\ [\mu\mu\text{F}]$$

단, 여기서 f(또는 ω)는 사용주파수[kHz]이다.

(2) 병렬의 경우

$$Q_P=\frac{(C_1-C_2)Q_1Q_2}{C_1(Q_1-Q_2)}$$

$$R_P=\frac{Q_1Q_2}{\omega C_1(Q_1-Q_2)}[\Omega]$$

$$X_P=\frac{1}{\omega(C_1-C_2)}[\Omega]$$

$$L_P=\frac{1}{\omega^2(C_1-C_2)}=\frac{2.53\times10^{10}}{f^2(C_1-C_2)}[\mu\text{H}]$$

$$C_P=C_1-C_2[\mu\mu\text{F}]$$

단, 여기서도 f(또는 ω)는 사용주파수[kHz]를 표시한다.

[3] 코일에 관한 측정

(1) 코일의 실효 Q를 구하는 방법 : 그림 6-18에서 단자 T_1, T_2 사이에 피측정 코일 L_x를 접속하고, L_x와 C로 동조할 수 있는 범위의 주파수를 발진시킨다. 다음에 C를 조정하여 동조시키고, 동조지시기(VV)가 최대값을 넘지 않도록 발진기 출력을 조정한 다음, 배율계(전류계 A)의 지시를 1에 맞추면 이때의 Q 지시계의 눈금으로부터 그 값을 알 수 있다.

(2) 코일의 실효 인덕턴스를 구하는 방법 : (1)의 측정시 C의 값과 발진주파수 f를 알아 두면

$$L_x=\frac{1}{\omega^2C}=\frac{1}{4\pi^2f^2C}[\text{H}] \tag{6-55}$$

에서 구할 수 있다. 또한 (1)의 방법에서 C의 동조시 용량을 C_1이라 하고, L_x 대신에 표준 인덕턴스 L_S를 접속하여, 다시 같은 주파수에 C를 조정하여 동조시켰을 때 C의 값을

C_2라 하면,

$$L_x = \frac{C_2}{C_1} L_S \text{ [H]} \tag{6-56}$$

으로서도 구할 수 있다.

(3) 코일의 실효저항을 구하는 방법 : (1)의 측정에서 Q와 C의 값을 알고, 그때의 발진기 주파수를 확인하여 다음의 계산으로 구할 수 있다.

$$R_x = \frac{1}{\omega CQ} = \frac{1}{2\pi f CQ} [\Omega] \tag{6-57}$$

이상은 코일에 있어서 분포용량(distributed capacity)을 무시한 경우에 실효정수를 구하는 방법이다.

(4) 코일의 분포용량을 구하는 방법 : 그림 6-18에서 피측정 코일을 접속하고 C를 비교적 적은 값 C_1에 놓고, 발진주파수를 조정하여 공진을 시킨다. 이때의 발진주파수를 f (또는 ω)라 하고, 다음에 발진주파수를 1/2로 하고, C를 조정하여 다시 공진을 시켜서 이때의 C의 값을 C_2, 분포용량을 C_0라 하면

$$\omega = \frac{1}{\sqrt{L(C_1+C_0)}}, \quad \frac{\omega}{2} = \frac{1}{\sqrt{L(C_2+C_0)}}$$

이 되므로, 위의 두 식으로부터 분포용량 C_0는

$$C_0 = \frac{1}{3}(C_2 - 4C_1) \text{ [F]} \tag{6-58}$$

에 의해서 구할 수 있다.

(5) 코일의 Q의 참값을 구하는 방법 : (1)에서 구한 코일의 Q는 코일의 분포용량 C_0를 포함한 경우의 실효 Q이며, 이 C_0의 영향을 제외한 Q의 참값 Q_0는 다음과 같이 구할 수 있다. 즉

$$Q_0 = \frac{\omega L}{R} = \frac{1}{\omega CR}, \quad Q = \frac{1}{\omega(C+C_0)R}$$

인 관계로부터

$$Q = \frac{1}{\omega(C+C_0)R} = \frac{1}{\omega CR + \omega C_0 R} = \frac{1/\omega CR}{1+C_0/C} = \frac{Q_0}{1+C_0/C}$$

$$\therefore \ Q_0 = Q\left(1 + \frac{C_0}{C}\right) \tag{6-59}$$

가 된다.

일반적으로 $C_0 \ll C$이므로 코일의 고유주파수 근처가 아니면 Q를 코일의 참값으로 간주해도 별 지장은 없다. 단, 식 (6-59)의 C는 동조 콘덴서의 공진시의 정전용량값이다.

(6) 코일의 인덕턴스의 참값을 구하는 방법 : (2)에서 구한 인덕턴스를 L, 분포용량을 C_0, 이것과 동조한 용량값을 C, 인덕턴스의 참값을 L_0라면

$$\omega^2 = \frac{1}{LC}, \quad \omega^2 = \frac{1}{L(C+C_0)}$$

이 되며, 위의 두 식으로부터 인덕턴스의 참값 L_0는

$$\frac{1}{LC} = \frac{1}{L_0(C+C_0)} \qquad \therefore \ L_0 = L\left(\frac{C}{C+C_0}\right) \text{ [H]} \tag{6-60}$$

로 된다.

(7) 코일의 저항의 참값을 구하는 방법 : (3)에서 구한 저항을 R라 하고, 이때의 용량값을 C, 분포용량을 C_0, 코일의 저항의 참값을 R_0라 하면 다음 식들이 성립한다.

$$Q=\frac{\omega L}{R}(Q,\ R,\ L\text{은 각각 실효값})$$

$$Q_0=\frac{\omega L_0}{R_0}=Q\left(1+\frac{C}{C_0}\right)\ (Q_0,\ R_0,\ L_0\text{는 각각 참값})$$

$$L_0=L\left(\frac{C}{C+C_0}\right)$$

이들의 각 식을 연립하여서 풀면

$$Q_0=\frac{\omega L}{R_0}\cdot\frac{C}{C+C_0},\qquad Q_0=\frac{\omega L}{R}\cdot\frac{C+C_0}{C}$$

가 되므로, 위의 두 식에서 Q_0를 소거하면

$$\frac{\omega L}{R_0}\cdot\frac{C}{C+C_0}=\frac{\omega L}{R}\cdot\frac{C+C_0}{C}$$

$$\therefore\ R_0=R\left(\frac{C}{C+C_0}\right)^2\,[\Omega] \tag{6-61}$$

로 되어 R_0를 구할 수 있다.

[4] 콘덴서에 관한 측정

(1) 콘덴서의 정전용량을 구하는 방법 : Q 미터로 콘덴서의 정전용량을 구하는 방법에는 병렬삽입법과 직렬삽입법의 두 종류가 있다.

① 병렬삽입법——그림 6-18에서 단자 T_1, T_2에 적당한 코일 L을 접속하고 C를 비교적 큰 값 C_1으로 한 후에 발진주파수를 조정하고 공진을 시킨다.

다음에 피측정 콘덴서 C_x를 주 동조 콘덴서와 병렬로 되어 있는 콘덴서 측정단자(그림 6-20의 T_3, T_4)에 접속하고 발진주파수는 그대로 유지하면서 주 동조 콘덴서 C를 조정하여 다시 공진을 시킨다. 이때 주 동조 콘덴서의 용량값을 C_2라 하면

$$C_x=C_1-C_2\,[\mathrm{F}] \tag{6-62}$$

로 하여 C_x를 구할 수 있다.

② 직렬삽입법——이것은 대용량의 콘덴서 $C_x(C_x \gg C)$를 측정하는 방법이다. 그림 6-18과 같이 적당한 코일 L을 단자 T_1, T_2에 삽입하고, C를 비교적 적은 값 C_1에 놓은 다음 발진주파수를 조정하여 공진시킨다.

다음에 피측정 콘덴서 C_x를 그림 6-19와 같이 코일 L의 저전위측(즉 동조 콘덴서와 가까운 쪽)에 직렬로 접속하고 발진주파수를 그대로 유지하면서 C를 조정하여 다시 공진시킨다. 이때 C의 값을 C_2라 하면

$$C_x=\frac{C_1C_2}{C_2-C_1}\,[\mathrm{F}] \tag{6-63}$$

으로 하여 C_x를 구할 수 있다.

(2) 콘덴서의 Q를 구하는 방법 : 코일을 사용하지 않으면 공진회로를 만들 수 없으므로 적당한 코일과 콘덴서를 접속해서 측정한다. 그러나 이렇게 하면 C_x의 Q외에 코일

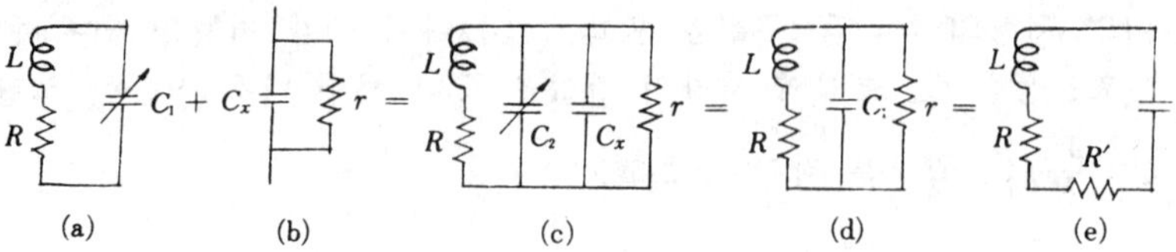

〈그림 6-21〉 병렬삽입법에 의한 콘덴서의 Q 측정

의 Q가 영향을 주기 때문에 계산을 해야 한다.

① 병렬삽입법—— 적당한 보조 코일을 Q미터의 단자 T_1, T_2에 접속하고 C를 비교적 큰 용량인 C_1으로 하여 둔다. 그리고 발진주파수를 조정하여 공진시키고 이때의 Q의 값을 Q_1이라 하자.

다음에 피측정 콘덴서 C_x를 콘덴서 단자 T_3, T_4에 접속하고 C를 조정해서 다시 동조를 잡는다. 이때의 C의 값을 C_2, Q의 값을 Q_2라 하면 피측정 콘덴서의 Q, 즉 Q_{CP}는

$$Q_{CP}=\frac{(C_1-C_2)Q_1Q_2}{C_1(Q_1-Q_2)} \tag{6-64}$$

로 구할 수 있다. 그러면 식 (6-64)가 성립되는 이유를 그림 6-21에 의하여 살펴보자.

그림 (a)에서 코일 L과 C_1이 동조되었을 때의 Q의 값 Q_1은 다음과 같다.

$$Q_1=\frac{1}{\omega C_1R} \qquad \therefore\ R=\frac{1}{\omega C_2Q_1} \tag{6-65}$$

그림 (b)에서 피측정 콘덴서 C_x의 누설저항(leak resistance)을 r이라 하면 병렬이므로

$$Q_{CP}=\omega C_xr \qquad \therefore\ \frac{1}{\omega r}=\frac{C_x}{Q_{CP}} \tag{6-66}$$

그림 (c)에서 ω는 일정하므로 C가 C_2의 값에서 동조되었다면 이때의 합성용량은 C_1과 같으므로

$$C_1=C_2+C_x \qquad \therefore\ C_x=C_1-C_2 \tag{6-67}$$

로 된다. 이것은 병렬삽입법에 의한 미지의 용량을 구하는 식이다.

그림 (d)는 C_2와 C_x의 병렬합성이 C_1과 같다는 식 (6-67)을 이용한 것이다.

그림 (e)에서 병렬저항을 직렬 등가회로의 R'로 치환하면 R'의 값은 $X^2=R'r$에 의해서 구할 수 있다.

$$R'=\frac{X^2}{r}=\frac{1}{\omega^2C_1^2r} \tag{6-68}$$

또 그림 (e)에서 이때의 Q를 Q_2라 하면

$$Q_2=\frac{1}{\omega C_1(R+R')} \tag{6-69}$$

로 된다. 식 (6-69)를 변형하여 R'에 식 (6-68)을 대입하면

$$Q_2=\frac{1}{\omega C_1R+\omega C_1R'}=\frac{1}{\omega C_1R+\dfrac{1}{\omega C_1r}}$$

로 된다. 윗식에 식 (6-65)와 (6-66)을 대입하면

$$Q_2=\frac{1}{\frac{1}{Q_1}+\frac{C_x}{C_1Q_{CP}}} \qquad \therefore\ Q_{CP}=\frac{C_x}{C_1}\cdot\frac{Q_1Q_2}{Q_1-Q_2}$$

로 된다. 위의 C_x에 식 (6-67)을 대입하면

$$Q_{CP}=\frac{(C_1-C_2)Q_1Q_2}{C_1(Q_1-Q_2)} \tag{6-70}$$

로 되며, $(Q_1-Q_2)=\Delta Q$라 하면

$$Q_{CP}=\frac{(C_1-C_2)Q_1Q_2}{C_1\Delta Q} \tag{6-71}$$

로 된다.

② 직렬삽입법 —— 적당한 보조 코일 L을 사용해서 C가 C_1일 때 공진되고, 이때의 Q가 Q_1이며, 다음에 피측정 콘덴서 C_x를 직렬 삽입하여 C가 C_2일 때 공진되고, 이때의 Q가 Q_2라면 콘덴서 C_x의 Q, 즉 Q_{CS}는

$$Q_{CS}=\frac{(C_2-C_1)Q_1Q_2}{C_1Q_1-C_2Q_2} \tag{6-72}$$

로 표시할 수 있다. 그러면 식 (6-72)가 성립되는 이유를 그림 6-22에 의해서 살펴보자.

그림 (a)에서 보조 코일 L, 저항 R 및 콘덴서 C_1으로 구성된 회로가 공진하여 이때의 Q를 Q_1이라 하면, Q_1은 다음과 같다.

$$Q_1=\frac{1}{\omega C_1R} \tag{6-73}$$

그림 (b)에서 피측정 콘덴서 C_x와 그 누설저항 r은 병렬이므로 이 Q, 즉 Q_{CS}는

$$Q_{CS}=\omega C_xr \tag{6-74}$$

로 된다.

그림 (c)에서는 (a)와 (b)가 직렬접속하여 C_2로 공진되었다면 합성용량은 C_1과 같으므로

$$\frac{1}{C_x}+\frac{1}{C_2}=\frac{1}{C_1} \qquad \therefore\ \frac{1}{C_x}=\frac{1}{C_1}-\frac{1}{C_2}=\frac{C_2-C_1}{C_1C_2} \tag{6-75}$$

로 된다. 그림 (d)에서 r을 직렬저항 R'로 치환하는데 공식 $X^2=R'r$을 이용하면

$$R'=X^2\frac{1}{r}=\frac{1}{\omega^2C_x^2r}=\frac{1}{(\omega C_x)(\omega C_xr)}$$

로 되며, 여기에 식 (6-74)를 대입하면

$$R'=\frac{1}{\omega C_xQ_{CS}} \tag{6-76}$$

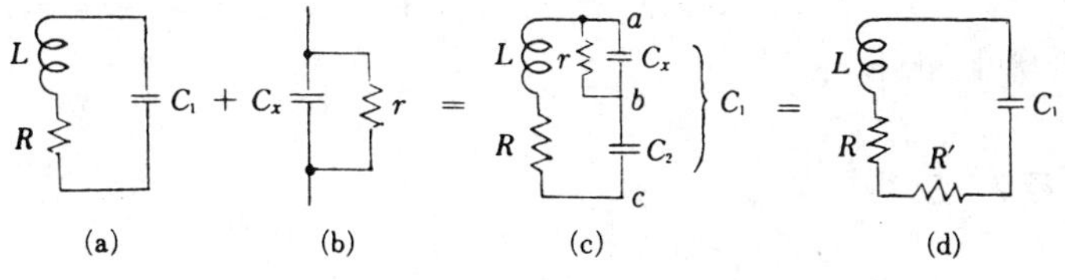

〈그림 6-22〉 직렬삽입법에 의한 콘덴서의 Q 측정

이 되며, 이때의 Q를 Q'라 하면

$$Q'=\frac{1}{\omega C_1(R+R')}=\frac{1}{\omega C_1\left(R+\frac{1}{\omega C_x Q_{CS}}\right)}=\frac{1}{\omega C_1 R+\frac{C_1}{C_x Q_{CS}}}$$

이 된다. 윗식에 식 (6-73)을 대입하면

$$Q'=\frac{1}{\frac{1}{Q_1}+\frac{1}{C_x Q_{CS}}} \qquad \therefore\ Q_{CS}=\frac{C_1}{C_x}\cdot\frac{Q_1 Q'}{Q_1-Q'} \tag{6-77}$$

로 된다.

그런데 윗식의 Q'는 그림 (c)의 Q이고, Q미터의 지시는 C_2의 양단전압을 Q_2로 나타내므로

$$\frac{Q'}{Q_2}=\frac{V_{ac}}{V_{bc}}=\frac{\frac{1}{\omega C_x}+\frac{1}{\omega C_2}}{\frac{1}{\omega C_2}}=\frac{C_2}{C_x}+1$$

로 되며, 여기에 식 (6-75)를 대입하여 정리하면

$$\frac{Q'}{Q_2}=\frac{C_2}{C_1} \qquad \therefore\ Q'=Q_2\frac{C_2}{C_1} \tag{6-78}$$

로 된다. 식 (6-75)와 (6-78)을 (6-77)에 대입하면

$$Q_{CS}=\frac{C_2-C_1}{C_2}\cdot\frac{Q_1 Q_2\frac{C_2}{C_1}}{Q_1-Q_2\frac{C_2}{C_1}}=\frac{(C_2-C_1)Q_1 Q_2}{C_1 Q_1-C_2 Q_2} \tag{6-79}$$

로 표시된다.

[5] Q 미터의 교정방법

Q미터에 의한 측정이 정확히 이루어지고 있는가의 여부를 수시로 확인하는 것은 Q미터를 취급하는 데 있어서 매우 중요한 일이다. Q미터를 교정하는 데 가장 편리한 방법은 동조 콘덴서와 병렬로 접속된 미세 조정용의 부 콘덴서를 사용하는 방법으로서 이것을 리액턴스(reactance)법이라 한다.

즉, 적당한 코일을 측정단자에 접속하고 주 콘덴서로 동조를 잡고(부 콘덴서는 중앙위치에 둔다), 부 콘덴서를 변화하여 동조곡선을 구하고, 동조시의 정전용량 C_r, Q 지시계의 지시가 동조시 지시의 $1/\sqrt{2}$이 될 때의 각각 정전용량 C_1, C_2를 구하면 $Q=\omega L/R=2C_r/(C_2-C_1)$(식 (6-91) 참조)이므로, 이 값과 Q 지시계의 지시가 일치되고 있는가를 확인하면 교정이 가능하다. 이때 (C_2-C_1)은 부 콘덴서의 눈금의 차로 되므로 이 부 콘덴서의 눈금변화가 정확해야 한다.

[6] Q 미터의 주된 오차

Q 미터에서 주로 발생하기 쉬운 오차의 원인을 들어 보면 다음과 같다.

① 고주파전압 공급용의 저항 R_0의 주파수 특성에 의한 오차

② Q 지시용 진공관 전압계의 오차

③ 동조 바리콘의 잔류 인덕턴스에 의한 오차(등가적으로 동조 용량이 증가하고 Q값이 적어진다)

④ 잔류손실에 의한 오차(저항 R_0, 진공관 전압계 등의 손실 때문에 Q 값이 클 때는 Q 의 지시가 적어진다)

⑤ 표유결합(stray coupling)에 의한 오차(동조회로에 발진기로부터의 전압을 직접 유기하기 때문에 발생하는 것으로서 차폐(shielding)를 잘해야 한다)

⑥ 입력감시계의 오차

등으로서 이들의 오차는 일반적으로 주파수의 증가와 더불어 증가한다.

6-5 공진곡선에 의한 Q 의 측정

공진곡선을 이용하여 회로의 Q를 측정하는 방법에는 사용주파수를 변화시키는 방법과 리액턴스를 변화시켜 측정하는 방법이 있다.

[1] 주파수 변화법

그림 6-23(a)와 같이 화로를 구성하고, 고주파 발진기(RF OSC)를 LC회로에 소결합시킨 다음, 발진주파수를 변화시키면서 고주파 전류계 A의 지시값의 변화를 구하여 작도(plot)하면 그림 (b)와 같은 곡선이 된다.

그림에서 R은 코일 L의 저항분이며, f_r은 공진주파수이고, I_r은 공진시 전류이다. 여기서 전류가 공진시의 $1/\sqrt{2}$ 이 되는 두 점의 주파수를 f_1, f_2라 하면 Q의 값은 다음과 같이 얻을 수 있다.

즉 L, C회로 내에 발생하는 기전력을 E라 하고, $\omega_1=2\pi f_1$, $\omega_2=2\pi f_2$라 하면

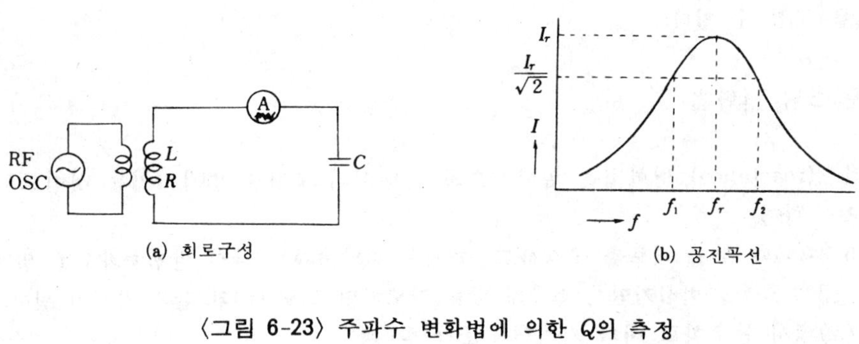

(a) 회로구성 (b) 공진곡선

〈그림 6-23〉 주파수 변화법에 의한 Q의 측정

$$\left.\begin{aligned}\frac{I_r}{\sqrt{2}}&=\frac{E}{\sqrt{R^2+\left(\omega_1 L-\dfrac{1}{\omega_1 C}\right)^2}}\\ \frac{I_r}{\sqrt{2}}&=\frac{E}{\sqrt{R^2+\left(\omega_2 L-\dfrac{1}{\omega_2 C}\right)^2}}\end{aligned}\right\} \tag{6-80}$$

위의 두 식으로부터

$$\left(\omega_1 L-\frac{1}{\omega_2 C}\right)^2=\left(\omega_2 L-\frac{1}{\omega_2 C}\right)^2$$

$$\therefore\ L^2(\omega_1^2-\omega_2^2)=\frac{1}{C^2}\left(\frac{1}{\omega_2^2}-\frac{1}{\omega_1^2}\right)=\frac{1}{C^2}\cdot\frac{\omega_1^2-\omega_2^2}{\omega_1^2\omega_2^2}$$

따라서 윗식을 정리하면

$$L^2C^2=\frac{1}{\omega_1^2\omega_2^2} \qquad \therefore\ LC=\frac{1}{\omega_1\omega_2}\ \text{또는}\ \omega_2 L=\frac{1}{\omega_1 C} \tag{6-81}$$

한편 $E=I_rR$이므로 이것과 식 (6-81)을 식 (6-80)에 대입하면

$$\frac{I_r}{\sqrt{2}}=\frac{I_rR}{\sqrt{R^2+\left(\dfrac{1}{\omega_1 C}-\dfrac{1}{\omega_2 C}\right)^2}},\ \sqrt{2}\,R=\sqrt{R^2+\frac{1}{C^2}\left(\frac{1}{\omega_1}-\frac{1}{\omega_2}\right)^2}$$

$$\therefore\ 2R^2=R^2+\frac{1}{C^2}\left(\frac{1}{\omega_1}-\frac{1}{\omega_2}\right)^2$$

$$\therefore\ CR=\frac{1}{\omega_1}-\frac{1}{\omega_2}=\frac{\omega_2-\omega_1}{\omega_1\omega_2} \tag{6-82}$$

또한 $Q=\dfrac{1}{\omega_r CR}$이므로 $CR=\dfrac{1}{\omega_r Q}$로 하여 식 (6-82)에 대입하면

$$\frac{1}{\omega_r Q}=\frac{\omega_2-\omega_1}{\omega_1\omega_2} \qquad \therefore\ Q=\frac{1}{\omega_r}\cdot\frac{\omega_1\omega_2}{\omega_2-\omega_1} \tag{6-83}$$

또 $\omega_r^2=\dfrac{1}{LC}$ 이므로 식 (6-81)과 비교하면 $\omega_r^2=\omega_1\omega_2$로 되므로 이것을 식 (6-83)에 대입하면

$$Q=\frac{1}{\omega_r}\cdot\frac{\omega_r^2}{\omega_2-\omega_1}=\frac{\omega_r}{\omega_2-\omega_1}=\frac{f_r}{f_2-f_1} \tag{6-84}$$

로 되어 Q를 구할 수 있다.

[2] 리액턴스의 변화법

리액턴스(reactance) 변화법은 일반적으로 콘덴서의 용량을 변화시키는 것이므로 C변화법이라고도 한다.

그림 6-24(a)와 같이 회로를 구성하고, 주파수 변화법과는 달리 발진주파수를 일정하게 유지시키고 용량 C를 가변시키면서 전류의 값을 작도하면 그림 (b)와 같은 곡선이 된다.

그림 (a)에서 동조회로 내의 기전력을 E라 할 때

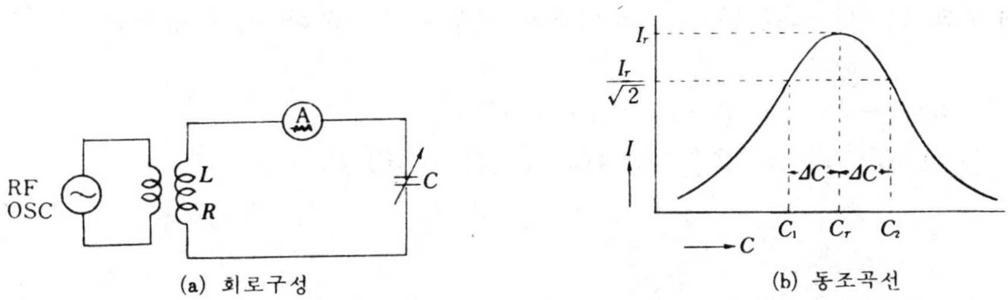

〈그림 6-24〉 리액턴스의 변화법에 의한 Q의 측정

$$I_r=\frac{E}{R} \qquad \therefore\ I_r^2=\left(\frac{E}{R}\right)^2 \tag{6-85}$$

가 되며, 전류가 $I_r/\sqrt{2}$ 되는 C의 값은 각각 C_1, C_2이지만 이것을 C로 대표하여 계산하면

$$\frac{I_r}{\sqrt{2}}=\frac{E}{\sqrt{R^2+\left(\omega L-\frac{1}{\omega C}\right)^2}}$$

$$\therefore\ \frac{I_r^2}{2}=\frac{E^2}{R^2+\left(\omega L-\frac{1}{\omega C}\right)^2} \tag{6-86}$$

이 된다. 식 (6-85)와 (6-86)으로부터

$$2=\frac{R^2+\left(\omega L-\frac{1}{\omega C}\right)^2}{R^2}=1+\frac{1}{R^2}\left(\omega L-\frac{1}{\omega C}\right)^2$$

$$1=\frac{\omega^2L^2}{R^2}\left(1-\frac{1}{\omega^2LC}\right)^2=Q^2\left(1-\frac{1}{\omega^2LC}\right)^2$$

$$\therefore\ 1-\frac{1}{\omega^2LC}=\pm\frac{1}{Q} \tag{6-87}$$

여기서 C는 C_1, C_2의 값이므로 $C_1<C_2$인 경우 식 (6-87)은

$$1-\frac{1}{\omega^2LC_2}=\frac{1}{Q} \quad 또는 \quad \frac{1}{\omega^2LC_1}-1=\frac{1}{Q} \tag{6-88}$$

식 (6-88)의 두 개의 합을 구하면

$$\frac{1}{\omega^2LC_1}-\frac{1}{\omega^2LC_2}=\frac{2}{Q} \qquad \therefore\ \frac{1}{\omega^2L}\left(\frac{1}{C_1}-\frac{1}{C_2}\right)=\frac{2}{Q}$$

또 $\frac{1}{\omega^2L}=C_r$(C_r는 동조점의 용량)이므로

$$C_r\left(\frac{1}{C_1}-\frac{1}{C_2}\right)=\frac{2}{Q} \qquad \therefore\ Q=\frac{2}{C_r\left(\frac{1}{C_1}-\frac{1}{C_2}\right)}=\frac{\frac{2}{C_r}}{\frac{1}{C_1}-\frac{1}{C_2}} \tag{6-89}$$

로 된다. 또 $C_1=C_r-\varDelta C$, $C_2=C+\varDelta C$이므로 이들을 식 (6-89)에 대입하면

$$Q=\frac{\frac{2}{C_r}}{\frac{1}{C_1}-\frac{1}{C_2}}=\frac{\frac{2}{C_r}}{\frac{(C_2-C_1)}{C_1C_2}}=\frac{\frac{2}{C_r}}{\frac{2\varDelta C}{(C_r-\varDelta C)(C_r+\varDelta C)}}$$

$$=\frac{\frac{2}{C_r}}{\frac{2\varDelta C}{(C_r^2-\varDelta C^2)}}=\frac{C_r^2-\varDelta C^2}{C_r\varDelta C}$$

여기서 $\varDelta C \gg C_r$이므로 분자의 $\varDelta C^2$을 무시하면

$$Q \fallingdotseq \frac{C_r^2}{C_r\varDelta C}=\frac{C_r}{\varDelta C} \tag{6-90}$$

으로 된다. 또 분모, 분자에 2를 곱하면

$$Q=\frac{2C_r}{2\varDelta C}=\frac{2C_r}{C_2-C_1} \tag{6-91}$$

이 되고, $C_r \fallingdotseq 1/2(C_1+C_2)$이므로

$$Q=\frac{2C_r}{C_2-C_1}=\frac{C_1+C_2}{C_2-C_1} \tag{6-92}$$

로 되어 Q를 구할 수 있다.

〔연 습 문 제〕

6-1 코일의 분포용량 측정방법을 설명하여라.

6-2 코일의 자기 인덕턴스 측정방법을 각각 써라.

6-3 상호 인덕턴스 측정방법을 열거하고 일례를 들어라.

6-4 콘덴서의 용량측정 방법을 쓰고 역률과 손실각에 대하여 써라.

6-5 임피이던스 측정방법의 일례를 들어 설명하여라.

6-6 Q 미터의 구성요소를 들고 각각을 설명하여라.

6-7 Q 미터에서 전압계가 Q를 지시하는 원리를 설명하여라.

6-8 Q 미터로서 코일에 관하여 측정가능한 사항을 열거하여라.

6-9 Q 미터로 콘덴서의 정전용량을 구하는 방법을 써라.

6-10 발진주파수 1000〔kHz〕, 출력전압 1〔V〕인 발진기를 그림 6-25와 같이 L, R, C회로에 연결하였더니 전류계는 10〔μA〕를 지시하였다. 이것으로부터 L, R, C의 값을

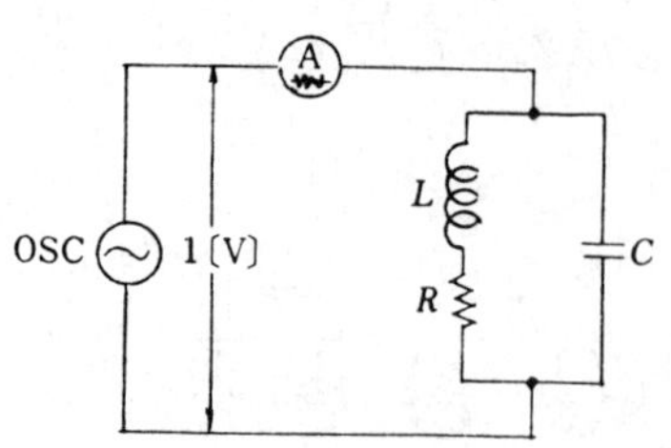

〈그림 6-25〉

구하여라. 단 L, C 공진회로의 공진주파수는 1000〔kHz〕이고 코일의 Q는 100이며, $Z_0 = L/CR$로 계산되며 전원의 내부 임피이던스와 전류계의 내부저항은 무시한다.

6-11 발진기 1개, 교류전류계 2개 및 가변저항기 1개를 사용하여 가청주파 변성기의 상호 인덕턴스를 측정하는 회로도를 그리고 공식을 유도하여라.

6-12 Q 미터에서 발생하기 쉬운 오차의 원인을 열거하여라.

6-13 공진곡선에 의한 Q의 측정법의 일례를 들어 설명하여라.

6-14 그림 6-24를 이용하여 코일의 분포용량을 구하고자 한다. 처음 주파수가 2〔MHz〕에서 용량이 460〔pF〕일 때 공진되었고, 다음에 주파수 4〔MHz〕에서 용량이 100〔pF〕일 때 공진이 이루어졌다면, 이 코일의 분포용량 C_d는 얼마인가?

제 7 장

소자 및 증폭회로에 관한 측정

7-1 광전소자에 관한 측정

[1] 광전변환기

광전변환기(photoelectric transducer)는 광방사(photoemission), 광전도(photoconductive) 또는 광기전력(photovoltaic)으로 구분할 수 있다. 광방사 장치에서 음극에 떨어지는 방사는 음극면으로부터 전자를 방출하게 한다. 광전도 장치에서 재질의 저항은 조사될 때 변하게 된다. 광기전력 전지는 방사강도에 비례하는 출력전압을 발생한다. 입사방사선은 가시광과 함게 적외선, 자외선, 감마선 또는 X선 들이다.

(1) 광증배관 : 광증배관(photomultiplier tube)은 광음극, 양극 그리고 각기 고압이 걸리는 다이노드라 하는 여러 개의 부가적 전극들이 진공유리관 속에 구성되어 있다. 그림 7-1은 광증배관의 원리를 설명하고 있다. 음극에서 방출된 전자는 첫번째 양극에 이끌려진다. 여기서 2차 전자방출이라는 것이 일어난다. 전자가 고속으로 적절한 물질을 부딛치면 물질은 부딛친 양보다 많은 전자를 방출한다. 이 장치에서 높은 속도는 철 양극과 음극간의 고압을 사용하여 이루어진다. 첫 양극에 의해 방출된 전자는 두번째 양극에 이끌려지고 여기서 같은 현상이 일어난다. 각 양극은 매번 요구되는 전자속도를 이루기 위해 더욱 높은 전압에 있다. 따라서, 2차 방출계는 매우 큰 전자흐름 전면(overall) 증가로 각 단에서 전자증배가 일어나게 된다. 원래 전류의 증폭은 10^5 내지 10^9 정도인 것이 보통이다. 발광감도는 루멘(lumen)당 1A 미만에서 루멘당 2000A 이상이다. 대표적 양극전류 정격은 최소 100μA 내지 최대 1mA이다. 이들 장치로 가능한 최대 발광감도는 루멘당 100A의 감도라는 것은 1mA 출력전류를 만드는 데 10^{-5}루멘만이 필요하다는 사실로 설명된다.

일부 전자는 각 단간의 정상 경로로부터 편향되어 다이노드 또는 결과적으로 양극에

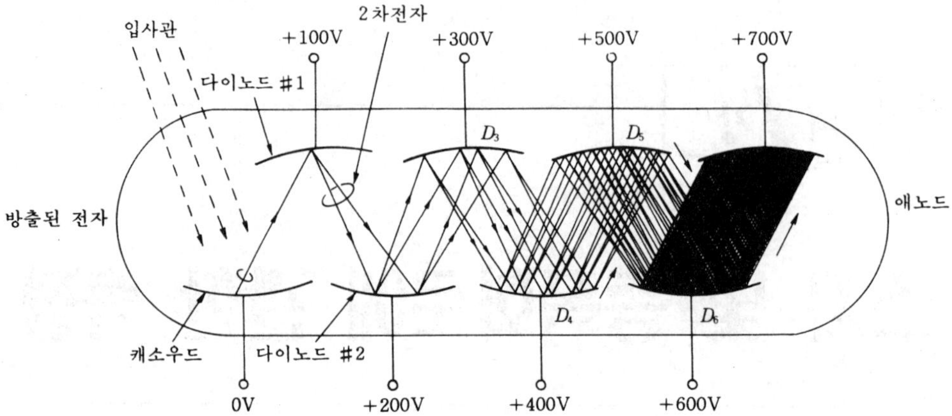

〈그림 7-1〉 광증배관의 원리

도달하지 않기 때문에 자계는 광증배관의 이득에 영향을 끼친다. 신틸레이션(scintillation) 계수응용에서 이 영향이 방해가 되어 뮤-금속(mu-metal) 차계차폐가 흔히 광증배관 주위에 위치하게 된다.

(2) 광전도 전지(광전지) : 유효성이 입증된 다른 광전효과는 광전도전지 또는 광전지(photocell)에 사용되는 광전도 효과이다. 이 형의 장치에서 재질의 전기적 저항은 이것을 부딛치는 광량에 따라 변화한다.

구조의 대표적 형은 그림 7-2(a)에 있다. 광전도 물질, 대표적으로 유화카드늄, 셀렌카드늄 또는 유화셀렌카드늄은 요구되는 저항과 전력정격을 얻기 위해 지그재그 패턴으로 침착된다. 세라믹과 같은 절연기판 위에 두 개의 금속도포 지역으로 분리된 재질은 전극

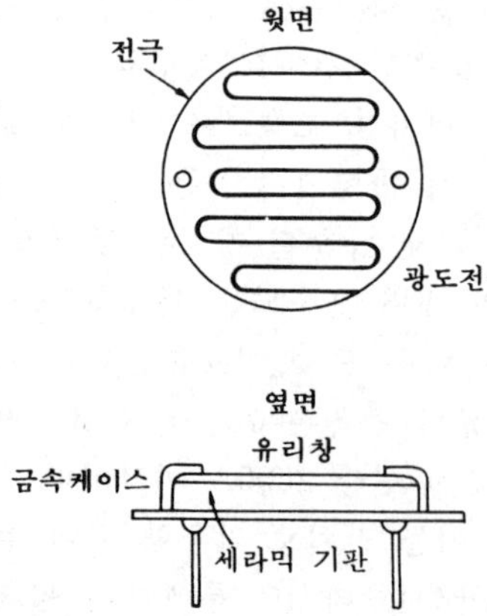

(a) 구 조

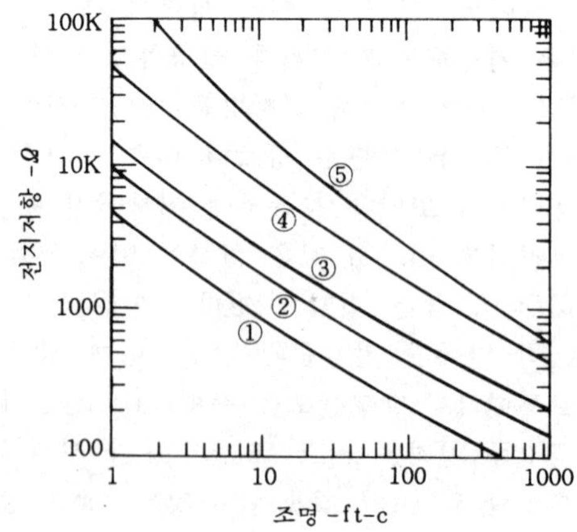

(b) 대표적 저항대 조도곡선

〈그림 7-2〉 광전도전지

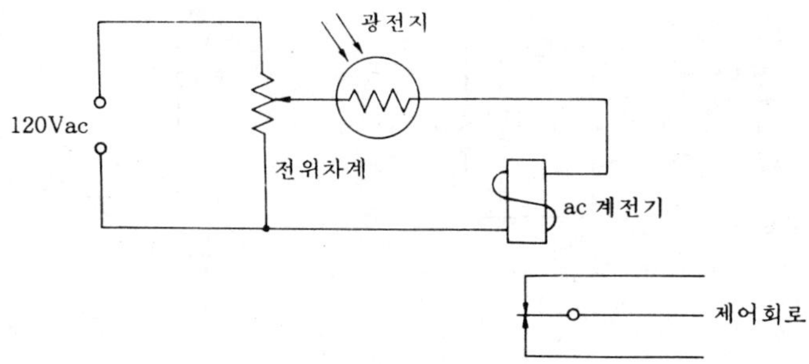

〈그림 7-3〉 광전지와 계전기 제어회로

으로 작용한다. 부품은 광전도 물질 위에 유리창으로 된 금속 케이스에 봉입되어 있다. 이 형의 광전지는 1/8인치에서 1인치 이상의 직경을 갖는 여러 범위의 크기로 만들어진다. 그러나 매우 작은 것은 매우 낮은 전력소모정격을 갖는다.

광전도전지를 사용하는 대표적 제어회로는 그림 7-3에 설명되어 있다. 전위차계는 광전지 감도와 계전기 작동감도에서 제조 공칭오차를 보상하기 위해 조정할 때 사용한다. 광전지가 적절한 빛을 받으면 저항이 낮아지고 계전기를 통하는 전류는 계전기를 작동하기에 충분히 높아진다. 빛이 제거되면 저항은 증가하고 계전기 전류는 계전기를 휴지시키기에 충분히 감소하게 된다.

생산라인의 컨베어벨트에서의 물체계수는 이 종류의 회로를 대표적으로 사용하게 된다. 광원은 물체가 계수되고 광전지에 비추어지게 통로를 가로질러 통하는 빔으로 초점이 맞추어진다. 물체가 지나는 때마다 물체가 빔을 끊어 계전기가 계수기를 작동하게 한다. 물체의 높이가 충분히 다르다면 같은 기술이 물체 분류에 사용된다. 초점화된 광빔을 높이로 향하게 하여 큰 물체는 빔을 가로막아 광전지 출력은 게이트 또는 회전문(turnstile)을 작동하여 큰 물체는 다른 통로로 또는 다른 일부 요구기능을 수행하는데 사용할 수 있다.

[2] 광전자 소자의 특성 측정

광전자소자(photoelectronic device)에는 광전지(photovoltaic cell), 발광 다이오우드(LED, light-emitting diode) 및 포토 트랜지스터(photo transistor) 등이 있으며 이들의 특성과 그 측정방법을 알아 보기로 한다.

(1) 광전지의 특성 측정 : 그림 7-4(a)와 같이 회로를 구성하고 광원의 광도를 변화시키면, 대표적인 광전지에 있어서 광도-기전력 및 광도-광전류 특성은 그림 (b) 및 (c)에 표시한 것과 같다. 그림 (b)에서 기전력 V는 출력 개방시 단자전압을 말한다.

(2) 발광 다이오우드와 포토 트랜지스터의 특성 측정 : 그림 7-5(a)와 같이 회로를 구성한다.

그림 (a)에서 스위치 S_1을 닫고, 광차폐 내에 광출력계를 놓고 전원을 조정하여 I_F의

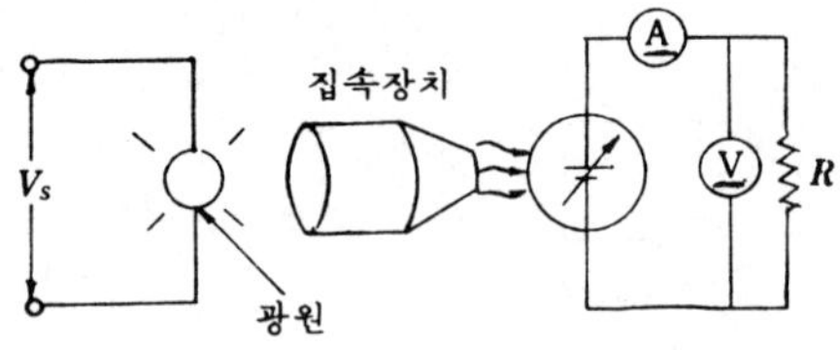

(a) 회로구성

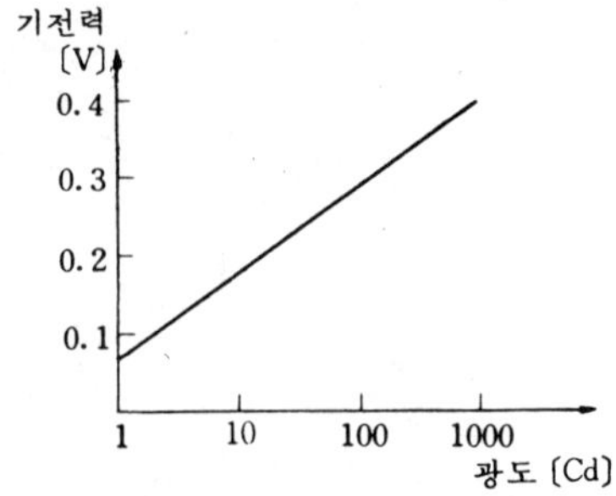

(b) 광도-기전력 특성

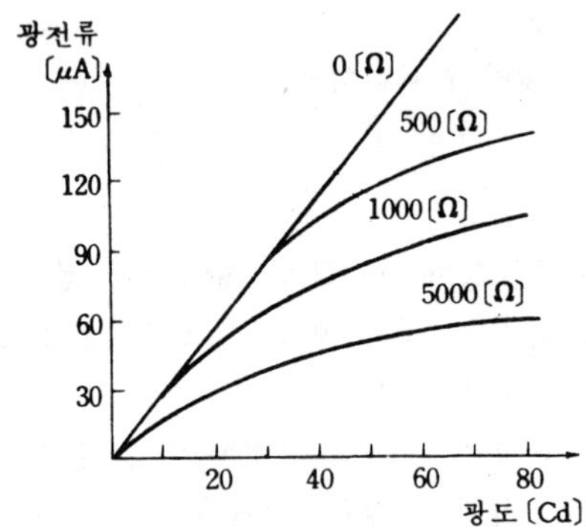

(c) 광도-광전류 특성

〈그림 7-4〉 광전지의 특성 측정

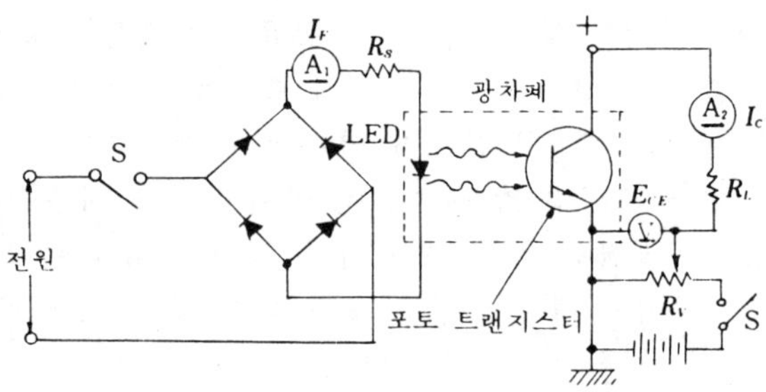

(a) 회로구성

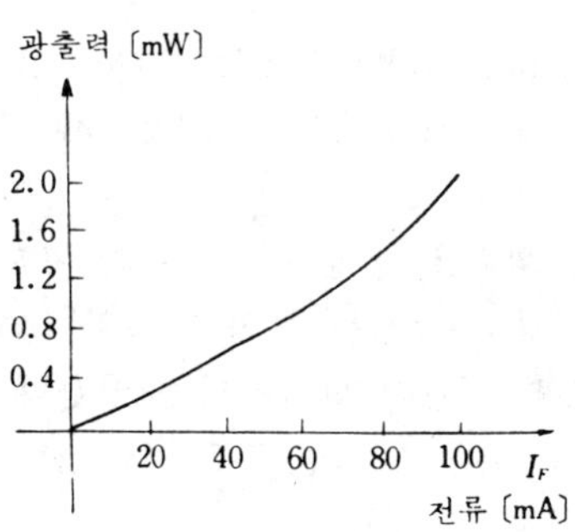

(b) 전류-광출력 특성

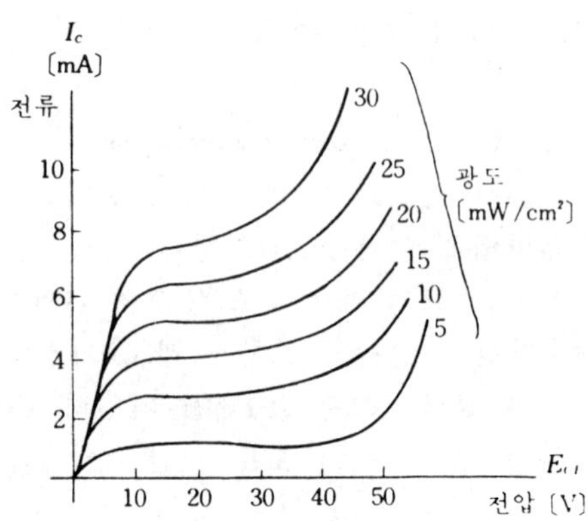

(c) 전압-전류 특성

〈그림 7-5〉 발광 다이오우드와 포토 트랜지스터의 특성 측정

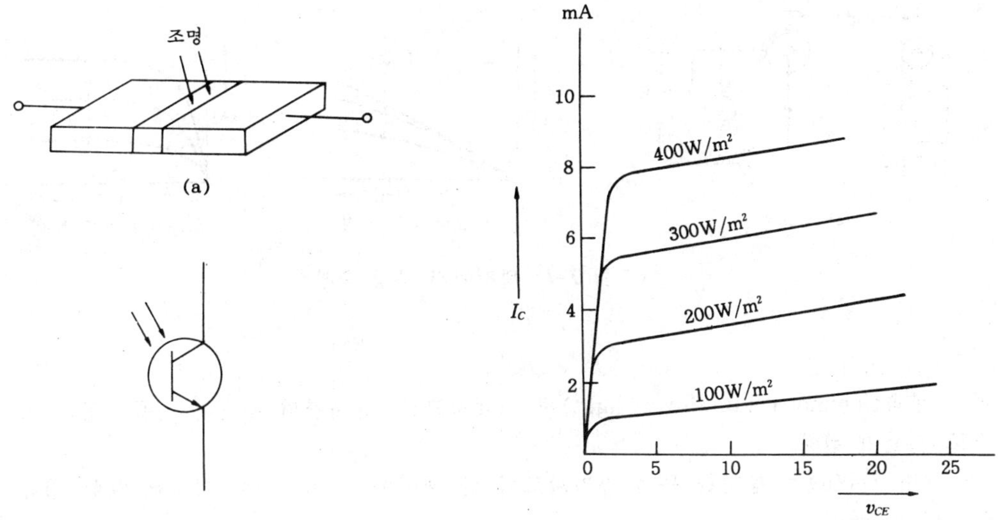

(b) 회로 기호　　(c) 출력특성

〈그림 7-6〉 광트랜지스터의 회로기호와 출력특성

변화에 대한 광출력을 측정하면 그림 (b)와 같은 그래프를 만들 수 있다. 또한 광출력의 여러 가지 값에 대한 포토 트랜지스터의 출력전류를 측정하기 위해 스위치 S_2를 닫고 R_V를 조정하여 E_{CE}값을 변화시키면서 I_C의 변화량을 측정하면 전형적인 포토 트랜지스터에서 그림 (c)와 같은 특성을 나타낸다.

(3) 광트랜지스터의 구조와 특성 : 광트랜지스터의 감도는 n-p-n 소자를 만드는 접합을 부가하면 100배 만큼 증가시킬 수가 있다. 구조의 간단한 표현은 그림 7-6(a)에 보였는데, 이 소자로 사용된 여러 회로 기호를 또한 나타낸다. 중앙 영역의 조사는 전자-홀 쌍을 여기서 방출하게 된다. 이것은 양접합간의 장벽전위를 낮추게 되어 좌측영역에서 중앙영역으로 그리고 우측영역까지 전자흐름을 증가시키게 된다.

매우 적은 면적상에 주어진 조사량으로 광트랜지스터(phototransistor)는 광다이오드보다 매우 큰 출력전류를 제공하게 된다. 그것은 광트랜지스터가 더 민감하다는 것이다.

광트랜지스터의 회로기호와 대표적 출력특성은 그림 7-6(b), (c)에 있다. 광트랜지스터와 저전류 광다이오드 배열은 천공된 카드와 데이타 판독과 같은 응용에 광검출기로 널리 사용된다. 광트랜지스터가 광다이오드보다 더 민감한 장점을 갖지만, 광다이오드가 더 빠른 스위칭 시간을 갖는다.

[3] 광전관의 특성 측정

광전관(photo-electric tube)에는 진공광전관과 가스(gas) 광전관이 있으며, 이 두 가지는 감도도 다르고 특성도 다르다.

광전관에 흐르는 광전류는 양극전압을 일정하게 유지할 경우에는 대개 관 내에 입사

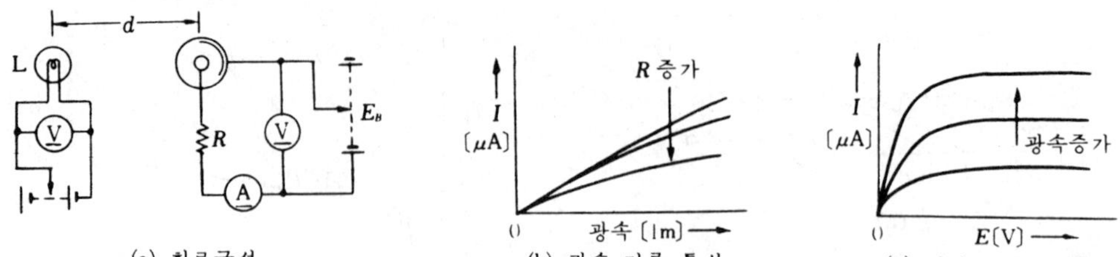

(a) 회로구성 (b) 광속-전류 특성 (c) 전압-전류 특성

〈그림 7-7〉 광전관의 특성 측정

하는 광속(luminous flux, flux of light)에 비례하므로, 광전관의 광속과 전류특성은 일반적으로 직선이 된다.

그림 7-7(a)는 광전관 특성 측정회로의 한 예이며, 그림 (b)는 광속에 대한 전류특성 곡선의 한 예이다.

이 특성을 측정하려면 광전관 V와 광원용 램프(lamp) L과의 거리 d를 변하게 하여 V의 입사광속을 변화시켜 입사광속에 대한 광전류를 측정한다. 광전관의 입사광속이 일정해도, 양극전압을 변화하면 광전류는 변한다. 즉 광전관의 전압에 대한 전류특성은 진공광전관에서 그림 (c)와 같은 포화특성으로 된다. 이 특성을 구하려면 그림 (a)에서 광원 L과 V와의 거리 d 및 L의 광도를 일정하게 하여 놓고, 광전관의 양극전압 E_B를 변화시키며 광전류 I를 구하면 된다.

7-2 반도체에 관한 측정

반도체는 50년대부터 개발되기 시작하여 근래에 와서는 그 독특한 성질 때문에 이용범위가 급속히 확대되었다. 반도체의 이용분야는 여러 가지가 있으나 여기서는 널리 사용되고 있는 게르마늄(germanium) 및 실리콘(silicon) 정류기(diode), 트랜지스터 정수 및 특수반도체 등에 대하여 설명하고자 한다.

[1] 다이오우드의 특성 측정

반도체 다이오우드에는 금속정류소자인 산화동(copper suboxide), 셀렌(selenium, Se)을 주제로 한 것과 순수반도체인 게르마늄, 실리콘을 주제로 한 것이 있으며, 계기용으로는 산화동, 그밖의 정류용으로는 실리콘(Si) 다이오우드가 주로 사용된다. 사용전압은 수〔μV〕~수백〔V〕이며, 전류는 수〔μA〕~수천〔A〕까지 이용되고 있다.

다이오우드의 특성을 측정하기 위하여는 그림 7-8(a)와 같이 회로를 구성하고 스위치 S를 (a)쪽에 놓았을 때 순방향 특성을, (b)쪽에 놓았을 때 역방향 특성을 측정할 수

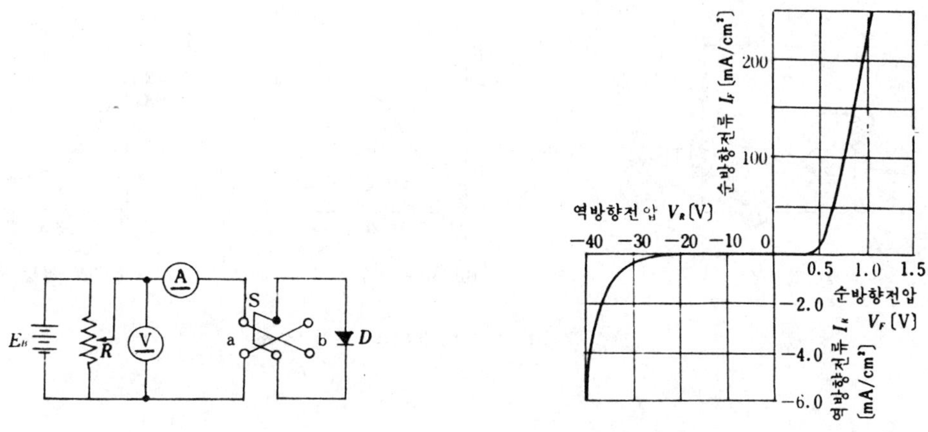

(a) 회로구성 (b) 특성곡선

〈그림 7-8〉 다이오우드의 특성 측정

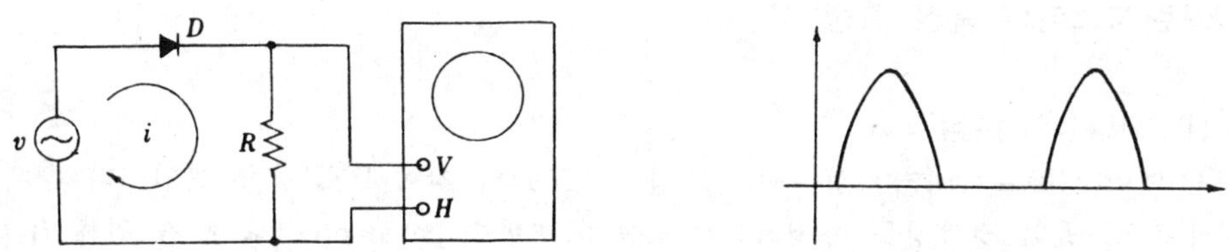

(a) 회로구성 (b) 관측파형

〈그림 7-9〉 다이오우드의 정류특성 관측

있다. 저항 R을 조정함으로써 순방향과 역방향의 전압을 증가시키면 전류가 변화하는데 그 특성은 그림 (b)와 같다.

한편 다이오우드의 정류특성을 관측하기 위하여는 그림 7-9(a)와 같이 회로를 구성하면 교류전압의 반파정류된 파형이 오실로스코우프의 수직, 수평단자에 들어가 그림 (b)와 같은 정류파형을 직시할 수 있다.

[2] 더어미스터의 특성 측정

더어미스터(thermister)란 부의 온도계수를 가진 저항체의 이름이며, 거의가 반도체를 이용한 것이다. 현재 사용되고 있는 것은 Mn, Co, Ni, Fe, Ti, Cu 등의 산화물을 적당히 혼합 소결한 반도체이다.

더어미스터의 특성 측정에는 가열특성과 저항온도특성이 있다. 가열특성은 그림 7-10(a)와 같이 회로를 구성하고 전압계 V의 눈금을 적당한 값으로 하여 둔 후, 스위치 S를 닫고 시간의 경과와 더불어 전류가 어떻게 변화하는가를 측정하면 그림 (b)와 같은 특

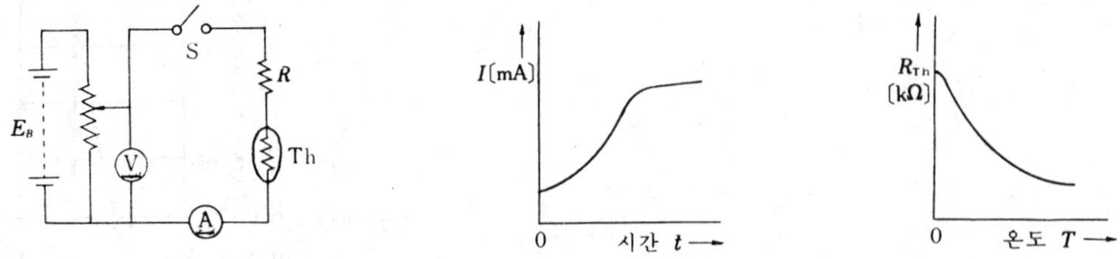

(a) 회로구성 (b) 시간-전류 특성 (c) 온도-저항 특성

〈그림 7-10〉 더어미스터의 특성 측정

성을 얻는다.

한편 저항-온도특성은 더어미스터를 온도계가 장치된 가열기 안에 저항계와 연결하여 넣고, 온도의 변화에 따르는 저항의 변화특성을 측정하여 표시하면 그림 (c)와 같다.

[3] 트랜지스터의 특성 측정

(1) 정특성의 측정

① 베이스(base) 접지측정 —— 그림 7-11(a)와 같이 PNP형 트랜지스터의 베이스를 접지하고, E_C-I_C의 정특성을 측정하려면 I_e를 매개변수(parameter)로 하기 위해 R_1을 조정

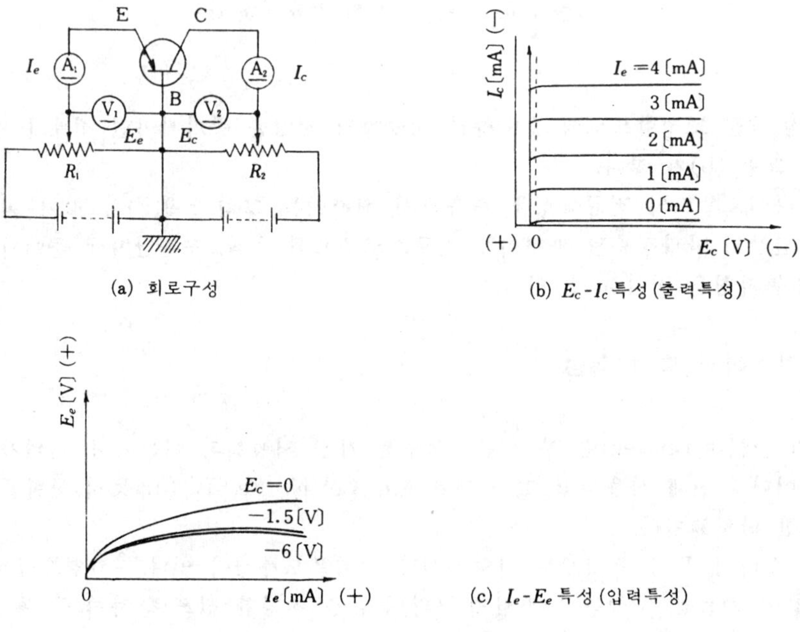

(a) 회로구성

(b) E_c-I_c 특성(출력특성)

(c) I_e-E_e 특성(입력특성)

〈그림 7-11〉 베이스 접지형 정특성 측정

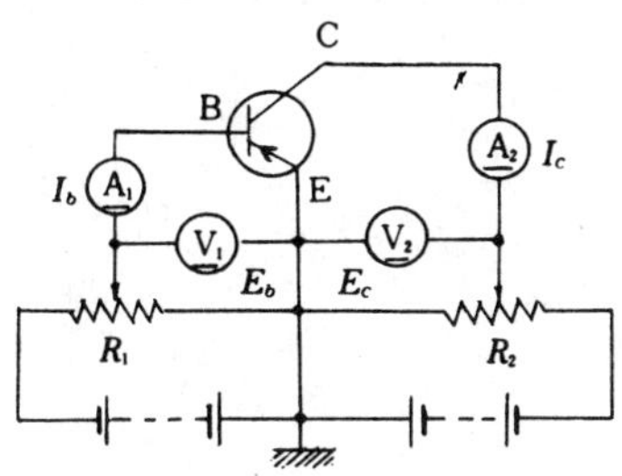

(a) 회로구성

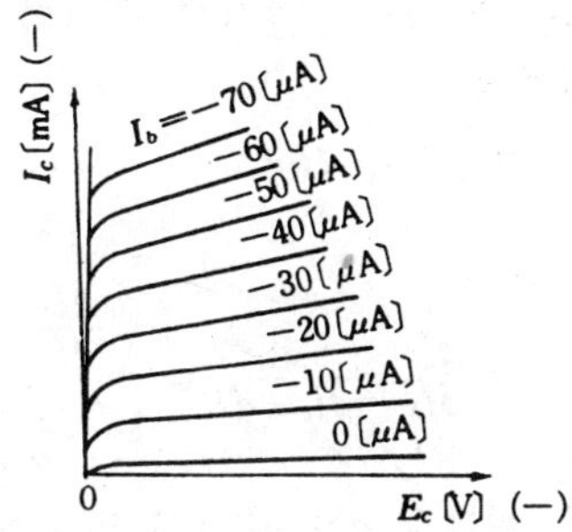

(b) E_c-I_c 특성(출력특성)

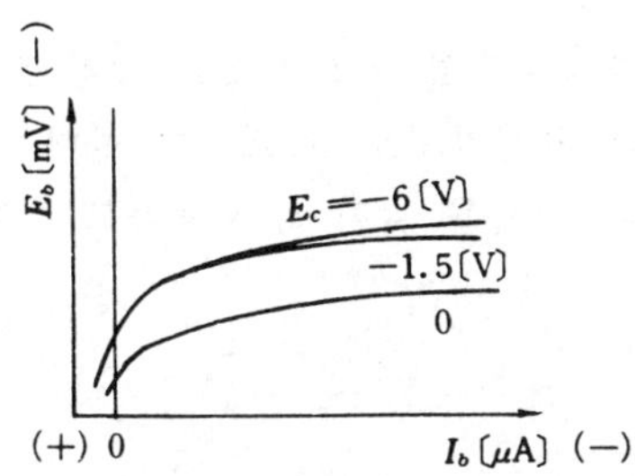

(c) I_b-E_b 특성(입력특성)

〈그림 7-12〉 에미터 접지형 정특성 측정

하여 에미터(emitter) 전류 I_e를 어느 일정값으로 유지하고, R_2로 콜렉터(collector) 전압 E_c를 변화시키며 이것에 대한 콜렉터 전류 I_c의 값을 구하여 그래프로 표시하면 그림 (b)와 같다. 이것은 I_e의 여러가지 일정값에 대하여 특성곡선을 여러 개 그린 것이다. 이와 같은 방법으로 E_c를 매개변수로 하고 E_e-I_e 특성곡선을 그리면 그림 (c)와 같이 되며 그밖에도 E_c를 매개변수로 하고 I_c-I_e의 특성곡선도 구할 수 있다.

② 에미터(emitter) 접지측정 —— 그림 7-12(a)와 같이 PNP형 트랜지스터의 에미터를 접지하고 E_C-I_C의 정특성을 측정하려면 I_b를 매개변수로 하기 위해 ①과 같은 방법으로 R_1을 조정하여 베이스 전류 I_b를 어느 일정값으로 유지하고, R_2로 E_c를 변화시키며 이것에 대한 I_c의 값을 구하여 그래프를 그린다.

이때에도 I_b의 여러 가지 값에 대한 곡선들을 그리면 그림 (b)와 같다. 이와 같은 방법으로 E_C를 매개변수로 하고 E_b-I_b 특성곡선을 그리면 그림 (c)와 같이 되며, 그 외에도 E_c를 매개변수로 하고 I_b-I_c 특성곡선을 구할 수도 있다.

(2) 전류증폭률 측정 : 전류증폭률은 베이스 접지의 경우에는 α, 에미터 접지의 경우에는 β의 기호를 사용한다. 즉 α와 β는 다음 식으로 표시한다.

$$\alpha=\frac{\Delta I_C}{\Delta I_e} \tag{7-1}$$

$$\beta=\frac{\Delta I_c}{\Delta I_b} \tag{7-2}$$

그런데 에미터 접지에서 콜렉터 전류는 에미터 전류가 일부 베이스로 흐르고 나머지 전류가 되므로

$$\Delta I_c = \Delta I_e - \Delta I_b \qquad \therefore\ \Delta I_b = \Delta I_e - \Delta I_c$$

로 되어

$$\beta = \frac{\Delta I_c}{\Delta I_b} = \frac{\Delta I_c}{\Delta I_e - \Delta I_c} = \frac{\dfrac{\Delta I_c}{\Delta I_e}}{1 - \dfrac{\Delta I_c}{\Delta I_e}} = \frac{\alpha}{1-\alpha} \tag{7-3}$$

으로 되며, 이것을 α에 관해서 정리하면

$$\alpha = \frac{\beta}{1+\beta} \tag{7-4}$$

의 관계가 성립한다.

① α의 측정 —— 베이스 접지형의 전류증폭률 α의 측정은 그림 7-13과 같이 구성되며 r_1과 r_2를 조정하여 직류 I_e와 I_c가 각각 규정값으로 흐르도록 한다. 지금 스위치 S를 ①과 ②로 절환했을 때의 진공관 전압계의 지시를 각각 e_1 및 e_2라고 하면 $e_1 = R_1 i_e$, $e_2 = R_2 i_c$이므로

$$\frac{e_2}{e_1} = \frac{R_2 i_c}{R_1 i_e} = \frac{R_2}{R_1}\alpha$$

$$\therefore\ \alpha = \frac{R_1}{R_2} \cdot \frac{e_2}{e_1} \tag{7-5}$$

로 된다. 여기서 $R_1 = R_2$(약 1〔kΩ〕 정도)로 미리 선정하여 두면 다음과 같이 간단히 표시할 수 있다.

$$\alpha = \frac{e_2}{e_1} \tag{7-6}$$

② β의 측정 —— ①에서 α를 구하면 식 (7-3)에 의하여 β를 계산으로 구할 수도 있으나 다음과 같은 방법으로 직접 구할 수도 있다. 그림 7-14에서 r_1과 r_2를 조정하여 직류분 I_b와 I_c를 규정값으로 하고 S를 ①과 ②로 절환하였을 때의 진공관 전압계의 지시를

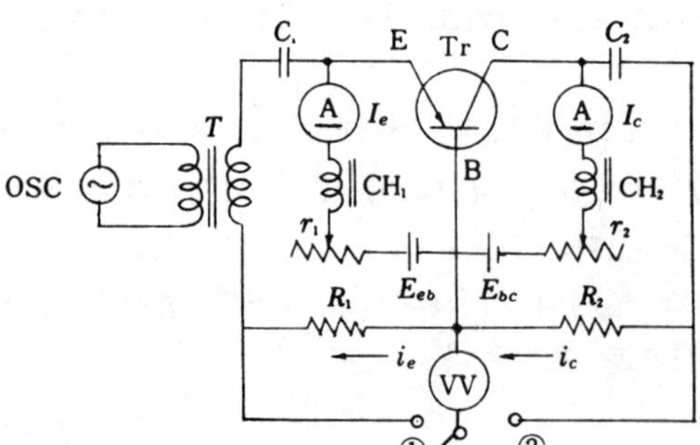

〈그림 7-13〉 α의 측정회로

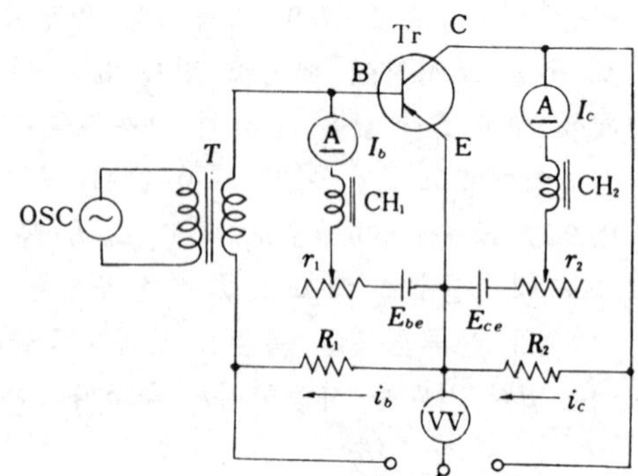

〈그림 7-14〉 β의 측정회로

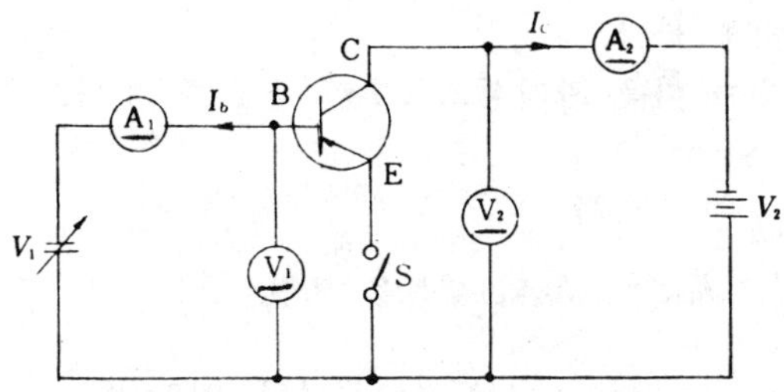

〈그림 7-15〉 트랜지스터의 특성 측정

각각 e_1 및 e_2라고 하면 $e_1=R_1i_b$, $e_2=R_2i_c$이므로

$$\frac{e_2}{e_1}=\frac{R_2i_c}{R_1i_b}=\frac{R_2}{R_1}\beta$$

$$\therefore\ \beta=\frac{R_1}{R_2}\cdot\frac{e_2}{e_1} \tag{7-7}$$

로서 구할 수 있다. 여기서 β값은 α값에 비하여 매우 크므로 $R_1=1$〔kΩ〕에 대하여 R_2는 1〔Ω〕, 10〔Ω〕, 100〔Ω〕 등으로 치환하여 측정하면 더욱 편리하다.

그밖에도 그림 7-15와 같이 회로를 구성하고, 에미터를 개방하였을 때의 콜렉터 전류 I_{c0}를 측정할 수 있으며, 전압계 V_1, V_2의 내부저항이 충분히 크다고 간주할 때 S를 닫고 I_b와 I_c를 측정하면

$$\alpha=\frac{I_c}{I_e}=\frac{I_c}{I_b+I_c},\qquad \beta=\frac{I_c}{I_b} \tag{7-8}$$

로서 구할 수 있다.

보통 트랜지스터에서는 $\alpha=0.99$정도, $\beta=99$정도, $I_{c0}=20$〔μA〕 이하이므로 이들 값을 측정하여 그 값이 규정값대로인가 아닌가에 따라 트랜지스터의 양부를 판정할 수도 있다.

(3) 트랜지스터의 정수측정 : 트랜지스터의 정수측정은 외부에서 측정할 수가 없으므로 그림 7-16(a)와 같이 베이스 접지회로의 4단자망회로를 구성하면 h정수를 사용한 등가회로는 그림 (b)와 같다.

트랜지스터의 정수에 의한 해석 방법에는 여러 가지가 있으나 여기서는 h(hybrid) 정

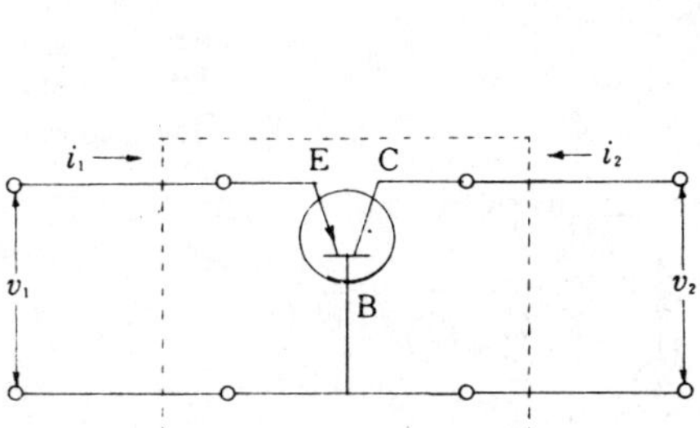

(a) 4단자회로

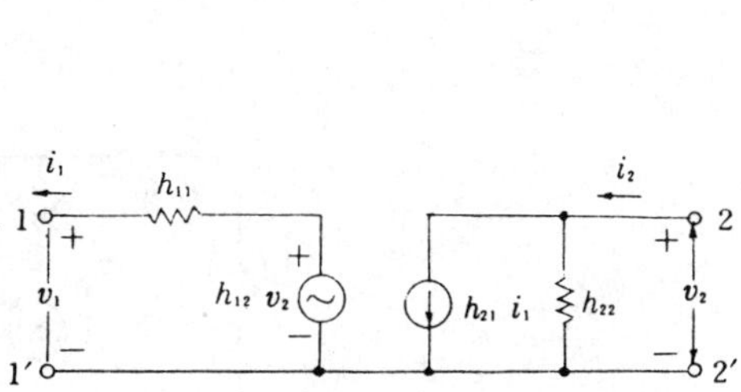

(b) h정수 등가회로

〈그림 7-16〉 트랜지스터의 등가회로

수에 대해서만 설명하기로 한다.

그림 (a)에서 h정수는 다음 관계식으로부터 구할 수 있다.

$$\left.\begin{aligned} v_1 &= h_{11}i_1 + h_{12}v_2 \\ i_2 &= h_{21}i_1 + h_{22}v_2 \end{aligned}\right\} \tag{7-9}$$

이때의 매개정수 h_{11}, h_{12}, h_{21}, h_{22}의 성분을 보면

① $h_{11} = \left(\dfrac{v_1}{i_1}\right)_{v2=0} = h_i(i=\text{input})$: 출력단락, 입력 임피이던스〔Ω〕

② $h_{12} = \left(\dfrac{v_1}{v_2}\right)_{i1=0} = h_r(r=\text{reverse})$: 입력개방, 전압귀환율(무명수)

③ $h_{21} = \left(\dfrac{i_2}{i_1}\right)_{v2=0} = h_f(f=\text{forward})$: 출력단락, 전류증폭률(무명수)

④ $h_{22} = \left(\dfrac{i_2}{v_2}\right)_{i1=0} = h_o(o=\text{output})$: 입력개방, 출력 어드미턴스〔℧〕

를 나타낸다.

h정수의 측정일례를 들면 그림 7-17과 같다. 우선 스위치 S를 열고 e_1, e_2를 조정하여 평형을 잡고 다음에 e_1, e_2를 그대로 두고 S를 닫은 후에 e_3를 가감하여 평형을 잡는다. 이와 같이 하면 R_1, R_2가 고저항인 경우에는 다음의 관계식이 성립한다.

$$i_1 = \frac{e_1}{(R_1 + h_{11})} \doteqdot \frac{e_1}{R_1}, \qquad i_2 = \frac{e_2}{R_2} = h_{21}i_1$$

$$v_1 = h_{11}i_1 = e_3$$

따라서

$$h_{11} = \frac{e_3}{i_1} = R_1\frac{e_3}{e_1} = \frac{v_1}{i_1} \tag{7-10}$$

$$h_{21} = \frac{e_2}{R_2 i_1} = \frac{R_1,\ e_2}{R_2,\ e_1} = \frac{i_2}{i_1} \tag{7-11}$$

로서 구할 수 있다.

그림 7-17은 베이스 접지의 경우를 표시하였지만 에미터 접지, 콜렉터 접지 등의 경우에는 값이 달라진다는 것에 유의해야 한다. h정수에 대한 각 접지별 정수의 값은 표 7-1과 같다.

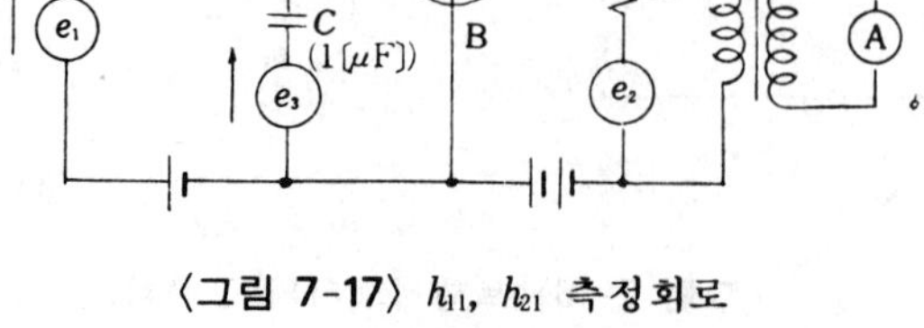

〈그림 7-17〉 h_{11}, h_{21} 측정회로

〈표 7-1〉 저주파 트랜지스터의 대표적인 h정수의 값

매개정수	베이스 접지	에미터 접지	콜렉터 접지
$h_i(=h_{11})$	h_{ib} : 약 30〔Ω〕	h_{ie} : 약 2〔kΩ〕	h_{ic} : 약 2〔kΩ〕
$h_r(=h_{12})$	h_{rb} : 약 4×10^{-4}	h_{re} : 약 6×10^{-4}	h_{rc} : 1
$h_f(=h_{21})$	h_{fb} : 약 0.985	h_{fe} : 약 60	h_{fc} : 약 −60
$h_o(=h_{22})$	h_{ob} : 약 0.5〔μ℧〕	h_{oe} : 약 30〔μ℧〕	h_{oc} : 약 30〔μ℧〕

(4) 차단주파수 측정 : 트랜지스터의 전류증폭률은 저주파에서부터 고주파에 이르기까지 순차로 구해서 주파수 특성을 만든다. 이 경우에는 증폭률 직독형의 측정기를 사용하면 편리하다. 그리고 증폭률이 표준값 α_0 또는 β_0(이것은 270〔Hz〕에 대한 전류증폭률)의 $1/\sqrt{2}$, 즉 3〔dB〕 저하되는 주파수를 α차단주파수 f_α, 또는 β차단주파수 f_β라고 한다. f_β는 f_α보다 차단주파수가 훨씬 낮으며 다음과 같은 관계가 성립한다.

$$f_\beta=(1-\alpha_0)f_\alpha=\frac{\alpha_0}{\beta_0}f_\alpha \text{〔Hz〕} \tag{7-12}$$

지금 $\alpha_0 ≒ 1$이라 하면 f_β는 다음과 같이 된다.

$$f_\beta=\frac{f_\alpha}{\beta_0}\text{〔Hz〕} \tag{7-13}$$

f_α의 측정은 그림 7-18과 같이 회로를 구성하고 R_1과 R_2의 분압기는 ①에 놓았을 때에 ②의 경우의 $1/\sqrt{2}$이 되도록 만들어져 있다.

발진기의 출력 레벨을 동일하게 하여 두고, 광대역 가변발진기의 주파수를 높여가면서 S를 ①과 ②로 절환시켜도 진공관 전압계의 지시가 변하지 않을 때까지 주파수를 증가시켜 가면 된다.

f_β를 구하려면 그림 7-18의 트랜지스터와 직류전원의 접속을 에미터 접지형으로 고치고 같은 방법으로 측정하면 된다.

(5) 트랜지스터의 잡음측정 : 그림 7-19와 같이 회로를 구성하고 스위치 S를 ①에 접속하면 에미터측을 개방하고, S를 ②에 접속하면 콜렉터측을 개방하게 되므로 각각 잡음 출력전압 e_{ne} 및 e_{nc}는 캐소우드 폴로워(cathode follower)를 통해서 Q가 큰 필터(filter)와 고이득의 증폭기에 공급되어 증폭되고 전압계에 지시됨으로써 측정할 수 있다.

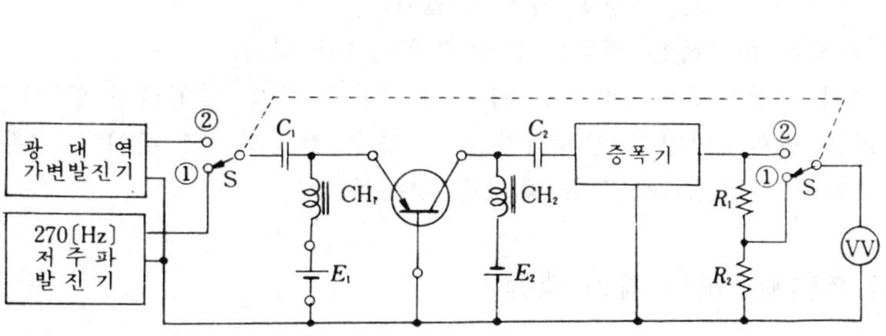

〈그림 7-18〉 f_α의 측정회로

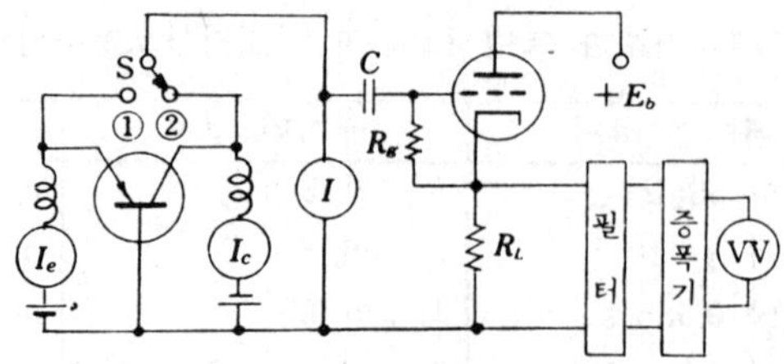

〈그림 7-19〉 잡음측정

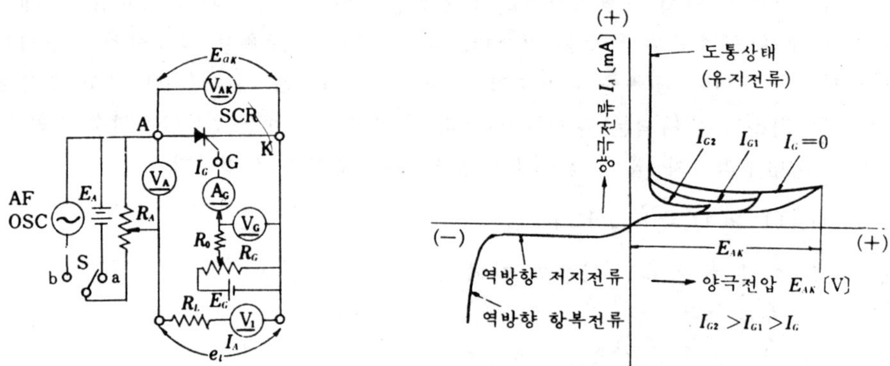

(a) 회로구성 (b) 전압-전류 특성

〈그림 7-20〉 SCR의 특성 측정

[4] 실리콘 제어정류기의 특성 측정

SCR(silicon controlled rectifier)은 다이리스터(thyristor) 또는 고체 다이라트론(solid thyratron)이라고도 하며, PNPN 다이오우드의 중간 P층에서 제3의 전극(제어전극, 게이트라고 함)을 부착한 것으로서, 소형경량으로 견고하며 온도에 대한 영향이 적고, 동작이 안정되고 수명이 길며 내부 전압강하가 적고 효율이 좋으며, 근소한 게이트(gate) 전류로서 대전류를 제어할 수 있는 특징을 가지고 있다.

SCR의 정특성을 측정하는 회로는 그림 7-20(a)와 같다.

그림 (a)에서 스위치 S를 a쪽으로 하고 전원전압 E_A를 일정하게 한 다음, 저항 R_G로 게이트 전압 E_g를 변화시키면서 양극전압 E_{AK}, 양극 전류 I_A 및 게이트 전류 I_g를 측정하여 그래프를 그리면 그림 (b)와 같은 특성을 얻는다.

[5] 전계효과 트랜지스터의 특성 측정

일반 트랜지스터는 전류제어소자(current controlled device)인 데 반하여 전계효과 트

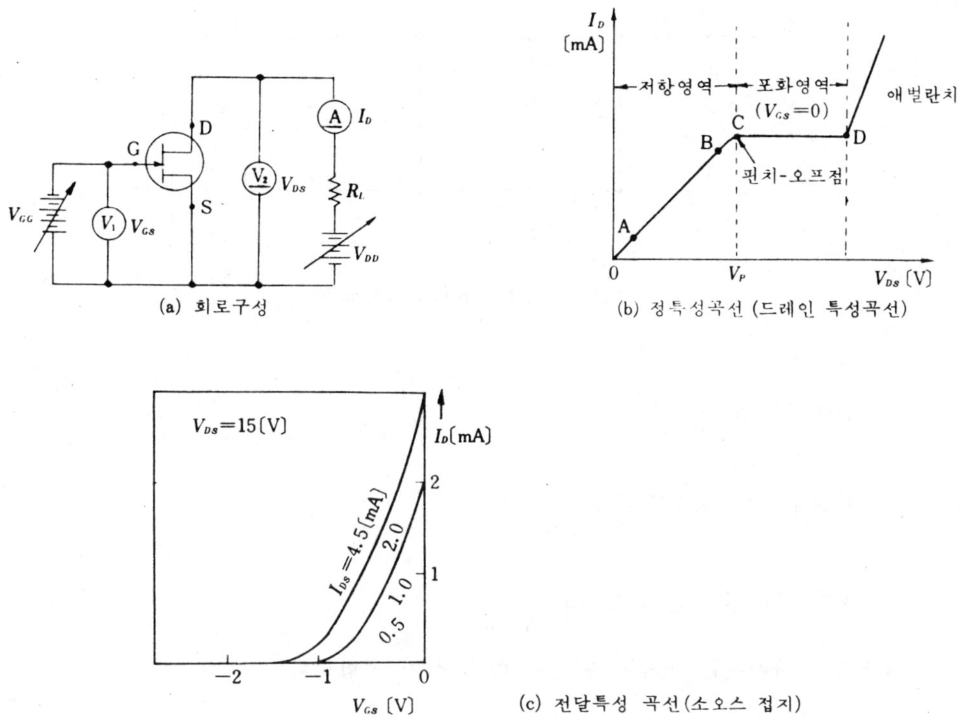

(a) 회로구성

(b) 정특성곡선 (드레인 특성곡선)

(c) 전달특성 곡선(소오스 접지)

〈그림 7-21〉 FET의 특성 측정

랜지스터(FET, field effect transistor)는 전압제어소자(voltage controlled device)이며, 실제로 입력전류를 요구하지 않는다. 이것은 FET의 입력 임피이던스가 10^8[kΩ]~10^{12}[kΩ] 정도로 매우 크다는 것을 의미하며, 이 점에 있어서 FET는 진공관과 비슷하여 진공관회로를 그대로 사용할 수 있다.

FET는 진공관처럼 입력과 출력이 절연되며, 적당한 상호 콘덕턴스(g_f)를 가지고, 가열전력이 필요없으며 낮은 전압에서 동작한다는 것이 진공관과 다르다.

(1) FET의 정특성 측정 : 그림 7-21(a)와 같이 회로를 구성하고 V_{GS}를 일정하게 고정시킨 다음 V_{DD}의 변화에 따라 V_{DS}를 변형시키면서 I_D의 변화를 측정하면 이상적인 FET에서는 그림 (b)와 같은 그래프를 얻는다.

그림 (b)에서 V_{DS}가 낮은 AC 사이를 저항영역(ohmic region), CD 사이를 포화영역(saturation or pinch off region)이라 하고, V_{DS}가 점 D를 지나 증가하면 애벌란치(avalanche)를 일으켜 I_D가 급격히 증가한다.

한편 V_{DS}를 일정하게 하고 V_{GS}를 변화시키면 역시 I_D가 변화되는데 이것을 그래프로 그리면 그림 (c)와 같다. 이것을 전달특성 곡선이라 하며 진공관의 경우와 비슷한 특성을 가진다.

(2) FET의 3정수 측정 : 일반적으로 FET가 소신호 동작을 할 때 그 등가회로는 그림 7-22와 같으므로 진공관의 경우와 같이 다음 식으로 표시할 수 있다.

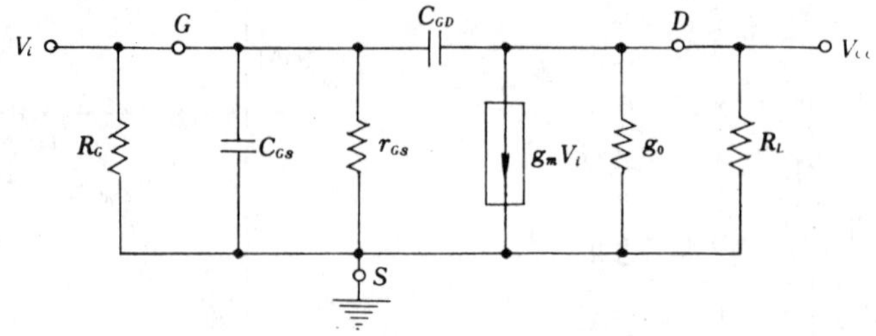

〈그림 7-22〉 FET의 등가회로

$$증폭정수\ \mu=\frac{\Delta V_{DS}}{\Delta V_{GS}}\Bigg|_{I_D=일정} \tag{7-14}$$

$$드레인\ 저항\ r_d=\frac{\Delta V_{DS}}{\Delta I_D}\Bigg|_{V_{GS}=일정} \tag{7-15}$$

$$전달\ 콘덕턴스\ g_m=\frac{\Delta I_D}{\Delta V_{GS}}\Bigg|_{V_{DS}=일정} \tag{7-16}$$

위의 3정수 사이에는 진공관과 같이 다음 식이 성립한다.

$$\mu=r_d\cdot g_m \tag{7-17}$$

한편 위의 3정수를 측정하는 방법은 그림 7-23과 같이 회로를 구성하고, 여기서 V_1, V_2 및 I_D는 각각 소신호동작에서의 교류성분의 실효값을 표시한다. 그러면 위의 식 (7-14), (7-15) 및 (7-16)을 바꾸어 쓰면

$$\mu=\frac{\Delta V_{DS}}{\Delta V_{GS}}\fallingdotseq\frac{V_2}{V_1} \tag{7-18}$$

$$r_d=\frac{\Delta V_{DS}}{\Delta I_D}\fallingdotseq\frac{V_2}{V_1/R_d}=\frac{V_2}{V_1}\cdot R_d \tag{7-19}$$

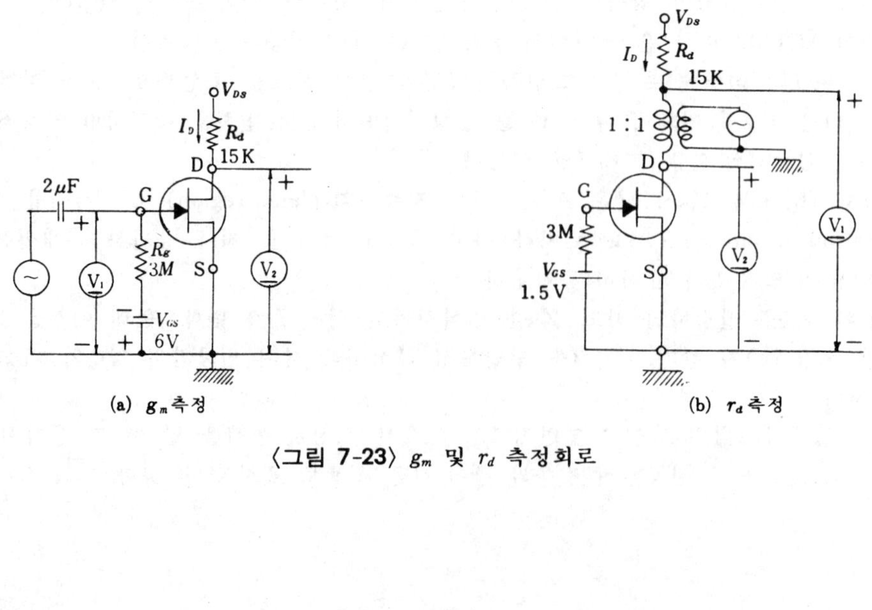

〈그림 7-23〉 g_m 및 r_d 측정회로

$$g_m = \frac{\Delta I_D}{\Delta V_{GS}} \fallingdotseq \frac{V_2/R_d}{V_1} = \frac{V_2}{V_1} \cdot \frac{1}{R_d} \tag{7-20}$$

으로서 구할 수 있다.

7-3 저주파증폭기에 관한 측정

저주파증폭기는 일반적으로 가청주파 증폭이므로 송화기나 마이크로폰(microphone) 또는 저주파 발진기로부터의 약한 음성전류를 필요한 강도의 신호로 만들어 변조기의 입력으로 넣거나 확성기를 울리며 또는 검파기에서 얻은 저주파신호를 필요한 레벨로 증폭시켜 스피이커를 울리거나 기록장치를 동작시키도록 하는 것이다. 그러므로 여기서는 이 증폭기의 각종 특성의 측정방법을 알아보기로 한다.

[1] 입출력 임피이던스의 측정

이것은 4장의 임피이던스 측정에서도 언급한 바와 같이 비교치환법의 일종으로서 그림 7-24와 같이 회로를 구성하여 스위치 S를 a쪽으로 하고 레벨계의 지시를 기록한 다음 S를 b쪽으로 하면 레벨계 지시는 달라질 것이다.

그러므로 가변저항기를 조정하며 S를 a쪽과 b쪽으로 반복하여도 레벨계의 지시가 변화하지 않으면, 저주파 증폭기의 입력 임피이던스는 가변저항기의 값과 같아지는 것이다. 출력 임피이던스도 같은 방법으로 측정하면 구할 수 있다.

한편 저주파 증폭기의 입출력 임피이던스는 사용주파수에 따라 다르므로 가변저주파 발진기의 주파수를 변화시키면서 측정해 기록하여 두면 사용할 때 편리하다.

[2] 이득 및 직선성의 측정

(1) 이득의 측정 : 이득의 측정은 그림 7-25와 같이 회로를 구성하고 증폭기의 증폭량만큼 감쇠기(ATT, attenuator)로 감쇠시키면 발진기의 출력과 증폭기의 출력은 같게 되

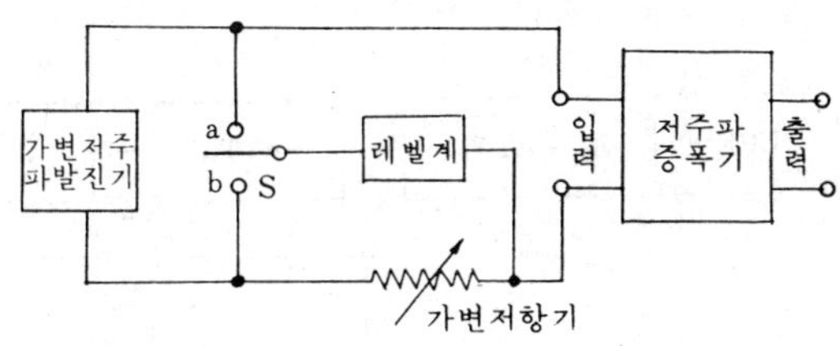

〈그림 7-24〉 입출력 임피이던스 측정 구성도

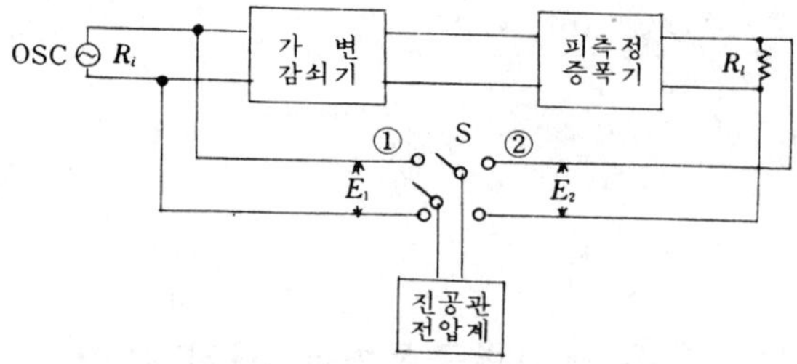

〈그림 7-25〉 이득측정 원리도

므로 증폭기의 이득은 감쇠기의 감쇠량과 같게 된다.

① 증폭기의 입출력 임피이던스가 같을 때 —— 감쇠기를 가감시키며 스위치 S를 ①과 ②로 바꾸어도 진공관 전압계의 지시가 같도록 하면, 감쇠기의 지시값은 바로 증폭기의 증폭량을 dB로 표시한 것과 같다.

② 증폭기의 입출력 임피이던스가 같지 않을 때 —— 입출력 임피이던스가 같지 않을 때는 전압만의 비교로 dB값을 비교할 수 없으므로, 다음의 2가지 방법으로 구분하여 측정하여야 한다.

a. ①의 방법으로 구한 감쇠기의 지시값에 $10\log(R_i/R_l)$를 가해주든가 또는 $10\log(R_l/R_i)$을 감해 주어야 한다.

b. 입출력의 전력을 같게 하여 $P_i=P_o=P$로 놓는다.

입력 P_i는 $P_i=E_1^2/R_i$ $\qquad\therefore\ E_1=\sqrt{P_iR_i}=\sqrt{PR_i}$

출력 P_o는 $P_o=E_2^2/R_l$ $\qquad\therefore\ E_2=\sqrt{P_oR_l}=\sqrt{PR_l}$

따라서 입출력 전압의 비를 취하면

$$\frac{E_1}{E_2}=\frac{\sqrt{PR_i}}{\sqrt{PR_l}}=\sqrt{\frac{R_i}{R_l}}$$

$$\therefore\ E_1=\sqrt{\frac{R_i}{R_l}}\cdot E_2 \quad \text{또는}\quad E_2=\sqrt{\frac{R_l}{R_i}}\cdot E_1 \tag{7-21}$$

로 된다. 따라서 ①과 같은 방법으로 측정하되 스위치 S를 ①과 ②로 했을 때에 입출력 전압지시값 E_1, E_2가 식 (7-21)을 만족하도록 감쇠기를 조정하면 이때 감쇠기의 지시값이 증폭기의 증폭량을 dB로 나타내게 된다.

③ 실제 측정방법 —— 실제 측정에 있어서는 저주파 발진기의 고주파 세력을 제거

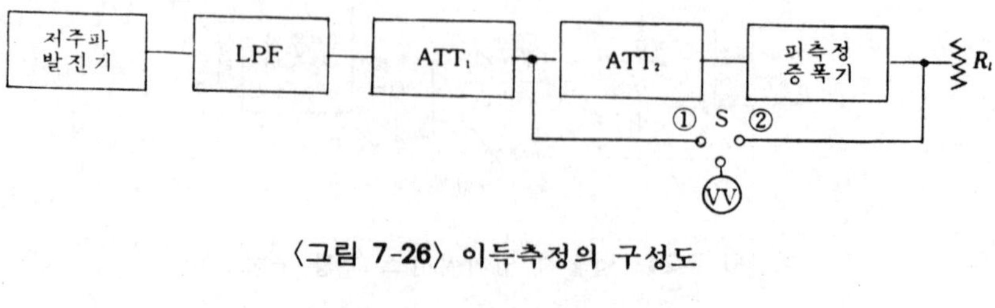

〈그림 7-26〉 이득측정의 구성도

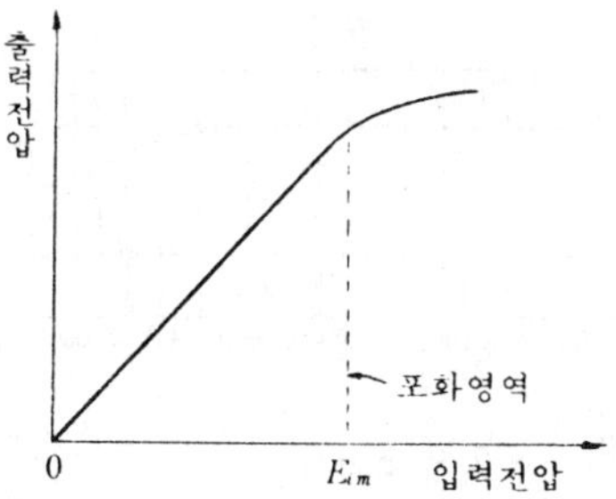

〈그림 7-27〉 직선성

하기 위하여 저역 필터(LPF, low pass filter)를 사용한 그림 7-26과 같은 회로를 구성하고 ① 또는 ②의 방법을 적용하여 측정한다. 여기서 ATT_1은 피측정 증폭기의 종단이 포화되지 않도록, 즉 진공관 전압계가 적당한 전압을 지시하도록 조정하는 감쇠기이다.

(2) 직선성의 측정 : 직선성이라 함은 입력과 출력의 비가 일정하다는 것을 말하며, 따라서 직선성이 좋으면 증폭된 음질이 양호하게 된다. 이것을 측정하기 위하여는 그림 7-26에서 ATT_2를 0[dB]로 하거나 또는 제거하고, ATT_1을 조정하여 입력전압 E_1이 최소값으로부터 점차 증가할 때 이에 대한 출력전압 E_2를 구하여 그래프를 그리면 그림 7-27과 같다.

이 그림에서 보는 바와 같이 입력전압이 커지면 직선적으로 출력전압이 커지다가 한계점에 도달하면 직선성을 잃는다. 이것을 포화영역이라고 하며, 증폭기의 동작은 이 직선 범위 내에서 하도록 하여야 한다.

[3] 주파수특성의 측정

주파수특성이란 증폭기의 입력단에 진폭이 일정한 여러 가지의 주파수를 넣었을 때 출력단에 나타나는 진폭의 크기를 나타내는 것으로서 그림 7-26과 같은 회로를 구성하고 저주파 발진기의 발진주파수를 낮은 것으로부터 높은 것까지 차츰 변화시키면서 각 주파수에 대하여 [2]의 방법으로 이득을 구하여 그래프를 그리면 그림 7-28(a)와 같다. 이것을 절대 이득에 의한 특성이라 하고 여기서 30[dB]에 해당되는(즉 300~2000[Hz] 범위) 것을 0[dB]로 잡아 상대적으로 표시하면 그림 (b)와 같이 된다. 이것을 상대 레벨에 의한 특성이라고 한다.

[4] 왜율 및 잡음의 측정

(1) 왜율측정 : 왜율(distortion factor)이란 증폭기 또는 기타 장치나 회로 따위의 입력단자(input terminal)에 순정현파 전압 또는 전류를 가했을 때, 출력단자(output terminal)에서 꺼낼 수 있는 전압 또는 전류에 포함된 고조파 성분의 비율을 말한다. 이것을 백분율 또는 dB로 표시한다. 지금 기본파 전압을 E_f, 고조파 전압을 E_h라 하면

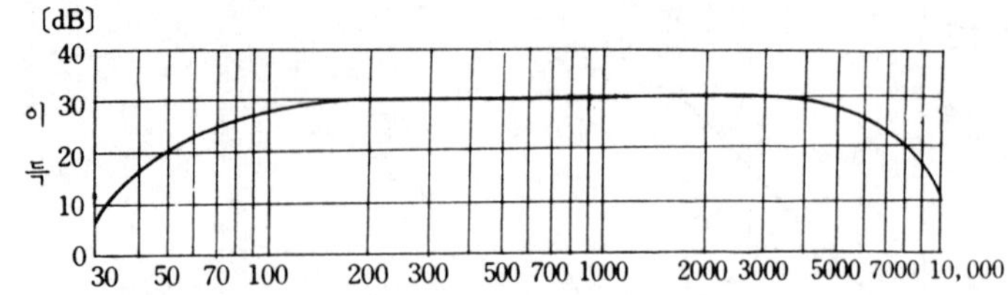

(a) 절대이득에 의한 특성

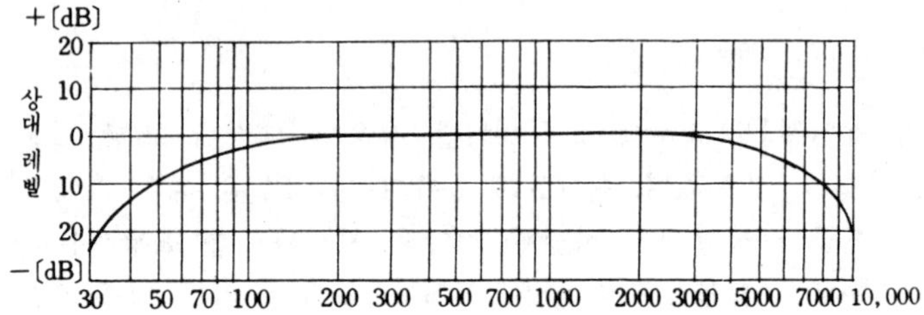

(b) 상대 레벨에 의한 특성

〈그림 7-28〉 주파수특성

$$\left.\begin{aligned} &\text{왜율}=\frac{E_h}{E_f}\times 100[\%] \\ &\text{또는 왜율}=20\log\left(\frac{E_h}{E_f}\right)[\text{dB}] \end{aligned}\right\} \quad (7\text{-}22)$$

로 표시하며 전압을 전류로 표시하여도 마찬가지이다.

고조파전압(전류)이 제 n 차까지 존재할 때 이것을 $E_2(I_2)$, $E_3(I_3)\cdots E_n(I_n)$이라고 하면

$$\left.\begin{aligned} &E_h=\sqrt{E_2^2+E_3^2+\cdots\cdots E_n^2} \\ &\text{또는 } I_h=\sqrt{I_2^2+I_3^2+\cdots\cdots I_n^2} \end{aligned}\right\} \quad (7\text{-}23)$$

으로 표시한다. 그러므로 고조파가 함유된 파에서 고역 필터(HPF : high pass filter)로 기본파를 제거하고, 실효전압계나 전류계로 고조파를 측정하면 식 (7-23)으로 표시한 E_h, I_h의 값을 구할 수 있다. 왜율 측정방법에는 필터법, 공진 브리지법 및 왜율계법 등이 있다.

① 필터(filter)법 —— 그림 7-29와 같이 회로를 구성하고, 1000[Hz]의 신호로서 왜율을 측정하기 위해 발진기 출력의 고조파를 저역 필터로 제거한 기본파(순정현파)만을 감쇠기 ATT_1으로 조정하여 피측정 증폭기에 적당한 입력으로 가한다.

그리고 스위치 S를 ①에 접속하고 출력전압계의 지시 E_0[V]를 읽는다. 다음에 S를 ②로 바꾸고 ATT_2를 조정하여 출력전압이 전과 같이 E_0[V]가 되도록 하면 이때의 ATT_2의 지시가 왜율을 dB로 표시하게 된다.

S를 ①에서 ②로 할 때 ①의 고조파는 적고 ②의 기본파는 일반적으로 크므로 전압

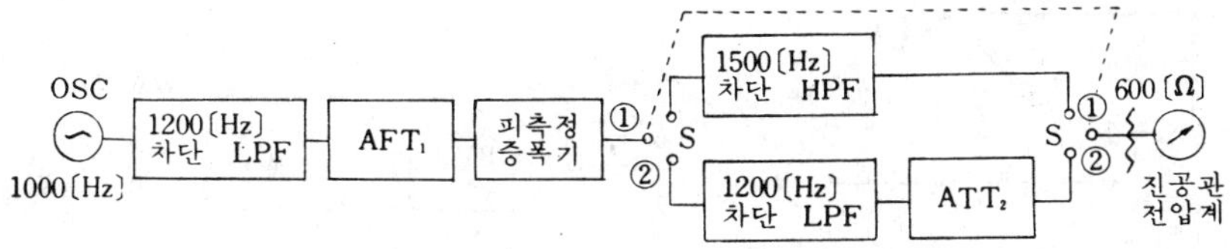

〈그림 7-29〉 왜율 측정 구성도

계의 지시가 초과(scale over)되지 않도록 ATT_2를 미리 최대로 조정하여 두어야 한다. 이 측정에서 고조파 통과용 HPF와 기본파 통과용 LPF의 감쇠량이 같은 것을 사용해야 하며 만일 같지 않으면 보정을 해 주어야 한다.

그리고 고조파 성분은 일반적으로 적기 때문에 출력전압계로 측정이 곤란한 경우에는 출력전압계 앞에 공용으로 보조증폭기를 넣어 증폭시켜서 측정을 해도 값은 같다.

② 공진 브리지(resonance bridge)에 의한 방법 —— 그림 7-30과 같이 회로를 구성하고 증폭기 이전의 조정원리는 필터법과 같다. 공진회로에서 L과 C를 조정하여 기본파에 동조시키고, R_1과 R_3를 조정하여 브리지의 평형(balance)을 잡으면, 기본파는 A→D→B로 흐르고 고조파는 A→C→B로 흐른다고 생각할 수 있으므로 고조파에 대해서는 B점과 D점은 동전위이다.

그러므로 고조파전압을 E_h라고 하면

$$E_{CD}=E_{CB}=\frac{R_2}{R_1+R_2}\cdot E_h \tag{7-24}$$

로 되고, D-E 사이의 저항을 r이라 하고 기본파전압을 E_f라 하면

$$E_{DE}=\frac{r}{R_3+R_4}\cdot E_f \tag{7-25}$$

로 된다. 여기서 E점을 습동으로 하여 r를 가감시킴으로써 $E_{CD}=E_{DE}$로 하면 식 (7-24)와 (7-25)로부터

$$\frac{R_2}{R_1+R_2}\cdot E_h=\frac{r}{R_3+R_4}\cdot E_f \qquad \therefore\ \frac{E_h}{E_f}=\frac{(R_1+R_2)\cdot r}{(R_3+R_4)\cdot R_2} \tag{7-26}$$

으로 되며, 한편 브리지의 평형조건에 따라 $R_1R_4=R_2R_3$이므로, 식 (7-26)의 분모는 $(R_3+R_4)R_2=R_2R_3+R_2R_4=R_1R_4+R_2R_4=(R_1+R_2)R_4$로 되므로

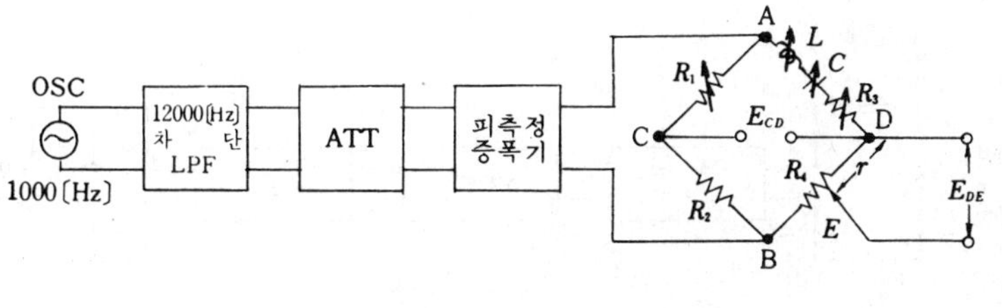

〈그림 7-30〉 공진 브리지에 의한 왜율 측정

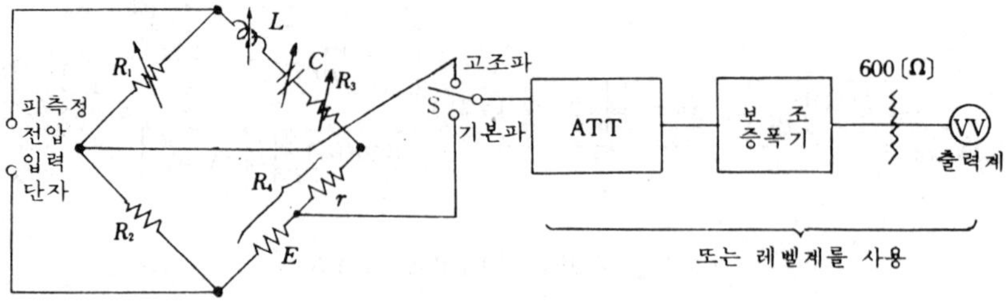

〈그림 7-31〉 왜율계의 원리도

$$\text{왜율 } D=\frac{E_h}{E_f}=\frac{(R_1+R_2)\,r}{(R_1+R_2)R_4}=\frac{r}{R_4} \tag{7-27}$$

로 된다. 여기서 R_4는 정수이므로 왜율 k는 r에 비례하게 되어 R_4의 습동점의 r값 대신 왜율 D로 직독눈금을 만들 수 있다.

③ 왜율계(distortion meter) —— 왜율계는 ②에서 설명한 공진 브리지의 원리를 이용한 것으로서 그림 7-31과 같이 회로를 구성하고 E점을 고정으로 한다.

한편 r/R_4의 비를 A〔dB〕이 되도록 미리 만들어 놓는다. 다음에 브리지를 ②에서 설명한 방법으로 조정한 후, 스위치 S를 고조파쪽으로 놓고 ATT를 0〔dB〕로 하였을 때 출력계지시를 E_0〔V〕라 하고, 스위치 S를 기본파쪽으로 바꾸어 놓고 ATT를 조정하여 출력계의 지시가 전과 같이 E_0〔V〕가 되었을 때 ATT의 감쇠량이 B〔dB〕이라고 하면 왜율 D는

$$D=(A+B)\text{〔dB〕} \tag{7-28}$$

로 된다. 실제 ATT의 지시로 $A+B$의 값을 직독할 수 있게 되어 있다.

(2) 잡음(noise)의 측정 : 무선기기에서 사용되는 저주파 증폭기의 입력측과 출력측에서 본 임피이던스는 대략 600〔Ω〕을 유지하는 것이 보통이므로 그림 7-32와 같이 입력측에 600〔Ω〕의 무유도저항(non-inductive resistor) R_1을 접속하고, 출력측에는 저항감쇠기(ATT), 보조증폭기, VTVM과 600〔Ω〕의 무유도저항 R_2를 접속한다.

보조증폭기는 피측정 증폭기의 매우 적은 잡음을 측정할 수 있을 정도로 크게 증폭하여야 하므로 고이득(80～90〔dB〕)의 것이어야 하며, 또한 잡음이 극히 적은 것을 사용하여야 한다.

측정방법으로는 첫째, ATT를 가감하여 출력계의 지시를 0.775〔V〕(즉 0〔dB〕)로 하고, 이때의 ATT의 눈금을 N_1〔dB〕이라 하자. 둘째, 보조증폭기의 이득을 N_2〔dB〕이라고 하면 잡음의 절대 레벨은 다음과 같이 구할 수 있다.

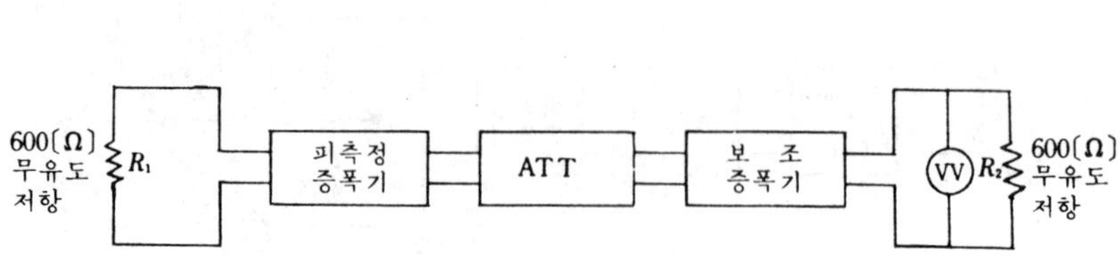

〈그림 7-32〉 잡음측정 구성도

$$잡음=N_1-N_2[dB] \quad (7\text{-}29)$$

측정에는 두 개의 증폭기가 직렬로 접속되므로 전 이득이 매우 커서 발진을 일으키기 쉬우므로 차폐나 접지 및 배선에 특히 주의를 하여야 한다.

[5] 귀환증폭기의 귀환율 측정

증폭기 출력의 일부가 입력측으로 되돌아오는 것을 귀환(feedback)이라 하며, 귀환이 있으면 귀환된 신호가 재차 증폭기를 통하여 증폭되며, 이 과정을 반복함으로써 불안정하게 되어 자기발진이 일어날 우려가 있다.

그러나 증폭기의 이득을 감소시키는 방향으로, 즉 부귀환을 걸면 증폭기 비직선 일그러짐(왜율), 안정성, 주파수특성 등의 개선이 이루어지며, 증폭소자의 변화가 증폭기에 주는 영향을 감소시킬 수가 있다.

그림 7-33과 같은 귀환회로에서 신호전압 E_S를 가하면 이득이 A인 증폭기에 의해서 출력전압 E_0가 얻어진다. 그런데 이 출력전압 E_0를 β배하여 역위상으로 입력전압 E_S에 중첩시키면, 즉 부귀환(negative feedback)하면 그 증폭도 A_f는

$$A_f=\frac{A}{1-A\beta} \quad (7\text{-}30)$$

으로 되며, 마찬가지로 무귀환시 왜율을 D라고 할 때, 부귀환시의 왜율 D_f는

$$D_f=\frac{D}{1-A\beta} \quad (7\text{-}31)$$

로 된다. 위의 두 가지 경우에 있어서 증폭기에 대한 귀환의 영향은 $A\beta$로 주어지므로 $A\beta$의 측정은 귀환증폭기의 특성을 구하는 데 매우 중요하다. 그리하여 전송량 $A\beta$를 측정하려면 그림 7-33에서 신호전압 E_S를 0으로 하고 점 X에서 회로를 개방한 후 점 X의 우측으로 증폭기의 입력 전압 E_i를 가하고, 점 X의 좌측에 발생하는 전압 $E_f=\beta E_o$의 양을 측정한다. 그러면 전송량 $A\beta$는

$$A\beta=\frac{E_f}{E_i} \quad (7\text{-}32)$$

로서 표시되며

$$귀환율\ \beta=\frac{E_f}{A\cdot E_i}=\frac{E_f}{E_0} \quad (7\text{-}33)$$

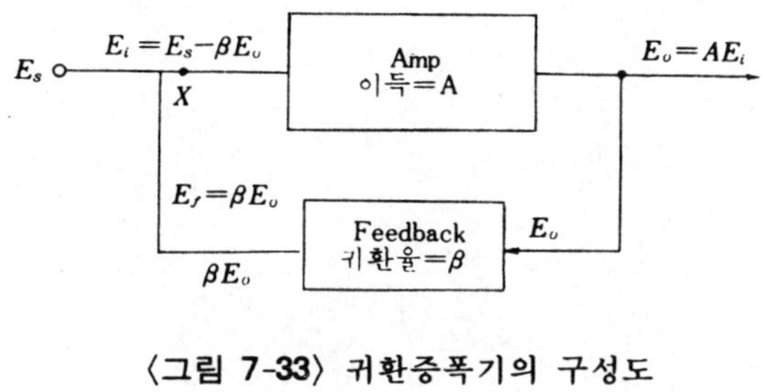

〈그림 7-33〉 귀환증폭기의 구성도

으로 구할 수 있다. 실제로 $A\beta$를 측정하려면 E_i와 E_f의 크기와 위상을 측정해야 하며, 점 X를 개방했을 때 회로의 임피이던스가 변화하지 않도록 하여야 한다.

〔연 습 문 제〕

7-1 광증배원리를 설명하여라.

7-2 광전도 전지를 이용한 계수기의 동작원리를 설명하여라.

7-3 광전관의 특성 측정 방법을 설명하여라.

7-4 트랜지스터의 정특성 측정방법을 기술하여라.

7-5 전류증폭율 α와 β를 측정하는 방법을 간단히 설명하여라.

7-6 트랜지스터의 h-parameter의 측정방법을 설명하여라.

7-7 트랜지스터 증폭회로에서 f_α와 f_β를 설명하고 그 측정방법을 써라.

7-8 SCR에 대하여 아는 바를 써라.

7-9 FET의 근본적인 특성에 대하여 기술하여라.

7-10 저주파증폭기의 입출력 임피이던스 측정방법을 써라.

7-11 증폭기의 이득과 직선성에 관하여 측정방법을 설명하여라.

7-12 저주파 증폭기의 주파수특성 측정방법을 설명하고 저역과 고역에서 이득이 저하되는 이유를 알아보자.

7-13 일그러짐(왜율)의 정의를 설명하고 측정법의 일례를 들어 설명하여라.

7-14 증폭기의 잡음을 측정하는 방법을 설명하여라.

7-15 증폭기에 부귀환을 걸어주었을 때 증폭도와 왜율이 어떻게 달라지는가를 설명하여라.

단원 Ⅱ

파형관측 및 기록계기와 측정용 보조기

◂ 파형 관측기

◂ 기록계기

◂ 측정용 보조기

제8장

파형 관측기

파형 관측기란 반복되는 전기적인 현상이나 파형 등을 브라운관(Braun tube)으로 직시할 수 있도록 만든 장치로서 그 대표적인 것이 오실로스코우프(oscilloscope)이며, 파형 분석을 위한 스펙트럼 분석기(spectrum analyzer)가 있다.

8-1 오실로스코우프

오실로스코우프는 시시각각으로 변화하는 전기적인 변화를 파형으로 스크리인상에 묘사시켜 파형 또는 다른 현상들을 측정, 분석하는 데 사용되는 대단히 유용한 실험용 측정기이다.

오실로스코우프는 발명자의 이름을 따서 브라운관 오실로스코우프(Braun tube oscilloscope) 또는 브라운관 오실로그래프(Braun tube oscillograph)라고도 하며, 한편 오실로스코우프의 핵심모체인 음극선관(CRT, cathode ray tube)의 명칭을 따서 음극선 오실로스코우프(CRO, cathode ray oscilloscope)라고도 한다.

브라운관은 1897년 브라운에 의해서 발명되었으며, 그 후 뮐러(Muller) 등에 의해 개량되었지만, 현재 사용되고 있는 것은 1932年 부시(Bush)에 의해 완성된 고진공관이다.

근래 미국의 Techtronics 회사에서 개발한 싱크로스코우프(Syn'chroscope)는 상품명에 불과하며, 오실로스코우프의 일종으로 같은 성능을 가지는 것으로 간주된다. 또한 새로 제작되는 오실로스코우프들은 과거의 결함을 보완하여 트리거 소인(trigger sweep)방식이 사용되며, 주파수의 범위도 500〔MHz〕를 능가할 정도로 사용이 가능하도록 제작된다.

[1] 구성 및 원리

오실로스코우프의 기본 구성도는 그림 8-1과 같으며 CRT는 오실로스코우프의 가장 중요한 부분이다. 전자총은 음극에서 방출된 전자를 집속하여 전자 비임을 만들어 큰 속도로 가속시킨다.

가속된 전자 비임은 전자총으로부터 CRT의 형광면으로 이동하여 스크리인에 도포된 형광물질을 때리면 스크리인 위에 작은 광점(spot)을 발생한다.

전자총으로부터 스크리인으로 이동하는 동안 전자 비임은 수직편향판(vertical deflection plate)과 수평편향판(horizontal deflection plate)을 통과한다.

수직편향판에 인가된 전압은 전자 비임을 상하로 편향시키므로 결국 CRT 스크리인 상의 휘점을 상하로 이동시킨다. 수평편향판에 인가된 전압은 전자 비임을 좌우로 움직이게 할 수 있고, 따라서 스크리인에 생기는 휘점을 좌우로 이동시킨다. 두 편향판은 서로 무관하게 동작하므로 수직 및 수평 입력전압을 적당히 조정하면 휘점은 스크리인상의 어느 곳이든지 위치할 수 있다.

CRT 스크리인에 나타내려는 신호파형은 수직증폭기 입력에 인가된다. 이 증폭기의 이득은 교정된 입력감쇠기에 의해 조정되고, 보통 Volts/Div로 표시되어 있다. 증폭기의 푸시풀(push-pull) 출력은 지연회로를 통해서 CRT의 수직편향판에 인가된다. 시간축발진기(time base generator) 또는 소인발진기(sweep generator)는 CRT의 수평편향 전압으로 사용되는 톱니파(saw-tooth wave)를 발생시킨다. 톱니파의 정의 진행부분은 직선적으로 증가하며, 이것의 상승률은 전면 패널(panel)에 Time/Div로 표시된 조정기에 의해 조정된다.

톱니파 전압은 수평증폭기에 들어간다. 이 증폭기는 위상반전기(phase inverter)를

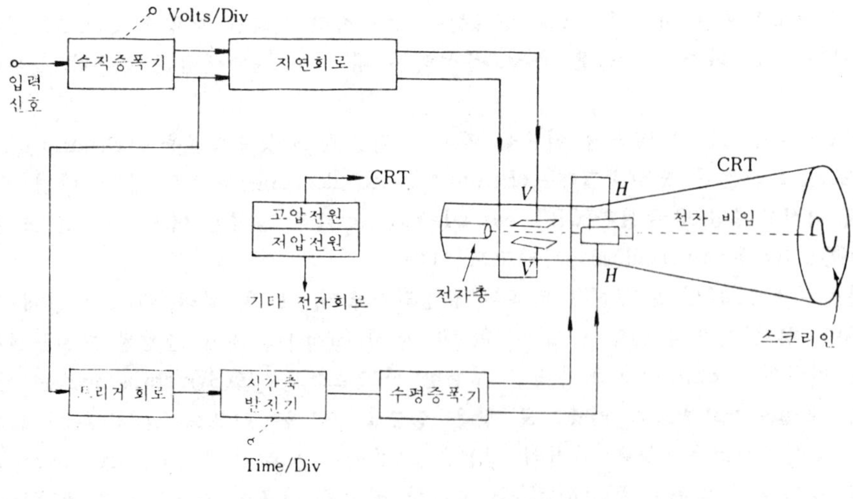

〈그림 8-1〉 오실로스코우프의 기본 구성도

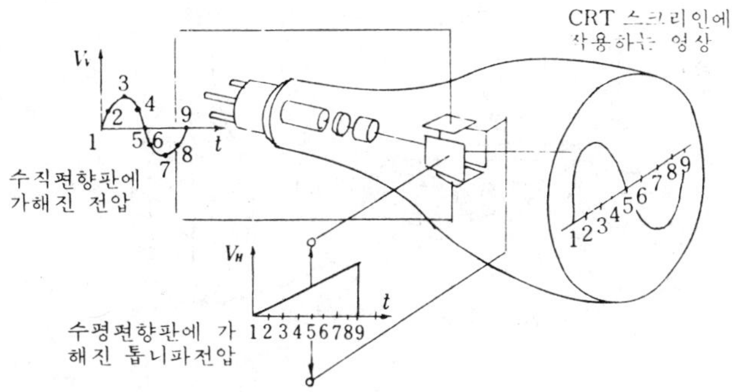

〈그림 8-2〉 수직과 수평전압이 작용할 때 스크리인에 나타나는 영상

포함하고 있으며, (+)진행하는(run-up) 톱니파와 (−)진행하는(run-down) 톱니파의 두 개의 출력파형을 만든다. (+)진행하는 톱니파는 CRT의 오른쪽 수평편향판에 가해지고, (−)진행하는 톱니파는 왼쪽 수평편향판에 가해진다.

이 인가전압은 전자 비임을 CRT 스크리인의 왼쪽에서 오른쪽으로 가로질러 주기적으로 움직이게 한다. 이것을 스위이프(sweep)라 하며, 시간은 Time/Div 조정기에 의해 제어된다. 따라서 두 편향판에 편향전압을 동시에 인가하면 그림 8-2와 같이 CRT 휘점은 스크리인 위에 파형을 묘사한다.

여기서 톱니파 전압 또는 스위이프 전압은 수평편향판에 인가되고 정현파신호는 수직편향판에 인가된다.

수평 스위이프 전압은 시간에 비례하여 직선적으로 증가하기 때문에 CRT 휘점은 스크리인의 왼쪽에서 오른쪽으로 일정속도로 이동한다. 톱니파 전압은 스위이프의 종단에서 갑자기 최대값에서 0으로 떨어져서 CRT 휘점은 스크리인 왼쪽의 원점으로 빠르게 돌아가고, 새로운 스위이프가 시작될 때까지 거기에 남아 있는다.

수평 스위이프 전압과 동시에 입력신호파는 수직편향판에 인가되고, 수평판에 작용하는 힘은 CRT 휘점을 등속도로 스크리인을 가로질러 이동하게 한다. 수직판에 작용하는 힘은 CRT 휘점을 입력신호의 크기와 극성에 따라 상하로 움직이게 하여 휘점의 위치는 두 힘의 합력으로 결정된다. 그러므로 전자 비임의 운동은 시간의 함수로 수직 입력신호의 파형을 CRT 형광면에 그리게 된다.

입력신호는 주기성을 가지기 때문에 일정한 파형을 유지하기 위해서는 신호파형의 같은 점에서 수평측 스위이프를 시작하도록 해야 한다. 이것을 성취하기 위하여 입력파형의 어떤 선택된 점에서 트리거 펄스를 만들도록 트리거 회로에 입력파형의 일부가 들어간다. 이 트리거 펄스는 시간축 발진기를 동작시켜 스크리인의 왼쪽에서 오른쪽으로 CRT 휘점을 이동시켜 수평 스위이프가 시작된다.

보통의 경우 입력파형의 처음 부분이 트리거 발진기를 동작시켜 스위이프가 개시하는데 사용된다. 이 작용은 일정한 시간(0.15〔μs〕) 동안에 행하여지므로 스위이프는 입력신호의 처음 부분이 통과한 후에도 시작되지 않는다. 그래서 이것 때문에 입력신호의 처음

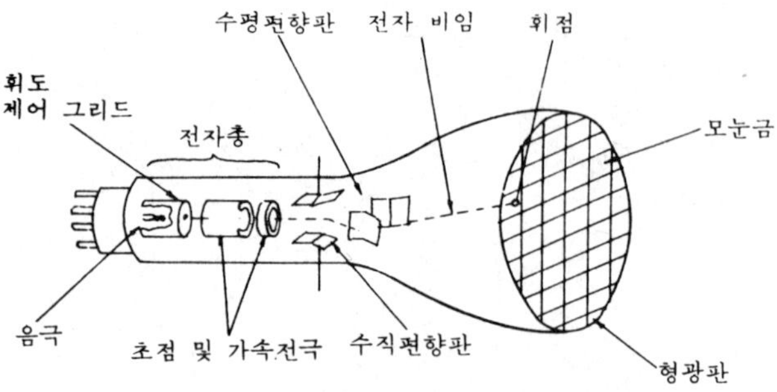

〈그림 8-3〉 오실로스코우프의 CRT 구조

부분이 스크리인상에 나타나지 않게 된다. 따라서 지연회로의 목적은 트리거 회로와 시간축 회로가 전자 비임의 스위이프를 시작할 때까지 입력파형이 수직편향판에 도착하는 것을 지연시키는 역할을 한다.

지연회로는 수직편향판에서 약 0.25[μs]의 총지연시간을 만들어 파형의 처음 부분이 비록 스위이프를 트리거시키는 데 사용된 후에라도 CRT의 스크리인에 묘사될 수 있도록 한다. 전원은 CRT를 동작시키는 고전압부분과 오실로스코우프의 기타 전자회로에 공급되는 저전압부분으로 되어 있다.

(1) 음극선관(CRT, cathode-ray tube) : 음극선관은 오실로스코우프의 심장부분으로서 그림 8-3과 같이 구성되어 있으며 전자총 부분은 음극에서 방출된 전자를 집속하여 전자 비임을 만들어 고속도로 가속시켜 형광 스크리인을 향하여 이동시킨다. 전자 비임이 스크리인을 때리면 고속도전자의 운동 에너지(kinetic energy)는 광방출로 변환되고 전자 비임은 CRT 스크리인 위에 조그마한 광점을 만든다.

스크리인으로 향하는 동안 전자 비임은 두 개의 정전편향판을 통과하고 편향판에 전압이 인가되면 전자 비임은 수직 및 수평방향으로 편향되어 광점은 스크리인상에 입력전압에 따라 파형을 그리게 된다.

(2) 집속방식(focusing method) : 음극에서 방출된 전자 비임은 전자의 흐름이므로 음극에서 CRT 스크리인에 도달하는 도중에 전자들은 서로 반발하며 퍼지려는 경향이 있다. 따라서 전자 비임을 집속하여 CRT 스크리인상에 초점을 맞추어야 한다.

현재 사용되고 있는 집속방법으로는 전자광학의 원리를 응용한 전자 렌즈(electron lens)가 있는데, 여기에는 전자 비임을 전계로 집속하는 정전집속(electrostatic focusing)과 자계로 집속하는 전자집속(electromagnetic focusing)이 있으나 CRT에서는 일반적으로 전자를 사용한다. 그림 8-4는 정전집속계의 원리를 나타낸 것이다.

제1전극은 전단가속 양극(preaccelerating anode)으로 몇 개의 차폐벽을 가지는 금속 실린더로 되어 있어 왼쪽의 작은 구멍(slot)을 통해서 들어오는 전자 비임을 축과 평행하게 만들며, 제2전극은 집속양극(focusing anode)이고, 제3전극은 가속양극(accelerating anode)이다. 세 전극은 모두 실린더(cylinder) 형태이며 CRT축과 동축으로 놓여 있다.

전단가속 양극과 가속양극은 높은 정전위(+1500[V])에 함께 연결되어 있고, 두 가

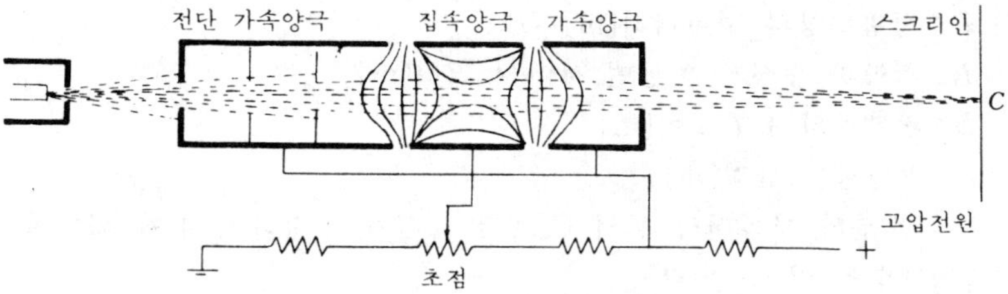

〈그림 8-4〉 CRT의 정전집속 계통

속양극 사이에 있는 집속양극은 낮은 정전위(+500〔V〕)에 연결되어 있다. 집속전극과 가속전극 사이의 전위차는 실린더 양단 사이에 전계를 형성한다. 그러나 이 전기력선은 불균등하게 분포되기 때문에 등전위면은 양쪽으로 만곡을 이룬다. 약간 분산된 형태로 음극에서 방출된 전자는 전단가속 양극과 집속양극 사이의 등전위면에 비스듬히 입사한 후 수직방향으로 굴절된다. 그러므로 전자 비임은 그림 8-4에서 보는 바와 같이 CRT축과 평행하게 진행되며 이것은 2차 전자 렌즈에 입사하고 다시 한 번 굴절하여 수렴된 후 CRT 스크리인의 중심에 초점을 이룬다.

(3) 편향방식 (deflection method) : CRT에 있어서 집속시킨 전자 비임은 스크리인의 중앙에 광점을 나타내게 되는데, 이것을 이동시키는 방법을 편향방법이라 하며, 편향시키는 방법에는 전계로 편향시키는 정전편향(electrostatic deflection) 방법과 자계로 편향시키는 전자편향(electromagnetic deflection) 방법이 있는데 전자는 주로 오실로스코우프에서 사용하고 후자는 텔레비젼(TV)에서 사용한다.

① 정전편향 —— 그림 8-5와 같이 편향판 간에 전압 V_d〔V〕를 가하여 균일한 전계를 만들어 그 전계에 직각으로 가속전압 V_a〔V〕, 속도 v_0인 전자 비임을 통과시키면 스크리인상의 편향거리 D는

$$D=\frac{Ll_dV_d}{2dV_a}\text{〔m〕} \qquad (8\text{-}1)$$

로 주어진다.

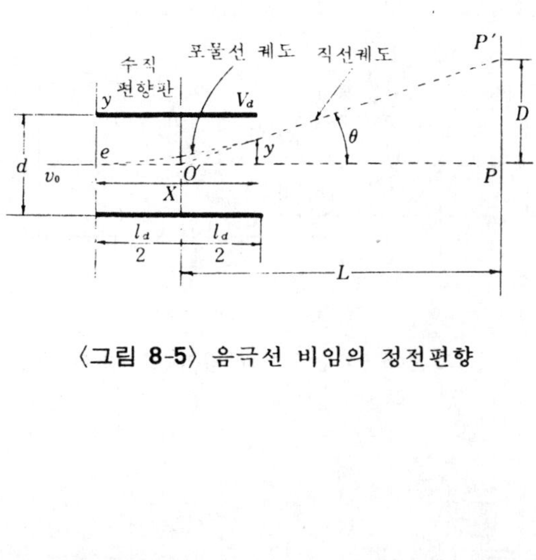

〈그림 8-5〉 음극선 비임의 정전편향

여기서 D : 형광면상의 편향거리〔m〕

L : 편향판 중심과 형광면 사이의 거리〔m〕

l_d : 편향판의 유효길이〔m〕

d : 편향판의 간격〔m〕

이다. 식 (8-1)로부터 가속전압 V_a와 CRT의 크기가 일정하면 전자 비임의 편향은 편향전압 V_d에 정비례함을 알 수 있다.

한편 CRT의 편향감도(deflection sensitivity) S는 단위편향 전압당 스크리인상에서의 편향길이〔m〕로 정의되므로

$$S=\frac{D}{V_d}=\frac{Ll_d}{2dV_a}\text{〔m/V〕} \tag{8-2}$$

로 된다.

또 CRT의 편향율(deflection factor) G는 S의 역수로 다음과 같이 주어진다.

$$G=\frac{1}{S}=\frac{2dV_a}{Ll_d}\text{〔V/m〕} \tag{8-3}$$

② 전자편향 ―― 그림 8-6과 같이 권수 N인 편향 코일에 전류를 흘려 균일한 자계 B〔Wb/m²〕를 만들고 그 자계에 직각으로 가속전압 V_a〔V〕, 속도 v_0인 전자 비임을 통과시키면 스크리인상의 편향거리 D는

$$D=\frac{el_dLB}{mv_0}=\sqrt{\frac{e}{2m}}\cdot\frac{l_dLB}{\sqrt{V_a}}\doteqdot\frac{0.3Hl_dL}{\sqrt{V_a}}\text{〔m〕} \tag{8-4}$$

로 주어진다.

여기서 H=자계의 세기〔A/m〕이다. 그러므로 전자편향에 있어서 편향거리 D는 자속밀도 B, 또는 자계의 세기 H에 비례함을 알 수 있다.

한편 전자편향에 있어서의 편향감도 S는 단위자계 세기당 스크리인상에서의 편향길이〔m〕로 표시되므로

$$S=\frac{D}{H}\doteqdot\frac{0.3l_dL}{\sqrt{V_a}}=\text{〔m/(A/m)〕} \tag{8-5}$$

로 되며, 또 편향률 G도 S의 역수로 다음과 같이 주어진다.

$$G=\frac{1}{S}=\frac{\sqrt{V_a}}{0.3l_dL}\text{〔(A/m)/m〕} \tag{8-6}$$

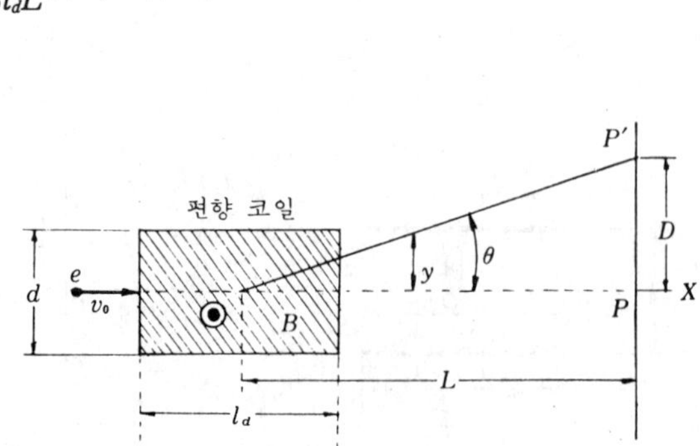

〈그림 8-6〉 음극선 비임의 전자편향

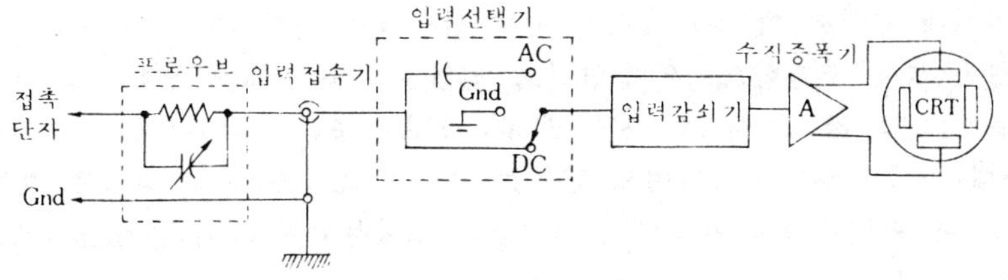

〈그림 8-7〉 수직편향 회로의 구성도

(4) 편향회로(deflection circuit) : CRT의 스크리인상에 휘점을 편향시키기 위한 회로로는 수직편향 회로와 수평편향 회로가 있다.

① 수직편향회로 —— 수직편향 회로는 CRT 스크리인상의 휘점을 상하로 편향시키는 역할을 하며 일반적으로 그림 8-7과 같이 CRO 프로우브(probe), 입력선택기(input selector), 입력감쇠기(input ATT), 수직증폭기로 구성되어 있다.

입력선택기는 AC, Gnd 및 DC 3개의 스위치를 가지고 있으며, AC단자의 축전기(condenser)는 직류성분을 차단하며 Gnd는 DC 측정 후 AC 위치로 전환할 때 감쇠기입력을 순간적으로 접지시켜주므로써 입력감쇠기에 축적되어 있는 전하를 제거하여 주는 역할을 한다.

입력감쇠기는 여러 *RC* 전압분압기로 구성되며 CRO 전면 패널에 표시된 Volts/Div 선택기에 의해 조정된다. 대표적인 입력감쇠기의 조정범위는 0.1, 0.2, 0.5, 1, 2, 5, 10, 20 및 50〔V/div〕이다. 그림 8-8(a)는 사용주파수 범위에서 입력신호의 감쇠가 주파수에 무관하게 하기 위하여 사용된 보상감쇠기의 한 예로서 입력 임피이던스는 R_i와 C_i의 병렬연결이다. 감쇠기 스위치를 위로 하면 입력신호 v_i는 감쇠없이 직접 수직 증폭기의 입력단자에 연결된다.

스위치를 아래 위치에 놓으면 감쇠기회로 R_a-C_a가 회로에 연결되고, 전압분배가 일어난다. 출력전압 v_0는 증폭기 입력 임피이던스와 전회로 임피이던스의 비에 비례한다.

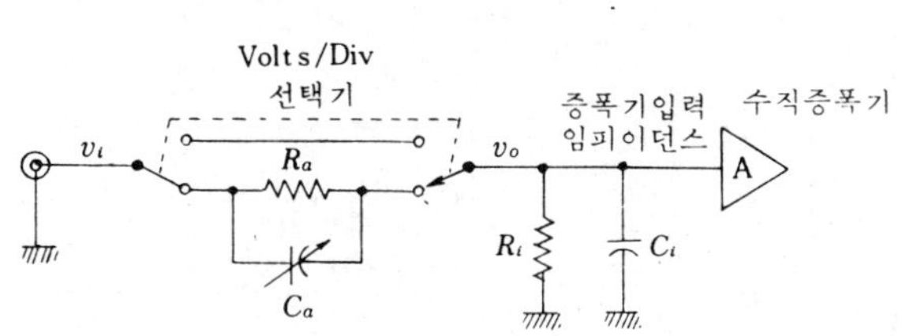

(a) 실제 회로

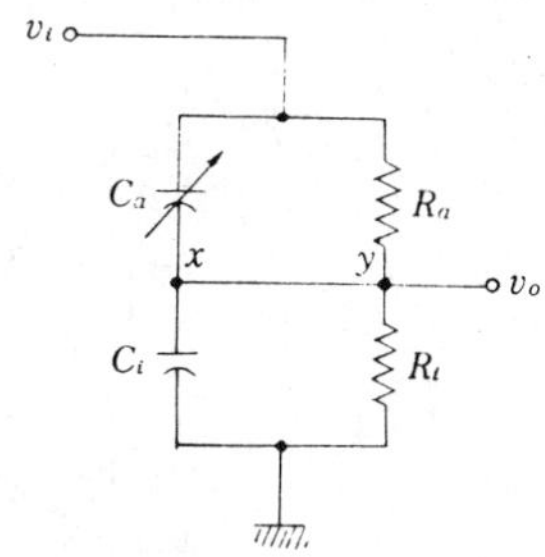

(b) 브리지로 표시

〈그림 8-8〉 입력감쇠기

보상된 감쇠기에 있어서 이 임피이던스 비는 일정하게 유지되며, 시정수 R_aC_a와 시정수 R_iC_i가 같도록 C_a를 조정함으로써 입력신호 전압은 주파수에 무관하다. 그림 (b)는 이와 같은 방법을 나타낸 것으로서 브리지는 $R_aX_{ci}=R_iX_{ca}$ 또는 $R_aC_a=R_iC_i$일 때 평형으로 된다.

평형상태에서는 xy를 연결하여도 전류는 흐르지 않으므로 xy 연결은 회로로부터 제거할 수 있다. 따라서 브리지 평형시 출력전압은 저항분압기에 의해 결정되므로

$$v_o=\frac{R_i}{R_a+R_i}v_i \tag{8-7}$$

로 되고 입력신호 주파수에 무관하게 된다.

한편 수직증폭기는 일반적으로 전치증폭기(preamplifier)와 주 수직증폭기(main vertical amplifier) 회로로 구성되어 있고 이득은 몇 단계로 고정되어 있으며 보통 Volts/Div로 나타낸다.

② 수평편향회로 —— 수평편향 회로는 CRT의 스크리인상에 있는 휘점을 좌에서 우로 일정속도로 이동 또는 스위이프시키고, 다시 휘점을 스크리인 왼쪽에 있는 원점으로 되돌려 보내, 다음 스위이프를 준비하도록 하는 수평편향 전압이 요구된다. 이 스위이프 전압 또는 시간축전압은 스위이프 발진기에 의해서 발생된다.

그림 8-9의 톱니파형에서 보여 주는 바와 같이 이상적인 스위이프 전압은 어떤 최소 전압으로부터 어떤 최대값으로 직선적으로 상승한 다음 원점으로 되돌아오는 것이다.

톱니파의 직선적으로 상승하는 부분을 램프 전압(ramp voltage)이라 한다. 램프 전압이 V_{min}에서 V_{max}로 상승하는 데 요하는 시간, 즉 T_s 동안에 CRT 휘점은 스크리인의 왼쪽에서 오른쪽으로 스위이프된다. 귀선시간(flyback time) T_r는 스위이프 전압이 최소값으로 급격히 떨어지는 데 요하는 시간이며 CRT 휘점은 스크리인상의 왼쪽 원점으로 되돌아간다.

실제적인 RC 스위이프 회로는 그림 8-10(a)와 같으며 스위치 S의 기능은 단일접합 트랜지스터(UJT), 다이리스터(thyristor), 가스 다이라트론(gas thyratron) 등과 같은 전자 스위칭 소자에 의해 이루어진다. 그림 (b)는 이장발진기(relaxation oscillator)이며 여기서 UJT는 스위치로 작용한다.

전압이 인가되면 축전기 C_T는 저항 R_T를 통하여 지수함수적으로 충전되고 UJT의 에미터 전압 V_E는 공급전압 V_{BB}를 향하여 상승한다. V_E가 UJT의 첨두전압 V_P에 도달하면 UJT의 에미터-베이스(B_1) 다이오우드는 순방향으로 바이어스되고, E와 B_1 사이는 저저항

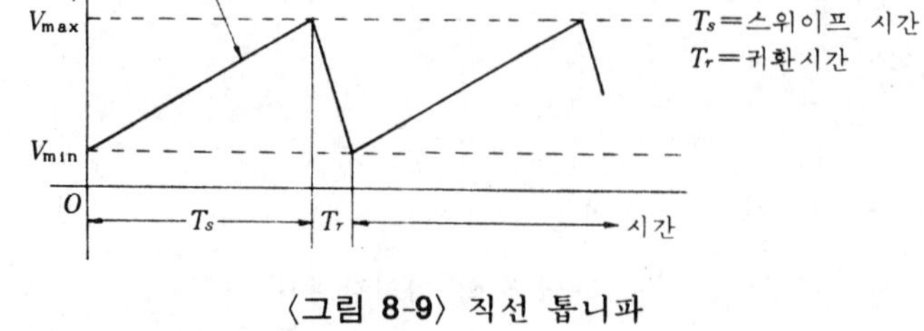

〈그림 8-9〉 직선 톱니파

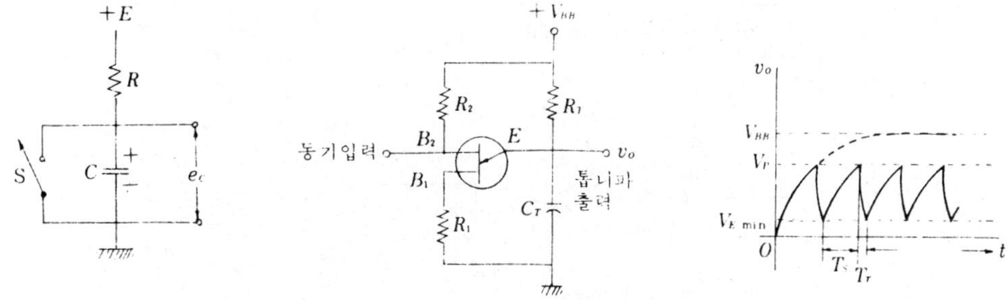

(a) 기본 RC 충전회로　(b) UJT 이장발진기　(c) 출력전압

〈그림 8-10〉 실용 톱니파 발진기

방전로를 형성하며 축전기는 UJT를 통하여 순간적으로 방전한다.

그러므로 에미터 전압 V_E는 UJT 도통에 필요한 최소 바이어스가 유지될 수 없을 때까지 계속 감소한다. 이 점에서 E-B_1은 역바이어스되어 고저항으로 되고 축전기는 다시 충전된다. 이와 같은 충방전이 계속해서 반복되면 (c)와 같은 톱니파가 발생한다. 발진 주파수는 R_T 또는 C_T의 값을 조정하여 변화시킬 수 있다.

한편 수직입력 전압의 주파수와 톱니파 주파수를 동기시켜 파형을 정지시키기 위해서는 톱니파 전압의 주파수가 항상 수직입력 전압주파수의 $1/n$로 유지되어야 하며 이것을 동기화(synchronization)라 한다. 그림 (b)의 이장발진기에 있어서의 스위이프의 동기는 UJT의 첨두전압을 낮추어 상승 램프 전압을 조속히 차단시키는 이른바 동기신호를 동기입력단자에 가해서 행하며 부의 동기 펄스열은 UJT의 첨두전압에 중첩시킴으로써 이루어진다.

CRO의 스위이프 발진기에 사용되는 동기신호는 여러 가지 방법에 의해서 얻을 수 있으며 CRO의 전면 패널에 있는 SYNC. SELECTOR에 의해 선택된다. 예로서 INT-EXT-LINE 등 세 개의 위치를 가진 동기선택기가 있으면 내부동기(INT 위치)는 수직증폭 신호의 일부를 끄집어 내어 이것을 동기 펄스로 사용하는 것이고, 외부동기(EXT 위치)는 스위이프 발진기가 외부로부터의 별도의 동기신호에 따라 동기화되는 것이며, 전원동기(LINE 위치)는 전원의 일부가 스위이프 발진기에 가해져 피측정신호가 전원의 상용주파수에 동기되는 방식이다.

또한 위에서 설명한 동기방식은 피측정전압의 주기가 일정할 경우에 적용하는 것으로서 강제 동기방식이라 하며, 피측정전압의 주기(period)가 일정하지 않을 때에는 트리거 스위이프 방식(triggered sweep method)을 사용한다. 트리거 스위이프 방식에서는 피측정파 전압이 가해지지 않을 때에는 램프 전압을 발생시키지 않아 스위이프하지 않고 수직축에 피관측전압이 가해지면 동시에 수평축의 스위이프를 시작한다.

트리거 스위이프 방식을 사용하면 트리거 펄스를 피관측파형에 대해서 완전히 동기를 취할 수 있기 때문에 대단히 폭이 좁은 펄스파나 과도현상과 같은 고속도 전기현상 등의 주기가 불규칙한 파형을 관측할 수 있다. 그림 8-11은 스위이프 트리거 회로의 구성도이다.

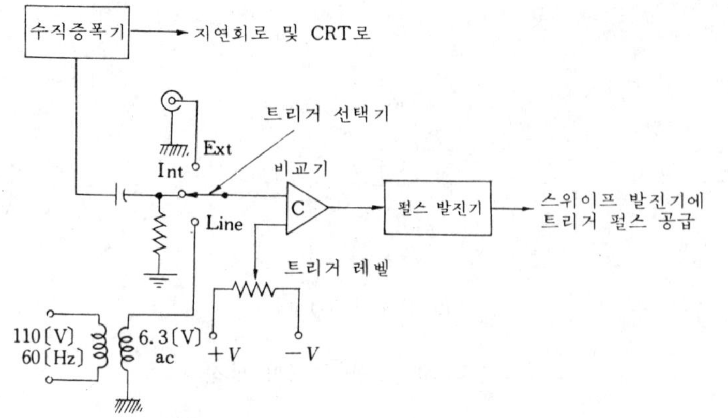

〈그림 8-11〉 스위이프 트리거 회로의 구성도

선택된 트리거 입력신호는 전압비교기에 인가되며, 비교회로는 여러 가지 트리거 입력신호가 CRO 전면 패널에 있는 TRIGGER LEVEL에 의해 설정된 기준전압을 초과하는 경우에는 재조정한다. 비교기 다음에 있는 펄스 발생기에 의해 부의 트리거 펄스를 발생하여 스위이프 발생기에 가해지면 톱니파전압이 발생하며, 이것은 수평증폭기에 의해 증폭되어 수평편향판에 가해짐으로써 스위이프를 시작한다.

(5) 지연회로(delay circuit) : CRO의 모든 전자회로(감쇠기, 증폭기, 펄스 발생기, 발진기 및 기타 회로 등)가 신호전압을 편향판에 전달하는 데는 어느 정도 시간적으로 지연된다. 그림 8-12의 CRT 구성도에서 수직과 수평편향회로를 비교해 보면, 수평신호(시간축 또는 스위이프 전압)는 수직편향판에 인가되는 출력신호의 일부를 빼내어 이것을 가지고 트리거 펄스를 발생시키고, 파형이 성형되어 스위이프 발진기를 동작시키며 스위이프 발진기의 출력은 수평증폭기를 거쳐 수평편향판에 가해진다.

이 전과정은 약 80〔ns〕 정도의 시간이 걸린다. 그러므로 관측자로 하여금 신호파형

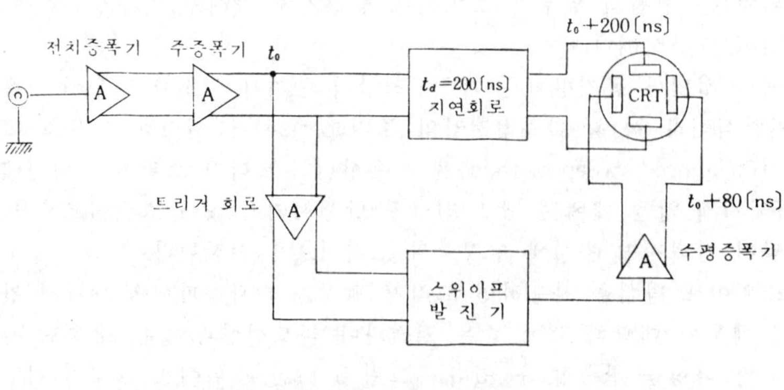

〈그림 8-12〉 지연회로의 구성

의 선단(leading edge)을 관측할 수 있게 하기 위해서는 CRT의 수직편향판을 동작시키는 신호는 적어도 수평회로에서 지연되는 시간만큼 지연되어야 할 것이다. 이것이 지연회로의 기능이다. 그림 8-12에서는 200〔ns〕 시간지연 회로가 수직편향 회로에 사용되어 있으므로 CRT 편향판에 가해지는 신호전압이 200〔ns〕만큼 시간적으로 지연됨을 알 수 있다. 그래서 수평 스위이프는 수직편향보다 먼저 시작한다.

[2] 사용방법

(1) 동작의 개요 : 오실로스코우프는 제작회사나 형태 및 크기에 따라 패널이 약간씩 다르므로 사용방법에도 차이가 있으나 그림 8-13과 같은 일례를 들어 중요부분만을 설명하기로 한다.

① FOCUS —— CRT의 제1 애노우드(anode) 전압을 변화시켜 뚜렷한 상을 얻는다(즉, 초점 조정).

② INTEN —— CRT의 제어 그리드 전압을 변화시켜 상의 밝기를 조정한다(즉 휘도조정). 즉 시계방향으로 돌리면 상이 밝아진다(INTEN은 INTENSITY의 약어).

③ Power —— 1차 교류전원의 접속, 차단을 한다.

④ Scale light —— 눈금판의 밝기를 조정한다. 시계방향으로 돌리면 눈금판이 밝아진다. light 대신에 ILLUM(ILLUMINATION의 약자)으로 표시하는 것도 있다.

⑤ Vertical position —— 상의 수직방향의 위치를 조정한다. 시계방향으로 돌리면 상은 위로 가고, 반시계방향으로 돌리면 상은 아래로 이동한다.

⑥ Horizontal position —— 상의 수평방향의 위치를 조정한다. 시계방향으로 돌리면 상은 오른쪽으로 가고, 반시계방향으로 돌리면 상은 왼쪽으로 이동한다.

⑦ Vert. Volts/cm —— 수직증폭기에 가해지는 신호를 찌그러짐 없이 감쇠시킨다. Variable을 시계방향으로 끝까지 돌리면(Cal의 위치, 즉 calibrated의 약어) 그 눈금은 교정되어 직독할 수 있게 된다.

⑧ Sweep time/cm —— 소인 발생회로의 시정수를 정하는 저항과 콘덴서를 전환하여 소인속도를 선택한다. sweep variable을 시계방향으로 끝까지 돌리면 그 눈금이 교정되어 Horiz. sens가 $X1$을 나타낼 때 직독으로 된다. $X1 \sim X200$에 있어서는 매겨진 속도 눈금을 각각의 배율로 나누면 된다.

⑨ Input selector —— 수직증폭기의 입력 임피이던스를 선택한다. AC의 위치에서는 교류결합으로 되고, DC의 위치에서는 직류결합으로 된다.

⑩ Triggering level —— 트리거 신호의 직류 레벨을 설정한다. 즉 트리거 파형의 어느 부분에서 소인을 시작하는가를 결정하며, 시계방향으로 끝까지 돌리면 트리거 입력 신호가 없어도 소인선이 나타난다.

⑪ Vernier Horiz. sens —— 미세조정에 사용한다. 고배율의 소인확대를 사용하는 경우에도 용이하게 위치의 이동설정이 가능하다.

⑫ Trigger slope —— 트리거의 신호원을 선택하고, 또 신호의 상승 및 하강 부분 중 어느 쪽에서 소인을 시작하는가를 결정한다.

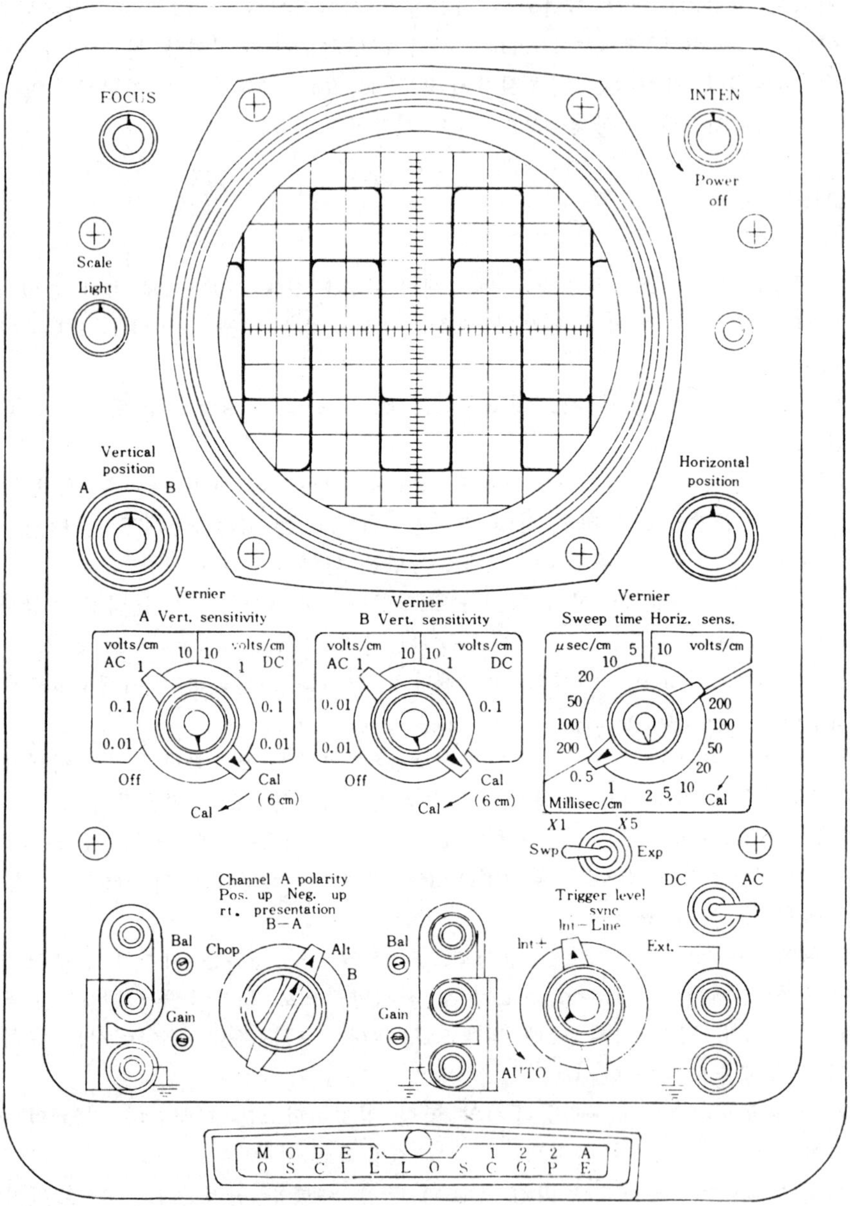

〈그림 8-13〉 오실로스코우프 전면 패널의 일례

⑬ Vert. presentation —— 스코우프가 나타낼 표시의 형태를 선택한다. 이 조정을 두 현상 스코우프에서는 때때로 Mode라고 부른다.

i) position A : A채널의 출력을 표시한다.

ii) position B : B채널의 출력을 표시한다.

iii) Alt : 두 채널로부터의 신호들은 교대로 표시되며, 높은 주파수(2〔kHz〕이상)의 신호들을 나타내는 데 적합하다(Alt는 alternator의 약어).

iv) Chop. : 두 신호의 두 현상을 나타내며, 각 신호의 1〔ms〕 구분은 약 500〔kHz/s〕의 반복비율로 표시된다. 또한 낮은 주파수(2〔kHz〕이하)의 신호들을 나타내는 데 적합하다(Chop는 Chopper의 약어).

v) B−A : A채널의 현상이 B채널의 현상으로부터 제거되고 그 차가 단일현상으로 표시된다. 이 위치는 스코우프가 두 전압을 비교할 때 일차적으로 사용된다.

⑭ sync. —— Int, Line, Ext는 앞의 (4)②에서 설명되었으므로 생략한다.

⑮ Bal. —— 수직증폭기의 평형을 잡는다. 입력신호가 없을 때는 Vert. Variable을 돌려도 소인선이 수직방향으로 변위되지 않도록 조절한다(Bal은 balance의 약어).

[3] 2현상 CRO

두 개의 입력신호를 전자절환 회로에 의해 절환하여 하나의 전자총을 가진 CRT의 스크리인에 두 입력 신호파형을 교대로 묘사시키는 방법으로 절환속도가 빠르면 두 개의 파형을 동시에 관측할 수 있다.

그림 8-14는 2현상 CRO(dual-trace cathode ray oscilloscope)의 구성도이며, *A*, *B* 두 개의 수직입력 회로를 가지고 있다.

A, *B*회로의 전치증폭기 출력은 전자 스위치에 의해서 주 수직증폭기의 입력단자에 교대로 연결된다. 전자절환 방식에는 교번방식(Alter 방식)과 절단방식(Chop 방식)이 있

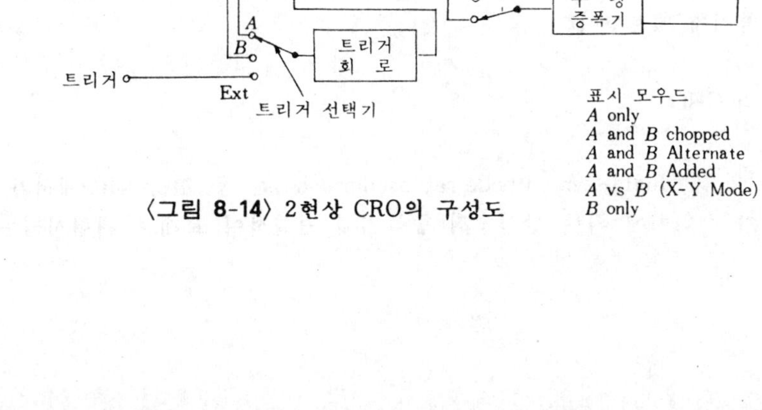

〈그림 8-14〉 2현상 CRO의 구성도

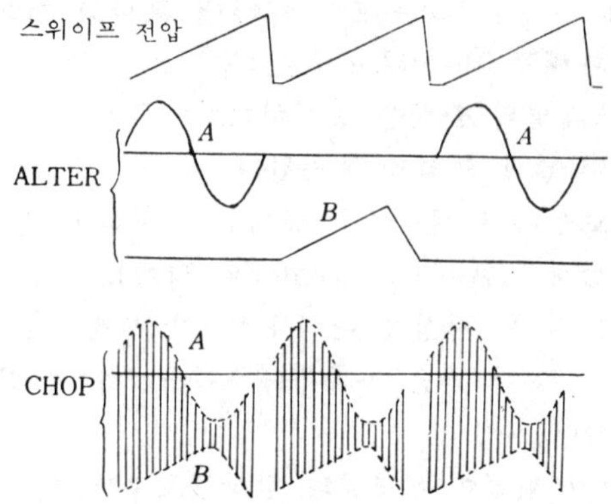

〈그림 8-15〉 전자 절환방식의 동작

다. 전자절환 스위치가 Alter 위치에 있으면 전자 스위치는 주 수직증폭기를 입력 *A*, *B*에 교대로 연결한다.

전자 스위치의 스위칭률을 스위이프율(sweep rate)에 동기시키면 CRT 스크리인에는 그림 8-15의 (a)와 같이 첫스위이프에서는 입력 *A*의 신호파형이, 다음 스위이프에서는 입력 *B*의 신호파형이 나타난다. *A*, *B* 두 신호는 각각 별개의 교정된 입력감쇠기와 수직위치 조정기를 가지고 있기 때문에 두 입력신호의 진폭과 위치는 개별적으로 조정할 수 있다. 이 동작방식에는 스위이프 속도(sweep speed)가 대단히 빠른 경우에 특히 유용하다.

한편 절단방식(Chop 위치)에서는 전자 스위치의 절환주파수가 100～500〔kHz〕의 자주형(free-running)이다. 이 방식에서는 그림 (b)에서 보여주는 바와 같이 스위치가 *A*, *B* 입력파형의 미소부분을 주 수직증폭기에 연속적으로 절환하여 연결한다. 절환주파수가 500〔kHz〕 정도로 빠르면 각 입력파형의 1〔μs〕 부분이 CRT에 입력된다. 절환율이 수평스위이프율보다 훨씬 더 빠르다면 주 수직증폭기에 입력된 각 부분들은 본래의 *A*, *B*의 입력파형을 CRT 스크리인에 재구성한다.

절환율과 스위이프율이 비슷하면 *A*, *B*의 입력파형은 부분적으로 나타나 불연속적으로 보인다. 따라서 이 경우에는 Alter 방식을 사용하는 것이 더 유리하다. Added 위치에서는 *A*, *B* 입력신호가 대수적으로 합성되어 단일파형으로 스크리인에 나타나며 극성절환 스위치가 두 채널에 사용된다면 $A+B$, $A-B$, $B-A$와 $-A-B$ 파형을 나타낼 수 있다.

X-Y 동작방식에서는 스위이프 발진기(sweep generator)가 연결되지 않고 채널 *B*가 직접 수평증폭기에 연결된다.

[4] 2중 비임 CRO

2중 비임 CRO(dual beam cathode ray oscilloscope)는 두 현상 CRO에서와 같이 두 입력신호를 전자 스위치에 의해 단일수직 증폭기에 연결하여 교대로 재현시키는 것이 아니

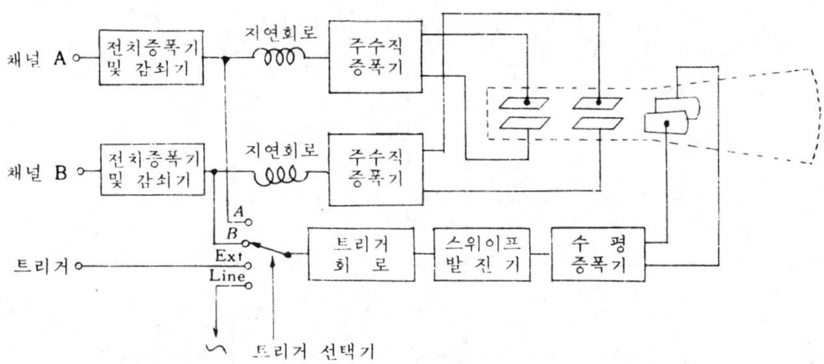

〈그림 8-16〉 2중 비임 오실로스코우프의 구성도

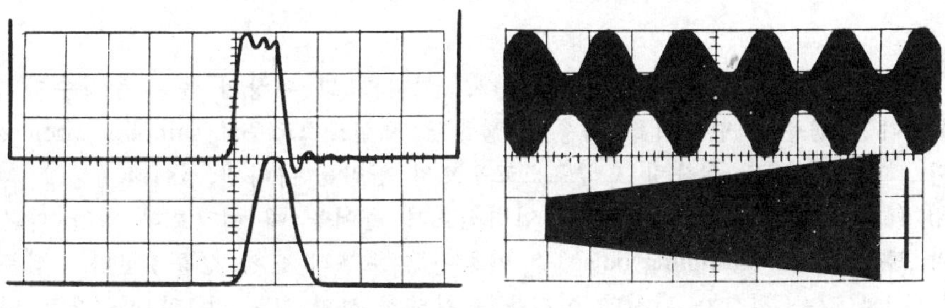

(a) 펄스 정형회로의 입출력 파형

(b) 변조파형

〈그림 8-17〉 2중 비임 CRO의 관측파형

고, 그림 8-16과 같이 하나의 CRT 내에 2개의 전자총(electron gun)과 2조의 수직편향판 및 두 개의 수직증폭기로 구성된다.

스위이프 회로는 하나밖에 없으나 2개의 수직 입력신호를 동시에 스위이프하도록 되어 있다. 스위이프 발진기는 두 입력 *A*, *B*로부터 내부적으로 트리거될 수 있고, 또한 외부 트리거 신호 및 전원으로부터 트리거될 수 있다. 2중 비임 CRO는 2현상 CRO만큼 다양한 동작 모우드(mode)를 가지지는 못하지만 상당히 서로 다른 입력신호의 동시표사에 대하여 이상적이다.

그림 8-17(a)는 펄스 성형회로의 입출력파형이고, 그림 (b)는 통신회로에 있어서 전형적인 변조파를 2중 비임 CRO로 관측한 것이다. 2현상 CRO나 2중 비임 CRO도 보통의 오실로스코우프와 마찬가지로 *A*입력 또는 *B*입력만을 넣어 단현상 오실로스코우프로 사용할 수도 있다.

[5] 샘플링 오실로스코우프

오실로스코우프에서 관측할 수 있는 피관측파 전압의 주파수는 증폭기와 CRT의 특

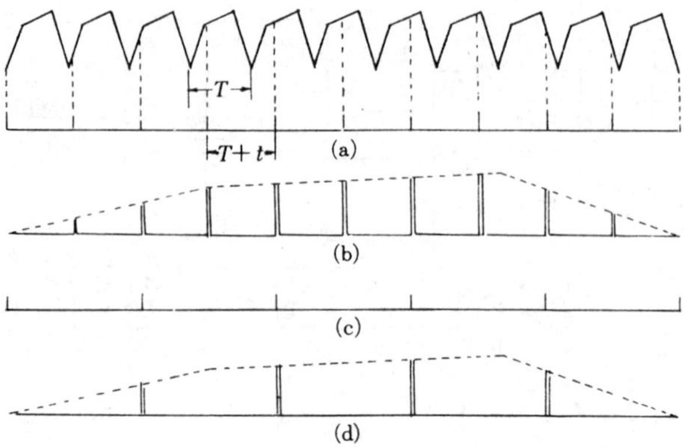

〈그림 8-18〉 샘플링 오실로스코우프의 원리

성에서 정해지며, 최고 수백〔MHz〕 정도이다. 따라서 그 이상의 높은 주파수의 전압파형을 관측하려면 샘플링 변환기를 사용한 샘플링 오실로스코우프(sampling oscilloscope)가 사용된다. 그림 8-18은 샘플링 오실로스코우프의 원리를 나타낸 것이다.

그림 (a)와 같이 주파수 f〔Hz〕의 입력신호가 들어올 때 이것보다 약간 다른 주파수 f_s〔Hz〕의 샘플링 펄스(sampling pulse)를 만들어 이로부터 순차 샘플링한다. 샘플링 출력은 그림 (b)와 같은 펄스가 되지만 이것을 평활하게 하면 그림 (b)의 점선으로 나타낸 파형이 얻어진다. 이것은 그림 (a)의 입력신호 파형과 서로 비슷하고 그 주파수 Δf는

$$\Delta f = f - f_s \text{〔Hz〕} \qquad (8\text{-}8)$$

이 된다. 즉 f〔Hz〕의 주파수신호를 Δf〔Hz〕의 주파수인 파형이 서로 유사한 신호로 변환할 수 있다. 이것이 샘플링 변환의 원리이다. 또 샘플링할 때에는 입력신호의 매회 파형에서 샘플링할 필요는 없고 그림 (c), (d)와 같이 m개마다 조금씩 샘플링하여도 된다. 이 경우 주파수의 관계는

$$\Delta f = f - mf_s \text{〔Hz〕} \qquad (8\text{-}9)$$

로 되어, 같은 Δf〔Hz〕의 출력을 얻은 경우는 낮은 주파수의 샘플링 펄스에서 좋게 된다.

이 방법을 사용하면 피관측의 입력단자에서 샘플링 회로까지는 초고주파 회로로 되지만 샘플링한 후의 회로는 1〔MHz〕 정도의 주파수 대역을 가지는 증폭기로도 충분하기 때문에 입력감도가 적고, 관측가능한 주파수의 범위도 직류에서 20〔GHz〕 정도까지 확대할 수 있다.

[6] 기억형 오실로스코우프

CRT 형광체의 잔광시간의 제약 때문에 순간적으로 일어나는 현상의 실시간 관측(real-time observation)이 거의 불가능하다. 비록 그와 같이 현상을 사진으로 기록할 수 있긴 하지만, 비용도 많이 들고 시간도 걸린다. 최근에 개발된 기억형 오실로스코우프(storage oscilloscope)는 상당 기간 동안 CRT 묘사를 유지하는 것이 가능하다. 기억된 파

형을 검토한 후 사진을 찍을 것인지 여부를 결정할 수도 있다.

기억형 오실로스코우프에는 두 가지 형식이 있다. 하나는 특수 설계된 CRT를 사용하고, 다른 하나는 디지틀 기술을 사용한다. 기억형 CRT는 두 개의 전자총을 사용한다. 하나는 보통의 전자총인 쓰기 전자총(writing gun)이고, 다른 하나는 저에너지 전자로 CRT 스크린 전체를 균일하게 때려주는 투전자총(flood gun)이다. 이들 저에너지 전자와 충돌한 형광체입자는 저레벨 전하를 취한다. 그러나 활성화되지 않은 입자는 무전하(no-charge) 상태로 남아 있는다. 파형이 기록될 때, 쓰기 전자총이 턴온하여 고에너지 전자가 스크린을 때려 이미지를 형성시킨다. 고에너지전자가 때린 형광체 입자는 상당한 전하를 갖게 된다. 그러므로 투전자총에 의해 방출된 추가의 전자가 유도되어 이미지를 유지한다. 형광 스크린을 접지하면 과잉전하가 제거되어 이미지는 지워진다.

[7] 디지틀 기억형 오실로스코우프

앞절에서 논의한 종래의 기억형 오실로스코우프는 파형이나 과도신호를 유지하는 데 오랫동안 사용되어 왔다. 그러나 이런 형태의 계측기에서는 저장된 이미지가 서서히 사라져가기 때문에 이것을 재현할 수 없다. 디지틀 기억형 오실로스코우프는 아날로그형에 비해 여러가지 이점을 갖는다. 예를 들면, 디지틀로 기억된 파형은 결코 흐려지거나 너무 밝아지지도 않는다. 더욱 중요한 것은 디지틀 기억형 오실로스코우프는 빠르고 정확한 측정을 얻기 위해서 탁상용 계산기나 마이크로컴퓨터와 인터페이스로 접속될 수 있다는 사실이다.

긴 시간 동안 파형을 나타내기 위해서 아날로그 기억형 오실로스코우프에 사용되는 기술과 비교하면, 디지틀 기억형 오실로스코우프의 CRT는 훨씬 간단하다. 디지틀 기억형 오실로스코우프는 투전자총이 없는 종래의 CRT를 사용한다. 그리고 파형에 관한 정보를 저장하기 위한 메모리 회로를 가지고 있다. 그래서 파형은 CRT 스크린에 반복해서 나타낼 수 있다. 그림 8-20은 디지틀 기억형 오실로스코우프의 블럭도(구성도)를 나타낸다.

[8] 용 도

오실로스코우프는 본래 미지의 파형을 관측하는 파형관측용이며, 2현상 오실로스코우프는 미지의 두 파형을 비교 관측할 수 있고, 스위이프 발진기와 결합하여 중간주파 증폭기의 주파수 특성을 관측하는 것 외에 다음과 같은 것을 측정할 수 있다.

(1) 주파수 및 주기의 측정 : 피측정 주파수를 오실로스코우프의 수직편향판에 인가했을 때 그림 8-21과 같은 파형을 얻어 a, b간의 거리가 d〔cm〕였다면, 오실로스코우프의 sweep time/cm의 값을 곱하여 주기 T를 얻는다. 그러면 주파수는 $f=1/T$ 로서 주파수값을 구할 수 있다.

예를 들면 sweep time/cm가 1〔ms/cm〕이고 a와 b의 간격이 4〔cm〕였다면 주기 $T=1$〔ms/cm〕×4〔cm〕=4〔ms〕이므로 주기는 4〔ms〕이고 그 주파수는 250〔Hz〕가 된다. 또한

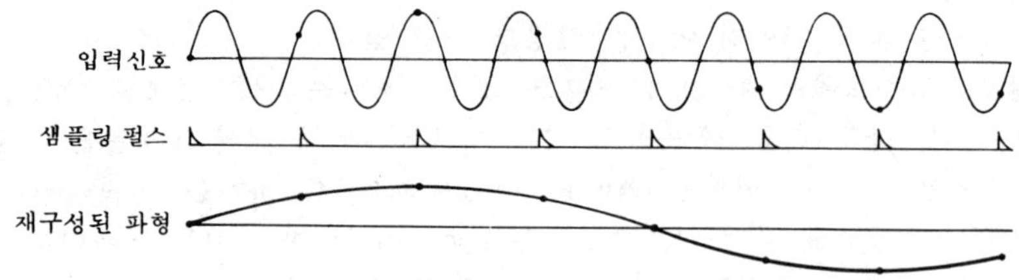

〈그림 8-19〉 샘플링 원리

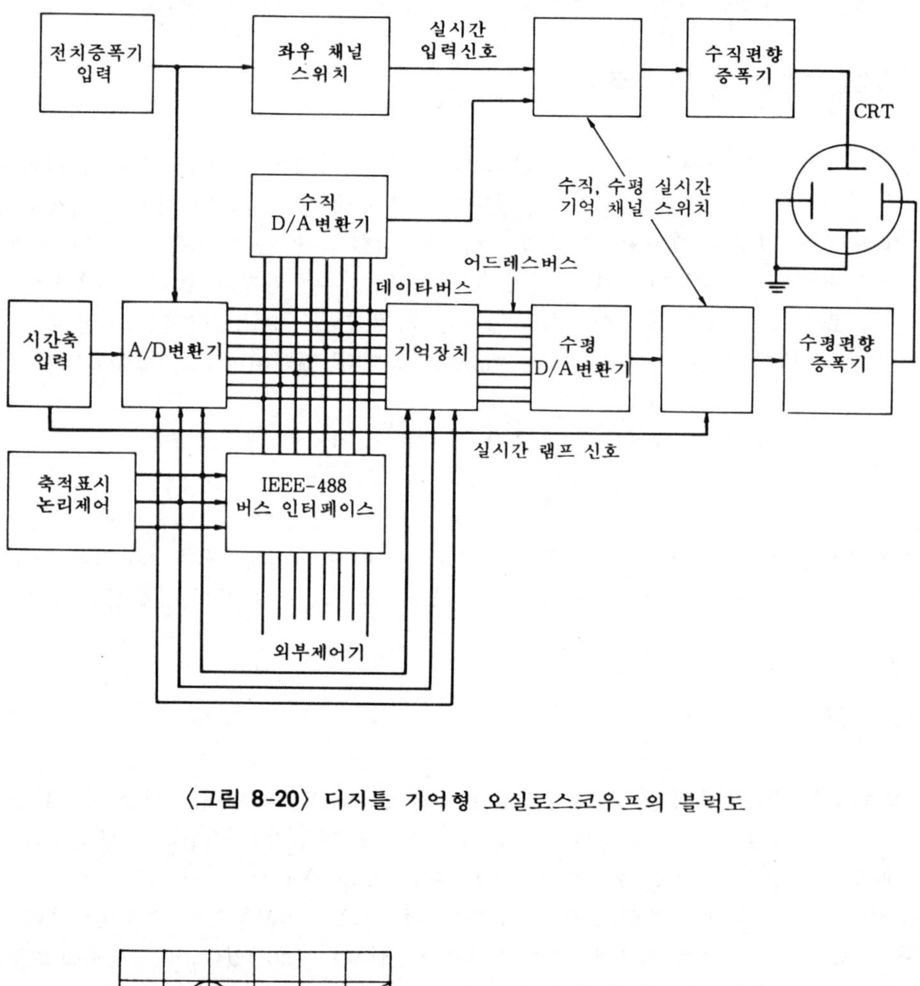

〈그림 8-20〉 디지틀 기억형 오실로스코우프의 블럭도

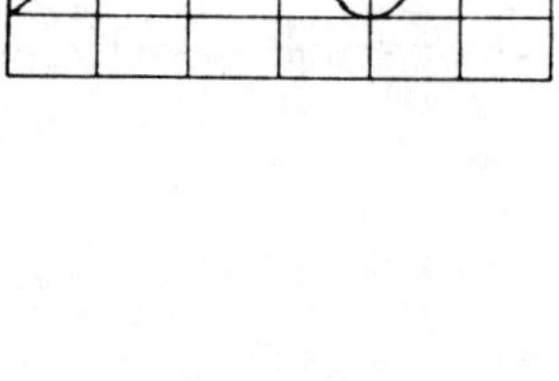

〈그림 8-21〉 주파수 및 주기측정

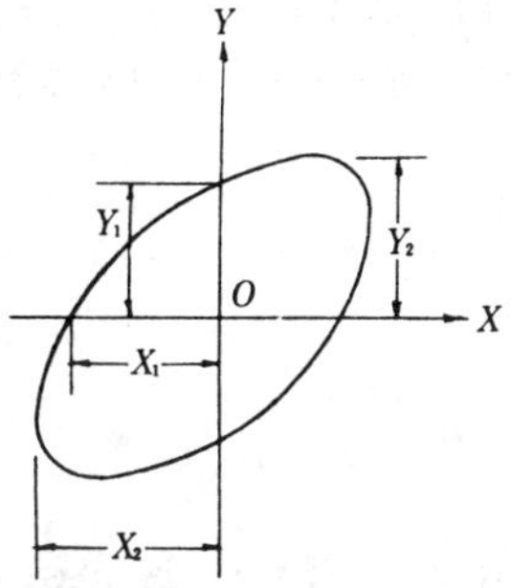

〈그림 **8-22**〉 위상차의 측정

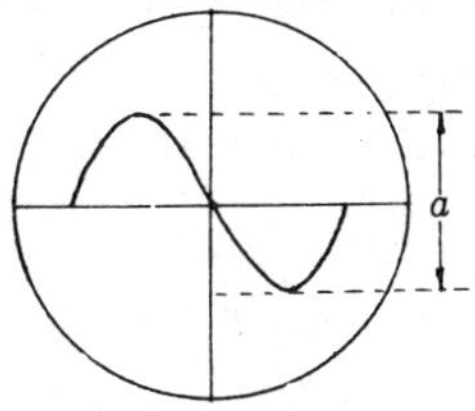

〈그림 **8-23**〉 전압의 측정

5장의 주파수측정에서 설명한 바와 같이 미지의 주파수와 기지의 주파수를 수직·수평편향판에 인가하여 나타내는 리서어쥬 도형을 가지고 피측정 주파수를 측정할 수도 있다.

(2) 위상차(phase difference)의 측정 : 주파수가 같고 진폭이 같은 두 개의 정현파를 오실로스코우프의 수직과 수평편향판에 넣어 그림 8-22와 같은 타원형이 얻어졌다면 두 주파수의 위상차 θ는 다음 식으로 표시한다.

$$\theta=\sin^{-1}\frac{X_1}{X_2}=\sin^{-1}\frac{Y_1}{Y_2} \tag{8-10}$$

그러므로 $\sin\theta=X_1/X_2$ 또는 $\sin\theta=Y_1/Y_2$으로 된다. 한편 두 주파수의 위상이 같으면 $y=x$의 직선이 되고, 두 주파수의 위상차가 90°이면 0를 중심으로 원을 이룬다.

(3) 전압(voltage)의 측정 : 오실로스코우프의 수직축에 피측정전압을 가하여 그림 8-23과 같은 파형을 얻으면 그 최대값과 최대값(pp, peak to peak)의 길이 a〔mm〕를 측정하고, 계산해서 구하는 방법이다. 즉 피측정전압이 정현파이고 또 오실로스코우프의 편향감도가 b〔mm/V〕라고 하면 입력전압의 실효값 E는 다음 식으로 구할 수 있다.

$$E=\frac{a}{2\sqrt{2}\,b}\text{〔V〕} \tag{8-11}$$

(4) 변조도(degree of modulation)의 측정 : 진폭변조파의 변조도를 측정하기 위하여는 피변조파를 오실로스코우프의 수직축에 가하여 그림 8-24와 같은 변조포락선을 얻었다고 하면 변조도 m은 다음 식으로 구할 수 있다.

$$m=\frac{A-B}{A+B}\times 100\text{〔\%〕} \tag{8-12}$$

변조도 측정방법은 변조포락선에 의한 것 이외에 대형파에 의한 방법, 두 개의 타원

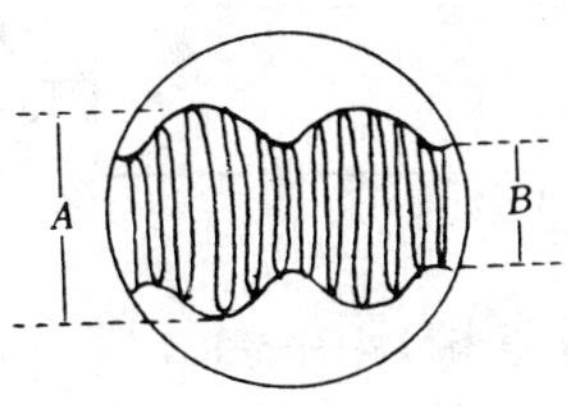

〈그림 **8-24**〉 변조도 측정

에 의한 방법 등이 있으나 이것들은 15장 송신기에 관한 측정에서 다루기로 한다.

(5) 기타의 측정 : 오실로스코우프는 위에 설명한 것 외에 다이오우드, 트랜지스터, 미분회로 및 적분회로 등의 특성도 측정할 수 있다.

8-2 스펙트럼 분석기

스펙트럼 분석기(spectrum analyzer)란 주어진 전기적 신호의 주파수 스펙트럼에 걸친 에너지 분포(energy distribution)를 CRT에 나타내는 기기를 말한다. 이 기기는 기기 자체가 지니고 있는 능력과 제한 때문에 오디오 스펙트럼 분석기와 RF 스펙트럼 분석기의 두 종류로 크게 분류할 수 있다. 그 중에서 주파수 범위가 10〔MHz〕에서 40〔MHz〕까지인 RF 스펙트럼 분석기는 통신분야, 산업기기, 항공 및 레이다(radar) 등의 방대한 부분에 사용되기 때문에 대단히 중요하다. 스펙트럼 분석기는 처음 레이다 응용에서 RF 에너지의 폭발(burst)에 대한 스펙트럼을 보기 위해서 고안되었던 것이 차차 발달되어 오늘날에는 RF 스펙트럼 부분에서 진폭을 주파수의 함수로 하여 그래프로 나타낼 수 있는 정교화 기기가 되었으며 감쇠(ATT), FM편차, 주파수 및 펄스 특성을 측정하는 데 사용된다.

[1] 구성 및 원리

스펙트럼 분석기는 고찰하고자 하는 주파수 스펙트럼의 선정된 부분에 대해서 주파수에 대한 진폭을 그래프로 나타내도록 고안된 것이다. 레이다 펄스 기술이 개발되던 중에 사용되었던 초기의 분석기는 보정된 제어도 없고 또 스펙트럼 범위도 넓지 못하여 단순한 RF 지시기에 지나지 않았으나, 오늘날의 스펙트럼 분석기는 기본적으로 대역폭이 좁은 초헤테로다인(heterodyne) 수신기와 CRO로 이루어졌다. 이 수신기는 국부발진기의 주파수를 변화시킴으로써 전자적으로 동조된다.

그림 8-25는 스펙트럼 분석기의 구성요소를 나타낸 것이다. 톱니파 발진기는 톱니파 전압을 전압동조된 국부발진기의 주파수 제어 요소에 공급한다. 그러면 이 국부발진기는 그의 주파수대역을 통해 스위이프 발진기로서 동작한다. 똑같은 톱니파 전압이 동시에

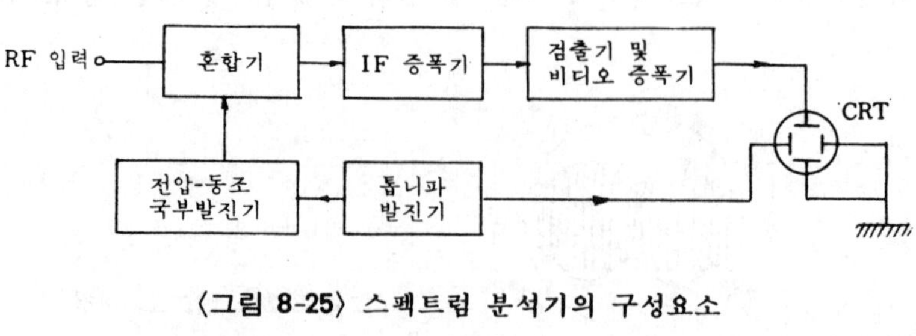

〈그림 8-25〉 스펙트럼 분석기의 구성요소

CRO의 수평편향판에 인가한다. 또 관찰할 RF신호는 혼합기(mixer)의 입력단에 인가한다.

국부발진기는 톱니파 발생기에 의해서 그 주파수대역을 통해 스위이프될 때 그것이 입력신호와 비이트(beat)하여 필요한 중간주파수(IF)를 만든다. IF 신호는 그에 해당되는 성분이 RF 입력신호에 나타날 때 생기며, 그 결과로 생긴 IF 신호는 증폭 및 검파된 후 CRT의 수직편향판에 인가되어 주파수대 진폭의 크기가 나타난다.

[2] 스펙트럼 표시

스펙트럼 분석기와 음극선 오실로스코우프(CRO)의 차이점을 알아보기로 한다. CRO는 일반적으로 시간의 변화에 대한 전기적 신호로 나타내는 데 사용된다. 예를 들면 펄스의 상승시간, 펄스폭, 반복률은 CRO의 보정된 X축상에서 직접 읽을 수 있다. 이때 관찰된 형태는 시간에 대한 신호진폭을 나타내는 그림이다. 이와 같은 측정을 시간영역(time domain) 내에서의 측정이라고 한다.

스펙트럼 분석기에서의 신호는 개개의 주파수성분으로 분해되어 CRO의 X축을 따라 나타난다. X축은 주파수에 대한 신호진폭을 나타내기 위해서 주파수로 보정되어 있다. 이와 같은 측정을 주파수영역(frequency domain) 내에서의 측정이라고 한다.

그림 8-26(a)는 기본파 주파수 f_1과 그의 제2고조파 $2f_1$을 3차원으로 나타낸 것으며 이것은 시간과 주파수 영역의 특성을 나타내고 있다. 그림 (b)에서 두 신호는 점선으로 나타내어져 있으며 또 굵은 선은 CRT 스크리인상에서 보는 것처럼 두 신호의 순시값의 대수적인 합을 나타낸 것이다.

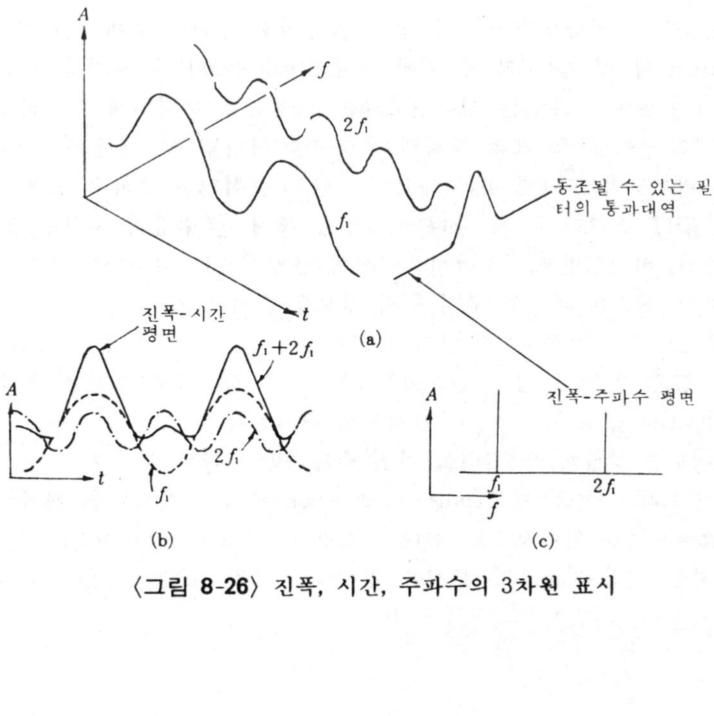

〈그림 8-26〉 진폭, 시간, 주파수의 3차원 표시

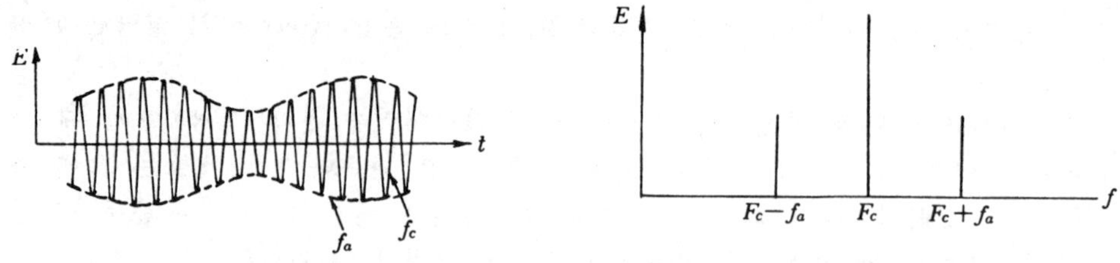

(a) 시간-진폭도 (b) 주파수-진폭도

〈그림 8-27〉 단일음성 진폭변조

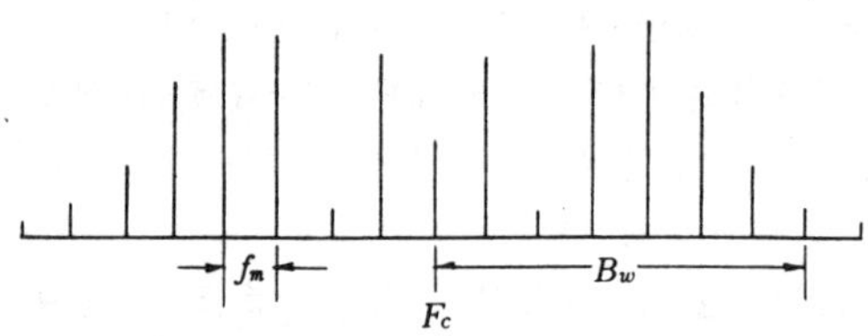

〈그림 8-28〉 단일음성 주파수변조의 진폭 스펙트럼

그림 (c)에서는 진폭-주파수 평면상에 두 신호를 나타낸 것이며, 이는 스펙트럼 분석기의 창(window)이 신호의 주파수 범위에 걸쳐 스위이프할 때 복합신호의 두 성분으로서 CRO상에 나타난 것이다. 몇 개의 공통적인 신호를 스펙트럼 분석기에 가할 때 나타나는 CRT의 표시를 알아보기로 하자.

(1) 진폭변조파 : 반송주파수 f_c가 단일 음성신호 주파수 f_a에 의해서 진폭변조(amplitude modulation)될 때 f_c+f_a와 f_c-f_a에 측파대(side-band)가 생긴다. 그림 8-27(a)와 같이 오실로스코우프에 나타나는 진폭변조파를 스펙트럼 분석기에 인가하면 그림 (b)와 같이 반송파와 그 양쪽에 두 개의 측파대 주파수를 나타낸다. 반송파에 대한 측파대 주파수의 진폭은 변조도의 크기에 따라 다르다. 만일 분석기의 주파수, 스펙트럼폭, 수직응답을 보정하면 CRT 스크리인상에 나타난 그림을 통해 ① 반송파 주파수, ② 변조주파수, ③ 변조백분율, ④ 비선형변조, ⑤ 스펙트럼선의 불안정으로 나타나는 우발적인 주파수변조, ⑥ 스퓨리어스 신호의 위치와 세기 등의 정보를 숫자로 알 수 있다.

(2) 주파수변조파 : 반송주파수 f_c가 변조주파수 f_m으로 주파수변조(frequency modulation)될 경우, 그림 8-28과 같이 반송파를 중심으로 상, 하로 무한한 측파대가 생긴다. 이것들은 $f_c \pm nf_m$(n=1, 2, 3, ……)의 간격으로 위치한다.

그러나 실제로는 상당히 큰 전력을 가진 측파대만 고려한 것이다.

(3) 펄스 변조파 : 펄스 변조(pulse modulation)파의 스펙트럼을 관찰하기 위해서는 먼저 펄스의 스펙트럼을 알아보기로 한다. 그림 8-29(a)는 상승시간과 하강시간이 0인 이상적인 구형파를 시간-진폭으로 표시한 것이다. 그림 (b)는 이것을 나타내는 것으로

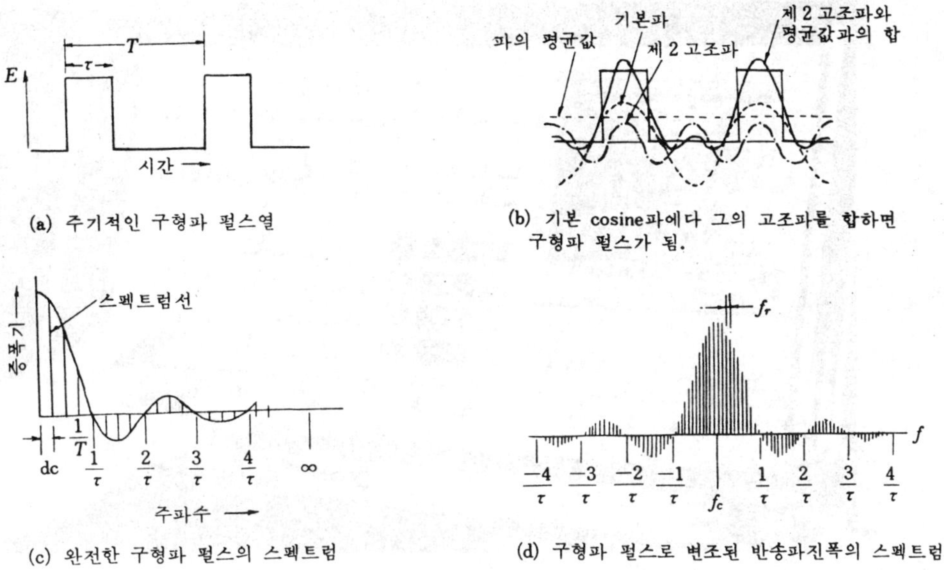

(a) 주기적인 구형파 펄스열

(b) 기본 cosine파에다 그의 고조파를 합하면 구형파 펄스가 됨.

(c) 완전한 구형파 펄스의 스펙트럼

(d) 구형파 펄스로 변조된 반송파진폭의 스펙트럼

〈그림 8-29〉 펄스 변조

이 그림에서는 기본파에 제2고조파가 대수적으로 합해지는 것이 나타나 있다.

기본파와 동상인 더 많은 고조파들이 합해지면 결국 구형파가 된다. 그림 (c)는 주파수영역에서의 완전한 구형파 펄스의 스펙트럼이다. 여기서 보면 무한히 많은 고조파의 진폭과 위상이 그려지며 결국 그림에서 보는 것처럼 평활한 곡선이 된다.

이 펄스를 이용하여 반송파를 진폭변조하면 이 펄스에 포함되어 있는 모든 고조파성분과 반송파 간의 합과 차가 얻어진다. 따라서 각 고조파 주파수도 변조신호가 진폭변조에서 했던 것과 똑같은 식으로 다수의 측파대를 만든다. 이 다중측파대를 일반적으로 스펙트럼선이라 한다. 변조 펄스에 포함되어 있는 고조파 주파수의 꼭 두 배가 되는 측파대가 생긴다. 그림 (d)는 반송파를 구형파 펄스로 변조했을 때 생기는 스펙트럼선을 나타낸 그림이다. 그림의 개개의 선은 고조파를 가진 변조 펄스 주파수와 반송파 외의 변조곱(modulation product)을 나타낸다.

따라서 이 스펙트럼선들은 본래 펄스 파형의 펄스 반복률과 같은 크기의 주파수간격으로 분포한다. 중앙에 있는 주돌출부(main lobe)와 측면돌출부(side lobe)들은 그림에서 보듯이 스펙트럼선의 그룹(group)으로서 기선의 상하로 펼쳐 있다. 완전한 구형파의 경우에는 이들 분포는 무한대가 된다. 주돌출부의 중앙에 있는 가장 긴 선이 반송파 주파수를 나타낸다.

스펙트럼 분석기는 그 용도가 다양하지만 대표적인 몇 가지만을 들어보면 다음과 같다.

① 펄스폭 및 반복률 측정 ② 변조증폭기의 동조
③ FM편차 측정 ④ RF간섭시험
⑤ 안테나 패턴(pattern) 측정 ⑥ 필터 주파수 응답

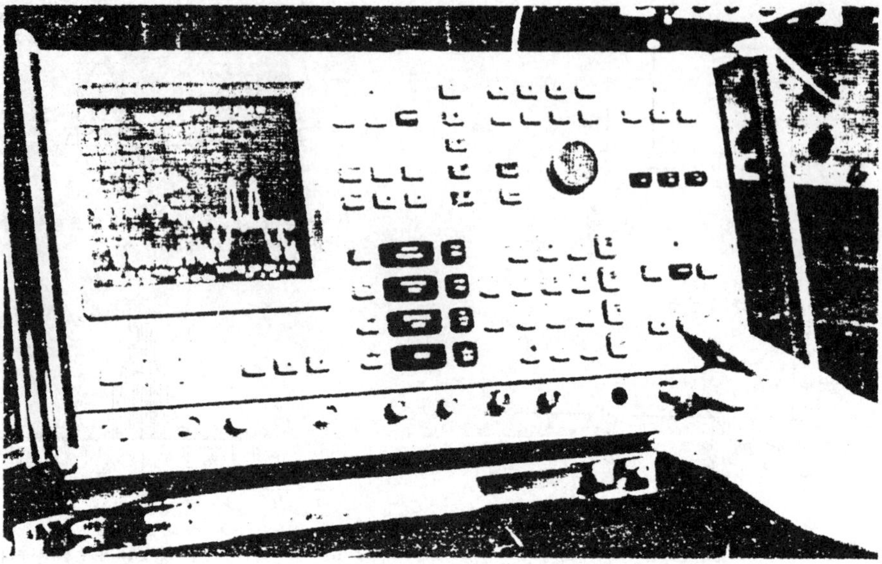

〈그림 8-30〉 스펙트럼 분석기의 외형도

또한 스펙트럼 분석기와 일반 수신기를 조합시킨 것으로 파노라마 수신기(panoramic receiver)가 있다.

그림 8-30은 스펙트럼 분석기의 외형도이다.

8-3 푸리에 분석기

푸리에 분석기는 스펙트럼 분석기의 능력 이상으로 계측을 제공하기 위해 디지틀 신호처리 기술을 사용한다. 이들 능력의 일부는 매우 낮은 주파수 또는 매우 근접한 신호의 계측, 잡음에 의하여 모호한 랜덤 신호의 계측, 두 개 이상 신호의 관계 또는 공통성분의 계측이다

푸리에 분석기(Fourier analyzer)는 고속 푸리에 변환이라 하는 알고리즘을 사용하는 이산 푸리에 변환의 계산을 기초로 한다. 이들 알고리즘은 입력신호의 시간영역 샘플의 집합으로부터 각 신호성분의 진폭과 위상을 계산한다.

푸리에 분석기의 기본 블럭도는 그림 8-31에 있다. 계기에 인가된 신호는 대역외부 성분을 제거하기 위해 필터된다. 저역통과 필터로부터 나오는 신호는 A/D 변환기에 인가되는데, 여기서 시간기록이라 하는 샘플의 전체가 수립될 때까지 일정 시간간격으로 샘플하고 디지틀화한다. 마이크로프로세서는 주파수영역 결과를 얻기 위해 시간 데이타상에 요구되는 계산의 시리즈를 수행한다. 메모리에 저장된 이들 결과는 CRT상에 표시할 수 있거나 기록계 또는 플로터(plotter)로 영구히 기록될 수 있다.

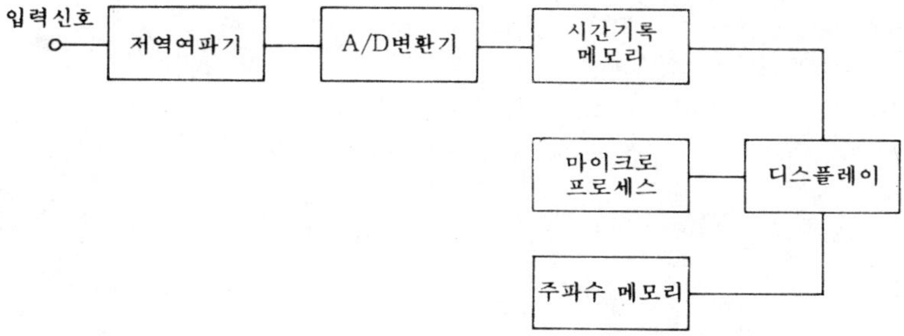

〈그림 8-31〉 푸리에 분석기의 기본 블럭도

푸리에 분석기가 일차적으로 디지틀 계기이므로 컴퓨터 또는 다른 디지탈 시스템에 인터페이스는 비교적 간단하다. 원격 프로그램과 IEEE 488버스 또는 다른 인터페이스 시스템을 통한 데이타 전송은 계기를 위한 가능한 응용의 범위를 괄목할만치 확장시킨다. 계기의 디지틀 성질덕으로 푸리에 분석기는 고정밀, 고안정과 스펙트럼 해석에서 반복성을 제공한다.

〔연 습 문 제〕

8-1 오실로스코우프의 기본 구성도를 그리고 각 부의 기능을 간단히 기술하여라.

8-2 CRT에서 전자 비임을 집속 및 편향시키는 방법에 대하여 설명하여라.

8-3 오실로스코우프에서 chop와 Alt의 사용방법에 대하여 기술하여라.

8-4 2현상 CRO의 원리를 간단히 설명하여라.

8-5 2중 비임 CRO의 원리를 간단히 설명하여라.

8-6 CRO에 의한 두 파형의 위상각 θ를 구하는 방법을 설명하여라.

8-7 오실로스코우프로 변조도를 측정하는 방법을 설명하여라.

8-8 스펙트럼 분석기와 오실로스코우프의 근본적인 차이점을 설명하여라.

8-9 스펙트럼 분석기의 대표적인 용도를 열거하여라.

8-10 푸리에 분석기의 특징에 대하여 기술하여라.

8-11 수평주파수가 100Hz일 때 그림 8-32와 같은 리사쥬 도형으로부터 수직주파수를 구하여라.

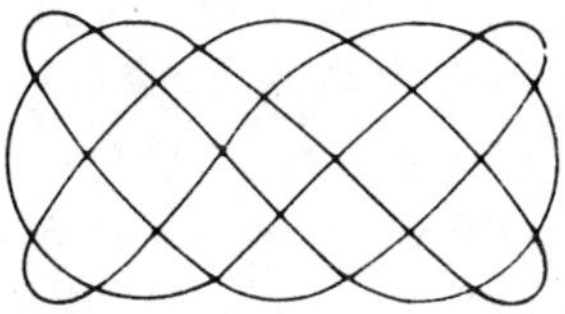

〈그림 8-32〉 리사쥬 도형

제 9 장

기록계기

기록계기(recording instrument)는 전압, 전류, 전력, 역률 및 주파수 등의 전기적 양이나, 온도, 액체 등의 물리적 양의 시간적 변화를 지면 위에 기록하는 계기이며, 자동평형식 기록계, 스트립차트 기록계 및 XY기록계 등이 있다.

9-1 자동평형식 기록계

[1] 구성과 원리

자동평형식 기록계(automatic balancing recorder)는 영위법(zero method)에 해당되는 것으로서, 측정하고자 하는 양을 전기에 관계 있는 양으로 변환해서 증폭시킨 다음, 평형 브리지 또는 전위차계 회로에 도입하고 이것에 의해 회로가 자동적으로 평형상태로 되도록 한 후 가동부분에 펜 또는 타점용 핀을 부착하여 기록하도록 한 것이다. 따라서 이 계기는 피측정량을 충분히 증폭하여 사용하므로 감도가 매우 양호하다.

그림 9-1은 자동평형식 기록계의 일례이다.

그림 (a)는 전위차계식으로서 입력전압 V_i와 평형용 전압 V_b와의 차 v_i를 검출하고 직교변환기로 변환한 다음, 증폭기로 증폭하면 v_0의 전압이 얻어진다. 이 v_0를 평형전동기(balance motor) BM에 가하여 v_0에 비례한 속도로 회전시키므로 이것에 의해 전위차계의 브러시를 움직여서 평형을 이루게 할 수 있다. 이와 같이 전위차계의 브러시는 항상 입력전압의 변화에 따라 위치가 변하므로 이것에 기록 펜을 붙여 놓으면 입력전압을 기록할 수가 있다.

평형전동기는 2상 유도전동기가 사용되며 1상은 전원전압(고정용)을 직접 가하고, 다른 1상은 불평형전압을 증폭한 것을 가하여 그의 늦음과 빠름에 의해 전동기를 회전 또는 역전시키는 것이다.

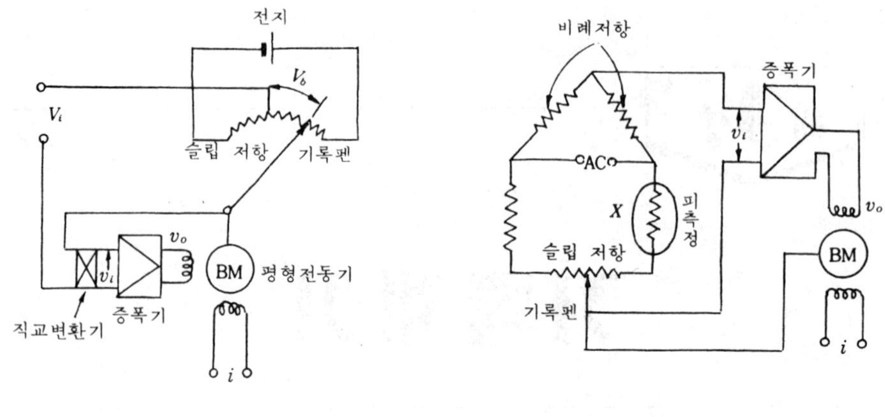

(a) 전위차계식 (b) 브리지식

〈그림 9-1〉 자동평형식 기록계

그림 (b)는 브리지형(bridge type) 기록계기로서 교류전원을 사용할 수 있으므로 직교변환기는 불필요하며 측정하고자 하는 양을 X측에 삽입하여 여러 가지 계기로 할 수 있다. 예를 들면 X측을 온도저항체로 하면 온도기록계가 되며, 주파수에 따라 변화하는 임피이던스로 하면 주파수 기록계가 된다.

[2] 오 차

기계 시스템을 구동하는 영위검색(null-seeking) 전자 시스템의 동작원리 때문에 기록장치는 항상 전자신호에 꼭 맞게 응답하는데 있어 얼마간의 무력함을 보인다. 시스템의 이득과 감도에 따라 거의 항상 작은 차트 길이가 있게 되는데, 그로 인하여 기록장치는 먼저의 평형점으로 돌아오지 않게 움직인다. 이를 기록계가 응답하는 최소신호로 정의되는 불감대(dead-band)라 한다. 이 오차의 주된 요인은 쓰기장치에 부착된 기계 시스템의 치차틈(backlash) 때문이다.

기록장치가 영점에 접근함에 따라 급히 변화하는 변수를 기록한다면 오버슈트(overshoot)하는 경향이 있다. 영점에 대한 오버슈트의 실제거리는 최대눈금편위의 백분율로 규정된다. 예로서 50㎜ 최대눈금편위에서 1㎜ 오버슈트인 계기는 2% 오버슈트로 표현할 수 있다.

9-2 스트립차트 기록계

[1] 구성과 원리

스트립차트 기록계는 시간에 대하여 변화하는 물리적 사항을 그래프 기록으로 제공하는 계기이다. 기본 스트립차트 기록계는 촉침과 같은 기록장치, 그래프 기록이 기록되는

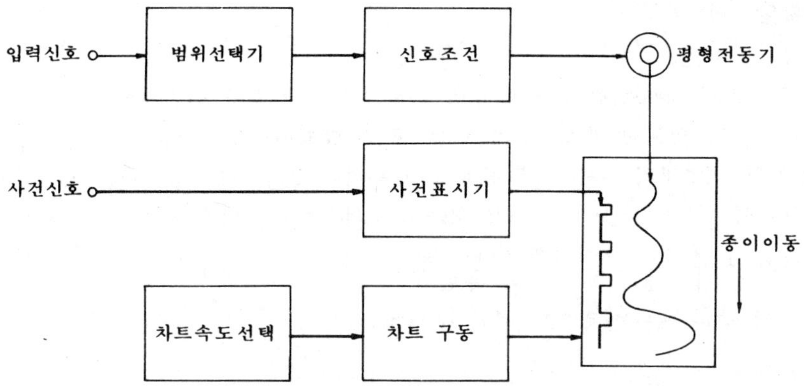

〈그림 9-2〉 기본 스트립차트 기록계의 블럭도

차트, 그리고 원하는 속도로 차트를 구동하는 신호를 조절해주는 적절한 회로로 구성된다. 그림 9-2는 기본 스트립차트 기록계의 블럭도이다. 신호조절회로의 출력은 촉침이 부착된 가역 모터를 구동한다. 촉침의 운동은 차트상에 기록될 입력신호를 재생하게 된다. 차트의 이송률은 전면제어부에 있는 차트 속도선택기(chart speed selector)에 의하여 제어된다. 사건표시기(event marker)로 기록순차의 시작과 끝을 차트의 변에 사용자가 표시할 수 있다.

스트립차트의 다른 형은 갈바노미터(galvanometer) 기록계이다. 이 형의 기록계는 기본 dc미터에서 사용된 가동부와 유사한 가동 코일형 가동부의 지시기 끝에 장착된다. 갈바노미터 기록계로 기록이 이루어질 때 자기평형 신호보다 가동 코일형 가동부의 제한 스프링이 측정되는 양으로 만들어지는 힘을 평형하기 위하여 대응하는 힘으로 제공된다.

비록 갈바노미터 기록계가 자기평형 시스템만큼 감도가 좋지 않지만, 많은 응용에서 매우 매력적으로 선택되는 다른 모습을 갖고 있다. 가장 뚜렷한 장점은 크기와 값이 싼 점이다. 간편한 크기는 갈바노미터를 다현상기록계로 사용하기에 이상적이고, 저감도인 기본설계는 저렴하다.

갈바노미터 기록계는 보통 종이기록용의 저속구동 시스템으로 사용된다. 1과 25.4cm/hr 사이의 차트 속도가 꽤 일반적이다. 이들 계기들은 상대적으로 긴 시간 동안 일어나는 변화나 경향을 기록하는 데 사용한다.

산업응용에서 계장(械裝)용으로 다양한 스트립차트 기록계가 있다. 이들 기록계들은 일반적으로 다음 3가지 목적을 동시에 갖는다.

① 지시기, 관측하의 파라미터값의 즉시 지시

② 기록, 관측하의 파라미터값에서 시간에 대한 변동을 영구한 그래프로 기록

③ 제어, 모니터되는 시스템의 제어

문자 그대로 스트립차트 기록계의 산업과 과학에의 응용이 수천 가지 있는데, 예로 공공기관이나 회사의 제어실, 정류공장, 제철소와 제지공장, 화학공장, 그리고 많은 연구시설 등이다.

[2] 차트 속도

차트 속도(chart speed)는 스트립차트 기록계에서 기록지 이송률을 나타낼 때 사용하는 용어이다. 차트 속도는 초당 인치 또는 초당 밀리미터로 나타내고, 기계적 치차열에 의하여 결정된다. 대개의 상용 스트립차트 기록계는 스위치로 선택되는 넓은 범위의 차트 속도를 갖는다. 차트 속도를 안다면 기록신호의 주기는 다음과 같이 계산할 수 있다.

$$\text{주기} = \frac{\text{시간}}{\text{사이클}} = \frac{\text{시간축(time base)}}{\text{차트 속도}} \tag{9-1}$$

식 (9-1)로부터 주파수는 다음으로 쉽게 구해진다.

$$\text{주파수} = \frac{1}{\text{주기}} \tag{9-2}$$

9-3 *X-Y* 기록계

[1] 구성과 원리

일반적인 기록계기는 시간이 경과함에 따라 기록용지가 이송되지만 *X-Y* 기록계는 2개 변수간의 관계를 그래프 기록으로 제공하는 계기이다. 이들 계기들은 2축을 따라 서보시스템의 쌍을 갖는데 각기 이동팔기구에 부착된 기록펜을 구동한다. 그래프 기록은 고정된 종이 차트에 나타난다.

X-Y 기록계에 사용되는 기록종이는 집게로 고정하거나 종이를 잡기 위해 차압을 만

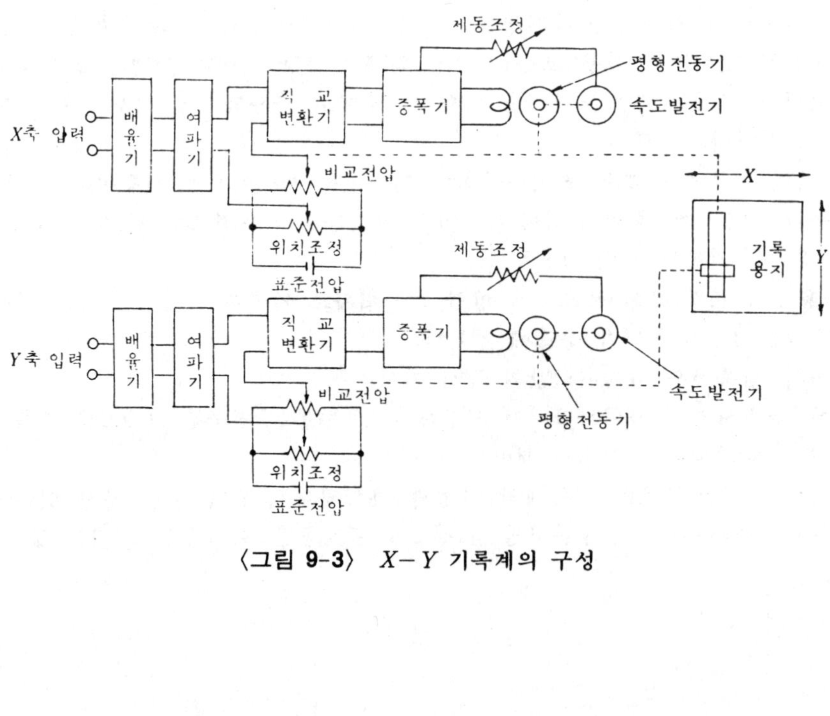

〈그림 9-3〉 *X-Y* 기록계의 구성

든다. 흔히 고급기록계에 채용하는 차압기법은 진공 펌프가 종이 뒤의 압력을 감소시킨다. 스트립차트 기록계에 대한 $X-Y$ 기록계의 한 가지 장점은 거의 모든 종류의 종이를 사용할 수 있다는 것이다.

$X-Y$ 기록계는 X차넬 입력에 선형 램프 신호를 인가하여 시변(time-varing)신호를 그리는 데 사용할 수 있다. 일부 $X-Y$ 기록계는 시간에 대한 변수기록용 시간축발생기를 가지고 있다.

$X-Y$ 기록계는 또한 스트립차트 기록계에 비하여 단점이 있다. 일반적으로 간단한 스트립차트 기록계보다 고가이고, 연속기록에 사용할 수 없다. 그림 9-3은 기본 $X-Y$ 기록계의 블럭도이다.

X 입력신호는 X 평면에 있는 펜을 구동하고 Y 입력신호는 Y 평면상의 팔을 구동한다. X 입력신호가 주어지면 펜구동 모터는 오차신호가 영이 될 때까지 구동을 계속한다. 이것은 펜구동 모터와 기준전압이 걸려있는 전위차계의 가동팔간의 기계적 결합으로 이루어진다. 가동팔의 전압이 X 입력전압과 같으면 오차신호가 영이 되고, 펜구동 모터는 회전이 멈추어진다. 같은 동작이 팔구동 모터에서 일어난다.

[2] 용　도

$X-Y$ 기록계는 다음과 같은 경우에 많이 사용된다.

① 진공관, 트랜지스터, 다이오드의 특성곡선 그리기
② 자성재료의 B-H 곡선그리기
③ 전자부품 및 기기의 주파수특성 그리기
④ 전기 모터의 속도-회전력 곡선 그리기
⑤ 온도의 함수로 전기재료의 저항 그리기
⑥ 압력-체적, 온도-선형팽창, 응력-변형(stress-strain)과 같은 물리적, 기계적 측정

9-4 기록계 선정과 규격

[1] 선　정

특정한 응용에 기록을 선정할 때 여러 가지 요건을 고려해야 한다. 첫번째 고려는 기록될 파형의 주파수이다. 주파수범위가 125Hz에서 수천 Hz까지에 있는 신호는 광학기록계가 적합하다. 이것은 광빔을 광학계와 인화지로 이끄는 스트립차트 기록계이다. 이러한 계기에 사용되는 종이는 암실에서 현상이 필요하거나 빛에 노출될 때 광감성이고 자기현상된다. 광학기록계는 낮은 주파수에서도 사용된다. 그러나 인화지는 펜이나 촉침을 사용하는 계기에서의 종이보다 값이 비싸다.

대략 50에서 125Hz 주파수 범위의 신호는 전단증폭기가 있는 서보형의 스트립차트

기록계가 가장 적합하다. 전단증폭기는 이 주파수범위에서 파형기록에 요구되는 비율로 펜이나 촉침에 추가적인 에너지를 제공하는 데 권장된다.

거의 10Hz 또는 이하의 낮은 주파수에서 기록계가 제어 시스템의 일부이면 제어장치와 마찬가지로 서보형기록계는 사용자에게 펜이나 촉침을 구동하는 충분한 에너지, 사용자 감도, 선형도, 안정도, 기계적 거칠기를 제공한다.

[2] 규 격

스트립차트 기록계와 X-Y 기록계 양쪽 규격은 수천 가지의 산업과 과학응용에 대한 요구를 맞추기는 아주 다양하다. 다음은 기록계를 검토할 때 고려해야 할 일반적인 규격과 형태이다.

① 잉크와 펜, 가열촉침, 압력촉침 또는 전기방전과 같은 필요한 기록장치의 형식
② 종이 또는 초종이, 자기현상이나 암실처리가 요구되는 사진필름과 같은 필요한 기록 차트의 형식
③ 기록될 신호의 최대증폭도
④ 주파수응답
⑤ 기록속도
⑥ 입력신호 : 전압 또는 전류
⑦ 입력 임피이던스 : 범용기록계에서 수백 kΩ
⑧ 초, 분, 시간당 인치 또는 센티미터로 표시되는 차트 속도
⑨ 입력회로:입력신호는 부동(浮動)해야 함
⑩ 인치, 센티미터, 밀리미터로 표시된 차넬폭
⑪ 단일 차넬에서 약 40차넬까지 쓸 수 있는 기록의 수
⑫ 시간당 인치 또는 밀리미터로 표시된 드리프트
⑬ 전원요건
⑭ 무게와 크기

[연 습 문 제]

9-1 자동(또는 자기) 평형식 기록계에서 전위차계식의 원리를 설명하여라.
9-2 평형식 기록계기에서 발생할 수 있는 오차 두 가지를 설명하여라.
9-3 스트립차트 기록계의 구성도를 그리고 원리를 간단히 설명하여라.
9-4 차트 속도에 대하여 아는바를 써라.
9-5 X-Y 기록계의 원리를 설명하여라.
9-6 X-Y 기록계의 용도에 대하여 기술하여라.
9-10 기록계기의 선정에서 우선적으로 고려할 사항은 무엇인가?

제 10 장

측정용 보조기

10-1 표준신호 발생기

표준신호 발생기(SSG, standard signal generator)는 송신기, 수신기 등 각종 통신기기의 성능 측정에 사용되며, 이 측정기가 갖추어야 할 일반적인 구비조건을 들어 보면 다음과 같다.

① 넓은 범위에 걸쳐서 발진주파수가 가변일 것
② 발진주파수의 확도와 안정도가 양호할 것
③ 변조도가 정확히 조정되고 변조왜곡이 적을 것
④ 출력 레벨이 가변적이고 정확할 것
⑤ 차폐가 완전하고 출력단자 이외에서 전자파가 누설되지 않을 것

표준신호 발생기는 사용주파수에 따라 장·중파 및 단파용과 초단파용으로 구분하여 설명한다.

[1] 장·중파 및 단파용 표준신호 발생기(LF·MF & HF SSG)

그림 10-1은 장·중파 및 단파대에 사용되는 표준신호 발생기의 구성도이며, 각 부의 주요 내용을 살펴보면 다음과 같다.

(1) 고주파 발진부(RF oscillator part) : 이것은 바리콘(variable condenser)을 사용한 *LC* 자려발진기이며, 코일의 절환(frequency band의 변환)에 의해서 30〔kHz〕~30〔MHz〕의 범위를 가변시킬 수 있고, 또 확도는 0.5〔%〕 정도이다.

(2) 완충증폭 겸 피변조부(buffer amplifier & modulated part) : 이것은 증폭도가 일정하고 VR_1의 조정으로 출력측을 1〔V〕로 유지하는 증폭기이며, 또 일반적으로 그리드(또는 베이스) 변조를 할 수 있도록 회로구성이 되어 있다.

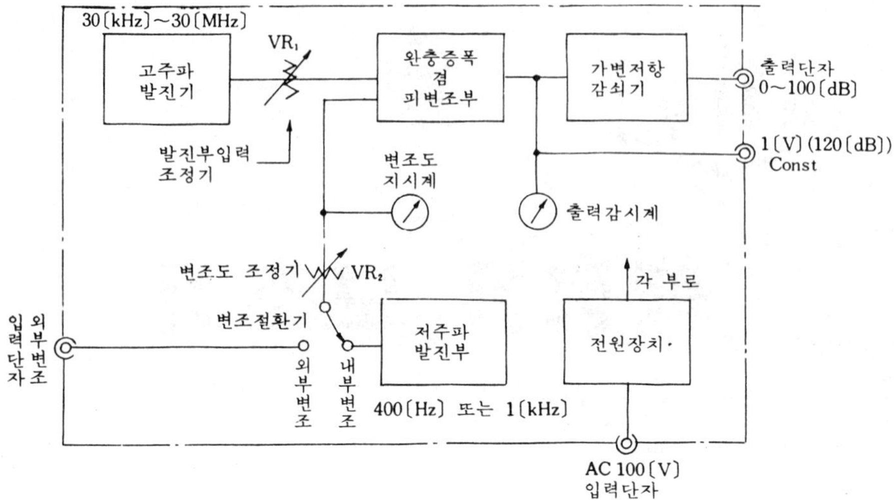

〈그림 10-1〉 장·중파 및 단파용 표준신호 발생기의 구성도

(3) 가변저항감쇠기(ATT, attenuator) : 출력감쇠기는 표준신호 발생기에서 매우 중요한 곳이며 정확한 출력 레벨을 제어할 수 있어야 한다.

① 출력의 표시방법 —— 출력전압은 볼트(volt)로 나타내지 않고, 전압 레벨을 〔dB〕로 표시하는데, 기준전압을 1〔μV〕로 하고 있으므로 어느 전압의 레벨은 이 기준전압에 대한 비를 dB로 환산해서 표시한다. 따라서 1〔μV〕를 0〔dB〕로 하므로 10〔μV〕는

$$20\log_{10}\frac{10[\mu V]}{1[\mu V]} = 20\log_{10}{}^{10} = 20[dB]$$

이고, 100〔μV〕는

$$20\log_{10}\frac{100[\mu V]}{1[\mu V]} = 20\log_{10}{}^{10^2} = 40\log_{10}{}^{10} = 40[dB]$$

이 된다. 이와 같이 해서 그림 10-2와 같은 환산표를 만들 수 있다.

출력전압은 너무 적은 양이어서 가변저항 감쇠기 앞에 전압계를 접속하여 출력감쇠기의 입력측에 1〔V〕, 즉 120〔dB〕이 되도록 하고 감쇠기로 출력의 크기를 적당히 조절하여 사용한다.

② 출력 임피이던스 및 출력단자전압 —— SSG의 출력 임피이던스는 감쇠기의 출력 임피이던스이고, 감쇠기에 표시된 출력 레벨은 출력측이 개방되었을 때의 출력단자 전압 레벨이므로 부하 임피이던스를 연결하면 그 값이 달라진다. 지금 그림 10-3과 같이 부하 임피이던스를 Z_l, 부하측에서 내부를 본 임피이던스를 Z_i라 하고, 신호발진기의 개방전압을 E_o, 부하 임피이던스에 가해지는 전압을 E_l이라고 하면 출력은 다음 식으로 표시된다.

$$E_l = \frac{Z_l}{Z_i + Z_l} E_o \ [V] \qquad (10\text{-}1)$$

한편 E_l 및 E_o의 레벨을 각각 E_l'〔dB〕, E_o'〔dB〕이라 하면

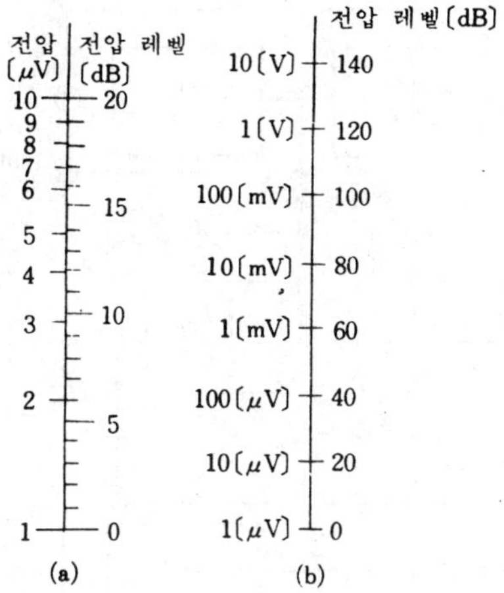

〈그림 10-2〉 전압 레벨의 환산표

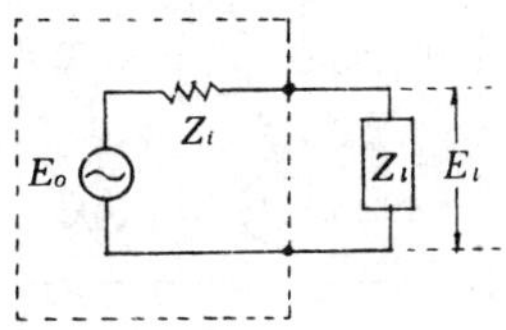

〈그림 10-3〉 SSG의 출력 등가회로

$$E_l' = E_O' + 20\log_{10}\frac{Z_l}{Z_i + Z_l}$$

$$= E_o' - 20\log_{10}\left(1 + \frac{Z_i}{Z_l}\right)[\text{dB}] \qquad (10\text{-}2)$$

가 된다. 여기서 $Z_i \ll Z_l$인 관계가 있으면

$$E_l \fallingdotseq E_o, \qquad E_l' \fallingdotseq E_o' \qquad (10\text{-}3)$$

이 되며, 또 $Z_i = Z_l$이면

$$E_l = \frac{1}{2}E_o, \qquad E_l' = E_o' - 6[\text{dB}] \qquad (10\text{-}4)$$

로 되어 출력 레벨 눈금에서 6[dB]을 감해 주어야 실제 출력이 된다.

(4) 저주파 발진부 (AF, oscillator part) : 이것은 변조용의 단일주파 가변신호원으로서 변조절환기로 변조를 시키거나 또는 안 시킬 수 있으며 VR_2로 변조도를 조정할 수 있다. 한편 변조용 저주파 발진기(audio frequency or low frequency oscillator)를 질이 좋은 정현파로서 광범위하게 연속해서 가변시키려면, 내부에 있는 것만으로는 불충분하므로 변조절환기를 외부(Ext, external)변조로 놓고 적절한 저주파 발진기를 외부 변조단자에 연결하여 사용할 수 있다.

[2] 초단파용 표준신호발생기(VHF SSG)

초단파용 표준 신호발생기는 장·중파 및 단파용에 비하여 근본적인 원리는 같으나 발진주파수가 높으므로 주파수 체배를 해야 하고, 변조는 AM용 외에 FM용이 구비되어 있다. 그림 10-4는 초단파 표준신호 발생기의 구성도이다.

발진주파수 범위는 20~250[MHz]이고, 출력측의 감쇠기로서는 주파수가 높으므로 리액턴스(reactance) 감쇠기를 사용한다. 그리고 AM인 경우 변조도는 0~80[%] 정도,

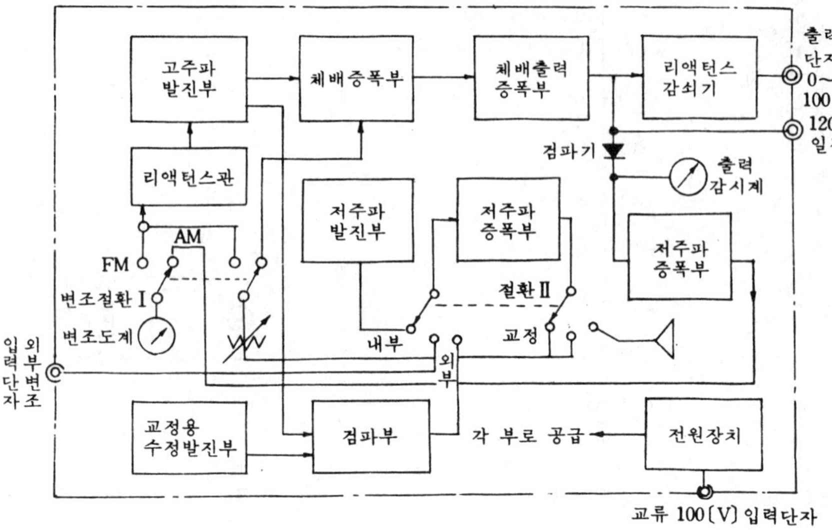

〈그림 10-4〉 초단파 표준신호 발생기의 구성도

FM인 경우 편이주파수 범위는 0~75〔kHz〕이고, 출력파형의 왜율(distortion)도 10〔%〕 이하로 되도록 한다.

또한 주파수가 높으므로 차폐(shield)를 철저히 하여야 하며, 기기를 사용할 때에는 전원전압을 규정값으로 하고 출력계의 지시를 정확히 조정해야 하며, 피측정회로를 접속할 때는 임피이던스 정합(matching)에 주의하여야 한다.

10-2 측정용 발진기

측정용 발진기(measured-purpose oscillator)라 함은 주로 저주파 발진기와 소인발진기 등을 들 수 있으며 저주파 발진기는 저주파 증폭기, 확성기, 여파기(filter), 감쇠기 및 송신기 등의 제특성을 측정하는 데 사용된다. 이것은 주파수가 연속가변이면 편리하지만 특히 주파수와 파형의 정확성이 요구될 때에는 고정발진기인 음차발진기 등이 사용된다.

주파수 가변용은 *LC*공진회로를 사용하여 바리콘의 용량변화를 이용하므로 주파수의 변화폭은 보통 3~3.5배 정도로 할 수 있다. 그러므로 변화폭이 좁아서 절환용 인덕턴스의 수가 많아지고, 주파수가 낮으므로 용적 및 중량이 크기 때문에 비이트(beat) 발진기나 *CR* 발진기가 주로 사용된다.

[1] 음차발진기(tuning-fork oscillator)

음차발진기는 음차의 기계적 진동을 전기적 진동으로 바꾸어서 트랜지스터 증폭기로

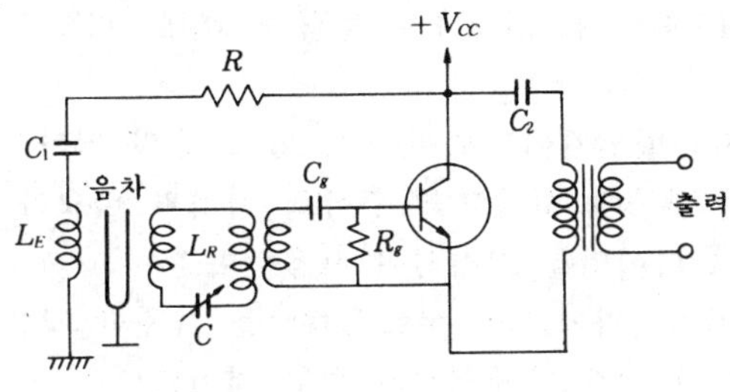

〈그림 10-5〉 음차발진기

증폭하고, 그 출력의 일부를 귀환시켜 음차의 진동을 지속시킴으로써 전기진동을 계속할 수 있도록 한 발진기이다. 음차발진기는 주파수 안정도와 파형이 좋기 때문에 저주파대의 주파수 부표준으로 사용된다.

그림 10-5는 트랜지스터 음차발진기의 원리도이다. 여자 코일(exciting coil) L_E와 재생 코일(regenerative coil) L_R 대신에 영구자석에 코일을 감아 놓아도 같은 결과를 나타낸다.

음차발진기의 발진주파수는 보통 수 100〔Hz〕로부터 가청주파수 범위이며 그 편차와 변동은 1×10^{-5} 정도이고, 음차를 항온조(thermostatic oven)에 넣어서 동작시키면 1×10^{-6} 정도도 가능하다. 음차의 주파수 온도계수는 사용재료에 따라 다르지만 부의 인바아(invar : 철과 니켈의 합금)와 정의 강철과를 겹쳐 붙인 것을 사용한다.

[2] 비이트 발진기

비이트 발진기(beat oscillator)는 *LC* 발진기가 가지고 있는 주파수에 따라 출력이 변하는 등의 결점을 줄이고, 바리콘을 조정함으로써 상당히 넓은 범위의 주파수 변화를 할 수 있으며, 소형으로 제작할 수 있다는 특징과 출력전압을 거의 일정하게 얻을 수 있고 출력파형도 비교적 양호하나 주파수 안정도가 *LC* 발진기에 비하여 떨어진다.

그림 10-6은 비이트 발진기의 구성도로서 100〔kHz〕의 고정주파수 발진기(crystal)의

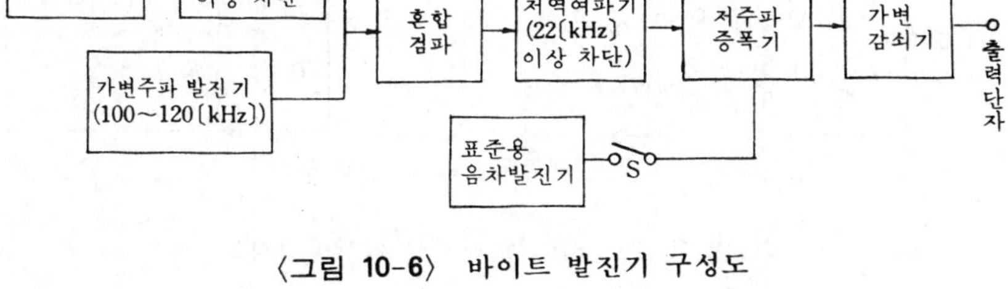

〈그림 10-6〉 비이트 발진기 구성도

출력과 가변주파 발진기(100~120〔kHz〕)의 출력을 헤테로다인 검파하여 0~20〔kHz〕의 출력을 얻게 된다.

가변주파 발진기는 자려발진기이므로 온도나 습도 등의 영향을 받아 발진주파수가 불안정하므로 표준발진기를 내부에 설치하고 수시로 이것과 비교하여 오차가 발생할 경우, 보정용 콘덴서를 조정하고 다이얼을 교정하여 사용한다.

그림에서 두 개의 저역여파기(low pass filter)를 사용한 것은 고정발진기나 혼합 검파 후 포함되어 있을 고조파 성분을 제거하기 위한 것이다.

한편 양 발진기의 비이트 주파수가 낮은 부분에서는 주파수가 매우 근접하여 있으므로 인입현상(pull in phenomenon)이 일어날 우려가 있기 때문에 양 발진기의 출력에 완충증폭기(buffer amplifier)를 사용하여 혼합하거나, 또는 검파기에 평형변조기를 사용하는 방법 등이 사용되고 있다.

또한 출력에 있어서 LC 발진기와는 달리 발진회로의 임피이던스 변화가 극히 적으므로 출력전압의 변화가 극히 적고 출력파형의 왜율도 3〔%〕 정도 이하로 할 수 있다.

[3] CR 발진기

CR 발진기(CR oscillator)는 발진회로정수로 인덕턴스 L을 사용하지 않고 정전용량 C와 저항 R만을 사용하여 이것들로서 발진주파수를 결정하는 발진기이며 주파수를 가변으로 할 수 있고 주파수 안정도가 1×10^{-4} 정도로서 극히 좋으며 소형 경량으로 할 수 있어 취급이 편리하고 낮은 주파수에서의 출력파형도 양호하다.

그림 10-7(a)는 비인 브리지(Wien bridge)형 이상발진회로이며 그림 (b)는 등가회로이다. 비인 브리지형 발진기는 주파수 안정도가 매우 좋고 주파수 가변동작이 비교적 간편하기 때문에 대부분의 CR 발진기는 이 회로를 사용한다.

이 발진기는 후단증폭기의 출력으로부터 전단증폭기의 입력으로 정귀환시키는 2단 증폭회로이며, 저항 R_f에 의하여 부귀환이 이루어져 트랜지스터 증폭도를 제한함으로써 특성곡선의 직선범위 내에서 동작하여 증폭기의 이득을 안정시키고 발진출력의 안정화를 기한다.

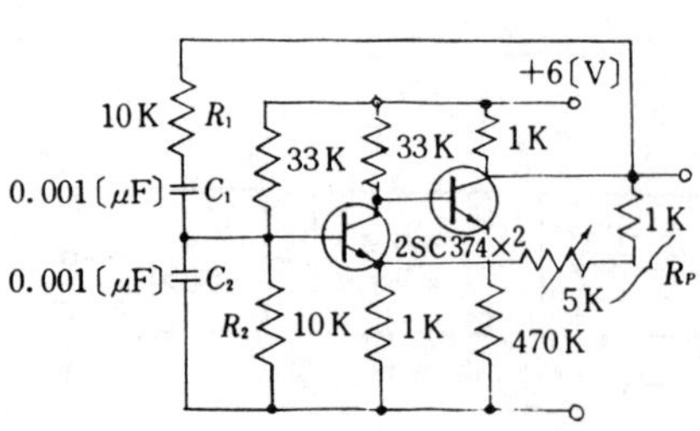

(a) 회로도

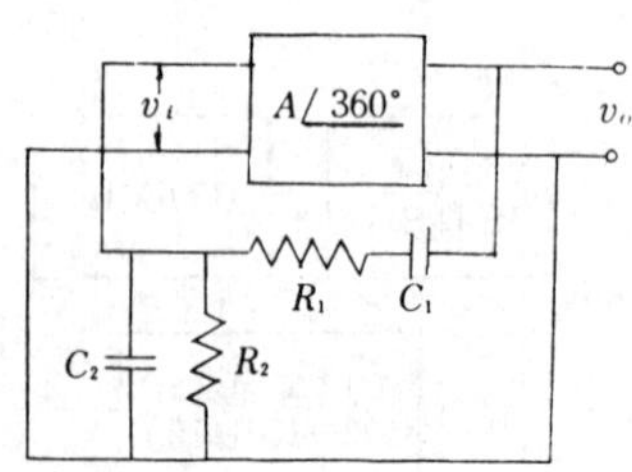

(b) 등가회로

〈그림 10-7〉 비인 브리지형 이상발진회로

이 발진기는 증폭단이 2개이므로 입력과 출력의 위상이 같게 된다. 따라서 발진주파수를 구하면

$$f = \frac{1}{2\pi\sqrt{C_1 C_2 R_1 R_2}} \text{ [Hz]} \tag{10-5}$$

로 되고, $C_1 = C_2 = C$, $R_1 = R_2 = R$인 경우 발진주파수는

$$f = \frac{1}{2\pi CR} \text{ [Hz]} \tag{10-6}$$

으로 되며, C에 직접 반비례하므로 이 용량의 변화량에 대해서 주파수의 변화가 매우 크고 보통 10배 정도의 폭을 가지게 할 수 있다. 또한 이 경우 귀환회로의 이득은 1/3이며 따라서 증폭기의 이득은 3이어야 한다.

[4] 소인발진기

소인발진기(sweep oscillator or generator)의 고주파출력은 오실로스코우프 장치와 결합하여 각종 무선주파 회로의 주파수특성을 관측하기 위하여 사용하는 것이며, 주로 수신기의 중간주파 증폭기의 특성, 주파수변별기(frequency discriminator) 또는 광대역 증폭회로 등의 조정에 많이 사용되는 발진기이다.

그림 10-8(a)는 소인발진기의 구성도이며 그림 (b)는 발진주파수의 변화도형이다.

소인발진기는 톱니파로 주파수변조(FM)를 시키는 원리와 같은 것이다. 즉 고주파 발진기의 발진주파수를 f_0라고 할 때 톱니파가 리액턴스관을 통하여 주파수변조를 시키면 그림 (b)와 같이 발진주파수는 f_0로부터 시간에 따라 Δf만큼 상승되었다가 f_0로 돌아오는 것을 반복하게 된다.

그러므로 이 주파수의 변화주기는 톱니파주기에 일치하고, 주파수 변화량 Δf는 톱니파의 크기에 비례한다. 따라서 소인발진기의 출력을 중간주파 증폭기의 입력에 가하고 그 출력을 검파하여 오실로스코우프의 수직축에 넣고 수평축에는 소인발진기의 톱니파주기에 일치하는 전압을 가하면 CRT상에는 중간주파 증폭기의 주파수특성을 나타낼 수 있다.

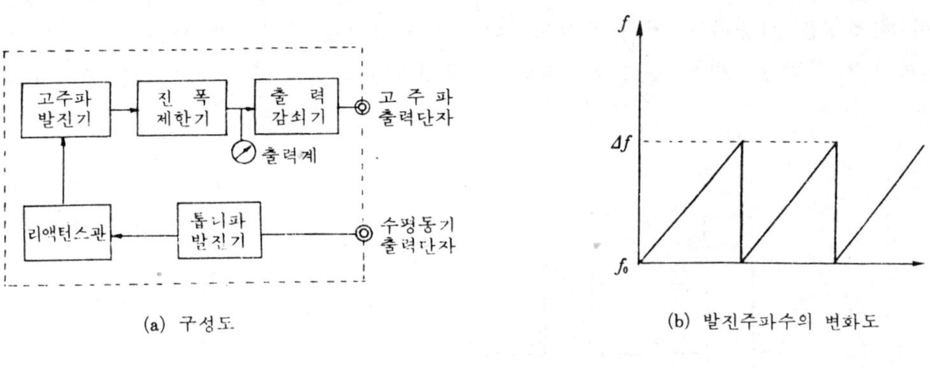

(a) 구성도　　(b) 발진주파수의 변화도

〈그림 10-8〉 소인발진기의 구성도

발진주파수를 소인시키는 방법에는 리액턴스관을 사용하는 외에 동조 콘덴서의 정전용량을 기계적으로 변화시키는 방식이나 중첩자계에 의한 상호 인덕턴스(mutual inductance)의 변화를 이용하여 동조 코일의 인덕턴스를 변화시키는 방식 등이 있다.

소인발진기의 발진주파수 범위는 제작회사에 따라 각각 다르나, 일반 수신기용은 100~1500〔kHz〕 정도이고 초단파 수신기용은 1.5~25〔MHz〕 또는 20~80〔MHz〕 정도의 것이 있으며, 발진주파수는 이 사이를 연속적으로 변화하고 또 소인주파수 대역은 임의의 주파수를 선정하여 원하는 주파수대역에 걸쳐서 소인할 수가 있게 되어 있다.

[5] 펄스 발생기

펄스 발생기(pulse generator)는 구형파와 유사하나, 충격계수(duty cycle)가 다른 직각파를 만든다. 충격계수는 펄스 주기에 대한 펄스폭의 비로 정의되고, 다음과 같이 백분율로 표시된다.

$$\text{충격계수} = \frac{\text{펄스폭}}{\text{펄스 주기}} \times 100\% \qquad (10\text{-}7)$$

구형파의 충격계수는 50%인 반면 펄스의 충격계수는 일반적으로 약 5%에서 95% 정도이다. 그림 10-9는 충격계수가 30%인 펄스를 보이고 있다.

시스템과 부품 시험에서 오실로스코우프와 연결해 사용되는 펄스 발생기가 매우 유용한 많은 응용들이 있다. 가장 기본 펄스 발생기는 가변 펄스 반복주파수(PRF)로 대칭 구형파를 발생하고 조정될 파형의 양(+)과 음(−) 행정의 상대길이를 제공하는 비안정 멀티바이브레이터(astable multivibrator)이다. 비안정 멀티바이브레이터와 단안정 멀티바이브레이터로 구성된 기본 펄스 발생기의 개략도가 그림 10-10에 보였다. 비안정 멀티바이브레이터의 출력은 구형파이다. 구형파는 양쪽 C와 R이 같은 값을 가지면 대칭적이다.

다음으로 주어지는 주파수는 양쪽 저항과 양쪽 용량을 변화시켜 파형의 대칭을 유지하며 변화할 수 있다.

$$f = \frac{0.693}{RC} \qquad (10\text{-}8)$$

구형파의 충격계수는 한쪽 용량과 한쪽 저항값을 바꾸어 변화할 수 있다. 주파수의 다른 범위를 제공하기 위해 여러 개의 스위치 선택 용량을 사용하는 것과 한쪽 저항을 가변하여 미조정을 제공하는 것이 통상적이다. 단안정 멀티바이브레이터는 하나의 안정상태와 하나의 불안정상태를 갖는다. 회로는 불안정하게 구동하는 펄스 입력이 있기까지

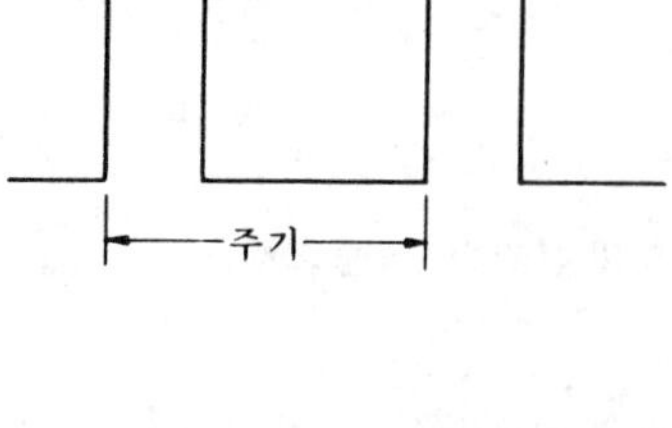

〈그림 10-9〉 충격계수 30%의 펄스

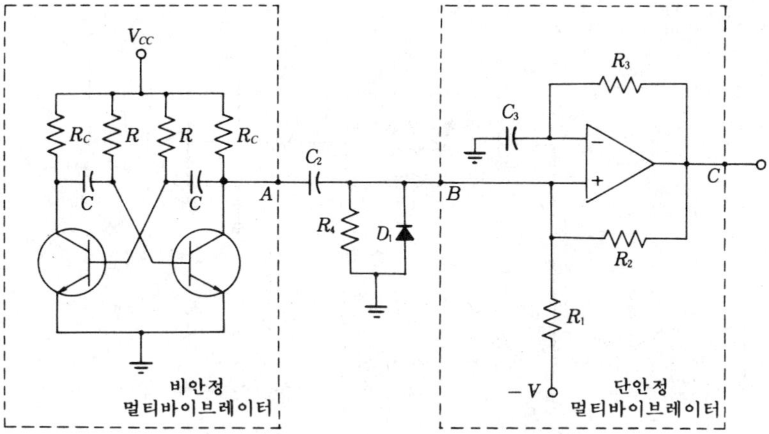

〈그림 10-10〉 기본 펄스 발생회로

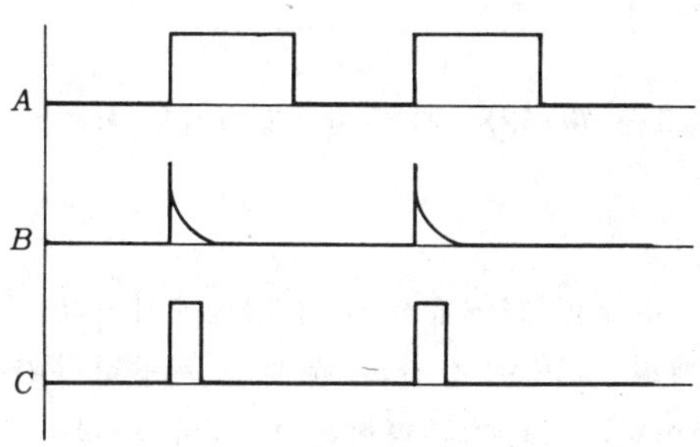

〈그림 10-11〉 펄스 발생기의 출력파형

안정상태에서 동작하며 출력 펄스를 만들어낸다. 출력 펄스의 구간은 다음으로 계산된다.

$$t = R_3 C_3 \ln\left(\frac{R_1 + R_2}{R_3}\right) \tag{10-9}$$

저항 R_1과 R_2가 같으면 흔히 하는 것처럼 다음과 같이 표현을 간략화 한다.

$$t = 0.693\ R_3 C_3$$

회로 C_2R_4는 미분기(differentiator)라 한다. 이것의 목적은 단안정 멀티바이브레이터를 트리거하기 위해 짧은 구간 스파이크를 제공할 목적이다. D_1다이오드의 목적은 미분기에서 음의 스파이크를 접지로 바이패스하기 위함이다. A, B와 C점에서의 파형은 그림 10-11에 있다.

[6] 함수발생기

함수발생기(function generator)는 넓은 주파수범위의 다양한 출력파형을 제공하는 매우 중요한 만능의 계기이다. 가장 대표적인 출력파형은 정현, 구형, 삼각, 램프, 펄스 파

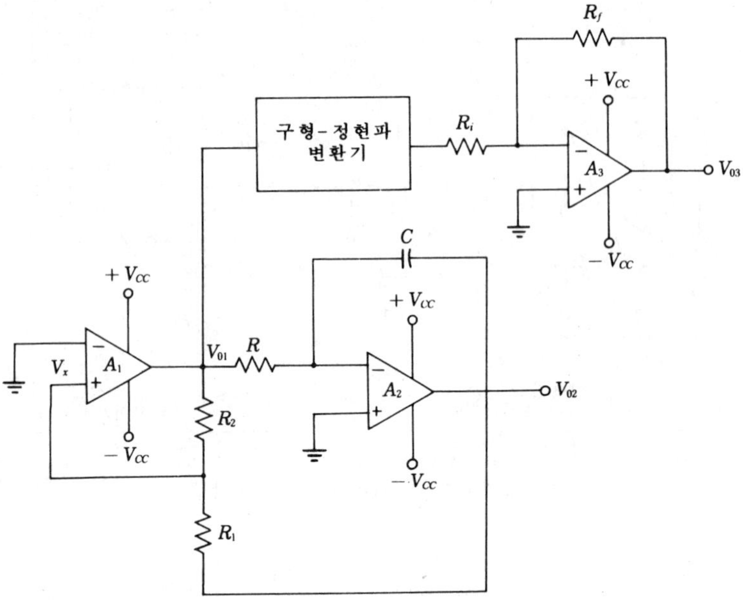

〈그림 10-12〉 기본 함수발생기용 회로

형이다. 주파수범위는 보통 수분의 1Hz에서 수백 kHz까지이다.

함수발생기가 정현, 구형파 그리고 삼각파 출력을 제공한다면 이들 어느 것이나 계기에 의해 발생되는 기본파형이다. 이 기본파형은 나머지 파형을 발생하는 적당한 회로에 인가할 수 있다. 예를 들면, 기본파형이 *RC* 또는 *LC* 발진회로에 발생되는 정현파이다. 그러나 진폭과 주파수 안정도의 어려움 때문에 특히 낮은 주파수에서는 정현파를 기본출력으로 하는 발진기는 일반적으로 사용하지 않는다. 그림 10-12는 기본함수 발생기에 사용될 수 있는 여러 가지 대체법 중의 한 구성도이다. 회로에서 보인 기본파형은 구형파이다. 이 파형은 구형파를 발생하는 회로가 정현파를 발생하는 회로가 하는 것보다 현저히 좋은 진폭과 주파수 안정도를 제공하고 간단하기 때문에 선택한다.

전압비교기인 첫번째 단 A_1은 구형파 출력을 발생한다. A_1의 출력은 포화되게 구동하여 구형파는 $+V_{\infty}$이거나 $-V_{\infty}$이다. 두번째 단, A_2는 삼각출력을 발생하는 적분기이다. 구형파는 기본 정현파만 통과시키고 구형파를 만드는 기수고조파를 제거하는 구형-정현파 변환기에 인가한다.

회로의 동작은 $+V_{CC}$ 또는 $-V_{CC}$인 비교기의 출력에서 시작하여 해석될 수 있다. V_{01}가 $-V_{CC}$에 있는 것으로 생각하자. 전압 V_{01}는 A_1의 반전입력에서 전압이 이 경우 영볼트인 비반전입력에서 전압을 초과하기 전까지는 $-V_{CC}$로 유지된다. 비반전전압 V_x의 일부는 전압 V_{01}이고 일부는 V_{02} 때문에 다음 식을 따른다.

$$V_x = -V_{CC}\frac{R_1}{R_1 + R_2} + V_{02}\frac{R_2}{R_1 + R_2} \tag{10-10}$$

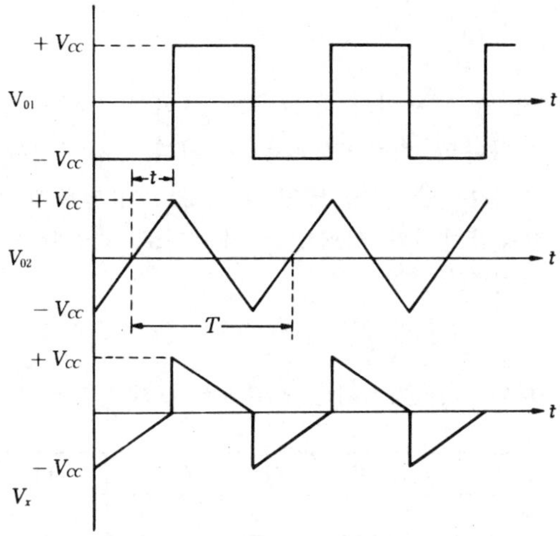

〈그림 10-13〉 함수발생기의 출력파형

출력 V_{01}은 $V_x = 0$일 때 상태가 변화하므로 다음과 같이 된다.

$$0 = -V_{CC}\frac{R_1}{R_1 + R_2} + V_{02}\frac{R_2}{R_1 + R_2} \qquad (10\text{-}11)$$

이는 간단히 하면 다음과 같다.

$$V_{02}R_2 = V_{CC}R_1 \qquad (10\text{-}12)$$

식 (10-12)로부터 다음으로 표시되는 삼각출력 V_{02}의 최대 진폭을 결정할 수 있다.

$$V_{02} = V_{CC}\frac{R_1}{R_2} \qquad (10\text{-}13)$$

출력전압 V_{02}가 식 (10-13)에 의해 주어진 진폭에 도달하면 비교기의 출력은 상태를 변화하고 삼각파는 선형적으로 감소하기 시작한다. 출력이 0V에 대해 대칭이므로 식 (10-13)은 절환이 발생하는 데서 V_{02}의 최소값을 또한 표시한다. $R_1 = R_2$인 경우, V_x, V_{01} 그리고 V_{02}에서 파형은 그림 10-13에 보였다.

10-3 측정용 보조장치

측정용 보조장치(measured-purpose assistance instrument)란 각종 측정이나 실험에서 사용되는 계기나 측정기 이외에 보조적으로 쓰이는 장치를 말하며, 그 종류에는 여러 가지가 있으나 여기서는 감쇠기(ATT), 여파기, 레벨 미터, VU미터 등에 관하여 알아보기로 한다.

[1] 감 쇠 기

감쇠기(ATT, attenuator)는 전원과 부하와의 사이에 삽입하여 적당한 감쇠량을 주어서 신호 레벨을 조정하는 하나의 회로망(network)이다. 감쇠기는 회로 중에 삽입되었을 때 회로특성에 영향을 주어서는 안 되며 또한 감쇠량이 정확하게 표시되어야 한다.

감쇠기의 종류에는 저항감쇠기와 리액턴스 감쇠기로 구별할 수 있는데 이들의 특성을 비교해 보면 표 10-1과 같다.

〈표 10-1〉 저항감쇠기와 리액턴스 감쇠기의 특성 비교

구 분	저 항 감 쇠 기	리 액 턴 스 감 쇠 기
구 성 재 료	저항	콘덴서 또는 코일
사용주파수범위	단파대 이하	단파대로부터 초단파대
임 피 이 던 스	사용주파수 대역 내에서는 일정	주파수에 의하여 변화한다.
가 변 방 법	단계적인 변화	연속적인 변화
구 조	복잡하다	간단하다
오 차	크다	적다

(1) 저항감쇠기(resistance attenuator) : 저항감쇠기는 주파수의 변화에 의한 임피이던스의 변화가 없으므로 감쇠량을 변화시켜도 이것의 특성 임피이던스가 변화되지 않고 또 접속된 회로의 임피이던스도 변화되지 않으므로 정합이 용이하다.

① 종류 및 구조 —— 저항소자의 결합에 따라 표 10-2와 같이 6가지 종류의 기본회로가 있으며 그 외 브리지 ㅜ(우)형, 브리지 ㅐ(애)형 등도 만들 수 있다.

ㄱ형에 대하여 정수 산출방법의 예를 들어 본다. 전류나 전압으로 계산하여도 결과는 동일하게 되므로 여기서는 전압으로 계산한다.

그림 10-14와 같이 내부 임피이던스 R인 전원에서 부하 임피이던스 R를 접속하면 정합상태가 된다. 그러나 단자 ①과 ② 및 ③과 ④ 사이에 어떤 감쇠비율을 가지는 저항결합기를 삽입하였을 때 단자 ①과 ②에서 입력측을 본 임피이던스와 부하측을 본 임피이던스가 같도록(정합 되도록) 하면 다음 식이 성립한다.

$$R = R_1 + \frac{RR_2}{R + R_2} \qquad (10\text{-}14)$$

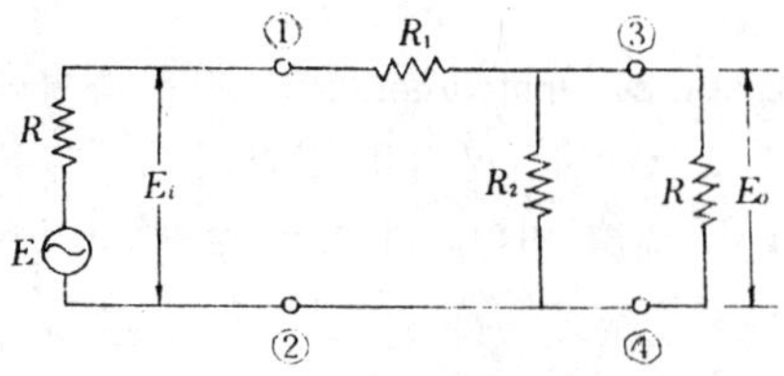

〈그림 10-14〉 ㄱ형의 저항감쇠기

〈표 10-2〉 저항감쇠기의 기본회로와 정수공식(R은 부하저항)

형 식	회 로 도	정 수 공 식	형 식	회 로 도	정 수 공 식
ㄱ형 (역L형)	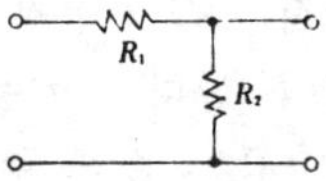	$R_1 = \frac{k-1}{k}R$ $R_2 = \frac{1}{k-1}R$	ㅠ형 (π형)	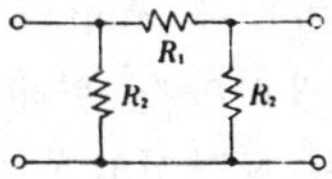	$R_1 = \frac{k^2-1}{2k}R$ $R_2 = \frac{k+1}{k-1}R$
ㅜ형	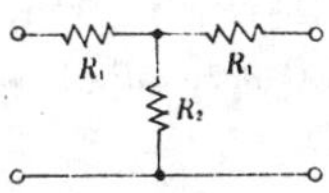	$R_1 = \frac{k-1}{k+1}R$ $R_2 = \frac{2k}{k^2-1}R$	O형	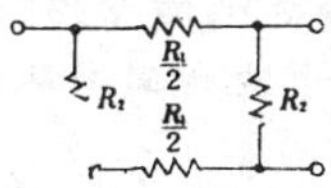	$R_1 = \frac{k^2-1}{2k}R$ $R_2 = \frac{k+1}{k-1}R$
ㅐ형 (H형)	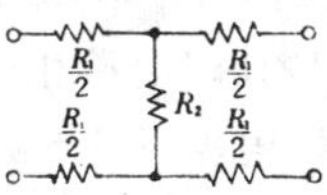	$R_1 = \frac{k-1}{k+1}R$ $R_2 = \frac{2k}{k^2-1}R$	격자형	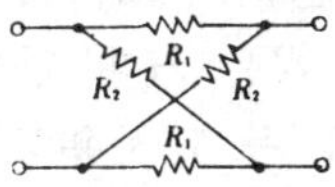	$R_1 = \frac{k-1}{k+1}R$ $R_2 = \frac{k+1}{k-1}R$

출력전압 E_o와 입력전압 E_i와의 비는 임피이던스의 비와 같으므로

$$\frac{E_o}{E_i} = \frac{\dfrac{RR_2}{R+R_2}}{R_1 + \dfrac{RR_2}{R+R_2}} \tag{10-15}$$

가 되고, E_o를 E_i의 $1/k$로 감쇠시키면

$$\frac{E_o}{E_i} = \frac{1}{k}$$

이 되어 이것과 식 (10-14)를 식 (10-15)에 대입하면

$$\frac{1}{k} = \frac{\dfrac{RR_2}{R+R_2}}{R} = \frac{R_2}{R+R_2}$$

로 되며

$$R_2 = \frac{1}{k-1}R \tag{10-16}$$

이고, 식 (10-16)을 식 (10-14)에 대입하면

$$R_1 = \frac{k-1}{k}R \tag{10-17}$$

로서 구할 수 있다. 같은 방법으로 ㅜ형, ㅐ형, ㅠ형 등의 정수값도 구해진다.

② 성능 및 주의사항 —— 저항감쇠기는 사용주파수 범위에 따라서 전압, 전류의 위상변화는 주지 않고 진폭만을 정확히 비율에 따라 감소시키며 표유 리액턴스(stray reactance) 등의 영향이 없어야 한다.

특성 임피이던스는 반송용은 600〔Ω〕으로 설계된 것이 많고 SSG의 출력조정용은 가급적 적은 값으로 되어 있으며 수 10〔Ω〕 이하이고, 또 감쇠량 변화도 최소 0.1〔dB〕 단계나 1〔dB〕 단계로 가변되어 넓은 범위에 걸쳐 변화되도록 만들 수 있다. 한편 감쇠량의 오차는 저주파용의 것은 ±0.05∼0.5〔%〕 정도의 것이 있고, 고주파용에서는 ±0.5∼1〔%〕

정도의 것이 있다.

저항감쇠기의 사용시 주의할 점을 들어 보면 규정된 주파수범위 내에서 사용하고, 출력측은 특성 임피이던스로 정확히 종단되어야 하며, 감쇠기는 보통 교류에 대한 감쇠이므로 감쇠기 입력에 직류가 포함되지 않도록 하고, 감쇠기는 일반적으로 전류용량이 적으므로 소자의 소손을 방지하기 위해 입력전압을 비교적 적게 하여야 한다. 예를 들면, 600〔Ω〕의 반송용에서는 입력전압은 약 30〔V〕(즉, 약 2〔W〕) 이하로 하는 것이 좋다. 그리고 입력과 출력측의 평형과 불평형이 되지 않도록 양쪽이 같게 연결하여야 하며, 사용횟수가 많아지면 저항소자가 소손되거나 접속부분이 불완전하므로 측정시에는 미리 시험을 해 보는 것이 좋다.

(2) 리액턴스 감쇠기(reactance attenuator) : 리액턴스 감쇠기는 회로의 사이에 단독적으로 사용되는 것은 거의 없으며, 주로 초단파용의 신호발진기나 전계강도 측정기 또는 수신기의 입력측 등에 사용하는 것이 보통이며, 따라서 입력 임피이던스도 낮은 것이 많다. 리액턴스 감쇠기는 사용소자에 따라 용량감쇠기와 인덕턴스 감쇠기로 구분한다.

① 용량감쇠기(capacitance attenuator) —— 용량감쇠기는 그림 10-15와 같이 고정 콘덴서와 가변 콘덴서로 구성되며, 입력전압을 E_i, 출력전압을 E_o라고 하면, 다음 식이 성립한다.

$$E_o = \frac{\frac{1}{j\omega C_2}}{\frac{1}{j\omega C_1} + \frac{1}{j\omega C_2}} \cdot E_i \tag{10-18}$$

단, 부하저항 R_l은 $\frac{1}{j\omega C_2} \ll R_l$이다.

이것을 정리하면

$$\frac{E_o}{E_i} = \frac{C_1}{C_1 + C_2}$$

이 되고, 여기서 만일 $C_1 \ll C_2$가 되도록 하면

$$\frac{E_o}{E_i} \fallingdotseq \frac{C_1}{C_2} \qquad \therefore \; E_o = \frac{E_i}{C_2} \cdot C_1 \tag{10-19}$$

로 된다. 한편 C_2는 고정이므로 E_i를 전압계로 감시하여 일정값으로 유지하면 E_i/C_2는 일정하므로, 이것을 상수 K라고 하면

$$E_o = kC_1 \tag{10-20}$$

으로 되어 출력전압 E_o는 C_1에 비례하므로 C_1의 다이얼에 E_o를 직독하는 눈금을 만들 수 있다.

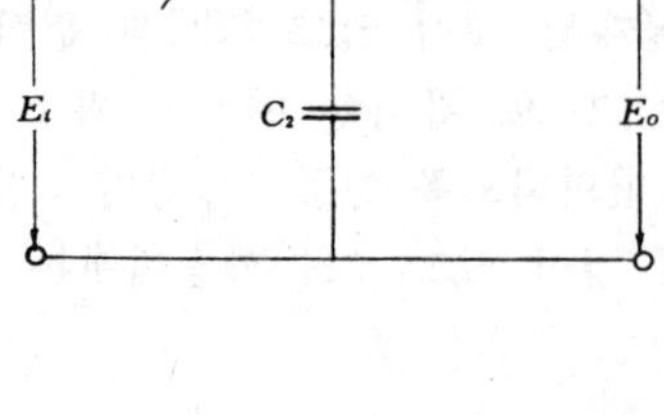

〈그림 10-15〉 용량감쇠기

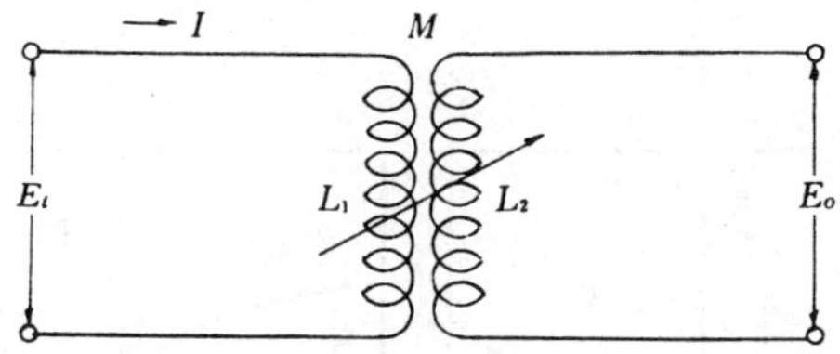

〈그림 **10-16**〉 인덕턴스 감쇠기

② 인덕턴스 감쇠기(inductance attenuator) —— 인덕턴스 감쇠기는 두 코일의 중첩자계(overlapping magnetic field)에 의한 상호 인덕턴스의 변화를 이용한 것으로서 그림 10-16과 같이 고정 코일 L_1 내에 직렬로 연결되어 회전시킬 수 있는 코일 L_2를 넣으면 회전각에 따라 상호 인덕턴스 M가 변화한다. 즉 그림 10-16에서 부하저항 R_l을 $\omega L_2 \ll R_l$로 하여 출력전류에 의한 반작용을 무시하고 계산한다.

출력전압을 E_o라고 하면

$$E_o = j\omega MI \tag{10-21}$$

이고, 이 I는 입력전압을 E_i라고 하면

$$I = \frac{E_i}{j\omega L_1}$$

이므로 이것을 식 (10-21)에 대입하면

$$E_o = j\omega M \cdot \frac{E_i}{j\omega L_1} = \frac{E_i}{L_1} \cdot M \tag{10-22}$$

로 된다. 여기서 E_i을 일정하게 유지시키고 L_1값이 일정하면 출력전압 E_o는 상호 인덕턴스 M에 비례하므로, L_2를 회전시킴으로써 M을 변화시키면 회전각에 의하여 E_o의 값을 직독할 수 있으며, 이것을 dB로 환산한 값을 데시벨 눈금으로 표시할 수 있다. 즉

$$E_o = k \cdot M \tag{10-23}$$

으로 된다. 이상과 같은 두 가지의 리액턴스 감쇠기에 있어서 출력단자는 모두 개방한 상태에서 성립된 식이므로 출력측에 접속하는 부하는 $1/\omega C_2$ 및 ωL_2보다 훨씬 큰 값이어야 하며, 결과식에는 ω가 포함되지 않으나 주파수가 높아지면 도선의 인덕턴스 및 선간, 단자간의 용량 등에 의하여 영향을 받으므로 너무 높은 주파수 범위에서는 사용할 수 없다.

[2] 여 파 기

여파기(filter)라 함은 많은 주파수를 포함하는 전압·전류로부터 어떤 특정한 주파수 또는 어떤 특정 주파수대역의 전압·전류만을 끄집어 내거나 또는 제거하기 위하여 사용하는 4단자 회로망을 말한다.

여파기는 주파수특성을 이용하여 어떤 주파수대역의 전압·전류를 충분히 감쇠시키거나 또는 통과시키도록 한다. 이 경우 감쇠시키는 주파수 대역을 감쇠 주파수대역 또는 차단 주파수대역(cut-off frequency band)이라 하며 통과시키는 주파수대역을 통과 주파

종 류	T 형	π 형	차 단 주 파 수	대 역 특 성
저역여파기 (LPF)	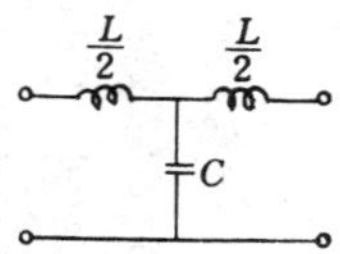	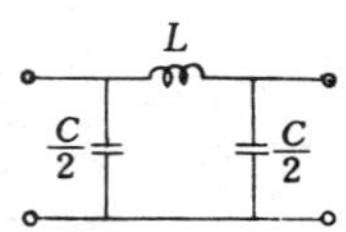	$f_c=\frac{1}{\pi\sqrt{LC}}$	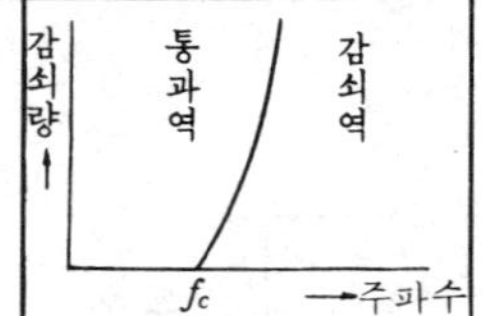
고역여파기 (HPF)	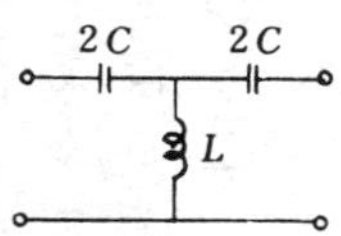	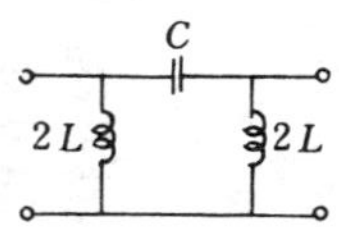	$f_c=\frac{1}{4\pi\sqrt{LC}}$	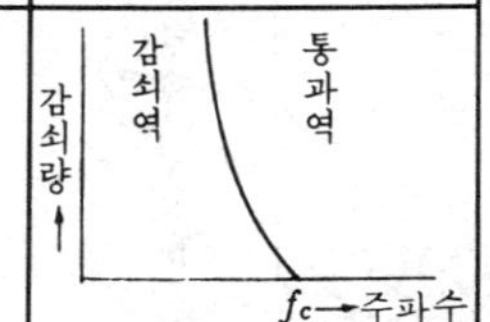
대역여파기 (BPF)	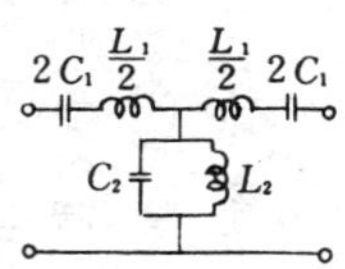	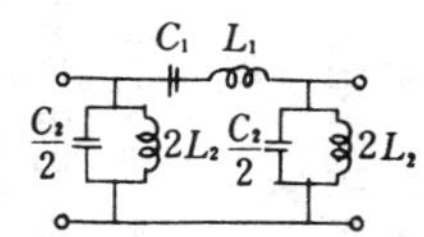	$f_{c1}(하)=\frac{1}{2\pi}\sqrt{\frac{1}{L_1C_2}+\frac{1}{L_2C_1}}-\frac{1}{\sqrt{L_1C_2}}$ $f_{c2}(상)=\frac{1}{2\pi}\sqrt{\frac{1}{L_1C_2}+\frac{1}{L_2C_1}}+\frac{1}{\sqrt{L_1C_2}}$	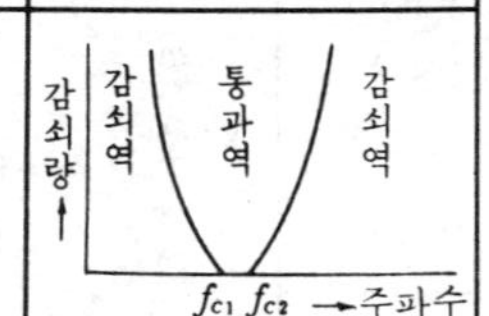
대역소거 여파기 (BEF)	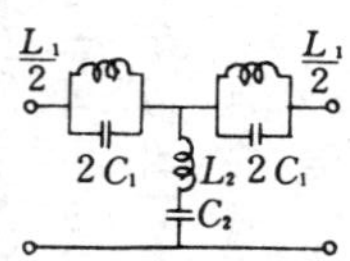	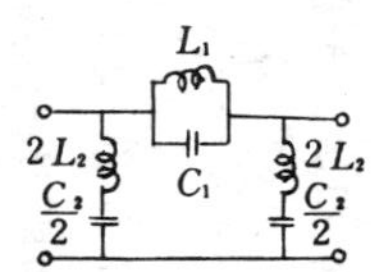	$f_{c1}(하)=\frac{1}{8\pi L_1C_1}(\sqrt{L_1C_2+16L_2C_1}-\sqrt{L_1C_2})$ $f_{c2}(상)=\frac{1}{8\pi L_1C_1}(\sqrt{L_1C_2+16L_2C_1}+\sqrt{L_1C_2})$	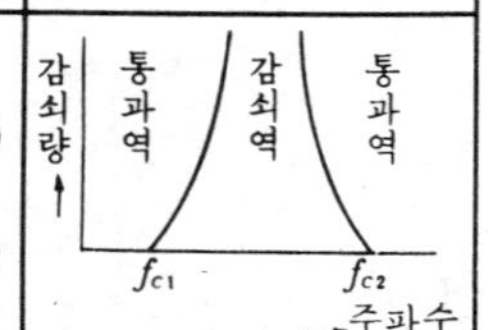

〈그림 10-17〉 각종 여파기의 회로와 특성

수대역 또는 전송 주파수대역(transmission frequency band)이라고 한다. 그리고 통과주파수대역과 감쇠 주파수대역과의 경계주파수를 차단주파수라고 한다.

여파기는 어떤 통과주파수 및 감쇠 주파수대역을 가지는가에 의하여 저역여파기(low pass filter), 고역여파기(high pass filter), 대역여파기(band pass filter) 및 대역소거여파기(band elimination filter) 등으로 분류하며 각각의 구성과 특성을 들어 보면 그림 10-17과 같다.

여파기는 그림에서 보는 바와 같이 LC회로의 직·병렬 공진특성을 이용한 것이며 통과대역 내에서도 약간의 감쇠(2~3[dB] 정도)가 있고, 통과대역 외에서는 50~80[dB] 정도의 큰 감쇠를 주는 것이 보통이며 차단 주파수 부근에서는 어느 정도의 경사로 감쇠량이 변화하고 있다.

여파기를 사용할 때는 입출력측의 임피이던스 정합문제를 고려하여 보통 600[Ω]의 임피이던스를 사용하며, 통과하여도 위상의 변화를 초래하므로 위상특성 문제를 고려하여야 한다.

[3] 레벨 미터

레벨(level)계의 원리를 다루기 전에 레벨계에서 사용되는 데시벨(dB)에 관하여 알아보기로 한다. 전기통신공학에서 2개의 전력 P_2, P_1[W]의 비 P_2/P_1를 $\log_{10}P_2/P_1$로 표시하여 이것의 단위를 벨(bel)이라고 하며, 이 단위는 너무 크므로 실용상 벨의 1/10(deci)인 데시벨(decibel, dB)을 사용하여 전력비를

$$10\log_{10} P_2/P_1 \text{ [dB]} \tag{10-24}$$

로 표시한다. 또한 전력 $P_2 = E_2{}^2/R = I_2{}^2R$, $P_1 = E_1{}^2/R = I_1{}^2R$이라고 하면 전력비는

$$10\log_{10}\frac{P_2}{P_1} = 20\log_{10}\frac{E_2}{E_1} = 20\log_{10}\frac{I_2}{I_1} \text{ [dB]} \tag{10-25}$$

로도 표시할 수 있다. 그러나 E_1, E_2 또는 I_1, I_2의 저항이 같지 않고 각각 R_1, R_2라면, 전압에 있어서는 대수저항비를 감해 주어야 하고 전류에 있어서는 가산해 주어야 한다. 즉

$$10\log_{10}\frac{P_2}{P_1} = 20\log_{10}\frac{E_2}{E_1} - 10\log_{10}\frac{R_2}{R_1} = 20\log_{10}\frac{I_2}{I_1} + 10\log_{10}\frac{R_2}{R_1} \text{ [dB]} \tag{10-26}$$

이다.

한편 상용대수를 사용하는 데시벨과는 달리 주로 유럽 지역에서는 자연대수를 사용한 네퍼(Neper)라는 단위를 사용하며, 이들 관계는 다음과 같다.

$$1\text{[Np]} = 8.686\text{[dB]}$$

$$1\text{[dB]} = 0.1151\text{[Np]}$$

단, $e = 2.718\cdots\cdots$이다. 그러므로 데시벨의 값이 정(+)이면 이득을 표시하는 증폭기이고, 부(−)이면 손실을 표시하는 감쇠기가 된다.

레벨계는 과거에 있어서 전압 레벨을 사용하여 1[μV]를 0[dB]로 하여 사용하였으나 현재에는 표준신호 발생기(SSG)의 출력계나 전계강도 측정 등에서만 사용되고 그 외는 전부 전력 레벨을 사용하고 있다.

(1) 전력 레벨(power level) : 전력 레벨은 1[mW]를 0[dB]로 기준하여 초기에는

mW의 m를 붙여서 dBm이라고 사용하였으나 현재는 dB로서 일반적으로 전력 레벨을 뜻한다. 따라서 전력 P[W]를 레벨로 고치면

$$\mathrm{dBm} = 10\log_{10}\frac{P[\mathrm{W}]}{1[\mathrm{mW}]} \tag{10-27}$$

로 표시된다. 따라서 10[mW]는 10[dB]이고, 100[mV]는 20[dB]이 된다.

(2) 레벨계의 구성과 지시 : 레벨계는 원칙적으로 전력 레벨을 사용하므로 전력계를 사용하여야 하나 저주파신호의 측정에 있어서 미소전력계 사용이 곤란하므로 전압계를 사용하여 레벨계로 쓰이며, 일반적으로 전송선로나 측정기의 특성 임피이던스는 600[Ω]이므로 그림 10-18(a)와 같이 600[Ω]의 부하에 0.775[V]가 가해지면 $0.775^2/600 = 1$[mW]로 되므로 600[Ω] 양단을 측정하는 전압계에 0.775[V]의 점을 0[dB]의 눈금으로 하여 레벨계 또는 출력계의 기준점을 만든 것이다. 따라서 부하저항이 600[Ω]이 아닌 때에는 지시값이 맞지 않는다.

한편 0.775[V]가 0[dB]이므로 7.75[V]는 20[dB]이고, 77.5[V]는 40[dB]이 된다. 진공관 전압계(VTVM)나 회로시험기(tester)에도 전압눈금 외에 dB눈금이 붙어 있는 것이 있으며, 피측정 레벨이 매우 적은 경우가 많으므로 그림 (b)와 같이 보조증폭기와 감쇠기가 내장되어 있는 것이 보통이다.

증폭기는 광대역과 고이득이 필요하므로 특성을 양호하게 하고, 부귀환도 충분히 걸 수 있도록 되어 있다. 또 입력측은 600[Ω] 외에 1[kΩ] (1[V]에서 1[mW]이므로 0[dB], 75[Ω] (0.274[V]에서 1[mW]이므로 0[dB])로 절환하도록 되어 있다.

한편 입력을 P_i[dBm], 증폭기의 이득을 G[dBm], 감쇠기의 감쇠량을 D[dBm], 레벨계의 지시를 P_o[dBm]이라고 하면

$$P_o = P_i + G - D$$

이므로 입력 레벨 P_i는

$$P_i = P_o - G + D \tag{10-28}$$

로 된다. 따라서 실제회로에서는 G가 일정하므로, 감쇠기의 감쇠량과 레벨 지시값 등을 계산에 넣어서 피측정 레벨을 알 수 있도록 하고 있다.

실용되고 있는 전송회로용 레벨계의 성능을 보면 사용주파수가 50[Hz]~8[kHz], 200[Hz]~50[kHz], 3~120[kHz]의 범위의 것이 있고, 측정 레벨 범위는 대체로 −60 ~ +30[dB] 정도의 것이 주로 사용되며, 감쇠기의 단계는 보통 10[dB], 1[dB]의 것을 연쇄결

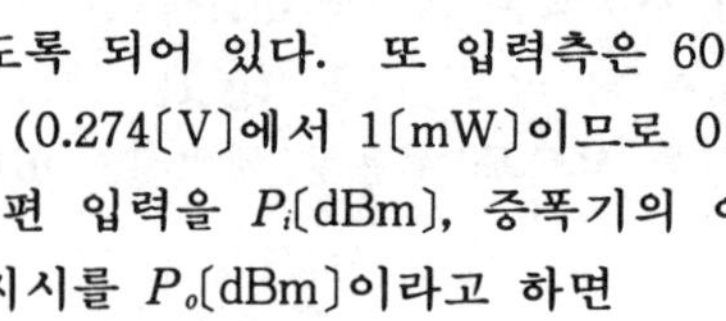

(a) 0[dB]의 표시 방법

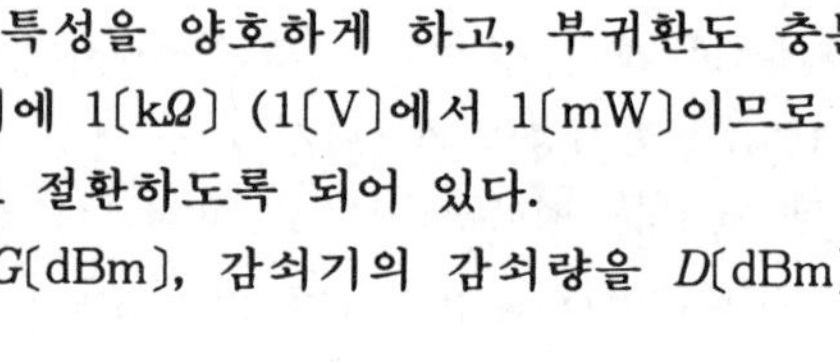

(b) 레벨계의 구성도

〈그림 10-18〉 레벨계의 원리

합하여 사용하며, T형이나 전위차계(potentiometer)식의 것을 쓰면 오차를 ±0.5[dB] 이하로 유지할 수 있다. 레벨계를 사용하는 데 있어서 주의하여야 할 사항은 전원전압을 규정값으로 유지시켜야 하며 회로와 입력단의 정합에 유의해야 한다.

[4] VU미터

VU미터(VU meter)란 음량의 단위(volume unit)를 말하며, VU미터는 방송 또는 녹음중에 음성주파 전력의 가장 적당한 값(0[VU] = 4[dBm])을 지시 및 조정하기 위하여 전송선로에서 분기시켜 저항감쇠기와 연결하여 사용하는 지시계이다. 이 지시계기로는 정류형 전압계가 많이 사용된다.

VU미터는 그림 10-19와 같이 전송선로에 분기하여 접속하면 입력 임피이던스는 높아지고 선로에 대한 영향은 무시할 수 있다. 전송선로에 1[kHz]의 정현파 전압을 가하여 600[Ω]의 부하에 1.228[V], 즉 4[dBm]이 되었을 때 VU미터는 0[VU]를 지시하도록 만든 것이다.

VU미터의 눈금은 그림 10-20과 같이 −20[VU]에서 +3[VU]까지 대수눈금으로 되어 있다. 0[VU]의 위치는 전체 눈금범위의 70[%]의 위치에 있도록 하였으며, −20[VU]를 0[%], 0[VU]를 100[%]로 한 백분율 눈금도 겸비하고 있다.

VU미터는 기계적 시정수(time constant)가 매우 중요하므로 0[VU]의 전압을 0상태에서 갑자기 가했을 때 0.3초 이내에 99[%]까지 도달하고 눈금초과(scale over)는 1~1.5[%] 이내가 되도록 만들어져 있다.

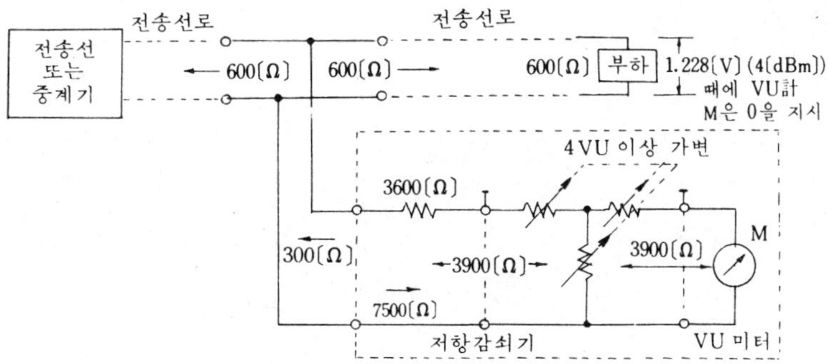

〈그림 10-19〉 VU미터의 원리도

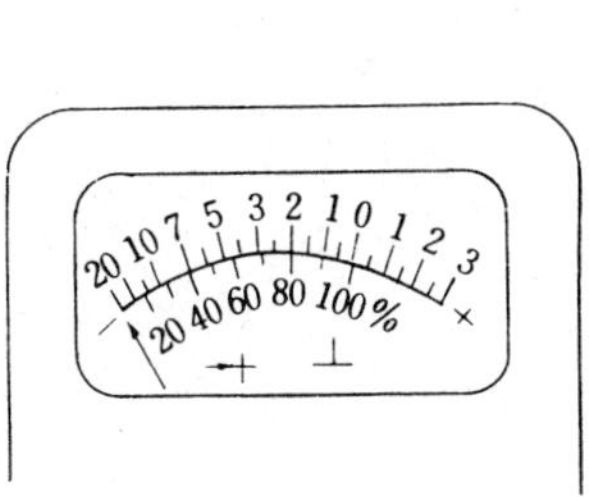

〈그림 10-20〉 VU미터의 눈금

[연 습 문 제]

10-1 표준신호발생기의 구비조건을 열거하여라.

10-2 표준신호발생기의 구성요소를 들고 간단히 설명하여라.

10-3 비이트 발진기의 구성과 원리를 설명하여라.

10-4 CR 발진기가 LC 발진기에 비하여 유리한점을 설명하여라.

10-5 소인발진기의 원리를 설명하여라.

10-6 펄스 발생기의 구성과 원리를 설명하여라.

10-7 함수발생기에 대하여 아는바를 써라.

10-8 저항감쇠기와 리액턴스 감쇠기의 특성을 비교 설명하여라.

10-9 용량감쇠기의 원리를 설명하여라.

10-10 여파기의 종류를 들고 특성을 간단히 설명하여라.

10-11 레벨미터에 대하여 아는바를 써라.

단 원 Ⅲ

유선설비에 관한 측정

◂ 통신선로의 측정
◂ 통신기기의 측정
◂ 전송회로의 측정

제 11 장

통신선로의 측정

이 측정은 통신 케이블에 있어서 여러 가지 원인에 의해 빈번히 발생하는 고장점을 신속하게 발견하여 수리하기 위한 것이며, 지하 케이블에 있어서는 고장발견이 대단히 어렵다. 고장 원인은 주로 접지고장, 단선고장 및 혼선 등이며 케이블의 경우 대부분 접지고장이다.

이 고장 측정에는 L_3시험기를 이용하여 바아레이법과 마레이법이 오래 전부터 사용하여 왔으나, 실제 측정에 있어서는 고유저항의 변동, 정전유도에 의한 영향 및 절연물의 습기 등에 의한 접지고장 등 선로 특성의 변동 때문에 정확한 측정이 곤란하다. 최근에는 레이다의 원리를 이용한 펄스 시험기가 주로 사용되며, 또 탐색 코일(search coil)을 사용하여 선로의 매설위치를 측정하는 방법이 있다.

11-1 L_3시험기에 의한 선로 고장 측정

[1] L_3시험기의 원리, 구조 및 용도

L_3시험기는 휘트스톤브리지(Wheatstone bridge)의 원리를 이용하여 통신선로에 대한, ① 루우프 저항의 측정, ② 케이블 접지고장 위치의 측정, ③ 혼선고장 위치의 측정, ④ 단선고장 위치의 측정, ⑤ 케이블 심선 스플리트(split) 고장 위치의 측정 등에 사용된다.

여기서, 스플리트 고장이라는 것은 케이블을 접속할 경우 페어의 L_1선과 L_2선을 잘못 접속해 심한 누화 또는 잡음이 발생되는 고장을 말한다.

한편 브리지의 원리는 모든 측정의 기본원리로 널리 이용되고 있는 것으로, 그림 11-1과 같이 저항 A, B, R 및 X 등을 접속하고 K_1을 닫으면 전류는 p에서 둘로 나뉘어져서

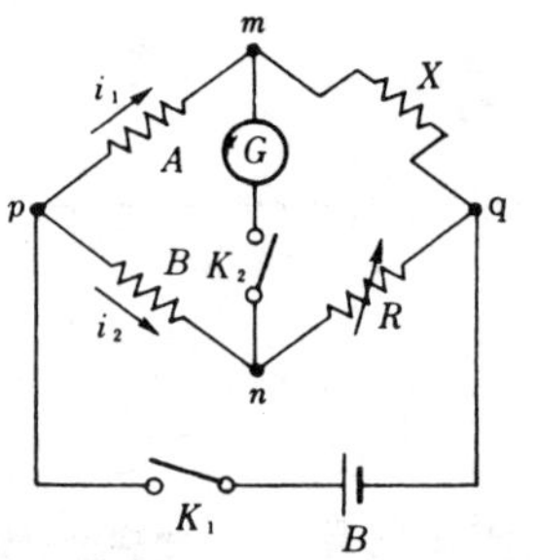

〈그림 11-1〉 브리지의 원리

흐른다. 이때, 각 구간의 전압강하는 다음과 같다.

pm간의 전압강하 …………………… i_1A

pn간의 전압강하 …………………… i_2B

mq간의 전압강하 …………………… i_1X

nq간의 전압강하 …………………… i_2R

일반적으로 m과 n은 동일한 전위가 되지 아니 하므로 만약 K_2를 닫으면 m과 n사이에 전류가 흘러 검류계 G의 바늘이 움직인다. 지금 R을 적당히 가감해서

$$\frac{A}{B}=\frac{X}{R} \tag{11-1}$$

이 되도록 하면 m과 n은 동전위가 되어서 K_2를 닫아도 검류계 G에는 전류가 흐르지 않는다. 즉, 이런 상태에서 A저항, B저항 및 R저항을 기지의 저항으로 하면 미지저항 X는

$$X=\frac{A}{B}\cdot R \tag{11-2}$$

로서 구해진다. 이것이 L_3 시험기의 원리이다.

L_3 시험기는 그림 11-2와 같이 검류계, 비례변 다이얼, 가변저항 다이얼, 선택 키이, 각종 단자, 누름단추 및 기타 부속품 등으로 구성되어 있다.

(1) 검류계(galvanometer) : ①은 검류계로서 L_3시험기에는 1개가 있다. 이 검류계에는 0점 조정장치와 클램프(clamp)가 있는데, 0점 조정장치는 이 L_3시험기를 사용할 때에 미터 바늘이 눈금의 0점을 정확히 지시하도록 조정하는 것이고, 클램프는 시험기를 사용하지 않을 때 진동에 의한 바늘의 고장을 방지하기 위하여 고정시키는 장치이므로 L_3시험기를 사용한 후에는 반드시 클램프를 채워야 한다.

(2) 비례변 다이얼(ratioarm dial) : ②는 비례변 다이얼로서 L_3시험기에는 1개가 있다. 다이얼의 둘레에는 숫자가 있으며, 머리에 M자가 있는 것은 마레이법의 측정에서 저항값으로 사용되고 M자가 없는 것은 바아레이법의 측정과 루우프 저항의 측정에서 비례변의 값(A/B)이 된다.

(3) 가변저항 다이얼(variable resistor dial) : ③은 가변저항 다이얼로서 L_3시험기에는 4개가 있다. 이 가변저항 다이얼은 1,000단위, 100단위, 10단위, 1단위 등 4단위로 구성되어 있으며, 각 단위의 다이얼의 둘레에는 0에서 9까지의 숫자가 있는데, 이 숫자가 바로 가변저항의 값이다. 예를 들어 R값으로 1,000단위 다이얼을 7에, 100단위 다이얼을 8

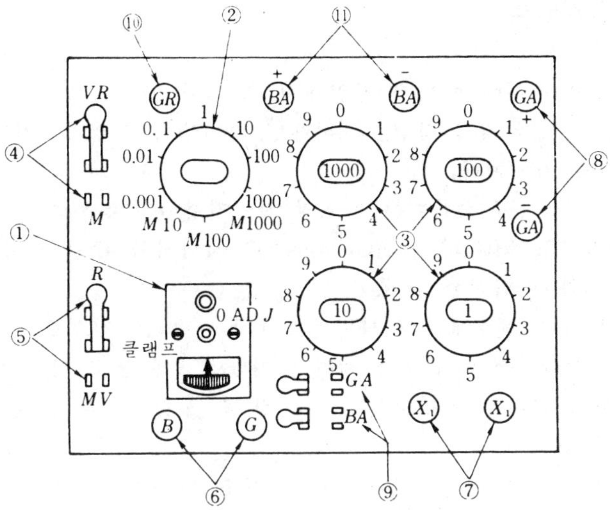

〈그림 11-2〉 L_3 시험기

에, 10단위 다이얼을 9에, 1단위 다이얼을 0에 맞추면 가변저항값은 7,890[Ω]이 된다. 실제로 측정할 때에는 이 다이얼은 큰 단위에서 작은 단위의 순서로 조작해야 한다.

(4) 선택 키이 (selection key) : L_3시험기에는 측정방법을 선택하는 2개의 선택 키이가 있다. 이 선택 키이는 2개가 1조가 되어서 같이 조작해야 한다. 예를 들어, 루우프 저항을 측정할 때에는 ④번 키이는 *VR*측에, ⑤번 키이는 *R*측에 젖히고, 바아레이법으로 케이블 고장위치를 측정할 때에는 ④번 키이는 *VR*측에, ⑤번 키이는 *MV*측에 젖힌다. 마레이법으로 케이블 고장위치를 측정할 때에는 ④번 키이는 *M*측에, ⑤번 키이는 *MV*측에 젖히고, 단선고장 측정에는 ④번 키이는 *M*측에, ⑤번 키이는 *MV*측에 젖힌다.

(5) 각종단자 (every kind terminal) : L_3시험기에는 X_1단자, X_2단자, *GA*단자, *GR*단자 및 *BA*단자 등이 있다. ⑦은 측정하고자 하는 케이블 심선 등을 접속하는 단자로서 X_1단자에는 양호선을, X_2단자에는 고장선을 접속하며, ⑧번 *GA*단자는 외부 검류계용 단자이고, ⑩번 *GR*단자는 접지단자로서 접지선 또는 X_2단자와 단락시킬 경우도 있다. 또한, ⑪번 *BA*단자는 외부 전지용 단자이다.

(6) 누름단추 (push button) : L_3시험기에는 2개의 누름단추가 있는데, ⑥번 누름단추는 개폐용으로서 *B*는 전지회로를 개폐하는 누름단추이고, *G*는 검류회로를 개폐하는 누름단추이다. 또한, 측정을 하기 위해 이들을 사용할 때에는 *B*를 먼저 누르고, *G*를 다음에 누르며, 뗄 때에는 반대로 *G*를 먼저, *B*를 다음 순으로 뗀다.

(7) 내부 개폐 키이 (inside on off key) : ⑨번은 내부 개폐기의 키이로서 L_3시험기의 내부 검류계를 사용할 경우에는 *GA* 키이를 닫아놓아야 하고, 내부 전지를 사용할 경우에는 *BA* 키이를 닫아야 한다. 만약, 외부 검류계와 외부 전지를 사용할 때에는 *GA* 키이와 *BA* 키이를 모두 열어놓아야 한다.

[2] L_3 시험기의 점검방법

L_3시험기는 사용하기 전에 반드시 점검해서 그 결과 이상이 없어야 한다. 이 점검은 ① 절연저항의 점검, ② 검류계의 점검, ③ 비례변 다이얼의 점검, ④ 가변저항의 점검, ⑤ M저항의 점검 등 다섯 가지이다.

(1) 절연저항의 점검 : L_3시험기는 회로의 절연저항이 불량하면 정확한 측정을 할 수 없다. 따라서 250〔V〕 50〔MΩ〕의 메거(megger)로 시험기의 표면 나사와 X_2단자 사이의 절연저항을 재서 무한대가 되어야 한다.

(2) 검류계의 점검 : 검류계는 L_3시험기의 핵심이 되는 것으로 그 점검순서는 먼저 선택 키이를 루우프 저항측정에 두고 비례변 다이얼을 1에 놓고 가변저항 다이얼을 전부 0에 맞춘다. 그리고 X_1단자와 X_2단자를 단락시킨 후 누름단추를 눌렀을 때 검류계의 바늘은 0을 지시하여야 한다.

(3) 비례변 다이얼의 점검 : L_3시험기의 비례변 다이얼은 $X=(A/B)\cdot R$중의 A/B에 해당되는 것으로 그 점검방법은 다음과 같다.

먼저 선택 키이를 루우프 저항 측정에 두고, 또 비례변 다이얼을 1에 놓고 가변저항 다이얼을 전부 0에 맞춘다. 그리고, X_1단자와 X_2단자를 단락시킨 후 누름단추를 눌러도 검류계의 바늘이 움직이지 않으면 비례변 다이얼 1의 값은 정확하며, 이때의 가변저항 다이얼값도 정확하다. 한편, X_1단자와 X_2단자에 10,000〔Ω〕의 무유도저항을 접속하고, 그 저항치와의 비율이 1:1,000, 1:100, 1:10, 10:1 및 100:1 등으로 변화시켰을 경우, 누름단추를 눌러도 검류계의 바늘이 움직이지 않으면 비례변에 있어서 1이외의 값도 모두 정확하다.

(4) 가변저항 다이얼의 점검 : 먼저 선택 키이를 루우프 저항측정에 두고, X_1단자와 X_2단자 사이에 접속된 10,000〔Ω〕 무유도저항이 1〔Ω〕에서 9,999〔Ω〕까지의 동일한 값이 되도록 대조적으로 변화시키면서 누름단추를 눌러도 검류계의 바늘이 움직이지 않으면 가변저항 다이얼값은 전부 정확하다.

(5) M저항의 점검 : L_3시험기의 M저항은 마레이법 측정 및 단선고장측정 등 광범위하게 사용되는 것으로 먼저 선택 키이 중에서 ④번 키이는 M측으로, ⑤번 키이는 R측으로 젖친 후에 X_1단자와 X_2단자를 단락시킨다. 그리고 M저항을 M10, M100 및 M1000 등으로 변화시키면서 여기에 맞추어 가변저항 다이얼을 10〔Ω〕, 100〔Ω〕 및 1,000〔Ω〕 등으로 동일한 값이 되도록 대조적으로 변화시킨다. 이때 누름단추를 눌러도 전부 검류계가 움직이지 않으면 M저항의 값은 정확한 것이다.

[3] 케이블의 루우프 저항측정법

케이블 심선의 루우프 저항을 측정하려면 먼저 L_3시험기의 내부전지 유무를 확인한 다음 앞에서 설명한 5가지 점검사항을 실시하여 이상이 없도록 하고, 검류계를 0점으로 조정해 놓는다.

다음에는 그림 11-3과 같이 측정하고자 하는 케이블의 심선을 X_1 단자와 X_2 단자에

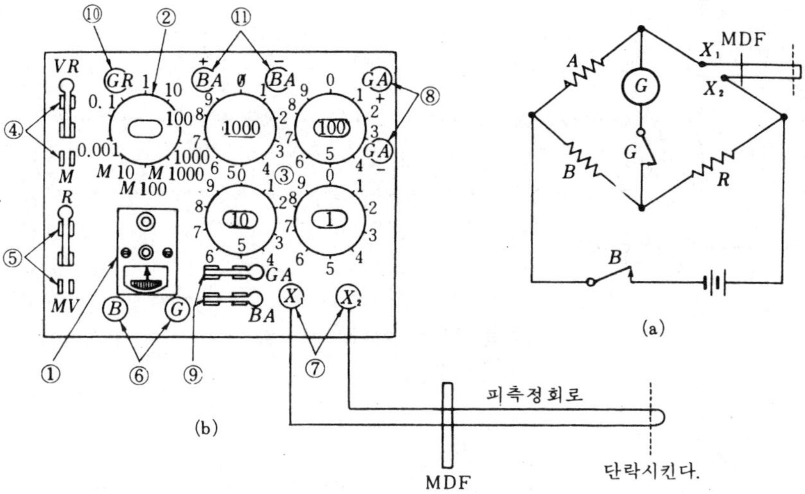

〈그림 11-3〉 루우프 저항의 측정법

접속하고, 케이블의 단말을 단락시킨다. 그리고, 선택 키이 중에서 ④번 키이는 *VR*측에, ⑤번 키이는 *R*측에 두고, *GR*단자와 X_2 단자를 단락시키고, 또 ⑨번 키이인 *GA*, *BA*는 모두 닫는다. 여기서, 비례변 다이얼을 적당히 놓고 누름단추 *B*와 *G*의 순서로 누르되, 검류계를 보면서 가변저항 다이얼을 돌려 검류계의 바늘이 0을 지시하도록 한다.

이때, 측정하려는 케이블 심선의 루우프 저항 *X*는

$$X=\frac{A}{B}\cdot R \tag{11-3}$$

단, A/B : 비례변 다이얼의 값

R : 가변저항 다이얼의 값

으로서 구해진다.

만약, 측정 도중에 검류계의 바늘이 항상 플러스쪽으로만 가면 가변저항값이 너무 큰 값이고, 반대로 마이너스쪽으로만 가면 너무 작은값이므로 이러한 경우에는 비례변 다이얼의 값을 다시 조정해야 한다.

[4] 바아레이(Varley) 측정법

이 측정법은 휘트스톤브리지의 3변 *A*, *B*, *R*을 사용한다. 케이블 고장에 대해 L_3시험기에 의한 바아레이 측정법에는 여러 가지가 있으나 최근에는 3회 측정해서 그 결과로써 케이블의 고장 위치를 측정하는 L_3시험기의 3바아레이 측정법이 널리 사용되고 있다.

(1) 바아레이 1법 : 이 측정법은 그림 11-4와 같이 X_1 단자에 양호심선을, X_2 단자에 고장심선을, *GR* 단자에 측정보조선을 각기 접속하고 케이블 단말에서 양호심선, 고장심선 및 측정보조선 등 3선을 함께 단락시킨다. 그리고 L_3시험기의 점검이 끝나면 0점 조정을

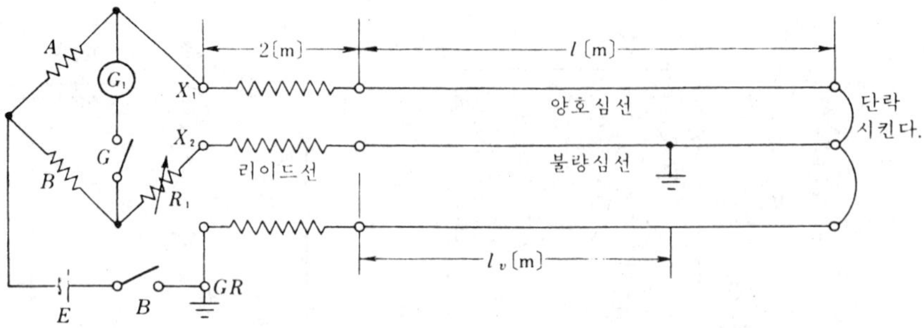

〈그림 11-4〉 바아레이 1법

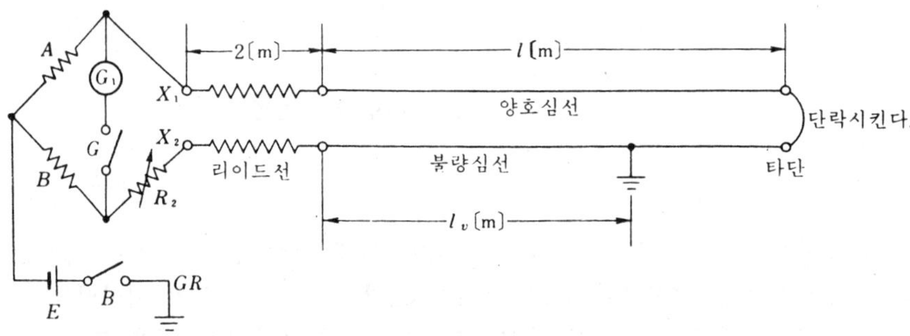

〈그림 11-5〉 바아레이 2법

한 다음 비례변 다이얼을 적당한 값에 놓고 검류계를 보면서 누름단추를 B와 G의 순서로 누르되 가변저항 다이얼을 이리저리 돌려서 검류계의 바늘이 0을 지시하도록 한다. 이때의 가변저항 다이얼값, 즉 바아레이 1법의 값인 R_1이 얻어진다.

(2) 바아레이 2법 : L_3시험기의 점검과 0점 조정이 끝나면 X_1 단자에 양호심선을, X_2 단자에 고장심선을 접속하고 GR 단자는 접지한다. 그리고, 케이블 단말에서는 양호심선과 고장심선을 단락시킨다.

이것이 끝나면 비례변 다이얼을 적당한 값에 놓고 검류계를 보면서 누름단추를 B와 G의 순서로 누르되 가변저항 다이얼을 이리저리 돌려서 검류계의 바늘이 0이 되도록 한다. 이때의 가변저항 다이얼값, 즉 바아레이 2법의 값 R_2가 얻어진다(그림 11-5 참조).

(3) 바아레이 3법 : L_3시험기의 점검과 0점 조정이 끝나면 X_1 단자에 양호심선을, X_2 단자에 고장심선을 접속하고, 케이블 단말에서 양호심선과 고장심선을 단락시키는 동시에 L_3시험기의 GR 단자와 X_2 단자를 단락시킨다.

이것이 끝나면 비례변 다이얼을 적당한 값에 놓고 검류계를 보면서 누름단추를 B와 G의 순서로 누르되 가변저항 다이얼을 이리저리 돌려서 검류계의 바늘이 0이 되도록 한다. 이때의 가변저항 다이얼값, 즉 바아레이 3법의 값 R_3가 얻어진다(그림 11-6참조).

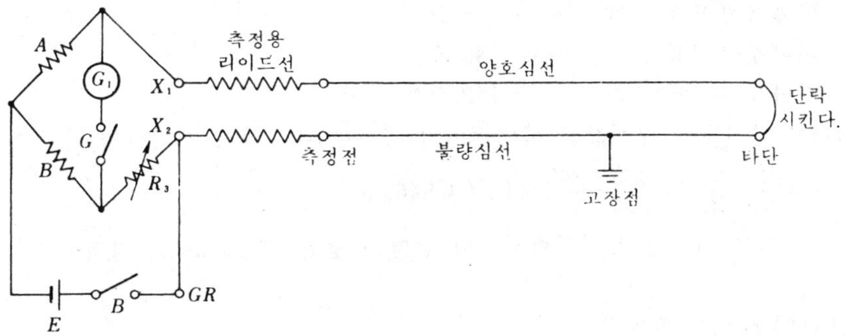

〈그림 11-6〉 바아레이 3법

(4) 3 바아레이법의 공식 : 이상과 같이 3회 측정해서 바아레이 1법의 값 R_1, 바아레이 2법의 값 R_2, 바아레이 3법의 값 R_3가 얻어지면 이 값을 다음과 같이 바아레이법 공식에 대입해서 케이블의 고장점까지의 거리를 계산한다.

$$l_v = \frac{R_3 - R_2}{R_3 - R_1} \cdot l \qquad (11\text{-}4)$$

단, l_v : 측정점에서 고장점까지의 거리

R_2 : 바아레이 2법에 의한 가변저항 값

R_3 : 바아레이 3법에 의한 가변저항 값

R_1 : 바아레이 1법에 의한 가변저항 값

l : 케이블의 전체 길이

일반적으로 바아레이법에 의한 고장위치 측정이라 함은 바아레이 2법에 의한 것을 말한다.

(5) 케이블의 거리와 저항의 환산 : 전화 케이블에 사용되는 심선도체에 대한 20〔℃〕일 때 1〔km〕당 루우프 전기저항은 다음과 같다.

0.4〔mm〕 케이블 ········· 278〔Ω〕

0.5〔mm〕 케이블 ········· 175〔Ω〕

0.65〔mm〕 케이블 ········· 105〔Ω〕

0.9〔mm〕 케이블 ········· 55〔Ω〕

이 저항들은 루우프 저항이므로 편도저항은 이 값의 1/2이 된다.

(6) 고장위치의 측정 실례 : 예를 들어, 용산전화국에서 남영동 방면에 포설된 0.4〔mm〕 1800p 케이블에 고장이 발생되었다. L_3시험기로 바아레이법을 이용하여 고장 위치를 측정하려고 한다.

우선 케이블 도면으로 조사하였던바, 케이블 길이가 1,250〔m〕이다. 먼저 L_3 시험기를 점검한 결과 전혀 이상이 없으므로 시험실 내 MDF(main distributing frame) 근처에 L_3 시험기를 놓고 0점 조정을 하는 동시에 전공을 남영동 방면에 보내서 양호심선과 고장심선을 케이블 단말의 단자함에서 단락시켰다. 한편 용산전화국 실험실에서 L_3 시험기로 바아레이법에 의해서 고장위치를 측정하였던 바,

바아레이 3법의 값 ……… 325〔Ω〕
바아레이 2법의 값 ……… 245〔Ω〕
바아레이 1법의 값 ……… 142〔Ω〕

이 얻어졌다. 이 3개의 측정값을 바아레이법 공식에 대입해서 계산하면

$$l_v=\frac{R_3-R_2}{R_3-R_1}\cdot l=\frac{325-245}{325-142}\times 1250 \fallingdotseq 546〔m〕$$

가 된다. 즉, 고장 위치는 용산전화국에서 남영동 방면으로 546〔m〕 지점이다.

[5] 마레이(Murray) 측정법

(1) 측정순서 : L_3 시험기에 의한 마레이 측정법에도 여러 가지가 있으나 최근 사용되는 것은 직접 고장지점까지의 거리가 산출되는 방식을 사용하고 있다.

케이블의 고장위치를 마레이법으로 측정하려면 우선 L_3시험기의 내부 전지 유무와 각종 점검사항을 실시하여 이상이 없는가를 확인하고 검류계를 0점 조정해 놓는다.

다음에 측정하고자 하는 케이블의 단말에서 단자함을 이용하여 양호심선과 고장심선을 단락시키고, MDF 근처에 L_3시험기를 똑바로 놓고 X_1 단자에 양호심선을, X_2 단자에 고장심선을 접속하고 GR 단자는 접지시킨다. 선택 키이는 MV측과 M측에 젖혀놓고, 비례변 다이얼도 $M10$, $M100$ 및 $M1000$ 중에서 적당한 것에 지시선을 맞추고, 누름단추를 누르면서 검류계의 바늘이 0을 지시하도록 가변저항 다이얼을 조정한다. 검류계의 눈금이 0이 되었을 때 가변저항 다이얼값과 케이블 길이 들을 다음 공식에 대입해서 고장점까지의 거리를 계산한다.

$$l_m=\frac{2R}{M+R}\cdot l \tag{11-5}$$

단, l_m : 측정단(MDF)에서 고장점까지의 거리
l : 케이블 전체의 길이
R : 가변저항 다이얼의 값
M : 다이얼 M 저항의 값

(2) 고장위치의 측정 실례 : 서울 청량리전화국에서 답십리 방면에 포설된 0.4〔mm〕 2100p 케이블에 고장이 발생되었다. 이 고장을 L_3시험기의 마레이법에 의해서 측정하려고 한다.

우선 케이블 도면과 선로순회 점검일보 등을 조사하였던바, 케이블 길이는 1,200〔m〕

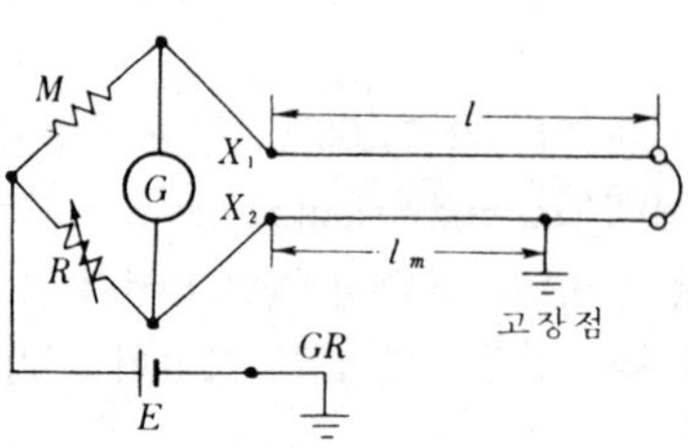

〈그림 11-7〉 마레이 측정법

이고, 최근 답십리 굴다리 부근에서 케이블 증설공사를 하였다는 것이 판명되었다. 그래서 L_3시험기를 점검한 결과 전혀 이상이 없으므로 측정자로 하여금 L_3시험기를 갖고 시험실 내 MDF에 가서 측정준비를 시키는 동시에 외선전공을 케이블 단말에 파견해서 양호심선과 고장심선을 단락시켰다. 다음 L_3시험기의 비례변 다이얼값을 M1000에 놓고 마레이법에 의해서 고장 위치를 측정하였던바, 가변저항 다이얼값이 250[Ω]에서 검류계의 바늘이 0을 지시하였다. 이 측정값을 마레이법 공식에 대입해서 계산하면 전화국 MDF에서 고장점까지의 거리는

$$l_m=\frac{2R}{M+R}\cdot l=\frac{2\times250}{1000+250}\times1200=480[\text{m}]$$

가 된다.

[6] 단선고장의 측정법

L_3시험기에 의한 케이블 심선의 단선고장에 대한 측정법은 휘트스톤브리지의 평형원리를 이용한 것으로서 저항 대신에 정전용량을 사용하고, 마레이법에 의하여 고장위치를 측정한다.

이 단선고장의 측정법에는 단선된 심선도체와 양호한 심선도체와의 정전용량을 비교하는 방법과 단선된 심선도체와 대지와의 정전용량을 비교하는 두 가지 방법이 있다.

전원으로서는 전지 대신 1[kHz]의 발진기를 사용하고, 검류계 대신에 수화기를 사용하며, 수화음이 최소가 되는 위치가 측정하려고 하는 위치이다.

(1) 대지간의 정전용량 비교법 : L_3시험기로 케이블 심선의 단선 위치를 측정하는 회로는 그림 11-8과 같으며, 이 측정법은 측정 구간이 원거리일 경우에는 오차가 커지므로 적용할 수 없으나 1~2[km] 정도의 단거리의 측정에는 효과적인 측정법이다. 이 측정법의 조작은 다음과 같다.

① L_3시험기의 X_1 단자에는 불량심선을 접속하고, X_2 단자에는 양호심선을 접속하되 타단은 개방해서 단선지점 밖의 정전용량의 영향을 방지한다.

② $BA(+)$ 및 $BA(-)$ 단자에 1[kHz]의 발진기를 접속한다.

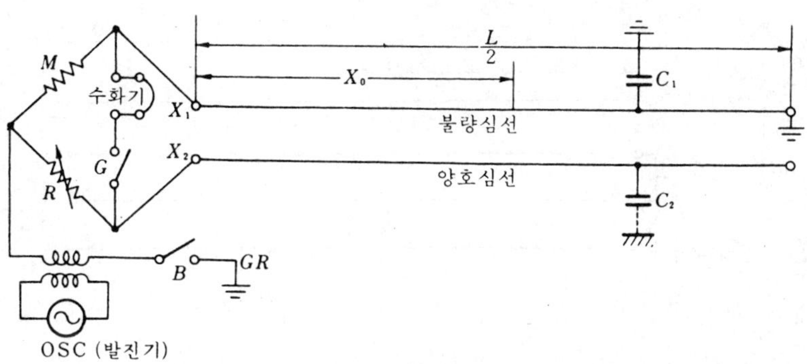

〈그림 11-8〉 정전용량 비교법(대지 간)

③ GA 키이와 BA 키이를 개방한다.

④ 선택 키이를 M에 맞춘다.

⑤ 비례변 다이얼을 M10, M100, M1000 중에서 적당히 골라 1〔kHz〕의 발진기를 발진시켜 누름단추 B와 G의 순서로 누르되 가변저항 다이얼을 조정해서 $GA(+)$와 $GA(-)$에 접속되어 있는 수화기의 음이 최소가 되도록 한다.

⑥ 이때 L_3시험기의 값은 다음 공식에 대입해서 계산한다.

$$X_0=\frac{R}{M}\times\frac{L}{2} \tag{11-6}$$

단, X_0 : MDF에서 고장점까지의 거리

L : 케이블의 전체 길이

R : 가변저항의 값

M : 다이얼 M 저항의 값

(2) 심선간의 정전용량 비교법 : L_3시험기로 케이블 심선의 단선위치를 측정하는 회로는 그림 11-9와 같이 심선 간의 정전용량을 비교하는 방법이 있다. 이것은 분포정수회로(distributed constant circuit)에 있어서 정전용량은 심선 길이에 정비례한다는 원리를 이용한 것으로서 양호심선과 고장심선을 비교한다. 이 측정법의 조작은 다음과 같다.

① 측정단(MDF)에서 L_3시험기의 G단자에 불량쌍의 양호심선과 양호쌍의 한쪽선을 단락시켜서 접속한다.

② X_1 단자에 양호대(양호쌍)의 다른 선을 접속한다.

③ $BA(+)$와 $BA(-)$ 단자에 발진기를 접속한다.

④ $GA(+)$와 $GA(-)$ 단자에 수화기를 접속한다.

⑤ GA 키이와 BA 키이를 개방해 놓고 선택 키이를 M에 맞추어 놓는다.

⑥ 비례변 다이얼을 M1000, M100, M10 중 어느 하나에 맞추어 놓는다.

⑦ 누름단추를 B와 G의 순서로 눌러서 수화음이 최소가 되도록 한다.

⑧ 이때의 L_3시험기값을 다음의 공식에 대입한다.

$$X_m=\frac{R}{M}\cdot\frac{L}{2}〔\mathrm{m}〕 \tag{11-7}$$

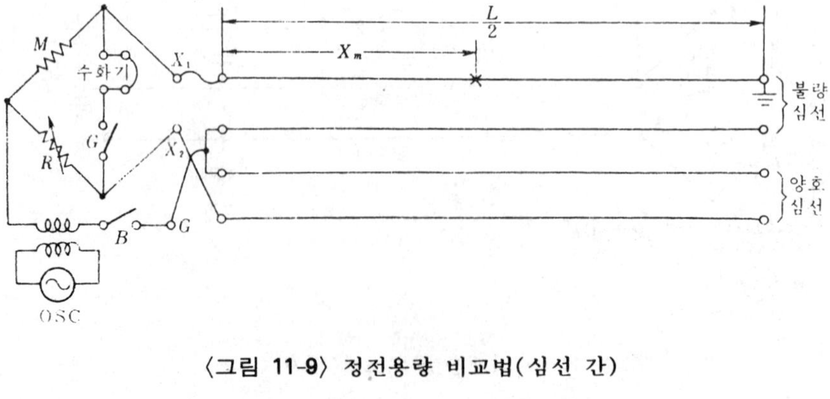

〈그림 11-9〉 정전용량 비교법(심선 간)

단, X_m : 고장점까지의 거리
M : 다이얼 M 저항의 값
R : 가변저항 다이얼의 값
L : 케이블의 전체 길이

[7] 케이블 매설 위치 측정법

지하에 묻힌 직매 케이블의 매설 위치를 땅을 파지 않고 탐지해야 할 필요가 가끔 생긴다. 그러므로 땅 속에 파묻힌 케이블을 지표면에서 전자적으로 탐지하기 위하여 탐색음 송출기, 탐색음 증폭기 및 매설위치측정 코일 등으로 구성된 케이블 매설위치 측정기가 개발되어 사용되고 있다.

(1) 탐색음 송출기(search sound sender) : 탐색음 송출기는 가청음 신호를 송출하기 위한 발진기로서 직매 케이블의 매설위치를 측정하는 데 사용되며, 겉모형은 그림 11-10과 같다.

탐색음 송출기의 구조는 그림 11-11과 같이 구성되며, 연속음과 단속음 두 종류의 주파수를 발생시킨다. 고정감쇠기는 주발진기와 증폭기를 결합시키는 작용을 하고, 증폭기는 주발진기에서 나오는 출력을 증폭시키며, 출력단자는 측정하고자 하는 직매 케이블을 접속하는 데 쓰인다. 초저주파 발진기는 단속음을 송출하기 위한 전기적 제어력을 얻는 발진기로서 발진주파수는 약 2〔Hz〕 정도이다. 탐색음 송출기의 조작법은 단속 키이를 연속의 위치로 젖히면 초저주파 발진기는 동작하지 않고, 주발진기가 동작하여 전력이 출력단자에 가해지므로 직매 케이블에는 연속음이 송출된다. 반대로 키이를 단속의 위치로 젖히면 초저주파 발진기는 2〔Hz〕를 발진하여 1분간에 120회의 주기로 단속시켜서 출력단자에는 1분간에 120회 단속시킬 수 있는 주발진 주파수의 전력이 가해진다. 이 탐색음

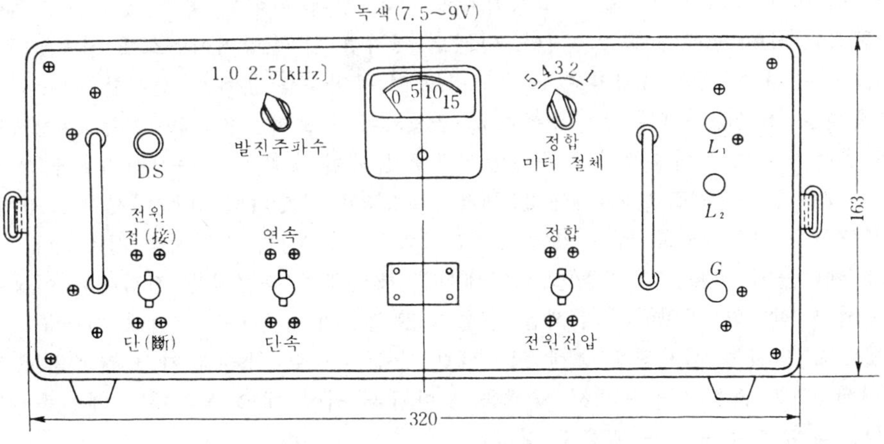

〈그림 11-10〉 케이블 매설위치 측정기

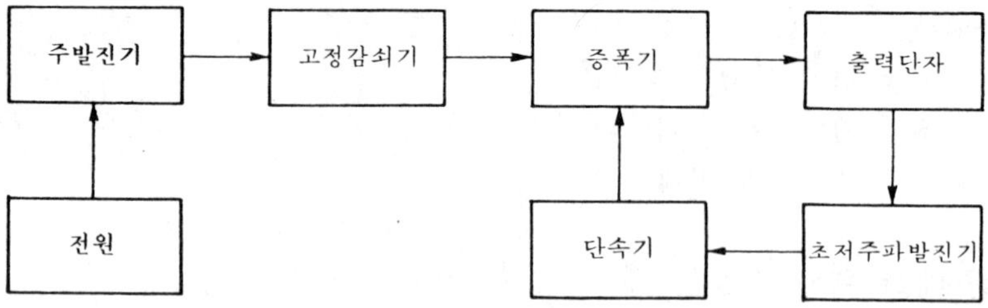

〈그림 11-11〉 탐색음 송출기 구성도

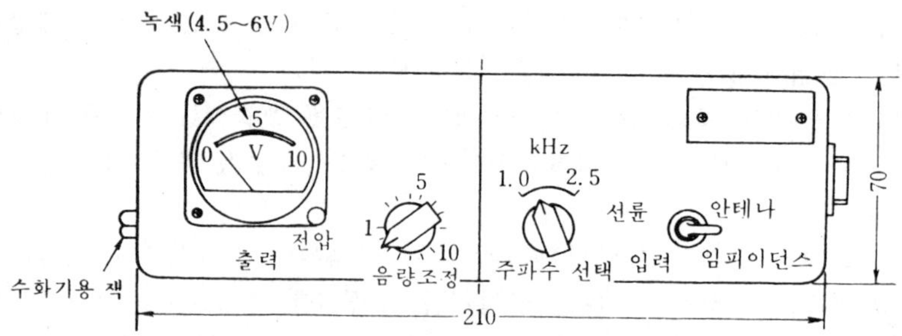

〈그림 11-12〉 탐색음 증폭기

송출기는 9〔V〕 건전지를 사용하고, 전류는 약 200〔mA〕이며 소형이므로 휴대하기 편리하게 되어 있다.

(2) 탐색음 증폭기(search sound amplifier) : 탐색음 증폭기는 케이블 매설위치 측정 코일과 함께 수신된 가청음 신호를 증폭하는 것으로서, 그림 11-12와 같이 전압계, 음량 조정 다이얼, 주파수 선택 다이얼 및 회로선택 키이 등으로 구성되어 있다.

탐색음 증폭기의 조작방법은 입력회로에 있는 선택 키이를 좌로 젖히면 코일에 접속되고, 우로 젖히면 안테나에 접속되며, 아래로 젖히면 입력 임피이던스에 접속된다. 또한, 입력회로의 주파수 선택 다이얼은 1~2.5〔kHz〕의 주파수를 자유로 선택할 수 있다.

증폭기는 전단증폭기와 후단증폭기로 구성되어 있으며, 전단증폭기는 고입력 임피이던스의 증폭기이고, 후단증폭기는 출력변성기를 통하여 수화기를 동작시키도록 되어 있다. 여파기는 LC 동조형으로 1〔kHz〕와 2.5〔kHz〕의 2조로 구성되었으며, 지시기는 전원전압과 증폭기 출력을 지시하도록 되어 있다. 전원으로서는 6〔V〕의 건전지를 사용한다.

(3) 케이블의 매설위치 측정방법 : 케이블 매설위치 측정기를 점검해서 이상이 없음을 확인하고 적당한 위치에서 탐색음 송출기 출력단의 L_1 단자는 직매 케이블의 외피에 접속하고, L_2 단자는 접지봉을 통해 접지시킨 다음 적당한 위치에 가서 탐색음 측정 코일을 지면에 대고 증폭기를 통해서 탐색음 수화기를 귀에 대고 듣는다. 케이블 매설위치 측정기의 측정 조작 순서는 다음과 같다.

① 탐색음 송출기에 전원을 넣고 1분간 120회 단속하는 단속음과 연속음이 있는데, 측정장소의 소음을 고려하여 송출한다.

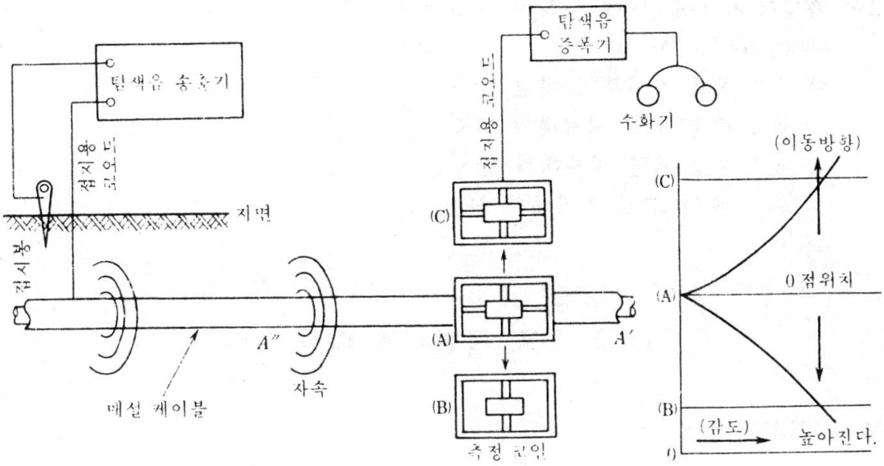

〈그림 11-13〉 케이블 매설위치의 측정원리

② 발진주파수는 10〔Hz〕와 25〔Hz〕가 있는데, 이것도 탐색음 측정장소에 의해서 어느 쪽인가 선택한다.

③ 한편, 탐색음 측정위치에서는 탐색음 수화기를 귀에 대고, 탐색음 측정 코일을 수평으로 지면 가까이서 이리저리 이동한다.

④ 이것은 직매 케이블의 외피와 동심원형으로 발생되는 교번자계 내에 측정 코일을 이동시키고 감도방향 특성을 이용해서 직매 케이블의 위치를 측정하기 위한 것이다.

⑤ 그림 11-13은 케이블 매설위치의 측정원리를 나타낸 것으로서, 수평으로 측정 코일을 이동시키면 케이블에서 멀리 떨어진 B점과 C점은 A점에 비해서 탐색음이 크므로 탐색음이 최소가 되는 A점이 케이블 위치가 된다.

따라서 같은 방법으로 탐색음이 최소가 되는 A점, A'점 및 A''점 등을 찾아서 연결시키면 이것이 바로 케이블의 매설위치 방향이 된다.

(4) 케이블의 매설 깊이 측정 : 케이블의 매설위치와 그 방향이 결정되면 그림 11-

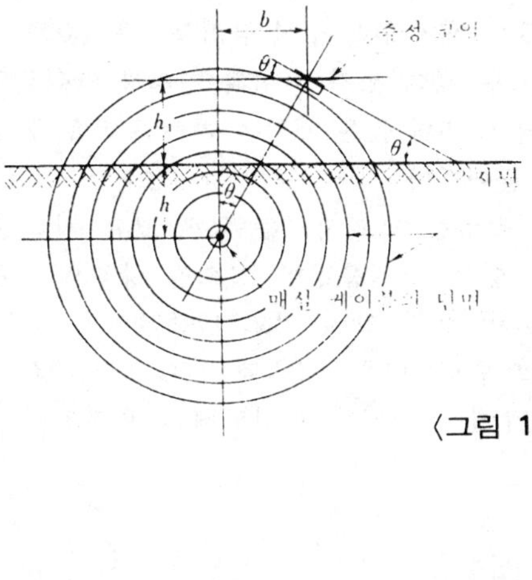

〈그림 11-14〉 케이블 매설깊이의 측정

14와 같이 측정하고, 다음 식에 의하여 그 깊이를 구한다.

$$h=(b\cdot\cot\theta)-h_1 \tag{11-8}$$

단, h : 직매 케이블의 매설 깊이
θ : 측정 코일 지지대의 각도
b : 측정 코일 지지대의 길이
h_1 : 측정 코일 지지대의 높이

11-2 BW 시험기에 의한 측정

[1] BW 시험기의 용도

BW(break down) 시험기는 종이 절연 연피 케이블의 고장 탐지에 한하여 사용되는 것으로서, 케이블 고장 중에서도 가장 많은 고저항 고장에만 사용한다. 즉, 종이 절연 연피 케이블에 침수가 되거나, 습기가 많아 절연 저항이 감소되어 신호감쇠가 심할 경우 3종류의 직류 고전압을 가해 고장점의 심선도체를 용착시키는 동시에 특수한 탐색음을 보낸다. 외선에서는 케이블 고장탐지기로 케이블을 훑어서 탐색음의 변화로 고장점을 발견하든가 또는 전화국 MDF에서 이 용착된 심선을 이용해 L_3시험기로 고장점을 측정한다.

BW 시험기를 사용할 수 있는 케이블의 절연저항은 0.01~0.1〔MΩ〕 정도이고, 물을 많이 먹어서 0〔Ω〕이 되었을 경우와 절연저항이 0.3〔MΩ〕 이상인 경우에는 사용할 수 없으므로 이 경우에는 L_3시험기에 의한 측정법을 사용해야 한다. BW 시험기에 의한 고장탐지법은 메가에 의한 절분시험법과 같이 케이블을 손상시키지도 않으며, L_3시험기에 의한 측정법과 같이 특수기술이 없어도 된다는 이점이 있는 반면에, 직류 1,000〔V〕 내외의 고전압을 쓰므로 위험성이 있다는 결점이 있다.

[2] 심선도체의 용착원리

종이 절연 연피 케이블은 침수가 되면 절연 불량 고장상태가 되어 다른 건조한 부분에 비해 이 부분은 낮은 전압에서도 절연이 파괴된다. 예를 들면, 0.5〔mm〕 종이 절연 시내 케이블 심선의 건조부분은 직류 1,400〔V〕에서 파괴되나, 심선 불량부분은 1,000~1,100〔V〕에서 파괴된다. 시내 케이블은 전압을 가하는 두 개의 심선 사이의 거리가 케이블의 직경에 비하여 극히 적고, 또 케이블 길이는 극히 길기 때문에 높은 전압을 가하면 코로나 현상을 거치지 아니하고 바로 스파아크(불꽃) 방전으로 들어간다.

이 불꽃 방전은 고장심선 사이의 절연을 파괴시키는 극히 짧은 시간만 존재하는 과도적 상태로서 최소전류를 만족시킬 수 있는 전원용량만 있으면 방전의 최종형식인 전호방전(arc discharge)으로 옮겨진다. 전극이 동과 같이 비교적 증발하기 쉬운 경우의 방전은 베이퍼(vapor) 방전이라고 불리는 것으로서, 탄소, 텅스텐 등에 비해 낮은 온도에서 방전되며. 절연지와 심선표면의 산화동 피막이 비산되면 심선도체는 용착된다.

[3] BW 시험기의 인가전압

BW 시험기에 의하여 종이 절연 연피 케이블의 고장선로에 인가하는 전압은 직류고압으로서 다음과 같이 3종류가 있다.

(1) 제1차 전압 : 제1차 전압은 제일 먼저 인가하는 전압으로, 고장 케이블의 심선에 대하여 그 절연지를 파괴시킨다든지, 또는 파괴 직전의 상태로 만드는 데 사용된다. 이 1차 전압은 전류용량은 적고, 전압이 높은 것이 특징이다. 한편, 케이블에 제1차 전압을 인가할 때에는 다음과 같은 전압이이야 하며, 그 계속시간은 5초 정도이다.

0.4〔mm〕 케이블 ……… 880〔V〕
0.5〔mm〕 케이블 ……… 1,100〔V〕

(2) 제2차 전압 : 제2차 전압은 제1차 전압이 소멸되자마자 계속되는 전압으로, 제1차 전압으로 미흡된 심선절연지의 파괴 직전상태를 완전히 파괴시킨다든가, 또는 제3차 전압의 인가 여부를 판정하는 역할을 한다. 즉, 제2차 전압으로도 절연지가 완전 파괴되지 않으면 제3차 전압의 인가를 단념하고, 완전 파괴되었으면 제3차 전압을 인가시킨다. 따라서, 제2차 전압은 전류용량 및 전압이 중간 정도로 다음과 같다.

0.4〔mm〕 케이블 ……… 800〔V〕
0.5〔mm〕 케이블 ……… 1,000〔V〕

(3) 제3차 전압 : 제3차 전압은 고장 케이블에 대해 마지막으로 인가하는 전압으로, 케이블 심선도체를 용착시키는 역할을 한다. 이 3차 전압은 전류용량은 극히 크고, 전압은 비교적 낮으며, 규격은 다음과 같다.

0.4〔mm〕 케이블 ……… 720〔V〕
0.5〔mm〕 케이블 ……… 900〔V〕

[4] BW 시험기의 조작

BW 시험기는 사용하기 이전에 우선 예비시험을 해서 시험기의 기능이 완전한가를 확인한 후에 실제 사용에 들어가야 한다. 그리고 시험하는 케이블은 가입자측 인입선을 절단하고 MDF에서 열코일(heat coil)을 빼고, 선로 도중에 로딩 코일, 전화중계 코일, 증폭기 및 자동이득 조정기 등이 없음을 확인하고, 시험 중에는 해당 케이블에 작업을 하지 않도록 하여야 한다.

예비시험은 고장 케이블 심선 대신에 의사부하저항을 사용한다. BW 시험기의 조작 순서는 다음과 같다.

① BW 시험기의 접지단자를 접지시키고, 시험할 케이블을 출력단자에 접속하며, 사용되는 교류전원은 용량 10〔kV〕 이상의 변압기에 접속된 전압변동률이 적은 배선계통으로 전압은 100〔V〕, 60〔Hz〕이어야 한다.

② 전원 스위치를 入(on)위치로 젖히면 백색 전원표시 램프에 백색불이 켜져서 전원이 들어왔음을 표시해 준다.

③ 준비용 누름단추를 누르면 적색 램프가 켜지고, 직류전압계의 바늘이 출력전압을

지시하며, 이때 전압조정기는 측정하고자 하는 케이블의 종류에 따라 조정한다.

④ 극성전환기를 송출의 위치로 돌려 고압전류의 송출준비를 완료한다.

⑤ 송출용 누름단추를 눌렀을 때 케이블 심선의 절연이 파괴되지 아니하면 전류는 0이 되고, 절연이 파괴되면 전류가 흐르는데, 이 전류는 1~3〔A〕가 되도록 하고, 3〔A〕 이상 흐르면 전원을 끄고 BW 시험기를 10분 이상 휴식시켜야 한다. 송출용 전류는 심선도체가 용착되든 안되든 간에 5초 후면 자동적으로 끊어진다.

⑥ 케이블 심선도체가 용착되면 송출용 전압계와 전류계는 모두 0을 지시하는 동시에 적색 고압표시 램프의 적색불이 꺼진다. 이때, 고장 케이블에는 BW 시험기에서 탐색음이 계속해서 송출된다.

⑦ 심선도체가 완전히 용착되었을 때에는 L_3시험기에 의해서, 불안전한 용착인 경우에는 다음 공식에 의해서 고장점까지의 루우프 저항 R이 측정된다.

$$R=\frac{V-45}{I}〔\Omega〕 \tag{11-9}$$

단, V : 송출전압(제3차 전압)〔V〕

I : 제3차 전압시의 송출전류〔A〕

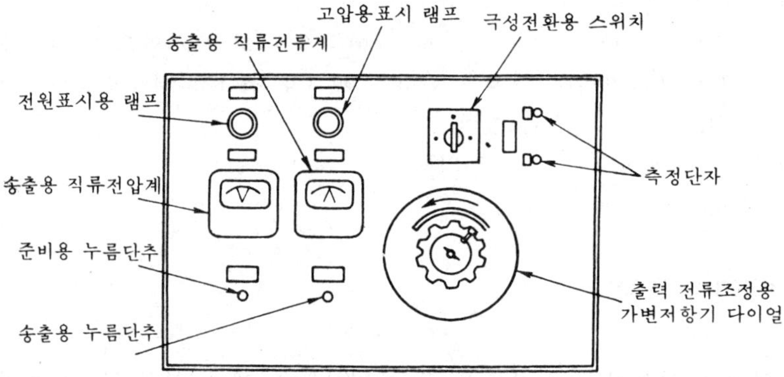

(a) 전면조작부

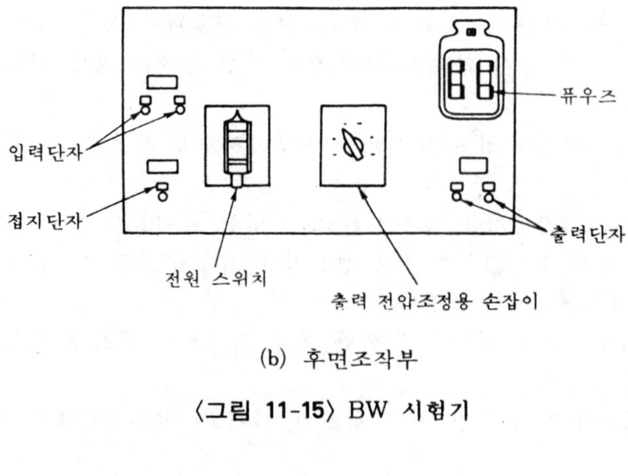

(b) 후면조작부

〈그림 11-15〉 BW 시험기

45 : 고장점의 전호(arc) 전압평균(즉, BW시험기의 상수)〔V〕

BW 시험기의 모형은 그림 11-15와 같다.

11-3 펄스 시험기에 의한 측정

[1] 펄스 시험기의 원리

고장난 통신 케이블에 펄스를 가하면 진행파는 케이블 고장점에서 그 일부분이 반사된다. 그러므로, 폭이 좁은 펄스를 선로에 송출하고, 고장점에서의 반사 펄스와 송출 펄스와의 시간간격을 측정하여, 그 선로의 전파속도 v를 곱하면 고장점까지의 왕복거리를 알 수 있다.

고장점까지의 거리를 l 라 하고, 전파속도를 v, 펄스의 시간차를 t라 하면 다음 식으로 구한다.

$$l=\frac{1}{2}v\cdot t \tag{11-10}$$

고장점에서 반사되는 펄스 파형은 고장종류에 따라 여러가지로 다르게 나타나므로 송출 펄스와 반사 펄스를 브라운관에 비치면 선로의 고장 종류를 간단하게 알 수 있다. 그림 11-16과 같이 전화선로 L_1과 L_2선 사이에 펄스를 보내면 고장점에서 펄스는 반사되어 되돌아 오게 되므로, 펄스 시험기는 펄스를 보내고 이것이 반사되어 되돌아 올 때 까지의 시간을 읽도록 하는 측정기이다. 여기에서 가장 중요한 것은 펄스의 반복주기이다. 즉, 송출되는 펄스와 반사되는 펄스가 구별되어야 하므로 가장 먼 곳에서의 반사파가 측정점에 도달할 때까지 다음 펄스를 송출하여서는 안된다. 전화선로에 사용되는 펄스 시험기는 선로 최대거리 12.5〔km〕까지 측정할 수 있으므로, 왕복 25〔km〕에 대한 전파시간을 조정하면 전파속도는 약 290〔m/μs〕이므로 반복주기 T는

$$T=\frac{25000}{290}=86.3\,[\mu s]$$

가 된다. 따라서, 반복주파수 f_r은 다음과 같다.

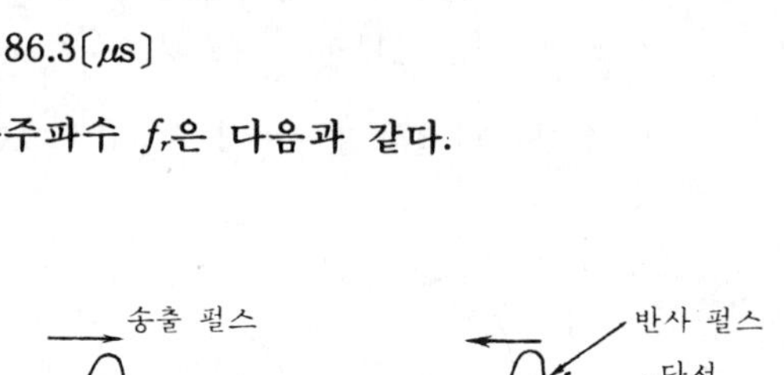

〈그림 11-16〉 펄스의 반사

$$f_r = \frac{1}{86.3 \times 10^{-6}} = 11.8 [\mathrm{kHz}] \tag{11-11}$$

펄스 시험기의 반복주파수는 이 주파수보다 낮아야 하며, 실제 전화선로에 사용되는 펄스 시험기의 반복주파수는 5〔kHz〕가 사용된다.

동축 케이블과 같이 높은 주파수를 전송하는 케이블에서의 전파감쇠는 주파수의 평방근에 비례하여 증가하는 특성이 있으므로 펄스 시험기에는 고조파 성분이 가장 적은 정현자승파 펄스를 사용한다.

[2] 임피이던스의 불균등과 반사

전파는 회로정수가 균일하게 분포되어 있는 무한장선로를 따라 전송될 때에는 그 속도 및 감쇠비율이 균일하므로 반사는 발생하지 않으나 선로의 특성 임피이던스가 변화하면 그 변화되는 지점에서 전파속도가 바뀌는 동시에 반사가 발생된다.

전송선로의 임피이던스 불균형에 대하여 반사파의 파형은 그림 11-17과 같이 플러스로 나오기도 하고, 마이너스로 나오기도 하므로 이것으로 고장의 종별을 예측할 수 있다.

분포정수회로인 전송선로에 펄스파를 보냈을 경우 그 선로에 이상이 없으면 펄스파는 그대로 진행되지만, 임피이던스에 이상이 있으면 펄스파는 반사되어 되돌아 온다. 그러므로 그림 11-18과 같이 임피이던스의 종류(R, L, G 및 C)에 따른 반사파형을 측정함으로써 선로고장의 원인을 찾을 수가 있다.

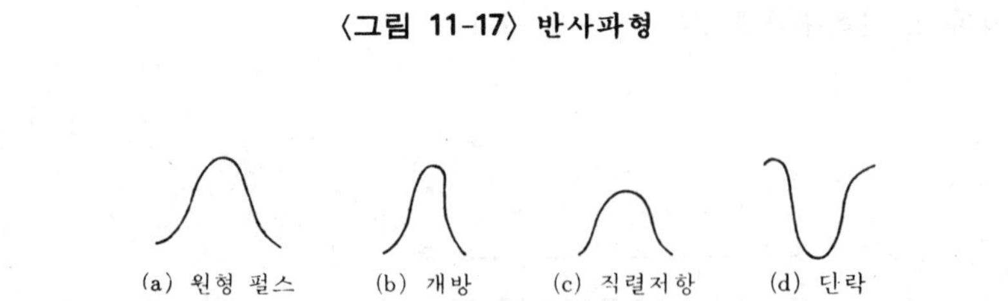

〈그림 11-17〉 반사파형

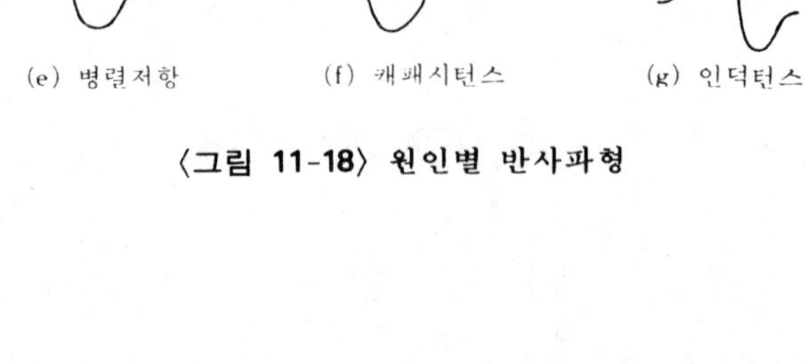

〈그림 11-18〉 원인별 반사파형

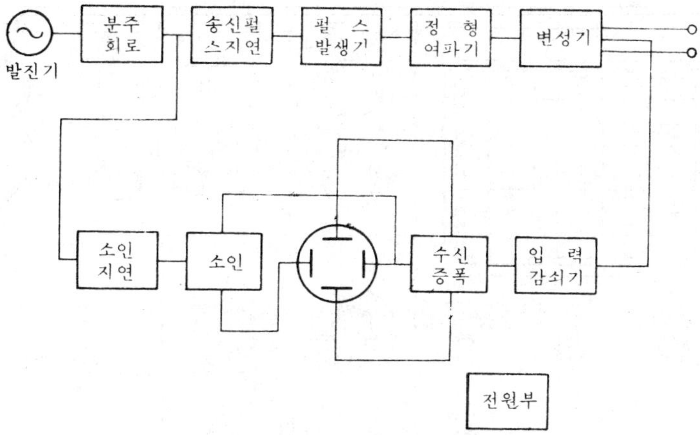

〈그림 11-19〉 펄스 시험기의 구성도

[3] 펄스 시험기의 동작원리

그림 11-19는 펄스 시험기의 구성도로서 수정발진 회로에서 발생된 10〔MHz〕의 정현파는 분주회로에서 5〔kHz〕의 구형파로 바뀌어져 송신 펄스 지연회로와 소인 지연회로에 각각 보내진다. 송신펄스 지연회로는 송신 펄스와 수평축 소인파형과의 시간을 조정하는 회로로 그 출력은 펄스 발생기에 접속되며, 펄스 발생기는 펄스를 0.05〔μs〕, 0.1〔μs〕, 0.2〔μs〕로 변화시키고, 정형여파기에 보내져 정현자승파형으로 만든다.

소인지연회로는 송신 펄스에 대한 소인 개시 시간축상의 상대위치를 조정하는 회로로, 그 출력은 소인용 톱니파 발생회로에 보내진다. 이것은 브라운관 화면상의 소인폭을 결정하기 위하여 경사를 가변시킬 수 있는 톱니파를 발생시킨다. 정형여파기의 출력은 변성기에 의해 정부 양극성의 펄스로 바꾸어져 각기 측정용 코오드를 거쳐 평형회로망과 피측정선로에 보내진다. 또, 변성기의 2개 출력단자에 접속된 부하 임피이던스의 불평형에 의한 반사 펄스는 입력감쇠기를 거쳐 수신증폭회로에 보내진다.

따라서, 수신증폭기와 소인용 톱니파 발생회로의 출력은 각기 브라운관의 편향판에 보내져서 파형을 그리게 한다.

[4] 펄스 시험기의 조작방법

펄스 시험기의 모형은 그림 11-20과 같으며, 그 조작방법은 다음과 같다.

① 전원 스위치를 '접의 위치'로 젖히면 전원이 들어오며, 파일로트 램프(pilot lamp)에 불이 켜지고, '단의 위치'로 젖히면 전원이 끊어진다.

② 휘도 조정용 손잡이를 시계방향으로 돌리면 브라운관 면상의 휘선이 밝아지고, 또 눈금선 휘도 조정용 손잡이를 시계방향으로 돌리면 눈금선이 밝아지며, 초점용 손잡이는

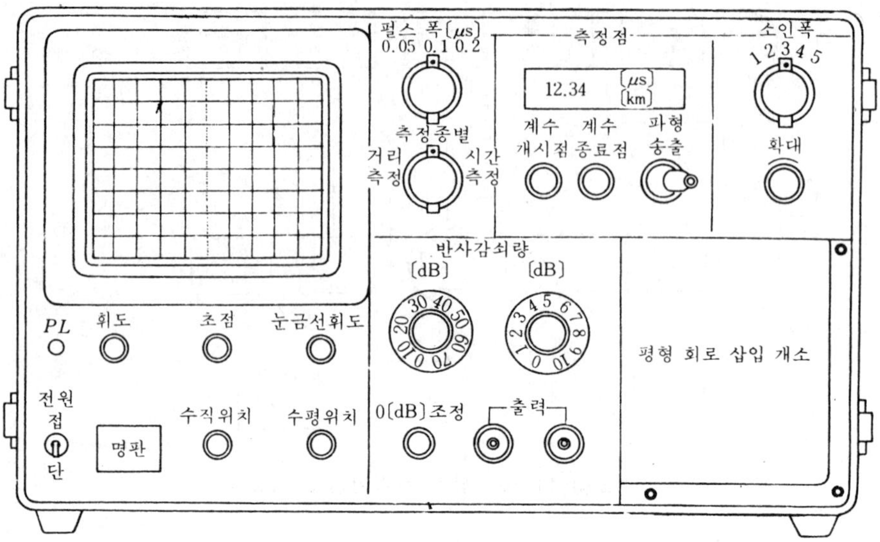

〈그림 11-20〉 펄스 시험기

브라운관 면상의 휘선초점을 맞추는 것으로 휘선을 가늘게 또는 굵게 조정할 수 있다.

③ 수직위치 조정용 손잡이는 휘선의 상하위치를 조정하는 것으로 시계방향으로 돌리면 휘선이 위로 올라가고, 수평위치 조정용 손잡이는 휘선의 수평위치를 조정하는 것으로 시계방향으로 돌리면 휘선이 우측으로 움직인다.

④ 반사감쇠량 조정용 손잡이는 2개가 1조로 되어 반사감쇠량을 직접 읽을 수 있고, 반사 펄스의 높이를 10[mm]가 되도록 조정하는 것이다.

⑤ 0[dB] 조정용 손잡이는 교정시에 사용하는 것으로 한 번 조정하고 나면 측정이 끝날 때까지 손을 대어서는 안된다.

⑥ 측정종별 전환기 스위치는 계수표시부에서 제시되는 숫자의 단위를 거리[km] 또는 시간[μs] 중 어느 것을 선택하는가를 결정하는 스위치이고, 펄스폭 전환용 스위치는 측정에 사용되는 펄스폭을 0.05[μs], 0.1[μs] 및 0.2[μs] 중에서 어느 것을 선택하는가를 결정하는 스위치이다,

⑦ 계수개시점 조정용 손잡이는 계수표시부에서 표시하는 거리 또는 시간의 계수를 개시하는 점을 좌우로 이동시키는 동시에, 계수표시부의 표시도 변화시키며, 계수종료점 조정용 손잡이는 계수표시부에서 표시되는 거리 또는 시간의 계수를 완료한 점을 좌우로 이동시키는 것이다.

⑧ 파형송출용 손잡이는 브라운관면상에 나타나는 파형을 좌우로 이동시키는 것으로서, 시계방향으로 돌리면 파형이 오른쪽으로 움직이고, 반시계 방향으로 돌리면 파형이 왼쪽으로 움직인다. 또 소인폭 절체용 스위치는 브라운관 화면상의 수평축 길이를 설정하는 것으로 스위치의 주위에는 1에서 5까지의 숫자로 소인폭의 위치를 표시한다.

11-4 전화 케이블의 시험접속

통신회선이 평행으로 접근되어 있을 경우 한쪽 통신회선의 전압이 다른쪽 통신회선에 유도되어 통신내용이 누설되는 현상을 누화(cross talk)라고 하며, 그 정도에 따라 통신에 방해를 주므로 넓은 의미로는 잡음의 일종이라 할 수 있다. 통신 케이블에서는 이 누화를 감소시키기 위하여 케이블 제조, 심선 쿼드 구성 및 심선의 연정길이 등에 세심한 기술적인 배려가 필요하며, 케이블을 가설할 때 접속점에서 두 방향의 누화 결합을 측정하고 두 방향의 결합이 가능한 한 상쇄되도록 접속을 시행하는 것을 시험접속(test splicing)이라 한다.

일반적으로 누화는 거리가 짧을 경우에는 문제가 되지 아니하나, 시외 케이블 또는 국간 중계 케이블과 같이 케이블 선로의 길이가 길 경우에는 선로길이에 비례하여 누화량이 증가하므로 시험접속을 하게 된다.

[1] 누화의 발생원인

통신 케이블에서 누화가 발생하는 원인은 주로 다음과 같다.

① 정전결합에 의한 것(정전용량 불평형)

② 전자결합에 의한 것(인덕턴스 불평형)

③ 도체저항에 의한 것(도체저항 불평형)

④ 절연저항에 의한 것(절연저항 불평형)

위의 4가지 발생원인 중 문제가 되는 것은 ①과 ②이고, ③과 ④는 규격치를 크게 벗어나지 않는 한 크게 문제가 되지는 않는다. 이들에 의한 누화의 감소방법으로 여러 가지가 있으나 통신 케이블에 있어서는 일정한 길이마다 심선을 교차해서 이들의 결합량 및 불평형 등을 감소시키는 시험접속 방법이 있다.

[2] 누화량의 계산

누화의 종류에는 주로 근단누화(near-end cross-talk;NEXT)와 원단누화(far-end cross-talk;FEXT)가 있으나 통신 케이블에서 주로 영향을 미치는 것은 근단누화이므로 여기에 관한 사항만을 간추려 본다.

(1) 정전결합(electrostatic coupling)에 의한 누화 : 그림 11-21에서 보는 것처럼 제Ⅰ페어와 제Ⅱ페어 사이의 정전결합 K는

$$K = C_{13} - C_{14} - C_{23} + C_{24} \tag{11-12}$$

가 된다. 한편 실회선 Ⅰ과 실회선 Ⅱ의 특성 임피이던스를 각각 Z_1과 Z_2로 표시할 때, $Z_1 = Z_2 = Z_0$라는 관계가 성립되면 실회선 상호간의 근단 누화량 B_n은

$$B_n = 20\log_{10}\frac{\omega K Z_0}{8}\,[\text{dB}] \tag{11-13}$$

이 된다.

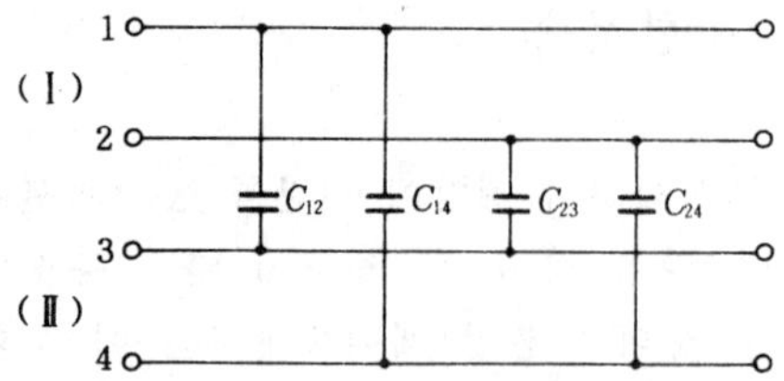

〈그림 11-21〉 정전결합

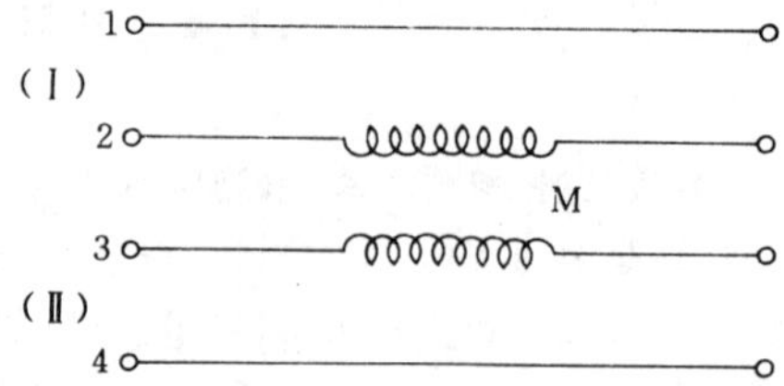

〈그림 11-22〉 전자결합

위의 식을 살펴보면 정전결합에 의한 근단누화는 사용 주파수가 높아지면 더 심해지고, 정전 결합치가 커지면 더 심해지며, 특성 임피이던스가 클수록 더 심해지는 것을 알 수 있다. 시내 국간 중계 케이블 및 장하 케이블 등 음성주파수만을 사용하는 통신회선에서는 특성 임피이던스가 높기 때문에 누화는 주로 정전결합만을 대상으로 하면 충분하다.

(2) 전자결합(electro-magnetic coupling)에 의한 누화 : 그림 11-22에서 보는 것처럼 제Ⅰ페어와 제Ⅱ페어 사이에 상호 인덕턴스가 존재하면 이것을 전자결합이라 하고, 이것에 의한 누화를 말한다. 실회선 사이의 전자결합을 M이라 하고, 두 회선의 특성 임피이던스가 동일하면 $Z_1=Z_2=Z_0$가 되어 전자결합에 의한 근단누화량 B_n은

$$B_n=20\log_{10}\frac{\omega M}{2Z_0}\text{[dB]} \qquad (11\text{-}14)$$

가 된다. 위의 식을 살펴보면 전자결합에 의한 근단누화는 사용 주파수가 높아지면 더 심해지고, 상호 인덕턴스가 커지면 더 심해지며, 특성 임피이던스가 클수록 누화량은 적어지는 것을 알 수 있다.

(3) 누화의 단위(cross-talk unit) : 누화의 단위는 유도전류에 대한 피유도전류의 비를 표시하는 것으로서 피유도전류가 극히 적으므로 10^6을 곱하여 단위로 삼고 있다.

$$\text{누화의 단위 CTU}=\frac{\text{피유도전류}}{\text{유도전류}}\times10^6\text{(CTU)} \qquad (11\text{-}15)$$

[3] 시험 접속 구간

(1) 시외 케이블 : 장하 케이블에 대하여는 1장하구간(1.83km 또는 2km)을 시험구간으로 하고 이것을 4등분 또는 8등분한 점을 시험 접속점으로 한다. 무장하 음성회선은 2[km]를 1시험 구간으로 한다.

(2) 국간 중계 케이블 : 국간 중계 케이블의 시험접속은 장하를 하였을 경우와 장하를 하지 않았을 경우가 다르고, 500[m] 이하는 시험접속을 하지 아니한다. 장하를 실시한 국간 중계 케이블은 1장하 구간을 1시험구간으로 한다. 한편 장하를 하지 아니한 국간 중계 케이블의 1시험 접속구간은 1000[m]을 4등분하여 A_1, B점, A_2점으로 하고 시험구간의 기점과 종점은 각각 L_1점과 L_2점으로 한다.

[4] 시험접속의 규격치

(1) 절연저항

① 시외 케이블 —— 시외 케이블의 절연저항은 500〔V〕, 1,000〔MΩ〕 메가로 ⓘ L_1선과 대지 사이 ⓘⓘ L_2선과 대지 사이 및 ⓘⓘⓘ L_1선과 L_2선 사이를 측정하여 무한대가 되어야 한다.

② 시내 케이블 —— 시내 케이블의 절연저항은 250〔V〕, 50〔MΩ〕 메가로 ⓘ L_1선과 대지 사이 ⓘⓘ L_2선과 대지 사이 및 ⓘⓘⓘ L_1선과 L_2선 사이를 측정하여 무한대(∞)가 되어야 한다.

(2) 도체저항 및 도체저항 불평형

① 도체저항 —— 완성된 케이블 선로에 대하여 1〔km〕당의 루우프 도체저항 규격치는 20℃에 있어서 다음과 같아야 한다.

0.4〔mm〕 케이블 ……… 300〔Ω〕 이하
0.5〔mm〕 케이블 ……… 190〔Ω〕 이하
0.65〔mm〕 케이블 ……… 115〔Ω〕 이하
0.9〔mm〕 케이블 ……… 60〔Ω〕 이하

② 도체저항 불평형 —— 도체저항 불평형은 L_1선과 L_2선 사이에 있어서 0.1〔%〕 이하가 되어야 한다.

(3) 정전결합

① 시외 케이블 —— 50P(=pair;대) 시외 케이블 선로의 1시험 구간에 대한 1〔km〕당 정전결합 규격치는 20℃에 있어서 다음과 같다.

ⓘ 정전결합 규격치의 최대치는 90〔pF〕 이하가 되어야 한다.

ⓘⓘ 결합치를 큰 것에서 작은 것으로 배열하였을 때 여섯번째의 정전결합 규격치는 60〔pF〕(μμF) 이하가 되어야 한다. 이 여섯번째의 값을 90〔%〕치라고 한다.

ⓘⓘⓘ 결합치를 큰 것에서 작은 것으로 배열하였을 때 26번째의 정전결합 규격치는 30〔pF〕 이하가 되어야 한다. 이 26번째의 값을 중앙치라고 한다.

② 국간 중계 케이블 —— 장하를 실시한 50P 국간 중계 케이블의 1시험 구간에 대한 1〔km〕당 정전결합 규격치는 20℃에 있어서 다음과 같아야 한다.

ⓘ 정전결합 규격치의 최대치는 190〔pF〕 이하가 되어야 한다.

ⓘⓘ 정전결합 규격치의 90〔%〕치는 120〔pF〕 이하가 되어야 한다.

ⓘⓘⓘ 정전결합 규격치의 중앙치는 60〔pF〕 이하가 되어야 한다.

[5] 표준 기본교차 형식과 그 부호

(1) 표준 기본교차 형식 : 전화 케이블의 심선도체를 시험접속하는데 필요한 표준 기본교차 형식은 표 11-1과 같이 8종류가 있다.

이 표를 보면 1번 교차에서 4번 교차까지는 페어 교차만 하고 쿼드(quad) 교차는 하지 않는다. 또 5번 교차에서 8번 교차까지는 페어 교차를 하는 동시에 쿼드 교차를 하였다. 이 1번 교차에서 4번 교차까지를 음성회선교차라 하고, 또 5번 교차에서 8번 교차까지를 중신회선교차라고 한다.

〈표 11-1〉 표준교차 형식

교차 형식	상부측 페어		심 선 교 차 도	하부측 페어	
1번 교차	제 I 페어	L_1선 L_2선	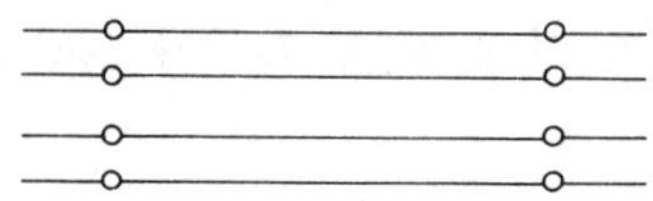	L_1선 L_2선	제 I 페어
	제 II 페어	L_1선 L_2선		L_1선 L_2선	제 II 페어
2번 교차	제 I 페어	L_1선 L_2선	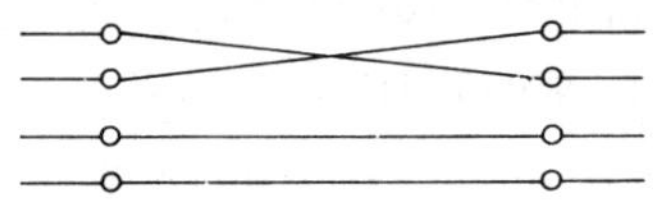	L_1선 L_2선	제 I 페어
	제 II 페어	L_1선 L_2선		L_1선 L_2선	제 II 페어
3번 교차	제 I 페어	L_1선 L_2선	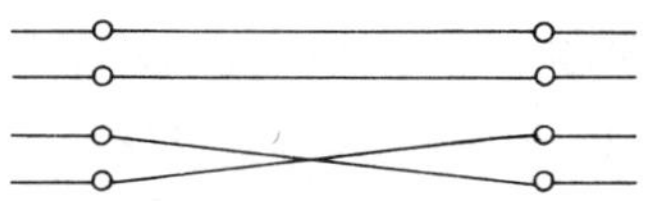	L_1선 L_2선	제 I 페어
	제 II 페어	L_1선 L_2선		L_1선 L_2선	제 II 페어
4번 교차	제 I 페어	L_1선 L_2선	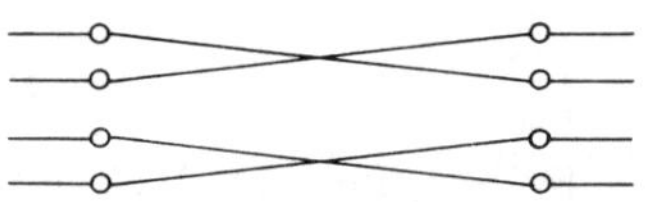	L_1선 L_2선	제 I 페어
	제 II 페어	L_1선 L_2선		L_1선 L_2선	제 II 페어
5번 교차	제 I 페어	L_1선 L_2선	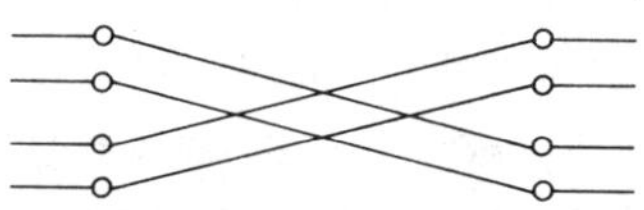	L_1선 L_2선	제 I 페어
	제 II 페어	L_1선 L_2선		L_1선 L_2선	제 II 페어
6번 교차	제 I 페어	L_1선 L_2선	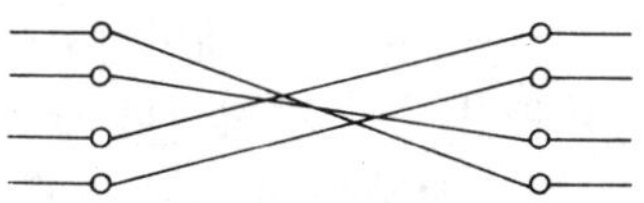	L_1선 L_2선	제 I 페어
	제 II 페어	L_1선 L_2선		L_1선 L_2선	제 II 페어
7번 교차	제 I 페어	L_1선 L_2선	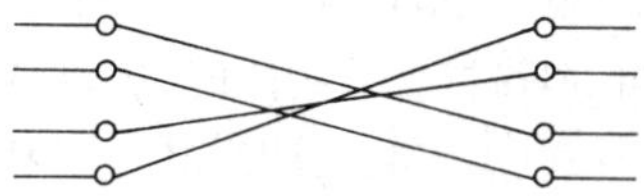	L_1선 L_2선	제 I 페어
	제 II 페어	L_1선 L_2선		L_1선 L_2선	제 II 페어
8번 교차	제 I 페어	L_1선 L_2선	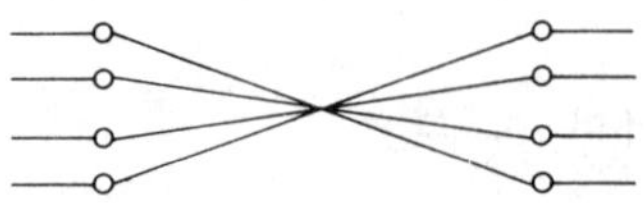	L_1선 L_2선	제 I 페어
	제 II 페어	L_1선 L_2선		L_1선 L_2선	제 II 페어

(2) 표준 기본교차 형식의 부호 : 표준 기본교차 형식의 부호는 표 11-2와 같으며, 이 표에서 기호는

〈표 11-2〉 표준기본 교차 부호

교차번호	1	2	3	4	5	6	7	8
교차도	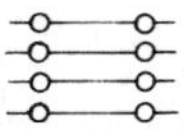	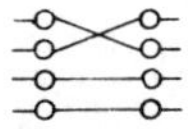	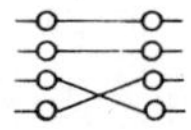	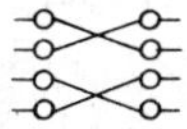	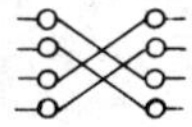	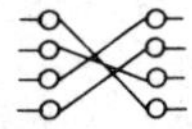	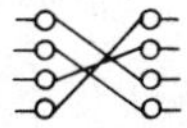	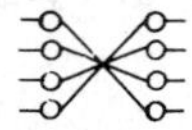
$P-S_1$	+	−	+	−	+	−	+	−
S_1-S_2	+	−	−	+	+	−	−	+
$P-S_2$	+	+	−	−	+	+	−	−

$(P-S_1)$ ……… 중신회선과 제1실회선간
(S_1-S_2) ……… 제1실회선과 제2실회선간
$(P-S_2)$ ……… 중신회선과 제2실회선간
을 의미한다.

이 표를 살펴보면 그 부호가 어느 일정한 원리에 의하여 변화됨을 알 수 있다.

첫째:실회선상호간을 직접접속을 하면 그 부호는 (+)가 되고, 교차접속을 하면 그 부호는 (−)가 된다.

둘째:제1실회선과 제2실회선 중에서 어느 1실회선만 교차접속을 하면 실회선 상호간의 부호는 (−)가 된다.

셋째:제1실회선과 제2실회선을 모두 교차 접속을 하면 실회선 상호간의 부호는 (+)가 된다.

네째:1번 교차에서 4번 교차까지의 음성회선 교차의 부호와 5번 교차에서 8번 교차까지의 중신회선 교차의 부호는 동일하다.

〔연 습 문 제〕

11-1 L_3시험기의 용도에 관하여 설명하여라.
11-2 L_3시험기의 기본원리를 설명하여라.
11-3 L_3시험기의 주요 구성요소를 설명하여라.
11-4 바아레이 측정법과 마레이 측정법을 비교 설명하여라.
11-5 3바아레이법에 대하여 설명하여라.
11-6 단선고장의 측정법에 대하여 설명하여라.
11-7 케이블 매설위치 측정기의 구성요소를 설명하여라.
11-8 BW 시험기의 인가전압 및 용도에 대하여 설명하여라.
11-9 펄스 시험기의 원리에 대하여 설명하여라.

11-10 정전결합과 전자결합에 의한 누화에 관하여 설명하여라.

11-11 누화의 발생원인과 누화의 단위에 관하여 설명하여라.

11-12 시험접속의 규격치에 관하여 설명하여라.

11-13 표준 기본교차 형식에 관하여 설명하여라.

제 12 장

통신기기의 측정

이 장은 유선통신기기 중 전화기 다이얼의 임펄스 측정과 통신용 계전기의 전류측정 및 통신량의 측정방법과 교환기의 통화 레벨에 관한 측정 방법을 기술한다.

12-1 전화기 다이얼 임펄스 측정

자동전화 교환기는 다이얼 펄스로서 임펄스를 구성하는 다이얼 펄스 부호(dial puslse code)와 푸시 버턴(push button)에 의하여 여러 개의 주파수 중 두 주파수의 조합에 의해 숫자를 선택하는 다주파부호(multifrequency pulse code)에 의하여 접속동작됨으로써 통화를 가능하게 한다.

임펄스는 임펄스 단속비, 다이얼 속도 및 미니멈 포오즈 등 3대 요소가 필요하다.

[1] 임펄스 단속비

임펄스 단속비(impulse on-off ratio)란 전화기 다이얼의 임펄스 접점이 개방되어 있는 시간 t_b와 접속되어 있는 시간 t_m과의 비를 말한다. 임펄스 단속비는 전송 도중에 있어서 전화선로의 절연저항, 도체저항, 정전용량 및 임펄스 중계용 계전기의 특성 등에 의해서 임펄스 의곡이 발생된다.

임펄스 단속비를 표시하는 방법으로는 메이크율(make ratio)과 브레이크율(break ratio)이 있다. 즉, 메이크율은 임펄스의 접속율을 말하고, 브레이크율은 임펄스의 개방비율을 말하며, 그림 12-1과 같이 임펄스 접속시간을 t_m, 임펄스 개방시간을 t_b라고 할 때, 메이크율 M과 브레이크율 B를 다음과 같이 표시한다.

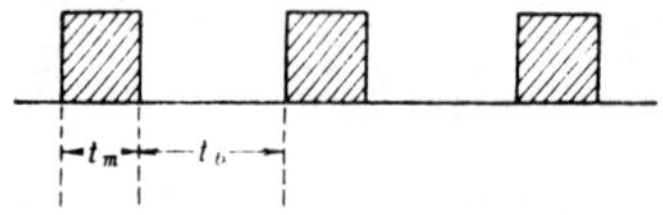

〈그림 12-1〉 임펄스 단속비

$$M = \frac{t_m}{t_m + t_b} \times 100[\%]$$

$$B = \frac{t_b}{t_m + t_b} \times 100[\%] \qquad (12\text{-}1)$$

단속비는 개방 2, 접속 1이 표준이므로 메이크율은 약 33.3[%]이고, 브레이크율은 약 66.7[%]가 된다.

임펄스 단속비의 측정에는 전류계법과 기록법이 있다. 전류계법은 직류전류계로 평상전류를 측정하여 그 값을 i_o라 하고, 임펄스 송출시에 흐르는 전류를 측정하여 그 값을 i_i라 할 때 메이크율과 브레이크율은 다음과 같이 표시한다.

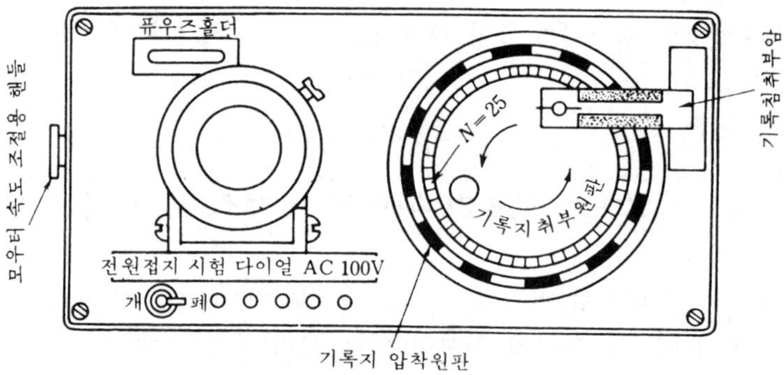

〈그림 12-2〉 다이얼 시험기

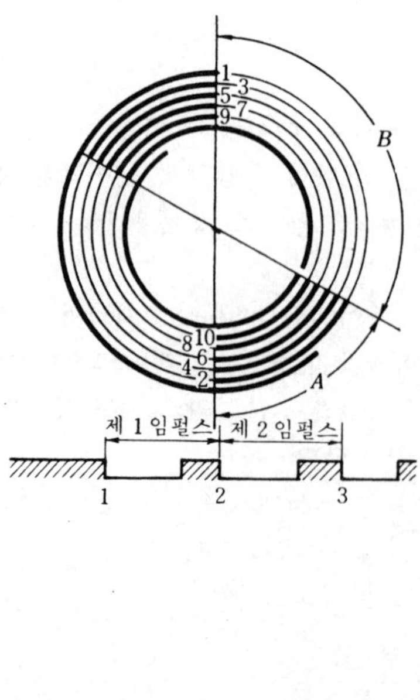

〈그림 12-3〉 표준속도

$$\left.\begin{aligned} M &= \frac{i_i}{i_o} \times 100[\%] \\ B &= \frac{i_o - i_i}{i_o} \times 100[\%] \end{aligned}\right\} \qquad (12\text{-}2)$$

기록법은 그림 12-2와 같은 다이얼 시험기에 의하여 측정하고자 하는 다이얼과 방전 파괴지인 기록지를 끼우고 다이얼을 돌리면 다이얼의 회전속도와 동일한 회전속도로 돌아가는 기록지 위에 그림 12-3과 같은 동근원이 그려진다.

즉, 임펄스 접점이 접속되었을 동안은 굵게 그려지고, 임펄스 접점이 개방되었을 동안은 가늘게 그려지므로 그 회전각도가 크고 작음에 따라 임펄스 단속비를 측정할 수 있다.

[2] 다이얼 속도

자동전화기의 다이얼 속도(dial speed)는 1초 동안에 몇 개의 임펄스를 송출하는가에 의해서 결정된다. 이 다이얼 속도는 설치 장소의 온도, 습도, 먼지 등과 부품의 부식이나 녹슬음, 변질 및 임펄스 접점의 조정불량, 주유불량 등에 따라서 달라진다. 다이얼 속도도 다이얼 시험기로 기록법에 의해서 측정한다. 즉, 측정하고자 하는 다이얼과 기록지를 다이얼 시험기에 끼우고 다이얼을 돌렸을 경우 그 결과가 그림 12-3과 같이 되면 정상적이고, 그림 12-4(a)는 다이얼 속도가 빠른 경우이고, 그림 (b)는 다이얼 속도가 느린 경우이다.

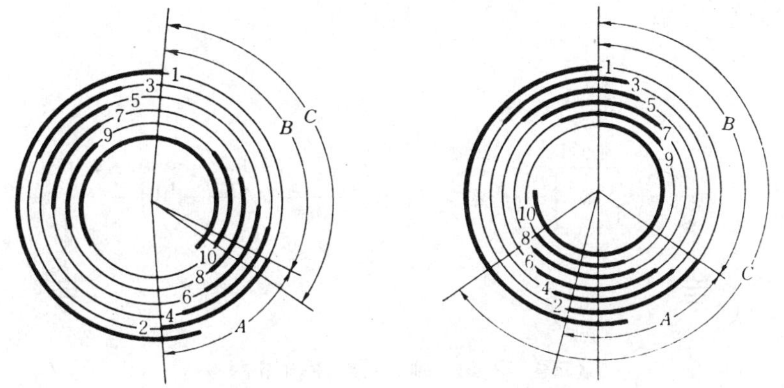

(a) 다이얼이 빠를 경우　　(b) 다이얼이 느릴 경우

〈그림 12-4〉 다이얼 속도측정

[3] 미니멈 포우즈

미니멈 포우즈(minimum pause)는 자동전화기의 다이얼을 돌렸을 경우 되돌아 가는 최소의 시간을 말하며, 1의 숫자를 돌렸을 때가 가장 짧다. 이 미니멈 포우즈는 자동전화

교환기에 있어서 셀렉터의 와이퍼가 회전하여 빈 중계선을 10스텝까지 탐색할 수 있는 시간보다 충분히 길어야 한다. 미니멈 포우즈는 일명 최소 휴지시간 또는 임펄스 열간격이라고도 하며, 기준은 600〔ms〕이고, 이보다 빠르면 오접속이 야기된다. 이 미니멈 포우즈의 측정도 다이얼 시험기의 기록법에 의해 하고 있다.

12-2 통신용 계전기의 측정

자동전화 교환기의 계전기(relay)에 있어서 좋고 나쁨을 측정하는데 일반적으로 동작전류, 동작시간 및 임피이던스 등으로서 평가하고 있다. 그러므로 우선 동작전류의 측정 방법부터 설명하기로 한다.

[1] 동작전류의 측정

통신용 계전기의 동작전류를 측정하는 측정회로도는 그림 12-5와 같다. 계전기의 동작전류 측정 구성도는 계전기, 가동 코일형 전류계, 가변고저항, 가변저저항 및 전지 등이 직렬로 접속되어 있고 양쪽 끝은 접지되어 있다. 이 측정회로에 있어서 2개의 가변저항을 조정하면서 계전기의 동작상태를 측정하고, 여기에 대한 동작전류 곡선을 그리면 그림 12-6과 같이 된다.

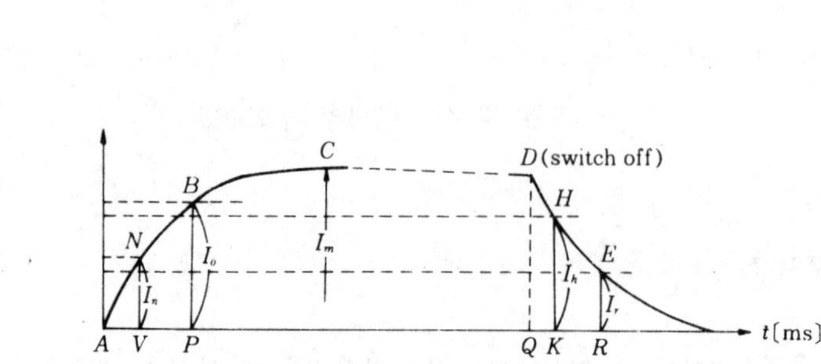

〈그림 12-5〉 계전기의 동작전류 측정

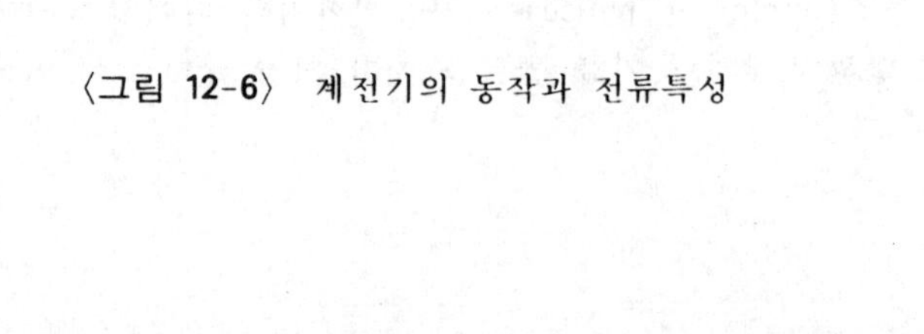

〈그림 12-6〉 계전기의 동작과 전류특성

그림 12-6에서 동작전류에는 여러 가지 종류가 있으므로 이것을 정의하면 다음과 같다.

(1) 불감동전류(non operate current) : 계전기에 전류를 통과시켰을 경우 개방된 접점간격이 좁아지긴 했지만 완전히 접속되지 않은 상태에서의 최대전류(N점, I_n)를 말한다.

(2) 감동전류(operate current) : 계전기에 전류를 통과시켰을 경우 이 계전기가 불감동 상태를 지나서 계전기가 완전히 접속되는 최소전류(B점, I_o)를 말한다.

(3) 유지전류(holding current) : 감동전류를 감소시켰을 경우 계전기 접점이 개방되지 않는 범위 내의 최소전류(H점, I_h)를 말한다.

(4) 복구전류(release current) : 동작 중에 있는 계전기에 있어서 유지전류를 감소시켰을 경우 접극자가 유지력을 상실하고 개방상태로 돌아갈 때의 최대전류(E점, I_r)를 말한다.

이때 계전기에 전류가 통하기 시작한 A점부터 접점이 동작한 점 B까지의 시간 AP를 동작시간(operate time)이라 하고, 전류를 차단하는 D점에서 접점이 복구되는 E점까지의 시간 QR을 복구시간(release time)이라 한다.

[2] 동작 시간의 측정

자동전화 교환기용 계전기의 동작시간을 측정하는 방법으로는 여러 가지가 있으나 일반적으로 많이 사용되는 것은 불변전류에 의한 방법으로 초시간계(millisec meter)를 이용하는 방법이다. 이것의 원리는 전류계에 순간적으로 전류가 흘렀을 경우 전류가 흐른 시간과 전류계의 지침지시와의 사이에는 어느 일정한 관계가 있으므로 미리 교정만 해두면 계전기의 동작시간을 측정할 수가 있다. 이 초시간계는 순간적으로 통과하는 전기량을 측정함으로써 전류가 통과하는 시간을 알 수 있도록 만들어진 영구자석 가동 코일형 전류계이다.

[3] 임펄스 중계 일그러짐의 측정

임펄스 중계 일그러짐은 임펄스 중계용 계전기 자체에 의한 것도 있고 또 이 계전기에 전화 케이블을 포함한 것도 있다. 이 임펄스 중계 일그러짐의 측정은 기지의 임펄스 단속비를 입력측에 입력시키고 출력측에서 이 임펄스 단속비를 측정하여 그 차에 의해서 측정한다.

한편 자동전화기 다이얼에서 송출되는 임펄스는 상당히 광범위한 다이얼 속도와, 임펄스 단속비를 가지고 있을 뿐만 아니라 이 다이얼 임펄스는 전화기의 병렬 정전용량, 전화 케이블의 1차 정수(R, L, C, G) 및 임펄스 중계용 계전기의 특성 등에 의해서 임펄스 중계 일그러짐을 받는다. 그러나 다이얼 속도는 이들의 영향을 전혀 받지 않는다.

지금 임펄스 중계용 계전기의 중계 일그러짐을 δ라고 하면

$$\delta = \frac{t_r - t_a}{t_m + t_b} \times 100[\%] \tag{12-3}$$

단, t_r: 복구시간

t_a : 동작시간

t_m : 입력 임펄스의 메이크 시간

t_b : 입력 임펄스의 브레이크 시간

이 된다. 따라서 이 임펄스 중계 일그러짐은 다음과 같은 특징이 있다.

① 다이얼 속도가 빨라지면 일그러짐은 증가된다.

② 다이얼 접점에 병렬로 삽입된 정전용량은 계전기의 복구시간을 연장시키므로 중계 일그러짐을 개선시킨다.

③ 계전기 코일에 직렬로 삽입된 선로의 직류저항은 계전기의 동작시간을 지연시키는 동시에 복구시간을 단축시킨다.

④ 계전기 코일에 병렬로 삽입된 선로의 절연저항은 계전기의 동작시간을 단축시키는 동시에 복구시간을 지연시킨다.

⑤ 전화 케이블의 정전용량은 선로길이가 길어지면 증가되는데 이 정전용량은 중계 일그러짐을 개선시키는 방향으로 작용한다.

⑥ 전화 케이블의 전기적 특성은 기후와 계절에 따라서 달라지므로 비오는 날, 눈오는 날, 무더운 날 등에는 중계 일그러짐이 더 심해진다.

12-3 전화통화량의 측정

[1] 호(call)와 트래픽(traffic)

통신시설의 이용자가 정보의 교환을 목적으로 회선을 사용하는 것을 호라 하며, 시설과 이용도를 연구하는 것을 트래픽 이론이라 한다. 이때 호가 지속되는 시간, 즉 이용자가 설비를 점유하는 시간을 보류시간(holding time)이라 하며, 단위시간 내의 호의 수를 호수밀도라 한다. 한편 1일중 호가 가장 많이 발생하는 1시간을 최번시(busy hour)라 하며, 최번시의 호수와 1일 총 호수와의 비를 최번시 집중률(busy hour ratio)이라 하여 다음 식으로 나타낸다.

$$R_{bh} = \frac{C_{bh}}{C_d} \times 100[\%] \tag{12-4}$$

단, C_d : 1일 총 호수

C_{bh} : 최번시 호수

[2] 통화량과 그 단위

(1) 전화호량의 의미: 전화교환대, 셀렉터, 국간중계선 및 교환원 등의 수를 계산하거나 설계할 때 가장 기초가 되는 전화통화량은 단순한 전화호수만으로는 불충분하다. 따라서 통화량은 전화호수와 그 보류시간을 고려한 연보류시간이며 전화호량은 전화호가 교환대나 회선을 점유하는 연사용 시간을 말하는 것이므로 통화량 = 전화호량이다. 흔히 전화호수를 전화호량과 혼동하여 사용하는데 이것은 큰 잘못이다.

예를 들어 한 시간에 동일한 100개의 전화호가 발생되었다 하여도 보류시간이 10초인 경우와 100초인 경우는 필요한 교환기 설비수와 국간중계선수가 달라진다. 전화의 통화량을 일명 트래픽량이라고 한다. 이 트래픽량은

$$a = C \times T_H \tag{12-5}$$

단, a : 트래픽량

C : 전화호수

T_H : 평균 보류시간

으로 나타낼 수 있다.

단위 시간당의 트래픽량, 즉 트래픽량을 그 대상 시간으로 나눈 값을 트래픽 밀도 또는 전화호량이라고 한다.

트래픽 밀도는

$$a_c = \frac{C \times T_H}{H} \text{ [Erl]} \tag{12-6}$$

단, a_C : 트래픽 밀도

C : 전화호수

T_H : 평균 보류시간

H : 대상이 되는 시간

이 된다. 즉, 한 시간 중의 전화호수와 그 평균 보류시간을 곱한 값을 트래픽 밀도라고 한다.

(2) 전화호량의 단위 : 전화호량의 단위로서 종래에는 〔TU〕(traffic unit)를 사용하였으나 최근에는 전화호량의 국제 단위인 어랑(Erlang)이 쓰이며 그 기호는 〔Erl〕을 쓴다.

1〔Erl〕은 하나의 전화호가 교환대나 회선을 1시간 동안 계속 사용(점유)했을 때의 전화호량으로서 교환대나 회선이 운반할 수 있는 최대의 전화호량이다. 1〔Erl〕은 연 3600초 동안 회선을 보류하는 전화호량과 같다고 할 수 있다.

가령 2개의 전화호가 각각 1시간씩 회선을 보류했다고 하면 2〔Erl〕이다. 5개의 전화호가 각각 1,440초씩 보류했다면 1,440 × 5=7,200초로서 이는 5개 전화호의 연보류 시간이고 1〔Erl〕의 연보류 시간은 3600초이므로 이 전화호량은 $\frac{7200}{3600} = 2$〔Erl〕이다.

이 전화호량은 다음과 같이 된다.

$$a_C = \frac{C_C \times T_H}{60\text{[분]}} = \frac{C_C \times H_H}{3600\text{[초]}} \text{ [Erl]} \tag{12-7}$$

단, a_C : 전화호량

C_C : 한 시간 동안 운반된 전화호수

T_H : 분(또는 초)으로 표시된 평균 보류시간

한편 전화호량의 실용단위로서 백초호(HCS;hundred call second)가 있는데, 이〔HCS〕는 100초 동안에 발생된 전화호량을 단위로 하는 것이다.

백초호량은

$$a_C' = \frac{C_C \times H_H}{100} \text{ [HCS]} \tag{12-8}$$

단, a_C' : 백초호량

C_C : 1시간 동안에 발생된 전화호수

T_H : 초로 표시된 평균 보류시간

으로 나타낼 수,있다. 따라서 1〔Erl〕= 1〔TU〕= 36〔HCS〕가 된다.

예를들어 4〔Erl〕은 4〔TU〕가 되며, 또 4〔Erl〕은 144〔HCS〕가 된다.

[3] 회선의 사용능률 측정

국간 중계선이 운반한 전화호량을 그 중계선의 부하라 하는데, 국간중계선 n회선에 a_C〔Erl〕의 부하가 걸렸다면 국간중계선의 사용 능률은

$$\eta = \frac{a_C}{n} \times 100〔\%〕 \tag{12-9}$$

단, η : 국간중계선의 사용 능률(효율)

a_C : 국간중계선에 걸린 부하

n : 국간중계선의 출중계선수

가 된다. 즉, 실제로 운반된 전화호량과 운반할 수 있는 최대 전화호량과의 비를 백분율로 표시한 것을 중계선의 사용 능률(또는 효율)이라고 한다.

[4] 회선의 호손율 측정

호손율이란 전화호가 생긴 때 출선이 전부 사용중이어서 접속하지 못하는 확률이다. 즉, 어느 전화국의 출중계선(출선)이 통화중이어서 교환접속을 단념하였을 때의 통화를 손실호(損失呼)라 하고 이 손실호를 야기시키는 비율을 호손율이라고 한다. 예를 들어 입중계선(입선)에 100개의 전화호가 발생되었을 경우 그 중에서 99개는 출중계선에 접속되고 1개만이 접속을 단념하여 손실호가 되었다면 이 때의 호손율은 $\frac{1}{100}$ 이 된다. 또 전화호 100개 중에서 10개만이 손실호가 되었을 경우에는 호손율이 $\frac{1}{10}$이 되므로 $\frac{1}{100}$보다 $\frac{1}{10}$이 호손율이 크므로 서어비스 정도가 불량하다. 호손율을 B라 하면

$$B = \frac{a_l}{a} \tag{12-10}$$

단, B : 전화회선의 호손율

a : 완전 접속된 전화호수

a_l : 손실된 전화호수

가 된다.

12-4 전화교환기의 통화 레벨 측정

음성주파수를 사용하는 전화교환기 또는 통신회선의 통화 레벨을 측정하는 방법에는 여러 가지가 있으나 일반적으로 많이 사용되는 것은 전송능률 측정기를 사용하는 전송능

률 측정기법과 레벨 미터를 사용하는 레벨 미터법의 두 가지가 있다. 먼저 전송능률 측정기법부터 설명하기로 한다.

[1] 전송능률 측정기

(1) 회로의 원리: 그림 12-7은 전송능률 측정기의 원리를 표시한 것으로, 그림 (a)는 회로도이고, 그림 (b)는 그 발진부만을 보인 것이다. 이 그림 (b)의 발진부에 있어서 진공관은 쌍 3극 6SN7GT이며 한쪽은 발진용으로 이용하고 다른 한쪽은 출력관으로 이용되고 있다. 한편 발진회로는 증폭기의 출력측을 적당한 비율로서 2개 코일에 분할하되 한쪽은 병렬공진회로에 접속되어서 주파수 f_0는

$$f_0 = \frac{1}{2\pi}\sqrt{\frac{1}{LC} - \frac{R^2}{L^2}} \tag{12-11}$$

의 선택을 하게 하고 다른 한쪽은 더어미스터 회로에 삽입되어서 진폭제어를 하도록 하는 자동진폭 제어발진기이다.

출력회로는 변성기 T_3의 제 3코일로 전압귀환을 하여 출력특성을 충분히 안정시키고 있다. 또 RV_1을 조정하여 출력을 +10〔dB〕까지 연속적으로 가감할 수 있다.

한편 그림 (b)는 레벨 미터 부분의 약도로 저항감쇠기 AV_1을 조정하여 −15〔dB〕에서 +15〔dB〕까지의 측정이 가능하다. 이 계기는 정류기와 직류가동 코일형 계기를 조합한 비교적 간단하고 무게가 가벼운 것으로, 레벨 미터로서 사용할 경우에는 전원을 필요

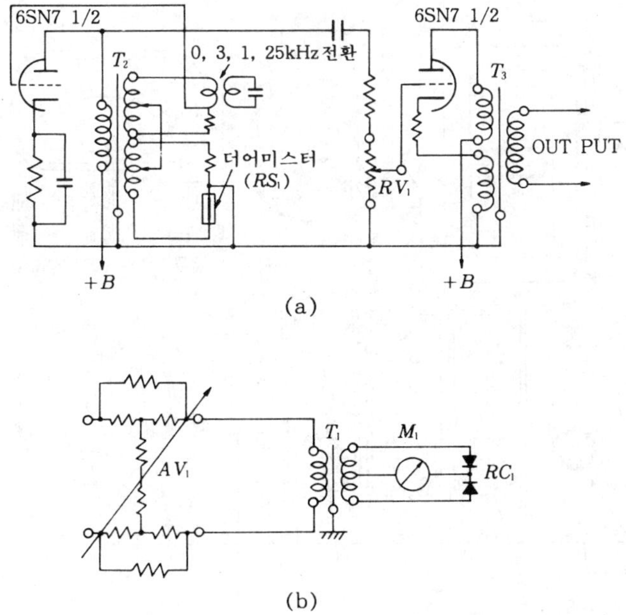

〈그림 12-7〉 전송능률 측정기의 원리

로 하지 않으므로 주로 휴대용 측정기로서 사용되고 있다. 이 경우 결점으로서는 증폭부를 갖지 않으므로 측정할 수 있는 최저 레벨이 비교적 높다는 것과 dB로 눈금을 만들 때에는 평등눈금을 만들 수 없다는 것이다.

(2) 계기의 규격: 이 전송능률 측정기는 그 측정범위가 사용주파수 0.3〔kHz〕, 1〔kHz〕, 2.5〔kHz〕이며 레벨을 측정할 경우에는 −20〔dB〕 ~ +15〔dB〕이고 또 전송손실을 측정할 경우에는 0 ~ +30〔dB〕이다.

한편 임피이던스는 600〔Ω〕이고 온도변화에 의한 지시오차는 20℃ ±15℃에 있어서 ±0.5〔dB〕 이내로 되어 있다.

(3) 사용법: 그림 12-8은 전송능률 측정기의 표면도이다. 이 측정기의 사용방법은 다음과 같다.

ⓐ ④번의 퓨우즈 상자에 1〔A〕용 퓨우즈를 끼우고 ②번의 G단자를 접지시킨다.

ⓑ ①번의 전원 코오드를 60〔Hz〕, 70~110〔V〕의 교류전원에 꽂고 ⑤번의 전원 키이를 「ON」에 두면 교류 100〔V〕가 접속된다. 이 때 ③번의 파일로트 램프에 불이 켜진다.

ⓒ ⑥번의 주파수선택 키이를 0.3〔kHz〕, 1〔kHz〕, 2.5〔kHz〕 중에서 어느 것인가 하나를 선택한다.

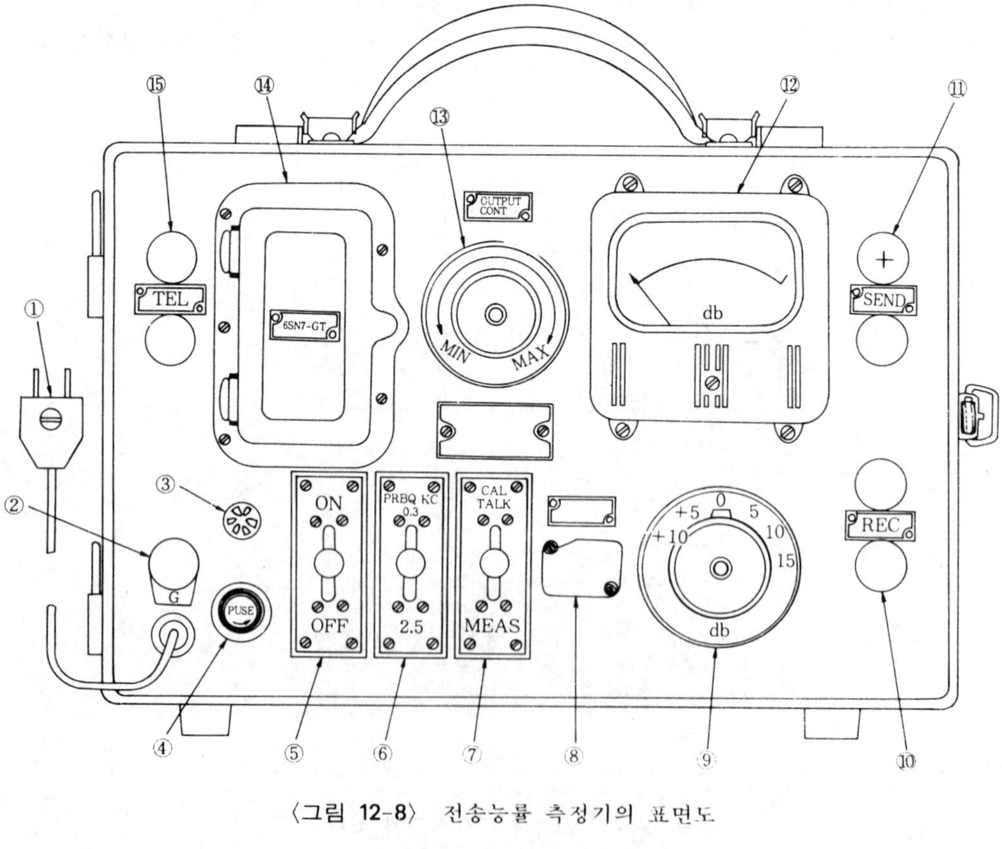

〈그림 12-8〉 전송능률 측정기의 표면도

ⓓ ⑦번의 통화선택 키이를 「CAL」쪽에 두면 회로를 통해서 상대방과 통화가 이루어지는 동시에 출력의 레벨이 교정된다. 또 「MEAS」쪽에 두면 회로를 통해서 상대방에 측정주파수의 측정 레벨이 송출되어서 감쇠량 또는 이득이 측정된다.

ⓔ 만약 레벨 미터에 오차가 생겼을 경우에는 ⑧번의 「LEVEL CAL」의 뚜껑을 열고 ±1〔dB〕 정도의 범위 내에서 조정할 수 있다.

ⓕ ⑨번은 600〔Ω〕의 가변저항 다이얼로써 +10〔dB〕 ~ −15〔dB〕 사이를 5〔dB〕 단위로 가변시킬 수 있다.

ⓖ ⑩번의 「REC」 단자는 기기측정 또는 이 측정기를 수단에서 레벨 미터로서 이용할 경우에 사용한다.

ⓗ ⑪번의 「SEND」 단자는 회로측정 또는 기기측정을 할 때 송신단자로서 사용한다.

ⓘ ⑫번의 미터는 레벨 미터로서 −5〔dB〕에서 +5〔dB〕까지 측정할 수 있다.

ⓙ ⑬번의 출력제어 다이얼은 출력을 +10〔dB〕에서 −10〔dB〕까지 조정할 수 있다.

ⓚ ⑭번은 6SN7GT관을 삽입하는 상자이다.

ⓛ ⑮번의 「TEL」 단자는 연락용 전화기를 접속하는 단자이다.

(4) 측정방법: 전송능률 측정기에 의한 측정순서는 다음과 같다.

ⓐ 계기의 미터를 0dB로 교정해 놓고, ③번의 접지단자를 접지한다.

ⓑ 측정하고자 하는 자동전화 교환기의 입력측을 「SEND」 단자인 ⑪번에 접속하고, 출력측을 「REC」 단자인 ⑩번에 접속한다.

ⓒ ⑤번의 전원 키이를 중앙에 세우고 ④번의 퓨우즈 상자에 1〔A〕용 퓨우즈를 끼우고 ①번의 전원 코오드를 60〔Hz〕, 70 ~ 110〔V〕의 교류전원에 접속하고 ⑤번의 전원 키이를 「ON」쪽에 둔다. 이때 이 측정기에 전원이 공급되는 동시에 ②번의 파일로트 램프에 불이 켜진다.

ⓓ ⑧번의 「LEVEL CAL」를 조정하여 미터의 바늘이 0〔dB〕를 지시하도록 한다.

ⓔ ⑥번의 「FREQ」 키이로 적당한 측정용 주파수를 선택한다. 보통 1〔kHz〕를 선택한다.

ⓕ ⑨번의 레벨 다이얼을 0〔dB〕에 맞추고 ⑦번의 「CAL」 키이를 「CAL」에 둔 다음 ⑬번의 출력조정용 다이얼을 조정하여 ⑫번의 미터 바늘이 0〔dB〕을 지시하도록 한다.

ⓖ 이상과 같이 해서 완전히 0위치에 조정이 되었으면 ⑦번의 「CAL」 키이를 「MEAS」쪽에 두면 ⑫번의 미터 바늘은 어느 일정한 값을 지시한다. 이 값이 바로 측정하고자 하는 값이다.

ⓗ 예를 들어 ⑫번의 미터 바늘이 −5〔dB〕을 지시하면 감쇠량이 5〔dB〕이 된다는 것이고 또 +7〔dB〕을 지시하면 이득량이 7〔dB〕이 된다는 것을 의미한다.

[2] 레벨 미터

(1) 사용범위: 레벨 미터는 주로 전송능률 측정기와 1조가 되어서 전화교환기 또는 통신회선의 레벨 동작감쇠량 및 이득을 측정하는데 사용되고 있다.

사용주파수는 0.3〔kHz〕에서 2.5〔kHz〕까지이고 그 측정범위는 불평형 가변저항 감쇠

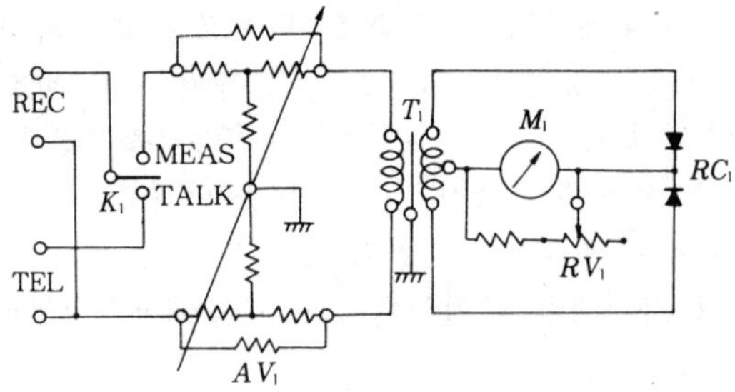

〈그림 12-9〉 레벨 미터의 원리도

기로서 −15〔dB〕에서 +10〔dB〕까지이고 또 미터를 병용하였을 때에는 −20〔dB〕에서 +15〔dB〕까지이다. 그리고 주파수에 의한 지시오차는 0.3〔dB〕 이내 또 온도변화에 의한 지시오차는 20℃±15℃에 있어서 ±0.5〔dB〕 이내로 되어 있다.

(2) 회로의 원리: 그림 12-9는 레벨 미터의 원리도이다. 여기서 키이 K_1은 「TALK」쪽에 두면 「REC」 단자가 「TEL」 단자에 접속되어 상대방과 통화할 수 있게 된다. 또 키이 K_1을 「MEAS」쪽에 두면 입력은 +10〔dB〕까지의 불평형 감쇠기를 거쳐 정합용 변성기 T_1의 2차측에서 50〔μA〕의 전류계에 양파정류가 흘러서 미터 눈금에 레벨이 지시된다. RV_1은 분류기이며 「LEVEL CAL」로서 이용되고 있다.

(3) 사용법: 이 레벨 미터의 사용법은 다음과 같다.

ⓐ 사용하지 않을 때에는 언제든지 ④번의 키이는 중앙에 세워 놓는다. 이렇게 중앙

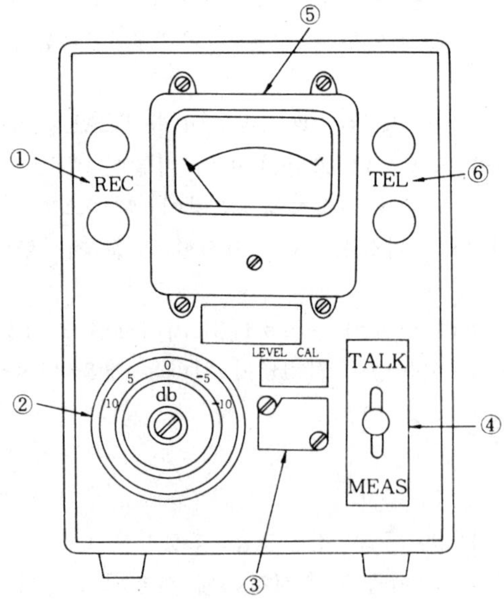

〈그림 12-10〉 레벨 미터

에 세워 놓으면 미터의 가동 코일이 단락되어 계기에 전자적인 제동이 가해지므로 휴대시에 바늘이 진동되지 않는다.

ⓑ ②번의 레벨 다이얼을 최대값인 +10〔dB〕에 돌려 놓는다.

ⓒ ①번의「REC」단자에는 측정하고자 하는 전화교환기 회로를 접속한다.

ⓓ ⑥번의「TEL」단자에는 협의용 전화기를 접속한다.

ⓔ ③번의「LEVEL CAL」을 조정하여 레벨 미터의 바늘을 0〔dB〕에 맞춘다.

ⓕ ②번의 레벨 다이얼을 적당히 돌려서 피측정물의 레벨을 측정한다.

ⓖ ④번의「TALK」키이를「TALK」쪽에 두면 피측정회로를 통해서 상대방과 통화가 된다. 또「MEAS」쪽에 두면 피측정회로를 통해 상대측에서 송출되는 레벨을 받아 측정이 된다.

ⓗ ⑤번은 레벨 미터로서 +5〔dB〕~ −5〔dB〕범위내의 측정이 된다. 이 측정은 ②번의 레벨 다이얼로써 조정한다.

(3) 측정방법

① 계기의 교정 ── 레벨 미터는 사용하기 이전에 0〔dB〕로 교정해 놓아야 한다. 먼저 *CR* 발진기 등 표준기를 0〔dB〕로 송출할 수 있도록 준비하여 레벨 미터의「REC」단자에 접속한다. 그리고 ②번의 레벨 다이얼을 중앙인 0〔dB〕에 맞춘 후에 ④번의「TALK」키이를「MEAS」쪽에 두어 표준기를 발진시킨다(여기서 MEAS는 Measurement의 약자이다).

이상의 준비가 끝나면 ⑤번의 미터 바늘이 0을 지시하도록 ③번의「LEVE CAL」를 드라이버로 조정한다. 이 때 미터의 바늘이 0〔dB〕를 지시하면 계기의 교정이 끝난다. 이것이 끝나면 *CR* 발진기를 원상복구시킨다.

② 측정법 ── 그림 12-11은 레벨 미터에 의한 측정배선도이다. 이 배선도에 의해서 측정법을 설명하고자 한다.

ⓐ 먼저 ③번의 접지단자를 접지시킨다.

ⓑ 이 경우에는 통화전류 공급회로의 구성이 필요하므로 ⑥번의「TEL」단자에 전화기를 접속하고 또 ⑬번의「SEND」단자에 피측정용 연피 케이블의 송단측인 ⑰번을 접속한다.

ⓒ 레벨 미터의「REC」단자에 피측정용 연피 케이블의 수신측 ⑲번을 접속한다. 그리고 ㉔번의「TEL」단자에 착신측의 전화기를 접속한다.

ⓓ ⑦번의 전원 키이, ⑨번의「CAL」키이 및 ㉓번의「TALK」키이 등은 모두 중앙위치에 세운다.

ⓔ ⑤번의 퓨우즈 상자에 1〔A〕용 퓨우즈를 끼우고 전원 코오드를 60〔Hz〕, 70 ~ 110〔V〕의 교류전원에 접속한 다음 ⑦번의 전원 키이를「ON」쪽에 둔다. 이때 이 측정기에 전원이 공급되는 동시에 파일로트 램프에 불이 켜진다.

ⓕ ①번의 발신용 전화기와 ㉖번의 착신용 전화기를 통화할 수 있는 상태로 만든 다음 ⑧번의「FREQ」키이로써 적당한 측정용 주파수를 선택한다.

ⓖ ⑨번의「CAL」키이를「CAL」위치에 두고 ⑪번의 레벨 다이얼을 0〔dB〕에 맞추고 ⑮번의 출력제어 다이얼을 조정하여 ⑭번의 미터 바늘이 0〔dB〕를 지시하도록 한다.

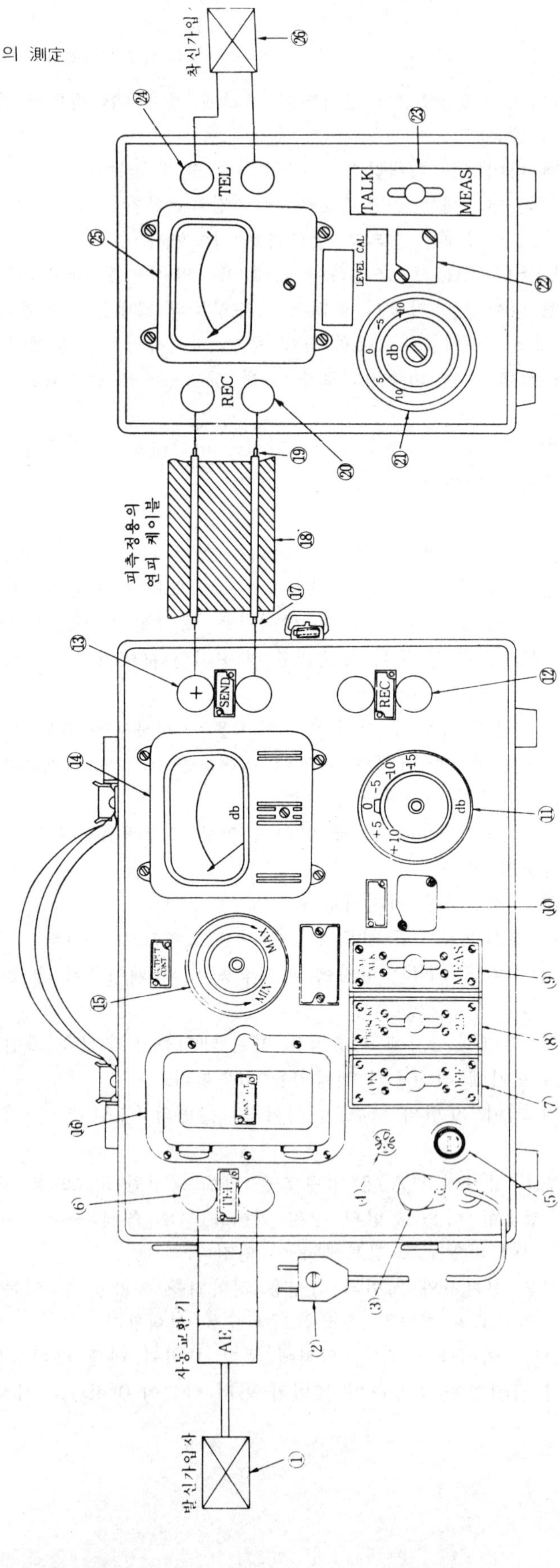

(a) 전송능률 측정기

(b) 레벨 미터

〈그림 12-11〉 레벨 미터에 의한 측정 배선도

ⓗ 동시에 레벨 미터의 ㉓번 키이를 「TALK」쪽에 두고 ㉑번의 레벨 다이얼을 0〔dB〕에 맞춘다.

ⓘ 이상의 조작이 끝나면 발신용 전화기와 착신용 전화기를 이용하여 양자가 측정사항과 측정요령을 협의한다.

ⓙ ⑨번의 「CAL」 키이를 「MEAS」쪽에 두면 ⑬번의 「SEND」 단자에 발신부가 접속되어 피측정용 연피 케이블에 시험 레벨이 송출된다. 이 경우 ⑭번의 레벨 미터는 왼쪽으로 복귀된다.

ⓚ ⑨번의 「CAL」 키이를 「MEAS」쪽에 두는 동시에 레벨 미터의 ㉓번 키이를 「MEAS」쪽에 두면 레벨 미터의 바늘이 어떤 값을 지시한다.

이 경우 ⑭번의 전송능률 측정기의 지시치와 ㉕번의 레벨 미터의 지시치와의 차가 피측정용 연피 케이블의 감쇠량이 된다.

ⓛ 예를 들어 전송능률 측정기의 지시치가 0〔dB〕이고 레벨 미터의 지시치가 −2.5〔dB〕이 되었다고 하면 피측정 연피 케이블의 감쇠량은 2.5〔dB〕이 된다.

[연 습 문 제]

12-1 다이얼 시험기로 자동전화기 다이얼의 단속비를 측정하였던 바 2.3 : 1이었다. 이 전화기의 메이크율과 브레이크율은 얼마인가?

12-2 전류계로 자동전화기 다이얼의 단속비를 측정하였던 바 평상시에 흐르는 전류는 72〔mA〕이고, 다이얼 임펄스의 송출시에 흐르는 전류는 23.76〔mA〕이었다. 이 전화기의 메이크율은 얼마인가?

12-3 통신용 계전기의 동작전류에 대하여 아는바를 써라.

12-4 전화호량의 단위에 대하여 설명하여라.

12-5 어느 전화국의 최번시 1시간 동안의 통화량을 측정하였더니 평균 보류시간이 3분인 전화호수가 150개 소통되었다. 이 경우 통화량은 몇 어랑(Erl)인가?

12-6 전화 회선의 호손율이란 무엇인가?

12-7 전화교환기의 통화 레벨 측정방법을 간단히 설명하여라.

제 13 장

전송회로의 측정

13-1 통화감쇠량 및 통화이득량의 측정

[1] 전송단위(transmission unit)

전화회선에 있어서 송단측에서 보낸 통화의 에너지가 수단측에 얼마나 감소되어서 도착하였는가를 정량적으로 취급한 것을 통화감쇠량이라 하고, 증가되어서 나타나는 것을 통화이득량이라 한다. 이것은 전화선로 또는 전화기기 등의 입력과 출력의 단자에서 전류 또는 전압의 진폭관계가 어떠한 가를 표시하는 것으로 모든 전송회로의 능률을 표시한다. 이것을 표시하는 방법으로는 송단과 수단의 전력, 전압 및 전류의 비를 대수(logarithm)로 나타내며, 국제 전신전화 자문위원회(CCITT)에서 권고하는 전송량의 단위에는 데시벨(dB;decibel)과 네이퍼(Nep;neper)가 있다. 데시벨은 상용대수로 표시한 단위이며, 네이퍼는 자연 대수로 표시한 단위이다.

그림 13-1과 같은 전송회로에 있어서 송단측의 전력을 P_1, 수단측의 전력을 P_2라고 하면, 이 회로의 전송량은 다음과 같이 표시된다.

$$N_{dB}=10\log_{10}\frac{P_2}{P_1}\ \text{[dB]} \qquad (13\text{-}1)$$

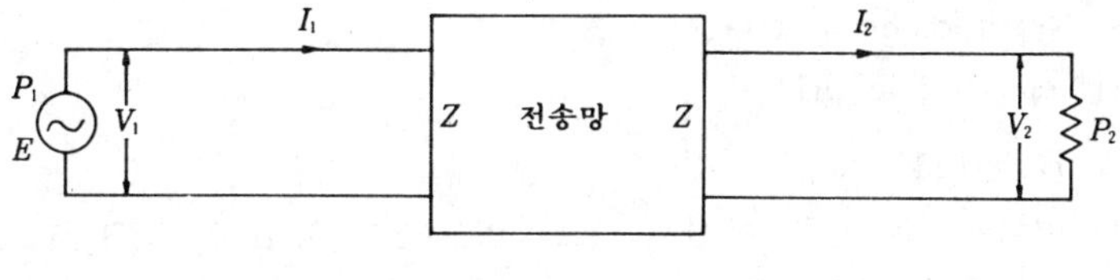

〈그림 13-1〉 전 송 망

이 때 송단전력 P_1보다 수단전력 P_2가 적을 때, 즉 이 전송회로를 통과하는 동안에 전력이 감소하는 때의 N_{dB}는 (−)값으로 나타나 전송손실을 의미하게 되며, 반대로 P_1보다 P_2가 클 때는 전력이 커졌다는 것이므로 (+)값으로 표시하며 전송이득이 된다. 상기 식은 전력비로 표시한 것이고, 입출력 임피이던스가 같을 경우에는 다음과 같이 전류 또는 전압비로 표시할 수도 있다.

$$P_1 = I_1 V_1 = I_1^2 \cdot Z = \frac{V_1^2}{Z}$$

$$P_2 = I_2 V_2 = I_2^2 \cdot Z = \frac{V_2^2}{Z}$$

$$\therefore \ N_{dB} = 10\log_{10}\frac{P_2}{P_1} = 10\log_{10}\frac{I_2^2 Z}{I_1^2 Z} = 20\log_{10}\frac{I_2}{I_1} \ [\text{dB}] \tag{13-2}$$

$$N_{dB} = 10\log_{10}\frac{P_2}{P_1} = 10\log_{10}\frac{V_2^2/Z}{V_1^2/Z} = 20\log_{10}\frac{V_2}{V_1} \ [\text{dB}] \tag{13-3}$$

〔dB〕 단위는 주로 미국, 영국 등에서 많이 사용하고 있으며 TU(transmission unit) 통화단위로도 불린다. 또한 네이퍼 단위는 전송이득, 전송손실을 나타내는 것은 〔dB〕 단위와 같으나 자연대수를 취하는 것이 다르다. 즉,

$$N_{Nep} = \frac{1}{2}\log_e\frac{P_2}{P_1} = \frac{1}{2}\log_e\frac{I_2 V_2}{I_1 V_1} \ [\text{Nep}] \tag{13-4}$$

또 입출력 임피이던스가 같을 때는

$$N_{Nep} = \log_e\frac{I_2}{I_1} = \log_e\frac{V_2}{V_1} \ [\text{Nep}] \tag{13-5}$$

가 된다.

이 네이퍼 단위는 유럽에서 많이 쓰고 있으며, 〔dB〕은 상용대수를 사용하므로 전송량의 계산에 편리하고, 네이퍼는 자연대수를 사용하므로 전송이론에서 취급하는 수량과 일치하는 이점이 있다.

따라서 상용대수로 표시된 〔dB〕과 자연대수로 표시된 〔Nep〕 사이에는 다음과 같은 관계가 성립된다.

$$\frac{1}{2}\log_e\frac{P_2}{P_1}[\text{Nep}] = 10\log_{10}\frac{P_2}{P_1} \ [\text{dB}] \tag{13-6}$$

$$\frac{1}{2}\cdot\frac{\log_{10}\frac{P_2}{P_1}}{\log_{10} e}[\text{Nep}] = 10\log_{10}\frac{P_2}{P_1} \ [\text{dB}]$$

$$\begin{aligned}\therefore \ 1[\text{Nep}] &= 20\log_{10}e = 20\log_{10}(2.718281\cdots\cdots) \\ &\fallingdotseq 20\times 0.43429448 = 8.6858896[\text{dB}] \\ &\fallingdotseq 8.686[\text{dB}]\end{aligned} \tag{13-7}$$

따라서 1〔dB〕=1Neper/8.686가 된다.

$$\left.\begin{aligned}\therefore \ 1[\text{Nep}] &= 8.686[\text{dB}] \\ 1[\text{dB}] &= 0.115[\text{Nep}]\end{aligned}\right\} \tag{13-8}$$

이것으로써 〔dB〕을 〔Nep〕로 환산할 수도 있고 또 〔Nep〕를 〔dB〕로 환산할 수도 있다.

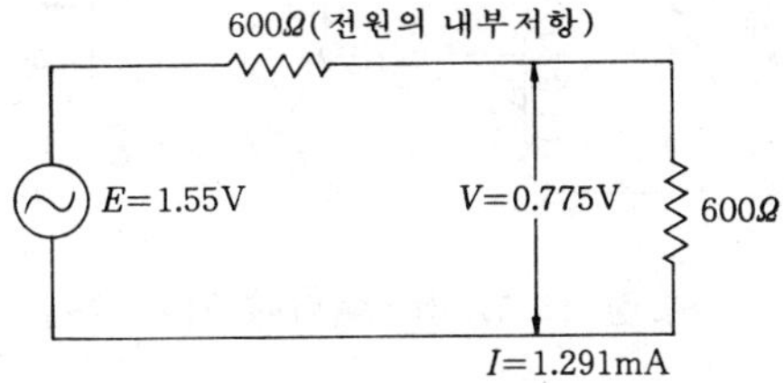

〈그림 13-2〉 절대 레벨

[2] 전송 레벨(transmission level)

어느 표준이 되는 전력의 값에 대해서 임의의 전력을 감쇠량으로 표시하였을 경우, 이것을 전송 레벨이라고 한다.

따라서 이 표준값보다 적을 때에는 마이너스가 되어서 감쇠를 표시하고, 또 이것보다 클 때에는 플러스가 되어서 이득을 표시한다. CCITT에서는 절대 레벨(absolute level)을 규정하고, 이것을 0레벨이라고 하여 각 레벨을 비교하는 기준으로 삼고 있다. 이것은 그림 13-2와 같이 내부저항 600〔Ω〕인 전원이 600〔Ω〕의 저항을 갖는 부하에 1〔mW〕의 전력을 공급하는 경우를 0〔dBm〕이라고 정하였다.

이 경우 부하 양단의 전압은 0.775〔V〕이므로 전원의 유기전압은 0.775〔V〕×2=1.55〔V〕가 된다.

즉, 600〔Ω〕인 회로에 전류 1.291〔mA〕가 흘렀을 때 그 회로의 전력은 1〔mW〕이며 0 레벨이 된다. 이 때는 0〔dBm〕라고 표시하기도 한다.

[3] 통화감쇠량의 측정

통화전류가 어느 전송로를 통해서 흘러 갔을 경우 출력측의 전류가 입력측의 전류보다 어느 정도 감쇠되었는가를 측정하는 것으로서 여러 가지가 있다.

(1) 전류계법 : 2개의 열전대형 전류계를 그림 13-3과 같이 접속하고 먼저 이 전류계를 교정한다. 그리고 측정하고자 하는 전화 케이블의 특성 임피이던스 Z_0과 전류계의 내부저항 r을 미리 알아 둔다.

한편 입력측의 T는 임피이던스 정합용 변성기이고 또 단말의 가변저항 R은

$$R = Z_0 - r \tag{13-9}$$

단, R : 임피이던스 정합용 저항

Z_0 : 케이블의 특성 임피이던스

r : 전류계의 내부저항

으로 조정하여 반사현상이 야기되지 않도록 한다.

이상의 준비가 끝나면 발진기를 1〔kHz〕로 발진시키는 동시에 ATT를 적당히 조정하여 전류계의 지시를 잘 읽을 수 있도록 한다.

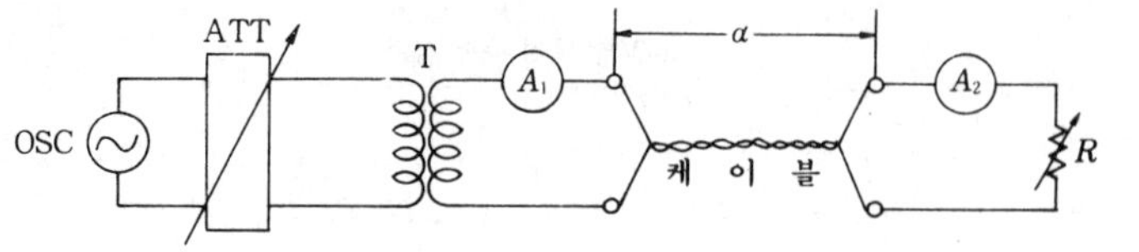

〈그림 13-3〉 전류계법에 의한 측정

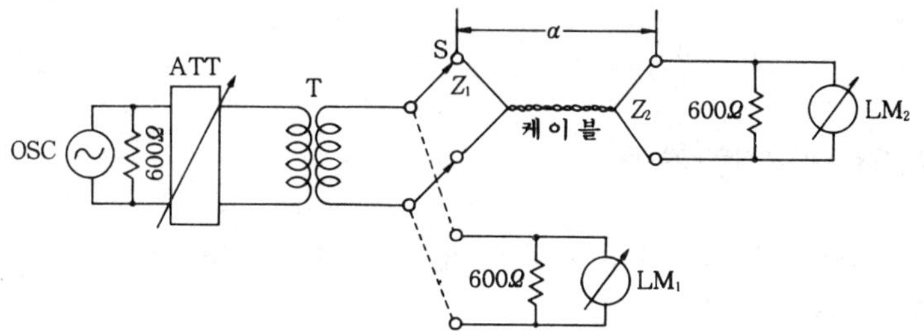

〈그림 13-4〉 레벨 미터법에 의한 측정

이상과 같은 조작이 끝나면 측정하고자 하는 전화 케이블의 통화감쇠량 α는 다음 공식으로서 구해진다.

$$\alpha = 20\log_{10}\frac{I_2}{I_1} \tag{13-10}$$

단, I_1 : 입력측 전류

I_2 : 출력측 전류

이다.

(2) 레벨 미터법(LM) : 2개의 레벨 미터와 전화 케이블을 그림 13-4와 같이 접속하고 또 임피이던스 정합용 변성기 T와 600〔Ω〕의 저항을 접속하여 반사현상이 야기되지 않도록 한다.

다음에는 *CR* 발진기를 1〔kHz〕로 발진시키는 동시에 스위치 S를 LM_1쪽에 두고 ATT를 조정하여 LM_1의 지시를 읽는다. 이어서 스위치 S를 LM_2쪽에 두고 LM_2의 지시를 읽는다. 이 때 ATT에는 손을 대서는 안 된다.

이상과 같은 조작이 끝나면 구하고자 하는 전화 케이블의 통화감쇠량 α는 다음 공식으로 구해진다.

$$\alpha = (LM_1\text{의 값}) - (LM_2\text{의 값}) \tag{13-11}$$

[4] 전송기기의 이득 측정

(1) 비교법회로 : 유선통신에 대한 기기 중에서 증폭기 등의 이득측정에는 그림 13-5와 같은 비교법회로를 이용해서 측정하고 있다.

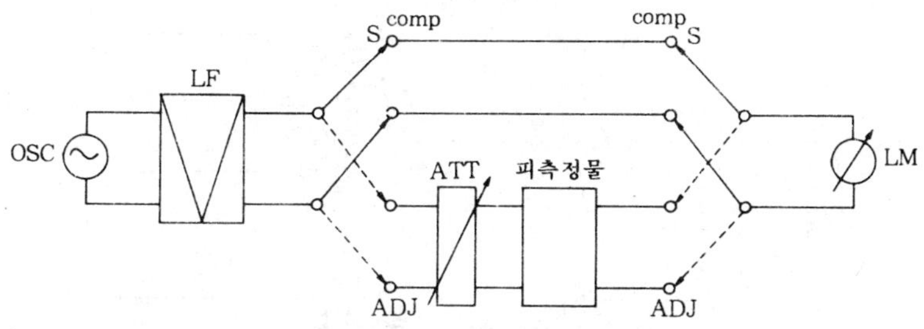

〈그림 13-5〉 전송기기의 이득측정

측정용 기기들 중에서 ① *CR* 발진기는 임피이던스 600〔Ω〕으로서 300~3400〔Hz〕를 발진할 수 있는 것이고, ② 저역여파기는 전원의 고조파성분에 의한 오차를 없애기 위한 것이고, ③ 가변감쇠기는 임피이던스 600〔Ω〕으로서 0.1〔dB〕 스텝으로 되어 있고, 또 ④ 레벨 미터는 300~3400〔Hz〕용으로서 임피이던스는 600〔Ω〕이다.

(2) 측정방법 : 먼저 측정하고자 하는 전송기기와 ATT를 직렬로 접속하고 이것으로 비교법회로를 구성한다.

먼저 스위치 S를 「COMP」쪽에 두고 LM의 지시를 읽는다. 다음에는 스위치 S를 「ADJ」쪽에 두고 ATT를 조정하여 레벨 미터인 LM의 지시가 스위치 S를 「COMP」쪽에 두었을 때의 값과 같게 한다.

끝으로 스위치 S를 「COMP」쪽에 두거나 「ADJ」쪽에 두거나 LM의 지시가 불변일 때 이 ATT의 지시가 바로 측정하고자 하는 피측정물의 이득이 된다.

여기서 통화감쇠량과 이득은 서로 반대가 되는 것으로 전송 레벨로 볼 때 통화감쇠량은 마이너스 레벨의 값이 되고 이득은 플러스 레벨의 값이 된다.

13-2 누화 감쇠량의 측정

[1] 근단 누화 감쇠량

그림 13-6은 통화 선로에 대한 근단누화 감쇠량을 측정하는 회로도이다.

먼저 스위치를 미터쪽에 두면 전원은 입력단자에서 보아 600〔Ω〕의 누화계에 접속되고 또 스위치를 선로쪽에 두면 전원은 600Ω의 임피이던스 정합용 변성기인 T_1에 접속된다.

이와 같이 2개의 분기회로는 임피이던스가 동일하므로 변성기 T_1에 흐르는 전류와 누화계에 흐르는 전류는 완전히 같다. 그리고 변성기 T_1에 접속된 회선은 유도회선이고 변성기 T_2에 접속된 회선은 피유도회선이다.

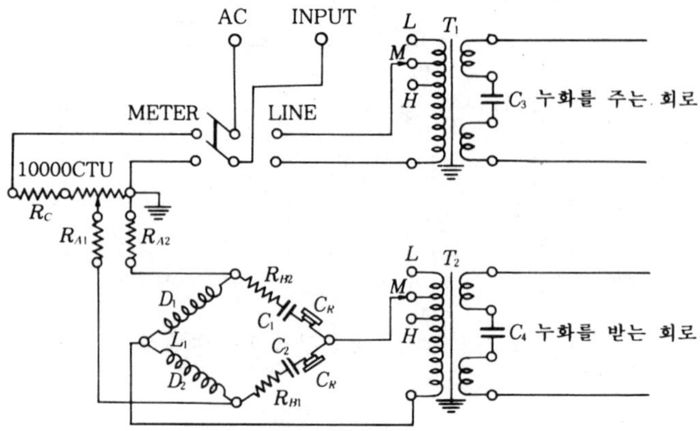

〈그림 13-6〉 근단누화량의 측정

그리고 쵸우크 코일은 충분히 평형이 잡히도록 감겨진 2개의 코일 D_1, D_2로 이루어지며 브리지의 2변을 구성한다. 이 쵸우크 코일은 변성기 T_2에서 흘러 들어오는 전류와 같이 3개의 코일에 병렬로 흐를 때에는 무유도적이 되고 또 누화계에서 흘러 들어오는 전류와 같이 2개의 코일이 직렬로 접속될 때에는 고임피이던스가 된다. 브리지의 남은 2변은 각각 정전용량, 저항 및 수화기 등으로 구성되며 이들은 모두 직렬로 접속되어 있고 또 콘덴서는 수화기의 리액턴스를 보상하기 위한 것이고 저항은 브리지변의 저항을 증가시켜서 수화기 임피이던스 변화가 전체의 임피이던스 변화에 큰 영향을 주지 않게 하기 위한 것이다. 특히 쵸우크 코일은 수화기가 접속된 변에 병렬로 접속되어 있으므로 입력되는 에너지는 타에 분산되지 않는다.

따라서 스위치를 선로(LINE)측에 두거나 누화계(METER)측에 두거나 수화기 음이 동일할 경우 누화계는 근단누화 감쇠량을 지시한다.

[2] 원단누화 감쇠량

그림 13-7은 통화선로에 대한 원단누화 감쇠량을 측정하는 회로도이다. 이 측정회로도가 근단누화 감쇠량의 측정회로도와 다른 것은 교류전원은 직접 누화측정기에 접속하지 않고 누화를 주는 회로의 원단에 접속하고 이 회로를 통해서 전류를 누화계에 공급한다는 점이다.

지금 스위치를 누화계(METER)측에 두면 누화를 주는 회로는 누화계에 접속되어 누화계에 흐르는 전류에 의해서 수화기 음이 들린다. 이 때 누화를 받는 회로에서의 누화전류가 수화기에 들어오는 것을 방지하기 위해서 스위치에 따로 1페어의 접점을 설치하고 스위치를 누화계측에 두었을 경우 변성기 T_2를 단락시킨다.

다음에 스위치를 선로(LINE)측에 두면 누화를 주는 회로와 누화계와의 접속이 절단되어서 누화를 받는 회로만이 수화기에 접속된다. 이 때 회로간의 진짜 누화량을 측정하

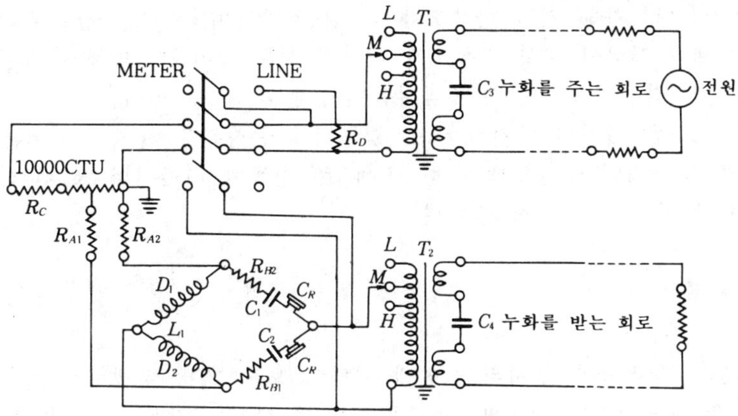

〈그림 13-7〉 원단누화량의 측정

려면 누화를 주는 회로를 누화계의 임피이던스와 동일한 임피이던스로 종단시킬 필요가 있다. 이것이 바로 변성기 T_1의 좌측에 접속된 저항 R_D이다.

따라서 스위치를 누화계측에 두거나 선로측에 두거나 수화기 음이 동일해지도록 누화계 다이얼을 조정한다. 이것을 여러 번 되풀이하여 스위치를 누화계측에 두거나 선로측에 두거나 수화기 음이 동일해질 때 누화계는 원단누화 감쇠량을 지시한다.

13-3 전송로 잡음량의 측정

[1] 잡음의 개요

잡음이란 통신의 주목적인 신호, 즉 통신전류 이외의 방해가 되는 음 또는 전류를 말한다. 일반적으로 전송회로, 전파공간, 수신회로, 증폭회로 등 각종 통신로에서 목적한 신호 이외의 것은 모두 잡음(noise)이며 누화, 왜곡(distortion) 등은 신호 자체에서 발생하는 것이다. 회선간 결합에 의하여 누화가 발생하는 때는 그 누화가 신호 또는 통화의 의미를 알 수 있을 때만 누화로서 취급하고 의미를 알 수 없게 변화되었을 때는 잡음으로 간주하여 취급해야 한다. 이러한 잡음도 통신에 방해를 주게 되므로 그 최소 한도를 정할 필요가 있다.

잡음에는 회로망 내부에서 발생하는 내부 잡음과 외부로부터 들어오는 외부 잡음이 있으며, 잡음의 성질에 따라 불규칙성 잡음, 주기성 잡음 및 개주기(槪周期)성 잡음 등이 있다.

불규칙성 잡음이란 파형이 불규칙하여 일어나는 잡음이고, 연속성 잡음은 비교적 긴 계속 시간을 갖는다든가 주기적 반복도가 큰 것을 말하며, 충격성 잡음은 전자와 반대로 비교적 1회의 계속 시간이 짧고 반복도가 대단히 적은 것이다. 파형에 일정한 주기를 갖는 잡음을 주기성 잡음이라고 하며 인공잡음에서 흔히 볼 수 있다.

개주기성 잡음은 파형의 주기가 어떤 평균치를 중심으로 하여 움직이는 것으로서 잡음 스펙트럼은 연속적이나 정수배의 한 곳에 큰 진폭이 나타나며 코로나(corona) 잡음, 회전기의 정류자 잡음 등이 이에 속한다.

[2] 잡음의 종류

(1) 열잡음 : 열잡음은 전자의 운동에 의하여 도체 내에 발생하는 잡음, 즉 도체 특히 고저항 중의 자유전자의 열교환운동으로 인하여 생기는 잡음이고, 이 잡음전압은 다음 식으로 나타낼 수 있다.

$$E_t=\sqrt{4KTRB} \tag{13-12}$$

단, K : 1.38×10^{-23}(볼츠만의 정수)

T : 절대 온도

R : 선로의 실효저항 또는 특성 임피이던스의 저항분

B : 잡음 전압이 측정되는 주파수대역의 폭

또한 잡음전력은 절대온도 300°K에서

$$W_t=1.64\times10^{-17}B[\mathrm{W}]=-140+10\log_{10}1.64B[\mathrm{dB}]$$

로 나타난다. 이 열잡음은 전송계 내에서 본질적인 잡음으로 경감방법이 없으므로 결국 장거리 회선에서 허용가능 최저전송 레벨을 결정하는 큰 요소가 되는 것이다.

(2) 회선잡음 : 가입자의 전화기로부터 교환기를 통과하여 전화기에 이르기까지의 전회로 중에 들어 있는 수많은 접점 중 일부 접촉 불량이 있거나 교환기의 진동으로 인한 접촉저항이 변하든가 자기회로정수가 변하여 잡음이 생긴다. 또는 송화기의 탄소분이 접촉 불량으로 마이크로폰 잡음을 발생시키기도 한다.

(3) 전원잡음 : 다수의 중계소가 접속되면 잡음이 겹쳐서 방해의 원인이 된다. 전원에는 전지 뿐만 아니라 회전기 또는 정류기를 개재하여 부동적으로 사용하고 있는 경우가 많아 정류전류 중에 다수의 고조파를 포함하게 되고 이것이 통화로의 잡음의 원인이 된다. 물론 이것을 억압하기 위하여 평활회로 장치를 사용할 수도 있으나 경제적인 문제가 따르게 된다.

(4) 유도잡음 : 강전류 시설에서 오는 유도잡음이다. 이 잡음은 그 고조파에 의한 것이 크나 정전유도와 전자유도로 구분하여 생각할 수가 있다.

정전유도에 대하여는 케이블의 연피를 잘 접지함으로써 방지할 수가 있고 나선의 경우에는 특수한 가설 방법에 의하여 잡음전압을 감소시킬 수가 있다.

전자유도에 대하여는 병행 전력 시설에서 오는 유도인 경우에는 교차를 시행하여 경감할 수가 있고 또한 통신 시설을 전력 시설로부터 분리 시설하여 경감할 수도 있다.

(5) 반송파 누설잡음 : 단측대파(SSB) 전송의 경우 통화로용 대역여파기의 반송파 억압이 불충분하여 저지되어야 하는 반송파가 통화로에 누설됨으로써 발생하는 잡음이다.

[3] 잡음의 단위

잡음 단위로서 가장 많이 사용되는 것은 잡음전압〔mV〕 단위로 표시할 때와 전압비의 대수에 20을 곱한 〔dB〕로 나타내는 방법이 있다. 또 실내 잡음(소음)의 경우 음파의 음압으로 계산한다. 즉, 0.0002 바아(1 Bar=1 dyne/cm^2)의 음압을 0레벨로 하고 이를 측정하는 음압과는 비를 취하며 상용대수의 20배를 〔dB〕로 나타내며 phon이라는 단위를 쓴다. 〔mV〕에서 〔dB〕 단위로 환산하는 데는 다음 식을 이용한다.

$$dB=20\log_{10}\frac{mV}{775} \qquad (13\text{-}13)$$

단, 1〔mW〕=0〔dBm〕=775〔mV〕(600Ω에서)

[4] 잡음의 규격

회선의 잡음은 통화 레벨(신호 레벨)과 잡음 레벨과의 비(S/N)로서 표시한다. 통화 레벨대 잡음 레벨의 차이가 통신에 대해서 문제가 되는 것은 통화의 대소 또는 잡음의 대소가 아니라 통화가 잡음에 비해서 얼마나 더 큰 것인가 하는 양자 비교의 문제이다. 즉, 통화(신호) 및 잡음을 전압으로 나타내며 각각 S〔V〕, N〔V〕라 하면 통화대 잡음비=$\frac{S}{N}$가 되고, 이 값이 클수록 통신의 실용 가치는 높아진다. 통화대 잡음비(signal to noise ratio)는

$$dB=20\log_{10}\frac{S[V]}{N[V]} \qquad (13\text{-}14)$$

라고 하면 통화 레벨이 S〔dB〕, 잡음 레벨이 N〔dB〕일 때 통화대 잡음 비=S−N〔dB〕=통화와 잡음의 차이가 된다.

일반적으로 무선회선에서는 회선잡음의 평가 방법으로 시험음(신호)대 잡음 측정에 의한 신호대 잡음비를 이용하고 있다. 그러나 마이크로파 통신과 같은 다중전화 회선망에서는 각 통화로당의 신호대 잡음비가 일반적인 그것과는 아주 다른 의미를 갖게 된다. 즉, 전화회선에서는 통화로 잡음의 방해도를 임의의 기준 잡음에 대응하는 방해도와 비교함으로써 소요 잡음량을 측정하고 있으며, 전송선로의 주파수 및 과도감응도와 전화기 및 청각을 고려한 중하회로를 일반 계기와 조합하여 사용하고, 그 단위는 CCITT와 CCIR(국제무선통신 자문위원회)의 권고에 의하여 피코와트(pico watt) 평가잡음치 (pWp)를 채택하고 있다. 1〔pWp〕는 800〔Hz〕 기준 토운(tone)시의 전력 −90〔dBm〕와 동등하고, 미국계에서는 그 단위로서 〔dBa〕를 채택하고 있으나 이것은 FIA(전화기의 형명) 중하시의 평가 잡음치로 0〔dBa〕는 1,000〔Hz〕 기준 토운일 때의 전력 −91〔dBm〕와 동등하다.

[5] 잡음전압 측정기

통신을 방해하는 잡음의 최소 한도를 결정하기 위하여 통신기기 및 선로의 잡음전압을 측정 규제한다. 사용 기기로는, ① 잡음전압 측정기 또는 소퍼미터(psophometer) ②

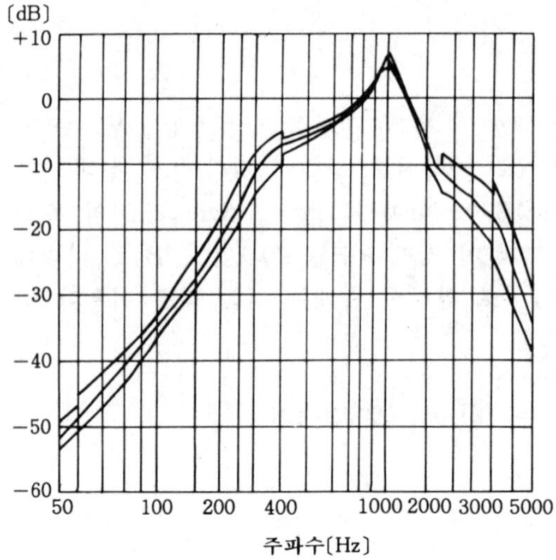

〈그림 13-8〉 잡음특성 주파수곡선

레벨 미터 ③ 전화회선 측정기(Telephone Test Set) 등이 필요하다.

(1) NM−8형 잡음전압 측정기의 개요 : 이 측정기는 통신회선 또는 기기에 유도되는 잡음전압을 측정하는 휴대용 계기로서 여파회로, 증폭회로 및 지시계기의 조합으로 구성되는 본체와 정류전원 장치의 2개 부분으로 구성된다. 이 측정기는 여파회로 및 증폭회로에 의해서 귀와 수화기의 주파수에 대한 감도특성에 대응하는 특성을 갖도록 설계한 것이다. 이 주파수 특성은 1934년 CCIF에서 국제적으로 규정하였고 또 제15회 CCIF 총회에서 그림 13-8과 같은 잡음특성 주파수곡선을 제시하였다(CCIF;현재는 CCITT로 개칭됨).

즉, CCITT에서는 잡음에 관한 규정을 800〔Hz〕 기준으로 하며 그림 13-8과 같은 특성으로 〔mV〕 또는 〔dB〕 표시가 되도록 제시하고 있다. 이와 같은 규정으로 800〔Hz〕의 정현파에 대한 전압계로 교정되어 있고 측정 범위로서는 0.1〔mV〕에서 1,000〔mV〕까지 다이얼로서 각 레인지(범위)를 변화시켜 측정이 가능하도록 설계하는 것이 보통이다. NM-8형 잡음전압계의 측정 범위는 〔dB〕로 표시되어 −70에서 −30〔dB〕까지를 전환 스위치로써 직독할 수 있다.

또 전건조작에 의해서 L_1 및 L_2선과 대지 사이의 잡음전압을 측정할 수 있다. 입력임피이던스는 고임피이던스로 되어 있으나 전건조작으로 600〔Ω〕 종단측정을 할 수 있게 되어 있다.

(2) 전기적 특성

① 평가곡선(評價曲線) —— 그림 13-8 참조

② 눈금 및 감도 —— −70〔dB〕, −65〔dB〕, −60〔dB〕, −55〔dB〕, −50〔dB〕, −45〔dB〕, −40〔dB〕, −35〔dB〕, −30〔dB〕

③ 측정확도 —— 서로 다른 두 개의 주파수를 사용하여 시험했을 때 자승합의 평방근에 대한 허용편차가 ±0.5〔dB〕 이내

④ 직선성 —— 입력을 FULL SCALE로 하여 0.4에서 2.5까지 입력변화를 줄 경우 ±5[%] 이내

⑤ 동특성 —— 지속 시간이 0.15~0.25초 정도의 잡음은 연속잡음과 같은 값을 나타내며 그보다 짧은 잡음은 비교적 적은 값을 나타낸다.

⑥ 입력 임피이던스 —— 40~5,000[Hz]까지 10[kΩ] 이상

⑦ 평형도 —— 대지에 대한 평형도는 입력단자에 병렬로 삽입한 600[Ω] 저항의 중점과 접지 단자 간에 60[Hz], 100[V] 및 800[Hz], 10[V]를 인가하였을 때 0.2[mV] 이하이다.

⑧ 조정 —— 800[Hz]로 오차없이 맞출 수 있고, 조정 범위는 ±1[dB]이다.

(3) 측정기의 회로 구성 : 그림 13-9에서 측정기의 상부 중앙의 커버는 진공관 케이스로서 사용 진공관의 명칭이 기입되어 있다. 좌단의 잭 및 단자는 입력단자이다.

입력단자 옆에 임피이던스 절환 스위치와 측정 절환 스위치가 있으므로 600[Ω] 및 브리지 측정이 가능하고 또한 입력 2단자 간과 각 1단자 대지 간의 잡음 전압측정 절환을 조작한다. 표면 중앙 좌측의 레인지 다이얼은 입력조정용 저항기이며 입력 조정의 우측은 출력지시계로서 각형 미터가 있고 그 하부측 로우터리 스위치는 평탄 증폭기와 중하회로망의 절환용이다. 이 스위치 오른쪽 상부의 CAL은 드라이버로 교정할 수 있는 이득 조정기이며, 내부회로는 입력에 양호한 차폐변성기를 사용하여 대지에 대해서 평형이 되도록 설계되었고 입력변성기 다음에 여파회로가 있다.

증폭회로는 진공관 2개를 1조로 한 3개의 증폭기를 직렬로 접속시키고 그 각각에 대하여 부귀환회로에 동조회로를 포함시켜 이들의 특성에 의하여 소정의 특성을 주도록 되어 있다. 정류지시계기는 직류전류계에 정류기를 브리지 접속하여 자승특성을 주도록 되어 있다.

(4) 측정 방법

① 측정 준비 —— 먼저 전원부와 측정기 본체를 부속 코오드로 연결하고 측정기 본

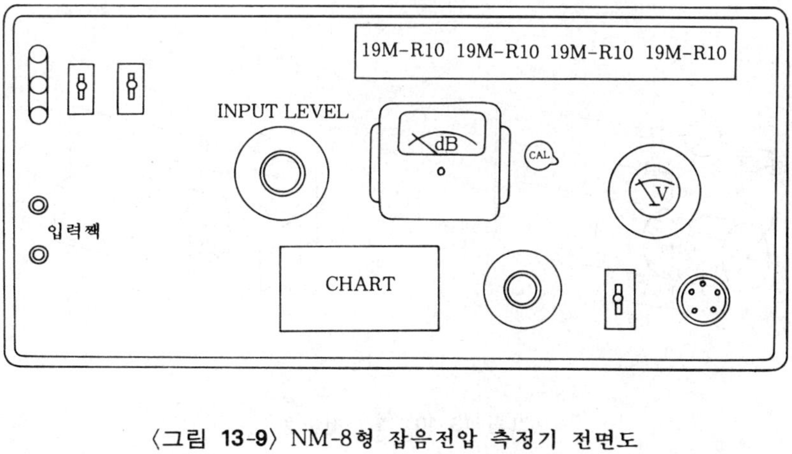

〈그림 13-9〉 NM-8형 잡음전압 측정기 전면도

체의 전원 스위치를 OFF로 하여 둔 채 교류 100〔V〕를 전원부 콘넥터에 꽂는다. 그리고 전원 스위치를 ON으로 하여 전압조정기를 조작함으로써 110〔V〕에 맞춘다.

② 측정법 —— 먼저 600〔Ω〕인가 HIGH IMP인가를 필요에 따라 확인하고 IMP 스위치의 위치를 조작한 후에 측정할 전압이 *a*, *b*간, *a*와 대지 간, *b*와 대지 간인가에 따라 절환 스위치를 맞춘다. 다음 입력단자 및 접지단자를 접속하고 레인지 다이얼을 최대측에서부터 서서히 내리면서 가장 잘 읽을 수 있도록 조작한 후 미터의 지시와 레인지 눈금을 합하여 잡음전압을 〔dB〕로서 직접 측정할 수가 있다.

교정이 필요하다고 인정되는 경우에는 먼저 *a*, *b*간에 800〔Hz〕의 정현파를 규정전압(예로서 −30dB)으로 보내고 레인지 눈금을 −30〔dB〕에 둔 다음 지침이 최대가 되도록 CAL 볼륨을 드라이버로 조정한다.

13-4 대지 도전율의 측정

[1] 대지 도전율

일반적인 전기측정에는 대지도전율의 측정을 하지 않으나 유선통신 측정에서는 필요하고 중요한 측정의 하나이다. 그림 13-10과 같이 어느 재료의 단면적 1〔m^2〕, 길이 1〔m〕의 전기저항을 그 재료의 비저항이라고 하며 기호는 ρ를 사용하고 단위는 〔Ω−m〕이다.

또 이 비저항의 역수인 $1/\rho$을 도전율(conductivity)이라고 한다. 그리고 대지가 가지고 있는 것을 대지도전율이라고 하며, 통신설비의 설계는 지표면의 대지 도전율이 문제가 되고, 또 전력유도 전압을 예측하고 계산할 때에는 지하 20∼500〔m〕의 평균 대지도전율이 문제가 되고 있다.

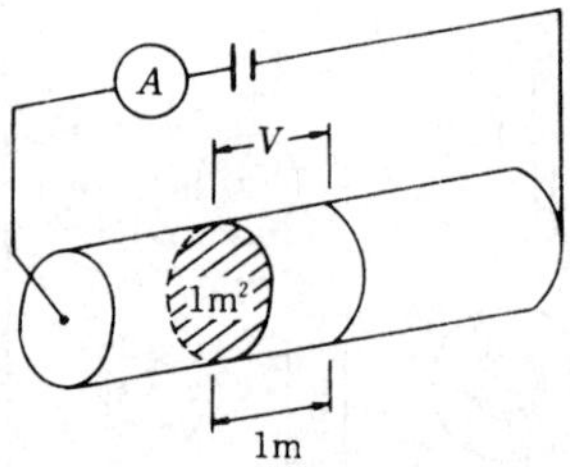

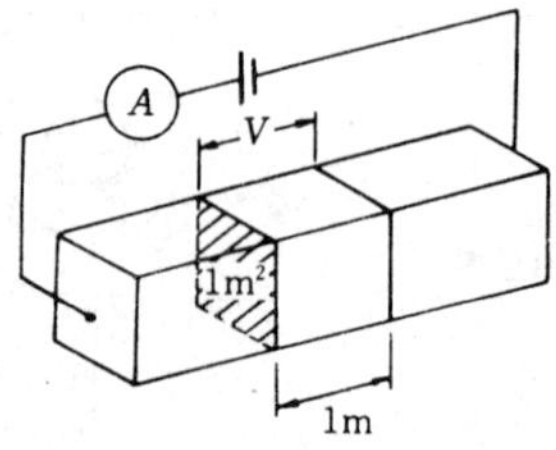

〈그림 13-10〉 도 전 율

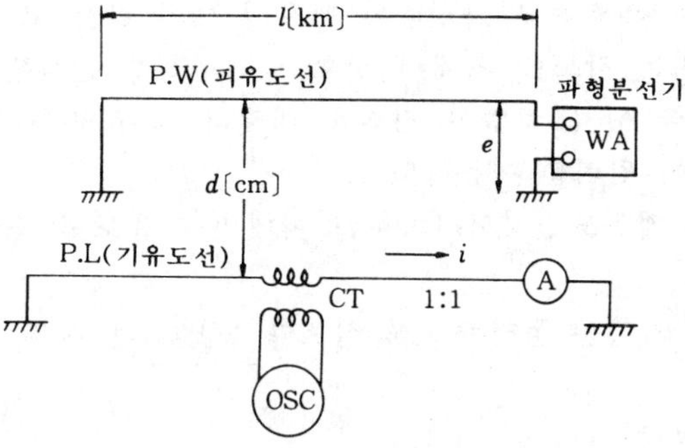

〈그림 13-11〉 탐사선법

[2] 대지도전율 측정방법

(1) 탐사선(pilot wire)법 : 그림 13-11은 대지도전율을 측정하기 위한 탐사선법(일명 PW법)의 회로도이다. 발진기에서의 전류는 변성기인 CT를 통해서 기유도선에 보내면 피유도선인 탐사선에 유도되는 전압 e는

$$e = j\omega Mli \tag{13-15}$$

단, ω : $2\pi f$

M : 상호 인덕턴스

가 된다. 측정된 e와 i와 M을 구하는 동시에 카아손-폴라체크(Carson-Pollacyek)의 상호 인덕턴스의 공식인

$$M = \left[4.6\log_{10}\frac{2}{kd} - 0.1544 + \frac{2\sqrt{2}}{3}k(h-y) - j\left\{\frac{\pi}{2} - \frac{2\sqrt{2}}{3}k(h+y)\right\}\right] \times 10^{-4} [\mathrm{H/km}] \tag{13-16}$$

단, k : $\sqrt{4\pi\sigma\omega}$

σ : 대지도전율

y : 탐사선의 지상고

h : 기유도선의 지상고

d : 탐사선과 기유도선과의 직선거리

에서 거꾸로 대지 도전율을 구한다.

한편 주위에 상용전원이 있을 경우에는 발진주파수를 상용주파수에서 약간 낮추는 동시에 출력을 크게 하고, 주위에서 받는 유도를 방지하기 위하여 차폐를 하여야 한다. 또 카아손-폴라체크 공식은 무한장 선로에 대한 상호 인덕턴스를 표시하는 공식이므로 유한장 선로에 적용시키면 약간의 오차가 발생된다는 점을 염두해 두어야 한다. 특히 지하에 수도관, 전력 케이블 및 송유관 등이 있을 경우에 대지도전율은 이들을 포함한 합성대지 도전율이 된다.

(2) 코일법(SC법) : 코일법은 탐사선법의 탐사선 대신 탐사 코일을 사용한 것으로 이 탐사 코일이 대지면과 지은 각도에 의해서 상호 인덕턴스가 변화된다는 원리를 이용하여 대지도전율을 구한다. 즉 탐사 코일이 지면에 대해서 직각(90°)이 되면 상호 인덕턴스 중의 허수부가 0이 된다는 원리를 이용하였다.

그리고 탐사 코일은 기유도선에서 100〔m〕 이내의 기유도선 중앙점 부근에 배치하는 것을 통례로 하고 있다.

보통 사용되고 있는 카아손-폴라체크 공식보다 1항목 더 많은 상호 임피이던스 공식은

$$j\omega M=\omega\Big[\frac{\pi}{2}-\frac{2\sqrt{2}}{3}k(h+y)+\frac{k^2}{4}[\{(h+y)^2+x^2\}\{0.6728+\log_e\frac{2}{kr}\}+2x(h+y)\theta]$$
$$+j\{2\log_e\frac{2}{kd}-0.1544+\frac{2\sqrt{2}}{3}k(h+y)\}\Big]\times10^{-4} \qquad (13\text{-}17)$$

단, y : 코일의 지상고

r : $\sqrt{x^2+(h+y)^2}$

θ : $\tan^{-1}\dfrac{x}{h+y}$

가 된다. 여기서 탐사선 대신 탐사 코일을 사용하면 실효 상호 인덕턴스 M_c는 탐사 코일의 단면적 A와 권선수 n에 비례하고 a에 의해서 달라진다.

$$M_c=nA\{(-\frac{2\sqrt{2}}{3}\cdot k+\frac{\pi}{4}\ k^2x)\cos a+j(\frac{2\sqrt{2}}{3}k\cos a-\frac{2}{x}\ \sin a)\}\times10^{-4} \qquad (13\text{-}18)$$

단, a : 수직면에 대한 코일면의 경사각도이다.

한편 허수부는

$$\frac{2\sqrt{2}}{3}k\ll\frac{2}{x} \qquad (13\text{-}19)$$

라는 관계가 되므로 $a=0$일 때에는 허수부가 0이 되므로

$$M_c=nA(-\frac{2\sqrt{2}}{3}\cdot k+\frac{\pi}{4}k^2x)\times10^{-4} \qquad (13\text{-}20)$$

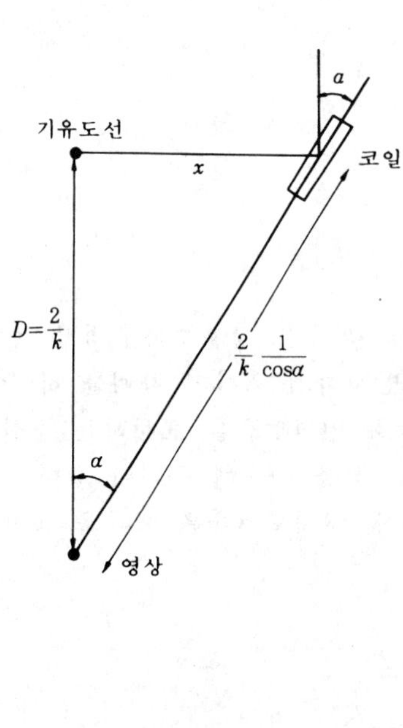

〈그림 13-12〉 코 일 법

을 변형시켜서 k를 구하면 다음과 같이 된다.

$$k=\frac{4\sqrt{2}}{3\pi x}-\sqrt{\left(\frac{4\sqrt{2}}{3\pi x}\right)^2-\frac{r_c}{\omega nA\pi x}} \tag{13-21}$$

단, r_c : 허수부가 0일 때의 ωM_c가 된다.

이 탐사 코일법도 탐사선법과 큰 차가 없고 또 기유도선이 유한장이기 때문에 탐사선과 마찬가지로 오차가 포함된다. 일반적으로 실제의 값보다 약간 적은 값이 측정되므로 이것은 반드시 보정시켜 주어야 한다.

(3) 전위법(4전극법) : 이 전위법은 일명 4전극법이라고 불리는 것으로 전기통신설비의 접지설계에 필요한 지표면 밑 10〔m〕 정도의 지층에 대한 대지 도전율을 측정할 경우에 사용되며, 세 방법중 가장 많이 이용된다.

① 측정원리 —— 그림 13-13에 있어서 P점의 전계강도를 E라고 하면

$$dE=\frac{dV}{dr}=\frac{1}{\sigma}\frac{I}{2\pi r^2}=\rho\frac{1}{2\pi r^2} \tag{13-22}$$

가 되므로 그 양변을 적분하면

$$V=-\int_{\infty}^{r}\rho\cdot\frac{I}{2\pi r^2}dr=\frac{\rho I}{2\pi r} \tag{13-23}$$

단, V : P점의 전위라는 관계가 성립된다.

그리고 그림 13-14에 있어서 $+I$와 $-I$에 대한 P점의 전위 V는

$V_1=\frac{\rho I}{2\pi r_1}$ ………………………… $+I$에 의한 전위

$V_2=-\frac{\rho I}{2\pi r_2}$ ………………………… $-I$에 의한 전위

가 되므로 다음과 같이 이들의 합이 된다.

$$V=V_1+V_2=\frac{\rho I}{2\pi}\left(\frac{1}{r_1}-\frac{1}{r_2}\right) \tag{13-24}$$

한편 그림 13-15에 있어서 P_1점의 전위와 P_2점의 전위를 구하면 식 (13-23)에 의해서 다음과 같이 된다.

$$V_{P1}=\frac{\rho I}{2\pi}\left\{\frac{1}{\left(\frac{L}{2}-\frac{l}{2}\right)}-\frac{1}{\left(\frac{L}{2}+\frac{l}{2}\right)}\right\} \tag{13-25}$$

$$V_{P2}=\frac{\rho I}{2\pi}\left\{\frac{1}{\left(\frac{L}{2}+\frac{l}{2}\right)}-\frac{1}{\left(\frac{L}{2}-\frac{l}{2}\right)}\right\} \tag{13-26}$$

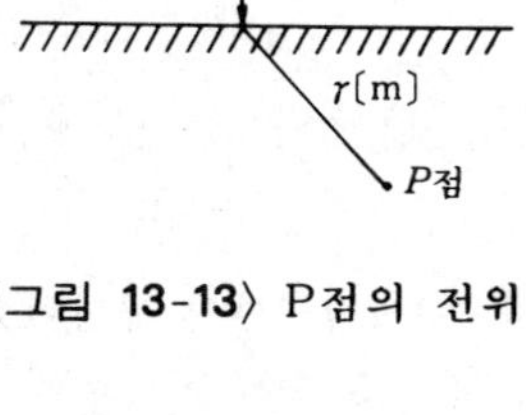

〈그림 13-13〉 P점의 전위

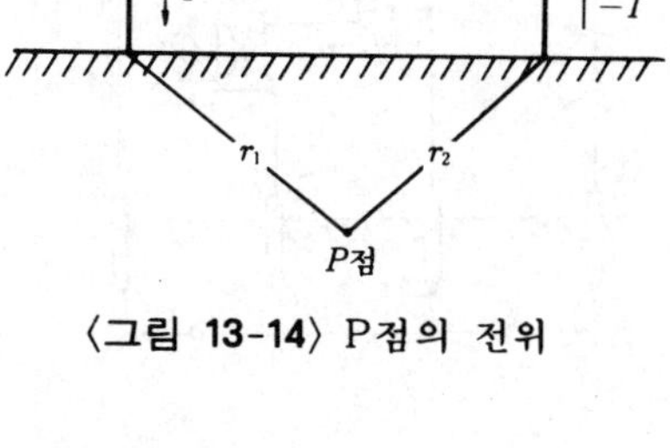

〈그림 13-14〉 P점의 전위

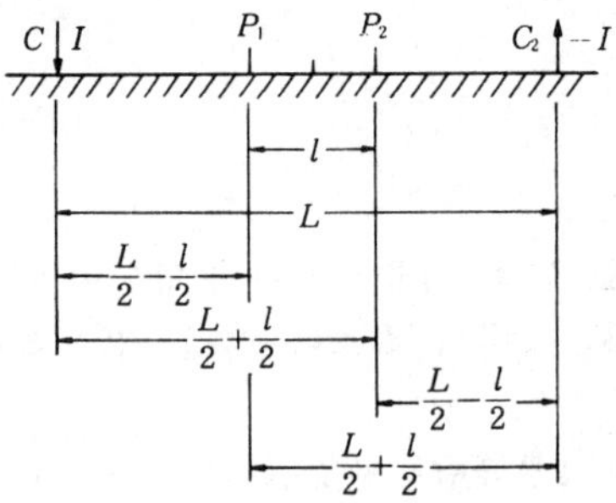

〈그림 13-15〉 P_1점과 P_2점

따라서 P_1점과 P_2점 사이의 전위차인 V_{P1-P2}는

$$V_{P1-P2}=V_{P1}-V_{P2}=\frac{\rho I}{2\pi}\left\{\frac{2l}{\left(\frac{L}{2}+\frac{l}{2}\right)\left(\frac{L}{2}-\frac{l}{2}\right)}\right\}$$

$$=\frac{\rho I}{\pi}\cdot\frac{4l}{(L^2-l^2)} \quad (13\text{-}27)$$

이 된다. 이 식 (13-27)에서 비저항 ρ를 구하면

$$\rho=\frac{V_{P1-P2}}{I}\cdot\frac{(L^2-l^2)\pi}{4l} \quad (13\text{-}28)$$

가 된다. 따라서 대지비저항 ρ는 P_1점과 P_2점 사이의 대지저항을 구함으로써 얻어진다.

또한 $3l=L$이 되도록 전극을 배치하는 것을 웨너(Wenner) 배치라고 하며 접지설계시의 비저항측정에는 이 웨너 배치를 사용한다. 이 경우 l의 값은 $l=0.5\sim50$〔m〕의 범위로 함으로써 깊이 약 10〔m〕인 지표층의 비저항측정에 사용된다. 대지비저항 측정기는 이 웨너 배치를 전제로 하고 만들어진 측정기이다.

② 대지비저항의 측정회로 —— 전기통신설비의 접지설계에 필요한 지표층 약 10〔m〕 정도의 깊이를 측정하는데 웨너 배치에 의한 측정방법을 설명한다. 그림 13-15에 있어서 $l=L/3=a$라는 관계가 성립되면 그림 13-16과 같은 배치가 된다.

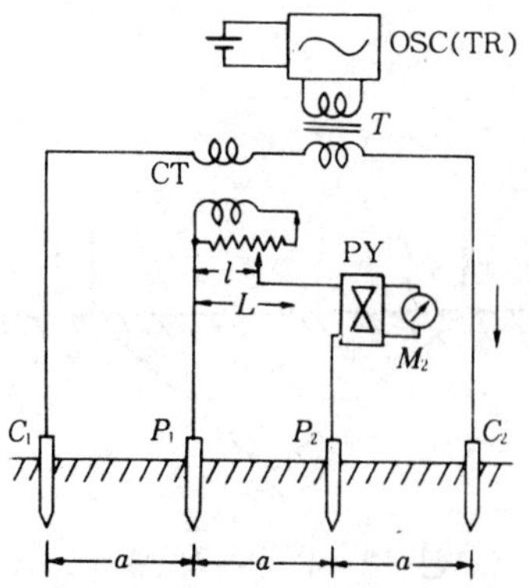

〈그림 13-16〉 대지비저항의 측정회로

먼저 OSC의 발진전압은 승압되어서 변성기 CT의 1차 코일을 통해 교류 I〔A〕를 지중에 보낸다. 이때 대지의 저항 R에 의하여 P_1점과 P_2점 사이에 발생된 전위차 V는

$$V=RI \tag{13-29}$$

가 된다. 또 변성기 CT의 2차측에는 I에 비례된 전류가 흘러 R_V중 길이 l의 전위차 V_e는

$$V_e=KR_V I\frac{l}{L} \tag{13-30}$$

이 되는데 V와 V_e가 서로 반대방향이 되도록 동기정류기 PY를 동작시킨다. 이때 R_V를 조정하여 M_2의 바늘이 0을 지시하도록 하면

$V=V_e$, $\quad RI=KR_V I\frac{l}{L}$이 되므로

$$R=KR_V\frac{l}{L} \tag{13-31}$$

이 되어서 l/L, 즉 l의 위치로써 R을 측정할 수 있다.

여기서 상술한 식 (13-28)에 의해

$$\rho=\frac{V_{P1-P2}}{I}\cdot\frac{(L^2-l^2)\pi}{4l}=R\frac{\{(3a)^2-a^2\}\pi}{4a}$$

$$=2a\pi R \tag{13-32}$$

가 되므로 측정된 R과 a에 의해서 ρ가 구해진다. 이 ρ의 역수가 바로 대지도전율이 된다.

〔연 습 문 제〕

13-1 전송량의 단위에 대하여 아는바를 써라

13-2 CCITT에서 규정하는 전송 레벨의 기준은 무엇인가?

13-3 어느 가입자용 선로의 전류를 측정하였던 바 MDF에서 공급되는 전류는 384〔mA〕인데 가입자용 전화기에 도달된 전류는 60〔mA〕이었다. 이 케이블의 통화감쇠량은 몇 〔dB〕인가?

13-4 전류계법에 의한 통화감쇠량의 측정회로를 그리고 그 측정방법을 설명하여라.

13-5 전송기기의 이득 측정방법에 관하여 설명하여라.

13-6 전송로에 있어서 잡음의 종류에 관하여 설명하여라.

13-7 잡음전압 측정기의 개요를 설명하여라.

13-8 비저항과 도전율과의 관계를 설명하여라.

13-9 대지도전율 측정방법의 일례를 들어 설명하여라.

13-10 시내전화 케이블의 근단누화감쇠량 측정방법을 설명하여라.

단 원 Ⅳ

무선설비에 관한 측정

◂ 수신기에 관한 측정
◂ 송신기 및 전원에 관한 측정
◂ 공중선, 급전선 및 전계강도에 관한 측정

제 14 장

수신기에 관한 측정

수신기에 관한 측정으로서는 수신기의 종합특성과 수신기를 구성하는 각 부의 개별특성이 대상이 되는데, 종합특성으로는 주로 감도(sensitivity), 선택도(selectivity), 충실도(fidelity) 및 안정도(stability)를 들 수 있으며, 개별특성으로는 AM수신기의 중간주파 회로 특성이나 잡음지수(noise figure) 등의 측정과 FM수신기의 주파수 변별기나 진폭제한기의 특성측정 등이 중요하다.

한편 수신기의 종류에는 여러 가지가 있으나 현재 주로 사용되고 있는 슈우퍼헤테로다인(superheterodyne) 수신기에 관하여 다루기로 한다.

14-1 수신기의 종합특성 측정

[1] 감도특성의 측정

수신기의 감도란 얼마나 미약한 전파까지 수신할 수 있는가 하는 능력을 말하므로, 규정된 수신기의 출력을 얻는 데 필요로 하는 수신기의 최저 입력전압으로 표시한다. 이 값은 주로 수신기 내부증폭기의 증폭도와 내부잡음에 의하여 결정된다. 그러므로 출력측의 신호대 잡음비(*S/N*비)를 어떻게 다루느냐에 따라서 잡음제한 감도와 이득제한 감도로 구분한다.

(1) AM 수신기의 감도측정

① 잡음제한감도에 의한 측정 ——— 일반적으로 이 방법이 주로 사용되며, 이것은 표준출력이 방송용 수신기는 50[mW](17[dBm]), 상업용 수신기는 10[mW](10[dBm])이고, 또 잡음출력에 대하여 20[dB] 높은 출력을 주는 의사공중선(dummy antenna)의 입력

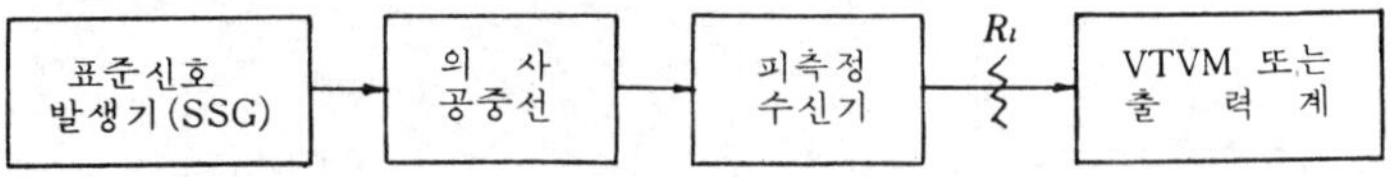

〈그림 14-1〉 잡음제한 감도측정 회로 구성도

전압 레벨로써 표시한다.

잡음제한 감도를 측정하는 회로구성도는 그림 14-1과 같다.

그림에서 표준신호 발생기는 수신주파수에 해당되는 주파수로 선정하고, 변조주파수는 방송용의 경우 400〔Hz〕, 전신의 경우 1000〔Hz〕 정도를 택하여 30〔%〕 변조한 출력을 의사공중선에 가한다. 의사공중선은 보통 중파용일 때 $L=14$〔μH〕, $C=150$〔pF〕, $R=50$〔Ω〕 정도의 직렬회로를 사용하며, R_l은 수신기의 출력측과 정합된 무유도저항을 사용한다. 다음에 수신기 출력이 표준출력인 50〔mW〕로 되는 R_l 양단의 신호전압 E_S를 다음 식에서 구하여 둔다. 즉

$$W=\frac{E_s^2}{R_l} \qquad \therefore\ E_s=\sqrt{WR_l} \tag{14-1}$$

이다. 그리고 SSG가 무변조상태일 때 R_l 양단에 나타나는 잡음전압 E_n가 E_s보다 20〔dB〕 낮은 값, 즉

$$E_n=\frac{E_s}{10} \tag{14-2}$$

로 구하여 둔다.

측정방법은 표준신호 발생기를 무변조로 하여 반송파만으로 수신기의 감도와 음량을 조정하고, SSG의 출력 레벨을 가감하여 수신기출력이 식 (14-2)에 적합하도록 한 다음 SSG를 변조상태로 하여 수신기출력이 식 (14-1)의 E_s값이 되도록 조정하면, SSG의 출력 전압 레벨(dB)이 의사공중선 입력 레벨로 되어 수신기의 감도를 나타낸다.

위의 측정값은 수신기의 수신주파수대에 따라 다르므로 각 주파수대를 변화시켜가며 측정하여 그래프로 표시하면 그림 14-2와 같은 특성을 보여준다.

측정시 주의할 사항으로는 SSG의 출력 임피이던스와 의사공중선이 정합되어 있을 때

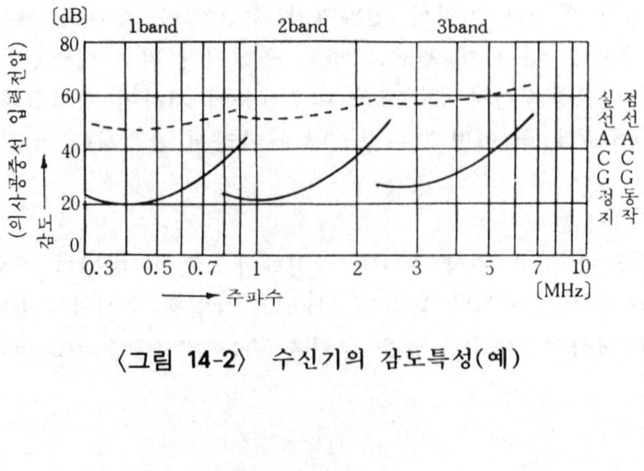

〈그림 14-2〉 수신기의 감도특성(예)

는 삽입손실 6[dB](또는 1/2)을 감해야 하며, 의사공중선은 수신기의 종류에 따라 적당한 것을 선정하여야 하고, 외부잡음의 영향을 받지 않도록 각 부의 접지나 차폐를 철저히 하여야 한다.

② 이득제한감도에 의한 측정 ――― 수신기의 이득이 적어서 감도와 음량을 최대로 하여도 규정된 잡음량(즉 신호출력의 −20[dB])으로 되지 않는 경우에는 S/N비에 관계없이 감도와 음량을 최대로 한 상태에서 SSG의 출력 레벨을 조정하여 수신기 출력이 50[mW]가 되도록 하고, 이때의 SSG 출력 레벨을 의사공중선의 입력 레벨로 하여 감도를 표시하는 방법이다.

측정방법은 ①의 경우와 같으며, 이밖에 루우프 공중선(loop antenna)을 사용하는 방향탐지기와 같은 특수수신기에서는 표준전계를 발생시켜 수신기의 감도를 측정하는 방법도 있다.

(2) SSB 수신기의 감도측정 : SSB 수신기의 감도측정은 시험주파수의 선정방법이 다를 뿐이고 기타 측정방법은 AM수신기의 경우와 대체로 비슷하다. 측정회로의 구성도는 그림 14-1에서 피측정 수신기 자리에 SSB 수신기를 넣으면 된다.

여기서 단일통화로인 억압반송파(J_3E) 수신기에 관하여 측정방법을 설명하면, 처음에 SSG는 지정된 시험주파수보다 1.5[kHz]만큼 높은 주파수를 발진시킨다. 이 주파수는 정확한 값으로 발진해야 하며 수신기의 입력측에서는 이것이 1.5[kHz]임을 확인해야 한다. 만일 1.5[kHz]가 아닐 경우에는 수신기의 국부발진기를 조정해서 정상상태로 한다.

다음에는 AM수신기의 경우와 마찬가지로 SSG의 출력과 수신기의 이득을 조정해서 잡음제한 감도로 S/N비가 20[dB], 출력이 50[mW]가 되게 하여 측정하고, 만일 이 측정이 곤란하면 이득제한 감도로 측정하면 된다.

(3) FM수신기의 감도측정 : FM 수신기는 입력신호가 없을 때에는 잡음이 많으나 신호가 들어오면 잡음은 억제되어 조용한 상태로 된다. 이 점을 이용해서 신호가 없을 때의 잡음을 20[dB] 저하시키기 위한 입력전압 레벨로 감도를 나타내고 있다. 이것을 잡음억압감도라고 한다. 즉 입력신호가 적은 데에도 잡음이 억압되면 그만큼 약한 신호의 수신이 가능하므로 감도가 좋게 된다.

그 측정방법은 그림 14-3과 같이 회로를 구성하고 SSG는 무변조의 희망신호를 발진하고 그 출력 레벨은 약 30[dB] 정도로 하여 둔다.

그리고 FM 수신기의 스켈치(squelch) 회로의 동작을 정지시킨 다음 동조를 잡는다. 다음에 SSG의 동작을 정지시키면 수신기의 잡음출력이 커지므로 적당한 잡음출력이 되도록 감쇠기를 조정하여 이때의 잡음출력을 N_1[dB]로 하고, 다시 감쇠기를 풀어서 N_1[dB]보다 20[dB] 적게 하여 둔다. 그런 다음 무변조상태로 SSG를 동작시켜서 그 출력을 적

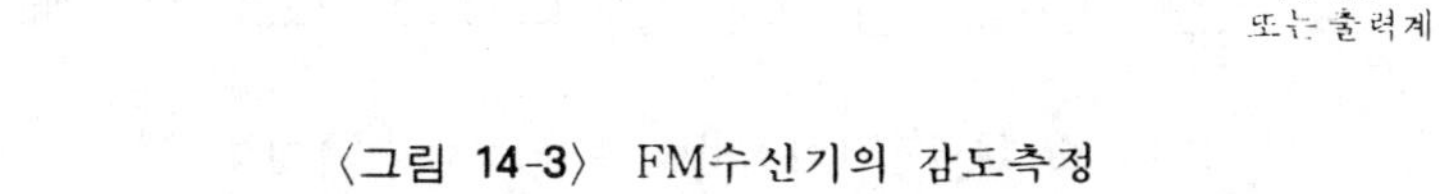

〈그림 14-3〉 FM수신기의 감도측정

은 값으로부터 서서히 증가시켜가면 수신기의 잡음출력은 점차 감소하게 된다. 이때 잡음출력이 N_1〔dB〕이 되도록 SSG의 출력을 조정하면 이때 SSG의 출력 레벨이 수신기의 의사공중선 입력 레벨로써 감도를 표시하게 된다.

이 방법은 무변조상태로 측정하는 것이므로 FM용 SSG가 아니라도 되며 또 수신기의 출력 임피이던스가 600〔Ω〕 감쇠기에 적합하지 않을 때에는 감쇠기 ATT를 제거하고 수신기의 출력 임피이던스와 같은 부하저항을 연결한 다음, 그 양단의 전압을 직접 VTVM으로 측정하여 SSG를 동작시켰을 때에 잡음전압이 1/10(즉 −20〔dB〕)로 감소되도록 하면 된다.

[2] 선택도의 측정

수신기의 선택도란 희망하는 신호파를 불필요한 방해파로부터 어느 정도 분리시켜 선택할 수 있는가 하는 능력을 나타내는 것이다. 그러므로 선택도는 신호파와 방해파의 근접도, 레벨의 정도 등에 따라 다르기 때문에 근접주파수 선택도와 영상주파수 선택도로 구별하여 취급한다. 측정방법에는 1신호법과 2신호법이 있으며 구하는 내용에 따라 측정방법이 선택된다.

(1) AM수신기의 선택도 측정

① 1신호법에 의한 근접주파수 선택도 ——— 근접주파수란 수신기의 동조주파수 부근의 주파수를 말하며, 이 측정으로 통과대역폭과 감쇠경도 등을 알 수 있다. 측정방법으로는 그림 14-4와 같이 회로를 구성하고 SSG를 수신기의 희망주파수에 조정하여 1000〔Hz〕, 30〔%〕로 변조시킨 다음, 그 출력을 적당히 낮추고 수신기의 동조를 정확히 잡은 뒤에 AGC(automatic gain control) 동작은 정지시킨다.

이때 수신기의 증폭기와 포화되지 않도록 하고 수신기의 출력이 표준출력 50〔mW〕로 되었을 때 SSG의 출력 레벨을 A〔dB〕이라 하자. 다음에 SSG의 주파수를 동조주파수 상하로 조금씩 이조시키면서 그때마다 출력계(VTVM 또는 level meter)의 지시가 동조주파수일 때와 같도록 SSG의 출력을 증가시키면서 그 값을 기록하여 B〔dB〕, C〔dB〕,……이라 하고, 이것을 이용하여 A〔dB〕의 값을 0으로 잡고 B〔dB〕, C〔dB〕, ……순으로 차츰 증가된 양만을 그래프로 나타내면 그림 14-5와 같은 근접주파수 선택도 특성곡선을 얻는다.

한편 우리는 이 특성곡선으로부터 다음과 같은 양을 결정할 수가 있다.

(i) 통과대역폭(pass band width) : 대역폭의 표시방법으로는 일반적으로 실용대역폭이라 하여 3〔dB〕의 두 점 간 대역폭으로서 방송용 수신기에서 사용되며, 6〔dB〕 대역폭은 통신용 수신기에서 사용되고, 쌍봉특성일 경우 3점 대역폭은 고충실도를 요하는 수신기에서 적용된다.

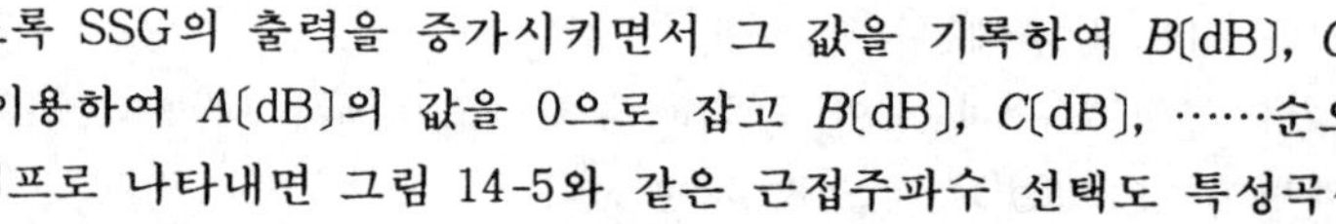

〈그림 14-4〉 1신호법에 의한 선택도 측정

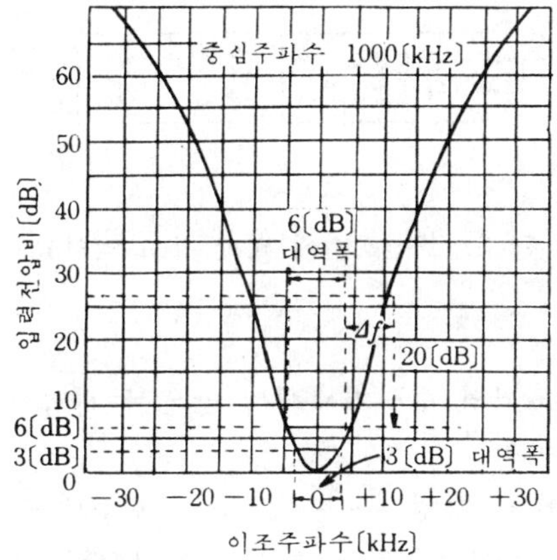

〈그림 14-5〉 근접주파수 선택도 특성(예)

(ii) 감쇠경도(attenuation gradient) : 이것은 주파수를 이조시킴에 따라 감쇠량의 변화정도를 나타내는 것으로서 통과대역을 제외한 양측의 곡선경사면에서 통과대역 끝으로부터 Δf만큼 이조시켰을 때 a[dB]만큼 감쇠되었다면 다음의 비로 감쇠경도를 표시한다.

$$\frac{a}{\Delta f}[\mathrm{dB/kHz}] \tag{14-3}$$

감쇠경도에는 식 (14-3)으로 표시하는 평균 감쇠경도와 대역폭을 2배로 취했을 때 대역폭으로부터의 감쇠량으로 표시하는 옥타아브 감쇠경도 등이 있으며, 평균 감쇠경도는 보통 20[dB], 40[dB] 또는 60[dB]을 취한다.

또한 SSG를 무변조상태로 하고 수신기의 검파부에서 검파전류나 전압을 출력으로 잡고 같은 방법으로 측정을 하여도 근접주파수 선택도 특성곡선을 그림 14-5와 같이 얻을 수 있다.

② 영상주파수 선택도 ——— 이것은 표준출력을 얻는 데 있어서 필요한 희망신호파의 입력 레벨과 영상주파수 신호의 입력 레벨과의 차로써 정의한다. 즉 영상주파수 신호의 입력 레벨을 A_i[dB]이라 하고, 희망신호파의 입력 레벨을 A_s[dB]이라고 하면 영상방해비는 다음 식으로 표시된다.

$$\text{영상방해비} = A_i[\mathrm{dB}] - A_s[\mathrm{dB}] \tag{14-4}$$

영상방해는 슈우퍼헤테로다인 수신기에서만 볼 수 있는 것으로서 영상주파수는 수신주파수를 f_r이라 하고 중간주파수를 f_i라고 할 때, 상측 헤테로다인 방식에서는 f_r+2f_i가 되고, 하측 헤테로다인 방식에서는 f_r-2f_i가 된다.

측정방법으로서는 그림 14-4와 같이 회로를 구성하고 같은 방식으로 변조된 희망주파수와 영상주파수를 각각 넣어서 표준출력(50[mW])이 되었을 때 SSG의 출력 레벨로써 식 (14-4)를 적용하여 구한다.

영상방해비도 주파수에 따라 각각 다르므로 넓은 주파수대에 걸쳐서 각각 측정하여야

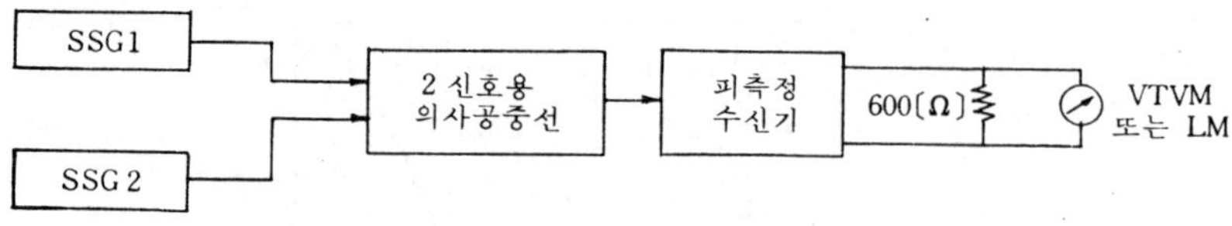

〈그림 14-6〉 2신호법에 의한 감도 억압효과 측정

한다. 영상방해비는 과거 초기의 수신기에서는 많은 문제점이 되었으나 현재의 수신기에서는 별로 영향을 주지 않는다.

③ 2신호법에 의한 선택도 측정 ——— 두 신호선택도는 주파수가 다른 2개 이상의 신호를 동시에 수신기에 가함으로써 수신기의 통과대역 외에 강력한 방해파가 존재할 때, 희망파의 식별능력이 어느 정도인가를 나타내는 것으로서 다음과 같이 감도 억압효과, 혼변조 및 상호변조의 3가지 특성으로 구분하여 설명할 수 있다.

(ⅰ) 감도억압효과(sensitivity blocking effect) 특성 : 희망신호에 근접한 주파수의 방해파(무변조)를 희망신호와 함께 수신기에 가하면 수신기의 감도가 저하한다. 이것은 수신기의 비직선동작(포화) 때문에 야기되는 것이며, 이로 인하여 표준변조된 희망파의 출력이 방해파에 의하여 3〔dB〕 저하될 때 방해파의 입력 레벨로서 표시한다.

측정방법으로는 그림 14-6과 같이 회로를 구성하고, SSG_1은 신호용으로서 희망 수신주파수 f_r을 발진시켜 1000〔Hz〕로 30〔%〕 변조한 후에 수신기를 최대로 조정한 상태에서 표준출력이 되도록 SSG_1의 출력을 조정한다.

다음에 SSG_2는 방해전파용으로서 이조된 주파수를 무변조상태로 가하고, 그 출력을 차츰 올려가면서 신호파의 수신기입력이 3〔dB〕 변화하였을 때의 SSG_2의 출력 레벨을 본다. 단 이 경우에도 의사공중선의 정합손실이 있을 때는 그 값(−6〔dB〕)을 감해 주어야 하며, 출력계로 VTVM을 사용했을 때는 그 지시가 5.48〔V〕(600〔Ω〕에서 50〔mW〕이므로)가 되도록 조정한다.

그리하여 각 이조주파수에 대한 위의 측정값을 가지고 그래프를 작성하면 그림 14-7과 같다. 그림에서 X축의 0은 희망주파수(SSG_1)를 표시하고 좌우의 숫자는 희망주파수와 방해주파수(SSG_2)의 편차를 나타낸다.

(ⅱ) 혼변조(cross modulation) 특성 : 희망신호가 무변조로 들어왔을 때 변조된 강력한 근접방해파가 들어오면 수신기의 비직선 동작으로 인하여 방해파의 변조신호에 의해서 희망신호가 변조되어서 동일주파수의 혼신과 같은 현상이 수신기의 출력에 나타난다. 이것은 희망신호가 표준변조된 출력보다 20〔dB〕 낮은 값으로 될 때 방해파의 입력 레벨로써 표시한다.

혼변조특성의 측정회로를 그림 14-6과 같으며 측정방법은 (ⅰ)과 비슷하나 SSG_1이 무변조상태이고, SSG_2가 변조상태인 것만이 다르다. 즉 처음에 SSG_1를 변조상태로 하여 표준출력이 되도록 조정한 다음 SSG_1의 변조를 중지시키면 수신기출력은 없어질 것이며, 그때 SSG_2의 변조출력을 조정하여 수신기출력이 20〔dB〕이 되도록 조정하면 된다.

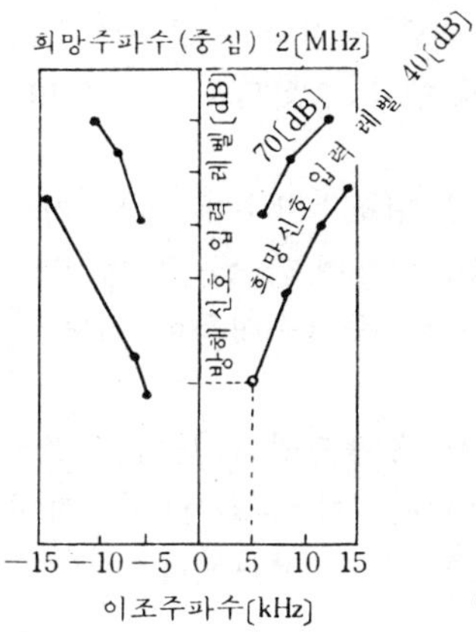

〈그림 14-7〉 감도 억압효과 특성(예)

(iii) 상호변조(inter-modulation) 특성 : 2개의 강력한 방해파를 동시에 수신기입력에 가했을 때 두 주파수의 합 또는 차의 주파수가 희망 신호의 주파수나 또는 중간주파수와 같게 되면 수신기의 비직성특성 때문에 방해파출력이 나온다.

두개의 방해파(SSG_1과 SSG_2)를 동일 레벨로 하여 한쪽에만 변조하고, 수신기는 희망신호에 동조시켜 표준 출력을 얻는 상태로 조정한 다음 희망파가 변조되었을 때 규정출력으로부터 20[dB] 낮은 값으로 될 때의 방해파 입력 레벨로서 표시한다. 측정회로는 그림 14-6과 같이 하며 측정방법은 SSG_1과 SSG_2의 주파수합 또는 차가 희망주파수나 중간주파수가 되도록 하여 (i) 및 (ii)와 같은 측정절차로 구하면 된다.

(2) SSB수신기의 선택도 측정 : SSB수신기의 선택도는 근접주파수 선택도에 한하며 측정회로는 그림 14-1과 같은 감도측정 회로를 그대로 사용할 수 있다. 측정방법은 AGC 동작을 정지시키고 SSG의 발진주파수를 시험주파수보다 1500[Hz]만큼 높게 하고 수신기출력에서 이것이 1500[Hz]임을 확인한다. 만일 출력주파수가 같지 않으면 국부발진 주파수를 조정하여 같게 하여야 한다. 다음에 AM수신기의 선택도측정과 같은 방법으로 SSG의 주파수를 상하로 변화시키면서 수신기의 출력 레벨을 일정하게 유지시키기 위한 SSG출력 레벨의 변화량을 상대 레벨로 측정하면 선택특성을 얻을 수 있다.

(3) FM수신기의 선택도 측정 : FM수신기의 선택도 측정은 AM수신기의 경우와 대동소이하며 측정회로나 측정방식도 대략 비슷한 방식으로 행한다. 단지 근본적으로 다른 것은 감도측정 때와 마찬가지로 AM수신기에서는 SSG를 변조시켜 사용하는 데 반해서 FM수신기에서는 부변조상태로 하여 측정하는 점이 다르며 FM수신기에서도 1신호에 의한 근접주파수 선택도나 2신호에 의한 감도 억압효과 특성(6[dB]감소를 기준) 및 상호변조 특성 등을 측정할 수 있다.

[3] 충실도의 측정

수신기의 충실도라 함은 피변조된 파를 수신하였을 때 수신기의 출력에서 어느 정도

본래의 신호로 재현시킬 수 있는가 하는 능력을 표시하는 것으로서 수신기의 음질을 나타내는 것이다. 충실도는 전기적 충실도와 음향적 충실도로 구분되며 수신기의 종별에 관계없이 거의 같이 취급한다.

(1) 전기적 충실도 : 고주파 입력전압의 변조주파수에 대한 저주파 출력전압의 관계를 표시한다. 주로 수신회로의 주파수 특성, 진폭변형, 위상변형 및 잡음 등에 의하여 결정되는 것이나, 단일통신 회로의 송수신과 같이 주파수대폭이 비교적 좁은 것에 있어서는 위상변형이 별로 문제시되지 않는다.

(2) 음향적 충실도 : 변조주파수에 대한 음향출력의 관계를 표시한다. 이것은 주로 스피이커(speaker)의 성능으로 결정되며 스피이커가 양호하다고 하더라도 수신기의 출력측과 스피이커 입력측이 정합되지 않으면 충실도가 저하된다. 그림 14-8은 이들의 측정회로 구성도를 나타낸 것이다.

그림 14-8에서 전기적 충실도를 측정하기 위하여는 스위치 S를 ①에 놓고 일반적으로 상대 레벨을 사용하여 측정한다.

먼저 SSG를 희망 수신주파수에 맞추고 외부변조를 1000〔Hz〕, 〔30%〕 변조하여 수신기를 이것에 동조시킨다. 그리고 수신기의 출력을 표준출력(50〔mW〕, 17〔dBm〕)이 되도록 수신기를 최량상태로 조정한 다음 SSG 출력을 저정한다. 이때의 수신기출력을 0〔dB〕이라 하고, SSG와 수신기를 그대로 둔 상태에서 저주파 발진기의 발진주파수를 상하로 변화시키면서 그때마다 수신기출력의 변화량을 dB로 표시하여, 그 값으로 그래프를 그리면 그림 14-9와 같은 주파수 특성곡선을 얻을 수 있다.

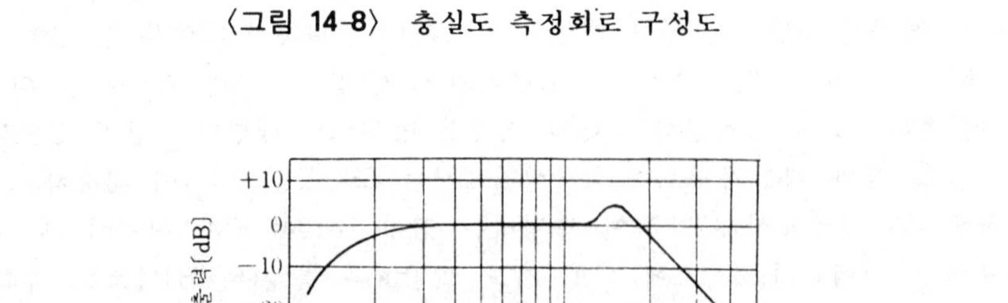

〈그림 14-8〉 충실도 측정회로 구성도

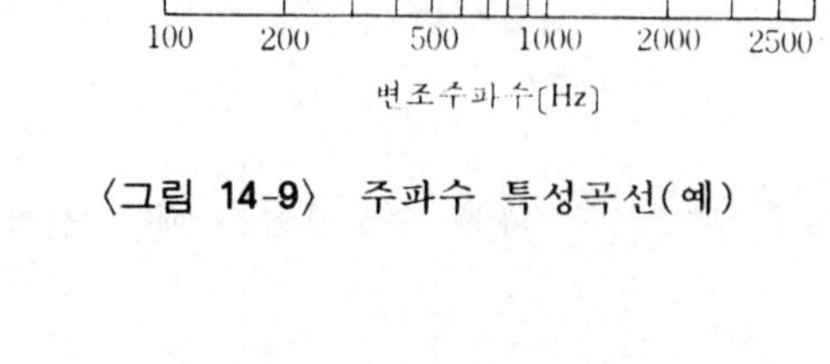

〈그림 14-9〉 주파수 특성곡선(예)

한편, 음향적 충실도 측정은 그림 14-8에서 스위치 S를 ②에 놓고 확성기의 기계적 진동을 포함한 종합적인 특성을 측정하는 것이다. 즉 스위치 S를 ②로 절환하고, 변조주파수가 1000〔Hz〕일 때 출력계의 지시가 적당(0〔dBm〕이 편리)하도록 보조증폭기의 이득을 조정한다.

그리고 변조주파수만을 상하로 변화시키면서 출력계의 변화량을 기록해서 전기적 충실도와 같은 특성곡선을 그리면 그림 14-9와 비슷한 특성을 얻을 수 있으며 스피이커의 성능에 따라 약간 국부적인 기복이 있을 뿐이다. 이때 사용되는 무음향 상자는 60×90×120〔cm〕의 무반사 밀폐상자로서 내부에는 스피이커와 마이크(microphone)의 간격을 50〔cm〕 정도로 놓고 측정한다.

[4] 안정도의 측정

안정도라 함은 수신기에 일정한 입력신호를 가했을 때 재조정을 하지 않고 얼마나 오랫동안 일정한 출력을 얻을 수 있는가 하는 능력을 말한다. 안정도에 중대한 영향을 미치는 것은 국부 발진주파수의 변동과 증폭도의 변동이나 부품의 경년변화에 의한 성능열화 등이다. 그리하여 주파수안정도와 이득의 안정도에 관하여 알아보기로 한다.

(1) 주파수안정도 : 주파수의 변동원인을 세분하면 초기변동, 전원전압의 변동, 입력신호 레벨의 변동, 주파수대의 절환, 온도 및 습도, 기계적 진동, 경년변화 및 이득과 부하의 변동 등에 의해서 주파수변동을 일으키므로, 이들의 변화요인을 방지하기 위한 각종 보조회로나 부속장치를 비치하여야 한다.

이들 변동원인 중에서 중요한 것은 초기변동과 전원전압의 변동에 의한 주파수변화이므로 이들에 관해서만 설명하기로 한다.

① 초기변동 ——— 이것은 피측정 수신기에 전원 스위치를 접속하고 국부 발진주파수가 안정될 때까지의 발진주파수 변동상태를 기록하면 된다. 측정방법으로는 그림 14-10(a)와 같이 국부 발진주파수를 계수형 주파수계로 직접 측정하여 초기값을 0으로 하고 시간에 따른 변화량을 기록하거나 그림 (b)와 같이 국부 발진주파수의 초기값과 같은 수정발진기를 연결하여 헤테로다인 검파시키면 초기값은 0이 되고 국부 발진주파수가 변화하면 차의 주파수가 저주파 측정장치에 나타남으로써 주파수변동을 측정할 수 있다.

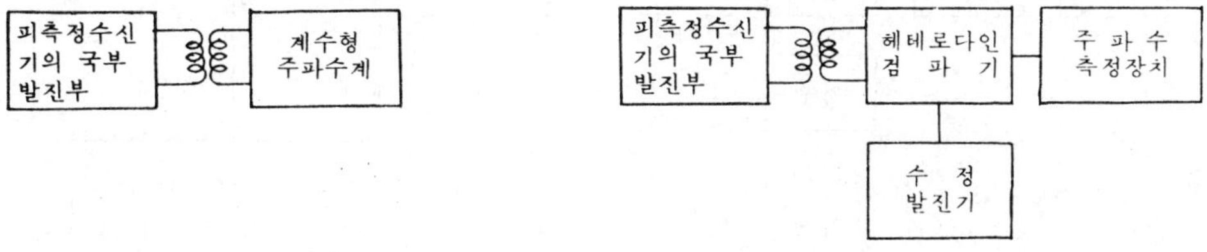

〈그림 14-10〉 발진주파수 초기변동 측정회로 구성도

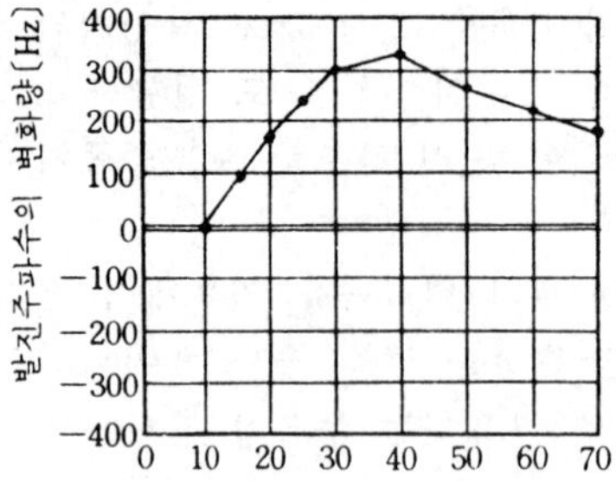

(a) 전원접속 후의 시간(분)

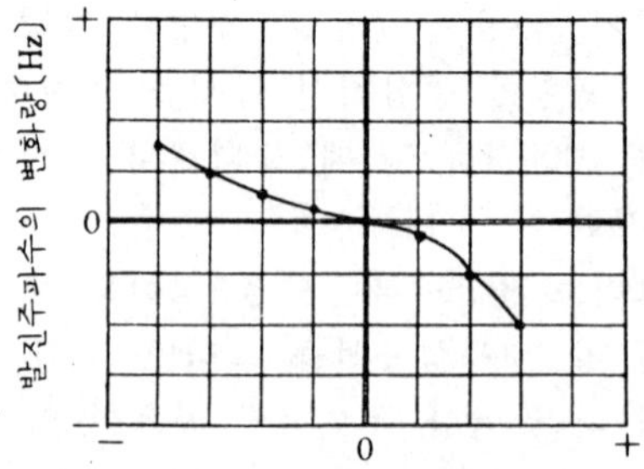

(b) 전원전압의 변화[V]

〈그림 14-11〉 주파수 안정도의 측정(예)

이때 수정발진기는 미리 동작시켜서 충분히 안정시켜 놓아야 한다. 그리하여 측정결과를 그래프로 나타내면 그림 14-11(a)와 같다.

② 전원전압변동 ——— 초기 변동특성 측정이 끝난 다음, 발진기를 안정상태로 두고 전원전압을 규정값의 ±10[%] 범위로 변화시키면서 국부 발진주파수를 측정하여 그래프를 그리면 그림 14-11(b)와 같이 전원전압이 규정값보다 크면 발진주파수는 기준보다 낮아지고, 전원전압이 적어지면 발진주파수는 높아진다는 것을 알 수 있다.

(2) 이득의 안정도 : 이득의 안정도를 측정하는 회로는 그림 14-12(a)와 같이 구성하고, SSG는 규정된 변조상태에서 피측정 수신기를 최량의 상태로 조정하여 그 출력이 표준출력이 되도록 SSG의 출력을 조정한다. 이 상태에서 수신기의 전원전압을 정격값 상하로 변화시키면서 출력의 변화를 구하여 그래프를 그리면 그림 (b)와 같은 특성을 알 수 있다.

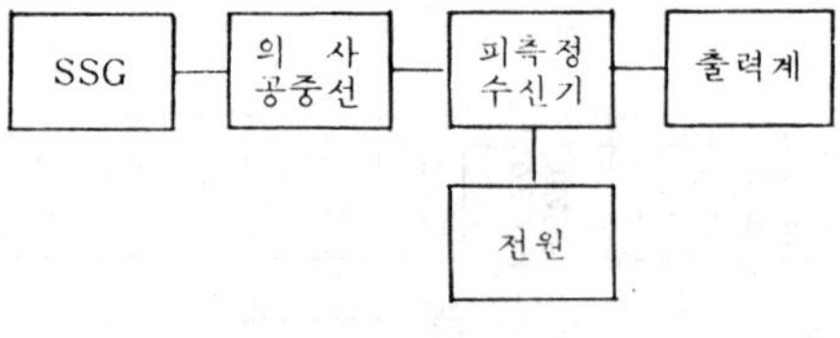

(a) 측정회로 구성도

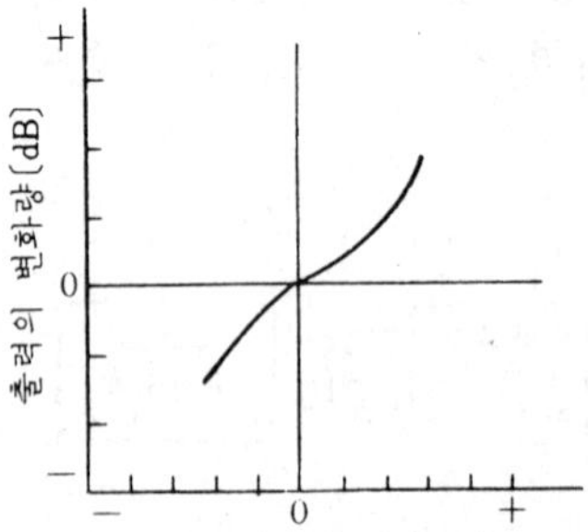

전원전압의 변화[V]

(b) 전원전압 대 출력특성(예)

〈그림 14-12〉 이득의 안정도 측정

14-2 수신기의 개별특성 측정

[1] AM수신기의 개별특성 측정

AM수신기의 개별특성이라 함은 종합특성을 제외한 것으로서 각 부의 특성이 전부 대상이 되지만 주로 종합전압이득, 중간주파증폭기의 주파수특성 및 잡음지수 측정에 관하여 알아 보기로 한다.

(1) 종합전압이득의 측정 : 이것은 수신기 전체의 이득을 뜻하는 것으로서 그림 14-13과 같이 측정회로를 구성하고 SSG로부터의 희망 수신주파수를 발진하고 여기에 400〔Hz〕 또는 1000〔Hz〕로 30〔%〕 변조한 출력을 의사공중선에 가하고 수신기를 최량의 상태가 되도록 조정한다. 그리고 SSG를 정지시킨 다음 잡음출력을 측정하고 다시 SSG를 동작시켜 수신기의 출력이 소정의 신호대 잡음비(S/N비, 20〔dB〕)가 되도록 SSG의 출력 감쇠기를 조정한다.

다음에 수신기출력이 50〔mW〕가 되도록 음량조정기를 조정하며 이때의 출력전압을 E_o, 입력전압을 E_i라고 하면 이득 G는

$$G = 20\log_{10}\frac{E_o}{E_i}\,〔\mathrm{dB}〕 \tag{14-5}$$

로 되어 수신기의 종합 전압이득을 구할 수 있다.

(2) 중간주파 증폭기의 주파수특성 : 중간주파 증폭기의 주파수 특성이란 중간주파 결합회로(IFT; intermediate frequency transformer)의 특성을 나타내며, 이것은 중간주파수(455〔kHz〕 또는 5.5〔MHz〕나 10.7〔MHz〕)를 기준으로 하여 상하로 이조된 주파수의 통과특성을 뜻하게 된다.

측정방법은 1 신호선택도 측정방법과 비슷하게 중간주파수의 상하로 주파수를 이조시키면서 일정출력을 얻기 위한 입력의 변화량을 그래프로 나타내면 선택도특성과 같게 된다. 이 측정은 중간주파수 증폭단만을 사용할 경우 무변조상태로 입력을 가해도 되지만, 일반적으로 중간주파 증폭기의 주파수특성은 수신기 전체의 선택도 특성을 대표하게 되므로 1신호선택도 측정방법을 참고로 하면 된다.

중간주파 증폭기의 주파수특성을 관측하기 위하여는 중간주파 증폭의 입력단에 스위이프 발진기를 적당히 조정하여 연결하고 출력단에 오실로스코우프를 연결하여 그 출력을 관찰하면 중간주파 증폭기의 주파수 특성을 직시할 수도 있다.

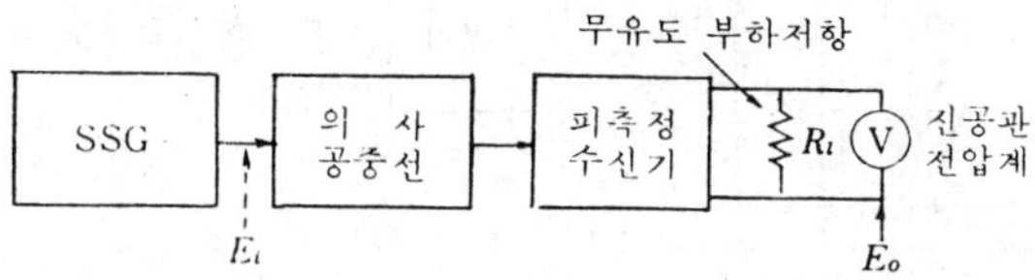

〈그림 14-13〉 종합 전압이득 측정회로 구성도

(3) 잡음지수의 측정 : 잡음지수란 수신기의 내부잡음을 나타내는 합리적인 표시방법으로서 수신기입력에서의 신호대 잡음비 S_i/N_i와 수신기 출력에서의 신호대 잡음비 S_o/N_o와의 비로서 나타내며 잡음지수를 F라 하면

$$F=\frac{S_i/N_i}{S_o/N_o}=\frac{S_iN_o}{S_oN_i}=\frac{S_i}{S_o}\cdot\frac{N_o}{kTB}=\frac{N_o}{G}\cdot\frac{1}{kTB} \tag{14-6}$$

으로 표시된다.

여기서 S_i : 수신기의 유능신호 입력전력

N_i : 수신기의 유능잡음 입력전력($=kTB$)

S_o : 수신기의 유능신호 출력전력

N_o : 수신기의 유능잡음 출력전력

G : 수신기의 유능이득(S_o/S_i)

B : 등가잡음 대역폭(Hz)

T : 저항체의 절대온도(°K)

k : 볼쯔만 상수($=1.38\times10^{-23}$[J/°K])

따라서 내부잡음이 없으면 $F=1$이고, 내부잡음이 있을 때는 $F>1$이 되므로 F의 크기에 따라 수신기의 내부잡음 정도를 알 수 있다. 보통 수신기에서는 잡음지수를 dB로 표시하는 경우가 많으므로, 이것을 $[F]_{dB}$로 하면

$$[F]_{dB}=10\log F=10\log^{S_i/N_i}-10\log^{S_o/N_o}\,[\text{dB}] \tag{14-7}$$

로 표시할 수 있다. 잡음지수를 측정하는 방법에는 2극관 잡음발생기를 사용하는 경우와 표준신호 발생기를 사용해서 구하는 경우로 나누어서 설명하기로 한다.

① 2극관 잡음발생기에 의한 측정 ——— 그림 14-14와 같이 회로를 구성하고 2극관을 포화 전류상태로 동작시키면 양극(plate)전류에 나타나는 산탄 잡음전류는 다음 식으로 주어진다.

$$\overline{i_n^2}=2eIB \tag{14-8}$$

여기서 e는 전자의 전하($=1.602\times10^{-19}$[C])이고 B는 수신기의 등가잡음 대역폭이다. 따라서 수신기 입력측에서 본 유능 잡음전력 $N_s(=N_o/G)$는 다음과 같이 쓸 수 있다.

$$N_s=\frac{\overline{i_n^2}R}{4}=\frac{1}{2}eIRB \tag{14-9}$$

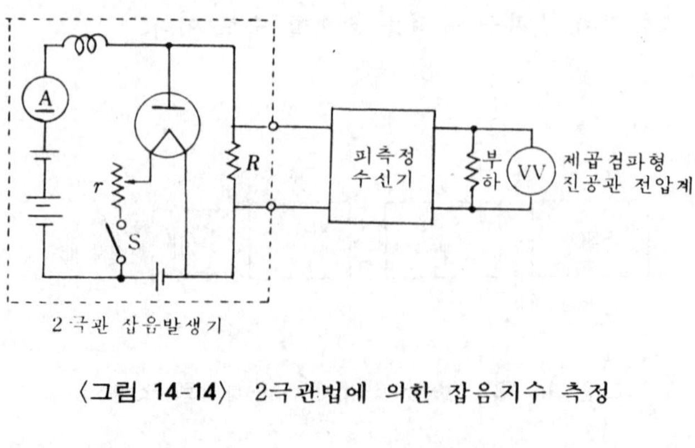

〈그림 14-14〉 2극관법에 의한 잡음지수 측정

그리하여 식 (14-6)에 식 (14-8)과 (14-9)를 차례로 대입시키면

$$F=\left(\frac{N_o}{G}\right)\cdot\frac{1}{kTB}=\left(\frac{\overline{i_n^2}R}{4}\right)\cdot\frac{1}{kTB}$$

$$=\frac{2eIBR}{4}\cdot\frac{1}{kTB}=\frac{eIR}{2kT} \tag{14-10}$$

으로 됨을 알 수 있다.

식 (14-10)에서 k는 볼쯔만(Boltzmann)의 상수($=1.38\times10^{-23}$[J/°K])이고, T는 절대온도로 표시된 실내온도이므로, 실내온도를 15[℃]라 하면 $T=288$[°K]가 되어

$$\frac{e}{2kT}\fallingdotseq 20$$

으로 되므로

$$F\fallingdotseq 20IR \tag{14-11}$$

로 간단하게 표시할 수 있다. 그러므로 전류계 A를 mA용으로 하고, 저항 R을 50[Ω]으로 하면 $F=10^3I$가 되므로 전류의 지시값이 바로 잡음지수 F가 되는 것이다.

측정방법으로는 수신기를 정상으로 동작시키고 2극관은 온도 포화상태가 되도록 r을 조정하여 양극전압을 충분히 높게 한다. 그런 다음 스위치 S를 열고 수신기만을 동작시켜서 적당한 출력(수신기에서 발생하는 잡음출력)이 되도록 하고, 다음에 S를 닫고 수신기 출력이 전의 2배가 되도록 r을 조정하면 이때 전류계 A의 지시값이 잡음지수 F를 표시한다.

한편 출력측에 3[dB] 감쇠기를 이용하여 S를 열었을 때의 출력과 S를 닫고 출력측에 3[dB] 감쇠기를 넣었을 때의 출력이 같도록 하여 측정하여도 같은 결과를 얻게 된다.

② 표준신호발생기(SSG)에 의한 측정 ——— 측정회로는 그림 14-15와 같이 신호발생기를 사용하여 구성하고, 처음에 SSG의 전원을 끄고 수신기를 조정하여 적당한 출력이 되도록 한다. 측정방법은 ①과 마찬가지로 SSG의 전원을 다시 넣고 SSG의 출력을 조정하여 수신기출력이 전의 2배가 되도록 하였을 때 SSG의 출력전압을 E라고 하면 수신기 입력측에서의 잡음전력 $N_s(=N_o/G)$는 다음 식으로 주어진다.

$$N_s=\frac{E^2}{4R} \tag{14-12}$$

여기서 R은 SSG의 출력 임피이던스(최근에는 주로 75[Ω]을 사용)이다. 따라서 식 (14-12)를 식 (14-6)에 대입하면

$$F=\left(\frac{N_o}{G}\right)\cdot\frac{1}{kTB}=\frac{E^2}{4kTBR}=0.625\times10^{20}\cdot\frac{E^2}{RB} \tag{14-13}$$

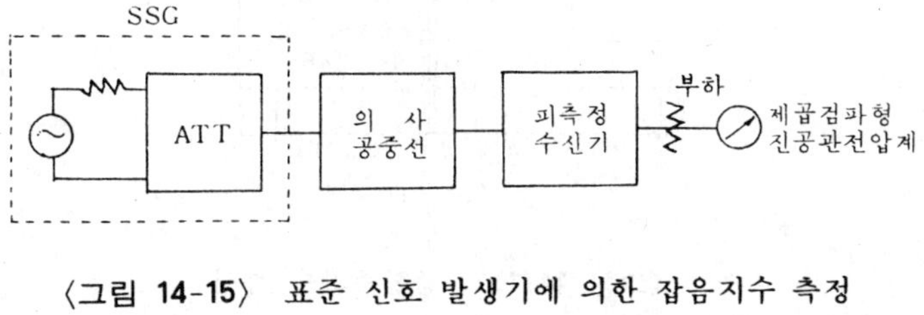

〈그림 14-15〉 표준 신호 발생기에 의한 잡음지수 측정

으로부터 잡음지수 F의 값을 구할 수 있다.

[2] SSB수신기의 개별특성측정

SSB수신기에 있어서 각 부의 특성을 측정할 수 있으나 그 중에서도 중요한 것은 독립측파대(B_3E)에 있어서도 각 통화로를 분리하는 특성과 각 복조기의 반송파 누설 등의 측정이므로 여기서는 주로 통화로 상호간의 누화특성 측정에 관하여 다루기로 한다.

(1) CH A 및 CH B의 종합주파수 특성 : 그림 14-16과 같이 통화로의 주파수 특성 측정회로를 구성하고, SSG를 제2중간주파 증폭기에 연결한 다음, 그 중심주파수를 100〔kHz〕의 상하로 수〔kHz〕 범위에 걸쳐서 변화시키면 그림 14-17과 같은 CH A와 CH B의 종합주파수 특성을 얻을 수가 있다. 그림 14-16에서 HPF 100.25〔kHz〕와 LPF 99.75〔kHz〕를 잡은 것은 독립측파대의 상호간격이 0.5〔kHz〕를 잡기 때문이다.

일반적으로 종합주파수 특성이라고 하면 통과분리 여파기, 복조기(demodulator), 음성용 대역여파기(BPF) 및 저주파 증폭기를 포함한 특성을 가리키지만, 위와 같이 중간주파 증폭기의 특성을 포함해서 나타내기도 한다.

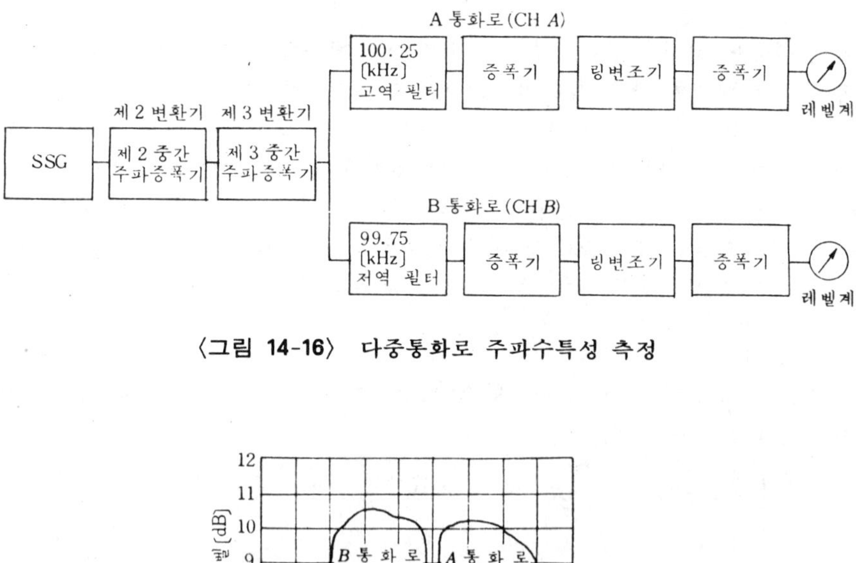

〈그림 14-16〉 다중통화로 주파수특성 측정

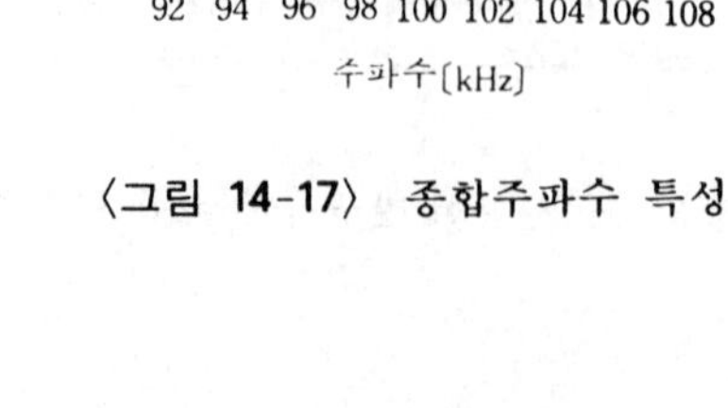

〈그림 14-17〉 종합주파수 특성

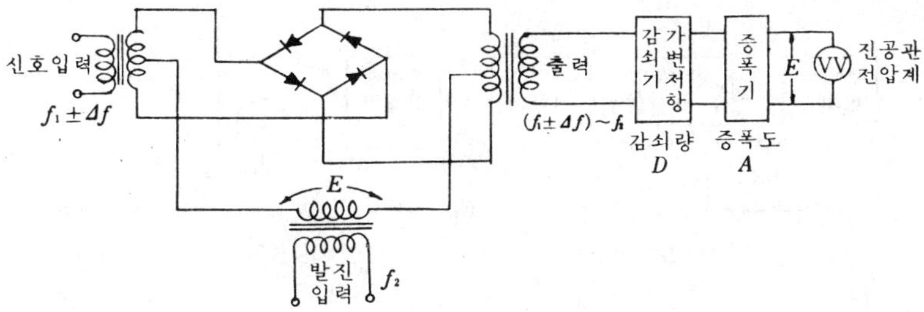

〈그림 14-18〉 반송파 누설량 측정

(2) CH A 및 CH B 복조기의 반송파누설과 변환손실 : 반송파누설(leakage)이란 평형복조기나 평형변조기에 일정한 주파수의 입력을 가했을 때 출력측에 누설되어 나타나는 현상을 말하는 것으로서 일반적으로 발진전압에 대하여 −50〔dB〕 정도가 요구된다.

측정방법은 그림 14-18과 같이 평형복조기나 평형변조기 출력측에 증폭도를 알고 있는 증폭기, 저항감쇠기 및 VTVM을 접속하고, VTVM의 지시가 평형복조기에 가해진 발진 입력전압과 같게 되도록 감쇠기를 가감시키면 감쇠기의 감쇠량 D에서 증폭기의 이득 A를 뺀 값이 반송파 누설 값이 된다. 즉

$$\text{반송파 누설량} = D - A\text{〔dB〕} \tag{14-14}$$

이다.

여기에 사용되는 증폭기의 이득은 60〔dB〕 정도의 것이어야 한다. 또 변환손실의 측정은 평형복조기의 입력에 CH A용의 것에는 21〔kHz〕, CH B용의 것에는 19〔kHz〕의 신호를 가하여 각 통화로의 출력 레벨이 규정값이 되도록 신호의 크기를 조정하고 평형복조기의 입력과 출력전압을 VTVM으로 측정하면 그 값의 비가 변환손실(conversion loss)이 된다.

[3] FM수신기의 개별특성 측정

FM수신기에 있어서도 각 부의 측정을 할 수 있으나 그 중에서 진폭제한기의 특성과 주파수 변별기의 특성측정에 관하여 알아 보기로 한다.

(1) 진폭제한기(amplitude limiter)의 특성측정 : 진폭제한기의 특성측정회로는 그림 14-19(a)와 같이 구성하고 SSG의 발진주파수를 중간주파 증폭기의 중심주파수에 맞춘 다음, 무변조상태로 그 출력을 점차 증가시켜가면서 그 때마다 진폭제한기의 입력전압 E_1과 출력전압 E_2를 측정하여 입력전압에 대한 출력전압의 특성을 그래프로 그려보면 그림 (b)와 같이 된다. 즉 입력전압을 증가시킴에도 불구하고 출력전압은 일정한 값을 유지하게 된다. 이것을 진폭제한 특성이라고 한다.

(2) 주파수변별기(frequency discriminator)의 특성측정 : 주파수 변별기는 FM파의 검파기로서 특성측정 회로구성은 그림 14-20(a)와 같이 진폭제한기의 특성측정 회로구성과 거의 같으나 출력측정이 주파수 변별기 다음 단에서 측정하며 SSG의 발진주파수를 변

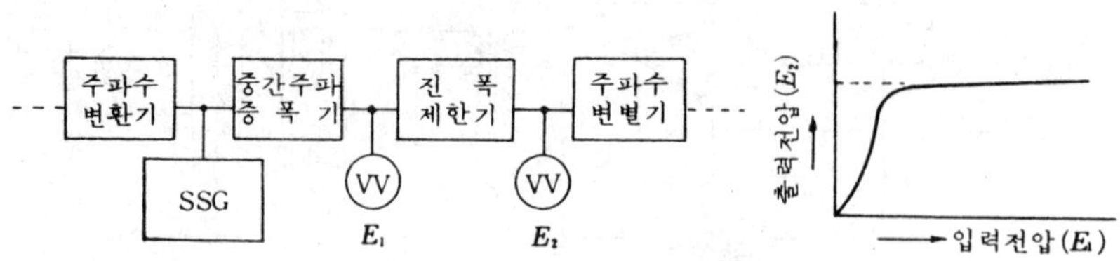

(a) 구성도 (b) 특성

〈그림 14-19〉 진폭제한기의 특성측정

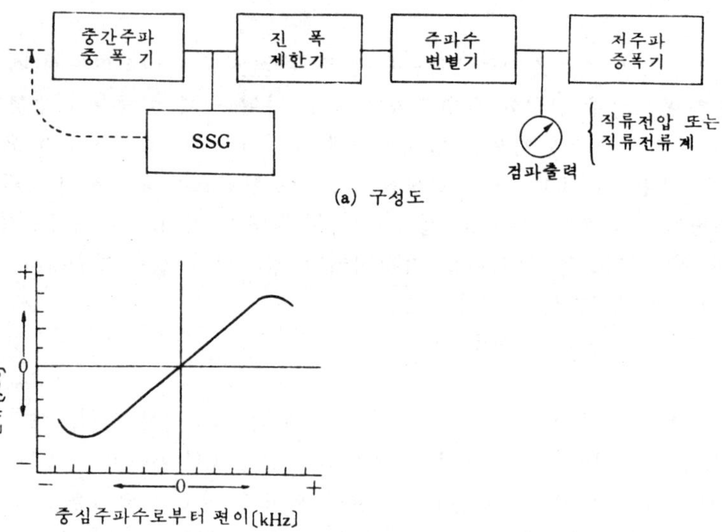

(b) 특성

〈그림 14-20〉 주파수 변별기의 특성측정

화시킨다는 점이 다르다. 그리고 진폭제한기의 출력은 고주파인 데 비하여 주파수 변별기의 출력은 직류이므로 직류전압이나 전류측정기로 측정할 수 있다.

이때 사용되는 전압계는 입력저항이 커야 하므로 직류도 측정할 수 있는 P형 VTVM을 사용하는 것이 좋으며 주파수의 편이에 따라 출력전압이나 전류의 극성이 반전되므로 극성반전용 스위치를 필요로 한다.

측정방법은 SSG의 발진주파수를 중간주파 증폭기의 중심주파수에 맞추고 무변조상태로 한다.

다음에 SSG의 출력은 진폭제한기가 포화되도록 조정하고 SSG의 주파수를 중심주파수에서 조금씩 변화시키면서 그때마다 주파수 변별기의 출력전압(또는 전류)의 값을 기록한다. 중심주파수보다 높은 쪽과 낮은 쪽에서는 출력측의 측정기 극성을 바꾸어 측정하면 동일한 특성이 얻어지며 이 극성을 고려해서 주파수 편이량에 대한 출력값을 그래프로 나타내면 그림 (b)와 같은 특성곡선(S자 특성)을 얻는다.

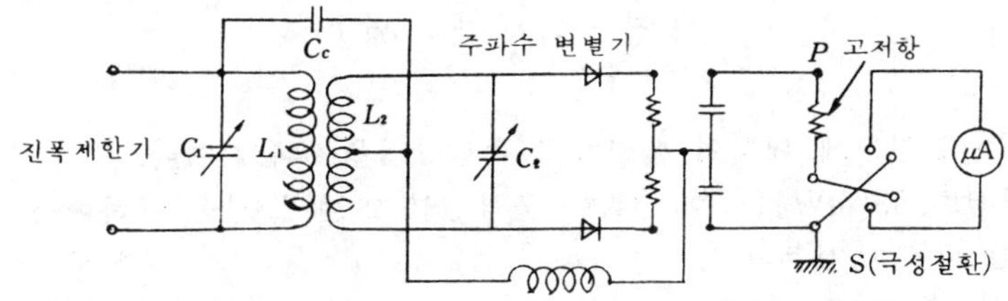

〈그림 14-21〉 주파수 변별기의 특성측정 회로

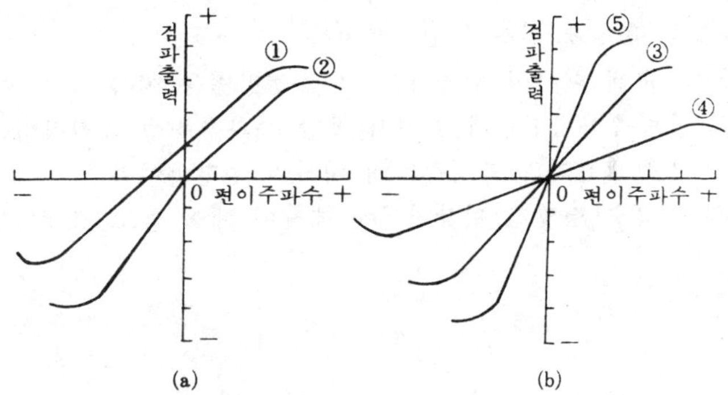

〈그림 14-22〉 특성의 여러가지 예

주파수 변환기의 특성측정에 있어서 몇 가지 문제점을 들어 보면 다음과 같다.

그림 14-21은 실제적인 포스터-시일리(Foster-Seeley)형 주파수 변별기의 특성측정 회로이며, P점과 접지 간을 극성 절환 스위치 S를 사용하여 출력전류계와 연결되어 있고, 입력주파수의 편이대 검파 출력을 그래프로 나타내면 이상적인 경우 그림 14-20(b)와 같이 되나 결합회로에 이상이 있으면 그림 14-22(a), (b)와 같은 여러 가지 측정을 나타내게 되므로 이들의 원인과 조정방법을 고찰해 보기로 한다.

그림에서 곡선 ③을 이상적인 특성곡선이라고 간주할 때

곡선 ① : 이때는 동조회로의 동조가 벗어났을 때로서 중심주파수에서 출력이 0이 되도록 C_1과 C_2를 조정하여 정확히 동조를 잡아야 한다.

곡선 ② : L_2의 중심점이 벗어나 있는 경우로서 탭(tap)의 위치를 정확히 조정한다.

곡선 ④ : L_1과 L_2가 소결합(loose coupling)일 경우로서 S자 특성의 경사가 완만하며 주파수편이를 넓게 잡을 수 있고, 직선성도 길고 좋지만 출력이 적어진다.

곡선 ⑤ : L_1과 L_2가 밀결합(close coupling) 되었을 때이며 감도는 좋지만 주파수 편이의 범위가 좁고 또 직선범위가 짧으므로 왜곡이 발생하기 쉽다. 일반적으로 이들 회로의 조정은 주파수편이에 대한 직선성을 실제로 수신하는 FM파의 편이주파수의 2배 정도로 조정해 두는 것이 양호한 특성을 얻는 방법이다.

[연 습 문 제]

14-1 AM수신기의 감도에 대하여 설명하고 측정방법을 약술하여라.

14-2 표준출력전력 50〔mW〕를 얻기 위한 출력전압 또는 dB값을 구하여라. 단, 부하저항은 600〔Ω〕이라고 간주한다.

14-3 DSB, SSB 및 FM수신기의 감도측정에 있어서 서로 다른 점은 무엇인가?

14-4 수신기의 선택도 측정결과로서 통과대역폭과 감쇠경도에 대하여 설명하여라.

14-5 수신기의 감도억압 효과특성에 대하여 논하고 그 측정방법을 써라.

14-6 수신기의 충실도 측정에 대하여 설명하여라.

14-7 수신기의 안정도 측정에 대하여 설명하여라.

14-8 수신기의 잡음지수에 대하여 설명하고 그 측정방법을 써라.

14-9 SSB수신기의 독립측파대전송에 있어서 종합 주파수특성 측정방법을 논하여라.

14-10 FM수신기의 진폭제한기의 특성측정에 대하여 설명하여라.

14-11 FM수신기의 주파수 변별기 이상현상에 대하여 예를 들고 조정방법을 설명하여라.

제 15 장

송신기 및 전원에 관한 측정

일반적으로 송신장치는 발진부(oscillation part), 완충증폭부(buffer amplification part), 주파수체배부(frequency multiplying part), 변조부(modulation part), 증폭부(amplification part) 및 전원부(power supply part)로 구성되어 있다. 이 동작을 전체적으로 파악하기 위해서는 각 부분의 동작특성을 정확히 측정하여야 하나, 본장에서는 주로 송신기의 전력측정, 변조도측정, 왜율측정, 점유주파수대폭의 측정 및 전원의 측정 등에 관하여 설명하고자 한다.

15-1 송신기의 전력측정

송신기의 전력(power)이라 함은 송신기에서 공중선(antenna)에 공급되는 전력을 말하며, 여기에는 방사전력 외에 접지저항이나 공중선저항 등에서 소비되는 전력이나 유도 등에 의해서 소비되는 모든 전력을 포함한다. 또한 송신기의 효율이라 함은 송신기의 최종단 출력관의 입력전력 P_i에 대한 송신기의 출력전력 P_o의 비로 표시하며, 효율을 η라 하면

$$\eta=\frac{P_o}{P_i}\times 100[\%] \tag{15-1}$$

로 표시한다. 한편 송신기의 효율과 혼동하기 쉬운 공중선의 효율은 송신기의 출력 P_o에 대한 공중선의 방사전력 P_r의 비로서 표시하며, 공중선전류를 I_a, 공중선의 실효저항을 R_r, 공중선의 손실저항을 R_l이라고 하면 공중선의 효율 η_a는 다음 식으로 표시할 수 있다.

$$\eta_a=\frac{P_r}{P_o}\times 100=\frac{R_r\cdot I_a^2}{(R_r+R_l)I_a^2}\times 100=\frac{R_r}{R_r+R_l}\times 100[\%] \tag{15-2}$$

송신기의 전력 측정방법은 송신기의 종별, 사용주파수 등에 따라 여러 가지가 있으나

주로 AM송신기(단파 이하), SSB송신기(단파 이하), FM송신기(초단파대) 및 마이크로파(micro wave)용 송신기로 구분하여 그 측정방법을 알아보기로 한다.

[1] AM송신기의 전력측정

AM송신기의 전력 측정방법도 전력의 대, 소, 사용주파수대 등에 따라 여러 가지 방법이 사용된다. 보통 장중파 또는 중단파대에서는 무유도저항에 전력을 공급하고 이것에 흐르는 전류를 전류계로 측정하여 계산하는 방법이 사용되는데 이것은 주로 1〔kW〕 정도 이하에서 채택되고, 대전력일 때에는 부하저항을 수냉식으로 하여 냉각수의 온도차를 가지고 전력을 계산하여 구한다.

그리고 단파대에서는 부하저항으로서 전구를 사용하여 그 밝기를 가지고 전력의 크기를 구하든가 또는 종단 출력관의 양극손실을 이용하여 전력측정을 하는 등 여러 가지 방법이 있다.

(1) 의사공중선을 사용하는 방법 : 공중선의 실효저항 R_a를 알면 공중선전류의 제곱에 R_a를 곱하여 직접 송신기의 출력을 계산할 수 있지만 실효저항을 모를 때에는 그림 15-1과 같이 회로를 구성하고 스위치 S를 ①로 한 상태에서 송신기를 정상적으로 조정하고 이때 공중선 전류계의 지시를 I_a라고 하며, 스위치 S를 ②로 한 다음 L_a와 C_a를 조정하여 공중선전류를 최대로 하고, R_a를 조정하여 공중선전류가 먼저의 I_a의 값과 같게 되면 이때 R_a는 공중선의 실효저항과 같으므로 공중선전력 P_a는 다음 식으로 구해진다.

$$P_a = I_a^2 R_a \text{〔W〕} \tag{15-3}$$

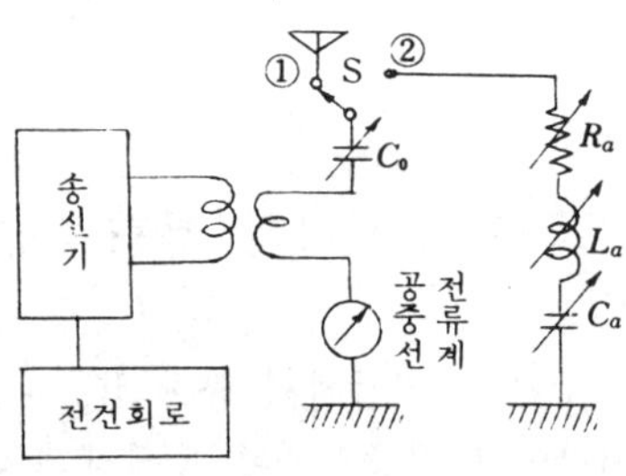

〈그림 15-1〉 의사공중선에 의한 전력측정

(2) 전구의 조도를 비교하는 방법 : 이것은 송신기의 출력을 전구에 넣어 그 밝기와 기지의 전력을 같은 전구에 넣어 그 밝기를 비교하여 측정하는 방법으로서 그림 15-2와 같이 저항 대신에 텅스텐 전구를 적당히 직렬 또는 병렬로 접속한 다음, L과 C로 이루어지는 회로를 구성한다. 측정방법은 스위치 S를 ①로 하고 송신기를 정상상태로 조정한 후 스위치 S를 ②로 절환시키고 C를 조정하여 최대 밝기로 한다.

이때 조도계로 조도를 측정하고 같은 방법으로 AC전원을 이용하여 R_S를 조정함으로써 전구의 조도가 부하전구의 조도와 같게 되었다면 이때의 전압계지시 E〔V〕와 전류계지시 I〔A〕를 가지고 송신기출력 P_o를 계산할 수 있다.

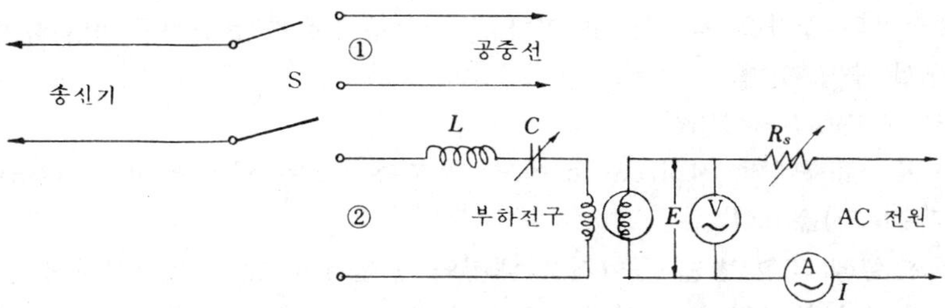

〈그림 15-2〉 전구의 조도를 비교하는 방법

$$P_o = E \cdot I\,[\mathrm{W}] \tag{15-4}$$

이때 공중선의 실효저항과 부하전구의 저항은 같아야 하며 스위치 S를 ①로 했을 때와 ②로 했을 때 송신기의 출력전류계(공중선 전류계)의 지시값은 동일하도록 해야 한다. 또한 부하전구와 비교전구의 성능은 동일해야 하며 조도의 측정위치도 같은 방법으로 측정해야 하고, 송신기의 출력을 고려하여 부하전구를 여러 개(즉 n개) 사용했을 때에는 비교는 1개로 하고, 출력은 n배를 해 주면 된다.

(3) 수부하에 의한 방법 : 송신기의 출력이 클 경우에는 전류용량이 큰 순저항을 사용하여야 하는데 이상적인 순저항으로서는 전류용량이 큰 것이 별로 없으므로 그림 15-3과 같이 탄소저항을 유리관에 넣고, 냉각수를 통과시켜 냉각시키면서 냉각수의 온도차를 측정한다. 이때 유량계를 사용하여 유수량(Q)을 일정하게 유지시키고, 냉각수 입구의 온도 t_1[℃]와 출구의 온도 t_2[℃]로서 전력을 측정하는 것이다.

a, b단자에 절환 스위치를 달아 송신기의 출력을 인가했을 때의 온도차와 교정용 전원을 접속했을 때의 온도차가 같도록 가변저항 R_S를 조정하면, 이때 양자의 소비전력은 동일하게 되므로 교정용 전원회로의 전류계 지시값과 전압계 지시값에 의해 식 (15-4)를

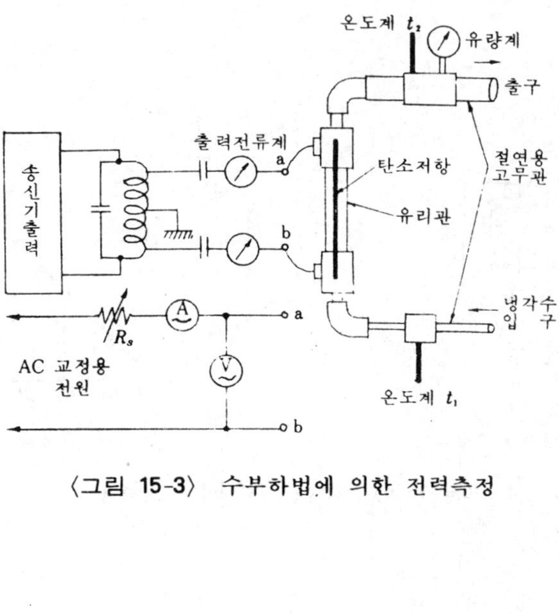

〈그림 15-3〉 수부하법에 의한 전력측정

이용하여 송신기의 출력을 계산할 수 있다. 또한 유수량과 온도차를 이용하여 다음 식으로 전력을 구할 수도 있다.

$$P_o = 4.18Q(t_2 - t_1)\,[\mathrm{W}] \qquad (15\text{-}5)$$

여기서 Q는 유량계의 지시[cm³/s]이고, 온도측정에는 열전대 또는 더어미스터(thermistor) 온도계를 사용한다.

(4) 양극손실에 의한 방법 : 이것은 대전력 송신기인 경우, 의사부하가 곤란할 때 사용한다. 즉 출력관의 입력 P_i는 양극손실 P_l과 송신기출력 P_o와의 합이므로 출력 P_o는 다음 식으로 표시된다.

$$P_i = P_l + P_o$$

$$\therefore\ P_o = P_i - P_l\,[\mathrm{W}] \qquad (15\text{-}6)$$

그런데 P_i는 양극전압 E_P와 양극전류 I_P와의 곱으로 구할 수 있으므로 $P_o = E_P \cdot I_P - P_l$로 표시되며, E_P와 I_P는 그림 15-4(a)에서 쉽게 구할 수 있으며 열방사계를 사용하여 P_l을 구하면 된다.

손실전력 측정방법은 그림 15-4(a)에서 양극 동조회로를 단락시키고, 그리드 입력은 가하지 않은 상태에서 그리드 바이어스(grid bias) 전압 E_g를 차단(cut off)전압까지 깊이 걸고 전원을 가하여 한동안 놓아둔다.

이때 열방사계를 일정한 위치에 고정시켜 두면 처음에 열방사계에 어떤 지시가 나타나지만 이것은 히이터(heater)에 의한 열방사이므로 이것이 안정되면 E_g를 조금씩 낮게 조정하여 I_P를 흐르게 한다. 이때 E_P와 I_P에 의하여 계산되는 전력은 전부 손실전력이므로 열방사량과 손실전력과의 관계도표를 그림 (b)와 같이 만들어 놓는다.

실제로 측정시에는 송신기를 정상상태로 동작시키면서 양극 입력을 직류전류계와 전압계로 구하고, 열방사계의 지시값에 의하여 그림 (b)로부터 양극손실 P_l을 구해서 식 (15-6)으로부터 송신기의 출력전력을 구한다.

한편 열방사계를 사용하지 않고 출력관의 양극에 직접 냉각수가 흐르도록 장치하여 냉각수의 유량과 온도차로 손실전력을 구하여 식 (15-6)으로 송신기의 출력을 측정하는 수냉식의 경우도 있다.

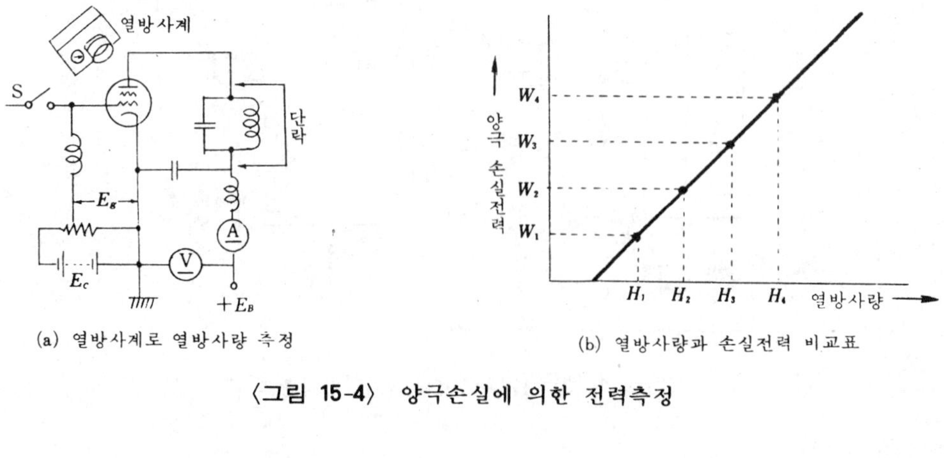

(a) 열방사계로 열방사량 측정 (b) 열방사량과 손실전력 비교표

〈그림 15-4〉 양극손실에 의한 전력측정

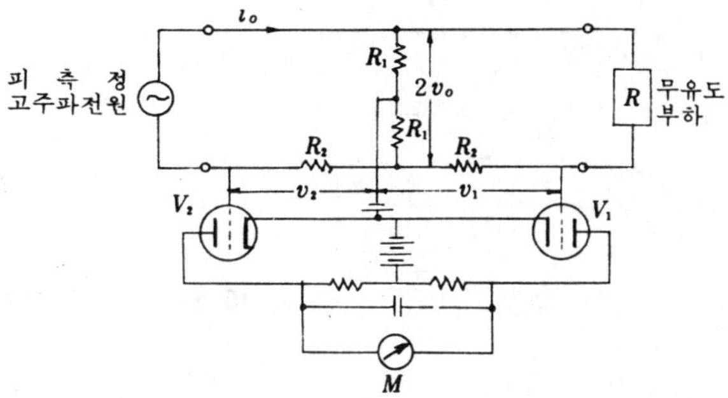

〈그림 15-5〉 진공관 전력계

(5) 진공관 전력계법 : **진공관 전력계(vacuum tube watt meter)법은 송신기의 출력전력을 부하에서 직접 측정하지 않고 송신기에서 공중선으로 나가는 통과전력을 구하는 방식이다. 그림 15-5와 같이 구성되어 있으며 주로 단파대에서 사용한다.**

R_1, R_2는 표준 무유도저항이며 부하저항 R는 $R_1 \gg R \gg R_2$의 상태가 되도록 선정되어 있으므로 R_1을 흐르는 전류는 부하전류 i_o에 비해서 무시할 수 있다. 진공관 V_1과 V_2는 양쪽이 모두 제곱특성을 가진 검파관이다. 또 직류전류계 M은 가동 코일형이며, V_1과 V_2의 직류출력의 차를 지시하도록 되어 있다.

그림에서 $2v_o$는 부하전압, i_o는 부하전류이므로 V_1과 V_2의 그리드에 인가되는 전압은 R_1 1개의 양단전압 v_o에 대하여 i_o의 R_2에 의한 전압강하가 각각 합과 차로 되므로

$$\left.\begin{aligned} v_1 &= v_o - i_oR_2 \\ v_2 &= v_o + i_oR_2 \end{aligned}\right\} \tag{15-7}$$

로 된다. 또 진공관 V_1과 V_2는 제곱특성을 가지므로 출력전류계 M의 지시 α는 다음과 같이 된다.

$$\begin{aligned} \alpha &= k(v_2^2 - v_1^2) \\ &= k\{(v_o + i_oR_2)^2 - (v_o - i_oR_2)^2\} = 4kv_oi_oR_2 \end{aligned} \tag{15-8}$$

여기서 $2v_o \times i_o$는 부하로 보내지는 전력 P_o이므로

$$\alpha = 2kR_2P_o = k'P_o \tag{15-9}$$

로 되어 부하전력에 비례하는 지시를 할 수 있으므로 전력계로 사용할 수 있다. 여기서 k, k'는 각각 비례상수이다.

(6) C-C형 전력계법 : **C-C형 전력계(C-C type watt meter)법도 평형 2선식 선로에서 통과전력을 측정하는 것으로서 열전대의 특성을 이용한 것이다. 그림 15-6은 C-C형 전력계의 구조를 표시한 것이다.** 그림에서 C_1은 전압, C_2는 전류의 결합 콘덴서이고, J_1과 J_2는 각각 특성이 같은 열전대이다. 따라서 이들의 열선저항 R은 같으며 J_1과 J_2의 기전력의 차로 나타나도록 접속되어 있다.

C_1은 미소정전용량이기 때문에 $1/\omega C_1 \gg R$로 되어 C_1을 흐르는 전류는 병렬로 된 R을 무시하면 $i_{C1} = v\omega C_1$으로서 J_1과 J_2에 1/2씩 나누어 흐른다. 또 $i_{C1} \ll i$이므로 C_2로 흐르는 전류를 i라고 하면 C_2양단에는 $i/\omega C_2$인 전압이 걸리며, 이것에 의하여 i_{C2}가 J_2와 J_1으로 흐

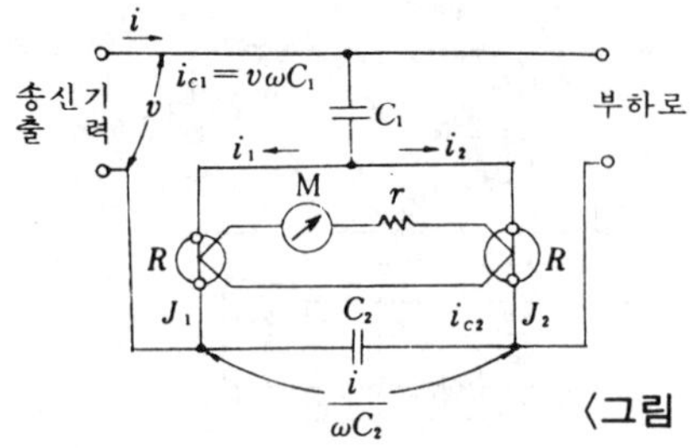

〈그림 15-6〉 C-C형 전력계

르므로 그 값은 $i_{C2}=i/2\omega C_2 R$가 된다. 따라서 그림에 표시한 J_1과 J_2로 흐르는 전류 i_1과 i_2는 각각 합과 차로 되어서

$$\left.\begin{aligned} i_1&=\frac{1}{2}\left(v\omega C_1+\frac{i}{\omega C_2 R}\right) \\ i_2&=\frac{1}{2}\left(v\omega C_1-\frac{i}{\omega C_2 R}\right) \end{aligned}\right\} \tag{15-10}$$

으로 표시된다. 열전대의 기전력은 전류의 제곱에 비례하고 또 양자의 차가 지시하도록 접속되어 있으므로 전류계 M의 지시 α는 비례상수를 k라고 할 때 다음과 같이 표시된다.

$$\alpha=k(i_1^2-i_2^2) \tag{15-11}$$

이 식에 식 (15-10)을 대입하여 정리하면

$$\alpha=\frac{k}{R}\cdot\frac{C_1}{C_2}\cdot vi=k'P_o \tag{15-12}$$

로 되며, 여기서 $k'=k/R\cdot C_1/C_2$이고 vi는 전력이므로 P_o로 놓은 것이다. 즉 계기 M은 부하에 보내는 전력 P_o에 비례하는 지시를 하므로 전력계로 쓸 수 있다. 이 계기는 주파수에 무관한 것이 특징이지만 주파수가 높아지면 C가 순수한 용량으로 볼 수 없기 때문에 주파수오차를 발생하므로 단파대 이하에서만 사용되며, 비교적 100〔W〕 이하의 전력측정에 우수한 성능을 가진다.

[2] SSB송신기의 전력측정

단측파대(SSB) 송신기의 전력 측정방법은 양측파대(DSB) 송신기의 전력 측정방법과 다소 다르며, 주로 억압반송파 및 저감반송파용 송신기와 독립측파대 송신기의 전력 측정방법을 알아보기로 한다.

(1) 억압반송파(J_3E) 및 저감반송파(R_3E)의 전력측정 : 이들 전파형식의 전력 측정방법은 그림 15-7과 같이 회로를 구성하고 송신기를 정상동작 상태로 조정한다. 먼저 저주파 발진기로 1000〔Hz〕 또는 1500〔Hz〕를 발진하고 저역여파기(LPF)로 고조파성분을 제거한 다음 SSB 송신기에 변조신호로서 가한다.

감쇠기(ATT)로 변조입력을 차츰 크게 조정하여 가면 송신기출력도 점차로 증가하지만, 변조입력이 어느 값 이상으로 되면 송신기출력은 포화상태로 되어 증가하지 않는다. 이 송신기의 입력 레벨과 출력특성을 그래프로 표시하면 그림 15-8과 같다.

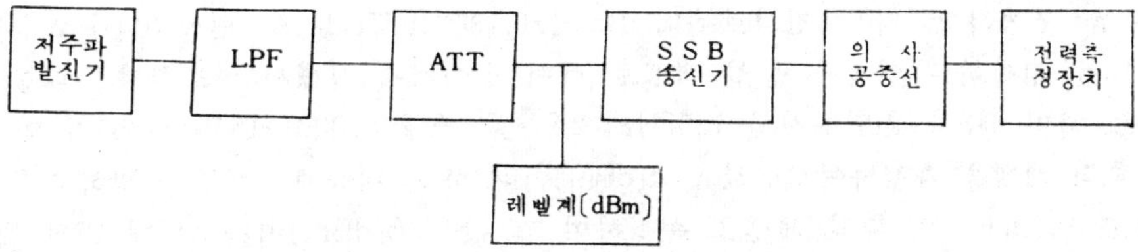

〈그림 15-7〉 J_3E, R_3E 송신기의 전력측정

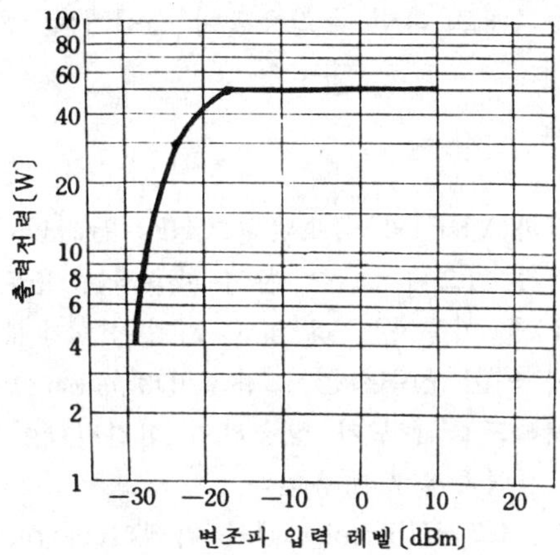

〈그림 15-8〉 J_3E, R_3E 송신기의 출력특성

SSB(J_3E, R_3E)의 공중선전력은 송신기의 첨두(peak)전력으로 표시하므로 이 포화전력이 구하고자 하는 첨두전력이 되는 것이다. 그러나 이 첨두전력은 하나의 변조신호로 송신출력의 포화 레벨에서 변조한 경우의 평균전력이므로 송신기 자체의 표시전력으로는 적합하지만 실제 송신기에서 나가는 전력과는 다소 차이가 있다.

(2) 독립측파대 송신기의 전력측정 : 이것은 여러 개의 음성 채널(channel)을 반송하는 다중통신파의 출력이므로 그 측정방법도 (1)의 경우와 다르다. 즉 그림 15-9와 같이

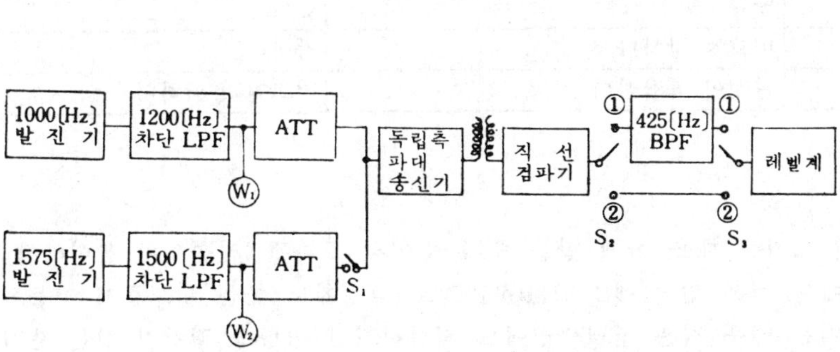

〈그림 15-9〉 독립측파대 송신기의 전력측정

측정회로를 구성하고, 각 발진기로부터 1000〔Hz〕와 1575〔Hz〕를 변조주파수로 사용하여 스위치 S_1을 접속하고 양쪽을 동일 레벨로 하여 송신기에 가해서 변조한다. 다음에 S_2와 S_3를 ①로 하면 제3차 혼변조적인 425〔Hz〕($2f_1-f_2$, 즉 $2\times1000-1575=425$)가 얻어진다.

이 출력 레벨을 측정하여 그 값을 A〔dBm〕이라 하고, 다음에는 S_1을 개방하고 S_2와 S_3를 ②로 하고 1000〔Hz〕의 출력 레벨을 측정하여 그 값을 B〔dBm〕이라 할 때, B의 레벨값이 A의 레벨값보다 25〔dBm〕이 될 때까지 양 변조주파수의 레벨을 같게 유지하면서 입력을 증가(즉 변조도를 크게)하여 가며 위의 측정을 반복한다. A와 B의 레벨차가 25〔dBm〕이 되면 S_1을 열고, S_2와 S_3는 ②로 접속한 상태에서 1000〔Hz〕만으로 변조하여 송신기의 출력전력을 측정하고 그 값을 4배로 하면 독립측파대 송신기의 출력이 된다.

[3] FM송신기의 전력측정

FM송신기는 주로 초단파(VHF)와 극초단파(UHF)대에 많이 사용되므로 이 주파수대의 전력측정법은 여러 가지가 있으나 그 중 흔히 사용되는 볼로미터(bolometer)를 이용하는 것과 열량계(calorimeter)를 이용하는 것 및 C-M형 전력계에 대하여 설명하기로 한다.

(1) 볼로미터 브리지에 의한 전력측정 : 볼로미터(bolometer)는 반도체 또는 금속이 전력을 흡수하면 열을 발생하므로 온도가 상승하여 전기저항이 변화하는 것을 이용한 것인데 주로 1〔W〕 이하의 소전력측정에 사용한다.

볼로미터 소자에는 더어미스터(thermistor)와 바레터(barreter)가 있으며 이들의 차이점을 비교해 보면 표 15-1과 같다.

〈표 15-1〉 더어미스터와 바레터의 특성비교

종류 / 구분	더 어 미 스 터	바 레 터
재 료	반도체로 되어 있다.	금속(가느다란 백금선)체로 되어 있다.
저항 온도계수	부의 저항 온도계수를 가진다.	정의 저항 온도계수를 가진다.
감 도	좋다.	나쁘다.
사용온도	낮다.	높다.
과 부 하	비교적 강하다.	강하다.
제 작	과정이 복잡하다.	비교적 용이하다.

볼로미터 소자는 매우 작게 만들 수가 있어서 도파관, 전송선에 용이하게 장치할 수가 있으며, 매우 적은 전력(예 : 0.1〔μW〕 정도)측정에도 높은 감도로서 사용된다. 특히 볼로미터 소자는 매우 적은 전력측정에도 적합하지만 방향성 결합기 같은 분기회로를 사용하여 대전력을 감시하는 데에도 사용할 수 있다.

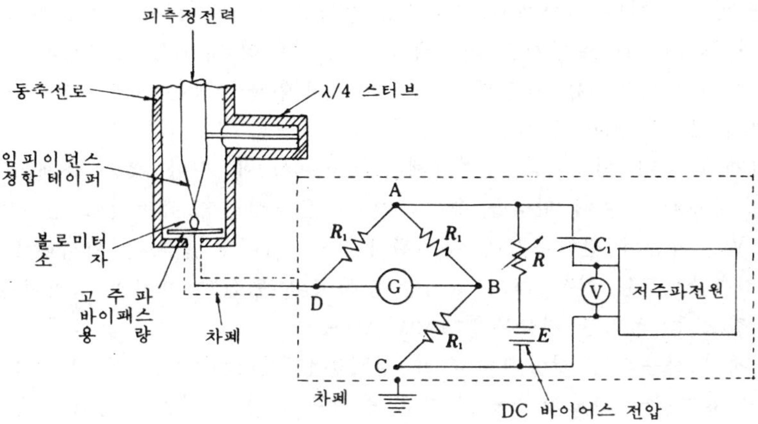

〈그림 15-10〉 볼로미터 소자를 이용한 전력측정

볼로미터 소자를 이용한 브리지 회로를 사용하여 전력을 측정하는 일례를 들어 보면 그림 15-10과 같다.

이것은 동축선로(coaxial line or cable)를 통과하는 미지의 전력을 볼로미터 소자에 흡수시켜서 그 온도상승으로 인한 저항의 변화를 보조 브리지로 탐지하여 미지의 전력을 측정하도록 한 것이다.

그림 15-10에서 임피이던스 정합 테이퍼(taper)는 선로 임피이던스와 볼로미터 임피이던스(125∼200〔Ω〕)를 정합시키기 위한 것이고, λ/4 스터브(stub)는 볼로미터 브리지의 접지귀로 때문에 사용된 것이며, 바이패스 콘덴서(by-pass condenser)는 고주파전류의 귀로 때문에 사용되며 볼로미터에 대해서는 절연용으로 동작된다.

볼로미터의 저항변화는 브리지 ABCD에서 CD변의 저항소자로 작용한다. 전력을 측정할 때에는 피측정 고주파전력과 저주파전력을 동시에 가하고 전지 E의 직류전류를 R로 조정하여 브리지의 평형을 잡는다. 이때 저주파전원에서 공급된 전압을 E_1이라고 하면 볼로미터에서 소비된 저주파전력 P_1은 다음 식으로 표시할 수 있다.

$$P_1=\frac{1}{4}\ \frac{E_1^2}{R_1}〔W〕 \tag{15-13}$$

다음에 피측정전력을 차단하면 브리지는 가열량의 감소로 볼로미터 소자의 저항값이 변화하여 평형상태가 무너지므로 저주파전력을 더 공급하여 다시 브리지가 평형되도록 하고 이때 저주파전원에서 공급된 전압을 E_2라고 하면 볼로미터에서 소비된 저주파전력 P_2는 역시 다음 식으로 표시할 수 있다.

$$P_2=\frac{1}{4}\ \frac{E_2^2}{R_1}〔W〕 \tag{15-14}$$

따라서 P_2가 P_1보다 증가된 것은 저주파전력이 피측정전력만큼 증가되었기 때문이므로 구하고자 하는 피측정전력 P_0는

$$P_0=P_2-P_1=\frac{(E_2^2-E_1^2)}{4R_1}〔W〕 \tag{15-15}$$

로서 구할 수 있다. 이때 저항에서 발생되는 열량은 주파수에 관계없이 전력량에만 비례하므로 고주파전력과 저주파전력을 비교해도 주파수에 따른 오차는 발생하지 않는다. 그리고 정도를 올리기 위해서는 처음에 볼로미터 소자에 공급하는 저주파전력이 피측정전력보다 너무 크지 않도록 하여야 한다.

(2) 열량계에 의한 전력측정 : 열량계(calorimeter)에 의한 것은 유체(보통 물을 사용)를 부하로 사용해서 물이 전력을 흡수하면 그 온도상승을 측정하여 전력을 구하는 방법으로서 수[W] 이상의 전력측정에 사용된다. 이 원리도 중파나 단파대에서 사용하는 수부하법과 원리상으로는 다른 것이 없지만 수부하와 송신기 사이의 임피이던스 정합 및 온도 측정의 감도 등 정밀한 기술문제가 요구된다.

동축선로에서 사용되는 열량계에 의한 전력측정 원리는 그림 15-11과 같다. 공기를 유전체로 하고 있는 동축선로의 부분과 물을 유전체로 하고 있는 부분과의 임피이던스 정합을 위해서 그림에서 표시한 것처럼 이산화티타늄의 테이퍼(taper) 장치를 하였으며 이 물질은 물의 유전율(약 80)에 매우 가까운 값을 가지므로 물과 정합시키기에는 매우 이상적이다.

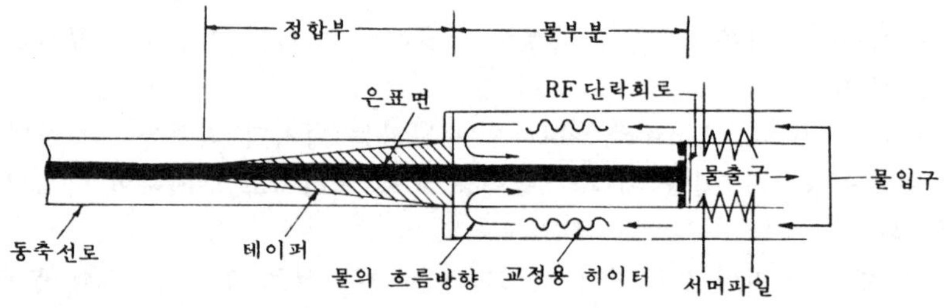

〈그림 15-11〉 열량계를 이용한 전력측정

물은 손실이 많은 유전체로서 동작을 하고 역률이 크기 때문에 전력을 흡수하며 동시에 열량계의 액체로서도 사용되므로, 동축선로에 피측정전력을 공급하여 선로의 물이 차 있는 부분에서 소비되도록 하면 물의 온도가 상승하게 된다. 그리하여 입구에서 들어가는 물의 온도와 열을 흡수한 후 출구로 나오는 물의 온도차를 열전대열(thermo-pile or thermo-couple)로 측정한다.

열전대열은 열전퇴라고도 하며, 열전대를 직렬로 연결한 것으로서 그림 15-11과 같이 배치하면 찬물과 더운물의 온도차를 직접 지시하고 감도도 매우 높다. 이것은 전력을 교정하는 열선소자를 부하 내에 장치하고 있기 때문에 미리 기지전력을 이것에 가하여 전력과 물의 온도상승 관계를 도표로 만들어 놓으면 이 도표에 의하여 피측정전력을 구할 수 있도록 한 것이다.

(3) C-M형 전력계법 : C-M형 전력계(C-M type watt meter)는 방향성결합기의 일종으로서 C-C형 전력계와 마찬가지로 통과전력을 측정하는 전력계이며 동축급전선과 같이 불평형회로에서 사용하는 것이 적합하다. 구조는 그림 15-12와 같이 주동축선로와 부동축선로 및 두 개의 열전대형 전력계로 되어 있다. 주동축선로의 입사파에 의하여 발생하는 전자계는 부동축선로와의 사이의 표유정전용량(stray electrostatic capacity) C와 루우

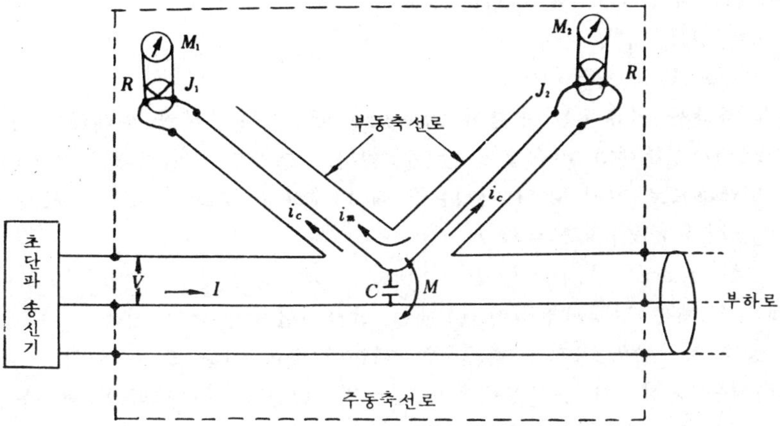

〈그림 15-12〉 C-M형 전력계

프(loop)의 상호 인덕턴스 M에 의하여 부동축선로에 고주파전압을 발생한다. 열전대 J_1과 J_2의 성능은 동일한 것이고 열선저항도 역시 R로 동일하며 $R \ll 1/\omega C$인 상태로 되어 있다.

주동축선과 부동축선 간의 전압 V는 용량 C를 거쳐서 부동축선로에 전류 i_c를 흐르게 하고, 또 선로전류 I는 상호 인덕턴스 M에 의해서 부동축에 전류 i_m을 흐르게 한다. 그 방향은 그림에서와 같이 i_c는 2등분되어서 양쪽으로 흐르고, i_m은 한쪽으로만 흐른다. 따라서 i_c와 i_m은 각각 다음 식으로 표시된다.

$$i_c \fallingdotseq \frac{j\omega CV}{2}, \qquad i_m = \frac{j\omega MI}{2R} \tag{15-16}$$

그러므로 열전대 J_1과 J_2를 흐르는 전류를 각각 i_1 및 i_2라고 하면

$$\left.\begin{aligned} i_1 &= i_c + i_m = \frac{j\omega CV}{2} + \frac{j\omega MI}{2R} \\ i_2 &= i_c - i_m = \frac{j\omega CV}{2} - \frac{j\omega MI}{2R} \end{aligned}\right\} \tag{15-17}$$

로 된다. 여기서 주동축선로의 특성 임피이던스를 Z_0라고 하면 C-M형 전력계는 미리 $M/C = RZ_0$인 조건을 가지도록 만들어져 있으므로 $M/R = CZ_0$인 관계로 되어 이것을 식 (15-17)에 대입하면

$$\left.\begin{aligned} i_1 &= \frac{j\omega C}{2}(V + Z_0 I) \\ i_2 &= \frac{j\omega C}{2}(V - Z_0 I) \end{aligned}\right\} \tag{15-18}$$

로 된다. 또한 전압 V와 전류 I를 각각 진행파(V_f, I_f)와 반사파(V_r, I_r)의 성분으로 나누면

$$\left.\begin{aligned} V &= V_f + V_r \\ I &= I_f - I_r = \frac{1}{Z_0}(V_f - V_r) \end{aligned}\right\} \tag{15-19}$$

로 되며, 이것을 식 (15-18)에 대입하면

$$\left.\begin{aligned} i_1 &= j\omega C V_f \\ i_2 &= j\omega C V_r \end{aligned}\right\} \tag{15-20}$$

으로 된다. 따라서 전류 i_1는 진행파(traveling wave) 성분에만 비례하고 또 i_2는 반사파(reflected wave) 성분에만 비례함을 알 수 있다. 그러므로 열전대의 기전력은 열선전류의 제곱에 비례하므로 계기 M_1의 지시는 i_1^2에 비례하고, M_2는 i_2^2에 비례하게 되므로

$$\left.\begin{aligned} |\,i_1^2\,| &= \omega^2 C^2\,|\,V_f\,|^2 = kf^2 P_f \\ |\,i_2^2\,| &= \omega^2 C^2\,|\,V_r\,|^2 = kf^2 P_r \end{aligned}\right\} \tag{15-21}$$

로 되어 계기 M_1에는 진행파전력이, M_2에는 반사파전력이 각각 직독될 수 있도록 눈금을 만들면 이 양쪽 지시값의 차가 부하로 공급되는 전력이 됨을 알 수 있다.

이 전력계는 송신기의 동작상태에서 입사전력(P_f)과 반사전력(P_r)을 측정할 수 있으므로 반사계수는 $\Gamma=\sqrt{P_r/P_f}$ 로서 측정할 수 있으며, 정재파비 S는 $S=1+\Gamma/1-\Gamma$로써 구할 수 있다. 따라서 부하의 정합상태도 알 수 있다.

그러나 P_f, P_r은 주파수의 제곱에 비례하므로 주파수에 의한 교정이 필요하며, 보통계기 M_1과 M_2 사이에 직렬로 가변저항 R을 삽입하여 이것을 주파수의 변화에 따른 전력오차의 교정값으로 눈금을 만들어 놓으면 M_1, M_2로 실제 전력을 직독할 수 있다.

그런데 $\omega L \ll R \ll 1/\omega C$의 조건이 성립되지 않거나 주파수 교정저항의 부정확, 또는 $M/C=RZ_0$의 조건이 성립되지 않으면 오차를 발생하게 되므로 주의를 요한다. 이 원리를 이용하는 전력계는 대략 초단파대로부터 1000〔MHz〕 정도의 범위에 걸쳐 1〔kW〕 이하의 전력측정이나 전력감시용으로 많이 사용된다.

[4] 마이크로파용 송신기의 전력측정

마이크로파용 송신기의 전력측정방법은 FM송신기와 거의 같으나 FM송신기가 동축선로를 사용하는 대신 마이크로파는 도파관(wave-guide)을 사용한다는 점이 다르며, 측정기로서는 볼로미터 소자를 이용하는 것과 열량계를 이용하는 것 및 방향성 결합기를 이용하는 것 등이 있다.

(1) 볼로미터 소자를 이용한 전력측정 : 도파관을 사용하는 마이크로파 전력을 측정하기 위해서는 그림 15-13과 같이 볼로미터 소자를 도파관 속에 넣고 여기에 마이크로파를 흡수시켜 저항변화를 줌으로써 브리지의 평형을 이루도록 한 것이다. 이 방법은 초단파대의 동축선로를 이용하는 것과 원리상으로는 대동소이한 것이다. 처음에 피측정전력을 공급하지 않고 R_0를 조정하여 직류전원만으로 브리지를 평형시키면 볼로미터 저항 R_s는 $R_s=R_1R_3/R_2$로 된다.

이때 볼로미터 소자에 흐르는 전류(A)를 I_1이라 하면 여기에서 소비되는 전력 P_1은 다음과 같이 표시할 수 있다.

$$P_1 = I_1^2 \cdot R_s = I_1^2 \cdot \frac{R_1 R_3}{R_2}\,〔\mathrm{W}〕 \tag{15-22}$$

다음에 피측정전력(마이크로파)을 공급하면 이것에 의한 소비전력이 가해지므로 온도상승에 의하여 볼로미터 소자의 저항값이 변화하므로 브리지의 평형상태는 무너진다. 이

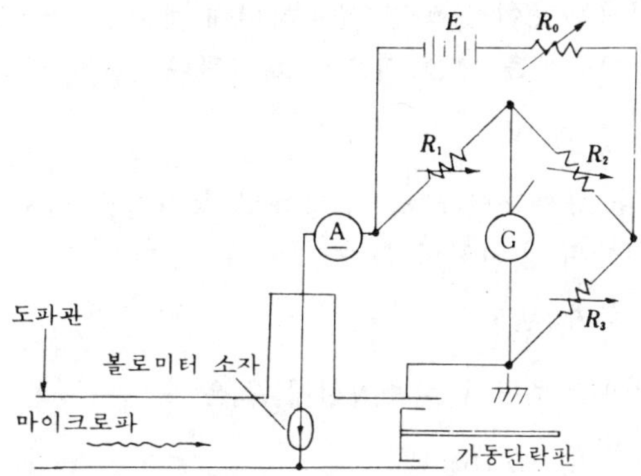

〈그림 15-13〉 볼로미터 소자를 이용한 전력측정(1)

때 R_1, R_2, R_3는 그대로 두고 R_0로서 직류전력을 감소하여 다시 브리지의 평형을 잡으면 이때 직류전력과 피측정 전력의 합이 앞에서 직류 혼자만의 소비전력 P_1과 같게 됨을 의미한다. 따라서 이때의 볼로미터 소자의 저항값은 R_S가 되며 이때의 전류(A)를 I_2라 하고 직류 공급전력을 P_2라 하면

$$P_2 = I_2^2 R_S = I_2^2 \frac{R_1 R_3}{R_2} \text{[W]} \tag{15-23}$$

으로 된다. 따라서 마이크로파에 의한 피측정 소비전력 P_m는 $P_1 = P_2 + P_m$에서

$$P_m = P_1 - P_2 = (I_1^2 - I_2^2) \frac{R_1 R_3}{R_2} \text{[W]} \tag{15-24}$$

로 구할 수 있다. 이 측정에서 볼로미터의 저항값은 규정 전력소비가 발생할 때에 정합상태로 되도록 2개의 동조용 스터브(stub, $\lambda/4$)를 사용하고 또 마이크로파 전력이 브리지로 누설되지 않도록 차폐를 철저히 해야 하며 가동단락판을 동조되도록 정확히 조정하여야 한다.

한편 그림 15-14와 같이 브리지 3변에 동일한 저항 R_0로 접속하여 놓고, 전류계 A가 전체 전류를 지시하도록 하면 전력계산식이 간단해진다. 이때 브리지가 평형되면 볼로미터 소자의 저항은 R_0가 된다. 처음에 마이크로파를 가하지 않고 R_V를 조정해서 평형시켰

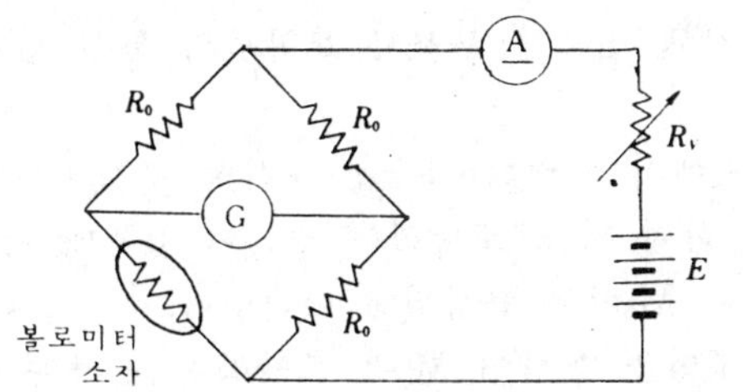

〈그림 15-14〉 볼로미터 소자를 이용한 전력측정(2)

을 때의 전류계 A의 지시를 I_1이라 하면 볼로미터에 흐르는 전류는 $I_1/2$이 되므로 볼로미터 소자에서 소비되는 전력 P_1은 다음 식으로 표시된다.

$$P_1=\left(\frac{I_1}{2}\right)^2 R_0=\frac{I_1^2}{4}R_0[\mathrm{W}] \tag{15-25}$$

다음에 마이크로파를 가하고서 R_V를 조정하여 브리지를 다시 평형시키고 이때의 A의 전류지시를 I_2라 하면 직류의 소비전력 P_2는

$$P_2=\left(\frac{I_2}{2}\right)^2 R_0=\frac{I_2^2}{4}R_0[\mathrm{W}] \tag{15-26}$$

으로 된다. 그러므로 마이크로파의 피측정전력 P_m은

$$P_m=P_1-P_2=\frac{1}{4}(I_1^2-I_2^2)R_0[\mathrm{W}] \tag{15-27}$$

로 되어 미지의 전력을 구할 수 있다.

(2) 열량계에 의한 전력측정 : 열량계에 의한 마이크로파의 전력 측정방법도 초단파대의 동축선로를 이용한 것과 별로 다를 바가 없으며 그림 15-15와 같이 마이크로파를 도파관을 통해 수부하에서 흡수시킴으로써 물의 온도를 변화시켜 전력을 측정하는 것이다.

마이크로파 전력은 비교적 소전력이므로 그 감도를 향상시키기 위하여 물이 통과하는 관을 가늘게 하는 것이 보통이다. 그림에서 물의 유량을 일정하게 유지하고 미리 기지의 전력으로 전열기를 가열해서 여러 가지 전력량에 대하여 전력대 온도차를 표로 만들어 두고, 피측정전력을 가하여 유수의 온도차를 측정하여 미리 마련된 전력대 온도차의 표에 의하여 미지전력을 알 수 있도록 한 것이다.

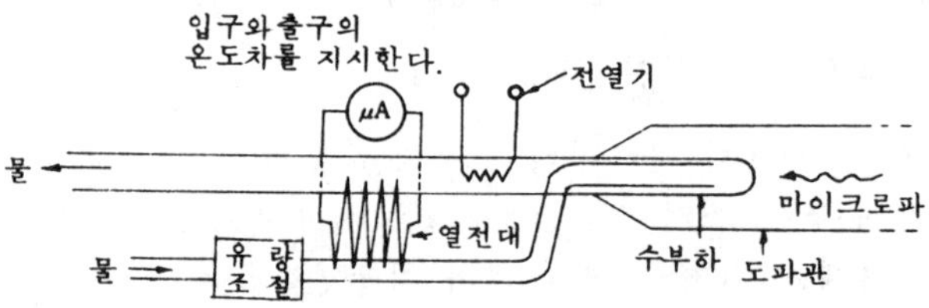

〈그림 15-15〉 열량계에 의한 마이크로파 전력측정

(3) 방향성결합기에 의한 전력측정 : 방향성 결합기란 주전도로에 분기회로로서 부전도로를 결합소자로 결합하여 주전송로에서 특정방향으로 진행하는 전자파 에너지를 부전송로의 한쪽에만 결합파가 발생하도록 만든 것으로서 그림 15-16과 같은 구조로 되어 있다. 원리는 주도파관의 끝에 접속된 부하와 도파관의 특성 임피이던스가 일치하지 않으면 반사파가 발생한다.

반사파 에너지는 그림에서 b구멍(hole)을 통하여 부도파관으로 들어가서 계기 M_1에 도달하는 것과 a구멍을 통하여 M_1에 도달하는 성분이 있는데, 부하측에서 본 이들의 통과길이는 같으므로 두 성분은 M_1에서 합성되어 나타난다. 그러나 b구멍을 통하여 M_2에 도달하는 반사파 성분과 a구멍을 통하여 M_2에 도달하는 반사파 성분의 통과길이는 $\lambda/4$의 왕복에 의해서 a구멍을 통하여 M_2에 도달한 것이 $\lambda/2$ 길기 때문에 M_2에서의 반사파는 역위상이므로 서로 상쇄되어 나타나지 않는다.

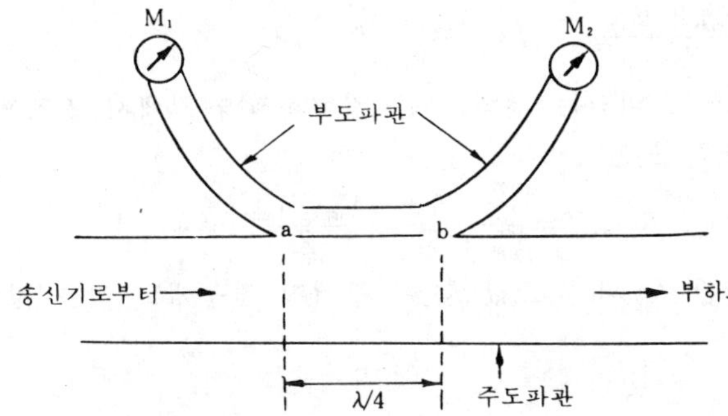

〈그림 15-16〉 방향성 결합기에 의한 마이크로파 전력측정

다음에 송신기로부터 오는 진행파도 같은 방법으로 M_2에는 a, b 구멍을 통한 것이 합성으로 나타나고 M_1에는 서로 상쇄되어 나타나지 않으므로, 결국 M_1에는 반사파에 비례한 전력이 나타나고 M_2에는 진행파에 비례하여 전력을 지시하게 된다. 그러므로 기지의 전력으로 적당한 눈금을 만들면 진행파전력과 반사파전력을 직독할 수 있다. 그러므로 C-M형 전력계와 마찬가지로 반사계수 Γ와 정재파비 S를 구할 수 있으며 부하의 정합상태도 알 수 있다.

이 결합기의 특성을 살펴 보면 전원측에서 부하측으로 전달되는 에너지를 P_0, M_2에 나타나는 에너지를 P_f, M_1으로 누설되는 에너지를 P_r이라 하면 이 결합기의 결합도 C와 방향성 D는 다음 식으로 정의된다.

$$\left.\begin{array}{l} C=10\log\ P_f/P_0[\mathrm{dB}] \\ D=10\log\ P_f/P_r[\mathrm{dB}] \end{array}\right\} \tag{15-28}$$

(4) 정재파법에 의한 전력측정 : 정재파(standing wave)란 분포정수회로의 특성 임피이던스 Z_0와 부하 임피이던스 Z_l이 같지 않을 경우에 부하측에서 반사파가 생겨서 전원측으로 반사되어 올 때 진행파와 반사파의 위상관계에 의해 전송로상의 위치에 따라 전압, 전류의 진폭이 달라서 이것이 시간적으로 변화하지 않는 현상을 말한다.

정재파법에 의한 전력측정이란 동축선로, 도파관 또는 평행 2선식 등 분포정수 회로에 있어서 정재파전압 또는 전류의 최대값(파복, wave antinode)과 최소값(파절, wavenode)을 측정하여 이것으로 전력을 측정하는 것이다.

전압이나 전류의 최대값은 진행파와 반사파의 위상이 동상으로 되어 합쳐진 것이고, 최소값은 역상으로 되어 서로 상쇄된 것이다. 그러므로 진행파전압을 V_f, 전류를 I_f, 반사파 전압을 V_r, 전류를 I_r라 하고, 정재파에 의한 전압 최대값을 V_{max}, 전압 최소값을 V_{min}이라 하면 다음의 관계식이 성립한다.

$$V_{max}=V_f+V_r,\qquad V_{min}=V_f-V_r$$

$$\therefore\ V_f=\frac{V_{max}+V_{min}}{2},\qquad V_r=\frac{V_{max}-V_{min}}{2} \tag{15-29}$$

한 전송로의 특성 임피이던스를 Z_0라 하면

$$I_f=\frac{V_f}{Z_0}=\frac{V_{max}+V_{min}}{2Z_0}, \qquad I_r=\frac{V_{max}-V_{min}}{2Z_0} \tag{15-30}$$

으로 되므로, 부하에서 소비되는 전력 P_0는 진행파전력 P_f에서 반사파전력 P_r를 뺀 것과 같으므로 부하 소비전력 P_0는

$$P_0=P_f-P_r=I_fV_f-I_rV_r=\frac{V_f^2}{Z_0}-\frac{V_r^2}{Z_0}=\frac{V_{max}\cdot V_{min}}{Z_0}[\mathrm{W}] \tag{15-31}$$

로 되며, 전류의 최대값 I_{max}와 최소값 I_{min}이 주어진 경우에도 같은 방법으로 부하 소비전력 P_0는

$$P_0=I_{max}\cdot I_{min}\cdot Z_0[\mathrm{W}] \tag{15-32}$$

로서 계산에 의하여 부하전력을 구할 수 있다.

15-2 송신기의 변조특성측정

송신기의 변조특성이란 진폭변조〔AM〕 송신기의 변조도 및 변조직선성과 주파수변조(FM) 송신기의 변조지수 및 주파수편이와 변조직선성 등에 관한 것이 주가 되므로 이들의 측정방법에 관하여 알아보기로 한다.

[1] AM송신기의 변조특성곡선

(1) 변조도의 측정 : 진폭변조에 있어서 변조도(degree of modulation)라 함은 반송파 전압 또는 전류의 크기에 대한 신호파전압 또는 전류의 크기를 뜻하는 것으로서, 측정방법으로는 공중선 전류계에 의한 방법, 오실로스코우프의 리서어쥬 도형(Lissajous' figure)에 의한 방법 및 직선검파기에 의한 방법 등이 있다.

① 공중선전류계에 의한 방법 —— 이것은 공중선전류가 변조도에 따라 증가하는 것을 이용해서 변조도를 구하는 방법으로서, 반송파전류 $i_C=I_C\cos\omega t$를 신호파전류 $i_S=I_S\cos pt$로 진폭변조하면 피변조파 전류 i_m은

$$i_m=(I_c+I_S\cos pt)\cos\omega t \tag{15-33}$$

으로 된다. 여기서 변조도를 $m=I_S/I_C$로 놓으면

$$\begin{aligned} i_m&=I_S(1+m\cos pt)\cos\omega t \\ &=I_C\cos\omega t+\frac{m}{2}I_C\cos(\omega-p)t+\frac{m}{2}I_C\cos(\omega+p)t \end{aligned} \tag{15-34}$$

로 표시된다. 이 피변조파 전류 i_m가 공중선에 흐를 때 공중선 전류계는 일반적으로 실효값을 지시하므로, 피변조파 전류의 실효값 I_{me}는

$$I_{me}=\sqrt{\left(\frac{I_C}{\sqrt{2}}\right)^2+\left(\frac{mI_C}{2\sqrt{2}}\right)^2+\left(\frac{mI_C}{2\sqrt{2}}\right)^2} \tag{15-35}$$

로 되면 I_C는 반송파의 최대값이므로, 반송파의 실효값 $I_{ce}=I_C/\sqrt{2}$로 되어

$$I_{me}=\sqrt{I_{ce}^2+\frac{1}{2}m^2I_{ce}^2}=I_{ce}\sqrt{1+\frac{m^2}{2}}$$

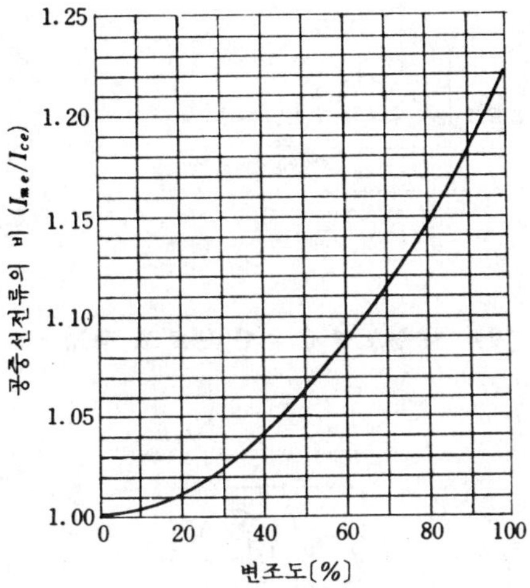

〈그림 15-17〉 변조도와 출력전류비의 관계

$$\therefore\ m=\sqrt{2\left\{\left(\frac{I_{me}}{I_{ce}}\right)^2-1\right\}}\times 100[\%] \tag{15-36}$$

으로 표시된다. 즉 여기서 I_{ce}는 무변조시의 공중선 전류계 지시값이며, I_{me}는 변조시의 공중선 전류계 지시값이 된다. 한편 그림 15-17은 변조도 m과 변조시와 무변조시 공중선전류의 비(I_{me}/I_{ce})를 그래프로 나타낸 것이다.

② 오실로스코우프의 리서어쥬 도형에 의한 방법 —— 이것은 피변조파를 오실로스코우프에 넣어 스코우프상에 나타나는 파형에 의하여 변조도를 측정하는 것으로서 오실로스코우프에 피변조파를 인가하는 방법에 따라 다음과 같은 3가지로 구분할 수 있다.

i) 변조포락선에 의한 방법 : 그림 15-18(a)와 같이 피변조파를 오실로스코우프의 수직축에 가하고 수평축에는 톱니파의 주파수를 동기시켜서 스코우프면상의 도형을 정지시키면 그림 (b)와 같은 변조포락선의 파형이 된다. 이때 최대값 A와 최소값 B를 측정하여 변조도 m을 다음 식으로 구한다.

$$m=\frac{A-B}{A+B}\times 100[\%] \tag{15-37}$$

위의 변조포락선은 단일정현파로 변조시켰을 경우이고, 음성으로 변조하였을 때는

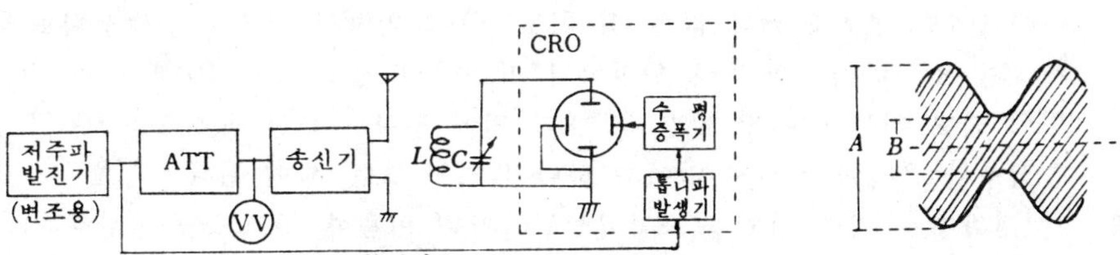

(a) 측정회로 구성도

(b) 변조포락선

〈그림 15-18〉 변조포락선에 의한 변조도 측정

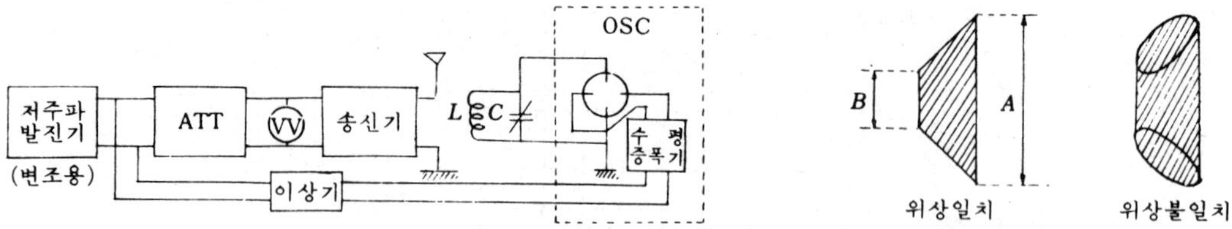

(a) 측정회로 구성도 (b) 대형도형

〈그림 15-19〉 대형도형에 의한 변조도 측정

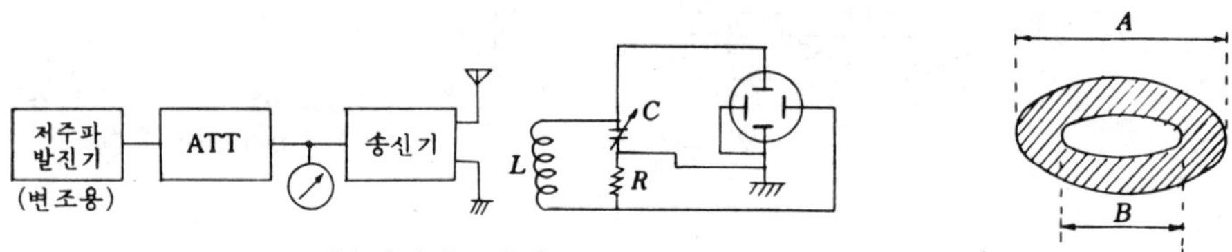

(a) 측정회로 구성도 (b) 타원도형

〈그림 15-20〉 타원도형에 의한 변조도 측정

B의 크기를 구하기가 곤란하므로, 처음 무변조상태로 했을 때의 크기 C를 측정하고 다음에 '아'하는 음성을 가하여 최대값 A를 측정하면 최소값 B는 $(2C-A)$이므로 변조도를 구할 수 있다.

ii) 대형도형에 의한 방법 : 이것은 그림 15-19(a)와 같이 피변조파를 수직편향판에 가하고, 변조파를 변조포락선과 위상이 일치하도록 이상기로 조절하여 수평편향판에 가하면 그림 (b)와 같은 사다리꼴의 도형을 얻을 수 있다. 이때 위상이 일치하지 않으면 오른쪽 모형과 같이 선이 되지 않고 타원형이다.

위와 같은 경우에도 변조도 m은 식 (15-37)에 의하여 구할 수 있다. 이 경우에 변조도가 100〔%〕이면 B는 0이 되어 삼각형으로 나타난다.

iii) 타원도형에 의한 방법 : 그림 15-20(a)와 같이 피변조파를 저항과 콘덴서로 된 위상분할기에 가해서 얻은 전압성분들을 각각 수직축과 수평축에 가하면 그림 (b)와 같은 두 개의 타원도형을 얻는다.

이때에도 변조도 m의 값은 식 (15-37)에 의하여 구한다. 측정회로에서 콘덴서 C를 조정하여 C와 R의 위상차가 약 45° 일 경우 그림 (b)와 같은 두 개의 타원이 되고 위상차가 90° 이면 두 개의 원이 된다. 한편 변조도를 100〔%〕로 하면 중심부의 공간이 완전히 없어져 하나의 타원 또는 원이 된다.

③ 직선검파기에 의한 방법 —— 직선검파기를 이용한 변조도 측정원리는 그림 15-21(a)와 같이 회로를 구성하고, 피변조파를 인가하면 다이오우드에서 반파정류되어 그림 (b)와 같은 검파출력이 나타난다.

이 검파된 맥류는 그림과 같이 직류성분 I_{DC}와 교류성분 I_m의 합성으로 볼 수 있으므

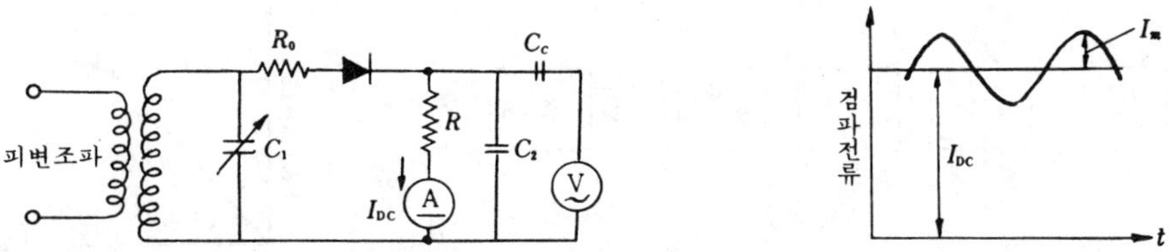

(a) 측정회로 구성도 (b) 검파전류

〈그림 15-21〉 직선검파기에 의한 변조도 측정

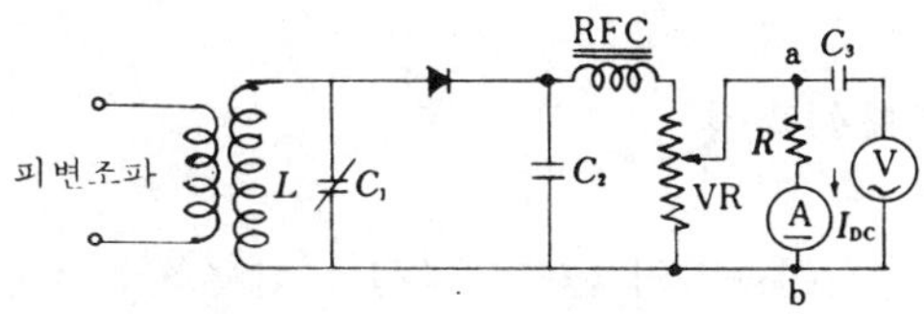

〈그림 15-22〉 변조도계의 구조

로 변조도 m은 다음 식으로 구할 수 있다.

$$m=\frac{I_m}{I_{DC}} \times 100[\%] \tag{15-38}$$

그러나 출력측에 교류전압계를 사용하였으므로 전압계의 지시값을 E_{AC}(실효값)라고 하면 변조도 m은

$$m=\frac{E_{max}}{E_{DC}} \times 100[\%]=\frac{\sqrt{2}\,E_{AC}}{RI_{DC}} \times 100[\%] \tag{15-39}$$

로 된다. 한편 직선검파기를 이용하여 그림 15-22와 같이 회로를 구성하면 변조도계로서 사용할 수 있다. 여기서 검파출력의 교류분에 대해서는 $R \gg 1/\omega C_3$이 되도록 한다. 그림에서 가변저항 VR를 가감하여도 직류전압과 교류전압은 변하지 않으므로 직류전류계에 일정눈금을 만들어 VR를 조정하여 I_{DC}를 일정하게 하면 R도 일정하므로 $\sqrt{2}/RI_{DC}=k$를 비례상수로 놓으면 식 (15-39)에 의하여 교류전압계의 지시값으로 하여금 변조도를 직독하도록 만들 수 있다. 이것을 변조도계라 하며 이 측정기를 사용하면 간단히 변조도를 측정할 수 있다.

(2) 진폭변조기의 변조직선성측정 : 변조의 직선성은 저주파 증폭기에서 변조신호를 증폭하고, 또 이것으로 반송파를 변조하는 과정에서 얼마만큼 직선성을 유지하는가 하는 문제이다. 이것을 측정하기 위하여는 그림 15-23(a)와 같이 측정회로를 구성하고 가변감쇠기(ATT)를 조정하여 입력 신호전압을 조금씩 증가시키면서 변조도계로 변조도를 측정한다. 이렇게 하여 변조신호 전압 대 변조도의 관계를 그래프로 표시하면 그림 (b)와 같이 되어 변조기의 특성을 알 수 있다.

이 곡선의 직선부에서는 변조의 직선성을 얻을 수 있으나, 일반적으로 변조도가 90[%]를 넘으면 차츰 곡선으로 바뀌게 되는데, 이것은 변조기의 포화특성 때문에 야기되며 곡선으로 되면 변조파에는 왜곡이 발생하게 된다.

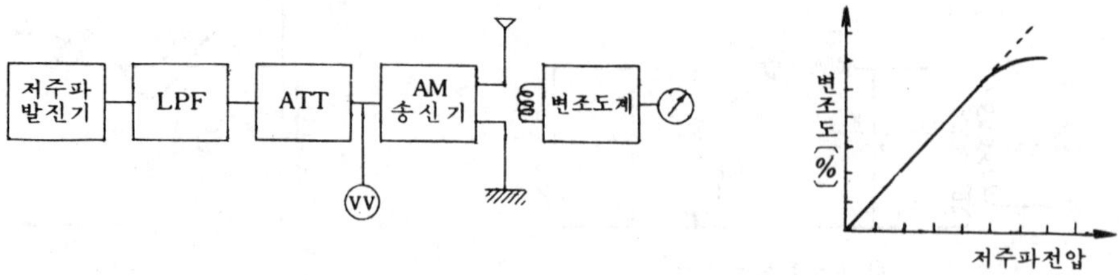

(a) 측정회로 구성도

(b) 변조직선성

〈그림 15-23〉 진폭변조기의 변조직선성 측정

[2] SSB송신기의 변조특성측정

(1) 억압반송파 및 저감반송파의 변조도측정 : 단측파대 송신기의 변조도측정은 이들의 전력 측정방법과 마찬가지로 AM송신기(DSB)와는 전혀 다르다. 즉 송신기출력의 포화 최대전력을 P_m(15-1[2](1)참조)이라 하고, 다음에 변조입력을 규정된 시험주파수와 입력 레벨로 변조하였을 때의 송신기출력을 P_S라고 하면 변조도 m은

$$m=\sqrt{P_S/P_m}\times 100[\%](\text{출력기준}) \tag{15-40}$$

으로서 구할 수 있다.

(2) 독립측파대의 변조도측정 : 15-1[2](2)에서 측정한 송신기출력을 P_m이라 하고, 다음에 그림 15-9에서 S_1을 열어놓은 상태에서 규정된 시험주파수와 입력 레벨로 변조하여 그 출력을 P_S라고 하면 변조도 m은

$$m=\frac{1}{2}\sqrt{P_S/P_m}\times 100[\%](25[\text{dBm}]\ \text{기준}) \tag{15-41}$$

로서 구할 수 있다.

[3] FM송신기의 변조특성측정

(1) 변조지수의 측정 : FM변조에서의 변조지수 측정은 그림 15-24(a)와 같이 측정회로를 구성하고, 변조지수의 변화에 따라 반송파와 제1측대파의 변화상태를 보고 변조지수를 측정하는 것이다. 즉 FM변조에서 반송파와 제1측대파의 변조지수에 대한 진폭변화를 베셀(Bessel) 함수로 표시하면 그림 15-25(a)와 같으며, 변조지수에 대한 특정진폭을 표시하면 (b)와 같다.

그러므로 그림 15-24(a)에서 가변감쇠기를 조정하여 변조신호가 0일 때는 그림 (b)의 ①과 같이 반송파만 존재하고, 변조신호를 차츰 증가하면 그림 ②와 같이 반송파와 제1측파대가 동일해지며 이때의 변조지수는 1.44가 된다. 변조신호를 더욱 증가하면 반송파는 0이 되고 양쪽 제1측대파만 최대가 되는데 이때의 변조지수는 2.41이 되는 것이다. 같은 방법으로 그림 15-25에서 보여 주는 바와 같이 반송파와 제1측대파가 최대와 0를 반복하여 변화하므로 측대파 직시장치에 의하여 미리 작성된 표에 의해 변조지수 m_f를 측

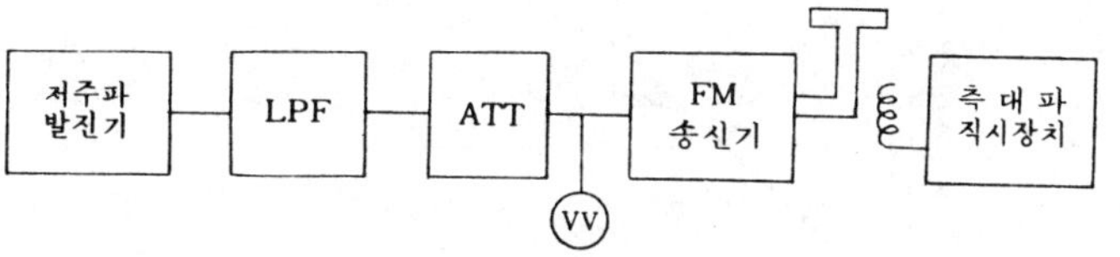

(a) 측정회로 구성도

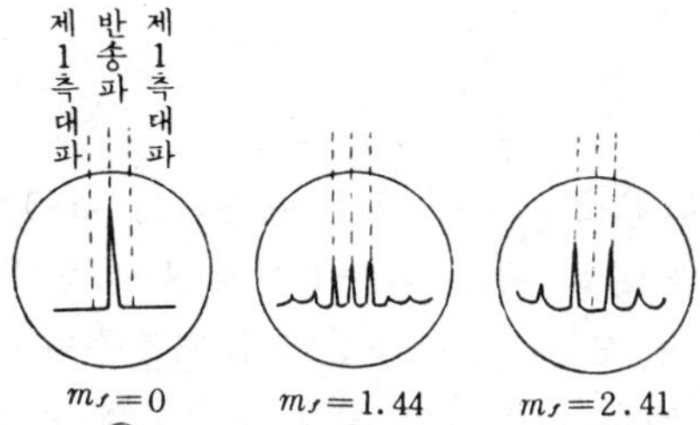

$m_f=0$ ① $m_f=1.44$ ② $m_f=2.41$ ③ (b) 반송파와 측파의 모형

〈그림 15-24〉 변조지수의 측정

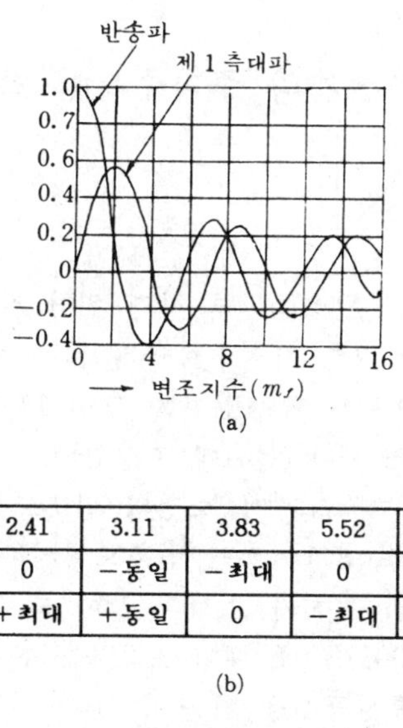

(a)

m_f	0	1.44	2.41	3.11	3.83	5.52	7.02	8.65	10.17	11.79
반송파	+최대	+동일	0	−동일	−최대	0	+최대	0	−최대	0
제1측대파	0	+동일	+최대	+동일	0	−최대	0	+최대	0	−최대

(b)

〈그림 15-25〉 베셀 함수에서 변조지수와 특정진폭과의 관계

정할 수 있다. 이때 사용되는 측대파 직시장치는 파형분석기(wave or spectrum-analyzer)이며, 최대와 동일 및 0이 반복되므로 처음에 신호파입력을 0에서부터 증대시켜 몇 번째의 0 또는 최대점인가를 확인하여야 한다.

(2) 주파수편이 및 변조직선성 측정 : FM변조에서 주파수편이 ΔF는 위와 같은 방법으로 구한 변조지수와 변조주파수에 의하여 다음 식으로 구할 수 있다.

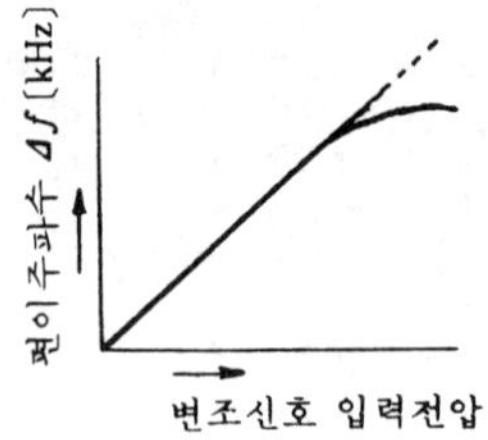

〈그림 15-26〉 변조직선성

$$\Delta F = m_f \times f_p \qquad (15\text{-}42)$$

한편 변조직선성 측정은 그림 15-24(a)에서 송신기의 변조신호 입력전압을 증가시키면서 주파수편이를 구하여 변조신호 입력전압 대 주파수편이의 특성곡선을 그리면 그림 15-26과 같으며 이것을 변조직선성이라고 한다. 이 측정에서 변조주파수 f_p는 일정하게 하여야 하며, 변조는 특성곡선의 직선부에서 하여야 한다. 포화상태 이상으로 변조신호 입력을 가하면 피변조파는 왜곡되므로 변조기로서는 이 특성곡선의 직선부가 길수록 양호한 것이다.

15-3 송신기의 주파수특성 측정

[1] AM송신기의 주파수특성 측정

AM송신기의 주파수특성이란 동일변조도로 하기 위한 각 주파수의 입력 레벨의 차로 표시되므로 음성 등으로 변조하는 경우 가청주파수의 넓은 범위에 걸쳐서 동일입력 레벨에 대한 변조도가 같아야 이상적이다. 측정방법은 그림 15-27(a)와 같이 회로를 구성하고 가변주파수 발진기(*CR*발진기)는 1000〔Hz〕에 조정한다.

이때 가변감쇠기를 조정하여 변조도계가 소정의 변조도를 지시하도록 한 다음, 발진주파수를 1000〔Hz〕 상하로 조금씩 변화시키면 변조도계의 지시가 변화하게 되므로 다시 가변감쇠기를 조정하여 변조도계의 지시가 소정의 값이 되도록 한다. 이와 같은 방법으로 각주파수에 걸쳐 측정하여 1000〔Hz〕에 대한 ATT지시를 0〔dB〕로 한 상대 레벨로 표시하면 그림 (b)와 같은 주파수 특성곡선을 얻을 수 있다.

이 측정에서 저주파 발진기의 출력은 진공관 전압계로 일정하게 유지되도록 하여야 한다.

[2] FM송신기의 주파수특성 측정

FM송신기의 주파수특성도 측정방법은 AM송신기와 대동소이하나 FM송신기에서는 입력신호 레벨에 대한 주파수편이, 즉 변조직선성 측정과 같은 방법으로 행한다. 즉 그림

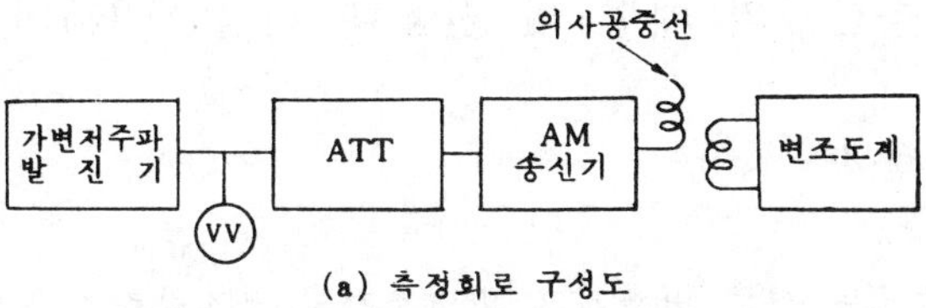

(a) 측정회로 구성도

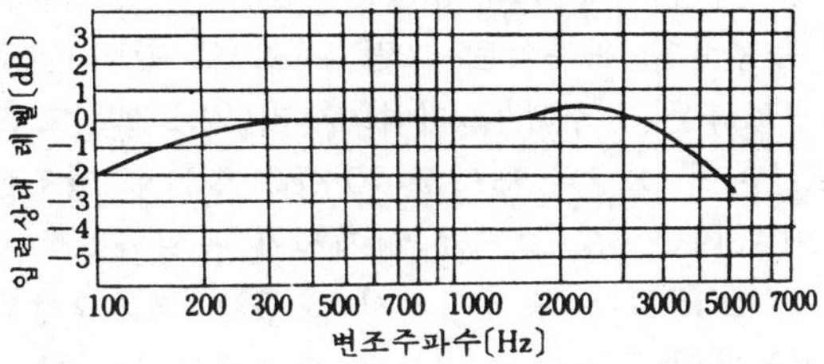

(b) 주파수 특성곡선

〈그림 15-27〉 AM송신기의 주파수특성 측정

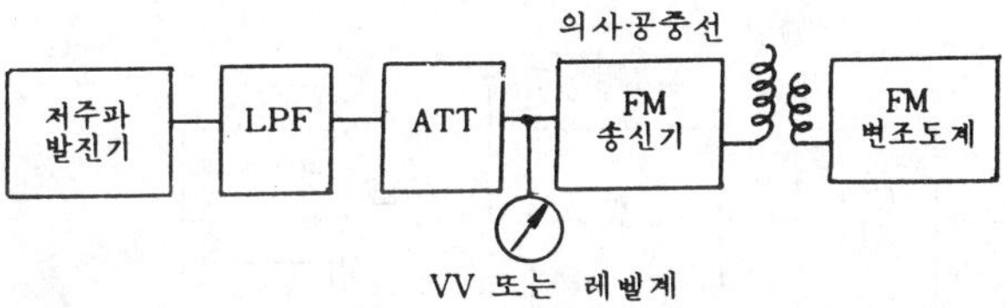

(a) 측정회로 구성도

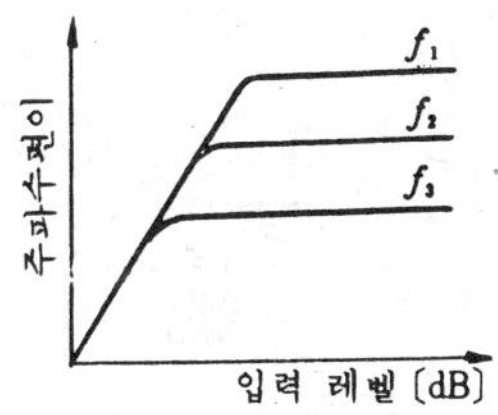

(b) 주파수 특성곡선

〈그림 15-28〉 FM송신기의 주파수특성 측정

15-28(a)와 같이 측정회로를 구성하고 저주파 발진기로부터 측정주파수 f_1을 발진하여 그 출력을 ATT로 적당히 감쇠시켜서 진공관 전압계 또는 레벨계로 감시하면서 FM송신기에 가한다.

이때 송신기의 출력을 FM 변조도계로 수신하여 그때의 입력 레벨에 대한 주파수편이를 측정한다. 다음에 입력 레벨을 점차 증가시키면서 같은 방법으로 측정하여 특성곡선을 그리면 그림 (b)와 같이 주파수 f_1에 대한 변조직선성 특성곡선이 된다. 다음에 주파수를 f_2, f_3……, 로 변화시키면서 위의 방법을 반복하면 그림 (b)와 같이 각주파수에 대한 변조주파수 특성을 얻을 수 있다. 만일 FM 변조도계를 사용할 수 없을 때에는 FM검파기(frequency discriminator)를 사용하여 검파출력을 종축에 잡고 그래프를 그려도 비슷한 특성을 얻는다.

15-4 송신기의 왜율 및 신호대 잡음(S/N)비의 측정

[1] 송신기의 왜율측정

송신기의 파형왜곡은 주로 변조기와 피변조기의 조정불량이나 입력신호 레벨의 제어 불량 등 여러 가지 원인에서 발생하고 음질을 악화시켜 충실도를 저하시킨다. 이 왜율(distortion factor)을 측정하기 위하여는 그림 15-29와 같이 회로를 구성하고 저주파 발진기로 1000〔Hz〕의 변조파를 발생하여 저역여파기(LPF)로 고조파성분을 제거한다. 다음에 감쇠기(Ⅰ)를 조정하여 소정의 변조도(70~80〔%〕)로 변조한 후에 스위치 S_1과 S_2를 연동으로 하여 ①과 ②로 바꾸어도 출력계의 지시가 동일하도록 감쇠기(Ⅱ)를 조정한다.

그러면 고역여파기(HPF)로는 송신기에서 발생한 고조파성분만 통과하게 되고 저역여파기측에는 기본파성분만이 통과하게 되므로 출력계의 지시가 동일하게 된다는 것은 고조파출력과 기본파출력이 동일하다는 뜻이 된다. 따라서 이때의 감쇠기의 다이얼 눈금으로 해당 변조도에서의 왜율을 알 수 있다. 이 측정에서 출력측에 사용되는 HPF와 LPF의 주파수특성은 동일한 것이라야 오차가 적다.

위와 같은 방법으로 각 변조도에 대하여 왜율을 측정하여 그래프를 그리면 그림 15-30과 같은 송신기의 왜율특성을 얻을 수 있다. 왜율은 고조파성분과 기본파성분의 비를

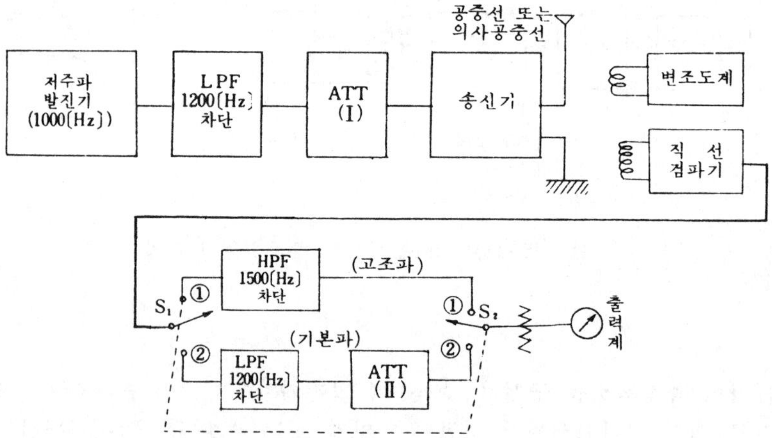

〈그림 15-29〉 송신기의 왜율측정 회로구성도

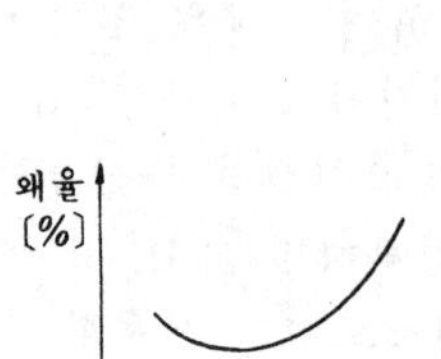

〈그림 15-30〉 송신기의 왜율 특성

뜻하며 백분율〔%〕 또는 〔dB〕로서 나타낸다.

그림에서 보는 바와 같이 변조도가 클 때 왜율이 나쁜 것은 비직선 특성에 의한 것이고, 변조도가 낮을 때 왜율이 나쁜 것은 주로 잡음(noise)과 맥류(ripple) 때문이다. 왜율 측정은 1000〔Hz〕 뿐만 아니라 변조주파수를 400〔Hz〕 및 5000〔Hz〕로 하여 같은 방법으로 측정하는 것이 보통이다.

[2] AM송신기의 S/N비 측정

송신기의 잡음은 직류전원에 포함되는 맥류, 타회로에서의 유도잡음, 증폭기소자 자체의 열잡음, 기타 부품의 접속불량에서 오는 잡음들이 변조를 받아서 송신기의 출력에 포함되는 것을 말한다. 이 값이 크면 통신에 지장을 주어 통신품질에 영향을 주게 되며, 신호대 잡음(S/N)비는 보통 왜율과 같이 백분율〔%〕 또는 〔dB〕로써 표시한다.

그림 15-31과 같이 측정회로를 구성하고 처음에 스위치 S를 ②에 접속한 후 송신기를 동작시키고 ATT(Ⅱ)를 최대로 푼 다음에 직선검파기를 송신기에 소결합하고 동조시켜서 출력계의 지시 P_N을 읽는다. 이것은 송신기 내부에서 발생된 잡음출력이다.

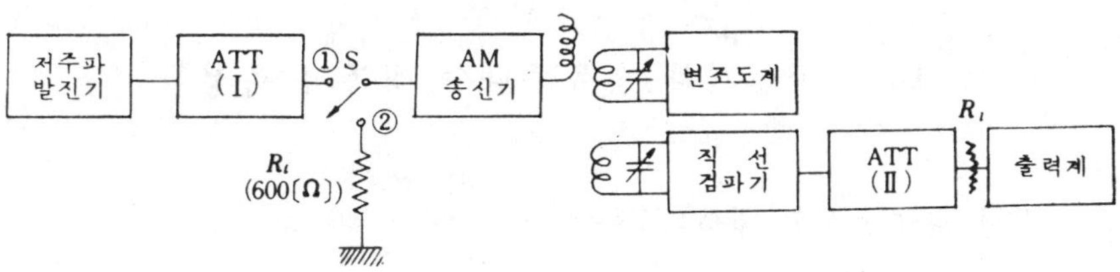

〈그림 15-31〉 AM송신기의 S/N비 측정 회로구성도

다음에 S을 ①에 접속하고 저주파 발진기로 희망신호(보통 1000〔Hz〕)를 발진시켜서 ATT(Ⅰ)로 그 출력을 적당히 조정하여 변조도를 규정값(80〔%〕 정도)으로 만든다. 그리고 ATT(Ⅱ)를 조정하여 출력계의 지시가 잡음출력과 같이 P_N이 되도록 하면 ATT(Ⅱ)의 감쇠량은 S/N비를 데시벨(decibell)로 표시하게 된다.

이 측정에서 주의할 것은 스위치 S를 ②에서 ①로 바꿀 때 출력계의 최대눈금을 넘어갈 우려가 있으므로 미리 ATT(Ⅱ)를 최대로 조정해야 하며, 송신기 자체의 잡음이 극히 적을 때는 출력계의 지시를 읽기가 곤란하므로 보조증폭기를 사용하는 것이 유리하다. 여기서 입력저항 R_l는 입력 임피이던스와 정합된 무유도저항이다.

[3] FM송신기의 S/N비 측정

FM송신기도 [2]의 AM송신기와 마찬가지의 원인에 의하여 잡음이 발생하게 되며 이 경우도 FM송신기를 소정의 신호주파수로 규정된 변조를 시켰을 때의 FM성분과 무변조일 때의 FM성분의 비를 S/N의 비로 잡는다.

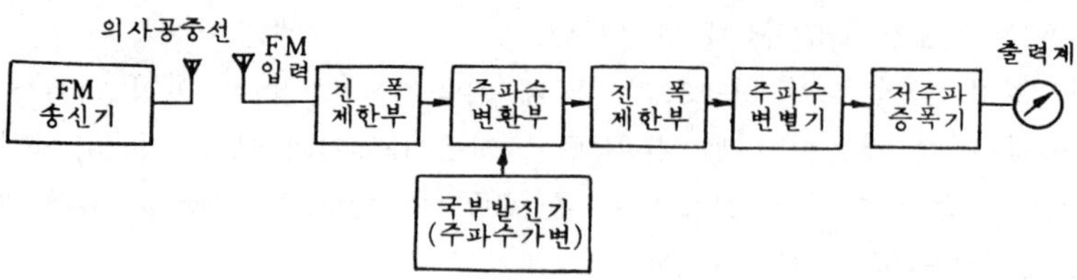

〈그림 15-32〉 FM송신기의 S/N비 측정 회로구성도

측정방법은 그림 15-32와 같이 구성하고 FM송신기에 규정된 변조를 시켰을 때의 검파출력계의 지시(신호성분)와 FM송신기를 무변조상태로 동작시켰을 때의 출력계의 지시(잡음성분)값을 각각 측정하여 그 비를 구하면 이것이 FM송신기의 S/N비가 된다. 이 측정회로는 FM수신기의 진폭제한기(amplitude limiter)와 검파기(주파수 변별기)의 부분만을 빼낸 것과 같은 것으로서 진폭제한기로 AM성분을 제거하고, 주파수 변별기(frequency discriminator)로 FM성분만을 왜곡없이 빼내는 장치이다.

15-5 송신기의 점유주파수 대폭의 측정

[1] AM송신기의 점유주파수 대폭의 측정

점유주파수 대폭이라 함은 송신기에서 방출되는 전체 에너지의 99〔%〕를 차지하는 대폭이라고 전파법령에서 규정하고 있다. 즉 그림 15-33에서 보여주는 바와 같이 (a)는 피변조파 스펙트럼이고, (b)는 검파된 저주파 스펙트럼이다.

점유주파수 대폭의 측정방법으로서는 여파기(filter)에 의한 측정과 스펙트럼 분석기에 의한 측정 등이 있다.

(1) 여파기에 의한 측정 : 점유주파수 대폭의 측정은 그림 15-34와 같이 회로를 구

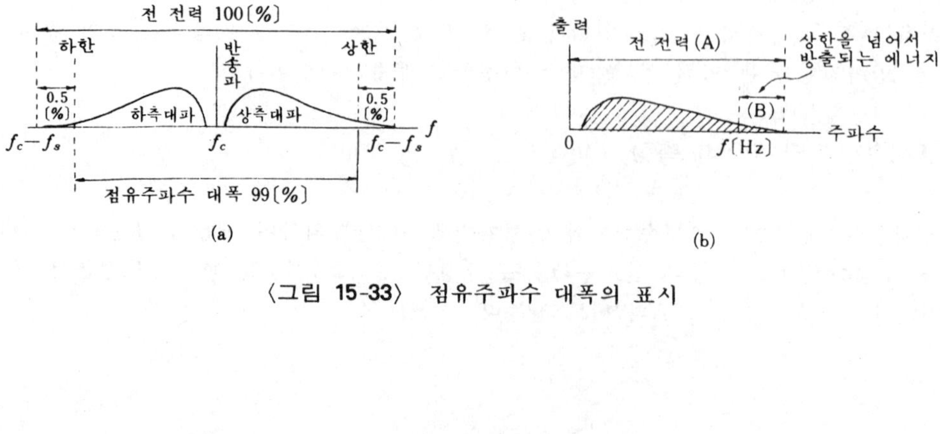

〈그림 15-33〉 점유주파수 대폭의 표시

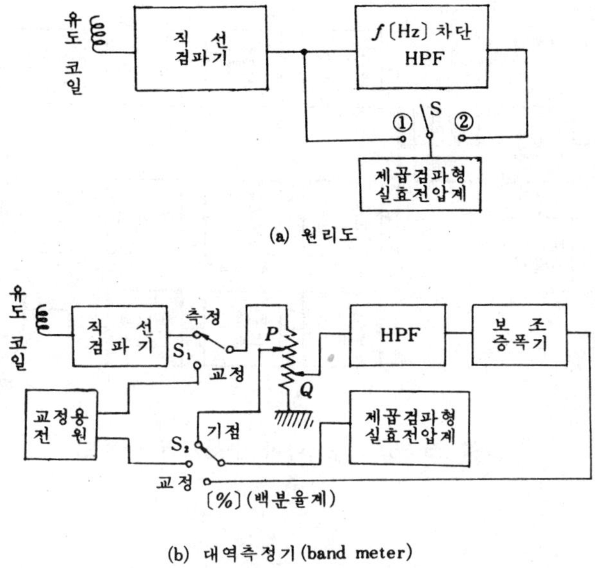

〈그림 15-34〉 점유주파수 대폭 측정구성도

성하며 (a)는 기본원리도이고, (b)는 실제 측정기의 구성도이다.

그림 (a)는 송신기의 출력을 유도 코일(pick up coil)로 유도하여 직선검파기로 검파하고, S를 ①로 하면 제곱검파형 전압계이므로 전전력에 비례한 값(그림 15-33(b)에서 A)을 지시한다. 이것을 E_1이라 하고, S를 ②로 하여 고역여파기를 통과한 전력에 비례하는 지시값(그림 15-33(b)에서 B)을 E_2라고 할 때 $E_2/E_1 \times 100$〔%〕=1〔%〕가 되도록 차단주파수 f〔Hz〕를 조정하면 상한주파수 f_h를 알 수 있으므로 대역폭을 측정할 수 있다.

그림 (b)는 대역측정기(band meter)의 구성도로서 교정방법과 측정방법은 다음과 같다.

① 교정방법 —— 스위치 S_2를 교정에 놓고 전압계의 영점조정을 한 다음, S_1을 교정에, S_2를 기점에 놓고 P점을 조정하여 전압계지시를 기준선에 맞춘다. 그리고 S_2를 〔%〕로 바꾸어 교정용 전원을 20〔dB〕(전력으로 1/100) 낮추었을 때에 전압계의 지시가 99〔%〕로 되도록 Q점을 조정한다.

② 측정방법 —— 스위치 S_1을 측정에 놓고, S_2를 기점으로 한 다음, 유도 코일과 송신기 출력측과의 결합을 가감하여 전압계의 지시를 기준선에 맞춘다. 그리고 S_2를 〔%〕로 바꾸면 지침은 법정 대역폭 내에 있어서의 전력과 전 전력에 대한 비를 백분율〔%〕로 표시한다.

(2) 스펙트럼 분석기 등에 의한 측정 : 8장 8-2에서 설명한 바와 같은 스펙트럼 분석기나 또는 그림 15-35와 같이 구성된 파노라마(panorama) 수신기를 사용하여 AM송신기의 발사전파를 측정하면, 반송파를 중심으로 한 상하측대파가 X축을 주파수로 하고 Y축을 진폭으로 하는 주파수영역(frequency domain)에서의 측정이 가능하므로 상하측대파

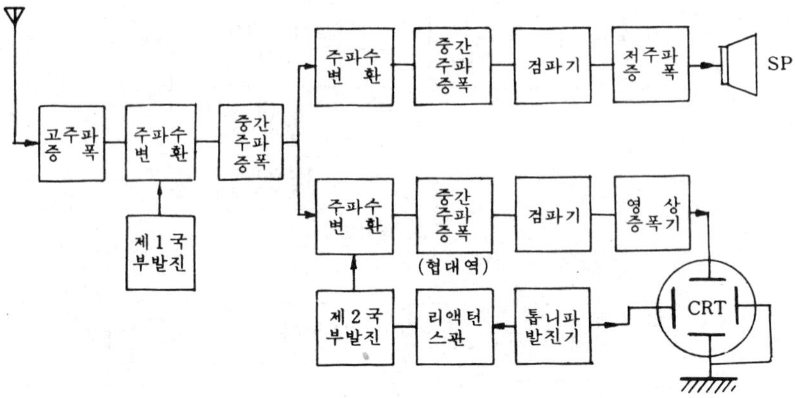

〈그림 15-35〉 파노라마 수신기의 구성도

의 분포를 직접 관측함으로써 점유주파수 대폭을 알 수 있으며, 기타 기생진동(parasitic oscillation)이나 불요전파의 발사 등도 동시에 관측할 수 있다.

그림 15-35는 파노라마 수신기의 구성도를 표시한 것으로서 동조주파수를 중심으로 한 어느 일정주파수대 내에 존재하는 전파의 유무와 강도를 수신기로 들으면서 CRT로 관찰할 수 있도록 만든 것이다.

구성도를 살펴 보면 윗부분은 슈우퍼헤테로다인 수신기와 같으며 아래 부분의 제2국부 발진주파수는 소인(sweep)발진기이므로, 이것을 주파수 변환기에 가하면 신호는 주파수의 순서에 따라 차례로 증폭, 검파되어 CRT의 수직축에 가해진다. 이때 사용되는 중간주파 증폭기 다음에는 협대역(보통 수정공진자를 사용) 여파기(narrow-band filter)가 사용되므로 동조주파수에 일치된 주파수성분만이 통과되어 검파기로 들어간다. 따라서 CRT상에는 전파의 강도에 비례한 진폭을 가지는 많은 펄스가 각각의 주파수에 따라 스펙트럼적으로 나타나게 된다.

[2] FM송신기의 점유주파수 대폭의 측정

FM송신기의 점유주파수 대폭의 측정은 앞절에서 설명한 바와 같이 스펙트럼 분석기나 파노라마 수신기로 측정하면 비교적 간단하지만 이 방식은 여파기의 과도현상이나 분해능력의 점에서 오차를 발생한다. 그러나 대략값을 파악하는 데에는 매우 편리하다.

일반적으로 FM전파의 점유주파수 대폭은 위의 방법으로 측정할 경우 몇 차의 측파까지를 잡는가에 따라 달라지므로, 전파법령에서 규정한 다음 식을 사용하는 예가 많다. 즉 전 전력의 99[%]를 차지하는 FM전파의 점유주파수 대폭 B_{99}는

$$B_{99}=2(m_f+1)\cdot f_p=2(\Delta F+f_p) \qquad (15\text{-}43)$$

으로 표시된다. 여기서 m_f는 변조지수, f_p는 변조주파수, ΔF는 최대 주파수편이이다. 그러므로 15-2[3]에서 설명된 주파수편이 ΔF를 측정하여 식 (15-43)을 적용하면 계산상으로 점유주파수 대폭을 구할 수 있다.

15-6 누화량 및 순시주파수 편이제어(IDC)회로의 측정

[1] SSB송신기(독립측파대)의 누화량 측정

누화량의 측정은 다중통신을 행하는 SSB송신기가 보통 2통화로 이상을 사용하므로 채널 A와 채널 B의 이득을 동일하게 조정한 후에 채널 A 또는 채널 B의 단국입력측에 신호를 가하고 채널 B 또는 채널 A의 감시부에서 출력을 측정하면 이것이 누화량이 되는 것이다.

누화량의 한 예로서 국제통신을 행하는 단측파대 송신기의 각 측파대 간의 누화는 －35〔dB〕 이하로 규정되어 있으며 누화량이 규정값을 초과하여서는 안 된다. 그러므로 정상신호를 가한 채널의 출력과 신호를 가하지 않은 채널의 출력비가 규정값에 적합하도록 채널 간의 누화방지 조치를 하여야 한다.

[2] FM송신기의 IDC회로의 측정

IDC회로란 간접 FM(즉 위상변조)파에 있어서 주파수편이가 일정한 한계를 넘지 않도록 자동적으로 제어하는 회로를 말한다. 즉 위상 피변조파의 주파수편이는 신호주파수에 비례하고, 또한 신호파의 진폭에 비례($\Delta F = \Delta\theta \cdot f_p$)하므로 신호파의 진폭을 일정하게 하여도 신호주파수에 따라 주파수편이가 달라진다. 따라서 신호파의 진폭과 신호주파수의 곱이 어느 일정값을 초과하지 않도록 신호주파수가 크면 반대로 신호파의 진폭이 감소하도록 만들어진 회로이다.

그림 15-36(a)는 IDC회로의 특성측정 구성도이며, (b)는 특성곡선의 일례이다. 특성측정방법은 저주파 발진기로 변조신호(보통 1000〔Hz〕)를 발진하고, 이것을 IDC회로의 입력단에 가한 다음 점차 입력전압을 증가시키면서 스위치를 ①과 ②로 변환하여 입력 대 출력 레벨을 관찰하면 어느 입력 레벨의 범위에서는 직선성을 유지하지만 좀더 커지면 그림 (b)와 같이 출력 레벨이 포화특성을 나타내게 된다. 위와 같은 방법으로 저주파 발진기의 발진주파수를 2〔kHz〕, 3〔kHz〕…, 등으로 바꾸어 가면서 반복하면 그 출력 레벨은

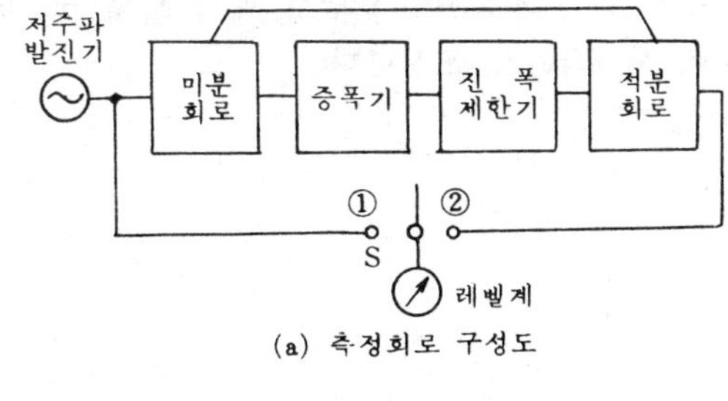

(a) 측정회로 구성도

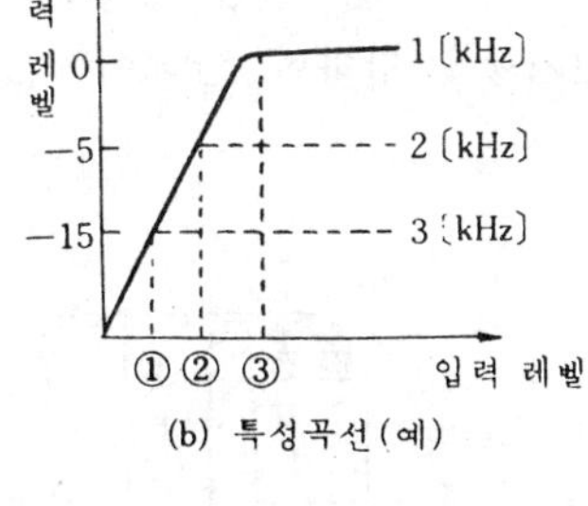

(b) 특성곡선(예)

〈그림 15-36〉 IDC회로의 특성측정

주파수가 높아짐에 따라 더 낮은 부분에서 포화특성을 보여 준다. 15-3[2]에서 설명된 FM변조의 주파수특성도 실은 이 IDC 특성 때문인 것이며, 특성곡선에 의하여 변조주파수에 따른 IDC회로의 동작 입력 레벨을 알 수 있다.

15-7 송신기의 전원에 관한 측정

전원(power source)이란 송신기 뿐만 아니라 수신기를 비롯하여 모든 무선기기에 필수적으로 사용되는 요소이지만, 비교적 송신기에서 사용되는 전원이 대표가 되므로 이 부문에서 다루기로 한다.

무선기기에서 필요로 하는 전원은 대부분 직류전원(DC power source)이므로 교류전원(AC power source)을 사용할 때에는 반드시 정류회로(rectifier circuit)가 따르게 된다.

무선기기에 사용되는 전원의 종류를 크게 나누면

① 직류전원(주로 축전지)을 이용하는 것

② 상용교류전원을 이용하는 것

③ 원동기에 의해서 직류 또는 교류발전을 하여 이용하는 것 등이다.

위에서 ①은 소형이동체나 도서, 벽지의 무선설비에 사용되며, ②는 육상용 무선설비에 사용되고, ③은 선박이나 항공기 등 대형이동체의 무선설비 전원으로서 사용된다. 그러므로 전원에 관한 측정으로서는 축전지의 용량 및 충전, 정류회로의 특성 및 발전기의 성능측정에 대하여 알아보기로 한다.

[1] 축전지에 대한 측정

일반적으로 전지라 하면 1차 전지(건전지)와 2차 전지(축전지)로 구분되며 전자는 한번 사용하면 다시 사용할 수 없는 것으로서 1개당 단자전압은 1.5[V]이고, 후자는 충전과 방전을 몇 번이고 되풀이하여 계속 사용할 수 있는 전지를 말하며 1개당 기본전압은 2[V]이다. 축전지(storage battery)에는 납축전지와 알칼리 축전지가 있는데 납축전지가 널리 사용되므로 납축전지에 관하여 설명하고자 한다.

(1) 용량의 측정 : 축전지의 용량(capacity)은 규정값으로 충전(charge)하여 방전(discharge) 정지전압(고정용, 1.8[V], 이동용, 1.7[V] 정도)에 도달할 때까지 낼 수 있는 총전기량을 말하며, 암페어·시(AH) 또는 와트·시(WH)로 표시한다.

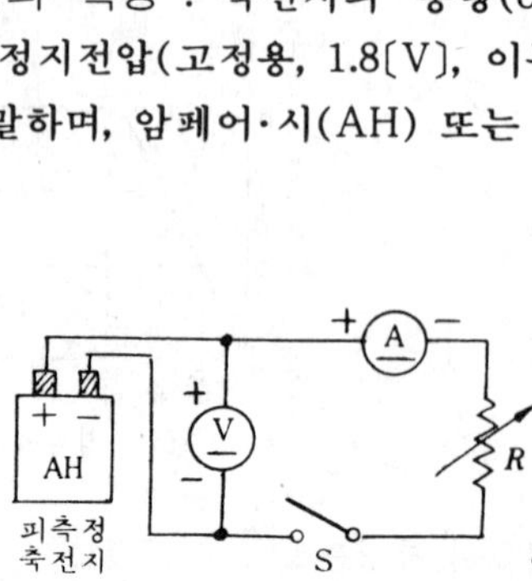

〈그림 15-37〉 축전지의 용량측정회로

측정방법으로는 축전지를 규정대로 충전한 다음 약 1시간 정도 방치하였다가 그림 15-37과 같이 회로를 구성하고, 스위치 S를 닫으며 R을 조정하여 일정전류(10시간 방전율로 되는 전류)로 방전시켜서 그때의 방전전류(ampere)와 방전시간(hour)과의 곱을 가지고 암페어·시용량(AH)을 구할 수 있다. 이 측정에서 유의할 사항은 방전개시 전의 전해액의 비중은 액체온도 20〔℃〕로 환산하여 1.215±0.005 정도이며, 온도계수는 1〔℃〕에 대하여 0.0007로 하고, 방전중의 전해액 온도는 25〔℃〕±2〔℃〕로 유지하는 것이 좋다. 이 측정으로 축전지의 표면에 표시된 용량과 실제 용량과를 비교함으로써 축전지의 양부를 결정할 수 있다.

(2) 충전실험과 결과측정 : 축전지의 충전은 그림 15-38(a)와 같이 회로를 구성하고 스위치를 닫은 다음, 가변저항기를 조정하여 충전전류가 규정값(10시간율)으로 유지하도록 조정하여야 한다. 충전되어감에 따라 전지의 단자전압, 전해액의 비중, 가스(gas)의 발생상황 등을 측정하여 그림 (b)와 같은 표준충전 현황과 비교하고 충전완료 상태가 되면 전원 스위치를 끊는다.

(3) 전지내부저항의 측정 : 그림 15-39의 방법은 피측정전지의 내부저항에 비해서 사용전류계의 내부저항을 무시할 수 있고, 또 사용전압계의 내부저항이 커서 측정값에 거의 영향을 주지 않는 상태라야 한다.

측정방법은 스위치 S를 열고 축전지의 기전력 E_1을 측정하고 다음에 스위치 S를 닫고서 기지저항 R에 전류를 단시간 흘려서 이때의 전류 I와 전압 E_2를 측정하면 다음 식에 의해서 내부저항 r을 구할 수 있다.

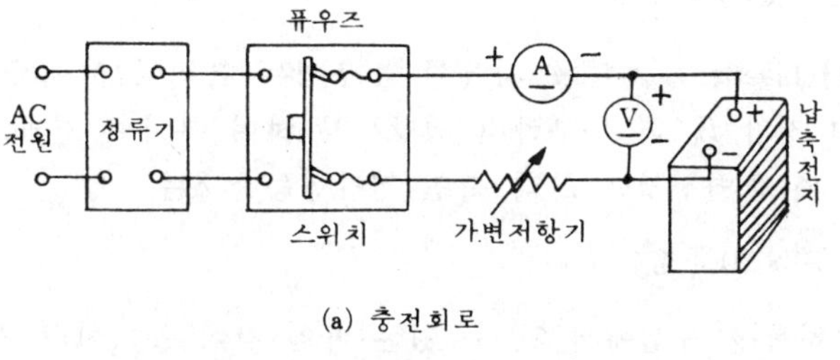

(a) 충전회로

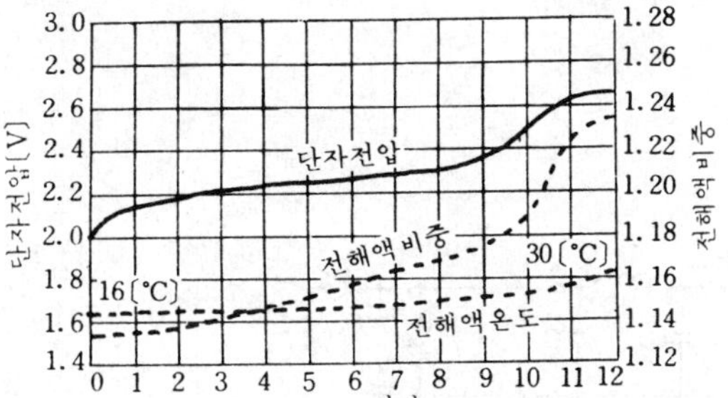

(b) 표준충전 현황

〈그림 15-38〉 충전실험과 결과 측정

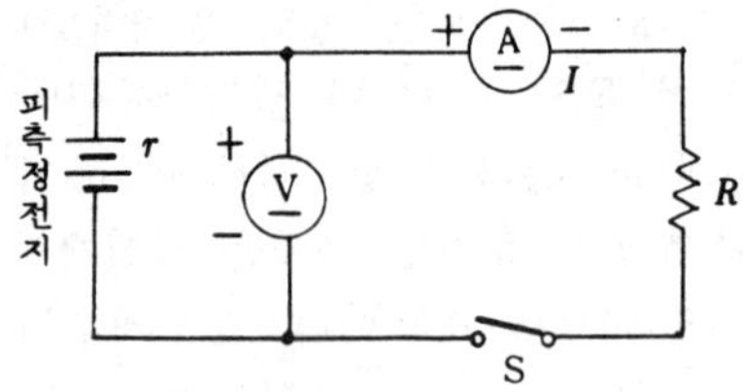

〈그림 15-39〉 내부저항 측정회로

$$E_1 = I(r+R),\ E_2 = IR$$

$$\therefore\ r = \frac{E_1 - E_2}{I} = \frac{E_1 - E_2}{E_2} \cdot R[\Omega] \tag{15-44}$$

[2] 정류전원회로 특성에 관한 측정

(1) 부하특성의 측정 : 그림 15-40(a)와 같이 측정회로를 구성하고, 먼저 스위치 S를 열고서 무부하시의 단자 a, b 사이의 전압을 측정하여 그 값을 E_0라 하고, 다음에 S를 닫고 부하저항 R_l을 점차로 적게 하면서 그때마다 전류계 A로 부하전류를 측정하고, 전압계 V_1으로 출력전압 E_l을 측정하여 그림으로 표시하면 그림 (b)와 같은 특성곡선을 얻는다.

(2) 전압변동율의 측정 : 그림 15-40(a)에서 S를 열고 무부하시의 전압을 E_0라 하고, S를 닫았을 때의 전압을 E_l이라고 하면 부하전류 I_l에 대한 전압변동율(voltage regulation) δ는 다음 식으로 표시한다.

$$\delta = \frac{E_0 - E_l}{E_l} \times 100[\%] \tag{15-45}$$

한편 블리이더(bleeder) 저항을 사용할 경우에는 블리이더 저항에 전류 I_b를 흐르게 하여 놓고, 이때의 전압 E_0'를 무부하시 전압이라 하며 부하에 전과 같은 전류($I_l' \doteqdot I_b + I_l$)가 흐르게 하였을 때 출력전압을 E_l'라 하면 전압변동률 δ는

$$\delta = \frac{E_0' - E_l'}{E_l'} \times 100[\%] \tag{15-46}$$

으로 된다. 이 부하특성 곡선에서 알 수 있는 바와 같이 블리이더 저항을 사용하면 전압변동률이 개선됨을 알 수 있다.

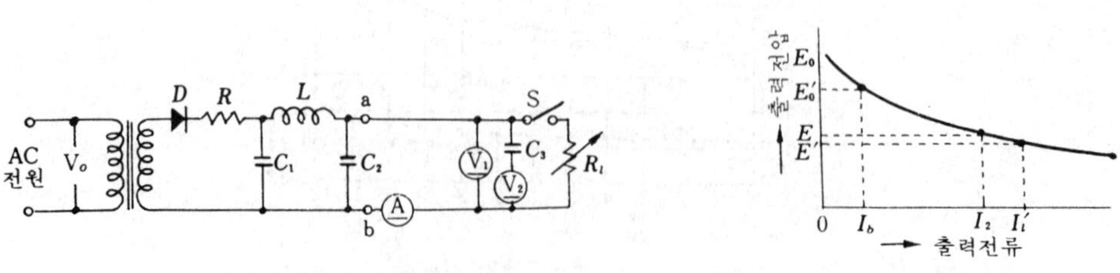

(a) 특성측정 회로

(b) 부하특성 곡선

〈그림 15-40〉 정류회로의 특성측정

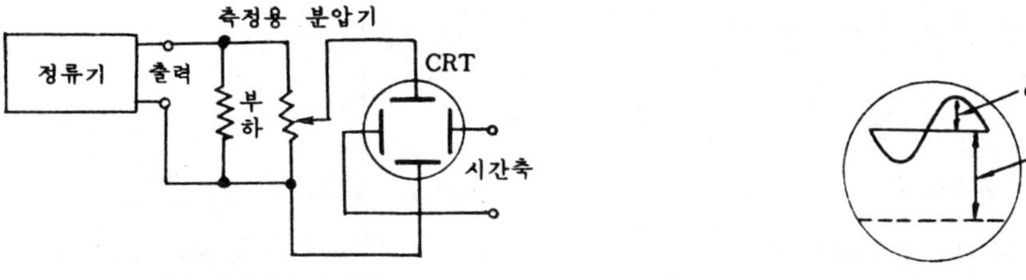

(a) 측정회로 구성도 (b) CRT의 화면

〈그림 15-41〉 오실로스코우프에 의한 맥동률 측정

(3) 맥동률의 측정 : 맥동률(ripple factor)은 리플 함유율이라고도 하며 직류에 포함된 교류성분의 비를 말한다. 측정방법은 그림 15-40(a)에서 S를 닫고 부하에 가해지는 직류전압을 V_1으로 측정하여 그 값을 E_1이라 하고, 또 맥동전압을 교류전압계 V_2로 측정하여 그 값을 e_1이라 하면 이때 부하전압에 대한 맥동률 r은

$$r=\frac{e_1}{E_1}\times 100[\%] \tag{15-47}$$

로 구할 수 있다. 이것을 실효값 맥동률이라 하고 이것에 $\sqrt{2}$ 를 곱하여 파고값 맥동률을 구하는 경우도 있다. 그림 15-41(a)는 오실로스코우프를 이용하여 맥동률을 구하는 방법이다. 정류기의 출력을 부하에 연결하고 분압기를 이용하여 출력의 일부를 오실로스코우프의 수직축에 가한 다음 수평축(시간축, 톱니파 발진기)을 조정하여 맥류파가 정지하도록 하면 CRT상에는 그림 (b)와 같은 화면이 나타난다. 이때 E_d는 직류전압이고, e_{AC}는 맥류전압의 파고값이므로 파고값의 맥동률 r' 는

$$r'=\frac{e_{AC}}{E_d}\times 100[\%] \tag{15-48}$$

로 구할 수 있다. 그리고 전압변동률이나 맥동률은 부하전류가 커지면 커질수록 증가하게 된다.

(4) 파형률의 측정 : 파형률(wave-form factor)이라 함은 평균값에 대한 실효값으로 표시되므로 정류기의 출력을 가동 코일형 전류계로 측정하여 그 값을 I_a라 하고, 열전대형 전류계로 측정하여 그 값을 I_e라 하면 파형률 τ는

$$\tau=\frac{I_e}{I_a} \tag{15-49}$$

로 구할 수 있다. 파형률은 백분율로 하지 않으며 또 이것도 부하전류가 커지면 증가한다.

[3] 직류발전기에 관한 측정

무선기기에 사용되는 발진기는 직류발전기와 교류발전기가 있는데 교류발전기는 정류회로와 같이 사용하면 직류발전기의 경우와 별로 다를 것이 없기 때문에 여기서는 직류발전기에 대해서만 설명하기로 한다.

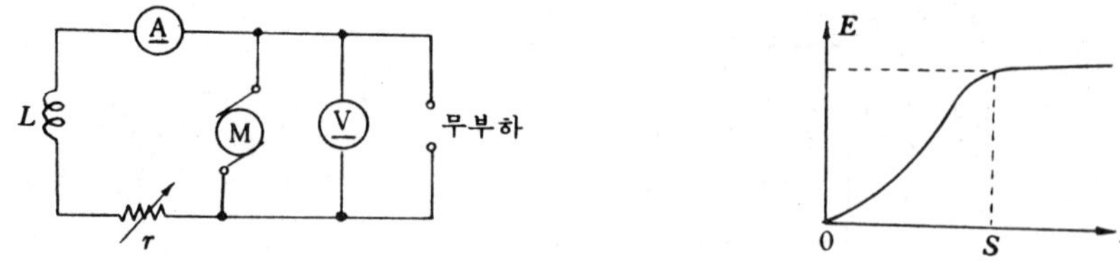

(a) 무부하 특성측정 회로 (b) 무부하 특성곡선

〈그림 15-42〉 무부하특성 측정

직류발전기는 구조상 직권, 분권 및 복권의 3종류로 구분되지만 직권발전기는 무부하시에 여자(excitation)가 개방되어 있어서 기전력을 발생시키지 못하고 또 전압변동률도 불량하여 일반적으로 사용되지 않는다.

(1) 무부하특성의 측정 : 그림 15-42(a)와 같이 측정회로를 무부하로 구성하고 정격속도로 회전시킨다. 다음에 계자저항 r을 가감하여 계자전류를 적당한 간격으로 증가시키며 각 점의 전류에 대한 단자전압을 측정한다. 단자전압이 최대로 되면 다시 r을 증가시키며 전류의 감소에 대한 전압의 감소를 측정하여 그림으로 표시하면 그림 (b)와 같은 무부하시 특성곡선을 얻을 수 있다. 그림 (b)에서 S점은 포화점으로서 전류를 그 이상 증가시켜도 단자전압은 별로 증가하지 않는다.

(2) 부하특성의 측정

① 분권발전기 —— 그림 15-43(a)와 같이 측정회로를 구성하고 스위치 S를 개방한 상태에서 발전기를 정격속도로 회전시키며 계자저항 r_f를 가감하여 단자전압이 거의 최대가 되도록 조정한다.

다음에 부하저항 R_l을 최대로 하여 놓고 S를 닫은 다음 r_f와 R_l을 조정해서 전압계 V와 전류계 A_R의 지시가 정격전압, 정격전류로 되면 r은 고정시켜 두고, 부하저항 R_l을 더 감소시켜 부하전류를 증대시키면 단자전압은 감소한다. 이 관계를 그림으로 표시하면 그림 (b)와 같은 특성곡선을 얻는다.

② 복권발전기 —— 그림 15-44(a)와 같이 측정회로를 구성하고 스위치 S를 개방한 상태에서 발전기를 정격속도로 회전시키며 계자저항 r_{f1}을 가감하여 단자전압이 거의 최대가 되도록 조정한다.

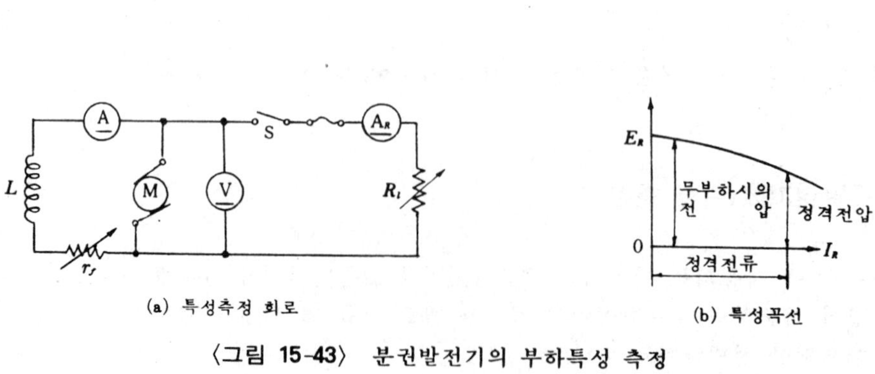

(a) 특성측정 회로 (b) 특성곡선

〈그림 15-43〉 분권발전기의 부하특성 측정

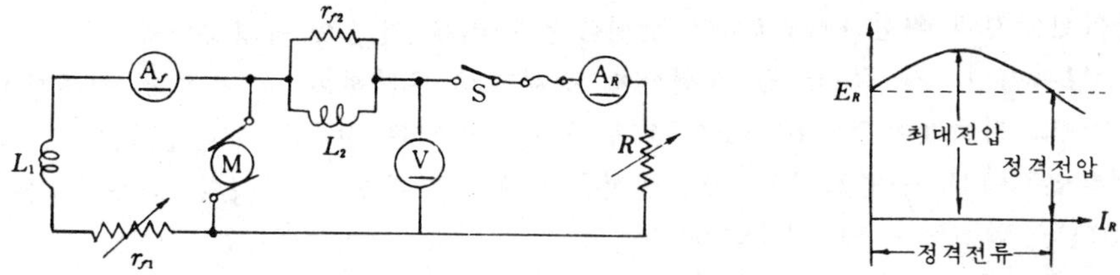

(a) 특성측정 회로 (b) 특성곡선

〈그림 15-44〉 복권발전기의 부하특성 측정

다음에 부하저항 R_l을 최대로 하여 놓고 S를 닫은 다음 부하저항을 무부하에서 125〔%〕 부하까지 적당한 간격으로 감소시키면서 부하전류와 단자전압을 측정해서 그림으로 표시하면 그림 (b)와 같은 특성곡선을 얻는다. 이 그림에서 직권선륜 L_2에 병렬로 접속된 저항 r_{f2}는 무부하전압과 전부하전압이 같지 않을 때에 분권자계를 적당히 조정하여 동일전압으로 하기 위한 것이다.

〔연 습 문 제〕

15-1 500〔W〕의 송신기출력을 방사저항이 73〔Ω〕인 반파장 공중선을 사용하여 방사시키면 방사전력은 몇 〔W〕인가? 단 공중선의 도체저항은 7〔Ω〕이고 누설저항은 10〔Ω〕이라 한다.

15-2 전구의 조도를 비교하여 출력전력을 측정하는 회로도를 제시하고 측정방법과 측정시 유의사항을 기하여라.

15-3 C-C형 전력계가 주파수에 무관함을 증명하여라.

15-4 SSB(독립측파대) 송신기의 전력 측정방법을 설명하여라.

15-5 볼로미터에 사용되는 소자의 종류를 들고 그 특성을 비교 설명하여라.

15-6 C-M형 전력계로서 측정가능한 요소를 들어라.

15-7 그림 15-45와 같은 볼로미터 전력 측정장치에서 마이크로파를 가하지 않고 R_V를 조정하여 평형시켰을 때 전류계의 지시가 25〔A〕, 마이크로파를 가하고 같은 방법으로 평형이 되었을 때 15〔A〕였다. 마이크로파 전력은 얼마인가?

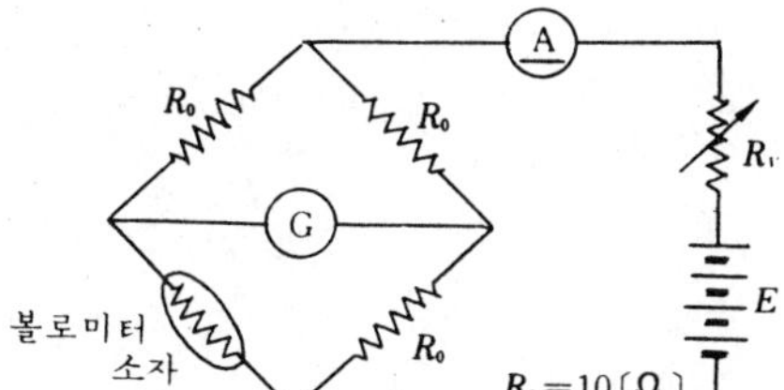

〈그림 15-45〉

15-8 방향성결합기에 의한 마이크로파 전력측정 원리를 간단히 설명하여라.

15-9 특성 임피이던스가 70〔Ω〕인 급전선에 정재파가 존재하여 그 전류의 최대값이 600〔mA〕이고, 최소값이 30〔mA〕였다면 부하에서 소비된 전력은 얼마인가?

15-10 AM송신기에서 무변조시의 공중선전류가 10〔A〕이고 변조시의 공중선전류가 12〔A〕였다면 변조도는 몇 〔%〕인가?

15-11 오실로스코우프를 사용하여 AM송신기의 변조도 측정방법을 들어 각각 설명하여라.

15-12 AM송신기의 S/N비를 측정하는 방법을 설명하여라.

15-13 AM송신기의 점유주파수 대폭을 측정하는 방법을 설명하여라.

15-14 축전지의 충전방법과 완전충전되었을 때의 현황을 설명하여라.

15-15 정류회로의 전압변동률에 대하여 설명하여라.

15-16 분권 직류발전기와 복권 직류발전기의 특성상의 차이점을 설명하여라.

제 16 장

공중선, 급전선 및 전계강도에 관한 측정

16-1 공중선에 관한 측정

공중선이란 자유공간에 놓여진 특정한 길이의 도선으로서 사용전파에 전기적으로 공진(resonance)시켜서 고주파 에너지를 공간으로 방사시키는 송신공중선과 자유공간을 전파하는 전자파 에너지를 입력측으로 끌어들이는 수신공중선으로 구별할 수 있는데 이론적으로는 같은 특성을 가진다.

공중선의 종류나 구조는 사용주파수, 사용목적 및 공중선전력에 따라서 그 형태와 종류를 달리하고 있으나 대표적으로 접지공중선, 반파장공중선 및 호온(horn) 공중선에 대하여 알아보기로 한다.

[1] 접지공중선의 접지저항 측정

접지저항은 접지공중선과 대지 사이에 존재하는 접촉저항으로서 공중선의 효율에 큰 영향을 주며 접지점의 도전율에 좌우된다. 접지저항의 측정은 지중에 있는 습기나 지하수에 녹아 있는 전해물들의 작용으로 직류 브리지를 사용하면 성극작용(polarization)이 생겨 오차가 발생되기 때문에 코올라우시(Kohlrausch) 브리지나 접지저항계 등과 같은 교류 브리지를 사용한다.

(1) 코올라우시 브리지에 의한 측정 : 코올라우시 브리지는 그림 16-1(a)에 표시한 것과 같은 교류 브리지로서 접지저항, 전해액의 저항 또는 전지의 내부저항과 같은 극성이 있는 저항을 측정하는 것으로서 피측정저항 R_X는

$$R_X = \frac{l_1}{l_2} \times R_S[\Omega] \qquad (16\text{-}1)$$

로서 구한다. A점의 접지저항 A_R를 측정하고자 할 때에는 그림 (b)와 같이 약 10[m]

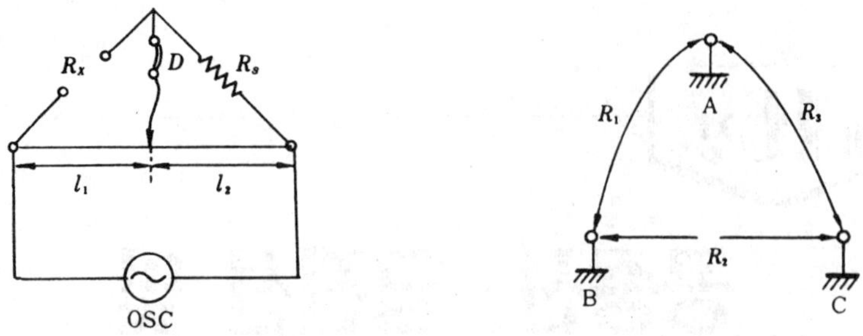

(a) 코올라우시 브리지 (b) 측정회로의 구성

〈그림 16-1〉 접지저항의 측정

정도의 간격으로 보조접지 B와 C를 만든다. 이때 B점의 접지저항을 B_R, C점의 접지저항을 C_R이라고 하자. 코올라우시 브리지를 사용하여 A점과 B점의 저항을 측정하였더니 R_1〔Ω〕이었다면

$$R_1 = A_R + B_R \tag{16-2}$$

로 된다. 단 여기서 대지는 완전도체로 간주한다. 같은 방법으로 B점과 C점 사이가 R_2〔Ω〕, C점과 A점 사이가 R_3〔Ω〕이라면

$$\left.\begin{aligned} R_2 &= B_R + C_R \\ R_3 &= C_R + A_R \end{aligned}\right\} \tag{16-3}$$

으로 된다. 그러므로 식 (16-2)와 (16-3)을 연립방정식으로 풀면 A점과 B점 및 C점의 접지저항도 다음 식으로 구할 수 있다.

$$\left.\begin{aligned} A_R &= \frac{1}{2}(R_1 - R_2 + R_3)[\Omega] \\ B_R &= \frac{1}{2}(R_2 - R_3 + R_1)[\Omega] \\ C_R &= \frac{1}{2}(R_3 - R_1 + R_2)[\Omega] \end{aligned}\right\} \tag{16-4}$$

일반적으로 접지저항 측정에는 식 (16-4)를 적용하나 정밀측정을 할 경우에는 위의 값에서 각 지점 간의 연결도선 자체의 저항을 측정하여 그 값을 감해 주어야 한다.

(2) 비헤르트법에 의한 측정 : 비헤르트(Wiechert)법에 의한 접지저항 측정방법은 그림 16-2와 같이 회로를 구성하고 스위치 S를 ①로 놓고 슬라이드(slide) 저항($a \leftrightarrow b$)의 접촉점을 이동시켜 c_1의 위치에서 평형이 되었다고 하고, 이때 $ac_1 = P_1$, $c_1b = Q_1$이라고 하면

$$\frac{P_1}{Q_1} = \frac{R_1 + R_2}{R} \tag{16-5}$$

가 성립되며, 다음에 S를 ②쪽으로 놓고 다시 접촉점을 이동시켜 c_2의 위치에서 평형이 되었다고 하고, 이때 $ac_2 = P_2$, $c_2b = Q_2$라고 하면 다음 식이 성립한다.

$$\frac{P_2}{Q_2} = \frac{R_1}{R_2 + R} \tag{16-6}$$

여기서 접지저항 R_3는 양측에 공통이므로 제외한다. 따라서 식 (16-5)와 (16-6)을

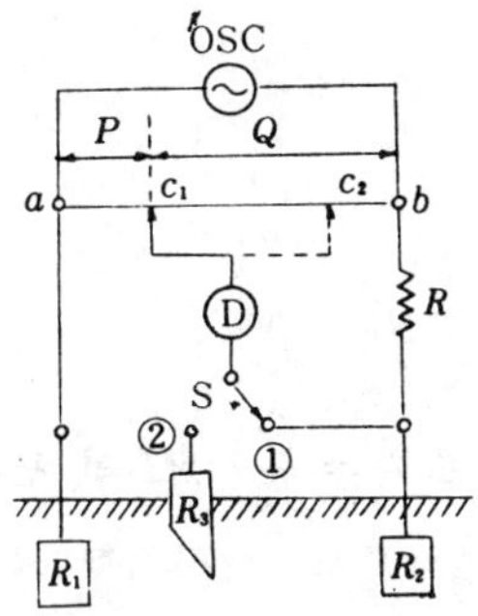

〈그림 16-2〉 비헤르트법

풀면

$$R_1 = \frac{P_2(P_1 + Q_1) \cdot R}{Q_1(P_2 + Q_2)} = \frac{P_2 \cdot R}{Q_1}[\Omega] \tag{16-7}$$

로서 접지저항 R_1을 구할 수 있다.

(3) 접지저항계에 의한 측정 : 그림 16-3에서 접지판 P_1의 접지저항 R_1을 구하고자 한다. P_2, P_3는 보조접지판이며 그 접지저항을 각각 R_2, R_3라 하고 각 접지판 간의 거리는 충분히 띄워 일직선상에 있도록 한다. 접지저항계도 일종의 교류 브리지로서 교류발전기로 발전하여 회로에 전류를 공급하고 슬라이드 저항 C를 조정하여 C-P_2 사이의 전류를 0으로 만든다.

교류전류를 직류검류계(G)로 검출하기 위하여 정류회로를 장치하고 있다. 트랜스의 1차전류를 I_1, 2차전류를 I_2라고 하면 I_1은 검류계의 지시가 0이므로 R_2에는 관계 없고 P_1-P_2 사이의 전위차 $E_1 = I_1R_1$이 되고 I_2도 검류계에 흐르지 않으므로 R_1, R_2에는 무관하다. 2차 회로의 유도전압 E_0는

$$E_0 = \omega M I_1 \tag{16-8}$$

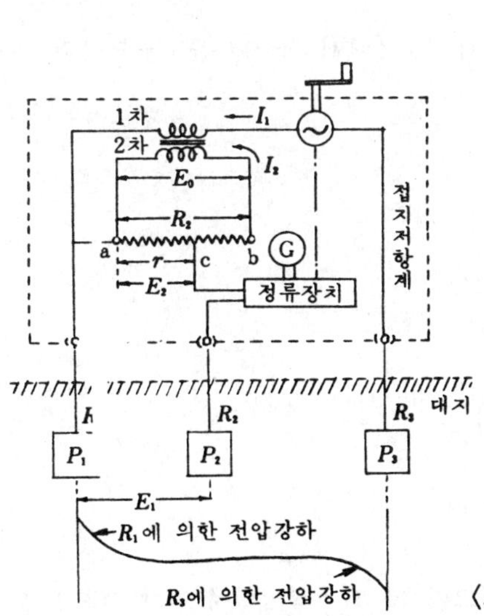

〈그림 16-3〉 접지저항계에 의한 측정

이 되고, 단자 a-c 사이의 전압 E_2는

$$E_2 = \frac{r}{R_S} \cdot E_0 \tag{16-9}$$

이므로 식 (16-8)과 (16-9)에서

$$E_2 = \frac{r}{R_S} \cdot \omega M I_1 \tag{16-10}$$

으로 된다. 또 검류계 G의 지시가 0이면 $E_1 = E_2$이므로 $I_1 R_1 = \frac{r}{R_S}\omega M I_1$인 관계가 성립되어, 발전기의 회전속도를 일정하게 만들면 ω, R_S, M가 일정하므로, 접지저항 R_1은 다음 식에 의하여 저항 r에만 비례하게 되어 직독눈금으로 만들 수 있다.

$$R_1 = \frac{r}{R_s}\omega M = k \cdot r [\Omega] \tag{16-11}$$

[2] 접지공중선의 실효저항 측정

(1) 실효저항의 측정 : 공중선의 실효저항이란 방사저항, 오움(ohm)저항 및 접지저항 등을 포함한 것으로서 사용주파수에 따라 그 값이 달라지므로 희망주파수에 공진시킨 상태에서 측정하여야 한다.

① 저항삽입법 ——— 그림 16-4와 같이 측정회로를 구성하고, 스위치 S를 닫은 다음 발진주파수를 조정하여 희망주파수에 정확히 동조시킨다. 이때 공중선 전류계 A_2의 지시를 I_1이라 하고, 다음에 S를 개방한 다음 A_2의 지시를 I_2라고 하자.

발진기와 공중선의 결합을 충분히 소(loose)하게 하면 발진기의 출력전류계 A_1의 지시 I_0는 일정하므로 $\omega M I_0 = I_1 R_e = I_2(R_e + R_s)$의 등식이 성립되어 실효저항 R_e는

$$R_e = \frac{I_2}{I_1 - I_2} R_s = \frac{R_s}{I_1 / I_2 - 1} [\Omega] \tag{16-12}$$

로서 구할 수 있다. 여기서 저항 R_s가 가변이므로 이것을 조정해서 $I_2 = I_1/2$이 되도록 조정하면 식 (16-12)에서 $R_e = R_s$로 된다.

② 작도법(Pauli의 방법) ——— 그림 16-4에서 발진기를 공중선의 고유 주파수에

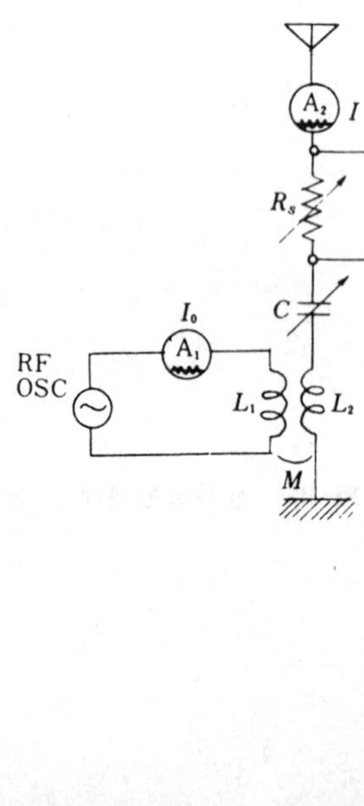

〈그림 16-4〉 삽입법에 의한 실효저항 측정

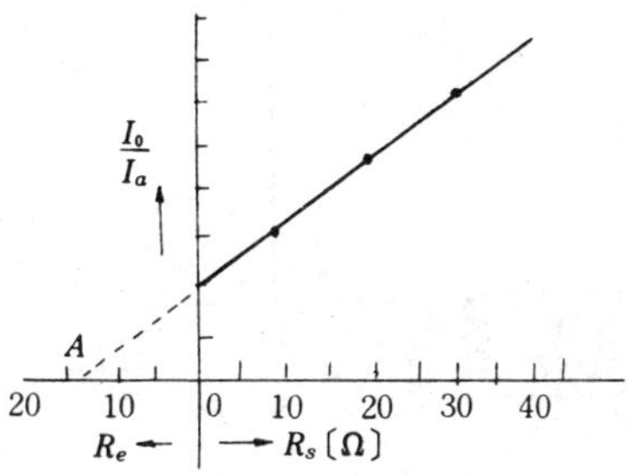

〈그림 16-5〉 작도법에 의한 실효저항 측정

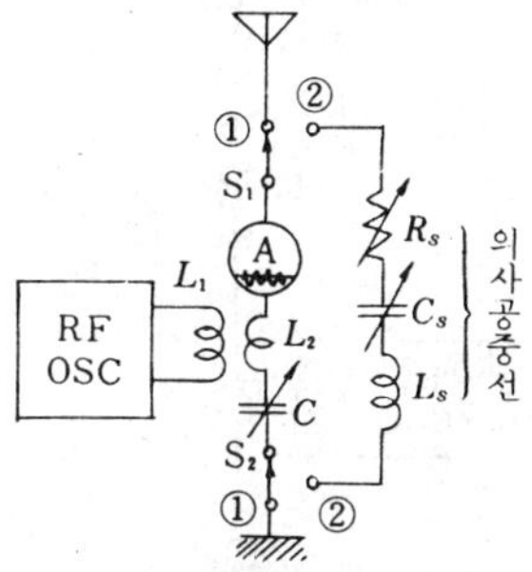

〈그림 16-6〉 치환법에 의한 실효저항 측정

정확히 동조시키고, 스위치 S를 개방한 다음 R_s를 여러 가지 값으로 변화시키면서 그때마다의 공중선전류 I_a(A_2의 지시)와 발진기의 출력전류 I_0(A_1의 지시)를 측정한다.

그리하여 R_s의 변화에 대한 I_0/I_a의 비의 변화를 그림으로 표시하면 그림 16-5의 실선부분과 같이 R_s를 0으로 하여도 전류의 비는 0이 되지 않는다. 이것은 공중선에 실효저항 R_e가 존재하기 때문이다. 그러므로 실선에서 점선으로 연장하여 수평축과 닿는 점 A까지가 실효저항 R_e가 된다. 그 이유를 식으로 표시하면 공중선의 기전력은 ωMI_0이므로

$$\omega MI_0 = I_a(R_e + R)$$

$$\therefore \quad \frac{I_0}{I_a} = \frac{1}{\omega M}(R_e + R)$$

로 되며, 여기서 ωM을 일정하게 하면

$$\frac{I_0}{I_a} = k(R_e + R) \tag{16-13}$$

으로 되어 I_0/I_a와 $(R_e + R)$는 비례관계로 되기 때문이다.

③ 치환법 ——— 그림 16-6과 같이 측정회로를 구성하고, 처음에 스위치 S를 둘 다 ①로 놓고 공진상태에서의 공중선 전류계의 지시를 I_a라고 하자. 다음에 스위치 S를 둘 다 ②로 놓고 콘덴서 C_s와 코일 L_s를 조정하여 공진시킨다. 그리고 저항 R_s를 가감하여 공중선 전류계의 지시를 I_a와 같게 하면 실효저항 R_e는 $R_e = R_s$로 되므로 실효저항을 알 수 있다. 이러한 방법 외에 Q미터로도 측정할 수 있다.

(2) 실효 인덕턴스의 측정

① 표준 인덕턴스를 1개 사용하는 경우 ——— 그림 16-7과 같이 측정회로를 구성하고, 먼저 스위치 S를 닫고 발진기의 주파수를 변화시켜서 공중선을 공진시킨다. 이때의 주파수를 f_0라 하면 다음 식이 성립한다.

$$f_0 = \frac{1}{2\pi\sqrt{L_e C_e}}$$

$$\therefore \quad f_0^2 = \frac{1}{4\pi^2 L_e C_e} \tag{16-14}$$

여기서 L_e와 C_e는 공중선의 실효 인덕턴스와 실효용량이다. 다음에 S를 열고 발진기의 주파수를 변화시켜서 다시 공중선에 공진시켰을 때의 주파수를 f_1이라고 하면 다음 식이

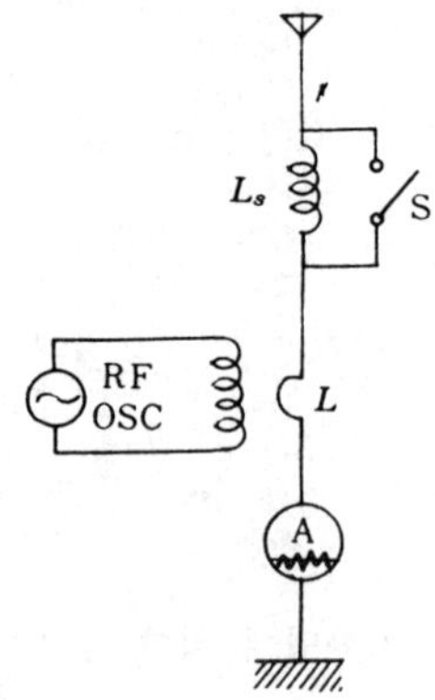

〈그림 16-7〉 실효 인덕턴스 측정회로(1)

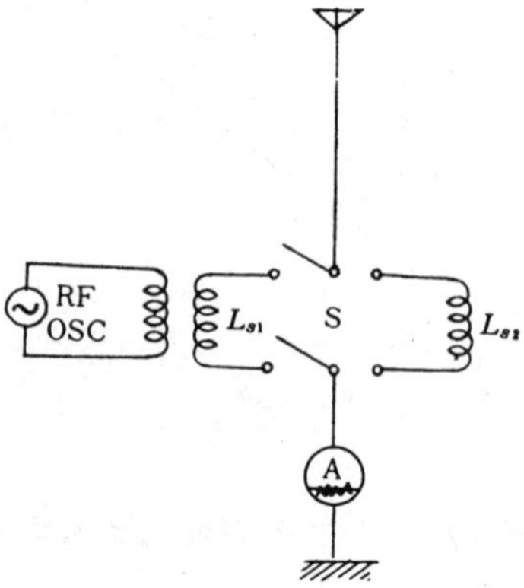

〈그림 16-8〉 실효 인덕턴스 측정회로(2)

성립한다.

$$f_1 = \frac{1}{2\pi\sqrt{(L_e + L_s)C_e}}$$

$$\therefore \quad f_1^2 = \frac{1}{4\pi^2(L_e + L_s)C_e} \tag{16-15}$$

따라서 $f_0 > f_1$이므로 식 (16-14)를 (16-15)로 나누면

$$\left(\frac{f_0}{f_1}\right)^2 = \frac{L_e + L_s}{L_e} = 1 + \frac{L_s}{L_e}$$

$$\therefore \quad L_e = \frac{L_s}{\left(\frac{f_0}{f_1}\right)^2 - 1} \text{[H]} \tag{16-16}$$

으로 구할 수 있다.

② 표준 인덕턴스를 2개 사용하는 경우 ——— 그림 16-8과 같이 측정회로를 구성하고, 먼저 스위치 S를 L_{S1}에 접속하고 발진주파수를 가감하여 공진시킨다. 이때의 주파수를 f_1이라고 하면 다음 식으로 표시된다.

$$f_1 = \frac{1}{2\pi\sqrt{(L_e + L_{S1})\,C_e}} \tag{16-17}$$

다음에 S를 L_{S2}로 절환하여 다시 공진을 시키고 이때의 주파수를 f_2라 하면 다음 식으로 표시된다.

$$f_2 = \frac{1}{2\pi\sqrt{(L_e + L_{S2})\,C_e}} \tag{16-18}$$

지금 $f_1 > f_2$라 가정하고 식 (16-17)을 (16-18)로 나누면

$$\left(\frac{f_1}{f_2}\right)^2 = \frac{L_e + L_{S2}}{L_e + L_{S1}} \qquad \therefore \quad L_e = \frac{L_{S2} - (f_1/f_2)^2 L_{S1}}{(f_1/f_2)^2 - 1} \text{[H]} \tag{16-19}$$

로 된다. 만일 L_S가 가변이어서 $f_2 = f_1/2$으로 조정하면 식 (16-19)는

$$L_e = \frac{1}{3}(L_{S2} - 4L_{S1}) \text{[H]} \tag{16-20}$$

으로 간단히 구할 수 있다.

(3) 실효용량의 측정

① **표준 인덕턴스를 사용하는 경우** ——— 그림 16-8과 같은 측정회로에서 스위치 S를 L_{S1}으로 놓았을 때의 공진주파수 ω_1을 구하고, S를 L_{S2}로 놓았을 때의 공진주파수 ω_2를 구하면 각각 다음 식이 성립된다.

$$\left.\begin{aligned} \omega_1^2 &= \frac{1}{(L_e + L_{S1})C_e} \qquad \therefore\ L_e + L_{S1} = \frac{1}{\omega_1^2 C_e} \\ \omega_2^2 &= \frac{1}{(L_e + L_{S2})C_e} \qquad \therefore\ L_e + L_{S2} = \frac{1}{\omega_2^2 C_e} \end{aligned}\right\} \tag{16-21}$$

위의 두 식에서

$$L_{S1} - L_{S2} = \frac{1}{C_e}\left(\frac{1}{\omega_1^2} - \frac{1}{\omega_2^2}\right) = \frac{1}{C_e} \cdot \frac{\omega_2^2 - \omega_1^2}{\omega_1^2\omega_2^2}$$

$$\therefore\ C_e = \frac{\omega_2^2 - \omega_1^2}{\omega_1^2\omega_2^2} \cdot \frac{1}{L_{S1} - L_{S2}} \text{〔F〕} \tag{16-22}$$

인 관계로부터 실효용량을 구할 수 있다.

② **표준용량을 사용하는 경우** ——— 그림 16-9와 같이 측정회로를 구성하고, 먼저 스위치 S를 닫고 발진기를 조정하여 공중선에 공진시켰을 때 그 주파수를 f_0라고 하면 다음 식이 성립한다.

$$f_0 = \frac{1}{2\pi\sqrt{L_e C_e}} \qquad \therefore\ f_0^2 = \frac{1}{4\pi^2 L_e C_e} \tag{16-23}$$

다음에 S를 열고 다시 발진기를 조정하여 공진상태로 하였을 때 그 주파수를 f_1이라고 하면 역시 다음 식이 성립된다.

$$f_1 = \frac{1}{2\pi\sqrt{L_e \frac{C_e C_s}{C_e + C_s}}} \qquad \therefore\ f_1^2 = \frac{1}{4\pi^2\left(L_e \frac{C_e C_s}{C_e + C_s}\right)} \tag{16-24}$$

이때 $f_0 < f_1$이므로 식 (16-24)를 (16-23)으로 나누면

$$\left(\frac{f_1}{f_0}\right)^2 = \frac{C_e + C_s}{C_s} = \frac{C_e}{C_s} + 1$$

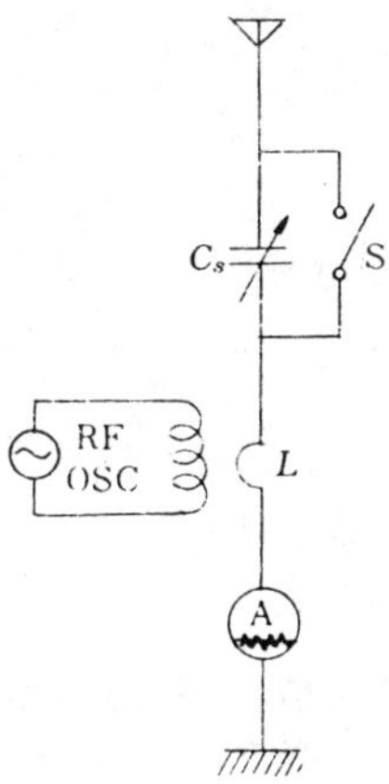

〈그림 16-9〉 실효용량 측정회로

$$\therefore \quad C_e = C_s\left\{\left(\frac{f_1}{f_0}\right)^2 - 1\right\} \text{[F]} \qquad (16\text{-}25)$$

만일 C_s를 가감하여 $f_1 = 2f_0$가 되도록 조정하면 식 (16-25)는 $C_e = 3C_s$로 되어 C_e와 C_s가 비례상태로 된다.

[3] 접지공중선의 실효고 측정

공중선의 실효고란 그 공중선의 기저부전류(최대전류)와 동등한 전류가 분포되어 있다고 가상한 높이를 말한다. 즉 그림 16-10에서 $\varDelta$ABC와 □BCDE의 면적이 같다고 할 때 높이 h_e를 실효고라고 한다.

한편 공중선의 실효고와 기저부전류 실효값의 곱을 미터 암페어(meter ampere)라고 하며 공중선의 방사능력을 표시하는 데 사용한다.

공중선의 실효고는 그림 16-10에서 $\varDelta$ABC의 면적을 구하여 밑변 BC, 즉 I_0로 나누면 h_e가 나온다. 그러므로 공중선의 미소부분 dx의 수직전류 성분을 ix라 하고 공중선의 기저부전류를 I_0라고 하면 실효고 h_e는 다음 식으로 구한다.

$$h_e = \frac{1}{I_0}\int_0^{\lambda/4} ix\,dx \qquad (16\text{-}26)$$

여기서 $\lambda/4$는 수직접지 공중선의 전체 길이이다. 또한 공중선상의 전류분포 $i_x = I_0\cos\beta x$이므로 실효고 h_e는

$$h_e = \frac{1}{I_0}\int_0^{\lambda/4} ix\,dx = \frac{1}{I_0}\int_0^{\lambda/4} I_0\cos\frac{2\pi}{\lambda}x\,dx = \frac{\lambda}{2\pi}\left[\sin\frac{2\pi}{\lambda}x\right]_0^{\lambda/4}$$

$$= \frac{\lambda}{2\pi}\left[\sin\frac{\pi}{2} - \sin 0\right] = \frac{\lambda}{2\pi}\text{[m]} \qquad (16\text{-}27)$$

로 표시된다. $\lambda/4$ 접지공중선의 실효고가 $\lambda/2\pi$이므로 반파장 공중선은 실제 길이가 2배이므로 실효고도 2배가 되어 λ/π가 됨을 알 수 있다.

(1) 실효고의 측정법〔I〕(전계강도측정에 의한 방법) : 송신공중선의 실효고를 구할 때 사용하는 방법으로서 피측정 공중선으로부터 주파수를 알고 있는 전파를 발사하고, 이 공

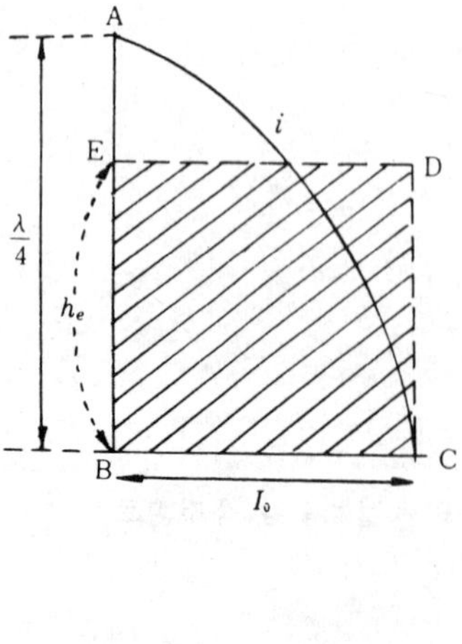

〈그림 16-10〉 접지공중선의 실효고 등가도

중선으로부터 수파장 떨어진 지점에서 실효고를 알고 있는 루우프(loop) 공중선으로 그 전파를 수신하고 전계강도를 측정해서 계산에 의해 송신공중선의 실효고(높이)를 구하는 방법이다.

지금 송신전파의 파장을 λ〔km〕, 송신공중선의 실효고를 h_x〔m〕, 송신공중선의 전류를 I_s〔A〕, 공중선으로부터 떨어진 거리를 d〔km〕라고 하면 최대방향에서 측정점의 전계강도 E_0는

$$E_0 = 120\pi \frac{h_x I_s}{\lambda d} \fallingdotseq 377 \frac{h_x I_s}{\lambda d} \,[\mu\text{V/m}] \tag{16-28}$$

이므로, 이때에 실효고 h_l인 루우프 공중선을 최대감도로 조정하여 유기전압을 측정하면 전압 E_l은

$$E_l = E_0 h_l \fallingdotseq 377 \frac{h_x I_s h_l}{\lambda d} \,[\mu\text{V}] \tag{16-29}$$

로 되며

$$h_x \fallingdotseq \frac{E_l \lambda d}{377 I_s h_l} \,[\text{m}] \tag{16-30}$$

으로서 송신공중선의 실효고를 구할 수 있다. 또 루우프 공중선에 흐르는 전류를 I_l〔mA〕, 루우프 공중선의 실효저항을 R_l〔Ω〕이라 하면 식 (16-30)으로부터

$$h_x \fallingdotseq \frac{I_l R_l \lambda d}{0.377 I_s h_l} \,[\text{m}] \tag{16-31}$$

로 구할 수 있다. 한편 루우프 공중선의 실효고는 루우프의 면적을 A〔m^2〕, 권선수를 N이라고 하면

$$h_l = \frac{2\pi NA}{\lambda} \,[\text{m}] \tag{16-32}$$

로 구할 수 있다.

(2) 실효고의 측정법〔Ⅱ〕(표준공중선에 의한 방법) : 실효고를 알 수 없는 공중선으로부터 전파를 발사하고 수파장 떨어진 곳에서 실효고 h_l〔m〕인 루우프 공중선으로 이 전파를 수신하며 이때의 루우프 공중선 전류 I_l을 측정하면

$$I_l = \frac{377 h_0 I_0 h_l}{R_l \lambda d} \,[\text{mA}] \tag{16-33}$$

으로 된다. 여기서 R_l은 루우프 공중선의 실효저항이고, h_0와 I_0는 전파를 발사하는 임의 공중선의 실효고와 공중선전류라고 가정한다. 또 같은 방법으로 루우프 공중선 대신 피측정공중선으로 그 전파를 수신하여 공중선 전류 I_s를 측정하면

$$I_s = \frac{377 h_0 I_0 h_x}{R_s \lambda d} \,[\text{mA}] \tag{16-34}$$

로 된다. 여기서 R_s는 피측정 공중선의 실효저항이고, h_x는 측정하고자 하는 공중선의 실효고이다. 그러므로 식 (16-33)과 (16-34)로 부터

$$\frac{I_l}{I_s} = \frac{R_s h_l}{R_l h_x} \qquad \therefore \quad h_x = \frac{I_s R_s}{I_l R_l} \cdot h_l \,[\text{m}] \tag{16-35}$$

로 구할 수 있다.

(3) 실효고의 측정법〔Ⅲ〕(표준공중선과 전계강도측정기에 의한 방법) : 이 방법은 측정법〔Ⅱ〕와 같이 피측정 공중선과 실효고를 알고 있는 루우프 공중선을 비교하는 것으로 그

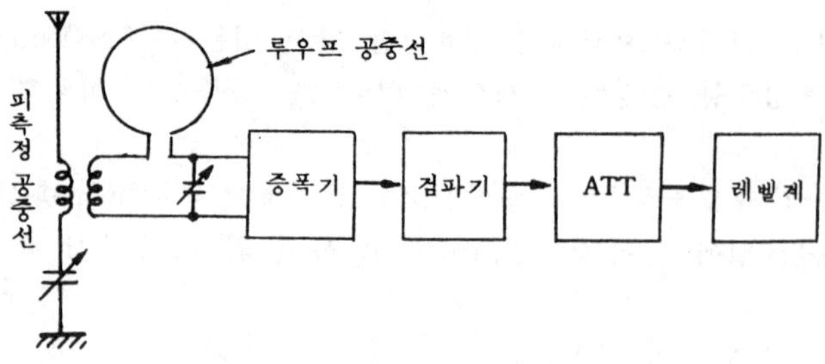

〈그림 16-11〉 공중선의 실효고 측정

림 16-11과 같이 전계강도 측정기를 사용하는 점이 다르다. 그림에서 루우프 공중선을 최소감도 방향($E_l = 0$)으로 돌려 놓고 피측정 공중선을 사용하여 알고 있는 주파수의 전파를 수신한다.

저항 감쇠기(ATT)를 조정하여 레벨계의 지시를 적당히 하고 이때의 지시를 V_0[dB]이라고 하자. 또 이때의 전계강도를 E_0[dB], 피측정 공중선의 실효고를 h_x[dB], 입력 동조회로의 이득을 G_a[dB], 증폭부와 검파부의 종합이득을 G_r[dB] 및 ATT의 지시를 D_1[dB]이라고 하면 다음 식이 성립한다.

$$V_0 = E_0 + h_x + G_a + G_r - D_1 \text{[dB]} \qquad (16\text{-}36)$$

다음에 피측정 공중선을 제거하고 루우프 공중선을 최대감도 방향으로 돌려서 수신하여 ATT만을 조정해서 레벨계의 출력이 전과 같이 V_0[dB]이 되도록 하였을 때 ATT의 지시가 D_2[dB]이라고 하면 다음 식이 성립한다.

$$V_0 = E_0 + h_l + G_a + G_r - D_2 \text{[dB]} \qquad (16\text{-}37)$$

식 (16-36)에서 (16-37)을 빼면

$$0 = h_x - h_l - D_1 + D_2$$

$$\therefore \quad h_x = h_l + D_1 - D_2 \text{[dB]} \qquad (16\text{-}38)$$

로 된다. 여기서 전계강도는 1[μV/m]를 0[dB]로 하고, 실효고는 1[m]를 0[dB]로 하고 있다.

[4] 공중선의 지향특성 및 실효이득의 측정

(1) 지향특성의 측정 : 그림 16-12(a)와 같이 피측정 지향성 공중선과 측정용 공중선을 사용주파수 파장의 수배의 거리로 배치하여 놓고 대지의 반사가 없도록 한다.

피측정 공중선에서 지속전파를 발사시키고 수신측(최대 방사방향)에서 전계강도 E_0 [dB]을 측정한다. 다음에 이 방향에서 θ방향의 측정은 송신공중선의 방향을 θ만큼 회전시킨 상태에서 전계강도 E_θ[dB]을 측정한다. 이와 같이 차례로 송신공중선을 회전하면서 그때마다 전계강도를 측정한다. 주방향을 0°로 하고 각 회전각 θ에 대한 출력 레벨을 상대적으로 계산하여 그림으로 표시하면 그림 (b)와 같은 지향특성이 된다. 이 경우 $\theta = 0°$를 중심으로 좌우 각각 3[dB] 감소되는 점과 방사중심점을 잇는 각을 반치각(반치폭) 또는 비

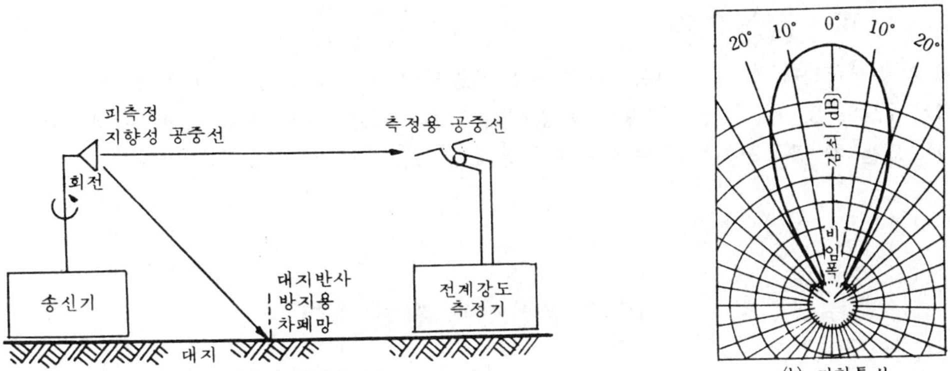

(a) 지향특성 측정구성도 (b) 지향특성

〈그림 16-12〉 공중선의 지향특성 측정

임각(비임폭)이라고 한다.

(2) 실효이득의 측정

① **표준공중선과의 비교법** ——— 반파장 다이폴(λ/2dipole) 공중선을 표준으로 하고 이것과 피측정 공중선을 나란히 설치하여 수파장 떨어진 곳에서 발사하는 전파를 수신한다. 수신방법은 2개의 공중선을 지향성과 편파면이 같도록 송신소방향으로 놓고 표준공중선과 피측정 공중선을 교대로 바꾸어가며 수신해서 그 출력 레벨차를 구하면 상대이득을 얻을 수 있다.

② **전력밀도로 산출하는 방법** ——— 이것은 주로 파라볼라 공중선(parabola antenna)에 사용되는 방법으로서 그림 16-13과 같이 피측정 공중선 2개를 같은 것으로 사용하고 하나는 송신용, 또 하나는 수신용으로 한다. 먼저 수신전력이 최대가 되도록 송수신 공중선의 방향을 조정하고 송신전력을 W_t, 수신전력을 W_r, 또 송신공중선의 이득을 G_t, 수신공중선의 이득을 G_r이라 하고 수신점에 있어서의 전력밀도를 P라고 하면

$$P = \frac{W_t G_t}{4\pi d^2} \,[\mathrm{W/m^2}] \tag{16-39}$$

로 된다. 한편 수신공중선의 실효면적을 A_e라 하면 $A_e = \lambda^2 G_r / 4\pi$이므로 수신전력 W_r는

$$W_r = A_e \cdot P = \frac{\lambda^2}{4\pi} G_r \cdot \frac{W_t G_t}{4\pi d^2} = \left(\frac{\lambda}{4\pi d}\right)^2 W_t G_r G_t \,[\mathrm{W}] \tag{16-40}$$

으로 되며, 보통 $G_r = G_t = G$이므로

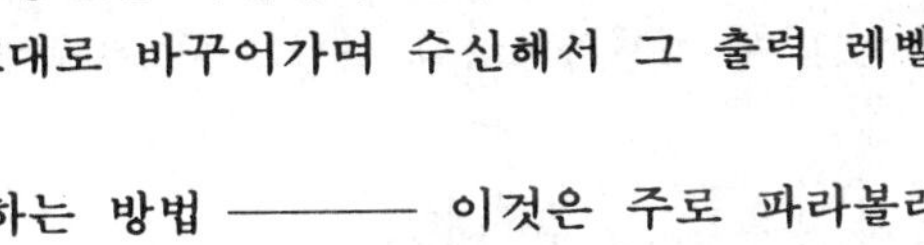

〈그림 16-13〉 공중선 이득측정 구성도

$$W_r = \left(\frac{\lambda}{4\pi d}\right)^2 W_t G^2, \qquad \therefore \quad G = \frac{4\pi d}{\lambda}\sqrt{\frac{W_r}{W_t}} \tag{16-41}$$

로서 공중선이득을 알 수 있다. 파라볼라 공중선의 이득을 측정할 때에 두 공중선 사이의 거리는 $(D_1 + D_2)^2/\lambda$, 지면으로부터의 높이는 $2(D_1 + D_2)^2/D_0$로 하는 것이 적당하다. 여기서 D_1, D_2는 각 공중선의 개구면적이고 D_0는 D_1과 D_2 중의 큰 것을 표시한다.

16-2 급전선에 관한 측정

급전선상에 존재하는 고주파전류 또는 전압의 분포상태를 측정함으로써 전압정재파비와 특성 임피이던스 등을 구할 수 있고, 따라서 급전선의 성질과 부하의 정합상태 등을 알 수 있다.

[1] 정재파비의 측정

정재파비(SWR, standing wave ratio)라 함은 전송선로의 특성 임피이던스(Z_0)와 부하 임피이던스(Z_l)가 일치되지 않을 때 그 접속점에서 반사가 생겨 급전선상에는 진행파와 반사파가 공존하게 되어 위치에 따라 전압 또는 전류의 크기가 다르게 되는 것을 정재파라 하며, 그 최대값과 최소값의 비를 정재파비라고 한다. 즉 정재파비 S는 다음 식으로 표시한다.

$$S = \frac{V_{max}}{V_{min}} = \frac{I_{max}}{I_{min}} \frac{|V_f| + |V_r|}{|V_f| - |V_r|} = \frac{1 + |\Gamma|}{1 - |\Gamma|} \tag{16-42}$$

여기서 V_f는 진행파전압, V_r은 반사파전압을 표시하고 Γ는 전압 반사계수를 뜻한다. 또한 Γ는 다음 식으로 표시할 수 있다.

$$\Gamma = \frac{|V_r|}{|V_f|} = \left|\frac{Z_l - Z_0}{Z_l + Z_0}\right| \tag{16-43}$$

여기저 Z_l은 부하 임피이던스이고 Z_0는 특성 임피이던스이다.

(1) 전류분포의 측정법 : 그림 16-14와 같이 고주파 전류계를 포함하는 루우프(loop)를 만들어서 두 개의 쇠고리를 파장에 비해서 무시될 수 있을 정도의 적당한 간격으로 하여 급전선에 걸고 이동시키면 전류의 최대값 I_{max}와 최소값 I_{min}을 구할 수 있고 이들의 비를 취하면 정재파비 S는 다음 식으로 산출된다.

$$S = \frac{I_{max}}{I_{min}} \tag{16-44}$$

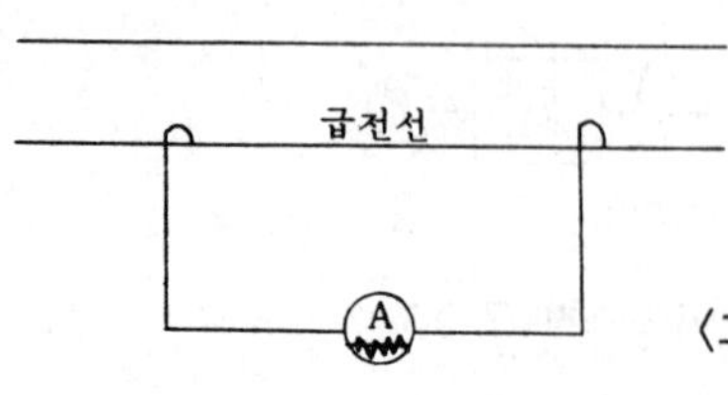

〈그림 16-14〉 급전선의 전류분포 측정

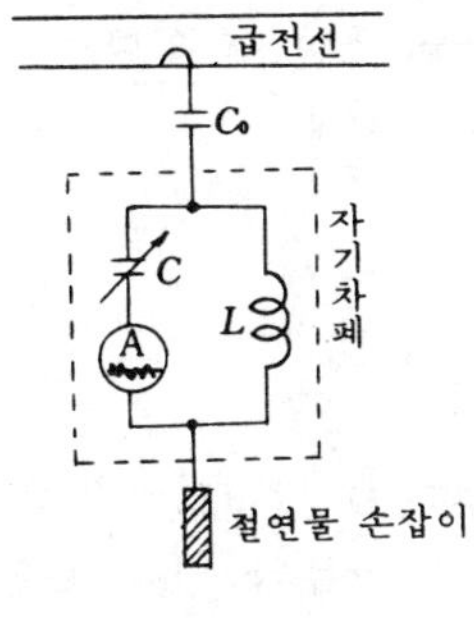

〈그림 16-15〉 급전선의 전압분포 측정회로

(2) 전압분포의 측정법 : 이것은 일명 로젠슈타인 전압계(Roosenstein voltmeter)에 의한 방법이라고도 하며 그림 16-15와 같이 수〔pF〕 정도의 적은 정전용량 C_0로서 급전선과 결합시키면 이것에 의하여 가해지는 전압에 의해서 회로의 상하에 전위차가 발생한다.

가변용량 C로 L과 공진시키면 고주파전류의 지시는 급전선의 전압에 비례한다. 단 이 회로도 루우프를 형성하고 있기 때문에 자속이 통하면 전류가 영향을 받으므로 자기차폐를 하는 것이 좋다.

내부에 장치된 계기는 실제적으로 고주파 전류계이지만 눈금을 전압눈금으로 만들어 사용하므로 절연물 손잡이로 이동시키면서 전압최대값 V_{max}와 최소값 V_{min}의 값을 구하면 정재파비 S는 다음 식으로 산출된다.

$$S = \frac{V_{max}}{V_{min}} \tag{16-45}$$

(3) VHF 및 UHF 대의 정재파비 측정법 : 이상에서 설명한 것은 평행 2선식 급전선을 대상으로 하였으나 여기서는 동축급전선과 도파관(Wave-guide)에 대하여 정재파비의 측정방법을 알아보기로 한다. 그 기본원리는 다를 것이 없고 단지 측정회로의 구성 등이 특이할 뿐이다. 동축선로나 도파관의 경우는 그림 16-16과 같이 슬로트(slot)를 만들어서 탐침을 넣고, 그것에 의하여 빼낸 고주파를 검파해서 계기에 지시하도록 하는 방법을 사용한다. 이 탐침의 위치를 슬로트를 따라 이동시키면서 전압 최대값 V_{max}와 최소값 V_{min}의 값을 구하면 식 (16-45)에 의하여 정재파비를 구할 수 있다.

그밖에도 15장에서 설명한 C-M형 전력계나 방향성 결합기에 의하여 진행파전력 P_f와

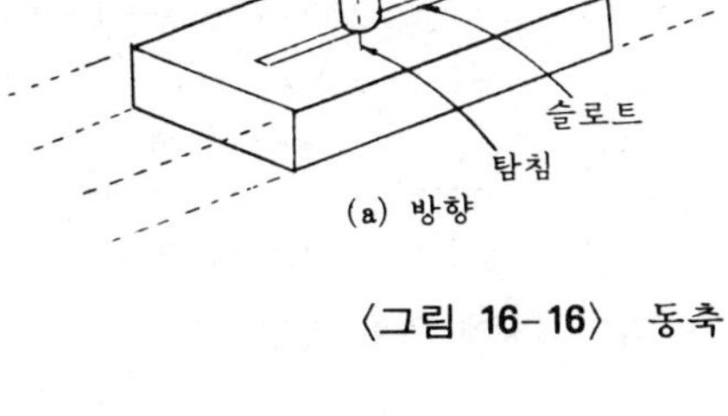

(a) 방향

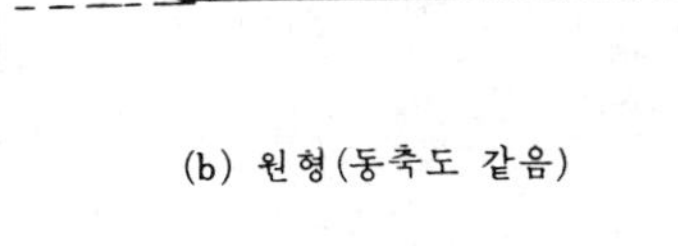

(b) 원형(동축도 같음)

〈그림 16-16〉 동축 및 도파관의 전압분포 측정

반사파전력 P_r를 측정하면 다음 식에 의하여 정재파비 S를 구할 수 있다.

$$\Gamma = \frac{|V_r|}{|V_f|} = \frac{|I_r|}{|I_f|} = \sqrt{\frac{P_r}{P_f}} \qquad \therefore \quad S = \frac{1 + |\Gamma|}{1 - |\Gamma|} \tag{16-46}$$

[2] 특성 임피이던스의 측정

특성 임피이던스(characteristic impedance)는 파동(surge) 임피이던스 또는 고유(intrinsic) 임피이던스라고 부르기도 하며 전송선로상의 전압과 전류의 비를 뜻한다. 그러므로 특성 임피이던스 Z_0는 다음 식으로 표시할 수 있다.

$$Z_0 = \frac{V_x}{I_x} = \sqrt{\frac{R + j\omega L}{G + j\omega C}} \,[\Omega] \tag{16-47}$$

(1) 급전선의 개방, 단락 임피이던스에 의한 측정법 : 급전선의 선단을 개방($Z_l = \infty$)했을 때의 입력측에서 본 임피이던스를 Z_C, 단락($Z_l = 0$)했을 때의 임피이던스를 Z_S라고 하면 각각 다음 식으로 표시할 수 있다.

$$\left.\begin{aligned} Z_C &= -jZ_0 \cot \beta l \\ Z_S &= jZ_0 \tan \beta l \end{aligned}\right\} \tag{16-48}$$

여기서 Z_0는 특성 임피이던스, β는 위상정수, l은 급전선의 길이이다. 위 두 식으로부터

$$Z_0 = \sqrt{Z_C \cdot Z_S} \,[\Omega] \tag{16-49}$$

로서 특성 임피이던스를 구할 수 있다.

(2) 정재파비에 의한 측정법 : 급전선의 선단을 순저항 R로 종단하고 급전선상의 정재파비 S를 측정하면 특성 임피이던스 Z_0는 다음 식으로 구한다.

$$Z_0 = SR \text{ 또는 } Z_0 = \frac{R}{S} \tag{16-50}$$

이 경우 종단 또는 그로부터 $\lambda/2$의 정수배의 점이 전압파절(wave node)이면 $Z_0 = SR$이고, 또 전압파복(wave antinode)이면 $Z_0 = R/S$이다. 즉 $Z_0 > R$이면 $Z_0 = SR$이고 $Z_0 < R$이면 $Z_0 = R/S$이 된다. 왜냐하면 정재파비 S는 $S \geq 1$ 때문이다. 따라서 $S = 1$이면 $Z_0 = R$이 된다.

(3) 전압계, 전류계 및 가변표준 고주파저항에 의한 측정법 : 그림 16-17(a)와 같이 피측정 급전선의 한쪽에 가변표준 고주파저항 R_S를 접속하고 다른 한쪽에 가변고주파 발진기

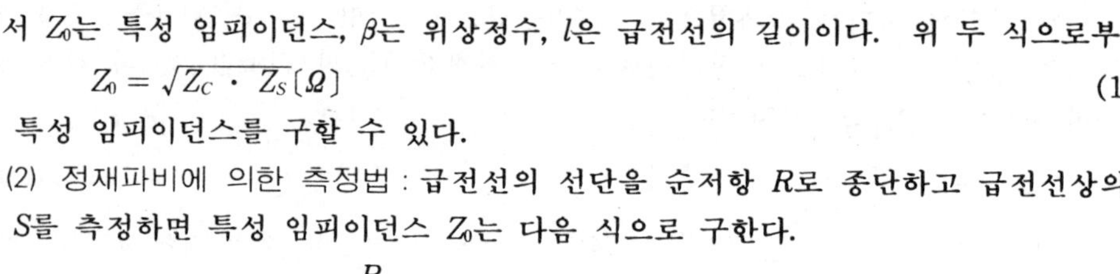

(a) 측정회로 구성도 (b) 특성곡선

〈그림 16-17〉 전압계, 전류계 및 가변저항에 의한 측정

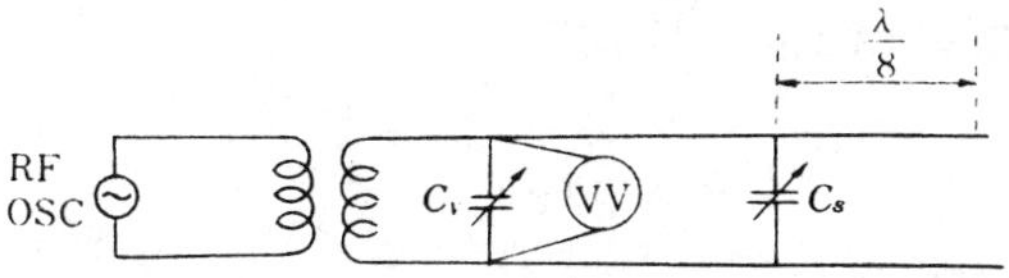

〈그림 16-18〉 치환에 의한 특성 임피이던스 측정

로 발진하여 그림의 전압계지시 E와 전류계지시 I에서 $Z_i = E/I$의 관계에 의해 입력 임피이던스 Z_i를 계산한다. 이것을 여러 주파수에 관해서 실시하여 주파수에 대한 입력 임피이던스 관계를 구하면 대개 그림 (b)와 같이 된다. 이때 R_S를 여러 가지로 변화시키면 R_S가 급전선의 특성 임피이던스와 같아질 때 반사파는 없어지고, 주파수에 대한 입력 임피이던스의 관계는 평탄하게 된다. 따라서 R_S를 조정하여 이와 같이 평탄한 특성이 얻어지도록 하면 그때의 R_S값이 특성 임피이던스 Z_0가 된다.

(4) 치환에 의한 특성 임피이던스의 측정법 : 그림 16-18과 같이 측정회로를 구성하고 처음에 가변용량 C_S를 접속하지 않고 선단 개방상태에서 발진기를 동작시키고 가변용량 C_V를 조정하여 동조시킨다. 이때 진공관 전압계는 최대를 지시한다. 다음에 선단에서 $\lambda/8$ 전원측으로 와서 표준 가변용량 C_S를 접속하고 C_S를 조정하여 다시 동조를 잡으면 이 C_S의 임피이던스와 $\lambda/8$의 임피이던스는 같게 된다. 따라서 입력 임피이던스 Z_i는 선단개방이므로

$$Z_i = -jZ_0 \cot \beta l \tag{16-51}$$

로 된다. 여기서 $\beta(=2\pi/\lambda)$는 위상정수, $l(=\lambda/8)$은 길이이다. 그러므로 $Z_i = X_C$로 놓으면

$$-jZ_0 \cot \beta l = -j\frac{1}{\omega C_S}$$

$$\therefore \quad Z_0 = \frac{1}{\omega C_S} [\Omega] \tag{16-52}$$

로 되어 사용주파수와 C_S의 값을 알면 특성 임피이던스를 구할 수 있다.

(5) 수식에 의한 측정법 : 각종 급전선의 특성 임피이던스는 그림 16-19와 같이 그 형식에 따라 각각 다음과 같은 수식으로 주어지므로 지름과 간격 또는 바깥지름만 알면 수식에 의하여 측정할 수 있다.

평행 2선식 : $Z_0 = 277 \log \frac{2D}{d} [\Omega]$

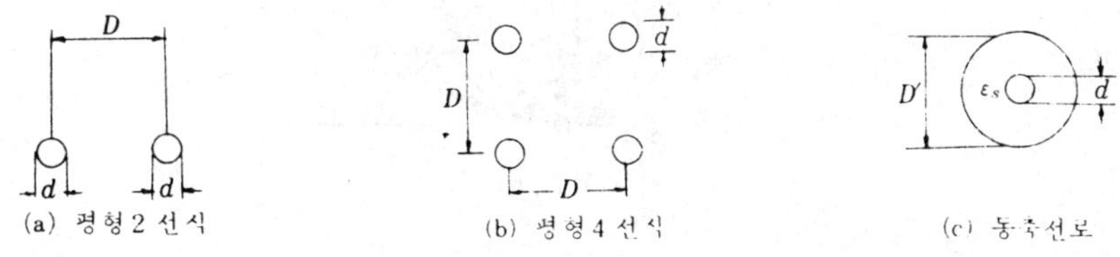

〈그림 16-19〉 각종 급전선의 형태

평행 4선식 : $Z_0 = 138\log\dfrac{\sqrt{2D}}{d}$ $[\Omega]$ (16-53)

동축선로 : $Z_0 = \dfrac{1}{\sqrt{\varepsilon_S}} \cdot 138\log\dfrac{D'}{d}$ $[\Omega]$

(6) 스미드 도표에 의한 방법

① **정규화(또는 규준화) 임피이던스(normalized impedance) ──── 특성 임피이던스 Z_0의 분포정수 회로에 Z_l의 부하를 접속할 때 전압 반사계수 Γ_V와 전류 반사계수 Γ_I는 각각 다음 식으로 표시된다.**

$$\Gamma_V = \frac{Z_l - Z_0}{Z_l + Z_0} = \frac{Z_l/Z_0 - 1}{Z_l/Z_0 + 1}, \qquad \Gamma_r = -\frac{Z_l - Z_0}{Z_l + Z_0} = -\frac{Z_l/Z_0 - 1}{Z_l/Z_0 + 1} \quad (16\text{-}54)$$

윗식에서 알 수 있는 바와 같이 반사계수는 Z_l/Z_0에 의하여 결정된다고 생각되므로 Z_l/Z_0을 직접 구하여 사용하는 것이 편리한 때가 많다. 이 Z_l/Z_0을 정규화 임피이던스라고 한다.

이 규정에 의하여 특성 임피이던스 Z_0, 부하 임피이던스 $Z_l = R + jX$를 정규화 임피이던스로 변환시키면 다음과 같이 표시한다.

$$\frac{Z_l}{Z_0} = \frac{R}{Z_0} + \frac{jX}{Z_0} \longrightarrow z = r + jx \quad (16\text{-}55)$$

② **스미드 도표의 개요 ──── 분포정수 회로의 모든 계산에 사용되는 도표의 하나로서 스미드 어드미턴스 도표(Smith admittance chart), 스미드 임피이던스 도표 또는 스미드 곡선 등이라고도 부르며 그 구성과 개요는 다음과 같다. 그림 16-20과 같이 정규화 임피이던스의 저항분(r)은 YY'축상에 중심을 가진 원주군으로 표시하고, 리액턴스분(x)는 uu'축상에 중심을 가진 원주군으로 표시한다. 단, 리액턴스를 표시하는 원주군 중 오른쪽은 유도성 리액턴스(+)이고 왼쪽은 용량성 리액턴스(−)이다.**

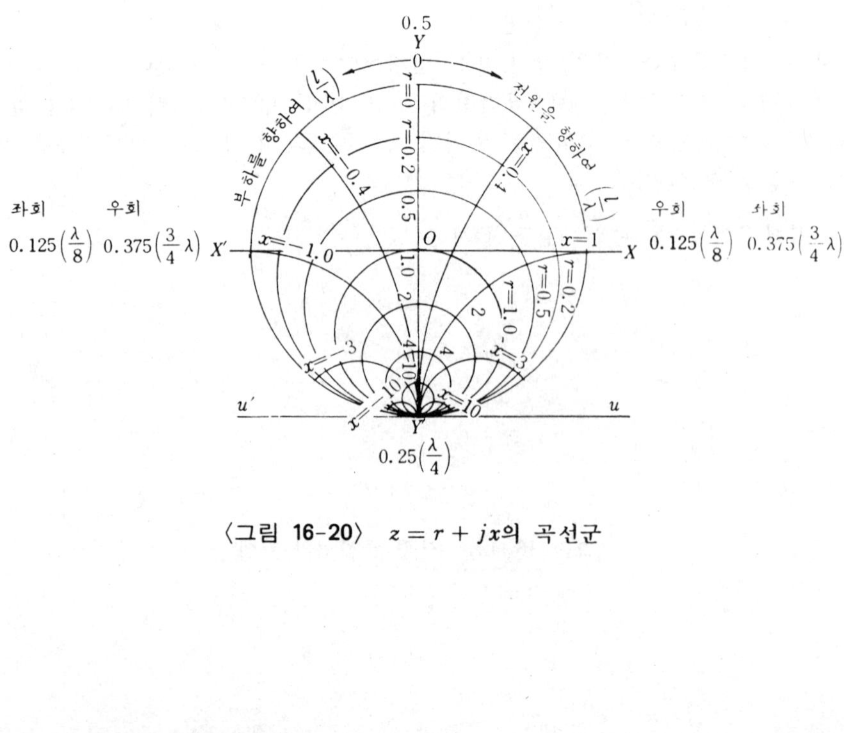

〈그림 16-20〉 $z = r + jx$의 곡선군

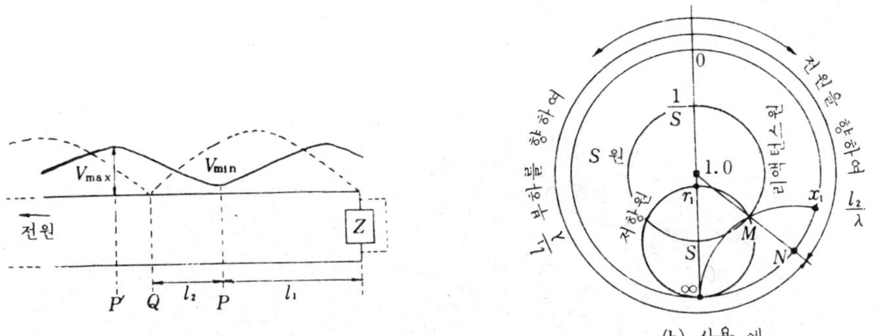

〈그림 16-21〉 스미드 도표의 사용 예

또 Y점을 기준으로 시계방향으로는 전원을 향하는 길이, 반시계방향으로는 부하를 향하는 길이를 각각 표시한다. 그리고 XX'축과 YY'축과의 교점 O를 중심으로 하는 동심원 주군에서 전압정재파의 역수 $1/S$로 각각 원을 표시하면 스미드 도표가 된다. 이 원을 S원이라 하며 그림 16-21의 (b)에서와 같이 1보다 하측에서는 정재파비 S를, 상측에서는 $1/S$을 표시한다.

③ 사용방법 ――― 그림 16-21(a)와 같은 급전선의 끝에 부하 Z를 접속하였을 때의 급전선상의 전압분포를 측정하여 정재파비 S를 구함과 동시에 V_{min}의 위치 P점(전압의 절점)을 구한다. 그리하여 그림 (b)와 같이 저항눈금 위의 $1/S$ 또는 S의 값을 통하는 S원을 그린다.

그리고 그림 (a)에서 P점으로부터 부하까지의 거리가 l_1이므로 그림 (b)에서 부하로 향하여 l_1/λ의 N점을 구하고 중심과 N점을 연결한다. 이 선과 S원과의 교점 M을 통하는 저항원과 리액턴스원에 의하여 각각 r_1과 x_1을 구하면, 이때 부하의 정규화 임피이던스는 $z = r_1 + jx_1$이 된다. 이것에 특성 임피이던스 Z_0를 곱하면 부하 임피이던스 Z는 다음 식으로 된다.

$$Z = Z_0 z = Z_0(r_1 + jx_1) \qquad (16\text{-}56)$$

한편 부하 임피이던스 Z를 알면 특성 임피이던스 Z_0을 구할 수 있다. 또 다른 방법으로 위와 같이 해서 일단 S원까지 구했으면 그림 (a)에서 부하를 점선처럼 단락시켜 V_{min}점이 Q점으로 옮겨졌다면 길이 l_2만큼 전원측으로 변위하였으므로 그림 (b)에서 전원을 향하여 l_2/λ만큼 이동해서 N점을 결정해도 마찬가지이다. 그림 (a)에서 보는 바와 같이 $l_1 + l_2 = \lambda/2$이다. 그 이유는 스미드 도표도 1주회가 $\lambda/2$로 되어 있기 때문이다. 실제 스미드 도표의 일례를 표시하면 그림 16-22와 같다.

16-3 전계강도의 측정

전계강도(field strength)라 함은 무선송신기로부터 방사된 전파로 인하여 어느 지점에 발생한 전자계의 세기를 말하며 보통 전계를 기준으로 하고 있다.

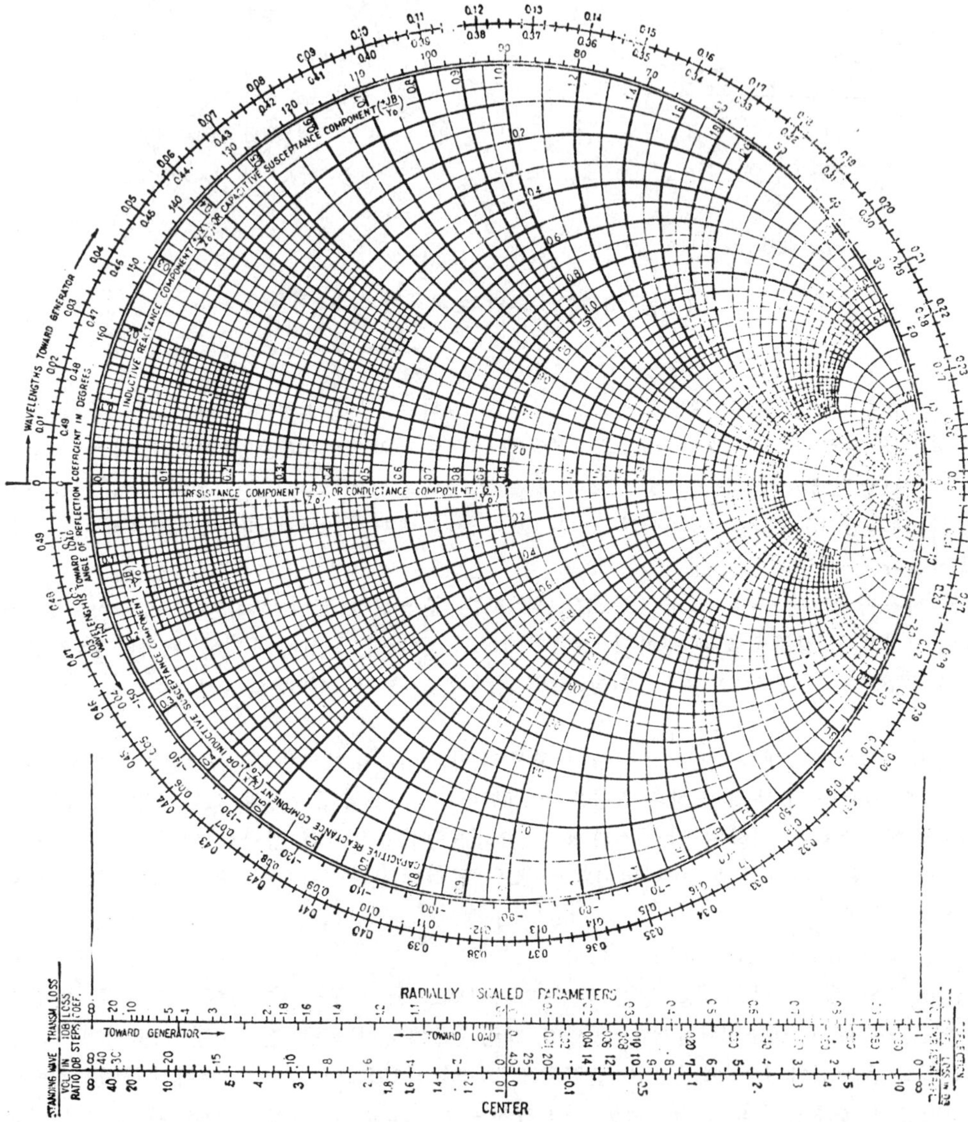

〈그림 16-22〉 스미드 도표

[1] 수식에 의한 측정법

(1) 방사원과 거리를 알 때 : **송신전파의 파장이 λ[km], 송신공중선의 실효고가 h_e[m], 송신공중선 전류가 I[A]일 때 송신공중선으로부터 d[km] 떨어진 점에서의 전계강도 E_0는 다음 식으로 구한다.**

$$E_0 = 120\pi \frac{h_e I}{\lambda d} \sin\theta \fallingdotseq 377 \frac{h_e I}{\lambda d} \sin\theta [\mu\text{V/m}] \tag{16-57}$$

(2) 유기전압과 실효고를 알 때 : **공중선의 실효길이가 h_e[m]일 때 전계강도가 E_0[V/m]이었다면 이 공중선에 발생하는 기전력 E_l은 $E_l = E_0 h_e$[V]이므로 기전력을 측정하여 다음 식으로 구한다.**

$$E_0 = \frac{E_l}{h_e} [\text{V/m}] \tag{16-58}$$

한편 데시벨(dB)로 표시하려면 1[μV/m]를 0[dB]로 정하여

$$E_l = 20\log E_0 h_e = 20\log E_0 + 20\log h_e [\text{dB}]$$

$$\therefore \quad E_0 = 20\log E_l - 20\log h_e [\text{dB}] \tag{16-59}$$

로 나타낸다.

(3) 자계를 알 때 : **지름 a[m], 권선 N인 루우프 공중선에 I[A]의 전류를 흐르게 할 경우 루우프(loop)의 중심축상의 근거리 점 d[m]인 곳에서의 자계의 세기는 비오-사바아르의 법칙(Biot-Savart's law)에 의하여**

$$H = \frac{1}{2} \frac{a^2 IN}{(a^2 + d^2)^{3/2}} [\text{AT/m}] \tag{16-60}$$

이고, 전계 E_0는 $E_0 = Z_0 H = 120\pi H$이므로 윗식을 전계강도로 고치면

$$E_0 = 60\pi \frac{a^2 IN}{(a^2 + d^2)^{3/2}} [\text{V/m}] \tag{16-61}$$

로 표시된다.

[2] 전계강도측정기에 의한 측정법

(1) 구성 및 원리 : **전계강도 측정기는 일반적으로 고감도의 슈우퍼헤테로다인 수신기를 중심으로 하여, 그 중간주파 증폭회로에 고확도의 가변감쇠기를 넣어 공중선의 유기전압과 일정 표준 신호전압을 비교하는 것이며 그 원리적 구성도를 표시하면 그림 16-23과 같다.**

(2) 측정방법 : **그림 16-23에서 스위치 S를 열고 루우프 공중선을 최대감도 방향으로 하여 동조시키고 수신기의 이득과 감쇠기를 조정하여 출력계의 지시를 적당한 크기로 한다. 이때 공중선의 실효고를 h[dB], 동조회로의 이득을 Q[dB], 수신기의 이득을 G[dB], 감쇠기의 지시를 D_1[dB], 출력계의 지시가 V_0[dB]이라고 할 때 이 지점의 전계강도를 E_0[dB]이라고 하면 다음 식이 성립한다.**

$$V_0 = E_0 + h + Q + G - D_1 [\text{dB}] \tag{16-62}$$

다음에 루우프 공중선을 최소감도 방향으로 하고, 스위치 S를 닫은 다음 비교발진기로

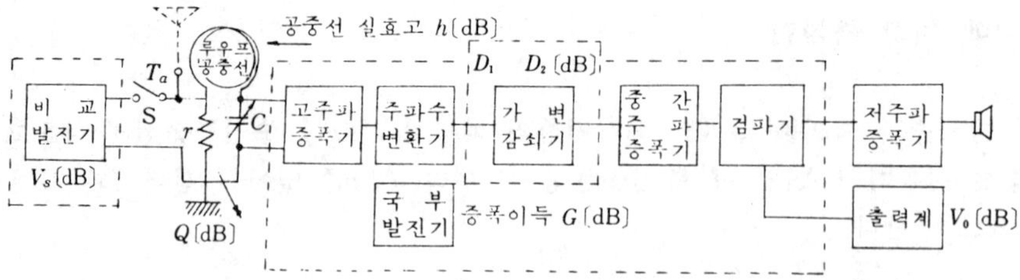

〈그림 16-23〉 전계강도 측정기의 구성도

부터 피측정전계의 주파수와 같은 주파수의 입력 V_S〔dB〕을 발진하여 넣고 감쇠기만을 조정해서 출력계의 지시가 전과 같이 V_0〔dB〕이 되도록 한다. 이때 감쇠기의 지시를 D_2〔dB〕이라고 하면 다음 식이 성립한다.

$$V_0 = V_S + Q + G - D_2 \text{〔dB〕} \tag{16-63}$$

그리하여 식 (16-63)에서 (16-62)를 빼면

$$0 = V_S - E_0 - h + D_1 - D_2$$

$$\therefore \quad E_0 = (V_S - h) + (D_1 - D_2) \text{〔dB〕} \tag{16-64}$$

로서 전계강도 E_0를 구할 수 있다. 이때 사용되는 비교발진기는 일반적으로 백색잡음(white noise)을 발생하는 잡음발생기를 사용하고 있으나 LC발진기를 사용할 때도 있는데 이때에는 피측정 주파수에 맞추어서 발진하여야 한다.

한편 전계강도가 약할 때에는 루우프 공중선의 실효고가 적으므로 측정이 곤란하다. 그런 때에는 그림의 단자 T_a에 보조공중선을 세워서 일차적으로 식 (16-38)에 의해 보조공중선의 실효고를 구하고, 루우프 공중선을 최소감도로 놓아 무시한 다음 보조공중선으로 대치하여 위와 같은 방법으로 측정하면 식 (16-64)에 보조공중선의 실효고를 대치하면 된다.

(3) 기능상의 오차 : 전계강도 측정기로 전계강도를 측정할 경우에는 다음과 같은 기능상의 오차가 발생할 우려가 있다.

① 수직공중선에 의한 오차 ——— 전계가 미약할 경우 루우프 공중선을 사용하지 않고 수직보조공중선을 사용할 경우 대지의 영향을 받아 발생하는 오차를 말한다.

② 수신기 증폭부의 비직선성에 의한 오차 ——— 고주파 증폭부의 입력전압이 지나치게 크며 그 직선성이 유지되지 않으므로 발생되는 오차를 말한다.

③ 고주파감쇠기(HF ATT)에서 발생되는 오차 ——— 고주파 감쇠기는 고임피이던스 때문에 주파수특성을 가지기 쉽고, 또 경년변화, 고주파누설 및 도선의 공진 등에 의하여 발생되는 오차를 말한다.

④ 내부잡음에 의한 오차 ——— 수신기의 내부 증폭기에서 잡음이 없을 때는 직선성을 유지하지만, 입력신호 S가 적을 때 잡음전압 N이 존재하면 입력전압은 $\sqrt{S^2 + N^2}$ 으로 표시되므로 오차가 발생하게 되는 것을 말한다.

⑤ 국부발진기의 주파수변동에 의한 오차 ——— 측정 도중에 전원전압이 변화하면 국부발진 주파수가 변동되므로 수신기의 이득이 변하여 발생되는 오차를 말한다.

⑥ 출력계의 오차 ——— 전원전압의 변동이나 경년변화 등에 의해 발생되는 오차를 말한다.

(4) 전계강도 측정기의 교정방법 : 전계강도 측정기의 교정 방법에는 여러 가지 종류가 있으나 크게 나누면 다음과 같은 두 종류가 있다.

① 표준 피일드법(standard field method) ——— 어떤 지점의 전계강도를 규정하는데 발진측의 출력과 거리 대 전계의 관계에서 구하는 방법으로 표준자계 발생기가 사용된다.

② 표준 안테나법(standard antenna method) ——— 어떤 지점의 전계강도를 규정하는데 실효길이를 알고 있는 수신공중선을 사용하여 그곳의 공중선 유기전압에서 전계강도를 구하고, 실제 측정값과 비교함으로써 교정하는 것이다.

[연 습 문 제]

16-1 접지공중선의 접지저항 측정방법의 일례를 들어 설명하여라.

16-2 공중선의 실효저항이란 무엇이며, 그 측정방벙을 설명하여라.

16-3 공중선의 실효 인덕턴스 측정방법을 설명하여라.

16-4 공중선의 실효용량 측정방법을 설명하여라.

16-5 접지공중선의 실효고에 대하여 설명하고 그 공식을 유도하여라.

16-6 실효고 측정방법의 일례를 들어 설명하여라.

16-7 공중선의 실효이득을 전력밀도로 산출하는 방법을 설명하여라.

16-8 급전선의 정재파비를 설명하고 측정방법의 일례를 들어라.

16-9 특성 임피이던스가 150〔Ω〕인 급전선에 반사계수가 0.4일 때 부하 임피이던스가 Z_l과 정재파비 S를 구하여라.

16-10 급전선의 특성 임피이던스에 대하여 설명하고 측정방법의 일례를 들어 기술하여라.

16-11 비유전율이 2.3인 동축선로에서 안지름이 5〔mm〕이고 바깥지름이 2.5〔cm〕일 때 특성 임피이던스를 구하여라.

16-12 정규화 임피이던스에 대하여 아는 바를 써라.

16-13 전계강도의 측정방법에 대하여 일례를 들어 설명하여라.

16-14 전계강도 측정기의 기본원리를 설명하여라.

16-15 전계강도 측정기에서 발생하기 쉬운 오차에 대하여 설명하여라.

찾 아 보 기

〔ㅈ〕

전자통신측정

2014년 1월 15일 1판 8쇄 발행

저 자 이 화 용
발행인 남 승 우

발행처 도서출판 상尙 학學 당堂

서울시 동작구 사당로9가길 6(사당동)
TEL : 02) 595-1692~4
FAX : 02) 595-1394
E-mail : namdoo6@unitel.co.kr
신고 : 2-155호 (1968. 11. 29)

정가 23,000원

ISBN 89-88911-19-9 93560